Bodenökologie: Mikrobiologie und Bodenenzymatik

Springer

Berlin
Heidelberg
New York
Barcelona
Budapest
Hong Kong
London
Mailand
Paris
Santa Clara
Singapur
Tokio

Bodenökologie: Mikrobiologie und Bodenenzymatik

Band I: Grundlagen, Klima, Vegetation und Bodentyp

Band II: Bodenbewirtschaftung, Düngung und Rekultivierung

Band III: Pflanzenschutzmittel, Agrarhilfsstoffe und organische Umweltchemikalien

Band IV: Anorganische Schadstoffe

F. Schinner
R. Sonnleitner

Bodenökologie: Mikrobiologie und Bodenenzymatik Band III

Anorganische Schadstoffe

Mit 40 Tabellen

Springer

PROF. DR. FRANZ SCHINNER
Institut für Mikrobiologie
Universität Innsbruck
Technikerstraße 25
A-6020 Innsbruck

MAG. RENATE SONNLEITNER
Institut für Mikrobiologie
Universität Innsbruck
Technikerstraße 25
A-6020 Innsbruck

ISBN 978-3-642-64392-7 Springer-Verlag Berlin Heidelberg New York

Die Deutsche Bibliothek – CIP-Einheitsaufnahme
Schinner, Franz: Bodenökologie : Mikrobiologie und Bodenenzymatik / F. Schinner ; R. Sonnleitner. - Berlin ; Heidelberg ; New York ; Barcelona ; Budapest ; Hong Kong ; London ; Mailand ; Paris ; Santa Clara ; Singapur ; Tokyo : Springer Bd. 4. Anorganische Schadstoffe: mit 40 Tabellen - 1997

ISBN-13:978-3-642-64392-7 e-ISBN-13: 978-3-642-60405-8
DOI: 10.1007/978-3-642-60405-8

Soffcover reprint of the hardcover 1st edition 1997

Satz: Reproduktionsfertige Vorlagen vom Autor
SPIN: 10530691 31/3137 – 5 4 3 2 1 0 – Gedruckt auf säurefreiem Papier

Vorwort

Böden sind wesentliche Senken für durch anthropogene Aktivitäten in die Umwelt freigesetzte anorganische Stoffe. Schwermetalle und Elemente, wie Selen, Arsen und Fluor sowie schwefel- und stickstoffhaltige anorganische Verbindungen, vor allem Schwefeldioxid, Stickoxide und Ammoniak, sind für Böden und angrenzende Umweltbereiche von besonderer Relevanz.

Industrie, Gewerbe, Verkehr, Bergbau, Landwirtschaft, Haushalte und Aktivitäten zur Beseitigung von Abfällen sind als Quellen dieser Stoffe anzuführen. Aus Gründen der Verkehrssicherheit bewußt eingesetzte Mittel mit Umweltrelevanz sind die Auftaumittel bzw. Streusalze. Das Natriumchlorid spielt als solches eine dominierende Rolle.

Als klassische Luftschadstoffe traten zunächst anorganische Säurebildner und Oxidantien, wie Schwefeldioxid und Stickoxide, in den Mittelpunkt des wissenschaftlichen und öffentlichen Interesses. Metalle, Halbmetalle und Fluor sind jedoch ebenso wie Kohlendioxid, Kohlenmonoxid, troposphärisches Ozon, Distickstoffoxid und Ammoniak wichtige Luftschadstoffe.

Schwefeldioxid, Stickoxide und Ammoniak werden über die Atmosphäre in den Boden eingetragen. Metalle und Halbmetalle gelangen hingegen nicht nur über die Atmosphäre, sondern auch im Zuge der Lagerung und Beseitigung von Stoffen sowie über den Weg der direkten Bodenapplikation von Abfällen, Abwässern und bestimmten Dünge- und Pflanzenschutzmitteln in den Boden.

Unter den durch menschliche Aktivitäten verstärkt freigesetzten Elementen finden sich solche mit prinzipiellem Schadstoffcharakter, während anderen primär auch eine natürliche Funktion als Makro- oder Mikronährstoffe zukommt. Schädigende Wirkungen der letztgenannten Elemente sind mit höheren Konzentrationen und ungünstigen Verhältnissen zu anderen Nährstoffen verbunden. Beispiele für die erste Gruppe sind die Metalle Pb, Hg und Cd; die Elemente N, S, Cu, Mo, Fe und Mn können als Beispiele für die zweite Gruppe angeführt werden.

Das Verhalten und der Schadstoffcharakter eines in den Boden eingetragenen anorganischen Stoffes wird sowohl durch dessen Quantität und Qualität als auch die Eigenschaften des Bodens bestimmt und ist damit standortabhängig. Im Boden werden diese Stoffe in bodeneigene Bindungsformen überführt. Letztere können sich in ihrer Verfügbarkeit und biologischen Wirkung wesentlich von der ursprünglich eingetragenen Spezies unterscheiden.

Bodenmikroorganismen und -enzyme haben wesentlichen Anteil an der Transformation und Festlegung der eingetragenen anorganischen Stoffe und damit an deren Verteilung und Verhalten im Boden. Anorganische Schadstoffe können jedoch, anders als viele organische Schadstoffe, nicht durch Mineralisierung aus dem Boden entfernt werden.

Erfolgte die Beurteilung chemischer Bodenbelastungen zunächst vornehmlich auf der Basis chemisch/physikalischer Parameter, so wurde der Wert der Einbeziehung auch mikrobieller und bodenenzymatischer Parameter zunehmend erkannt.

Die quantitative und qualitative Beeinflussung von Bodenmikroorganismen und -enzymen durch anorganische Schadstoffe konnte in zahlreichen Untersuchungen gezeigt werden. Unter dem Einfluß anorganischer Schadstoffe treten Veränderungen physikalischer, chemischer, physikalisch-chemischer und biologischer Bodeneigenschaften auf. Mikroorganismen und biochemische Stoffumsetzungen können deshalb durch anorganische Schadstoffe sowohl direkt als auch indirekt, über sogenannte Sekundäreffekte, beeinflußt werden.

Im ersten Kapitel dieses Bandes werden zunächst Quellen von Metallen, Halbmetallen und von Fluor sowie das Verhalten dieser Elemente im Boden behandelt. Wechselwirkungen mit Mikroorganismen im Boden und deren Einfluß auf die Qualität und Quantität der den Boden besiedelnden Mikroorganismen werden ebenso umfassend dargestellt wie deren Einfluß auf biochemische Stoffumsetzungen. Auch wird auf den Problemkreis der Etablierung von Richt- und Grenzwerten für potentiell toxische Elemente im Boden Bezug genommen. Die Standorteigenschaften sind wichtige Faktoren bei der Bestimmung jener Elementkonzentration, bei welcher die Hemmung eines bodenbiologischen Parameters auftritt. Neben der Relevanz solcher Befunde für die Erarbeitung standortspezifischer Grenzwerte für potentiell toxische Elemente, zeigen diese auch wichtige Implikationen für die Wahl von Standorten zur Entsorgung von schadelementhaltigen Abfällen auf. Perspektiven der mikrobiologischen Sanierung schwermetallkontaminierter Böden schließen das erste Kapitel ab.

Das zweite Kapitel ist schwefel- und stickstoffhaltigen Luftschadstoffen gewidmet. Auch hier werden zunächst die Quellen und die Natur der Stoffe betrachtet. Ein wesentlicher Schwerpunkt wird dem Themenkreis der Bodenversauerung eingeräumt. Gleiches gilt für das Phänomen der „neuartigen Waldschäden“ und die Befunde der diesbezüglichen Ursachenforschung. Der Rolle des Bodens gilt dabei besonderes Augenmerk. Die mit der Kalkung und Düngung von Waldböden verfolgten Ziele, die Beeinflussung mikrobiologischer und enzymatischer Parameter durch diese Maßnahmen und die Eignung biologischer Parameter als Indikatoren einer Meliorationsmaßnahme, werden behandelt. Die Beeinflussung mikrobiologischer und biochemischer Bodenparameter durch schwefel- und stickstoffhaltige Depositionen wird in einem weiteren Kapitelabschnitt diskutiert.

Das dritte Kapitel beschäftigt sich mit dem Themenkreis der Streusalzapplikation. Dabei werden vor allem die durch Natriumchlorid induzierten Veränderungen nichtbiologischer, mikrobiologischer und biochemischer Bodeneigenschaften dargestellt.

Frühjahr 1997

F. Schinner
R. Sonnleitner

Inhaltsverzeichnis

1 Metalle und Halbmetalle

Schwermetalle und Elemente, wie Selen, Arsen und Fluor, die Ökosysteme über die Luft, das Wasser oder durch direkte Bodenkontamination erreichen, können entsprechend ihrer ökochemischen Funktion in Spurenelemente (Mikronährstoffe) oder potentielle Gifte eingeteilt werden. Die umfangreichste Gruppe der Metalle sind die Schwermetalle. Eine Dichte von 3.5–5 gilt als Grenze zwischen Leicht- und Schwermetallen. Als Halbmetalle wird eine Reihe von Elementen bezeichnet, die in der 3. bis 6. Gruppe des Periodensystems stehen und deren Eigenschaften zwischen denen der Metalle und der Nichtmetalle liegen. Wichtige Halbmetalle sind Antimon, Arsen, Wismut, Bor, Selen und Tellur. Zu den Nichtmetallen zählende Elemente mit toxischem Potential, wie Fluor und Brom, werden in der Literatur meist gemeinsam mit Metallen und Halbmetallen berücksichtigt. Diese Konvention wird auch in dieser Präsentation beibehalten.

In der Gruppe der essentiellen Mikronährstoffe, wie Fe, Mn, V, F, Co, Mo, Se, B, Zn, Cu, Ni und Cr, treten Schwermetalle auf. Andere Schwermetalle, wie Pb, Cd oder Hg, üben keine Funktion als Spurenelemente aus.

Ein Charakteristikum der Schwermetallphysiologie besteht darin, daß, obgleich viele der Schwermetalle für Lebewesen essentiell sind, von diesen auch umfassende toxische Effekte auf Zellen ausgeübt werden. Einige Schwermetalle, einschließlich Cu, Zn, Fe und Mn, sind für die meisten Organismen wesentliche Spurenelemente. Der Bedarf an diesen ist üblicherweise gering. Dieser dürfte sich innerhalb eines Konzentrationsbereiches von 1 bis 100 µg/g trockene Biomasse bewegen; höhere Spiegel sind oft toxisch. Während mehrere Schwermetalle in mikromolaren Konzentrationen toleriert oder sogar erfordert werden, beeinträchtigen oder unterdrücken diese das Wachstum bei millimolarer Konzentration. Cu, Co, Ni, Mo, V und Zn gehören zum letzteren Typ. In millimolaren Konzentrationen werden sie nur von Mikroorganismen toleriert, welche über spezielle Schutzmechanismen verfügen (Ohya et al. 1988). Bezüglich der Mikronährstofferfordernisse von Bodenmikroorganismen besteht Forschungsbedarf.

Essentielle Metalle werden als Bestandteile von Enzymen gefunden. Toxische Effekte von nicht essentiellen Metallen können in der Blockierung der Verfügbarkeit oder Aktivität von essentiellen Metallen bestehen.

Kompetitive Wechselwirkungen können auch zwischen essentiellen Metallen auftreten.

In Abhängigkeit vom betreffenden Metall und der Organisationshöhe des Organismus können Metalle ihre toxische Wirkung auf dem Niveau von Molekülen, Zellen, Geweben und Organen entfalten. Allergene, mutagene, teratogene und carcinogene Wirkungen von Metallen sind bekannt.

Die physiologischen, ökologischen und toxikologischen Wirkungen metallischer bzw. nichtmetallischer Elemente sind von deren Konzentration und chemischer Form, der Spezies, abhängig.

1.1 Natürliche und anthropogene Quellen

Böden enthalten von Natur aus Schwermetalle in Mengen, welche je nach geologischem Untergrund variieren. Bei nicht intensiv bewirtschafteten, nicht immissionsbelasteten Böden ist die Ausstattung mit Schwermetallen das Ergebnis der Gesteinsverwitterung und anderer bodenbildender Prozesse. In Abhängigkeit vom Ausgangsgestein und weiteren bodenbildenden Faktoren, unterscheiden sich Böden in Gehalt, Verteilung und Bindungsform dieser Elemente.

Beispielhaft wird auf Aichberger et al. (1981) Bezug genommen. Diese Autoren erfaßten an Hand von 520 zufällig ausgewählten Böden Oberösterreichs und verschiedenen, mehrere Bodentypen umfassenden Profilen, den Grundgehalt und die Verteilung einiger Schwermetalle. Der Schwermetallgehalt der Böden variierte bei Zn zwischen 32 und 220 ppm, bei Cu zwischen 4 und 82 ppm, bei Ni zwischen 2 und 117 ppm, bei Cr zwischen 5 und 128 ppm, bei Pb zwischen 5 und 131 ppm und bei Cd zwischen 0.07 und 2.4 ppm. Die Böden aus den verschiedenen geomorphologischen Regionen unterschieden sich in ihren durchschnittlichen Schwermetallgehalten und bestätigten die Abhängigkeit der Gehalte vom geologischen Ausgangsmaterial. In der Regel wiesen die Böden der Kalk-Flyschzone die höchsten Grundwerte auf, gefolgt vom Deckenschotter-Terrassengebiet. Die niedrigsten Schwermetallgehalte wurden in den Böden des Kristallin- und Schliergebietes gefunden. Profiluntersuchungen ergaben eine relativ gleichmäßige Verteilung von Cu, Zn, Ni und Cr in den einzelnen Bodenhorizonten. Die Gehalte an Pb und Cd nahmen hingegen mit zunehmender Profiltiefe ab und korrelierten signifikant positiv mit dem organischen Substanzgehalt der Böden.

Die Gegenwart von Schwermetallen in relativ hohen Konzentrationen ist auf bestimmte Mineralien beschränkt. In der Regel werden kritische Schwermetallkonzentrationen in Böden nicht erreicht. Die höchsten Werte finden sich in der Umgebung abbauwürdiger Schwermetallvorkommen.

Eine Reihe von Elementen wird, als Folge menschlicher Aktivitäten, in großen Mengen freigesetzt. Bei landwirtschaftlich genutzten sowie bei immissionsbelasteten Böden treten bei der Elementausstattung Abweichungen von den natürlichen Ausgangsbedingungen auf.

Eikmann et al. (1991) gaben Gesamtgehalte und tolerierbare Gesamtgehalte für einige Elemente in Kulturböden an.

Tabelle 1. Gesamtgehalte einiger Elemente in Kulturböden sowie tolerierbare Gesamtgehalte; Orientierungsdaten

Element	Gesamtgehalte in lufttrockenem Boden (mg/kg)		
	häufig[a]	besondere bzw. kontaminierte Böden	tolerierbar
Arsen	<1–10	<15 000	
Bor	5–30	<1 000	25
Beryllium	0.01–1	<2 300	
Brom	1–10	<100	10
Cadmium	<0.1–1	<1 500	
Cobalt	1–10	<800	50
Chrom	2–10	<20 000	
Kupfer	1–20	<22 000	
Fluor	50–200	<8 000	200
Gallium	<0.5–10	<300	10
Quecksilber	0.01–0.5	<2 000	
Molybdän	<1–5	<200	5
Nickel	2–50	<10 000	
Blei	<5–100	<30 000	
Antimon	<0.1–0.5	<1 000	5
Selen	0.1–1	<3 600	
Zinn	1–20	<800	50
Thallium	<0.1–0.5	<40	
Uran	<0.1–1	<115	5
Vanadium	10–100	<1 000	50
Zink	3–50	<20 000	
Zirkon	<10–300	<6 000	300

[a] In urbanen Bereichen werden häufig auch Gehalte bis zum Doppelten des zweiten Wertes gefunden.

Nach Eikmann et al. (1991).

In einer weiteren Publikation wurden nutzungs- und schutzgutbezogene Orientierungswerte für Metalle in Böden präsentiert (Eikmann und Kloke 1993). Toleranz- und Interventionswerte werden dabei unterschieden. Der Interventionswert ist jener (Gesamt)Gehalt im Boden, bei welchem Schäden an Schützgütern (wie Pflanzen, Tieren, Menschen) und an Nutzungen und Ökosystemen erkennbar werden. Entsprechend ist der Toleranzwert jener Gehalt, welcher bei dauernder Einwirkung die „normale“ Lebens- und Leistungsqualität auch langfristig nicht negativ beeinträchtigt.

Entsprechend Laville-Timsit (1987) sollte im Zusammenhang mit Bodenverschmutzung der Begriff „Verschmutzung“ im Sinne von „mobilisierbaren Elementen“ und „Verteilungsrisiko“ definiert werden. Dies bedeutet in jedem Fall eine vergleichende Messung mit dem ursprünglichen Zustand. Ebenso sollte die Form, in welcher die Metalle vorkommen und deren Stabilitätsbereiche bekannt sein.

Metalle gelangen vor allem durch nasse und trockene Deposition sowie durch die direkte Zufuhr bestimmter Materialien, wie Abwasser, Klärschlamm, Müllkomposte oder auch Düngemittel, in den Boden. Metalle können Böden über den Weg der Erosion, der Lösung und Perkolation, der Umwandlung in volatile Verbindungen sowie des Einbaus in Biomasse (Abernten von Pflanzen) verlassen. Ein wesentlicher Teil des Metallgehaltes von Pflanzen kann aus der Interzeption stammen. Die pflanzliche Abgabe von Metallen durch Wurzelexsudation wird ebenfalls beobachtet.

Vergleichende Untersuchungen zeigen die historische Entwicklung der anthropogen bedingten Veränderungen von Bodenschwermetallgehalten. In fossilen Böden, welche noch in vorindustrieller Zeit überdeckt wurden, kann die natürliche Grundbelastung der Böden mit Schwermetallen gemessen werden. Beispielsweise konnte in der Schweiz in fossilen Oberböden, im Vergleich zu heute genutzten, je nach dem untersuchten Metall ein Anreicherungsfaktor von 1.3 bis 4 gegenüber dem ursprünglichen Zustand ermittelt werden (Statistisches Jahrbuch der Schweiz 1994). Schrimpff (1980) konnte durch Bestimmung der Schwermetallverteilung in den Jahresringen einer 180jährigen Tanne aus dem Fichtelgebirge ein anschauliches Bild von der Entwicklung der Schwermetallemission geben. Während sich das vorige Jahrhundert etwa ab dem Jahr 1840 durch einen langsamen Anstieg sehr geringer Gehalte an Pb, Cd, Zn und Cu präsentierte, stiegen kurz vor der Jahrhundertwende insbesondere die Gehalte an Pb und Cd erheblich an und verharrten auf erhöhtem Niveau. Nach 1950 nahmen die Schwermetallkonzentrationen stark zu und erreichten 1975 (letzter Jahresring) die höchsten Werte. Vergleichende Untersuchungen zeigten die Veränderung der Pb-, Zn- und Cu-Gehalte der nordwestdeutschen Waldböden seit Mitte der sechziger Jahre (von Zezschwitz 1986). Die aus den Pb-, Zn-, Cu- und Ni-Gehalten von Zweit- und Erstproben errechneten Korrelationen waren hoch signifikant. Während die Gehalte an

Pb und Cu angestiegen waren, war Zn teilweise abgereichert worden. Van Driel und Smilde (1990) nahmen historischen Bezug auf die Schwermetallkontamination, speziell auf jene durch Zink. In den späten fünfziger Jahren konnte an Flußbänken, aufgrund von Zn-verschmutztem Flußwasser, Zn-Toxizität beobachtet werden. In den späten sechziger Jahren wurde die Metallkontamination der Flüsse Meuse und Rhein entdeckt. In den siebziger Jahren konnte Zn-Toxizität durch atmosphärische Verunreinigung gezeigt werden. Die damit assoziierte Cd-Toxizität wurde erst einige Jahre später erkannt. In den vergangenen Jahrzehnten nahm auch die Bedeutung der Landwirtschaft als Quelle für erhöhte Metalleinträge in den Boden zu. Der intensive Einsatz bestimmter Düngemittel, vor allem Cd-haltiger Phosphatdünger, trägt ebenso wie der aufgrund der Nutzung metallhaltiger Futtermittelzusätze anfallende metallbelastete Wirtschaftsdünger (vor allem Cu, Zn), zur Zunahme des Metallgehaltes in Böden bei.

Forschungsbedarf besteht zum quantitativen und qualitativen Emissions- und Immissionsgeschehen in Bezug auf potentiell toxische Elemente sowie zum Gehalt der Böden an solchen Elementen.

Was Österreich betrifft, so kann bisher auf die Existenz eines flächendeckenden Überblicks über die Belastung österreichischer Böden mit Schwermetallen und anderen potentiell toxischen Elementen nicht verwiesen werden. Es gibt eine Reihe von Einzeluntersuchungen, deren Ergebnisse aufgrund abweichender Vorgangsweisen bei der Probennahme sowie bei der Analyse nur teilweise vergleichbar sind. Auf Bundesebene werden Aktivitäten gesetzt, diese Ergebnisse zu einem Schwermetallkataster zusammenzufassen. Daneben gibt es in verschiedenen Bundesländern Aktivitäten zur Erstellung von Boden- bzw. Schwermetallkatastern. Im Jahre 1992 war es erstmals möglich, für Österreich die Gesamtemissionen der Elemente Arsen, Blei, Chrom, Cadmium, Kupfer, Nickel, Quecksilber, Selen und Zink in die Atmosphäre zu erheben. Für das Jahr 1992 beliefen sich die Gesamtemissionen (in Tonnen) für Pb auf 216.9, für Zn auf 99.4, für Ni auf 30.4, für Cu auf 21.7, für Cr auf 5.6, für Se auf 5.3, für Cd auf 5.1, für As auf 4.6 und für Hg auf 4.3 (Umwelt in Österreich 1994). Die Bereiche Verkehr und Kleinfeuerungsanlagen erwiesen sich als die wesentlichen Emittengruppen der Elemente As, Pb, Cd, Cu, Ni und Zn. Der Verkehr stellt auch eine wesentliche Quelle für Cr und Kleinfeuerungsanlagen stellen eine solche für Hg dar. In der Schweiz konnten nur für Blei elementspezifische Emissionswerte angegeben werden. Die Bleiemissionen hatten bezogen auf den Beobachtungszeitraum ab 1950 zunächst zugenommen und 1970 mit 1800 t einen Höchststand erreicht. Seither sind die Werte rückläufig. Diese betrugen im Jahre 1990 insgesamt 440 t; davon entfielen auf den Verkehr 290 t, auf die Haushalte 4 t und auf die Industrie (einschließlich Gewerbe, Handel, Landwirtschaft) 150 t.

Jene Metalle, welche im Zusammenhang mit der Anreicherung im Boden, der Aufnahme durch Pflanzen und der Kontamination von Grund-

wasser die größte Aufmerksamkeit erhielten, schließen Cd, Cr, Cu, Hg, Ni, Pb und Zn ein. Die Elemente Cd, Cr, Hg und As weisen eine sehr hohe Toxizität für Mensch und Tier auf, während die Toxizität von Pb, Ni, Mo und F als mäßig und jene von B, Cu, Mn und Zn als relativ gering eingestuft wird.
Bezugnehmend auf mehrere Autoren (Williams und David 1976; Merian 1984; von Zezschwitz 1986; Ivleva et al. 1987; Kumpfmüller et al. 1989; Gäth und Frede 1990) sollen in der Folge wesentliche anthropogene Schwermetallquellen zusammengestellt werden.

Verbrennung fossiler Energiestoffe sowie von Müll und Klärschlamm. Kohlenkraftwerke und Müllverbrennungsanlagen stellen großflächig und überregional wirksame Schwermetallquellen dar. Mit dem Feinstaub werden die in den Brennstoffen enthaltenen Schwermetalle über große Entfernungen verfrachtet und sorgen für eine weiträumige Belastung von Boden und Vegetation. Bei der Müllverbrennung verdampft ein wesentlicher Teil der Schwermetalle und gelangt so über die Atmosphäre auf Böden und Vegetation.

Industrie und Straßenverkehr. Vor allem Aufbereitungs-, Verhüttungs-, Verarbeitungs- und Wiederverarbeitungsanlagen für Erze und Altmetalle, die chemische Industrie, die Kunstoffindustrie sowie Ölraffinerien treten als Emittenten für Schwermetalle auf.

Seitens des Verkehrs fließen sowohl Schadstoffemissionen in die Atmosphäre als auch solche in die Straßenabflußwässer ein. Zur verkehrsbedingten Schwermetallbelastung zählen unter anderem der Abrieb von Reifen und Bremsbelägen, Tropfverluste von Kfz-spezifischen Flüssigkeiten, Emissionen der Kraftstoffverbrennung, Korrosionsprodukte und Fahrbahnabrieb.

Gäth und Frede (1990) untersuchten den Schwermetallgehalt von Straßenabflußwasser am Beispiel der Elemente Zink, Blei, Kupfer und Cadmium im Raum der Stadt Gießen. Die Schwermetallgehalte in Straßenabflußwässern unterliegen starken Schwankungen. Die Schwermetallanreicherung auf der Straße kann nicht unbegrenzt erfolgen. Natürliche und durch den Fahrtwind hervorgerufene Luftströmungen, welche zu einem Abtransport von Schmutzstoffen führen, kommen als Ursachen dafür in Frage.

Tabelle 2. Mittlere Schwermetallkonzentration im Niederschlag und Straßenabflußwasser. Die von den Autoren erhaltenen Werte für den Straßenabfluß wurden mit Ergebnissen anderer Autoren verglichen

Element	Regen	Straßenabfluß	
	ppm	ppm	
Zink	0.9	1.94	0.01–22.0[a]
Blei	0.08	0.33	0.003–14.73[a]
Kupfer	0.03	0.09	0.003–0.38[a]
Cadmium	0.001	0.02	0.001–13.73[a]

[a] Wertebereich diverser Autoren.

Nach Gäth und Frede (1990).

Dünge- und Pflanzenschutzmittel. Dünger und Düngerfabriken sind Quellen bzw. Emittenten von Nährelementen und Schwermetallen.

Sowohl Hofdünger als auch mineralische Dünger können unterschiedliche Mengen an Schwermetallen enthalten. In Abhängigkeit von ihrer Herkunft können Phosphatdünger wesentliche Quellen für Schwermetalle, vor allem für Cadmium, darstellen. Viele Gesteinsphosphate enthalten Cd in Mengen zwischen 5–100 ppm. Der Großteil davon tritt in die daraus hergestellten Dünger ein. Wesentliche Mengen an Kupfer und Zink können in Gülle, vor allem Schweinegülle, enthalten sein. Diese beiden Elemente dienen als Futtermittelzusätze.

Unter den Pflanzenschutzmitteln kommt Wirkstoffen auf anorganischer und metall- bzw. metalloidorganischer Basis hinsichtlich des Eintrages potentieller toxischer Elemente in den Boden Bedeutung zu. Das nachteilige Umweltverhalten und toxikologische Aspekte führten in der Zwischenzeit zu einem zunehmenden Rückgang des Einsatzes derartiger Wirkstoffe.

Eine interessante Implikation zwischen Düngemitteln und Pestiziden wurde von Davenport und Peryea (1991) aufgezeigt. Vor der Einführung von DDT im Jahre 1947 diente saures Bleiarsenat als primäres Mittel zur Insektenkontrolle in Obstgärten. In mit Bleiarsenat-Pestizidrückständen kontaminierten Böden kann die Mobilität von Pb und As durch hohe Dosen an Monoammoniumphosphat- oder Monocalciumphosphatdüngern verändert und die Verfügbarkeit des As für Pflanzen oder die Belastung des Grundwassers mit As temporär gefördert werden.

Vaychis et al. (1989) konnten feststellen, daß die Emissionen einer Stickstoffdüngerfabrik zu einer Anreicherung von mobilem Phosphor, Nitrat und Ammonium sowie von mobilem Kalium in der Waldstreu führten. Metallische Elemente wurden in der Streu gleichfalls angereichert. In der am stärksten beeinträchtigten Zone betrug die Anreicherung an Strontium (Sr) durchschnittlich das 38fache, an Lanthan (La) das Neunfache, an Cerium (Cer) das Sechsfache sowie an Nickel (Ni) und Vanadium (V) das Dreifache der Kontrolle. In einer Entfernung zur Fabrik von bis zu 0.5 km wiesen die Böden eine Anreicherung von Barium (Ba), Strontium und Lanthan auf, wobei die Streu stärker betroffen war als die mineralischen Horizonte. Die chemische Analyse der Waldvegetation zeigte, daß die Emissionen der Düngerfabrik zu wesentlichen Erhöhungen der Konzentrationen an Schwefel (Faktor 2–4), Fluorid, (Faktor 5–10), Stickstoff (Faktor 1.5–3) und Kalium (Faktor 1.5–2.2) in den Assimilationsorganen der Pflanzen im Vergleich zur Vegetation aus nicht belasteten Zonen führten. Die atmosphärische Verunreinigung verursachte im Vergleich zur Kontrolle eine Anreicherung von Sr, Ba, Mg, Ti, V, La, Ni, Zr, Y, und Cer in den Blättern und Nadeln der Bäume und einen Rückgang an B, Zn und Cu.

Abfallbewirtschaftung, Deponien und Altlasten. In den Industriestaaten stellt sich das Problem der Entsorgung steigender Volumina an Abfällen aus den verschiedensten Bereichen. Abfall und Abfallentsorgungsvorgänge sind wesentliche Quellen der Schwermetallkontamination von Böden. Abwässer, Klärschlämme, Müllkomposte, Klärschlammkomposte, Müllklärschlammkomposte, Schlammaschen, Raffinerieabfälle und Flugaschen sind hier anzuführen. Aus ökologischer Sicht wäre die Rückführung von Industrie-, Gewerbe- und Siedlungsabfällen in den Stoffkreislauf durch landwirtschaftliche Verwertung die beste Lösung des Entsorgungsproblems. Im Sinne der Realisierung geschlossener Kreisläufe besteht Interesse am Einsatz von Abfallmaterialien (z.B. Klärschlamm, Stadtmüll, Flußsedimenten) als Bodenzusätze oder Pflanzensubstrat. Da derartige Materialien neben günstigen Eigenschaften auch Gefahren für Boden, Wasser und Lebewesen bergen, ist die Etablierung von Richtlinien und gesetzlichen Vorschriften, welche den Einsatz dieser Materialien regeln, von Nöten.

Die Einschleusung von Abfällen in den Kreislauf der Stoffe wird oftmals durch hohe Schadstoffgehalte der Materialien verhindert. So brachte die Entwicklung der letzten Jahre einen deutlichen Trend zu größeren Kläranlagen, in welchen Haushaltsabwässer gemeinsam mit industriellen Abwässern gereinigt werden. Ein zunehmender Anteil der Klärschlämme wird dadurch belastet und macht diese für die Landwirtschaft unbrauchbar.

Zur Verhinderung einer übermäßigen Anreicherung von Mikronährstoffen (Cu, Zn) und toxischen Metallen (Cd, Pb) im Boden wurde der Einsatz von Abfällen (Stadtmüllkompost, Klärschlamm) in einigen Staaten gesetzlich eingeschränkt. Alternativen zur Landapplikation des Abwasserschlammes, welcher oftmals wesentliche Mengen an Cd, Zn, Ni und anderen Elementen enthält, sind die Verbrennung, das Einkippen in das Meer, die Deponierung oder die Pyrolyse (Cappon 1984).

Mn, Zn, Cu, Ni, Co, Cr, Pb, Cd und Hg sind jene Metalle, welche gewöhnlich im Zusammenhang mit Abfallprodukten in der Landwirtschaft diskutiert werden. Pb, Cd und Hg sind ausschließlich ungünstig zu bewerten. Die Elemente Mn, Zn, Cu, Co, Cr und Ni fungieren als Spurenelemente. Manche Böden sind mit bestimmten Elementen unterversorgt. Spurenelementüber- bzw. -unterversorgung beeinflußt die Zusammensetzung der Vegetation und die Menge und Qualität der Biomasse. Der natürliche Gehalt von Böden an Mn, Cu und auch Zn kann für eine adequate Versorgung der Pflanzen zu gering sein. Mangelkrankheiten und/oder Ertragseinbußen können als Folgen davon auftreten. Im Falle von Mn, Zn, Cu und Co kann der Gehalt der Feldfrüchte für eine entsprechende Versorgung der Tiere zu gering sein. Der kontrollierte Einsatz von mit essentiellen Spurenelementen angereicherten Abfällen könnte in Spurenelementmangel-Böden zur Anpassung ihres Angebotes an diesen Elementen beitragen. Die Anreicherung solcher Elemente zu toxischen Konzentrationen infolge wiederholter Applikation sowie die ebenfalls eingebrachten toxischen Elemente und organischen Schadstoffe stellen jedoch ein Problem dar. Die Entwicklung geeigneter mikrobiologischer oder enzymatischer Verfahren zur Entfernung bzw. Reduktion von Problemstoffen aus (in) Abfällen bzw. deren Produkten könnte einen Beitrag zur Lösung dieser Probleme darstellen.

Von unzureichend ausgestatteten Deponien oder von Altlasten können punktuelle, manchmal aber auch lineare Belastungen beträchtlichen Ausmaßes ausgehen. Bei Altlasten handelt es sich um aufgelassene oder wilde Deponien bzw. um aufgelassene Industriestandorte, an welchen mit gefährlichen Chemikalien gearbeitet wurde. Defekte Leitungs- oder Kanalsysteme sind ebenfalls zu nennen.

Sedimente von Fließgewässern. In den von belasteten Fließgewässern mitgeführten Sedimenten reichern sich Schwermetalle an. Durch Überschwemmungen oder durch Aufbringung von Baggergut können diese in den Boden gelangen.

Deposition von Schwermetallen

Aus der Kenntnis der wichtigsten Quellen für die einzelnen Schwermetalle in der Atmosphäre lassen sich Aussagen über deren Vergesellschaftung mit anderen Elementen, deren Bindungsform, deren Auftreten in bestimmten Teilchengrößen und damit über deren Transport in der Atmosphäre und ihre Deposition ableiten (Mayer 1981). Der zuletzt zitierte Autor nahm Bezug auf Lindberg et al. (1979). Demgemäß läßt die relative

Verteilung der Elemente auf die Durchmesserklassen der Aerosolteilchen Rückschlüsse auf ihre Quelle zu.

Tabelle 3. Zusammenhang zwischen Durchmesserklasse der Aerosolteilchen und Emissionsquelle

Durchmesserklasse	Quelle
Partikel < 1 µm	Gasreaktion in der Atmosphäre, Verbrennungsvorgänge
Partikel > 1 µm	Bodenstaub, industrielle Schleif- oder Mahlprozesse

Nach Lindberg et al. (1979).

Gorbatov (1988) gab Nichteisenmetallbetriebe als anthropogene Hauptquelle für toxische Schwermetalle in der Umwelt an. Die Bodenkontamination im Umkreis dieser Betriebe ist die Folge einer graduellen Deposition von fein zerteilten Staubpartikeln aus den Schornsteinen auf der Bodenoberfläche. Die atmosphärischen Emissionen konnten hinsichtlich der chemischen Zusammensetzung als relativ einheitlich angegeben werden, wobei Oxide vorherrschen. Die Größe der Oxidteilchen variiert mit einem Bereich von hunderten bis zehn Mikrometer stark. Zink-, Blei- und Cadmiumoxide werden als unabhängige Mineralien gefunden werden. ZnO, PbO und CdO treten in Kernzonen auf, werden aber in Böden unter natürlichen Bedingungen nicht gefunden. Die Wechselwirkung von Oxiden sowie von anderen schwerlöslichen Schwermetallverbindungen mit Böden wurden kaum untersucht. Der zuletzt zitierte Autor präsentierte eine Untersuchung zur Stabilität von Schwermetalloxiden und deren Transformation in drei verschiedenen Bodentypen (Rasenpodsol, Tschernosem, Sierozem).

Grundsätzlich werden zwei Arten der Ablagerung von Stoffen auf terrestrischen Oberflächen unterschieden:

- Nasse Deposition. Es ist dies die Auswaschung von Partikeln und Gasen und deren Ablagerung an der Erdoberfläche mit Niederschlägen.
- Trockene Deposition. Es ist dies die Ablagerung von Partikeln und Gasen an der Erdoberfläche außerhalb der Niederschlagsereignisse.

Im Falle der nassen Deposition können die Stoffe gelöst oder ungelöst vorliegen. Werden die Niederschläge mit Auffanggefäßen erfaßt, die auch während der niederschlagsfreien Zeit geöffnet bleiben, wird nicht nur die nasse Deposition, sondern auch die vertikale Komponente der trockenen Deposition erfaßt.

In die Atmosphäre emittierte Schwermetalle unterliegen je nach Wetterlage einer mehr oder minder großräumigen Verbreitung. Neben der Häufigkeit der Windrichtungen und -geschwindigkeiten spielen bei der Verbreitung und Deposition der Schwermetalle die Reliefformen sowie Nebelhäufigkeiten eine Rolle. Die in kleinsten Teilchenfraktionen emittierten Schwermetalle können bei Hochdruckwetterlagen in der Atmosphäre trocken transportiert werden; deren Assoziation in Aerosolen überwiegt jedoch. Im Regenwasser kommen Schwermetalle großteils gelöst vor.

Der Transport zur Erdoberfläche erfolgt bei großen Partikeln (> 5 µm) vorherrschend durch freien Fall mit vertikaler Komponente (Sedimentation), bei Aerosolen (Partikel < 5 µm) und Gasen durch konvektiven Transport und Diffusion mit großteils horizontaler Komponente. Bei dem zuletzt genannten Prozeß der Ablagerung spielt die Reaktion mit der Oberfläche eine wichtige Rolle, da nur eine Fixierung an der Oberfläche den Rücktransport der Aerosole und Gase in die Atmosphäre verhindert.

Die Rate der Deposition von Luftschadstoffen ist von der Konzentration der partikulären und gasförmigen Schadstoffe in der Luft, der orographischen Situation (z.B. dem Wind exponierte Außenhänge, Rücken und Plateaus) sowie von der Fähigkeit des Ökosystems Luftschadstoffe zu filtern abhängig.

Es konnten Hinweise darauf erhalten werden, daß die trockene Deposition von Luftverunreinigungen in Wäldern in einer ähnlichen Größenordnung liegt wie die nasse Deposition. Unter Verwendung bekannter Reaktionsraten und Umsetzungen in der Atmosphäre und von Ausbreitungs- und Depositionsgeschwindigkeiten berechneten Lindberg et al. (1979) einen Rahmen für das Verhältnis zwischen trockener und nasser Deposition in einem Waldgebiet in Tennessee bei einem mittleren jährlichen Niederschlag von 1300 l/m^2. Danach beträgt die trockene Deposition das 0.7- bis siebenfache der nassen. Dieser Rahmen ist sehr weit gespannt.

Die trockene Deposition stellt einen wichtigen, wenn nicht dominierenden, Faktor des atmosphärischen Eintrages dar (Mayer 1981). Dies ist bemerkenswert, da noch bis vor einigen Jahren dieser Fluß bei der Untersuchung von biogeochemischen Kreisläufen der Elemente vernachläßigt oder ignoriert wurde. Die schwierige Meßwerterfassung kann als Ursache dafür genannt werden. Es wurden Versuche unternommen, den Fehler durch das Aufstellen von Kollektoren, welche nur während der niederschlagsfreien Periode geöffnet waren, zu vermeiden. Die gesammelten Staubpartikel wurden als trockene Deposition definiert. Die Interzeption bleibt dabei jedoch unberücksichtigt.

Auf einer waldbedeckten Fläche erfolgt der Austausch von Luftschadstoffen zwischen Ökosystem und Atmosphäre vor allem an der

Kronenoberfläche des Waldes. Hier findet der Eintrag von Luftverunreinigungen statt. Wälder vermögen eine erhebliche Menge an aus dem Ferntransport stammenden Schwermetallen auszufiltern. In durch Pb-Immissionen beeinträchtigten Wäldern kann dies ein Ausmaß von 20 kg/ha und in industriegebietnahen Wäldern ein solches von 60 kg/ha aufweisen (Ulrich 1987). Infolge der Filterwirkung des Laubdaches des Waldes ist die Deposition von Luftschadstoffen in Wäldern gewöhnlich wesentlich höher als in Gebieten mit niedriger Vegetation (Wiesen und Ackerland). Koniferenwälder sind als „Riesenfilter“ wirksam und erhalten mehr trockene Deposition pro Flächeneinheit als offenes Land und Wasseroberflächen. Die Filterwirkung der Waldbäume beruht auf der großen kontaminationsfähigen Oberfläche der Waldbäume. Bei Fichten kann diese bis zum 26fachen derjenigen Fläche ausmachen, auf der diese stehen. Fichtenbestände besitzen die stärkste Filterwirkung für Schwermetalle, dies belegen die von Ulrich (1984) mitgeteilten Schwermetall-Depositionsraten für Buche und Fichte.

Schwermetalle werden zwischen Ökosystemkomponenten ungleichmäßig verteilt. In nicht bearbeiteten Ökosystemen mit geringer Ernteintensität (z.B. in Wäldern und Heideland) reichern sich deponierte Schwermetalle im Oberflächenhorizont an. Trocken deponierte Partikel, z.B. auf Koniferennadeln, werden gewöhnlich auf toten Nadeln, Zweigen und anderer Streu oder durch Abflußwasser auf den Waldboden transportiert. Schwermetalle in nasser Deposition werden durch Moos- oder Flechtenteppiche eingefangen und graduell in den organischen Oberboden eingebaut. Schwermetalle werden in Moosen und Flechten und bis zu einem gewissen Ausmaß in Gefäßpflanzen konzentriert. Die großräumig in Moosen, Flechten, Hochmoorpflanzen und in Böden nachgewiesenen Schwermetallanreicherungen belegen deren atmogene Herkunft. Die höchsten Spiegel werden in den organischen Lagen des Bodens gefunden. Diese sind jedoch keine permanente Senke für Schwermetalle. In der organischen Auflage vorrätige Schwermetalle stellen einen wesentlich labileren Pool dar als in Silikaten gebundene Schwermetalle. Dieser Pool kann durch geringe Eingriffe oder Änderung der Umweltbedingungen in kurzer Zeit mobilisiert werden.

Nach dem Verbleib der Schwermetalle unterscheidet Ulrich zwischen Deposition im Bestand, Deposition in Rinde und Holz sowie Vorratsänderungen im Auflagehumus und Mineralboden. Vorratsänderungen im Humus und Boden deshalb, da durch Flüssebilanzen (Mayer 1981) neben An- auch Abreicherungen von Schwermetallen festgestellt werden konnten. Abreicherungen können das Grundwasser belasten. Unter Fichten hatte sich mehr Pb angereichert als unter Buchen (von Zezschwitsch 1986). Umgekehrt waren die Zn-Gehalte unter Buchen gestiegen, unter Fichten dagegen gefallen. Einflüsse der Lage im Relief wirkten sich auf die Änderungsbeträge der Pb- und Zn-Gehalte unterschiedlich aus. Pb reicherte sich in Luv- und Plateaulagen schwächer, in Leelagen stärker an; Zn dagegen nur in Leelagen. In Luv- und Plateaulagen, die im Untersuchungszeitraum signifikant stärker als die Leelagen versauerten, wurde Zn abgereichert. Die Pb- und Zn-Anreicherungen im Lee schienen mit den in dieser Reliefposition ebenfalls erhöhten Kohlenstoffeinträgen zusammenzuhängen. Bei Ni hatten sich im Untersuchungszeitraum keine reliefabhängigen Änderungsbeträge ergeben.

Der Einsickerungsbereich des Stammabflußwassers von Buchenbeständen konnte als extremer Mikrostandort beschrieben werden (z.B. Kazda und Glatzel 1984). Veränderungen der Artzusammensetzung der Bodenvegetation sowie deren flächenhaftes Absterben, die Auswaschung von Nährstoffen und die Anreicherung und teilweise auch die Mobilisierung von Schwermetallen charakterisiert den Einwirkungsbereich des Stammabflusses.

1.2 Verhalten im Boden

Böden verfügen über die Fähigkeit metallische und nichtmetallische Elemente physikalisch, chemisch oder biologisch in einer Weise zu binden, daß deren Wechselwirkung mit Bodenorganismen und Pflanzen eingeschränkt sowie deren Eintritt in angrenzende Wasserkörper oder die Atmosphäre verlangsamt, verhindert oder beschleunigt wird. Diese Fähigkeit ist standortabhängig. In den Boden eingetragene Elemente werden in standorteigene Bindungsformen überführt.

Metallische und nichtmetallische Elemente können, anders als organische Fremdstoffe, in Böden nicht abgebaut werden. Die in einem bestimmten Bodenbereich vorliegende Gesamtmenge eines Elements wird nur durch Ab- und Antransporte verändert. Die Elemente können jedoch in Abhängigkeit von den Standorteigenschaften in unterschiedliche chemische Formen (Spezies) umgewandelt werden. Diese chemischen Formen sind für die Mobilität, Verfügbarkeit und Toxizität der Elemente von entscheidender Bedeutung. Die physiologischen, toxikologischen und ökologischen Wirkungen eines Elements sind konzentrationsabhängig sowie bindungsformspezifisch.

Physikalische, chemische und biologische Bodeneigenschaften, welche das Verhalten und die Toxizität von Elementen wesentlich bestimmen, werden ihrerseits durch den Eintrag solcher Elemente modifiziert. Darin besteht, neben einer direkten Schadstoffwirkung, eine indirekte Wirkung auf die den Boden besiedelnden Organismen und die darin ablaufenden biochemischen Stoffumsetzungen.

Zahlreiche Autoren erkannten, daß Schwermetalle kaum löslich sind und im Boden vorherrschend in einem sorbierten Zustand sowie als Teil von schwerlöslichen anorganischen oder organischen Verbindungen vorkommen. Infolge deren geringer Löslichkeit wird die Bewegung von Schwermetallen in Böden generell als minimal bewertet. Werte für die Konzentration von Spurenelementen in der Bodenlösung werden meist mit < 0.1 mg/l angegeben.

Die Bewegung von Schwermetallen aus dem Bereich der Applikation bzw. Deposition kann erfolgen durch (nach Dowdy und Volk 1984):

- Diffusion
- Massenfluß
- Bewegung von metallbeladenen Partikeln durch offene Bodenkanäle

Die Diffusion von Metallen, entweder als freie Ionen oder als Komplexe, erfolgt über kurze Distanzen und diese kann bei der Metallaufnahme durch Pflanzen eine Hauptrolle spielen. Der Massenfluß wird als das prinzipielle Mittel diskutiert, durch welches Metalle über wesentliche Distanzen innerhalb des Bodens bewegt werden. Die Verlagerung des Metalls mit dem Wasser im Boden erfordert, daß dieses in der löslichen Phase vorliegt oder mit mobilen Teilchen assoziiert ist. Die vertikale Verlagerung von Schwermetallen ist am wahrscheinlichsten, wenn einem Boden, welcher sandig und sauer ist, geringen organischen Substanzgehalt aufweist und hohen Niederschlägen oder Bewässerung ausgesetzt ist, große Mengen an Schwermetallen zugeführt werden. Die Bewegung von Schwermetallen durch offene Bodenkanäle (z.B. Anlegen von Tunneln durch wühlende Tiere oder Rißbildung des Bodens während Naß- und Trockenzyklen) kann aufgrund der mangelnden Wechselwirkung mit der Bodenmatrix vom Boden nicht abgeschwächt werden.

1.2.1 Bindung im Boden

Böden besitzen üblicherweise eine hohe Kapazität zur Bindung von Metallen. Die Bindungskapazität eines Bodens für ein bestimmtes Element muß individuell ermittelt werden. Verschiedenen Bodenbestandteilen kommt bei der Bindung von Metallen und Nichtmetallen eine unterschiedliche Bedeutung zu.

An der Bindung potentiell toxischer Elemente im Boden können beteiligt sein:

- partikuläre und lösliche organische Substanz, wie Huminsäuren, Fulvosäuren, Proteine
- partikuläre anorganische Substanz, wie Tonmineralien, Sesquioxide, Carbonate, Sulfide

- anorganische Ionen unter Bildung von mehr/minder löslichen Salzen oder Komplexen
- Biomasse, tote Organismen und Organismenteile

Metalle können in Böden in fester, adsorbierter und in gelöster Form auftreten. In fester Form liegen die meisten Metalle in ionischer Bindung vor.

Nicht in der festen Phase vorliegende Metallionen werden überwiegend an den Oberflächen der festen Bodenbestandteile adsorbiert. Bestandteilen mit hoher spezifischer Oberfläche und Ladung, wie Tonmineralien, Sesquioxiden (Oxide und Hydroxide des Fe, Mn, Al), organischen Kolloiden sowie auch lebenden und toten Zellen, kommt diesbezüglich Bedeutung zu. Prinzipiell zeigt die Sorptionskraft von Böden eine mit zunehmendem Humus- und Tongehalt steigende Tendenz.

In der Literatur wird zwischen spezifischer und unspezifischer Adsorption unterschieden. Die unspezifische Adsorption beruht auf elektrostatischen Kräften und es sind die variablen sowie permanenten Ladungen von Bodenteilchen, welche in diese Form der Adsorption involviert sind. Bei der spezifischen Adsorption werden die Ionen vornehmlich durch kovalente und koordinative Kräfte an Bodenteilchen gebunden. Man spricht in diesem Zusammenhang auch von der Bildung innersphärischer Komplexe, da bei dieser Art der Bindung die Metallionen ihre Hydrathülle zumindest teilweise verlieren und es zu einer Interaktion zwischen den Elektronenhüllen der beteiligten Partner kommt.

Bei den gelösten Metallspezies werden freie Aquoionen und anorganische sowie organische Komplexe unterschiedlicher Stabilität unterschieden. Bei freien Aquoionen tritt Wasser als Ligand von Kationen auf, d.h. die Kationen sind in Lösung nur von einer Wasserhülle umgeben. Wassermoleküle können von anderen Liganden teilweise oder zur Gänze verdrängt werden. Als solche können beispielsweise Hydroxylionen, Chlorid- und Carbonationen oder auch organische Verbindungen von unterschiedlicher Komplexität wie lösliche Huminstoffe auftreten. Liganden sind als Ionen oder Moleküle definiert, welche sich um ein Kation, ein Zentralatom, gruppieren. Dabei entstehende Komplexe können geladen oder ungeladen sein. Es ist möglich, daß durch Liganden ein Vielfaches eines Ions in Lösung gehalten wird, was entsprechend dem Löslichkeitsprodukt für das Ion theoretisch möglich ist. Bei vielen Organismen konnte die Nutzung dieses Mechanismus zur Aneignung schwer löslicher Elemente beobachtet werden. Wird das Zentralatom von einem Liganden an mehreren Positionen gebunden, so spricht man von Chelatierung, welche zu relativ stabilen Komplexen führt.

Zwischen Metallionen und festen Bodenbestandteilen bestehende Sorptions-/Desorptionsgleichgewichte werden durch die physikochemischen Eigenschaften des Metalls, dessen Konzentration sowie durch Eigen schaften des Empfängersystems beeinflußt. Solche schließen ein:

- Mineralogie
- Qualität und Quantität der organischen Substanz
- Menge an gelöster organischer Substanz
- Bodenreaktion
- Redoxpotential
- Kationenaustauschkapazität
- Ionenstärke und -zusammensetzung
- Wasserverfügbarkeit
- Temperatur
- biologische Aktivität

Die chemische Form von Elementen wird durch oben angeführte Faktoren ebenfalls beeinflußt.

In der Folge sollen einige Eigenschaften von Böden, welche häufig zur Abschätzung des Verhaltens und der Verteilung von metallischen und nichtmetallischen Elementen in Böden genutzt werden, näher berücksichtigt werden.

Bodenreaktion und Redoxpotential

Der pH-Wert ist einer der wichtigsten Faktoren, welcher die Verteilung von Metallen auf die feste, sorbierte bzw. lösliche Phase im Boden bestimmt. Sowohl Protonen (H^+) als auch Hydroxylionen (OH^-) nehmen Einfluß auf das Verhalten von Metallen in Böden. Protonen sind als Kationen von geringer Größe und damit verbunden hoher Ladungsdichte potente Konkurrenten anderer Kationen um Bindungsstellen im Boden. Protonen können andere adsorbierte Kationen vom Sorbenten verdrängen und in Lösung bringen. Umgekehrt kann das OH^--Ion mit gelösten Metallkationen Verbindungen eingehen, welche deren Löslichkeit verringern.

Die meisten Metalle können in Abhängigkeit vom pH-Wert sowie vom Redoxpotential des Mediums als Kationen bzw. als Anionen an Tonmineralien, Sesquioxide, Carbonate und organische Substanz gebunden werden. Diese Bindung kann aber nur dann in einem stärkeren Ausmaß erfolgen, wenn nicht eine rasche Versickerung eine Gleichgewichtseinstellung verhindert. Für verschiedene Elemente ergibt sich aufgrund der unterschiedlichen Ladung in der ionischen Bindungsform ein wesentlicher Unterschied hinsichtlich der Mobilität.

Die Bindung von Metallen ist in der Regel bei neutraler Bodenreaktion intensiver als bei stark saurer. Manche Metalle (z.B. Fe, Al, Mn) weisen die Tendenz auf, bei höheren pH-Werten Oxide/Hydroxide mit geringer Löslichkeit zu bilden. Bei alkalischem pH präzipitieren diese als schwerlösliche Hydroxide oder Oxide. Die meisten Schwermetallhydroxide sind schwerlöslich. Cu, von etwa 1 ppm verschwindet bei jedem Redoxpotential aus der Lösung, wenn der pH-Wert größer als 6 ist sowie bei einem Redoxpotential unterhalb +200 mV, wenn der pH-Wert geringer als 6 ist (Gadd und Griffiths 1978). Zink präzipitiert als Zn-Hydroxid ($ZnOH_2$) oberhalb pH 5. Der pH-Wert bei welchem Präzipitation erfolgt, variiert zwischen verschiedenen Metallen und Oxidationszuständen des selben Elements.

Im Falle anderer Metalle nimmt mit zunehmendem pH der Anteil der Hydroxo-Metallkomplexe und damit die spezifische Adsorption zu. Bei neutraler bis alkalischer Reaktion ist der spezifisch adsorbierte Anteil der Schwermetalle hoch. Im sauren Bereich überwiegt die unspezifische Adsorption. Die Mobilität kationischer Elemente nimmt normalerweise mit abnehmendem pH-Wert stark zu. Im Falle der Ausbildung wasserlöslicher, metallorganischer Komplexe kann jedoch auch bei alkalischer Bodenreaktion die Mobilität von Metallen hoch sein.

Der pH-Wert nimmt Einfluß auf die in bestimmten Zeiträumen infolge An- und Abreicherungen entstandenen Änderungsbeträge von Metallgehalten in Böden (etwa Anreicherung bei höherem, Auswaschung bei niedrigem pH-Wert) (von Zeschwitz 1986).

Die Bindung von Metallen im Boden steht unter dem Einfluß des Redoxpotentials. Redoxpotentiale von über 400 mV werden für sauerstoffreiche Böden angegeben; niedrigere bzw. negative Potentiale kennzeichnen sauerstoffarme bzw. -freie Böden. Hohe positive pE-Werte begünstigen die Existenz oxidierter Formen, niedrige oder negative Werte jene reduzierter Formen. Man spricht in diesem Zusammenhang auch von einem oxidierenden bzw. einem reduzierenden Milieu. Elemente, wie Mn, Fe, Cr, Cu, Ag, Hg, Pb und As, vermögen ihre Oxidationsstufe zu ändern und deren Löslichkeit weist Abhängigkeit vom Redoxpotential auf. Beispielsweise zeigt die Löslichkeit der Metalle Mn und Fe eine starke Abhängigkeit vom Redoxpotential. Nur die höherwertigen Ionen, wie Mn^{3+}, Mn^{4+} und Fe^{3+}, welche erst oberhalb bestimmter Potentiale auftreten, zeigen die Tendenz zur Bildung von Hydroxiden mit geringer Löslichkeit. Mn liegt in Böden mit mittlerem Sauerstoffgehalt (+400 mV) in zweiwertiger Form vor und verfügt über eine hohe Mobilität, während für Fe entsprechendes im sauerstoffärmeren Boden (+150 mV) zutrifft (DVWK 1988). Eine Vielzahl von Metallen bildet bei negativen Redoxpotentialen (0 bis -200 mV) schwer lösliche Sulfide. Die vorangehenden Angaben wurden auf eine neutrale Bodenreaktion bezogen, wohingegen sich die genannte Spanne je pH-Einheit um 60 mV erhöht. Bei einem pH von 6 sollte demnach der Bereich der Sulfidbildung zwischen +60 bis -140 mV liegen.

Das Redoxpotential weist also nicht nur eine direkte Wirkung auf bestimmte Elemente auf. Dieses beeinflußt das Verhalten von Elementen auch indirekt über das Auftreten von Sulfidionen und organischen Säuren sowie die Auflösung von Oxiden und Hydroxiden unter reduzierenden Bedingungen. Durch diese Vorgänge können schwerlösliche Metallsulfide gebildet, Metalle in lösliche metallorganische Spezies überführt oder, im Falle der Auflösung von oxidischen Verbindungen, an/in diese(n) gebundene Elemente freigesetzt werden.

Anorganische und organische Substanz

Metalle können in oder an anorganische(n) Substanzen, wie Tonmineralien und Metall(hydr)oxiden, gebunden vorliegen. Die Bindung an anorganische Komponenten kann über den Mechanismus der unspezifischen sowie spezifischen Adsorption erfolgen.

Wie bereits angeführt, beruht die unspezifische Adsorption auf elektrostatischen Kräften und weist gegenüber der spezifischen Adsorption eine relativ geringe Bindungsstärke auf. Bei der spezifischen Adsorption werden Kationen und auch Anionen weitgehend unabhängig von ihrer Ladung und Hydratation vom Sorbenten stark bevorzugt. Diese Bevorzugung kann nicht allein auf elektrostatische Kräfte zurückgeführt werden und es treten zusätzliche Kräfte, wie van der Waals und kovalente Kräfte, auf. Die durch eine größere Bindungsstärke gekennzeichnete spezifische Adsorption findet im wesentlichen an hydroxylierten Oberflächen von Fe-, Al- und Mn-Oxiden nach Deprotonierung der OH-Gruppen statt. Hydroxokomplexe von Metallen (z.B. $MeOH^+$) werden bevorzugt sorbiert (DVMK 1988). Demgemäß nimmt die spezifische Adsorption an Oxidoberflächen mit zunehmender Neigung der Metalle zur Bildung von Hydroxokomplexen zu, wobei die Reihe mit Cd < Ni < Zn << Cu ≤ Pb angegeben wird. Diese Form der Bindung nimmt gewöhnlich bei der Zunahme des Fe- und Mn-Oxidgehaltes oder generell mit dem Tongehalt zu. Manche Schwermetalle können auch in Sesquioxide okkludiert, das heißt bei der Fällung in deren Struktur eingebaut, werden.

Tonmineralien können durch Präzipitation, durch physikalischen Einschluß und durch Ionenaustausch wesentliche Mengen an Metallen fixieren. Diese binden Metalle vor allen über den Mechanismus des Ionenaustausches.

Es findet auch eine sehr langsam ablaufende Diffusion von Schwermetallen in das Gitter von Fe- und Mn-Oxiden und zum Teil auch von Tonmineralien statt. Eine weitgehend irreversible Festlegung von Schwermetallen wird dadurch möglich. Durch eine solche Form der Bindung werden Metalle in eine für Pflanzen und Mikroorganismen nicht aufnehmbare Form überführt. Deren Freisetzung kann erst bei der Auflösung der Mineralien erfolgen. Untersuchungen zum Sorptionsverhalten von Cobalt an illitischen Bodenproben zeigten die irreversible Natur der Sorption an (Walters et al. 1992).

Sauerstoffanionen von Metallen verhalten sich in Böden unterschiedlich zu Metallkationen. Während kationische Elemente oberhalb des Ladungsnullpunktes durch unspezifische Adsorption an Sorbenten gebunden werden, werden die im Boden überwiegend in der anionischen Form auftretenden Elemente Fluor, Arsen, Selen und Molybdän erst unterhalb des Ladungsnullpunktes, vorwiegend im sauren Bereich, unspezifisch gebunden. Eine Festlegung durch spezifische Adsorption und Fällung kann auch bei höheren pH-Werten erfolgen. Molybdän, als Molybdat sauren Böden zugesetzt, verwandelt sich infolge der Adsorption an Oberflächen von Sesquioxiden langsamer in eine weniger lösliche Form. Eisen-Molybdat besitzt minimale Löslichkeit bei pH 2.7, Aluminium-Molybdat bei pH 4.8. Kalkung erhöht die Aufnahme von Molybdän durch Pflanzen. Die erhöhte Stabilität von Molybdän-Komplexen in Böden bei erhöhter Acidität ist für den Stickstoffmetabolismus des Bodens von großer Bedeutung und steht im Gegensatz zum Verhalten von Komplexen der meisten anderen Schwermetalle.

Die organische Bodensubstanz beeinflußt als Sorbent für Metallionen und als Partner für die Ausbildung metallorganischer Komplexe unterschiedlicher Löslichkeit und Stabilität die Mobilität und Verfügbarkeit von Metallen in Böden wesentlich. Die Ausbildung von Komplexen mit Humussubstanzen repräsentiert einen wesentlichen Aspekt der Chemie von Schwermetallen in Böden.

Die metallbindende organische Substanz des Bodens schließt sowohl lösliche als auch partikuläre Fraktionen von Pflanzen, Tieren sowie Mikroorganismen und deren Produkte ein. Als Kationen oder als Kationenkomplexe können Metalle durch elektrostatische Anziehung an negativ geladene Oberflächen der organischen Bodensubstanz gebunden werden. Deren Verbindung mit der organischen Substanz ist weiterhin in Form von Komplexen mit unterschiedlicher Stabilität und mit unterschiedlichen strukturellen Eigenschaften möglich. Die organische Komponente ist hinsichtlich ihres Vermögens zur Bindung von Ionen infolge mikrobieller Um- und Abbauvorgänge stärkeren Veränderungen unterworfen als anorganische Bodenkomponenten. Außerdem können sich die Metallbindeeigenschaften lebender Zellen verändern.

Die chemische Zusammensetzung und Struktur der Huminsubstanzen ist variabel und eine generell gültige Strukturformel kann nicht gegeben werden. Huminstoffe können als hochpolymere organische Makromoleküle aufgefaßt werden, welche aus einer Mischung verschiedener Grundbausteine bestehen. Diese sind ihrerseits aus kleinen Bausteinen aufgebaut, welche aus einem Kern (z.B. iso- oder heterocyclische Sechs- oder Fünfringe), Brücken zu Nachbarkernen (z.B. -O-, -N=, -NH-) und reaktiven Gruppen bestehen. Die Makromoleküle sind verzweigt und können spiralig gewunden sein, wodurch eine große innere Oberfläche erreicht wird. Viele der reaktiven Gruppen weisen sauren Charakter auf (phenolische Hydroxyl- oder Carboxylgruppen). Die Makromoleküle wurden deshalb auch als Polyanionen beschrieben. In Abhängigkeit vom Polymerisationsgrad können Molekulargewichte zwischen 2000 und 30 0000

Dalton auftreten. Einer Konvention entsprechend, werden Huminstoffe aufgrund ihrer Löslichkeit in drei Gruppen geteilt. Es sind dies die Fulvosäuren (löslich in Alkalien und Säuren), die Huminsäuren (löslich in Alkalien) und die Humine (weder in Alkalien noch in Säuren löslich).

In der Literatur werden verschiedene Arten der Bindung zwischen Metallkationen und organischen Polyanionen unterschieden:

- elektrostatische Wechselwirkungen
- Assoziation der Metallkationen als Elektronen-Akzeptoren mit reaktiven Gruppen (Elektronen-Donatoren)

Die Metallsorption der organischen Substanz basiert großteils auf den pH-abhängigen Ladungen von Huminstoffen. Elektrostatische Wechselwirkungen können zwischen Metallkationen und anionischen Gruppen des Polyanions oder zwischen Metallkationen und dem elektrostatischen Feld der Polyanionen innerhalb der diffusen Doppelschicht, welche die Oberfläche des Huminstoffpolyions bedeckt, bestehen (Mayer 1981). Diese Art der Bindung ist für die Eigenschaft der Humusstoffe als Kationenaustauscher verantwortlich. Die Sorptionskapazität für Metalle und die Stabilität der Bindungen sind somit sowohl von der Quantität und Qualität der Humusstoffe als auch vom pH-Wert abhängig.

Bei Assoziationen von Metallkationen als Elektronenakzeptoren mit Elektronendonatoren werden die Mikrobausteine (Mononen) als die Liganden der Metallkationen aufgefaßt. Da die Mononen zahlreiche reaktive Gruppen aufweisen, sind verschiedene Arten der Assoziation möglich. Das Metallkation kann mit einer Donator-Gruppe eines organischen Liganden, mit mehreren Liganden (Komplexverbindung i.e.S.) oder mit mehreren Donatorgruppen eines Liganden (Chelatverbindung) reagieren.

Schwermetalle bilden mit einer Vielfalt von Liganden stabile Komplexe; die Stabilität steigt mit zunehmender Elektronegativität des Metalls (Tyler 1981a). Die Stabilität von Komplexen die durch einen Liganden und einer Reihe von divalenten Metallionen gebildet werden, nimmt in der Folge Pd > Cu > Ni > Co > Zn > Cd > Fe > Mn > Mg ab. Die Stabilitätskonstanten von Komplexen der meisten Schwermetallkationen und Fulvosäuren war höher bei pH 5 als bei pH 3.5, und die relative Reihe der Stabilitätskonstanten der Metallion-Fulvosäurekomplexe veränderte sich mit dem pH.

Mikroorganismen spielen bei der Metallbindung in natürlichen Systemen eine wesentliche Rolle. Die meisten Untersuchungen zur Metallbindung durch Mikroorganismen prüften die Bindung unter Verwendung isolierter Ein-Komponenten-Systeme, wie gereinigter Tone oder bakterieller Zellwände. Bakterielle Zellwände haben ein hohes Vermögen Metalle zu binden und können, aufgrund ihrer großen Häufigkeit in natürlichen Lebensräumen, signifikant zur Metallbindung beitragen. Bakterielle Zellwände können nach dem Tod der Organismen für fortgesetzte Zeit im Boden verbleiben, da für den Wandabbau verantwortliche autolytische Enzyme durch Schwermetalle inaktiviert werden können.

Ein-Komponenten-Systeme geben Information über Basismechanismen der Metallsorption. Ein direkter Bezug zum signifikant komplexeren Metallverhalten in Böden, welches seinerseits zu einem komplexeren Verteilungsmuster der Metalle führt, kann jedoch nicht erhalten werden. Eine aus mehreren Kompartimenten (Mikroorganismen, organische, anorganische Sorbenten) bestehende Versuchsanordnung zur getrennten Untersuchung der Metallbindung unter variierenden Bedingungen hinsichtlich pH, Ionenstärke und Metallkonzentration, präsentierten Ledin et al. (1996).

Versuche mit Bodensäulen erlauben eine integriertere Betrachtung der Verhältnisse hinsichtlich mikrobiell vermittelter Veränderungen der Metallmobilität im Boden. Bei komplexeren Ansätzen ergibt sich jedoch die Schwierigkeit der Kontrolle wichtiger Variablen sowie der Unterscheidung der relativen Bedeutung verschiedener Bodenbestandteile für die Bindung der Metalle.

Eine vergleichende Untersuchung zur Metallbindungskapazität von bakteriellen Zellwänden und Tonen unternahmen Flemming et al. (1990). Zusätzlich zur Sorption von Metallen an zwei Tonen (Kaolinit und Smectit), bakteriellen Zellwänden (Gram-positive und Gram-negative Varietäten) und deren Zellwand-Ton-Mischungen wurden auch Desorptionsprozesse, die zur Remobilisierung sorbierter Metalle von solchen biomineralischen Komplexen führen, untersucht. Ag^{+}, Cu^{2+} und Cr^{3+} wurden in dem einfachen Bodensystem sorbiert und H^{+}, Ca^{2+}, EDTA, Fulvosäure und Lysozym wurden als Mittel zur Remobilisierung der Metalle und zur Widerspiegelung von pH-Extremen, Wasserhärte, gelösten organischen Stoffen und hydrolytischen Enzymen, welche im Boden oder einer Deponie angetroffen werden können, verwendet. Signifikante Mengen an Ag^{+}, Cu^{2+} und Cr^{3+} wurden an isolierte *Bacillus subtilis* 168 Wände, *Escherichia coli* K-12 Hüllen, Kaolinit und Smectit sowie an die entsprechenden Aggregate von organischem Material und Ton gebunden. Die Ansätze wurden mit HNO_3, $Ca(NO_3)_2$, EDTA, Fulvosäure und Lysozym in mehreren Konzentrationen während 48 Stunden bei Raumtemperatur perkoliert. Die Remobilisierung der sorbierten Metalle war von den physikalischen Eigenschaften der Oberflächen der organischen Substanz und der Tone sowie vom Charakter und der Konzentration des Laugungsagens abhängig. Generell war die Reihe der Remobilisierung Cr << Ag < Cu. Cr war sehr stabil in der Wand, dem Ton und der Kombination; pH 3.0, 500 µM EDTA, 120 ppm (mg/l) Fulvosäure und 160 ppm Ca remobilisierten weniger als 32% des sorbierten Cr. Ag (45–87%) und Cu (bis zu 100%) wurden durch diese Agentien leicht entfernt. Obgleich jedes Laugungsagens bei der Mobilisierung gewisser Metalle effektiv war, erzeugten erhöhtes Ca und saures pH die stärkste Gesamtmobilität. Die organischen Chelatoren waren wenig effektiv. Die Verdauung von *Bacillus*-Wänden durch Lysozym remobilisierte Cu aus den Wänden und Cu-Wand-Kaolinit-Kombinationen, aber Ag, Cr und Smectit hemmten die Enzymaktivität teils, und die Metalle blieben unlöslich. Das Ausmaß der Mobilisierung war nicht immer von steigenden Konzentrationen des Laugungsagens abhängig; z.B. ging die Ag-Mobilität bei einigen Tonen und einigen Kombinationen, die mit Fulvosäuren, EDTA und Lysozym in hoher Konzentration behandelt wurden, zurück.

Auch Wurzelschleime vermögen Metalle zu binden. Entsprechende Befunde sind im Zusammenhang mit einer selektiven Aufnahme von Schwermetallen durch Pflanzen Gegenstand der Diskussion. In der Rhizosphäre in löslichen Formen gehaltene Schwermetalle sollten gegenüber schleimgebundenen leichter in die Pflanze transferierbar sein. Auch kann die Anreicherung von Schwermetallen in Wurzelschleimen den Abbau der Schleime verzögern. Wurzelschleime von feldgewachsenen Maispflanzen sowie axenischen Mais-Hydrokulturen banden Metalle, wobei sich das Ausmaß der Bindung von der Kationennatur abhängig zeigte und der Reihe Pb > Cu > Cd folgte (Morel et al. 1986). Diese Reaktionen können auf Austauschprozessen beruhen, welche Schleimkationen (Ca^{2+}, Mg^{2+}) und Schwermetalle involvieren. Pb erwies sich gemäß obigem hinsichtlich der Desorption von Hauptkationen von Positionen des Schleims effizienter als Cu oder Cd. Dieses könnte in den Schleimen stark zurückgehalten werden. Von Metallen, welche eine hohe Affinität zu Bindungspositionen aufweisen, kann eine starke Rückhaltung in der Rhizosphäre erwartet werden. Auch können in der Umgebung der Wurzel andere Komponenten (Tone, mikrobielle Produkte, etc.) mit dem Wurzelschleim kombinieren und ein Mischprodukt bilden. Dieses Mucigel könnte eine Anreicherungsstelle für Schwermetalle sein.

Lösliche Produkte der Wurzeln mit Metallbindungseigenschaften werden mit dem Transfer von Metallen in die Rhizosphäre in Beziehung gesetzt. Mench et al. (1987) zogen Pflanzen von *Zea mays* in einer Hydrokultur (aseptische Bedingungen für zumindest zwei Wochen). Die löslichen Wurzelexsudate wurden durch Filtration, Aufkonzentrierung durch Evaporation unter Vakuum und folglich Dialyse erhalten. Die hochmolekulare (Molekulargewicht > 1000) lösliche Exsudatfraktion (HS) wurde hinsichtlich der Metallbindungseigenschaften untersucht. Die maximale Bindungsfähigkeit und die Stabilitätskonstanten für Cd-, Cu-, Pb- und Zn-HS Assoziationen wurden durch Dialyse und ionenselektive Elektroden-Titration bestimmt. Sämtliche Ergebnisse zeigten das Vorkommen organometallischer Bindungen an. Die Daten folgten linearen Langmuir-Isothermen. Die maximale Bindungsfähigkeit, bestimmt durch Dialyse-Titration, variierte zwischen 160 und 206 mEq/100 g HS entsprechend der Natur des Metalls. Die Stabilitätskonstanten (log K-Werte) variierten in der Reihe Pb > Cu > Cd > Zn von 3.15 bis 3.65.

In verschiedenen Humusformen, welche auch als Ausdruck der Intensität und Qualität der biochemischen Stoffumsetzungen im Boden betrachtet werden, zeigt sich erwartungsgemäß unterschiedliches Vermögen zur Bindung von Metallen. Auch treten in verschiedenen Humusformen unterschiedliche chemische Spezies der eingetragener Elemente auf. Entsprechende Untersuchungen wurden von Wilke (1986, 1987a,b, 1988a,b, 1989) durchgeführt. Schadstoffbelastungsversuche mit Waldhumusformen (Mull, Moder, Rohhumus) zeigten, daß Blei, Selen und Fluor am stärksten im Mull und am schwächsten im Rohhumus adsorbiert wurden. Selbst nach Applikation von 200 mg Pb/g Boden sorbierte der Mull L 92%, der Moder L 79% und der Rohhumus L 61% des zugesetzten Pb. In den sorptionsschwachen Rohhumus- und Moderprofilen wurde wesentlich mehr Selen in Mikroorganismen gebunden als an der organischen Substanz sowie den Al- und Fe-Oxiden. Das Sorptionsvermögen einzelner Horizonte und die Dicke der Humusauflagen sind für die Pufferkapazität von Bedeutung.

Auftreten in der Lösungsphase

Metallische und nichtmetallische Elemente können der Bodenlösung durch Adsorption oder Fällung entzogen werden.

Die Konzentration der Elemente in der Bodenlösung wird durch das Vermögen des Bodens zur Bindung der Stoffe sowie durch die Vorbelastung des Bodens mit entsprechenden Stoffen beeinflußt. Mit zunehmender Konzentration und Mobilität der Elemente nimmt deren Gehalt in der Bodenlösung zu.

In der Bodenlösung auftretende Bindungsformen der Elemente sind standortabhängig.

Wie bereits weiter oben angeführt, können Metalle in der Bodenlösung auftreten als:

- freie An- und Kationen
- anorganische Komplexe
- organische Komplexe

Die Metalle Cr, Mn, Fe, Co, Ni, Cu, Zn, Cd und Pb treten in der Lösungsphase des Bodens hauptsächlich in echter Lösung als hydratisierte Kationen, als organische/anorganische Komplexe sowie in kolloidaler Lösung als organische Chelat-Verbindungen auf (Mayer 1981). Durch Dissoziation/Assoziation stellt sich zwischen den einzelnen Formen ein Gleichgewicht ein.

Die meisten Schwermetalle treten in der Bodenlösung als Kationen auf. Das Molybdän als MoO_4^{2-} und das Chrom als CrO_4^{2-} stellen Ausnahmen dar. Anstelle der Kationen existieren in Lösungen Hydroxokomplexe der Form $M(OH)^{n-1} + (H_2O)$, von denen einige di- und polymerisieren können. Anorganische und organische Anionen der Bodenlösung gehen mit Metallionen Komplexe ein. Geladene Komplexe, wie $CdCl^+$, $NiHCO_3^+$, und ungeladene Ionenpaare, wie $NiSO_4^o$ und $CuCO_3^o$, treten auf.

Wichtige, die Löslichkeit von Schwermetallen in Böden beeinflussende Faktoren:

- Gesamtgehalt an nicht silikatisch gebundenen Schwermetallen
- Bodenreaktion
- Redoxpotential
- Art und Konzentration der anwesenden Salze und anorganischen Komplexbildner
- Gehalt an pedogenen Oxiden und Tonmineralien
- Gehalt an mobilisierend/immobilisierend wirkender organischer Substanz
- Biomassegehalt

Mögliche Mechanismen des Übergangs von Elementen zwischen der Lösungsphase und der organischen Festphase schließen ein:

- Ionenaustausch
- chemische Reaktion und Komplexbildung/Komplexauflösung
- Koagulation/Peptisation von Kolloiden
- Synthese metallorganischer Komplexe zu größeren Einheiten/ Minera li sierung der organischen Substanz mit Lösung der Metallkomponenten
- Verbindung metallorganischer Komplexe mit Mineralsubstanz (organomineralischer Komplex)/Komplexauflösung

Wie bereits weiter angegeben, bestimmt die organische Substanz in hohem Maße die Konzentration von Metallen in der Lösungsphase und damit deren Mobilität im Boden. Die organischen Bestandteile des Bodens treten dabei in Konkurrenz zu den anorganischen Bestandteilen.

Freie d-Orbitale von Schwermetallen begünstigen deren Komplexierung bzw. Chelatierung mit Komponenten der organischen Bodensubstanz. Mehrere Autoren setzten die Löslichkeit von Schwermetallen mit der löslichen, komplexierend wirkenden, organischen Substanz im Boden in Beziehung. Die unterschiedliche Löslichkeit von Metallen in verschiedenen Bodenhorizonten wird dadurch mitbestimmt.

Für die Beweglichkeit der Metalle spielt sowohl die Stabilität der Bindung zwischen Metall und organischer Substanz als auch die Mobilität des dabei entstehenden metallorganischen Komplexes eine Rolle. Letztere steht mit der Teilchengröße in Beziehung.

In der Bodenlösung kann eine Vielzahl an möglichen Liganden für Metalle auftreten und die Analytik der Komplexe ist deshalb sehr schwierig. Huminstoffe sowie Nichthuminstoffe können in Bodenlösungen mit Metallen stabile Komplexe bilden. Organische Substanzen mit metallkomplexierenden Fähigkeiten schließen Aminosäuren und andere organische Säuren ein. Wesentliche in die Metallbindung involvierte funktionelle Gruppen sind Carboxyl- und Hydroxylgruppen. Organische Säuren mit niedrigem Molekulargewicht wurden in die Kategorien flüchtige aliphatische Säuren (z.B. Essigsäure, Ameisensäure), nicht flüchtige aliphatische Säuren (z.B. Zitronensäure, Oxalsäure) sowie aromatische Säuren (z.B. Salicylsäure) geteilt. Die Säuren der zweiten Gruppe sind infolge ihres ubiquitären Auftretens und hoher Metallkomplexierungskapazität von speziellem Interesse. Wesentliche Mengen dieser Säuren wurden im Boden nachgewiesen. Brynhildsen und Rosswall (1989) verwiesen auf Pohlman und McColl (1988), welche organische Verbindungen aus verschiedenen Waldbodenstreuextrakten extrahierten und fanden, daß lösliche organische Säuren mit hoher Metallchelatierungskapazität, wie Oxalsäure und Maleinsäure, bis zu 60–80% der identifizierten löslichen organischen Verbindungen repräsentierten.

Mehrere Elemente bilden sowohl mit wasserlöslichen Fulvosäuren als auch mit den weniger löslichen und unlöslichen Huminsäuren Komplexe. Einige Elemente, wie Mangan und Vanadium, sind hauptsächlich in der Fulvosäurefraktion, andere, wie Eisen und Tellur, in der Huminsäurefraktion konzentriert. Eine Mobilisierung der Schwermetalle durch lösliche organische Komplexbildner folgt der Reihe Cu > Cd > Zn > Pb (Herms und Brümmer 1984).

Viele Waldökosysteme sind von Podsolierung betroffen. Beim Prozeß der Podsolierung werden Metalle durch organische Säuren gebunden und mobilisiert. Eine Verlagerung löslicher organischer Schwermetallkomplexe ist vor allem in podsolierten Böden mit sandigen Unterbodenhorizonten geringer Pufferkapazität zu erwarten. In solchen, in der Regel stark sauren, Unterbodenhorizonten, sind zum Teil auch lösliche Komplexbildner vorhanden. Diese tragen zur Erhöhung der Schwermetallöslichkeit bei und begünstigen damit eine Verlagerung und Auswaschung der Schwermetalle. In einem sauren Unterboden (pH 5.0) trugen Komplexe aus Aluminium und einer organischen Säure mit 93% zur gesamten Al-Konzentration in der Lösung bei (Brynhildsen und Rosswall 1989).

In Abhängigkeit vom Stoffbestand sowie vom pH-Wert (3–8) ermittelten Herms und Brümmer (1980) in Modellversuchen die Gehalte an Ni, Cu, Zn, Cd und Pb in den Gleichgewichtslösungen verschiedener Böden (weitgehend unbelastete Böden, Kalkmarsch, Parabraunerde, Braunerde, Podsol-Braunerde, Podsol) und kompostierter Siedlungsabfälle (Müllkompost, Müll-Klärschlammkompost). Zn und Cd wiesen bei pH 7 und 8 nur eine geringe Löslichkeit auf, die jedoch mit sinkendem pH-Wert sehr stark zunahm. Die Lösungsgehalte an Ni nahmen ebenfalls mit abnehmendem pH zu. Neben der Bodenreaktion war der Gesamtgehalt an diesen Metallen für deren Löslichkeit entscheidend, während der Stoffbestand der Böden und Komposte nur von relativ geringem Einfluß war. Der Einfluß der Bodenreaktion auf die Schwermetalllöslichkeit nahm in der Reihenfolge Cd >> Zn > Ni > Cu > Pb ab, die mobilisierende Wirkung organischer Substanzen bei neutraler bis schwach alkalischer Reaktion nahm in der Reihe Cd < Zn << Pb < Cu zu. Bei saurer Reaktion (pH 3–6) bedingte die organische Substanz gegenüber mineralischen Bodenkomponenten in der Reihenfolge Cu ≥ Pb > Cd ≥ Zn eine Verringerung der Metalllöslichkeit. Die hohe Löslichkeit von Zn, Cd und Ni bei pH-Werten < 6 ist ursächlich dafür, daß in Böden mit saurer Reaktion bereits bei wesentlich geringeren Schwermetallgehalten mit Schadwirkungen gerechnet werden muß als in Böden mit neutraler Reaktion. Bereits mit Schwermetallen belastete Böden sollten zur Verringerung von Schadstoffwirkungen auf pH-Werte von 6.5 bis 7 eingestellt werden. Mit abnehmendem pH ist die Löslichkeit der Schwermetalle in Böden mit geringeren Gehalten an organischer Substanz, bei vergleichbaren Rahmenbedingungen, in der Reihenfolge Pb < Cu < Zn < Cd gegeben (Herms und Brümmer 1984). In Böden mit höheren Gehalten an hochmolekularen, unlöslichen organischen Substanzen bewirken diese auch bei saurer Bodenreaktion eine relativ starke Festlegung von Kupfer und Cadmium, dagegen nur eine geringe Festlegung von Zink. Das Auftreten von Kupfermangel auf sauren Moorböden (Heidemoorkrankheit) kann deshalb zum Teil durch eine Bildung unlöslicher, nicht verfügbarer organischer Kupferkomplexe bedingt sein kann. Pb wird in einem wesentlichen Ausmaß durch hochmolekulare organische Substanzen festgelegt, sofern nicht kompetitive Wirkungen mineralischer Substanzen eine starke anorganische Pb-Fixierung bewirken. Die koordinative Bindung mit freie Elektronenpaare aufweisenden Gruppen wird als die wichtigste Reaktion von Pb mit Humus angesehen. Die bei höherem pH erhöhte Stabilität der meisten metallorganischen Komplexe wird mit der erhöhten Ionisierung von funktionellen Gruppen, vor allem Carboxylgruppen, in Beziehung gesetzt.

Die gelösten und in die Lösungsphase überführbaren Anteile von Metallen und Nichtmetallen repräsentieren deren ökologisch relevante Fraktion. Die in Lösung vorliegenden Anteile können von Pflanzen und Mikroorganismen leichter aufgenommen werden; auch können diese durch Verlagerungs- und Auswaschungsvorgänge in Oberflächengewässer oder das Grundwasser transportiert werden.

Die Gefährdung des Grundwassers durch Metallkontamination ist vom Vermögen des Bodens zur Metallrückhaltung abhängig. Auch bestimmt die Wasserdurchlässigkeit des Bodens und die Rate der Sickerwasserbewegung, welche ihrerseits vom Klima (Niederschlag, Verdunstung) und der Nutzung des Bodens abhängig ist, die Gefährdung des Grundwassers durch Metalle.

Bodenbiologische und anthropogene Einflußfaktoren

Die Bodenbiologie hat wesentlichen Anteil an der Speziierung metallischer und nichtmetallischer Elemente in Böden.

Mikroorganismen nehmen Einfluß auf die Bindungsform und Mobilität der Elemente im Boden sowie auf deren Aufnahme durch andere Organismen und deren Eintritt in die Atmosphäre und in angrenzende Wasserkörper. Bodenmikroorganismen sind an der Mobilisierung und Immobilisierung und damit an der Gleichgewichtseinstellung der Verteilung von Elementen zwischen verschiedenen Phasen beteiligt. Wichtige Bodeneigenschaften, wie die Bodenreaktion, die Verfügbarkeit von Nährstoffen, die Aggregation und damit in Beziehung stehende Eigenschaften, werden durch mikrobielle Umwandlungen von Elementen modifiziert.

Sämtliche, die mikrobielle Biomasse und Aktivität beeinflussende Faktoren, wie der Nährstoff-, Wasser-, Gas- und Temperaturhaushalt, bestimmen die Bindungsform und die Mobilität von Elementen im Boden wesentlich mit.

Durch Mikroorganismen vermittelte Elementtransformationen können sowohl von enzymatischer als auch von nicht enzymatischer Natur sein.

Zahlreiche Mikroorganismen sind zur Oxidation und Reduktion metallischer und nichtmetallischer Elemente im Boden befähigt. Solche Reaktionen können mit der Gewinnung von Energie verbunden sein oder einen Entgiftungsmechanismus darstellen.

Mikroorganismen können weiterhin Schadelemente an ihren Zellen anlagern oder in diesen anreichern. Eine vorübergehende Festlegung von Schadelementen wird dadurch vermittelt. Mikrobiell gebundene Schadelemente werden bei der Zersetzung der mikrobiellen Nekromasse erneut freigesetzt. Zunächst mikrobiell gespeicherte Schadelemente können über sich von Mikroorganismen ernährenden Organismen in die Nahrungskette gelangen.

Das Auftreten zahlreicher verschiedener potentieller Liganden für Metalle steht in enger Beziehung zu biologischen Vorgängen (Ab-, Umbau von organischer Substanz, Ausscheidungen). In Böden ist besonders in Phasen des intensiven mikrobiellen Abbaus organischer Substanzen eine verstärkte Mobilisierung von Metallen zu erwarten. Frische, in Zersetzung befindliche, organische Substrate fördern die Bildung löslicher Metallkomplexe. Zusätze von organischer Substanz zu einer Roterde führten beispielsweise während der ersten Tage des Abbaus infolge der Bildung verschiedener organischer Säuren zur Lösung von nativem und zugesetztem Ni (Misra und Pande 1974).

Die Stabilität metallorganischer Komplexe in Böden wird mikrobiell beeinflußt. Dies deshalb, da Mikroorganismen zum einen die organischen Liganden als Kohlenstoff- und Energiequellen nutzen können bzw. zum anderen, durch die Bindung von Metallen an die Humussubstanzen, deren mikrobieller Abbau verhindert werden kann.

Anthropogene Aktivitäten, wie organische und mineralische Düngung, Kalkung und auch die Ausbringung von Streusalzen, nehmen Einfluß auf die Verfügbarkeit und Mobilität von Metallen im Boden.

Mit der Applikation von Dünge- und Kalkungsmitteln sowie von Streusalzen verbundene Veränderungen hinsichtlich pH-Wert, Ionenkonkurrenz oder Mobilität organischer Liganden können die Festlegung bzw. Mobilisierung von Metallen begünstigen. Eine Senkung des pH-Wertes kann ebenso wie die Zufuhr konkurrierender Kationen die Freisetzung von Metallen aus ihrer Bindung fördern. Die Mobilität von Metallen kann auch über die Bildung löslicher Komplexe mit zugeführten Anionen oder zugeführter organischer Substanz erhöht werden. Eine Schwermetallmobilisierung durch anorganische Komplexbildner kann durch eine Zufuhr von Chloriden, z.B. bei Ausbringung hoher Gaben chloridhaltiger Mineraldünger auf Ackerböden, durch Streusalze in Straßenrandböden oder auch durch Salzwassereinflüsse in Marschböden, erfolgen (Herms und Brümmer 1984; Amrhein et al. 1992, 1993). Die Anwesenheit von Sulfaten, z.B. nach Ausbringung oder natürlicher Anreicherung von Gips, kann ebenfalls eine Mobilisierung von Cd, Ni, Zn und anderen Schwermetallen bewirken. Hohe Gehalte an austauschbarem Na, welche bei Einsatz von NaCl als Streusalz im Boden auftreten, begünstigen die Dispersion von organischer Bodensubstanz. Die Metallmobilität wird dadurch erhöht.

1.2.2 Metallfraktionen und -verfügbarkeit

Die Bestimmung von Gesamtgehalten eines potentiell toxischen Elements im Boden ist für die Abschätzung des davon ausgehenden Gefährdungspotentials unzureichend.

Die ökotoxikologische Relevanz eines Elements kann nur unter Kenntnis der Gesamtkonzentration sowie der standortabhängigen chemischen Form und Verfügbarkeit abgeschätzt werden.

Zur Entwicklung von Verfahren zur Bestimmung der Bindungsform und Verfügbarkeit der Elemente in verschiedenen Böden sind noch weitere Forschungsanstrengungen notwendig. Die entwickelten Methoden zur Analyse der chemischen Form von Metallen in Böden sind divers. Diesbezüglich wird auf die umfangreiche Fachliteratur verwiesen.

Verfügbare Fraktion, mobile Fraktion

Seit über 40 Jahren bestehen Bemühungen dahingehend, die Gehalte an pflanzenverfügbaren Schwermetallen im Boden abzuschätzen. Dies geschieht entweder indem man diese mit einer geeigneten Methode extrahiert oder auf Basis von Gesamtgehalten und Bodenfaktoren (pH, Kationenaustauschkapazität, usw.), welche die Metallverfügbarkeit beeinflussen, berechnet. Die Berechnung gilt gegenüber dem direkten Messen als weniger zuverlässig bzw. als aufwendiger.

Die mobile Fraktion eines Elements im Boden wurde als die Summe aus der in der Bodenlösung vorhandenen Menge und jener von der festen Phase zurückgehaltenen Menge, welche durch physikalisch-chemische oder biologische Einflüsse in die flüssige Phase überführt werden kann, definiert (Fiedler und Rösler 1988). Mobile Schwermetalle sind im wesentlichen leicht wasserlöslich oder mit Kationen austauschbar und durch pH-neutrale, ungepufferte Salzlösungen extrahierbar. Die pflanzenverfügbaren Schwermetalle werden weitgehend den mobilen gleichgesetzt. Die in der Bodenlösung auftretenden Schwermetallkonzentrationen gelten als ein gutes Maß für den Gehalt eines Bodens an pflanzenverfügbaren Schwermetallen (Herms und Brümmer 1980).

Chemische Extraktionsverfahren wurden bei der Bewertung von Metallkontaminationen in Böden am häufigsten eingesetzt. Problembereiche bestehen dahingehend, daß das Extraktionsverfahren den tatsächlichen Verhältnissen hinsichtlich der verfügbaren Metallgehalte nicht ausreichend Rechnung trägt. Charakteristische Problembereiche der Extraktionsverfahren stellen einerseits die Auswahl ungünstiger Extraktionsmittel mit geringer Selektivität sowie chemische und physikalische Interferenzen bei der Extraktion und Messung der Metalle dar. Andererseits kann durch eine ungünstige Abfolge der verwendeten Extraktionsmittel die geringe Extraktionsselektivität noch erhöht oder auch Readsorptions- und Umverteilungsprozesse während des Extraktionsvorganges ausgelöst werden. Die Form der Metallapplikation zum Boden (z.B. mit kontaminiertem Klärschlamm bzw. als anorganisches Salz) sowie Bodeneigenschaften beeinflussen die Extrahierbarkeit von Metallen wesentlich (z.B. Kiekens et al. 1984).

Sequentielle Verfahren zur Unterscheidung der Gesamtelementkonzentration in verschiedene Bindungsformen basieren auf der Aufeinanderfolge einer Reihe von Extraktionsmitteln, welche jede eine spezifische Bindungsform aufschließt und auf diese Weise den Elementanteil in dieser Bindungsform freisetzt. Bindungsformen mit einer geringen Stabilität und einem dementsprechend hohen Gefährdungspotential sind dabei von besonderem Interesse.

In der Literatur liegen Daten über Schwermetallfraktionen unterschiedlicher Mobilität und Verfügbarkeit vor. In der Folge sollen Beispiele angeführt werden:

- leichtlösliche (oder wasserlösliche) Fraktion in Bodensättigungsextrakten

- lösliche plus leicht nachlieferbare Fraktion im 0.1 M $CaCl_2$-Extrakt; diese Fraktion wurde gleichzeitig als mobile und für einige Schwermetalle, wie Cd und Zn, auch als verfügbare Fraktion definiert
- lösliche plus leicht und mäßig nachlieferbare Fraktion in DTPA-Extrakten (DTPA: Diethylentriaminpentaessigsäure)
- lösliche und insgesamt nachlieferbare Fraktion in EDTA-Extrakten (EDTA: Ethylendiaminetraessigsäure)
- Gesamtgehalte an Schwermetallen im Aufschluß mit starken Mineralsäuren (z.B. $HNO_3/HClO_4$-Aufschluß); nur geringe Mengen an Schwermetallen, welche in sehr stabilen Silikaten enthalten sind, werden bei diesem Aufschluß nicht erfaßt

Zachmann und Block (1994) bedienten sich eines sequentiellen Elutionsverfahrens nach Jakob et al. (1990) zur Untersuchung der Verfügbarkeit toxischer Schwermetalle in Böden und Sedimenten. Gemäß Zachmann und Block war dieses Verfahren in verschiedenen Laboratorien unter guter Übereinstimmung der erhaltenen Ergebnisse geprüft worden. Die durch dieses Verfahren definierten Bindungsformen von Elementen schließen ein:

- an Bodenmineralien adsorbierte Kationen (austauschbare Kationen, Phase 1)
- Carbonat-assoziierte Kationen (Phase 2)
- in amorphen Oxid-Hydroxid-Phasen substituierte Kationen (leicht reduzierbare Phase, Phase 3)
- in kristallinen Oxid-Hydroxid-Phasen substituierte Kationen (mäßig reduzierbare Phase, Phase 4)
- sulfidbildende Elemente und Elemente mit einer hohen Affinität für organische Substanzen im Boden (sulfidische und organische Phase, Phase 5)
- Kationen, welche stabil mineralisieren, z.B. Silikate (Residual-Phase, Phase 6)

Als Extraktionsmittel kam für Phase 1 Ammoniumacetat, für Phase 2 Natriumacetat, für Phase 3 Hydroxyl-Ammoniumchlorid, für Phase 4 Ammoniumoxalat-Oxalsäure, für Phase 5 H_2O_2 bzw. Ammoniumacetat sowie für Phase 6 Königswasser zum Einsatz.

Die pflanzenverfügbare Schwermetallfraktion kann durch den Aufschluß von Böden mit starken Mineralsäuren nicht bestimmt werden. Aufschlüsse mit starken Mineralsäuren liefern Ergebnisse, welche die tatsächliche Verfügbarkeit der Metalle unter natürlichen Bedingungen wesentlich überschreiten. Elutionen mit destilliertem Wasser liefern demgegenüber Werte, welche dem tatsächlichen Gefährdungspotential zu geringe Rechnung tragen.

Auch kann die verfügbare Fraktion mit Hilfe einer Extraktion mit organischen Komplexbildnern, wie EDTA oder DTPA, nur unzureichend bestimmt werden. Die chelatierenden Agentien DTPA und EDTA wurden verwendet, den Gehalt an pflanzenverfügbaren Schwermetallen, wie Zn, Cu, Fe und Mn, in Böden zu bestimmen (z.B. Haynes 1983). Die sich während der Extraktion in der Lösung anreichernde Menge an chelatierten Metallen wird als eine Funktion der Aktivität der Metallionen im Boden und der Fähigkeit des Bodens, diese Ionen nachzuliefern, angesehen (Lindsay und Norvell 1978). Chelatierende Agentien können mit freien Metallionen in der Lösung kombinieren und lösliche Komplexe bilden. Die Aktivität freier Metallionen in der Lösung wird dadurch reduziert. Dies fördert die Nachlieferung von freien Metallionen in die Lösung durch Desorption von Metallionen von Oberflächen oder durch Lösen derselben aus festen Phasen. Die durch EDTA gespaltenen Metall-Humuskomplexe wurden als inert klassifiziert (Orlov et al. 1989). Durch die Einführung organischer Komplexbildner, wie EDTA, werden organische Substanz-Metallkomplexe aufgebrochen und Metalle extrahiert. Die mit einem derartigen Agens erhaltenen Werte für die verfügbare Fraktion werden deshalb die unter natürlichen Bedingungen tatsächlich auftretenden überschreiten. Die angeführten Vorgänge verfälschen die unter natürlichen Bedingungen vorliegenden Verhältnisse hinsichtlich der verfügbaren Metallfraktion.

Standortfaktoren nehmen wesentlichen Einfluß auf die Ergebnisse von Extraktionsverfahren. Der Stoffbestand des Bodens bestimmt die mit einem gegebenen Extraktionsmittel extrahierbaren Metallmengen wesentlich mit (z.B. Colbourn und Thornton 1978). In Abhängigkeit vom Belüftungsstatus, der Rückstandspraxis, der Beprobungszeit und der Bodentextur, konnte innerhalb weniger Wochen eine starke Variation des mit DTPA extrahierbaren Fe, Mn und Cu nachgewiesen werden (Walters et al. 1992). Die Form des ursprünglich zugesetzten Metalls nimmt Einfluß auf die mit einem Extraktionsmittel extrahierbare Metallmenge. Beispielsweise war das mit EDTA extrahierbare Kupfer bei Zusatz von Kupfer in Form von Hydrogenphosphat höher als bei dessen Zusatz in Form von Kupferoxid (Quraishi und Cornfield 1971).

Entsprechend den Ergebnissen verschiedener Autoren, konnten vor allem mit Extraktionsmitteln deren Zusammensetzung der natürlichen Bodenlösung nahe kommt, wie verdünnte $CaCl_2$-Lösungen oder Wasser, gute Korrelationen zwischen den extrahierten und den von Pflanzen aufgenommenen Schwermetallanteilen erhalten werden. Milde Extraktionsmittel scheinen die beste Eignung aufzuweisen, jenen Metallgehalt im Boden zu bestimmen, welcher für eine bestimmte Pflanze kritisch werden kann.

Unter Auswertung eines großen Literaturkollektivs sowie an Hand einer Umfrage unter Wissenschaftern konnte gezeigt werden, daß eine Bodenextraktion mit einer neutralen, ungepufferten Salzlösung geeignet ist, das Schwermetallangebot für Pflanzen in Böden vorherzusagen (Prüeß et al. 1990). Vergleiche verschiedener Extraktionsmethoden bei gleichen

Boden/Pflanzen-Paaren bestätigten vielfach die Überlegenheit einer solchen Salzlösung. Diese erwies sich bei anthropogenen und geogenen Belastungsformen sowie stark variierenden Bodenfaktoren für Böden mit pH < 7 als gut geeignet. Die Prognose der Schwermetallangebote gelingt durch Bodenuntersuchungen für saure bis neutrale Böden relativ besser als für alkalische, ferner für mobile Schwermetalle (Cd, Ni, Cu, Zn, Tl) relativ besser als für wenig mobile (Pb, Cr). Vergleichende Untersuchungen mit verschiedenen ungepufferten Salzlösungen (variiertes Salz, Molarität und Boden-Lösungsverhältnis) zeigten untereinander ähnliche Ergebnisse hinsichtlich der Interpretation der pflanzenverfügbaren Schwermetalle. Die verwendete Salzlösung muß auch für sensitivere Analysenmethoden geeignet sein. Eine 1 M NH_4NO_3-Lösung, im Boden-Lösungsverhältnis 1:2.5, wurde als die alle Forderungen erfüllende Lösung vorgeschlagen. Eichbemühungen zur Prognose kritischer mobiler Metallgehalte sollten durch die Übereinkunft auf eine solche Lösung besser koordiniert werden können.

1.2.3 Richt- und Grenzwerte

Die Festlegung von Bodengrenzwerten für potentiell toxische Elemente ist ein wesentliches Anliegen des Bodenschutzes. Maßstäbe zur Beurteilung von Bodenkontaminationen werden zum einen für die Beurteilung tolerierbarer Gehalte an solchen Elementen und zum anderen für die relative Gefährdungseinschätzung kontaminierter Standorte sowie für die Festlegung von Sanierungszielen und die Bewertung von Sanierungsfortschritten benötigt.

Notwendigkeit der Berücksichtigung von Standortfaktoren und von Wechselwirkungen mit biologischen Parametern

Einige Autoren vertraten die Ansicht, daß das Ausmaß einer Schwermetallbelastung eines Bodens am besten durch den Gesamtgehalt bestimmt werden könne. Werden Grenz- oder Richtwerte für potentiell toxische Elemente im Boden auf der Basis von Gesamtgehalten festgelegt, so gehen in diese Betrachtungen standortspezifische Bedingungen nicht ein. Ausschließlich auf Gesamtgehalten beruhende Grenz- bzw. Richtwerte für potentiell toxische Elemente sind für ökologische Fragestellungen wertlos. Die Festlegung von Grenz- und Richtwerten für potentiell toxische Elemente im Boden sollte sich auf den Boden als Ökosystem beziehen.

Für die Klärung der ökologischen Relevanz von Schadelementen und die Festlegung von Grenz- oder Richtwerten für Schadelemente im Boden sind zusätzlich zum Schadstoffgesamtgehalt Informationen zur standortabhängigen Mobilität und Bindungsform der Elemente sowie zu deren

Wechselwirkungen mit Bodenorganismen, -enzymen und Pflanzen notwendig.

Nichtbiologische und biologische Bodeneigenschaften bestimmen die Löslichkeit, Verfügbarkeit und Toxizität der Elemente wesentlich mit. Der verfügbare Elementgehalt kann je nach Bodenreaktion, Pufferkapazität und anderen Bodeneigenschaften sehr geringe Korrelation mit dem Elementgesamtgehalt aufweisen. Ein neutral reagierender Boden kann hohe Gehalte an Mn, Al oder Pb aufweisen, ohne daß Toxizität für Mikroorganismen oder Gefäßpflanzen erkennbar wird; in sauren Böden kann sich bei wesentlich geringeren Metallkonzentrationen Toxizität zeigen.

In einzelnen Ländern wird bei der Festlegung von Grenz- bzw. Richtwerten für Schwermetalle und andere potentiell toxische Elemente im Boden die Bodenreaktion als ein wesentlicher, die Mobilität dieser Stoffe mitbestimmender Faktor berücksichtigt.

In der Bestimmung der standortspezifischen Gehalte an löslichen und leicht in die Lösungsphase überführbaren potentiell toxischen Elementen wird eine methodisch verläßliche Aussage gesehen. Das gemeinsame Erfassen von Gesamtgehalten und der leicht löslichen Fraktion der Elemente kann verhindern helfen, daß Grenzwerte verwendet werden, welche in ungünstigen Fällen (z.B. saurer, humusarmer, sandiger Boden) zu hoch sind. Es sollte jedoch auch in Böden mit höherer Metallbindungskapazität die lösliche Menge kontrolliert werden, da die Metallbindungskapazität eines Bodens durch pH-Rückgang (Auswaschung von Kalk, saurer Regen) oder durch den Abbau von bodenorganischer Substanz (z.B. durch bestimmte Bewirtschaftungsmaßnahmen) erniedrigt werden kann.

Hinsichtlich der Berücksichtigung mikrobiologischer und enzymatischer Bodenparamerter sind sowohl Aspekte der Schädigung dieser Größen durch standortspezifisch verfügbare Schadstoffmengen und -formen als auch die mikrobiell vermittelte Immobilisierung und Mobilisierung solcher Elemente von Relevanz.

Wie bereits angeführt, besteht bezüglich der den Bodenorganismen und Pflanzen verfügbaren Fraktion eines potentiellen Schadstoffes, Diskussion. Die in der Bodenlösung auftretenden Schwermetallkonzentrationen gelten als ein gutes Maß für den Gehalt eines Bodens an pflanzenverfügbaren Schwermetallen (Herms und Brümmer 1980), und im gelösten Anteil des Schadstoffes wird jener den Bodenmikroorganismen verfügbare Anteil gesehen (Wilke 1986). In Bezug auf Grenz- und Richtwerte wurden Schadelementkonzentrationen, welche in Gleichgewichtsperfusionslösungen von mit anorganischen Schadelementen kontaminierten Bodenmaterialien bestimmt werden, als erste mögliche Anhaltspunkte diskutiert (Wilke 1987c).

Die Bindungsform der Elemente nimmt Einfluß auf deren Aufnahme durch Pflanzen. Die Menge der von Pflanzen aufgenommenen Schwermetalle ist auch vom physiologischen Zustand der jeweils betrachteten Wurzeln abhängig. Welche oder in welchem Maße gelöste Schwermetallkomplexe pflanzenverfügbar sind, ist noch nicht vollständig bekannt. Zunächst erhaltene Befunde deuteten auf eine geringere biologische Wirksamkeit der gelösten Komplexe im Vergleich zu freien M^{2+}-Ionen hin (Herms und Brümmer 1984). Die Pflanzen weisen hinsichtlich der Aufnahme verfügbarer Metalle Unterschiede auf (z.B. Aboulroos et al. 1989). Versuche mit Senf und Tomaten zeigten, daß divalente Kationen (Co, Ni, Zn, Cu) bei Vorliegen in ionischer Form von Pflanzen leichter aufgenommen werden als bei deren Vorliegen in chelatierter Form. Dies traf vor allem für eine Chelatierung mit ETDA zu. Trivalente Kationen (Cr, Al, Ga, In) werden nur in Spurenmengen aufgenommen, wenn diese in ionischer Lösung vorhanden sind; diese werden aber leicht aufgenommen und zu den Blättern verlagert, wenn sie in chelatierter Form vorliegen. War NTA (Nitrilotriessigsäure) oder DTPA (Diethylentriaminpentaessigsäure) das chelatierende Agens, wurde weniger absorbiert als mit EDTA (Ethylendiamintetraessigsäure); dies traf für Cr, Al und Ga zu. Eine mögliche Erklärung dafür ist, daß die Ladung am chelatierten Molekül einen Faktor darstellt, welcher die Absorption durch die Wurzel kontrolliert. Jene mit keiner Ladung oder mit einer einzelnen negativen Ladung werden aufgenommen. Komplexe mit zwei Ladungen werden nicht aufgenommen (DeKock und Mitchell 1957).

Umweltstandards müssen wissenschaftlich fundiert sein. Im Zusammenhang mit der biologischen Bestimmung der Wirkung von Schadstoffen wurden zwei Konzepte, der „Schadstoff-Realismus" und der „Umwelt-Realismus" diskutiert. Der Schadstoff-Realismus wird erreicht, wenn jene Eigenschaften der Testverbindung, welche im natürlichen System existieren, in das Labortestsystem inkorporiert werden. Dies beruht auf der Erkenntnis, daß die Eigenschaften der Empfänger-Umwelt die Toxizität des Stoffes für die eingeborenen Lebewesen beeinflussen. Solche Faktoren sollten bei der Formulierung von Umweltkriterien und -standards routinemäßig berücksichtigt werden. Umwelt-Realismus wird erreicht, wenn die Tests allen Aspekten des Ökosystems Rechnung tragen, einschließlich der von Mikroorganismen kontrollierten ökologischen Prozesse. In diesem Zusammenhang war als Kenngröße ED_{50} vorgeschlagen worden (Babich und Stotzky 1983b). Die „ökologische Dosis" oder „effektive Dosis" (ED) entspricht jenem Schadstoffgehalt (Gesamtgehalt), welcher zu einer Aktivitätsverminderung in einem Ausmaß von x-Prozent – im Falle von ED_{50} von 50% – führt. Die „effektive Konzentration" (EC) ist jene Lösungskonzentration, welche entsprechend zu einer x-prozentigen Reduktion bzw. Hemmung führt. Adsorptionsisothermen dienen der Berechnung effektiver Konzentrationen. Der „ökologische Dosis-Bereich" (EDR) stellt jenen Metallgehaltbereich dar, bei welchem 10–90% Hemmung gegeben ist. Mit auf Dosis-Reaktionskurven basierenden Daten wurde die Hoffnung verbunden, eine wissenschaftliche Basis für die Prüfung kritischer Schwermetallkonzentrationen in Böden zur Verfügung stellen zu können (z.B. Doelman und Haanstra 1986, 1989; Haanstra und Doelman 1991).

Bezüglich der Wahl der am besten geeigneten biologischen Testparameter für Schadstoffwirkungen wird diskutiert. Die Sichtung von Literatur zeigte, daß bestimmte mikrobiologische und bodenzymatische Parameter beständig negative Beeinflussung durch anorganische Schadstoffe erfuhren bzw. sensibler reagierten als andere. So wurden die Dehydrogenaseaktivität und die N-Mineralisierung aufgrund ihrer, im Gegensatz zu anderen Parametern, beständig höheren Sensibilität gegenüber Schadelementen für einen Routineeinsatz beim Schadstoffmonitoring in Böden als geeignet befunden.

In Kurzzeitversuchen erhaltene Ergebnisse können sich von solchen in Langzeitversuchen erhaltenen unterscheiden. Die Übertragbarkeit der in Kurzzeitversuchen gewonnen Ergebnisse auf Langzeitverhältnisse wäre prinzipiell zu prüfen (z.B. Wilke und Keuffel 1988). Auch bedürfen in Labor- und Glashausversuchen erzielte Untersuchungsergebnisse zur Verfügbarkeit der Prüfung im Feld. Schwermetalle wurden von Pflanzen unter Glashausbedingungen leichter aufgenommen als unter Feldbedingungen (De Vries und Tiller 1978).

Unter Standardisierung der experimentellen Vorgangsweise könnten Ergebnisse bodenbiologischer Untersuchungen gemeinsam mit solchen bodenchemischer und -physikalischer Natur als Kriterien für die Festlegung von Grenzwerten für Schadstoffe in Böden zur Verfügung stehen. Die Einflüsse können auf diese Weise einer ökologisch relevanten Abschätzung und Bewertung zugänglich werden. Im konkreten Falle wäre die Untersuchung geeigneter bodenbiologischer Parameter für repräsentative Böden und auf Basis von Gesamt- und verfügbaren Konzentrationen durchzuführen. Die zur Feststellung der verfügbaren Konzentrationen gewählte Methode sollte die natürlichen Verhältnisse möglichst wenig stören.

Die standortabhängige Bindungsform der Schadstoffe bestimmt deren biologische Wirkung entscheidend mit. Die Berücksichtigung standortabhängiger Bindungsformen von Schadelementen mit entsprechender unterschiedlicher biologischer Wirkung bei der Festlegung von Richt- bzw. Grenzwerten wäre vorteilhaft. Aufgrund des damit verbundenen hohen analytischen Aufwandes gilt diese Annäherung zunächst jedoch als nicht realisierbar.

Im Zusammenhang mit Grenz- und Richtwerten ist auch jener Umstand zu beachten, daß ein potentieller Schadstoff in der Natur in der Regel nicht isoliert, sondern gemeinsam mit einer Reihe anderer potentieller Schadstoffe auftritt. Bei der Bewertung von Metallkontaminationen in Böden werden zumeist Einzelstoffwirkungen untersucht. In Böden liegen jedoch in der Regel nicht Einzelstoffkontaminationen, sondern multiple Kontaminationsmuster vor. Kombinationseffekte mit weiteren potentiellen

Schadstoffen oder auch vom Menschen bewußt eingesetzten Produktionsmitteln, wie Düngern oder Pflanzenschutzmitteln, wurden bisher kaum untersucht.

Unterschiedliche Kombinationen von Schad- und Nährstoffen können sowohl mit toxizitätsfördernden als auch mit -senkenden Effekten verbunden sein. Vielfach kann eine Metalltoxizität, welche auf der Konkurrenz zwischen essentiellen und nicht essentiellen Elementen beruht, durch die Erhöhung der Konzentration des essentiellen Elementes überwunden werden. Die Gehalte sämtlicher vorhandener potentiell toxischer Elemente müssen relativ zum Schadstoffbindungsvermögen eines Bodens gesehen werden. Werden einem Boden zusätzliche Metalle zugeführt, besteht zwischen den einzelnen Elementen, vor allem bei bereits stärker vorbelasteten Böden, eine Konkurrenzsituation um die Bindungsplätze an den Austauschern. Metalle weisen hinsichtlich der Konkurrenz um die Sorptionsplätze an den Bodenteilchen unterschiedliches Verhalten auf. Eine Erhöhung der Lösungskonzentration der Metalle ist mit einer erhöhten Verfügbarkeit sowie mit einer erhöhten Auswaschungsgefahr verbunden.

Eine vorangegangene Bodenkontamination mit Schwermetallen kann die Empfindlichkeit der Mikroorganismen gegenüber anderen Schadstoffen deutlich erhöhen. Durch die Vorbehandlung einer Parabraunerde mit Schwermetallen wurden die ED_{10}- und ED_{50}-Werte der mit Hilfe des Eisenreduktionstests bestimmten mikrobiellen Aktivität für das in der Folge applizierte Herbizid 2,4-D signifikant erniedrigt (Welp und Brümmer 1989).

1.3 Die Elemente Blei, Cadmium, Zink, Kupfer, Chrom, Mangan, Eisen, Cobalt, Quecksilber, Nickel, Bor, Arsen, Selen und Fluor

1.3.1 Blei

Quellen und Gehalte im Boden

Die Ausgangsgesteine der Böden, die Bodenerosion und die vulkanische Aktivität sind natürliche Bleiquellen. Jährlich werden weltweit etwa 40 000 t Blei aus diesen Quellen freigesetzt (Wilke 1986). Blei liegt in Gesteinen vornehmlich in silikatischer und sulfidischer Bindung vor. Der mittlere Pb-Gehalt der Erdkruste beträgt 15 mg/kg; in Gneisen und Schiefern können bis zu 70 mg/kg vorliegen. Höhere Pb-Gehalte treten vor allem in Böden aus bleierzhaltigen Gesteinen auf. Mit Ausnahme der A_h-Horizonte und der organischen Auflagen weisen die Pb-Gehalte der Böden weitgehende Übereinstimmung mit jenen ihrer Ausgangsgesteine auf. Entsprechend Elliott und Brown (1989) rangieren die Hintergrundgehalte der Böden an Pb typischerweise zwischen 2–200 µg/g Boden, mit einem Mittelwert von 10 µg/g. Bezogen auf Böden der Schweiz konnte für Pb ein Gehaltsbereich (80% aller Meßwerte) von 16–38 mg/kg (Oberboden 0–20 cm) und von 10–19 mg/kg (Unterboden) angegeben werden (Statistisches Jahrbuch der Schweiz 1994).

Stark erhöhte Bleigehalte treten vor allem in anthropogen belasteten Böden auf. Anthropogenes Blei wird vor allem über die Atmosphäre in den Boden eingetragen. Wie bei Cd, Zn und Cr ist auch die Bleibefrachtung der Atmosphäre nahezu ausschließlich anthropogen bedingt. Die emittierten bleihaltigen Feinstaubpartikel und Aerosole können mit dem Wind sehr weit transportiert werden, so daß selbst in industriefernen Gebieten ein erhöhter Pb-Eintrag festzustellen ist. Die Verunreinigung der Atmosphäre mit Pb ist global, ein Anstieg der Pb-Gehalte ist selbst im arktischen Eis nachweisbar. Der Pb-Gehalt im Polarschnee weist gegenüber dem natürlichen Ausgangsgehalt einen um den Faktor 500 höheren Wert auf (Schachtschabel et al. 1992).

Für 1974/75 wurde der globale Wert der anthropogen vermittelten Pb-Emissionen mit etwa 440 000 t/Jahr angegeben. Pb wurde früher (teilweise auch noch heute) dem Benzin in Form von Bleitetraalkylen als Antiklopfmittel zugesetzt. Bei der Verbrennung entsteht Pb-Oxid, das durch Zusatz von Halogenalkanen in leicht flüchtiges Pb-Bromid und Pb-Chlorid umgewandelt wird, welches in die Atmosphäre gelangt. In den Auspuffgasen liegt Blei vorwiegend in Form leicht löslicher Bleihalogenide (PbBrCl, $PbBrClxNH_4Cl$) vor. Die Halogenide reagieren in der Atmosphäre mit Sulfaten [$(NH_4)_2SO_4$, NH_4HSO_4, H_2SO_4] zu schwerlöslichen Bleisulfaten; es können auch Bleicarbonate und -oxide gebildet werden. Stadtböden können 40 bis 5300 µg/g Pb enthalten. Der Kfz-Verkehr bedingt einen hohen Pb-Eintrag in Böden, wobei dies vor allem auf den angrenzenden zehn Metern von verkehrsreichen Straßen stattfindet. In geringer Entfernung neben verkehrsreichen Straßen können Pb-Gehalte von bis zu 700 mg/kg auftreten. Verschiedenen Quellen entsprechend, tritt ein erhöhter Bleigehalt in Böden in einer Entfernung von bis zu 10 Metern, 50–60 Metern und sogar 100 Metern und mehr zur Straße auf. Diese Unterschiede stehen mit dem Verkehrsaufkommen, der vorherrschenden Windrichtung, der straßenbegleitenden Vegetation und der Topographie in Beziehung (Bykov und Lysikov 1992).

Die Eisen- und Stahlerzeugung, die Verhüttung und Verarbeitung von Bleierzen, die Verhüttung von Kupfer- und Zinkerzen sowie Großfeuerungsanlagen (Kraftwerke, Zementfabriken) sind wichtige Quellen für Blei. Die Verbrennung von Kohle (2–600 mg Pb/kg Kohle) trägt zur Pb-Emission bei. Hütten- und Großfeuerungsanlagen setzen Blei vorwiegend als $PbSO_4$ und PbO frei. Verhüttung, Farbenerzeugung und Batterierecycling können extrem hohe lokale Pb-Gehalte in Böden bedingen. Böden aufgelassener Batterie-Recycling-Anlagen weisen durchschnittlich 5% Pb auf; in einem Boden eines Abfallstandortes konnten 46% Pb nachgewiesen werden (Elliott und Brown 1989). In Böden der näheren Umgebung von Metallhütten und sonstiger bleiverarbeitender Industriebetriebe konnten Pb-Gehalte bis zu 3 000 mg/kg festgestellt werden. Erz- und Abraumhalden stellen weitere Pb-Quellen dar. Bleihütten, Raffinierien, Akkumulatorenhersteller, Kabelwerke, keramische und Glasindustrie, Eisenhütten und Müllverbrennungsanlagen emittieren hauptsächlich Staubpartikel. Die höchsten Konzentrationen treten in den Böden der unmittelbaren Umgebung von Emittenten auf. Pb-Gesamtgehalte bis 28 000 ppm konnten nachgewiesen werden. Mit zunehmender Entfernung vom Emittenten nehmen die Pb-Gehalte der Böden rasch ab.

Durch die längjährige Ausbringung von Klärschlämmen und anderer Siedlungsabfälle kann Blei in Böden ebenfalls angereichert werden.

Pflanzen tragen durch ihre Fähigkeit, atmogenes Pb in und auf dem Sproß zu speichern, zur Anreicherung von Pb im Boden bei. Auf straßennahen Böden wachsende Pflanzen weisen gegenüber den Normalgehalten bis zu 30fach und mehr erhöhte Pb-Gehalte auf. Auf Pflanzen abgelagertes Pb wird nicht in das Pflanzeninnere transportiert, jedoch erfolgt eine bedeutende Bleiaufnahme über die Wurzeln (je nach Pflanzenart gelten 30–70% des Pb als abwaschbar). Der größte Teil des aufgenommenen Bleis verbleibt in den äußeren Wurzelschichten und der Transport in oberirdische Pflanzenteile ist gering (Kloke 1978). Pflanzen reichern Blei zunächst in den Zellwänden der Wurzeln an und verlagern dieses erst bei höheren Konzentrationen in der Bodenlösung in den Sproß. Verschiedene Pflanzen weisen unterschiedliches Vermögen zur Pb-Aufnahme auf. Eine Verringerung der Pb-Aufnahme durch Pflanzen tritt ein, wenn der pH-Wert von Pb-belasteten Böden auf eine annähernd neutrale Reaktion eingestellt wird.

Verhalten im Boden

Das emittierte Pb wird im Boden in bodeneigene Bindungsformen umgewandelt. Die Löslichkeit des Pb wird vom pH-Wert, von den Redoxbedingungen, von der stofflichen Zusammensetzung der Böden sowie vom Bleigesamtgehalt beeinflußt. Pb ist anders als Cd, Zn und Ni in Böden sehr unbeweglich. Bei pH-Werten > 5 weist dieses in der Regel eine geringe Löslichkeit auf. Erst bei pH-Werten unter 4–4.5 nimmt dessen Löslichkeit und damit auch dessen Verlagerbarkeit und Verfügbarkeit zu. Der Humus trägt wesentlich zur Immobilisierung von Pb bei. Blei wird besonders fest an die organische Substanz im Oberboden gebunden. Bodenproben mit hohen organischen Substanzgehalten weisen eine wesentlich geringere Pb-Löslichkeit auf als solche mit niedrigen Gehalten. Blei ist im Boden aufgrund seiner festen Bindung an die organische Substanz als nahezu immobil anzusehen (Wilke 1986). Die Pb-Festlegung durch organische Substanzen erfolgt vor allem durch die Bildung unlöslicher metallorganischer Komplexe hoher Stabilität. Lösliche organische Komplexbildner können umgekehrt eine Mobilisierung von Pb bewirken. Die Bleiadsorption wird auch wesentlich von der Zusammensetzung der organischen Substanz mitbestimmt, wobei vor allem Huminsäuren an dieser beteiligt sein sollen.

Pb wird stark durch spezifische Adsorptionsprozesse gebunden. Es sind vor allem die Oxide des Fe, Al und Mn, welche eine mit dem pH-Wert zunehmende Bindungskapazität für Blei aufweisen. Blei kann in Form schwerlöslicher Carbonate und Sulfide im Boden festgelegt werden. In stark belasteten Böden kann Blei auch in Form schwer löslicher Pb-Phosphate ausgefällt werden. Die Bindungskapazität und -spezifität für Blei sinkt bei den verschiedenen Komponenten des Bodens in der Reihenfolge: Mn-Oxide > Fe-Oxide > Al-Oxide > Huminstoffe >>> Tonmineralien.

Infolge der geringen Löslichkeit erfolgt eine Verlagerung und Auswaschung des Pb in Böden nur in sehr geringem Maße.

Toxizität

Im Vergleich zu anderen Schwermetallen wird die Toxizität des Bleis als relativ gering eingestuft.

Als medizinisch belegbare Wirkungen des Bleis auf den Menschen werden allgemein die Wirkungen auf das blutbildende System, das Nervensystem, die Nieren, das Herzkreislaufsystem und die Fortpflanzungsorgane akzeptiert (Scholz et al. 1991). Vor allem Kinder sind durch Blei besonders gefährdet (Enzephalopathien).

Bei hohen Pb-Gehalten in Böden können unspezifische Chlorosen und starke Wachstumsschäden an Wurzeln und oberirdischen Pflanzenteilen auftreten.

1.3.2 Cadmium

Quellen und Gehalte im Boden

Der mittlere Cd-Gehalt der Erdkruste wird mit 0.10 mg/kg angegeben (Schachtschabel et al. 1992). Die Cd-Gehalte nicht belasteter Böden liegen in der gleichen Größenordnung und betragen in der Regel weniger als 0.5 mg Cd/kg. Höhere natürliche Gehalte treten in Abhängigkeit vom Ausgangsgestein auf. Für Schweizer Böden wurde der Gehaltsbereich (80% aller Meßwerte) für Cd mit 0.11–0.49 mg/kg (Oberboden) und 0.05–0.24 mg/kg (Unterboden) angegeben (Statistisches Jahrbuch der Schweiz 1994).

Cd weist eine enge chemische Verwandtschaft zu Zn auf, und diese beiden Elemente sind auch in der Natur miteinander vergesellschaftet. Cd wird bei der Zinkverhüttung und in geringerem Umfang auch bei der Gewinnung von Blei und Kupfer emittiert.

Die jährliche Cd-Produktion beträgt weltweit etwa 17 000 t. Die Cd-Belastung der Atmosphäre ist hauptsächlich auf anthropogene Quellen zurückzuführen (Mayer 1981). Der Bergbau und die Verhüttung, die Galvanisierung, die Stahlproduktion, die Herstellung von Farben, Legierungen, Düngern und Batterien, die Verbrennung fossiler Energiestoffe, der Abrieb von Autoreifen, die Applikation von Pestiziden, der Zigarettenrauch und die Verwitterung belasten die Atmosphäre mit diesem Schwermetall. Böden im unmittelbaren Einflußbereich von Straßen werden durch Kfz-Verkehr bedingte Emissionen, vor allem den Reifenabrieb (20–90 mg Cd/kg Reifenmaterial) und Cd-haltige Verbrennungsrückstände des Dieselöls, belastet. In geringer Entfernung zu verkehrsreichen Straßen können bis zu 3 mg Cd/kg auftreten. In Stadtgärten und Parkanlagen von Großstädten konnten Cd-Gehalte von 0.5–5 mg/kg nachgewiesen werden. In der näheren Umgebung von Cd-emittierenden Betrieben können bis zu 40 mg Cd/kg auftreten.

Klär- und Baggerschlamm sowie auch Müll- und Müllklärschlammkomposte sind wichtige Cd-Quellen. Cadmium wird z.B. in Papier als Cadmium-Sulfid-Pigment, in Kunststoffen und als Bestandteil galvanischer Überzüge in nicht wiederverwertbarer Form verwendet. Ein wesentlicher Teil des Cadmiums gelangt aus Müllverbrennungsanlagen über die Verbrennungsgase diffus auf den Boden. Phosphatdünger sind weitere Quellen für Cd im Boden. Mit Ausnahme von Thomasphosphat (Cd-Gehalt < 0.1 mg/kg) stammt das Cd der übrigen Cd-haltigen Dünger aus Rohphosphaten, deren Cd-Gehalt je nach Herkunft im Bereich von 1–90 mg/kg schwankt.

Verhalten im Boden

Cd zählt gemeinsam mit Zn, Ni und Mn zu den mobilen, relativ leicht verlagerbaren und verfügbaren Schwermetallen. Die Beschleunigung des Cadmium-Kreislaufes wird für die Landwirtschaft als besonders kritisch angesehen. Im Gegensatz zu Blei ist Cadmium in der Pflanze und im Boden leicht beweglich. Cadmiumhaltiger Staub führt zu einer Steigerung des Cadmiumgehaltes in und auf Pflanzen. Sowohl Blätter als auch Wurzeln nehmen dieses Element auf und seine Verteilung erfolgt über die gesamte Pflanze. Höhere Cd-Gehalte im Boden spiegeln sich in höheren Gehalten in den Pflanzen wieder. Die hohe Anreicherungsneigung von Weizenpflanzen für Cd besitzt in Verbindung mit der Bedeutung dieses Getreides für die menschliche Ernährung eine besondere Relevanz (May et al. 1991).

Das Verhalten von Cd in Böden wird unter aeroben Bedingungen vor allem durch unspezifische und spezifische Ad- und Desorptionsprozesse bestimmt. Diese sind vom Cd-Gesamtgehalt, vom pH und von der stofflichen Zusammensetzung der Böden sowie von der Salzkonzentration, dem Gehalt an organischen und anorganischen Komplexbildnern und von den Redoxbedingungen abhängig. Die Cd-Löslichkeit und damit Verfügbarkeit nimmt mit abnehmendem pH und zunehmender Konzentration zu. Bei neutraler bis alkalischer Reaktion ist der spezifisch adsorbierte Anteil der Schwermetalle hoch. Im sauren Bereich überwiegt dagegen die unspezifische Adsorption. In dieser Bindungsform liegt der größte Teil des Cd in einer durch Erdalkaliionen austauschbaren Form vor. Mit steigendem Gesamtgehalt an Cd im Boden nimmt vor allem die unspezifisch adsorbierte Fraktion zu. Neben einer Bindung an der Oberfläche von Austauschern findet auch eine sehr langsam ablaufende Diffusion von Cd in das Gitter von Fe- und Mn-Oxiden und zum Teil auch von Tonmineralien statt. Eine weitgehend irreversible Festlegung des Schwermetalls wird dadurch möglich.

Die Zunehmende Konzentration an Alkali- und Erdalkali-Ionen in der Bodenlösung bedingt infolge der Cd-Desorption eine steigende Cd-Löslichkeit. Chlorid und Sulfat beeinflussen dessen Löslichkeit ebenso, da beide Anionen mit Cd relativ stabile lösliche Komplexe bilden. Nach KCl-Düngung oder nach Streusalzausbringung kann deshalb eine wesentliche Cd-Mobilisierung eintreten. Doner (1978) konnte in Versuchen mit NaCl zeigen, daß Chlorid die Mobilität von Cd^{2+} in Bodensäulen stark erhöhte (Einsatz des Salzes in Konzentrationen von 0.1, 0.2, 0.3 oder 0.5 M). Dies konnte direkt mit dem Ausmaß der Bildung von Chlorkomplexen in Beziehung gesetzt werden, wie dies an Hand von Stabilitätskonstanten vorhergesagt wurde. Entsprechend Schachtschabel et al. (1992) findet die Bildung definierter Cd-Verbindungen nahezu ausschließlich unter reduzierenden Bedingungen statt. Cd wird bereits bei Vorliegen sehr geringer Mengen an Sulfidionen als schwerlösliches Cadmiumsulfid ausgefällt.

Die Löslichkeit von Cd wird vor allem im sauren Bereich durch organische Substanzen deutlicher erniedrigt als durch mineralische Bodenbestandteile. Die Löslichkeit des Cd kann jedoch ebenso wie jene anderer Schwermetalle durch lösliche organische Komplexbildner erhöht werden.

Stark versauerte, tonarme und seichtgründige Böden sind durch eine Cd-Kontamination besonders gefährdet.

Toxizität

Das Element Cd zählt zu den toxikologisch bedenklichsten Schwermetallen.

Cd ist ein für Tiere, Menschen, Pflanzen und Mikroorganismen bereits in sehr geringen Konzentrationen toxisches Element. Cd wird durch den

Atmungs- und Verdauungstrakt absorbiert und wird in Nieren und Leber angereichert. Die Symptome einer akuten Intoxikation sind Übelkeit, Speichelfluß, Erbrechen, abdominale Schmerzen, Durchfall; jene einer chronischen Belastung sind Dysfunktion der Nierentubuli, Induktion von Nierensteinbildung, Anämie, Eosinophilie, Knochenerweichung, chronische Bronchitis, Lungenemphysem, Bluthochdruck, arteriosklerotische Herzkrankheiten (Babich und Stotzky 1977d). Die hohe Toxizität des Cd für Tiere, Pflanzen und Mikroorganismen beruht darauf, daß Cd in seinen physikalischen und chemischen Eigenschaften dem Mikronährstoff Zn ähnlich ist. Cd kann Zn in Enzymen ersetzen.

Ebenso wie für Hg, konnte auch für Cd die Methylierung durch Bakterien gezeigt werden. Cd ist wie Pb und Zn im kationischen Zustand toxisch; dem Hg vergleichbar, zeigt dieses jedoch im methylierten Zustand ein höheres Toxizitätspotential (Summers und Silver 1978).

1.3.3 Zink

Quellen und Gehalte in Böden

Für die mittleren Zinkgehalte verschiedener Gesteine wird ein Bereich von 15–100 mg/kg angegeben (Schachtschabel et al. 1992). Manche Tonschiefer können 300 mg Zn/kg und mehr aufweisen. Unbelastete Böden zeigen häufig einen Zn-Gehalt zwischen 10 und 80 mg/kg. In belasteten Böden können Gehalte bis 5000 mg/kg nachgwiesen werden. Bezogen auf Böden der Schweiz wurde für Zink ein Gehaltsbereich (80% aller Meßwerte) von 35–89 mg/kg (Oberboden) und 20–62 mg/kg (Unterboden) angegeben (Statistisches Jahrbuch der Schweiz 1994).

Zink ist neben Fe, Al und Cu eines der am häufigsten verwendeten Metalle. Bezogen auf das Jahr 1980 wurde die Zinkproduktion mit zirka sechs Millionen Tonnen veranschlagt. Zink findet vor allem in der Autoindustrie, in vielen metallverarbeitenden Betrieben als Korrosionsschutz aber auch in Haushaltsartikeln, für die Produktion von Bildschirmen und Trockenbatterien Verwendung. Da Zn-Erze in der Regel auch andere Schwermetalle enthalten, ist mit einer Zn-Anreicherung auch eine Anreicherung von Cd, Pb und Cu verknüpft.

Die Zn-Befrachtung der Atmosphäre aus anthropogenen Quellen erfolgt durch die Verbrennung von Kohle und Öl, durch die technische Verwendung des Metalls als Oberflächenschutz, durch den Reifenabrieb und die Verbrennung von Gummiprodukten. Hohe Zinkgehalte können in der Umgebung von Verhüttungsbetrieben gefunden werden. Innerhalb einer Entfernung von 9.7 km zu einer Hütte war ein Bodenzinkgehalt von 1394 µg Zn/g Boden, bzw. ein solcher von 135 000 µg Zn/g in einer Entfernung innerhalb eines Kilometers zu einem Hüttenkomplex, nachweisbar (Babich und Stotzky 1978). In der Landwirtschaft wird Zn teilweise in Handelsdüngern oder Futtermitteln mitverwendet. Dieses ist weiterhin Bestandteil bestimmter Pestizide. Klärschlamm, kompostierte Siedlungsabfälle und Hafenschlämme sind weitere Quellen für eine mögliche Anreicherung von Zink im Boden.

Verhalten im Boden

Unter aeroben Bedingungen werden die Bindungsformen des Zn im Boden vor allen von der pH-abhängigen Zn-Affinität zu verschiedenen Bodenkomponenten und vom Ausmaß der Bodenbelastung bestimmt. Zink kann über unspezifische und spezifische Mechanismen der Adsorption an Bodenbestandteile gebunden werden. Neben Cd und Ni gehört Zn zu den relativ mobilen Schwermetallen im Boden. Die Zn-Löslichkeit und -Verfügbarkeit wird im wesentlichen durch Ad- und Desorptionsprozesse in Abhängigkeit vom pH und Gesamtgehalt der Böden an Zn sowie vom Gehalt an pedogenen Oxiden und Tonmineralien bestimmt. Bei pH-Werten < 6 steigt die Zn-Löslichkeit und damit auch die Zn-Verfügbarkeit stark an. Zusätzlich zur Bindung an der Oberfläche von Austauschern kann Zink, ebenso wie andere Schwermetalle, im Inneren von Oxidpartikeln und Tonmineralien gebunden werden.

Bei mäßig bis schwach saurer Bodenreaktion liegen in nicht belasteten A-Horizonten des gemäßigt-humiden Klimabreiches 40–60% des Gesamt-Zn in organischer Bindung vor. Bei Zunahme des pH-Wertes auf über 7 steigt die Affinität des Zn für Mn- und Fe-Oxide an (Schachtschabel et al. 1992). In stark kontaminierten Böden können auch definierte Zinkverbindungen, wie Zn-Eisenoxide, Zn-Silikate, Zn-Phosphate und Zn-Carbonate, gebildet werden. Unter reduzierenden Bedingungen kann darüber hinaus schwerlösliches Zn-Sulfid ausfallen.

Spurenelement, Toxizität

Zn ist ein Spurenelement für Pflanzen, Tiere und Mikroorganismen. Dieses ist Bestandteil bzw. Aktivator von Enzymen. Zn hält die Integrität der Ribosomen, jene von biologischen Membranen, der DNA-Doppelhelix und der Zellwand von Gram-negativen Bakterien aufrecht. Zn wird für die Bildung bestimmter mikrobieller Produkte, wie Subtilin durch *Bacillus subtilis*, Aflatoxin durch *Aspergillus parasiticus* bzw. für die Sklerotienbildung von *Whetzelinia sclerotiorum*, benötigt. Zink ist Bestandteil der Zellwand von *Escherichia coli* und ist in die Penetration von T2 und T4 Coliphagen in die Wirtszellen involviert. Erhöhte Konzentrationen an Zn können auf zelluläre Aktivitäten und das Wachstum hemmend wirken.

Hohe Zinkgehalte des Bodens wirken auf Pflanzen und Mikroorganismen toxisch. Die Gefährdung des Menschen durch Bodenzink ist geringer als jene durch Blei oder Cadmium, da Pflanzen schon Vergiftungserscheinungen aufweisen, bevor deren Zn-Gehalte für den Konsumenten kritisch werden.

1.3.4 Kupfer

Quellen und Gehalte in Böden

Der in Gesteinen nachgewiesene Kupfergehalt wird mit 4–90 mg/kg angegeben (Schachtschabel et al. 1992). Die Kupfergehalte unbelasteter Böden rangieren im Bereich 2–40 mg/kg. In belasteten Böden können Gehalte von > 1000 mg Cu/kg nachgewiesen werden. Selbst Werte von 100 000 µg Cu/g konnten in Proben von Böden in der Nähe metallaufbereitender Betriebe nachgewiesen werden. Der Gehaltsbereich (80% aller Meßwerte) an Kupfer wurde für Schweizer Böden mit 6–35 mg/kg (Oberboden) und 6–25 mg/kg (Unterboden) angegeben (Statistisches Jahrbuch der Schweiz 1994).

Cu findet bei der Herstellung zahlreicher Produkte, wie Drähte, Leitungen, Legierungen, Produkte der Galvanik- und Elektronikindustrie, kupferhaltige Fungizide, Verwendung. Das Ausbringen von Schweinegülle, welche durch Cu-haltige Futterzusätze (bis zu 850 mg Cu/kg Trockensubstanz) erhebliche Cu-Mengen aufweisen kann, trägt zur Kupferanreicherung in Böden bei. Auch über die Ausbringung von Klärschlamm besteht eine Möglichkeit zur Anreicherung von Kupfer im Boden. Zu starken atmosphärischen Kupfereinträgen kommt es hauptsächlich in der Umgebung von Kupferhütten und kupferverarbeitenden Betrieben. Die Kohleverbrennung (Cu-Gehalt der Flugasche um 200 mg/kg) und die Müllverbrennung sind weitere Kupferquellen. Eine wesentliche Kupferanreicherung in Flußsedimenten wird vor allem durch industrielle Abwässer bedingt.

Verhalten im Boden

Kupfer kann im Boden über spezifische und unspezifische Adsorption an Bodenkomponenten gebunden werden. Dieses wird vor allem an die organische Substanz und an Oxide des Eisens und Mangans gebunden. Die Löslichkeit und Verfügbarkeit von Kupfer in Böden steigt bei pH-Werten < 5 deutlich an. Lösliche organische Komplexbildner können jedoch auch bei pH-Werten > 5 eine Kupfermobilisierung bewirken. Da Kupfer stark durch die organische Substanz, durch Fe- und Al-Oxide und durch Tonmineralien gebunden wird, ist dessen vertikale Verteilung im Bodenprofil gemeinhin relativ gleichmäßig. In sauren, sandigen Böden wird Cu aus dem Oberboden ausgewaschen, da die Löslichkeit unterhalb pH 5–6 deutlich zunimmt. Unter anaeroben Bedingungen treten Cu-Sulfide auf.

Doner (1978) konnte in Versuchen zur Beeinflussung der Mobilität verschiedener Schwermetalle durch NaCl (eingesetzt in Konzentrationen von 0.1, 0.2, 0.3, 0.4 M) in Bodensäulen feststellen, daß Chlorid die Mobilität von Cu^{2+} in einem geringeren Ausmaß erhöhte als jene von Cd^{2+}. Cu^{2+} wurde wesentlich stärker zurückgehalten als Ni^{2+} oder Cd^{2+}.

1.3.5 Chrom

Quellen und Gehalte in Böden

Der durchschnittliche Chromgehalt der Erdkruste wird mit 122 bzw. 80 mg/kg angegeben (Ehrlich 1990; Schachtschabel et al. 1992). Die Gesamtchromgehalte von Böden bewegen sich gewöhnlich zwischen 100 und 300 mg/kg (Coleman 1988). Chromreiche Ausgangsgesteine können jedoch auch für Bodenchromgehalte von bis 3000 mg/kg verantwortlich sein. Bezogen auf die Verhältnisse der ehemaligen BRD wurde der Chromgehalt der Böden mit meist 5–100 mg Cr/kg veranschlagt. Für Böden der Schweiz wurde der Gehaltsbereich (80% aller Meßwerte) für Chrom mit 13–38 mg/kg (Oberboden) und 10–37 mg/kg (Unterboden) angegeben.

Chromate und Dichromate werden bei verschiedenen industriellen Prozessen in die Umwelt freigesetzt. Die Verbrennung von Kohle ist die wichtigste Quelle für Chrom in der Atmosphäre (Mayer 1981). Als weitere Quellen treten die Verbrennung von Öl und von Müll auf. Chrom wird in der industriellen Produktion vielfältig eingesetzt. Dieses findet vor allem in der metallurgischen Industrie bei der Herstellung nichtrostender Stähle, verschiedener Legierungen und Korrosionsinhibitoren, bei der Herstellung von Baustoffen, Farben, Lacken, Glas- und Keramikgegenständen sowie in der Lederindustrie Verwendung.

Verhalten im Boden

Chrom weist im Boden eine geringe Löslichkeit auf. Eine geringe Verlagerbarkeit und Verfügbarkeit dieses Metalls ist damit verbunden.

Chrom kann die Wertigkeit 0, +2, +3 sowie +6 aufweisen. Im Boden liegt Chrom in Abhängigkeit von den Redoxbedingungen und dem pH-Wert in den Oxidationsstufen Cr^{3+} und Cr^{6+} vor. Der Großteil des in der Umwelt auftretenden Chroms ist dreiwertig (Cr^{3+}). Das Auftreten hoher Konzentrationen an sechswertiges Chrom (Cr^{6+}) wird mit Kontaminationen in Beziehung gesetzt.

Cr^{6+} weist eine hohe Löslichkeit sowie Toxizität auf und ist auch als Carcinogen bekannt. Trivalentes Chrom bildet schwerlösliche Hydroxide/Oxide und ist geringer toxisch als hexavalentes Chrom. Letzteres wird teils auf eine geringere Löslichkeit des trivalenten Chroms bei physiologischem pH zurückgeführt.

Bisher konnte ein Nachweis für die enzymatische Oxidation von Cr^{3+} durch Bakterien nicht erbracht werden. Im Boden tritt jedoch eine nichtenzymatische, von der biogenen Bildung von Mn^{4+} abhängige, Oxidation von Cr^{3+} auf. Mn^{4+} oxidiert Cr^{3+} chemisch zu Cr^{6+}.

Zahlreiche Mikroorganismen sind zur Reduktion von Cr^{6+} zu Cr^{3+} befähigt. Untersuchungen zum Mechanismus der mikrobiellen Reduktion von Cr^{6+} zeigten die enzymatische Natur des Prozesses an (Lovley 1995). Einige Mikroorganismen reduzieren hexavalentes Chrom unter aeroben oder anaeroben Bedingungen, andere vermögen diese Reduktion sowohl unter aeroben als auch unter anaeroben Bedingungen zu vermitteln. Der Grund für die mikrobielle Entwicklung der Fähigkeit zur Reduktion von hexavalentem Chrom ist noch nicht vollständig geklärt. In der Literatur wurde die Reduktion als ein Mechanismus der Chromatresistenz diskutiert, wenngleich dieser nicht belegt werden konnte. Berichte über eine wesentlich langsamere Reduktion von Cr^{6+} durch ein Chromat-sensitives Bakterium gegenüber einem Chromat-resistenten liegen ebenso vor wie solche, welche eine ähnliche Kapazität von sensitiven und resistenten Stämmen zur Cr^{6+}-Reduktion anzeigen. Auch wurde die oftmals konstitutive Natur der Cr^{6+}-Reduktase beschrieben. Mehrfach wurde eine mit der Reduktion von Cr^{6+} verbundene Energiegewinnung angenommen. Die verfügbaren Daten stützten diese Annahme jedoch nicht ausreichend.

Die Umwandlung von Cr^{6+} in das geringer toxische Cr^{3+} wird zur Melioration stark mit Chrom belasteter Böden angestrebt. In sauerstofffreien Habitaten auftretende Verbindungen, wie Sulfide, zweiwertiges Eisen oder bestimmte organische Verbindungen, können eine nichtenzymatische Reduktion von sechswertigem Chrom vermitteln. Zur endgültigen Bewertung des Nutzens eines Einsatzes der durch Mikroorganismen vermittelten enzymatischen Reduktion von hexavalentem Chrom sind noch weitere Untersuchungen notwendig.

Spurenelement, Toxizität

Chrom ist ein für Pflanzen wahrscheinlich entbehrlicher, für Tiere hingegen ein essentieller Mikronährstoff. Für den Stoffwechsel von Hefen ist Chrombedarf ebenfalls dokumentiert (Coleman 1988).

Toxische Wirkungen von Cr^{3+}-Verbindungen und metallischem Chrom sind nicht mit Sicherheit nachgewiesen. Dagegen können Cr^{6+}-Verbindungen beim Menschen akute und chronische Toxizität auslösen. Hexavalentes Chrom (Chromate und Dichromate) ist hoch toxisch. Dieses bewirkt Hautschädigungen und gilt als ein Mutagen und Carcinogen (Cervantes 1991). Die Beseitigung Cr^{6+}-haltiger Industrieabfälle oder deren weitere Verwendung (z.B. als untergrundverfestigendes Füllmaterial) ist deshalb problematisch.

1.3.6 Mangan

Quellen und Gehalte im Boden

Mangan tritt in der Erdkruste mit einer Häufigkeit von 0.1% auf, und der mittlere Mangangehalt der verschiedenen Gesteine wird mit 10–1600 mg/kg angegeben (Ehrlich 1990; Schachtschabel et al. 1992). Die Mn-Gehalte von Böden bewegen sich zwischen 20–800 mg/kg.

Rauch und Staub von Stahlwerken, Bodenstaub, Flugasche der Kohle- und Müllverbrennung und Staubteilchen von biologischen Materialien sind Mn-Quellen (Mayer 1981).

Vehalten im Boden

Mangan tritt im Boden vor allem in Form von Oxiden bzw. Hydroxiden, Carbonaten und Silikaten auf. Dieses liegt auch in adsorbierter Form (vor allem an Eisenoxide) und in organischen Komplexen gebunden vor. Die Bodenreaktion und die Redoxbedingungen bestimmen die Verfügbarkeit von Mangan im Boden. Mangan tritt in der Bodenlösung in ionischer sowie in Form organischer Komplexe auf. Die Löslichkeit des Mangans wird vor allem in neutral und alkalisch reagierenden Böden durch lösliche organische Mn-Komplexe bestimmt.

Mn^{2+} wird in Böden bakteriell oxidiert. Lösliche Mn-Salze können in Böden mikrobiell zu schwerlöslichen Mn-Oxiden oxidiert werden. Die Oxidation des Mn^{2+} kann in Lösung mit O_2 unter der katalytischen Wirkung einer induzierbaren oder konstitutiven Oxidase erfolgen. Die mikrobielle Oxidation des Mn^{2+} kann auch unter Nutzung von metabolischem H_2O_2 mit Hilfe von Katalase erfolgen. Zumindest einige der Oxidase-katalysierten Reaktionen sind mit Energiegewinn verbunden (Ehrlich 1990). Mn^{2+} wird durch einige Pilze mit Hilfe einer extrazellulären Peroxidase oxidiert. Die nichtenzymatische Manganoxidation kann durch einige Bakterien und Pilze über die Nutzung von Hydroxycarbonsäuren gefördert werden. Dabei kommt es infolge der Nutzung von Hydroxycarbonsäuren zu einer Erhöhung des pH in Bereiche oberhalb des Neutralpunktes und zur Oxidation des Mn^{2+} durch restliche Hydroxycarbonsäuren. Andere Mikroorganismen können Stoffwechselprodukte bilden, welche als Oxidantien des Mn^{2+} wirken. Durch Deaminierung kann das pH in einen Bereich angehoben werden, in welchen Mn^{2+} autoxidiert wird. Einige Bakterien und Pilze können oxidiertes Mn durch Adsorption an Zelloberflächen oder an extrazelluläre Schleime fällen.

Es wird angenommen, daß die Ablagerung von Mn-Oxiden in der Natur generell auf die biologische Aktivität zurückzuführen ist. Douka (1977) untersuchte Mn-Konkretionen (Alfisol, Griechenland) mikrobiell. Aus dem Kern der Konkretionen konnten zwei erstbeschriebene Mn^{2+}-oxidierende Bakterien, identifiziert als *Pseudomonas* sp. nov. (E1) und *Citrobacter freundii* (E4), isoliert werden (Gram-negative, aerobe, heterotrophe Stäbchen). Die zellfreien Extrakte dieser Bakterien zeigten die enzymatische Oxidation des Mn^{2+}. Die Isolierung der Bakterien aus den Konkretionen, die Mn^{2+}-oxidierende Wirkung der Zellen sowie jene des zellfreien Extraktes, die Ergebnisse kinetischer Studien und die vorläufigen Ergebnisse des Enzymreinigungsversuches gaben starke Indizien für die durch die biologische Aktivität entstehenden Konkretionen im Boden (Douka und Vaziourakis 1982). Von Wada et al. (1978) isolierte und charakterisierte Mn-oxidierende Mikroorganismen konnten als *Pseudomonas* sp. und *Bacillus* sp. identifiziert werden. Die Mn-Oxidation begann erst, nachdem die Mikroorganismen die stationäre Phase erreicht hatten.

Bei Vorhandensein geeigneter Elektronendonatoren werden Mn(IV) Oxide in Böden mikrobiell reduziert. Für viele Mikroorganismen konnte die Fähigkeit zur Energiegewinnung, unter Kopplung der Oxidation von organischen Verbindungen, von H_2 oder von elementarem Schwefel mit der Reduktion von Mn^{4+}, gezeigt werden (Lovley 1995). Die Reduktion kann, in Abhängigkeit vom Stamm und den Umweltbedingungen, sowohl unter aeroben als auch unter anaeroben Bedingungen verlaufen. Die Überstauung eines Bodens mit Wasser wird rasch von der Bildung von Mn^{2+} gefolgt.

Mn^{4+} ist, anders als Fe^{3+}, einer nichtenzymatischen Reduktion durch organische Verbindungen zugänglicher. Beispielsweise konnte für einfache organische Verbindungen, wie Oxalat und Pyruvat sowie für einige aromatische Dihydroxysäuren und reduzierende Zucker, bei einem pH um den Neutralpunkt die Fähigkeit zur Reduktion von Mn^{4+} gezeigt werden (für Fe^{3+} trifft dies nicht zu).

In Böden und Sedimenten sind eine Reihe von Mn(IV)Oxiden der mikrobiellen Reduktion verfügbar. Reinkulturversuche zeigten, daß Mn^{4+}-reduzierende Mikroorganismen gering kristalline Oxidmineralien bevorzugen. Die mikrobielle Reduktion von schwerlöslichen Mn(IV)Oxiden führt zur Freisetzung von löslichem Mn^{2+}. Die Bedeutung der Reduktion von Mn(IV)Oxiden für die Zersetzung der organischen Substanz kann bei Bestimmung der Freisetzung von Mn^{2+} unterschätzt werden, da ein wesentlicher Teil dieser Ionen durch Adsorption oder die Bildung reduzierter Mineralien in der Festphase verbleibt (Lovley 1995). Infolge der mikrobiell vermittelten Reduktion von Mn(IV)Oxiden konnte auch eine Erhöhung des pH und die Freisetzung von Phosphat und Spurenelementen festgestellt werden.

1.3.7 Eisen

Quellen und Gehalte im Boden

Eisen ist das vierthäufigste Element in der Erdkruste. Dessen durchschnittliche Konzentration in der Erdkruste beläuft sich auf 5% (Ehrlich 1990). Es handelt sich dabei um das auf der Erde am häufigsten auftretende Element. Eisen wird in zahlreichen Mineralien in Gesteinen, Böden und Sedimenten gefunden. Der Gehalt der Böden an Eisen liegt häufig in einem Bereich von 0.2–5%. Bodenstaub ist die wichtigste Quelle für Eisen in der Atmosphäre und in Niederschlägen. In Niederschlägen tritt Eisen in Verbindung mit Sulfatschwefel auf.

Verhalten im Boden

Eisen tritt in sämtlichen Böden in großer Menge auf. Dies betrifft sowohl dessen Gesamtmenge als auch die freien Formen. In belüfteten Böden ist dies gewöhnlich Fe^{3+}. Eisen ist ein sehr reaktives Element. Die Oxidationszustände schließen 0, +2 und +3 ein. Unter aeroben Bedingungen liegt Eisen im Boden überwiegend in Form von Fe^{3+}-Oxiden und in silikatischer Bindung vor. Eisen tritt auch in einer gering kristallisierten Form (amorphe Form) auf, welche gegenüber den gut kristallisierten Formen leichter verfügbar ist. Die chemischen Eigenschaften des Eisens, die Redoxbedingungen und die Bedingungen bezüglich der Komplexbildung bestimmen das Verhalten dieses Metalls im Boden. Amorphe Formen weisen die relativ höchste Löslichkeit auf. Unter oxidierenden Bedingungen ist die Löslichkeit der Fe^{3+}-Oxide sehr gering. Fe^{3+} ist nur bei sehr geringen pH-Werten (< 3) mobil. Fe^{2+} ist im normalen pH-Bereich des Bodens mobil. Eisen kann auch über die Bildung von Komplexen gelöst werden; bei pH-Werten über 3.5 ist die Fe-Konzentration der Bodenlösung nahezu ausschließlich auf lösliche organische Fe-Komplexe beschränkt. Chelate vermögen das Eisen über einen weiten pH-Bereich zu mobilisieren. Siderophore sind starke Chelatoren. Von Mikroorganismen können zahlreiche organische Säuren mit niedrigem Molekulargewicht ausgeschieden werden. Entsprechend Robert und Chenu (1992) kann ein starker Komplex nicht allein ein unlösliches Element freisetzen. Die Reaktion benötigt generell Protonen und in der Abwesenheit von Protonen kann sich der Komplex nur durch Fällung des organischen Liganden an der Oberfläche der unlöslichen Eisenverbindung bilden. Unter anaeroben Bedingungen können nach Reduktion von Fe^{3+}-Oxiden zu Fe^{2+}-Ionen hohe Konzentrationen an zweiwertigem Eisen in der Bodenlösung auftreten.

Eisen kann von einigen Bakterien zur Energiegewinnung oxidiert werden. Eine nichtenzymatische Oxidation des Eisens ist möglich, wenn unter der Wirkung von Mikroorganismen das Redoxpotential und/oder das pH im Milieu erhöht und dadurch die Autoxidation gefördert wird.

Bei Vorhandensein geeigneter Elektronendonatoren können dreiwertige Eisen-Ionen enzymatisch zu zweiwertigen reduziert werden. Viele Mikroorganismen sind zur Reduktion von Fe^{3+} befähigt. Zahlreiche Mikroorganismen vermögen über die Kopplung der Oxidation von organischen Verbindungen, von H_2 oder auch elementarem Schwefel mit der Reduktion von Fe^{3+} Energie zu gewinnen. Nicht alle mikrobiellen Fe^{3+}-Reduktionen sind von enzymatischer Natur. In den meisten Böden und Sedimenten ist die enzymatische Reduktion der Hauptmechanismus der Fe^{3+}-Reduktion (Lovley 1995). Von einem breiten Spektrum an getesteten organischen Verbindungen waren nur wenige befähigt, Fe^{3+} nichtenzymatisch zu reduzieren, wobei dies speziell bei einem pH um den Neutralpunkt (typisch für die meisten Unterwasserböden und aquatische Sedimente) zutraf. Die Geologie liefert auch Hinweise darauf, daß die Fe^{3+}-Reduktion seit der frühen Geschichte des Lebens auf der Erde einen wichtigen Prozeß bei der Oxidation von organischer Substanz repräsentiert. Es wird angenommen, daß die Kopplung der Oxidation von organischer Substanz an die dissimilatorische Fe^{3+}-Reduktion einen Mechanismus der Magnetitanreicherung in gebänderten Eisenformationen darstellte.

Ein wesentlicher Aspekt der mikrobiellen Fe^{3+}-Reduktion ist der Abbau organischer Kontaminanten in sauerstofffreien Habitaten. Das natürliche Vermögen der Fe^{3+}-Reduktion zur Eliminierung organischer Kontaminanten konnte durch den Zusatz von Fe^{3+}-Chelatoren, wie NTA und EDTA, zum kontaminierten Material gesteigert werden (Lovley et al. 1994a). Der Zusatz von Fe^{3+}-Chelatoren weist eine mögliche Strategie zur Stimulierung der Entfernung organischer Kontaminanten aus Grundwasserleitern auf, in welchen Fe(III)Oxide vorhanden sind. Fe(III)Oxide sind jedoch nicht notwendigerweise erforderlich, da der Zusatz von löslich chelatiertem Fe^{3+} die Eliminierung von aromatischen Kohlenwasserstoffen in Grundwasserleitermaterial stimulieren kann (Lovley et al. 1994b). Fe^{3+}-reduzierende Mikroorganismen leisten auch einen indirekten Beitrag zur Eliminierung organischer Kontaminanten. Die mikrobielle Fe^{3+}-Reduktion kann zur Bildung ultrafeinkörniger Magnetite (Fe_3O_4) führen; Fe^{2+} in solchen Magnetiten vermochte 4-Chlornitrobenzol nichtenzymatisch zu 4-Chlornitroanilin zu reduzieren (Heijman et al. 1993).

Im Zuge der Reduktion von Fe^{3+} auftretendes lösliches Fe^{2+} kann an verschiedene organische oder mineralische Komponenten des Bodens sorbiert werden oder auch in die Bildung reduzierter Mineralien eingehen. Hinweise auf eine gegenüber gut kristallisierten Fe(III)Oxiden raschere mikrobielle Reduktion von schlecht kristallisierten Fe(III)Oxiden konnten erhalten werden.

Eine Reihe von Bodeneigenschaften können infolge der Reduktion von dreiwertigem Eisen verändert werden. Die Vergleyung des Bodens, bei welchem rot-gelbe Fe(III)Oxide in grau-gebleicht erscheinende Anreicherungen von Fe(II)Verbindungen überführt werden, ist gut bekannt. Die Reduktion von Fe^{3+} zu Fe^{2+} ist von einer Zunahme des pH und der Freisetzung von an Fe(III)Oxiden gebundenen(m) Spurenmetallen, Sulfat und Phosphat begleitet. Die Ionenstärke der Bodenlösung nimmt ebenso zu wie der Eintritt von Na, K, Ca und Mg in die Bodenlösung. Physikalische Bodeneigenschaften, wie die Aggregatstabilität, die Permeabilität, die Porosität, die hydraulische Leitfähigkeit, die Schwellfähigkeit und die Mobilität von Tonen, können durch die Reduktion von Fe^{3+} in Tonen sowie von mit Tonen assoziiertem Fe^{3+} verändert werden. Das infolge der Fe^{3+}-Reduktion im Boden auftretende Fe^{2+} ist eine Senke für O_2. Eine Verringerung des Sauerstoffangebotes in der Wurzelzone ist für Pflanzen von Nachteil. Die mit der Reduktion von Fe^{3+} gleichfalls verbundene Mobilisierung von Nährstoffen begünstigt jedoch das Pflanzenwachstum (Lovley 1995).

1.3.8 Cobalt

Quellen und Verhalten im Boden

In Abhängigkeit vom Ausgangsgestein variiert der Cobaltgehalt der Böden zwischen 1–40 mg Co/kg (Schachtschabel et al. 1992). Bezogen auf Böden der Schweiz wurde der Gehaltsbereich von Ober- und Unterböden an Cobalt mit 3–10 mg/kg angegeben (Statistisches Jahrbuch der Schweiz 1994).

Krustenmaterial (Bodenstaub) ist eine natürliche Quelle für Cobalt. Anthropogenen Aktivitäten wird, hinsichtlich einer großräumigen Verunreinigung der Atmosphäre mit diesem Element, keine wesentliche Bedeutung beigemessen. Das Metall wird in der Industrie hauptsächlich als Stahlveredler und als Bestandteil von Farben, Pigmenten und Düngern verwendet.

Cobalt wird im Boden in Bindung an Silikate und Fe- und Mn-Oxide gefunden. Mit abnehmendem pH nimmt die Adsorption an Oxide ab. Die Löslichkeit und Verfügbarkeit des Co nimmt entsprechend zu.

1.3.9 Quecksilber

Quellen und Gehalte in Böden

Der mittlere Hg-Gehalt der kontinentalen Kruste beträgt 0.02 mg/kg. Gehalte von > 0.4 mg Hg/kg können in Tonschiefern nachgewiesen werden (Schachtschabel et al. 1992). Zinnober (HgS) ist das häufigste Hg-Erz.

In nicht oder wenig belasteten Böden können Gehalte von 0.02–0.5, meist < 0.1 mg Hg/kg, gefunden werden. Für Kulturböden wurden auch natürliche Gehalte von 0.1–1 mg/kg angegeben (Kloke 1978). Der Gehaltsbereich an Hg von Böden der Schweiz konnte mit 0.06–0.19 mg/kg (Oberboden) und 0.01–0.12 mg/kg (Unterboden) angegeben werden (Statistisches Jahrbuch der Schweiz 1994). Für anthropogen beeinflußte Böden von Ballungsgebieten angegebene Werte für den Hg-Gehalt rangieren im Bereich 0.1–0.4 mg/kg.

Quecksilber entweicht aus Böden, Gesteinen und Ozeanen direkt in die Atmosphäre. Schätzungen zur Hg-Abgabe an die Atmosphäre durch Verdampfen des bei der Mineralverwitterung in Böden und Gesteinen freigesetzten Hg sowie durch Abgabe aus dem Meerwasser und bei vulkanischen Aktivitäten belaufen sich auf 40 000 t/Jahr.

Die durch den Menschen vermittelten Hg-Emissionen werden gegenüber den natürlichen als relativ gering eingestuft, wenngleich deren lokale Bedeutung sehr groß sein kann. Die Verbrennung von Kohle und Erdöl, Müllverbrennungsanlagen, Abwasserreinigungsanlagen, die holz- und erzverarbeitende Industrie, die Papier-, Plastik- und Elektronikindustrie, die Applikation Hg-haltiger Fungizide, die Ausbringung von Hafenschlicken, Klärschlämmen und kompostierten Sieldungsabfällen, Spitäler und Zahnarztpraxen sowie die Verregnung kommunaler Abwässer können als anthropogen bedingte Hg-Quellen angeführt werden. Metallisches Quecksilber wird bei der Produktion von Chlor durch Salzelektrolyse als Elektrode verwendet (Wood 1971). Wesentliche Mengen an atmosphärischem Hg^{o} und organischen Hg-Verbindungen entstammen den Abwasserreinigungsanlagen (Summers und Silver 1978). Mit dem Niederschlag gelangt atmosphärisches Quecksilber erneut in terrestrische und aquatische Systeme.

Ältere Schätzungen zur anthropogen bedingten Freisetzung von Quecksilber belaufen sich auf etwa 30 000 Tonnen pro Jahr.

Verhalten im Boden

Quecksilber tritt metallisch oder als Hg-Verbindung auf. Im Boden kann Hg als elementarer Quecksilberdampf (Hg^{o}) auftreten. In Abhängigkeit vom pH-Wert kann Hg auch als Hg-Humatkomplex (bei pH 3–6) oder als $Hg(OH)^{+}$ (pH 7.5–8.0) vorliegen. Unter reduzierenden Bedingungen wird kationisches Hg durch Sulfidionen als HgS gefällt. In Böden ist die Löslichkeit von Hg sehr gering. In stark belasteten Böden konnte sowohl eine vertikale als auch horizontale Verlagerung von Hg festgestellt werden. Der Hg-Transport erfolgt dabei vor allem als Hg^{o}-Dampf oder in Form flüchtiger organischer Hg-Verbindungen.

Der relativ hohe Dampfdruck des metallischen Quecksilbers nimmt wesentlichen Einfluß auf das Verhalten dieses Elementes in der Umwelt. Hg-Ionen und Hg^{o}-Dampf werden in Böden von mineralischen und organischen Sorbenten gebunden. Quecksilber wird vor allem von der organischen Substanz in einer sehr immobilen Form festgelegt. In dieser Form ist dieses weitgehend vor Verdampfung, Auswaschung und Aufnahme durch Pflanzen geschützt. Toxische Wirkungen des Quecksilbers werden durch hohe organische Substanzgehalte verringert. Hinweise auf die Bindung von Quecksilber an pedogene Oxide und Tonmineralien liegen ebenfalls vor.

Mikroorganismen sind an den Umwandlungen dieses Elementes in die verschiedenen Oxidationsstufen wesentlich beteiligt. Es sind vor allem aerobe Mikroorganismen, welche durch Reduktion lösliches Hg^{2+} in Hg^{o}-Dampf umwandeln. Diese Reduktion ist eine Entgiftungsreaktion. In der Manipulation Hg^{2+}-reduzierender Mikroorganismen wird ein Potential zur Stimulierung der Verflüchtigung und der Entfernung von Hg aus kontaminierten Umweltbereichen gesehen.

In Böden kann ebenso wie in den Sedimenten der Flüsse und der Meere eine mikrobielle Methylierung von Hg^{2+}-Ionen erfolgen. Es entsteht dabei das stark toxische wasserlösliche Monomethyl-Quecksilber. Dieses wird weniger stark adsorbiert als anorganische Hg-Verbindungen und kann in die Nahrungskette gelangen. Monomethyl-Quecksilber (CH_3Hg^+) besitzt eine gegenüber Hg^{2+} 50–100fach erhöhte Toxizität (Summers und Silver 1978). Als positiv geladenes Teilchen kann Methyl-Quecksilber (CH_3Hg^+) an negativ geladene Bodenkomponenten gebunden werden.

Einige Bakterien vermögen Monomethyl-Quecksilber zu methylieren wodurch Dimethyl-Quecksilber (CH_3HgCH_3) entsteht. Es wird darin eine Form der Entgiftung gesehen, wenn dies im Boden oder im Sediment auftritt, da Dimethyl-Quecksilber wasserunlöslich ist und in die Atmosphäre entweichen kann.

Mikroorganismen vermögen auch eine Entmethylierung zu vermitteln, wobei Hg^{2+} und Hg^{o} gebildet werden. Methyl-Quecksilber und Phenyl-Quecksilber können durch einige Bakterien enzymatisch zu volatilem metallischen Hg^{o} reduziert werden.

Der Reduktion von Hg^{2+} zu Hg^{o} wird als Entgiftungsreaktion eine größere Bedeutung beigemessen als der Methylierung.

Toxizität

Hg-Verbindungen sind für Tiere, Menschen und Mikroorganismen starke Gifte. Verschiedene chemische Formen des Quecksilbers, wie elementares Quecksilber, anorganische und organische Quecksilberverbindungen, weisen unterschiedliche Toxizität auf. Organische Hg-Verbindungen besitzen eine stark toxische Wirkung. Diese schädigen das Zentralnervensystem und insbesondere bestimmte Gehirnzentren. Mutagene und teratogene Wirkungen von CH_3HgCl konnten nachgewiesen werden. Alkyl-Hg wird von einer Reihe von Tieren sowie vom Menschen leicht aufgenommen und konzentriert, wobei diese Verbindungen im Körper gleichmäßig verteilt werden. Als Vergiftungssymptome können Müdigkeit, Kopfschmerzen, Reizbarkeit gefolgt von Zittern, Gefühlsverlust in Fingern und Zehen, unscharfe Sehkraft, schlechte Muskelkoordination und mentale Störungen beobachtet werden. Wesentliche Mengen an Alkyl-Hg passieren Membranen des Gehirns, wo es zur Anreicherung und zur Desintegration von Gehirnzellen kommt. Gastrointestinale Störungen und Nierenschäden können infolge der akuten Wirkung sowie Langzeitwirkung von Quecksilbersalzen, Phenylquecksilberverbindungen und Alkoxyalkylquecksilberverbindungen auftreten.

1.3.10 Nickel

Quellen und Gehalte in Böden

Der durchschnittliche Nickelgehalt der kontinentalen Kruste beträgt 45 mg/kg (Schachtschabel et al. 1992). Bezogen auf Böden Deutschlands werden für den Ni-Gehalt unbelasteter Böden Werte von 5–50 mg/kg angegeben. Der Gehaltsbereich an Nickel von Böden der Schweiz wurde mit 6–40 mg/kg (Oberboden) und 8–43 mg/kg (Unterboden) angegeben (Statistisches Jahrbuch der Schweiz 1994).

Nickel findet bei der Produktion von Stahl und Legierungen sowie in der Galvanik- und Elektronikindustrie Verwendung. Aus diesen Quellen gelangt Ni im wesentlichen mit Abwässern in aquatische Ökosysteme und wird auch in Klärschlämmen angereichert. Durch die Verbrennung von Heizöl, Kohle, Diesel, Benzin und Abfall, durch den Kfz-Verkehr, den Ni-Bergbau und die Ni-Veredelung gelangt Ni über die Luft in die Böden. Die natürliche Emissionsrate von Ni in die Atmosphäre wird auf 8.5×10^6 kg/Jahr geschätzt, wohingegen jene aus menschlichen Quellen 43×10^6 kg/Jahr beträgt.

Ni reichert sich entlang von Straßen als Folge von Ni-haltigem Treibstoff und dem Abrieb von Fahrzeugmetallteilen an. An Straßen grenzende Böden wiesen einen Nickelgehalt von 11.5 ppm auf, wohingegen 100 und 200 m von der Straße entfernt der Boden 5.5 und 2.9 ppm Ni enthielt (Muskett und Jones 1981). In drei Kilometer Entfernung zu Ni-Cu-Hütten betrug die Ni-Konzentration 3000 ppm, diese ging mit steigender Entfernung von den Hütten zurück; in 76.5 km Entfernung betrug der Nickelgehalt etwa 100 ppm. Streu, welche in einer Entfernung von drei Kilometern zu den Hütten genommen wurde, enthielt 1400 ppm Ni, in 47.9 km Entfernung enthielt diese 850 ppm (Freedman und Hutchinson 1980).

Verhalten im Boden

An der Sorption des Ni im Boden sind hauptsächlich Mn-, Fe- und Al-Oxide sowie Tonmineralien beteiligt. Ni kann wie andere Schwermetalle unspezifisch sowie spezifisch an Bindungspositionen von Bodenteilchen gebunden werden. Dieses kann zum Teil in pedogene Oxide und auch in Tonmineralien eingelagert und damit in immobile Bindungsformen überführt werden. Die Löslichkeit und damit die Verfügbarkeit und die Verlagerbarkeit des Ni steht mit der Bodenreaktion in Beziehung. Die Löslichkeit und Verfügbarkeit von Ni nimmt mit abnehmendem pH und mit steigenden Ni-Gehalten zu und sinkt mit steigenden Gehalten an Tonmineralien und Mn- und Fe-Oxiden. Eine Ni-Mobilisierung kann auch durch lösliche organische Komplexbildner erfolgen. Bodensäulenversuche zur Mobilisierung von Ni^{2+} durch den Zusatz von NaCl in verschiedenen Konzentrationen zeigten, daß die Mobilität von Ni^{2+} im Vergleich zu Cd^{2+} durch Cl^- weniger stark erhöht wird (Doner 1978).

Spurenelement, Toxizität

Traditionell wurde dem Element Nickel, mit Ausnahme von dessen Toxizität in höheren Konzentrationen, keine wesentliche biologische Bedeutung beigemessen (Dalton et al. 1985). Ni wird für das Wachstum einiger prokaryontischer Organismen benötigt. Nickel ist ein essentieller Mikronährstoff für manche Tiere (z.B. Vögel). Auf Pflanzen und Mikroorganismen wirkt dieses teilweise in geringen Konzentrationen günstig. Die Inhalation von Ni-Stäuben (Ni-Oxid, -Sulfid, -Carbonat) kann zu Lungenkrebs führen. Bei der Verbrennung von Kohle, Erdöl und Ni-haltigem Benzin gebildetes Ni-Carbonyl wird als carcinogene Substanz diskutiert.

1.3.11 Bor

Quellen und Gehalte in Böden

Der mittlere B-Gehalt verschiedener Gesteine beträgt 3–100 mg/kg (Schachtschabel et al. 1992). Der B-Gehalt von Böden des humiden Klimaraumes wird mit 5–80 mg/kg angegeben.

Über Verbrennungsvorgänge sowie durch versprühtes Meerwasser kann Bor in die Atmosphäre eintreten, verfrachtet werden und mit Niederschlägen in den Boden gelangen. Bor ist neben Phosphat in Form von Borax und Perborat in Seifen und Waschmitteln vorhanden, weshalb kommunale Klärschlämme und Haushaltsabwässer in der Regel größere Mengen an Bor enthalten. Infolge der Verrieselung von Abwasser und der Ausbringung von Klärschlamm kann in Böden Bor angereichert werden.

Verhalten im Boden

Bor wird in Böden an die organische Substanz, an Tonmineralien sowie an Fe- und Al-Oxide gebunden. Unterhalb von pH 7 liegt Bor in der Bodenlösung großteils als undissoziiertes $B(OH)_3^o$ vor. Bei höheren pH-Werten werden $B(OH)_4^-$-Ionen gebildet. Hohe pH-Werte reduzieren dessen Verfügbarkeit. Bor weist in Böden eine relativ hohe Löslichkeit auf und kann, vor allem aus sauren sandigen Böden, leicht ausgewaschen werden.

1.3.12 Arsen

Quellen und Gehalte in Böden

Gesteine enthalten relativ geringe Mengen an Arsen (Fassbender 1974). Deren Gehalte liegen zwischen 1–6 µg/g in Magmatiten und 1–2 µg/g in Sedimenten. Schiefer können Gehalte von 5–15 µg/g As aufweisen. Arsen tritt selten in elementarer Form auf. Unter den zahlreichen As-Mineralien (Arsenide, Schwefelarsenide, Sulfide) ist Arsenpyrit (FeAsS) das verbreiteste. Je nach Ausgangsmaterial und Genese können in unbelasteten Böden 1–10 µg As/g gefunden werden.

Düngemittel, Pestizide, Klärschlämme, industrielle Abfälle, bergbaulicher Abraum, Kohle, Erdöl, Flugaschen, Detergentien und Futtermittelzusätze können als Quellen der Arsenkontamination von Böden auftreten. Der Arsengehalt von Kupferhütten-Flugstaub kann bis zu 40% betragen. Kohlenflugstäube weisen As-Konzentrationen bis 1700 ppm auf, wobei der Schadstoff hier als elementares Arsen, Arsentrioxid (As_2O_3) oder Arsensulfid (As_2S_3) vorliegt (Fassbender 1974). Pflanzenschutzmittel enthalten As in anorganischer (Na-, Ca-, Pb-Arsenate) und organischer Bindung (Salze der Methanarsonsäure). Superphosphate können As-Gehalte von 100–200 ppm aufweisen. 20 ppm Arsengesamtgehalte gelten als unbedenklich. In der Nähe von Emittenten konnten 380 ppm sowie 1500 ppm nachgewiesen werden. Arsen gleicht in seinem Chemismus dem Phosphor.

Verhalten im Boden

Die Wertigkeit des in der Natur auftretenden Arsen schließt -3, 0, +2, +3 und +5 ein. Ergebnisse zahlreicher Sorptionsversuche lassen schließen, daß As weniger durch Ausfällung definierter Arsenate als vielmehr durch Adsorption an Austauscher der Bodenlösung entzogen wird. $H_2ASO_4^-$ kann ebenso wie Phosphat an Eisen- und Aluminium-(Hydr)oxide gebunden werden. Fe-Oxide weisen ein höheres Adsorptionsvermögen auf als Al-Oxide. In Abhängigkeit von den herrschenden Bedingungen (pH, Redoxpotential) kann Arsen im Boden in verschiedenen Formen vorliegen. In sauren Böden herrscht die Eisen- und Aluminium-Bindung, im neutralen Milieu die Bindung an Calcium vor (Fassbender 1974). Die Toxizität von Arsen kann durch die Applikation von Zn-, Fe- und Al-Sulfaten, welche As in unlösliche Bindungsformen überführen, reduziert werden.

Pflanzen entziehen Bodenarsen in einem nicht nennenswerten Ausmaß (Wilke 1986). Dem Blei vergleichbar konnte eine Anreicherung des As in den Wurzeln und dessen kaum erfolgende Verlagerung in den Sproß beobachtet werden. Zunehmende As-Gehalte im Boden führten jedoch in der Regel zu einer Zunahme der As-Gehalte in Pflanzen.

Einige Bakterien vermögen Arsenit (+3) durch Oxidation in Arsenat (+5) überzuführen.

Arsenit und Arsenat werden durch bestimmte Bakterien und Pilze reduziert. Mikroorganismen (Pilze, darunter auch die Hefe *Candida humicola*, *Methanobakterium* sp.) vermögen As im Boden durch Methylierung bzw. Reduzierung in flüchtige Verbindungen, wie Dimethylarsin, Trimethylarsin und Arsin, umzusetzen. Wird Arsen zum Oxidationszustand -3 reduziert, bilden die Bakterien Arsin und/oder Dimethylarsin, wohingegen die Pilze Trimethylarsin bilden (Ehrlich 1990). Bei Zimmertemperatur durchgeführte Brutversuche zeigten jedoch, daß der As-Austrag aus Böden durch diese Prozesse gering ist (Wilke 1986).

Arsenit, dessen Toxizität primär auf die Reaktion mit Sulfhydrylgruppen von Enzymen in Beziehung gesetzt wird, weist eine gegenüber Arsenat höhere Toxizität auf (Summers und Silver 1978). Arsenat kann sowohl für Membrantransportsysteme als auch für Enzyme ein Analoges für anorganisches Phosphat darstellen. Im Verlust von freier Energie infolge der spontanen Hydrolyse von arsenylierten Zuckern wird eine weitere Basis der Arsentoxizität gesehen.

1.3.13 Selen

Quellen und Gehalte in Böden

Die kontinentale Kruste weist durchschnittlich 0.08 mg Se/kg auf (Schachtschabel et al. 1992). Der Gesamtselengehalt nicht belasteter Böden beläuft sich auf 0.1–4.3 mg/kg; in Se-reichen Gegenden können die Gesamtkonzentrationen an Selen in Böden 1000 mg/kg erreichen (Bennett 1983; Wilke 1988b). Der tolerierbare Selengehalt von Böden wird mit etwa 2 mg/kg angegeben.

Unter natürlichen Bedingungen gelangt Selen ebenso wie Chlor, Brom und Jod über die Meeresluft oder durch vulkanische Aschen in die Böden. Das pedogene Se entsteht vornehmlich bei der Verwitterung von Sedimenten. Diese enthalten Selen in einem Konzentrationsbereich von 0.1–5 µg/g. Magmatische Gesteine sind dagegen arm an Selen. Deren Se-Konzentration liegt im Bereich von 0.1–0.21 µg/g. Metamorphite sind mit Ausnahme pyrithaltiger frei von Selen. Selen weist in chemischer Hinsicht Ähnlichkeit mit Schwefel auf.

Anthropogene Selenquellen bestehen hauptsächlich in fossilen Brennstoffen. Etwa 60% des anthropogenen Se werden durch Verbrennung von Kohle und Öl emittiert (Bennett 1983). Weitere 25% werden durch Eisen-Hütten und 5% durch Glas- und Keramikfabriken emittiert. Klärschlämme können als eine weitere anthropogene Selenquelle auftreten. Proben von städtischem Klärschlamm, von Schlammasche, von Gartenboden mit einer Vergangenheit an Schlamm- und häuslicher Kompostapplikation sowie von ausgewählten Düngermaterialien (Torfmoos, Rinderdung, häuslicher Kompost, städtischer Müllkompost, Klärschlamm, Miloganit) zeigten bezüglich des Gesamtselengehaltes im Kompost den geringsten (durchschnittlich 255 ppb) und in der Schlammasche den höchsten (durchschnittlich 11 550 ppb) Wert (Cappon 1984). Hexavalentes Se repräsentierte durchschnittlich 24.3% des Selengesamtgehaltes und war in Schlammproben bedeutend höher als in Düngerproben. Sukzessive jährliche Applikation von Schlamm und Kompost zu Gartenboden bewirkte einen graduellen Anstieg des Gesamtgehaltes an Se im Boden.

Verhalten im Boden

Die Mobilität des Selens ist von mikrobiellen Transformationen sowie von physikalisch-chemischen Bodeneigenschaften abhängig. Die Bindungsform, die Oxidationsstufe und die Verfügbarkeit des Selens in Böden wird wesentlich durch den pH-Wert und die Redoxbedingungen bestimmt. Die in der Natur vorherrschenden Formen des Selens umfassen Se^{6+} (Selenat, SeO_4^{2-}), Se^{4+} (Selenit, SeO_3^{2-}), Se^o (elementares Selen) sowie Se^{2-} (Selenid). Unter oxidierenden Bedingungen bilden Selenit und Selenat stabile Se-Formen in Böden. Unter reduzierenden Verhältnissen liegen auch Selenide (Schwermetallselenide, H_2Se, HSe^-) und elementares Selen vor. Für Böden ist die Reduktion von Selen gut dokumentiert.

Selenate werden von den Bodenteilchen nur wenig adsorbiert, Selenite dagegen wesentlich stärker. An der Selenitadsorption sind vor allem Oxide des Al und Fe sowie die organische Substanz beteiligt. Die Selenadsorption in Böden wird von der spezifischen Oberfläche der Bodenmatrix, dem Gehalt an organischer Substanz, der Art und Menge an „freien Formen" von Fe_2O_3, SiO_2 und Al_2O_3 sowie vom Allophanatgehalt bestimmt. Darüber hinaus kommt der Kationenaustauschkapazität und dem Carbonatgehalt der Böden Bedeutung zu. Negative Beziehungen bestehen zwischen der Selenadsorption, dem pH und dem Salzgehalt. Mit verstärkter Se-Auswaschung muß bei pH-Werten > 5 oder reduzierenden Bedingungen in ton- und eisenoxidarmen Böden gerechnet werden (Wilke 1986).

Pflanzen und Mikroorganismen sind in der Lage, Se zu methylieren. Elementares Selen kann von Mikroorganismen teilweise intrazellulär gelagert werden.

Für viele Mikroorganismen wurde die Fähigkeit zur Reduktion von Selenat sowie jene von Selenit zu elementarem Selen berichtet. Diese Reduktion, für die bisher keine Beziehung zur Energiegewinnung dokumentiert ist, wird als ein Entgiftungsmechanismus diskutiert (Lovley 1995). Anorganische Se-Verbindungen können auch über die Reduktion zu organisch gebundenem Se immobilisiert werden. Sowohl anorganische, als auch organische Se-Verbindungen können mikrobiell in flüchtige umgewandelt werden. Die Methylierung ist gering und variiert mit der Art der zugesetzten Selenverbindung. Die Methylierung von Se wird ebenso wie die Reduktion und Inkorporierung von anorganischem Se als Entgiftungsmechanismus angesehen, da flüchtige Selenverbindungen weniger toxisch sind als ihre Ausgangsverbindungen wie z.B. Selenat.

1.3.14 Fluor

Quellen und Gehalte in Böden

Fluor ist das elektronegativste und reaktivste der hier besprochenen Elemente. Es ist in der Natur weit verbreitet und repräsentiert einen generellen Bestandteil von Gesteinen und Böden. Der Fluorgehalt von Böden schwankt je nach Ausgangsmaterial und Verwitterungsintensität zwischen 20 und 1200 µg/g (Ottow und Kottas 1984). Für Böden der Schweiz wurde der Gehaltsbereich an Fluor mit 234–715 mg/kg (Oberboden) und 250–695 mg/kg (Unterboden) angegeben (Statistisches Jahrbuch der Schweiz 1994).

CaF_2 ist das häufigste Fluor-Mineral; auch Phosphate enthalten Fluor (Fluorapatit). Der größte Teil des Fluors ist in Silikat-(Glimmer) und Phosphatmineralien (Apatit) fest gebunden. Vor allem Glimmer (400–5800 mg F/kg) und Tonmineralien (Bentonit bis 7400 mg F/kg) weisen hohe F-Gehalte auf (Wilke 1986; Schachschabel et al. 1992). Tonreiche Böden enthalten deshalb in der Regel viel Fluor (bis 4000 mg/kg).

Die Wege der Kontamination von Böden mit Fluor schließen neben der Deposition von partikulärer Substanz, wie beispielsweise Kryolit und Flußspat, auch die direkte Absorption von Gasen wie HF und Siliciumtetrafluorid ein (Rao und Pal 1978). Im Nahbereich von Fluoremissionsquellen ist die Anreicherung von Fluor im Boden eindeutig nachweisbar. Diese anthropogene Anreicherung zeigt sich besonders deutlich am wasserextrahierbaren Anteil des Fluorgehaltes im Boden (Polomski 1985).

Als wichtigste Emittenten fluorhaltiger Substanzen (Staub, HF, SiF_4, Na-, Al-, Ca-Salz) kommen lokal vor allem die chemischen und metallverarbeitenden Industrien (wie Flußsäure-, Email-, Aluminium- oder Phosphat und Düngemittelfabriken sowie Ziegeleien) und Müllverbrennungsanlagen in Frage. Zusammen sind diese für etwa 57% der Gesamtemission verantwortlich. In Aluminiumfabriken wird Fluor bei der elektrolytischen Al-Herstellung aus Tonerde (Al_2O_3) und Kryolit ($NaAlF_6$) freigesetzt und gelangt gasförmig als HF oder staubförmig in Form von NaF, CaF_2, AlF_3, Na_3AlF_6 (Kryolit) und $Na_5Al_3F_{14}$ (Chiolit) in den Boden (Wilke 1986). Konventionelle Energiegewinnungsanlagen (Kohle-, Erdöl- und Erdgasverbrennung) tragen eher global zur Fluoridbelastung der Umwelt bei (etwa 43% der Gesamtemission) (Ottow und Kottas 1984). Durch Kohleverbrennung muß mit einer weitverbreiteten F-Belastung gerechnet werden. Kohle und Schieferöle können bis zu 500 ppm F enthalten. Ein Großteil des emittierten Fluors stammt aus Auspuffgasen.

Der F-Gehalt der Phosphatdünger beträgt meist 1.5–4% (Thomasphosphat < 0.15%). Bei einer Düngung von 500 kg/ha gelangen 7.5–20 kg F/ha auf den Boden. Mit Ausnahme von Thomasphosphat, welches wegen seines relativ hohen Anteils an Calciumoxid bevorzugt zur P-Versorgung saurer Böden verwendet wird, enthalten sämtliche andere Phosphate erhebliche F-Mengen (Ölschläger 1968). Relativ hoch ist ferner der F-Gehalt des Hüttenkalkes (im Gegensatz zu sämtlichen anderen kalkhaltigen Düngemitteln). Durch Düngung mit Superphosphat werden den Böden relativ hohe F-Mengen zugeführt. Die Mengen an zugeführtem Superphosphat und damit jene an Fluor variieren mit der Feldfrucht, umgekehrt variiert auch jene durch die Feldfrucht entzogene Fluormenge. Bei Getreide, Kartoffeln und Gras beträgt jene mit Superphosphat zugeführte Fluormenge 8–16 kg/ha/Jahr; bei Futter- und Zuckerrüben sind dies 12–20 kg/ha/Jahr. Durch die Ernte werden nur etwa zwischen 5 und 80 g F/ha entzogen.

Der jährliche Fluor-Eintrag in Form von Fluorwasserstoff, Fluoriden oder an Staubpartikel gebundenem Fluor kann in der Nähe mancher Industriebetriebe bis 20 kg/ha betragen (Schachtschabel et al. 1992). Im Flugstaub eines gegebenen Industrieraumes der ehemaligen BRD konnte eine Fluormenge bestimmt werden, welche 2.1 kg/ha/Jahr entsprach; in etwa 8 km Entfernung zum Industrieraum betrugen die jährlichen Gesamt-F-Niederschläge 1.1 kg/ha und 1.6 kg/ha (Ölschläger 1968). Andere Autoren hatten über Gesamtfluorniederschläge in der Nähe eines großen Hüttenwerkes von 7.3–21.9 kg/ha/Jahr berichtet. In der Umgebung eines Al-Werkes der Slowakei belief sich der Fluoreintrag auf 10.3 kg/ha/Jahr.

Verhalten im Boden

Im Gegensatz zu Chlorid-, Nitrat- und Sulfationen wird das Fluorid-Ion wegen der Bildung relativ schwerlöslicher Verbindungen nicht so leicht ausgewaschen (Ölschläger 1968). Fluorid-Ionen werden in Böden relativ stark gebunden. Hierfür ist vor allem die Fluorid-Bindung im Austausch gegen OH-Gruppen von Al- und Fe-Oxiden und Tonmineralen von Bedeutung. Die F^--Adsorption nimmt bis etwa pH 4 zu. Die Bindungskapazität für Fluoride ist bei sandigen Böden niedrig und bei tonigen hoch. Folglich sind umgekehrt die Löslichkeit, die Verfügbarkeit und die Auswaschung von Fluor auf sandigen Böden hoch und auf tonigen niedrig. In carbonathaltigem Bodenmaterial wurde in Modellversuchen zugesetztes Fluorid innerhalb eines Jahres über mehrere Dezimeter in den Unterboden verlagert. Eine Grundwasserbelastung kann in wenig sorbierenden, geringmächtigen Böden mit hoher Wasserleitfähigkeit nicht ausgeschlossen werden. Fluor wird von der organischen Substanz nur in geringem Ausmaß sorbiert.

Infolge des Einbaus von eingetragenem Fluor in Cacliumphosphate kann eine Verminderung der Verfügbarkeit von Phosphat auftreten. In Böden mit hohen pH-Werten kann schwerlösliches CaF_2 gebildet werden.

In der Bodenlösung konnte Fluor in ionischer Form (F^-) oder als AlF_x-Komplex nachgewiesen werden (Wilke 1986).

Die Belastung von Böden mit Fluoriden führt nicht nur zu einem pH-Anstieg, sondern, vor allem in sauren Substraten, auch zu einer erhöhten Freisetzung von Fe, Al und gelösten organischen Verbindungen. Durch den Austausch der OH-Gruppen von Oxiden und Tonmineralien gegen F^--Ionen können die Zentralatome (Al, Fe) der Oxide und Tonmineralien destabilisiert und in Lösung gebracht werden (Häni 1975). Diese Vorgänge fördern die Zerstörung bzw. Umwandlung der genannten mineralischen Komponenten. Die freigesetzten Metallkationen können verstärkt verlagert und ausgewaschen werden. F^--Ionen weisen ferner die Fähigkeit auf, metallorganische Komplexe unter Bildung stabiler, löslicher Metallfluoridkomplexe aufzulösen. Lösliche organische Substanz wird dadurch freigesetzt.

Der Eintrag von Fluor kann Podsolierungsprozesse induzieren. Ergebnisse von Modellversuchen zeigten, daß eine F-Belastung vor allem bei sauren Böden eine deutlich erhöhte Verlagerung von Al, von organischer Substanz und in einem geringeren Maße von Fe bewirkt. Fluoride bilden mit Al (und anderen Metallen) lösliche Komplexe hoher Stabilität und können deshalb Aluminium aus organischen Substanzen freisetzen und damit deren Mobilität erhöhen. Fluorsalze lösen mehr Fe, Al und organische Substanz als Chloride.

An Hand verschiedener Bodenproben durchgeführte Perkolationsversuche mit destilliertem Wasser und verschiedenen F oder Cl enthaltenden Lösungen, appliziert als NaF, KF, $Na_3Al_3F_{14}$, KCl und NaCl, zeigten, daß der organische Kohlenstoff, das Fe und vor allem Al effizienter gelaugt wurden, wenn die Perkolationslösungen F anstelle von Cl enthielten. Die Kationenzusammensetzung der Lösung war weniger bedeutsam als die Konzentration des gelösten F. Die F-induzierte Al-Auswaschung aus einem sauren Tonboden war neunmal höher als jene, welche mit einer äquimolaren NaCl-Lösung erzielt wurde. Die Auswaschungsverluste aus dem sauren Boden waren signifikant höher als jene aus zwei kalkigen Böden (Polomski et al. 1982). Die Versuchsergebnisse deuten darauf hin, daß durch die Fluorbelastung von Böden zugleich mit der Anreicherung von organischem Material eine fluorbedingte Lösung von (leichtlöslicher) organischer Substanz erfolgt. Dies käme einer wesentlichen Veränderung der natürlichen Humusdynamik gleich (Polomski 1985).

Kremlenkova und Gaponyuk (1984) fanden, daß NaF die Mobilität von Huminsäuren und deren Derivate erhöhte. Elrashidi und Lindsay (1987) untersuchten in 28 Oberbodenproben den Effekt von vier verschiedenen Fluorapplikationsmengen auf Bodeneigenschaften und die Löslichkeit von 15 Elementen. NaF-Lösungen mit einer Molarität an F von 0, 10–2.7, 10–1.7 und 10–1.0 wurden zugesetzt. In sämtlichen Böden erhöhte der Zusatz von NaF den pH-Wert und die Löslichkeit der organischen Substanz. Das Ausmaß dieser Zunahmen war für die sauren Böden größer als für die alkalischen. Al, Fe und Ca wiesen die stärksten Zunahmen bezüglich der Löslichkeit auf, während Mg, K, Mn und P eine intermediäre Zunahme zeigten. Für die Elemente Cd, Cr, Ni, Cu, Zn, B, Mo und Ba war nur eine leicht erhöhte Löslichkeit registrierbar. Versuche mit NaCl anstelle von NaF bestätigten die Effekte des F auf das Boden-pH, die organische Subtanz und die Löslichkeit aller untersuchten Elemente, ausgenommen jener von K, Ca und Mg. Der Zusatz von Na als NaF hatte zur Freisetzung von K, Ca und Mg von den Austauschstellen in die Lösung geführt. Becker und Ottow (1985) fanden in Modellversuchen mit NaF (100, 500 und 2000 ppm F^-) in einem lehmigen Sand einen signifikanten Anstieg des Gehaltes an wasserlöslichen organischen Verbindungen mit steigender NaF-Konzentration. Wilke (1987a) konnte in Lysimeterversuchen unterschiedliches F-Adsorptionsvermögen sowie unterschiedliche fluorinduzierte Auschwaschung von organischer Substanz, Fe, Al und P von bzw. aus verschiedenen Humusformen feststellen.

Im Umkreis einer industriellen F-Quelle war von den Fraktionen Gesamt-F, wasserlösliches F, HCl-extrahierbares F das letztere am besten geeignet die anthropogene F-Anreicherung zu charakterisieren (Breimer et al. 1989). *Lumbricus* spp., welche in den verschiedenen F-Belastungszonen gesammelt worden waren, reflektierten die F-Kontamination gut. Signifikante positive Korrelationen zwischen dem Gesamtgehalt an Fluor in Würmern mit und ohne Darm und den umgebenden Böden konnten festgestellt werden. In den Wurmgängen konnte ein signifikant höherer Wert für Fluor nachgewiesen werden als im entsprechenden Boden. Durch die Wühltätigkeit der Würmer besteht die Möglichkeit einer Unterbodenkontamination mit Fluor.

Toxizität

Im Vergleich zu Schwefeldioxid- und Stickoxid-Emissionen sind Fluoremissionen relativ gering. Fluoride können jedoch bereits in sehr geringen Konzentrationen für Tiere, Pflanzen und Mikroorganismen toxisch sein. Fluor ist wegen seiner komplexierenden und stark reduzierenden Eigenschaften eine chemisch sehr reaktive Schadstoffkomponente. Fluorid ist hoch phytotoxisch. Sein Kreislauf in Waldökosystemen ist nur lückenhaft verstanden (Amundson et al. 1990). Fluor kann in Konzentrationen, welche 100fach geringer sind als jene anderer Schadstoffe, wie Ozon, SO_2 und NO_x, Schäden an der Vegetation verursachen (Breimer et al. 1989). Fluorwasserstoff (HF) und Fluoride werden durch Interzeption auf den Blattoberflächen niedergeschlagen und dringen zum Teil in das Gewebe der Pflanzen ein. Pflanzen weisen unterschiedliche Empfindlichkeit gegenüber Fluor auf. In Abhängigkeit von der Konzentration und der Expositionszeit treten an den Blatträndern und -spitzen Nekrosen auf.

Es gibt zunehmend Hinweise darauf, daß Fluor Nahrungsketten passieren kann. Im Zusammenhang mit der Biokonzentrierung von Fluor und möglichen Indikatororganismen für Fluor kann auf Arbeiten von Vogel et al. (1989) sowie Breimer et al. (1987, 1989) verwiesen werden. Die für die Prädatoren (z.B. Kleinsäuger und Vögel) relevanten Fluoridgehalte in Regenwürmern reflektieren die F-Belastung der betreffenden Böden.

1.4 Bodenmikrobiologie und -biochemie

Mikroorganismen weisen, wie andere Lebewesen, Sensitivität gegenüber Schwermetallen auf. Hohe Schwermetallgehalte wirken schädigend auf das Wachstum, die Morphologie und den Metabolismus von Mikroorganismen.

Während manche Schwermetalle in geringen Konzentrationen als essentielle Spurenelemente (wie Cu, Zn, Fe) eine unersetzbare Rolle beim Zellwachstum und bei der Aufrechterhaltung von metabolischen Funktionen spielen, konnte für andere, wie Cd, Hg, Pb, keine biologische Funktion nachgewiesen werden.

Schwermetallbedingte Schäden an Enzymstrukturen und -funktionen können ebenso beobachtet werden wie die durch Metallbindung bewirkte Zerstörung von DNA (Sterritt und Lester 1980). Morphologische Veränderungen von Zellen und verringerte Wachstumsraten können unter dem Einfluß von Metallen auftreten. Für Nickel konnte beispielsweise die Hemmung der Bildung und Keimung von Pilzsporen, die Veränderung der Zeit bis zur Lyse von Wirtszellen durch Bakteriophagen bzw. eine abnormale morphologische Entwicklung von Mikroorganismen nachgewiesen werden (Babich und Stotzky 1983a). Biochemische Prozesse, wie die DNA-Replikation, die Transkription und die Translation, wurden ebenso verändert wie die Oberflächenladung von Zellen. Die Morphologie der Zelloberfläche kann durch die Bindung von Metallen an die Zellwand verändert und deren normale Funktion gestört werden (Collins und Stotzky 1989). Neben metallischen Elementen weist auch das Element Fluor, welches sich in zellphysiologischen Versuchen als ein für zahlreiche enzymatische Reaktionen reaktives Agens erwies, ökologische Relevanz auf.

Böden werden durch den Eintrag potentiell toxischer Elemente in ihren Eigenschaften und Funktionen beeinträchtigt. Der schädigende Einfluß äußert sich in einer Verarmung und Veränderung des Edaphons, einer Verringerung der biochemischen Leistungen, einer Verminderung der Produktivität und in extremen Fällen in einem Absterben der Vegetation.

Schadelemente können bodenmikrobiologische und -enzymatische Größen direkt und indirekt beeinträchtigen. Die indirekten Effekte sind von interaktiver Natur. Diese schließen die Veränderung von Bodeneigenschaften und die Schädigung oder Vernichtung der Vegetation und der Bodenfauna ein. Veränderungen des Stoffbestandes, des Wasser- und Nährstoffhaushaltes, die Degradation der Bodenstruktur und die Verminderung des Eintrages an organischer Substanz können beispielhaft angeführt werden.

Die Wirkung der Elemente auf Bodenmikroorganismen und -enzyme ist weniger von deren Gesamtgehalt im Boden als von deren Verfügbarkeit und Bindungsform abhängig.

Mehrere umfassendere Berichte über den Einfluß von Schwermetallen auf bodenmikrobiologische Parameter wurden präsentiert (z.B. Tyler 1981b; Domsch 1984; Babich und Stotzky 1985; Duxbury 1985; Doelman 1986; Baath 1989).

Die Untersuchungen zum Einfluß von Schadelementen (vor allem von Schwermetallen) auf bodenmikrobiologische und -enzymatische Parameter wurden an im Labor bzw. im Feld kontaminierten Böden durchgeführt. Die Zufuhr der Metalle zum Boden erfolgte über die Applikation von zumeist anorganischen Metallverbindungen bzw. metallhaltiger Abfälle sowie durch die Deposition industrieller und städtischer schadelementhaltiger Emissionen. Wertvoll erwiesen sich auch Untersuchungen, welche auf Immissionsgradienten im Feld basierten. Die Mehrzahl der Untersuchungen, welche an durch metallverarbeitende Industrien oder den Straßenverkehr verursachten Kontaminationsgradienten im Feld durchgeführt wurden, schlossen Waldökosysteme ein. Landwirtschaftlich genutzte Böden fanden hingegen geringere Berücksichtigung. Zumeist werden Böden mit komplexen Immissionen (z.B. Metalle, NO_x, SO_2, organische Verbindungen) belastet, wodurch sich das Problem der Zuordnung der individuellen Effekte eines Schadstoffes auf bodenmikrobiologische und -enzymatische Parameter ergibt.

Zwei prinzipielle Fragenkomplexe

Im Zusammenhang mit dem Eintrag von metallischen und nichtmetallischen Elementen in den Boden stellen sich aus bodenmikrobiologischer und -enzymatischer Sicht zwei wesentliche Fragenkomplexe:

- Wirkung auf die Qualität und Quantität von Mikroorganismen, auf physiologische Leistungen sowie auf ausgewählte Enzymaktivitäten
- Bedeutung von Bodenmikroorganismen für die chemische Form und Verfügbarkeit von metallischen und nichtmetallischen Elementen in Böden

Verschiedene methodische Ansätze zur Beantwortung des ersten Fragenkomplexes werden genutzt. Häufig untersuchte Parameter zur Bestimmung des Einflusses potentiell toxischer Elemente auf den Boden schließen ein:

- mikrobielle Biomasse und Keimzahl
- mikrobielle Resistenz
- mikrobielle Gemeinschaftsstruktur
- Atmung
- Transformationen im Stickstoffskreislauf (v.a. Nitrifikation und Stickstoffmineralisierung)
- Bodenenzymaktivitäten
- Streuabbau
- ökophysiologische Parameter

Bodenbiologische Parameter unterscheiden sich in ihrer Sensibilität gegenüber bestimmten potentiell toxischen Elementen. Beispielsweise zeigte sich in einem sandigen Tonlehm die gegenüber Kupfer höhere Toxizität von Chrom für die Nitratbildung und die Atmungsaktivität (Skujins et al. 1986). Das Verhältnis der Toxizität der beiden Metalle war jedoch im Falle der Nitratbildung wesentlich geringer als dies für die Atmung zutraf. Dragan-Bularda und Kiss (1977) zeigten die unterschiedliche Sensitivität der Enzyme Cellulase, Dextranase, Laevanase und Laevansucrase eines Ausgewaschenen Tschernosems gegenüber Schwermetallsalzen. $HgCl_2$ erwies sich als der potenteste Hemmer der Cellulase und Laevansucrase, während die Dextranase am sensitivsten gegenüber $CuSO_4$ war. Die Laevanase war gegenüber $AgNO_3$ am empfindlichsten. Die Enzyme zeigten eine relative Resistenz gegenüber den Metallen. Diese war angezeigt dadurch, daß, mit nur einer Ausnahme, keines der Metallsalze in einer relativ hohen Konzentration (10^{-2} M) fähig war, die Aktivität der Enzyme vollkommen zu unterdrücken. $HgCl_2$ stellte die Ausnahme dar, indem dieses die Aktivität des Enzyms Laevansucrase völlig hemmte.

Der zweite Fragenkomplex ist nicht nur für kontaminierte Böden von Relevanz. In Böden natürlich auftretende sowie durch anthropogene Aktivitäten in die Böden gelangende Elemente können dort durch Wechselwirkungen mit Mikroorganismen immobilisiert bzw. mobilisiert werden. Mikroorganismen spielen auf diese Weise eine für die Verteilung von Elementen in der Umwelt wesentliche Rolle.

Mikroorganismen sind an der Mobilisierung von in anorganischer sowie in organischer Bindung vorliegenden Elementen und deren Transformationen beteiligt. Es ist dies eine Schlüsselrolle von Mikroorganismen bei der Verwitterung und in biogeochemischen Kreisläufen.

Durch die Auflösung oder Umwandlung von Bodenmineralien bzw. die Mineralisierung von organischer Substanz werden metallische und nichtmetallische Elemente freigesetzt bzw. gehen potentielle Bindestellen für solche verloren. Umgekehrt vermögen lebende sowie auch tote mikrobielle Zellen Metalle zu binden. Die Dynamik der Mobilisierung und Immobilisierung von Metallen in Böden wird durch den Umsatz der mikrobiellen Biomasse beeinflußt. Berichte über die positive Beziehung zwischen Phasen der intensiven Mineralisierung von organischer Substanz, der Vermehrung der mikrobiellen Biomasse und der Mobilisierung von Metallen liegen vor. Trocken-Naßzyklen wie sie durch sommerliche Trockenheit, gefolgt von Niederschlägen, gegeben sind, können zu einer vorübergehenden Zunahme der Metallkonzentration in der Bodenlösung führen. Dies kann mit einer durch die Trockenheit bedingten Abtötung von mikrobieller Biomasse in der oberen Bodenschicht, gefolgt von einer raschen niederschlagsinduzierten Mineralisierung der Nekromasse in Beziehung gesetzt werden. Auch können mikrobielle Metabolite, wie organische Säuren, bzw. im Zuge der Mineralisierung von organischer Substanz auftretende anorganische Säuren, wie Salpetersäure und Schwefelsäure, die Metallverfügbarkeit erhöhen.

Zur Klärung der Bedeutung von Bodenmikroorganismen für die Verteilung von Metallen im Boden im Vergleich zu anderen Bodenbestandteilen besteht noch Forschungsbedarf. Wichtige Fragen betreffen die relative Bedeutung verschiedener Bodenmikroorganismen für die Bindung von Metallen in Böden in Abhängigkeit wichtiger Variablen (wie pH-Wert, Redoxpotential, Ionenstärke, Metallkonzentration).

Bodenmikroorganismen beeinflußten in einem Modellversuch mit Nährlösung die verfügbare Cd-Konzentration (Cd-Konzentration in 0.1 M $NaNO_3$) wesentlich (Stadelmann et al. 1982). Von 5 ppm Cd waren zu Beginn 2.75 ppm, nach einem Tag 4 ppm (Mobilisierung), nach 32 Tagen nur noch 0.26 ppm (Immobilisierung) verfügbar. Auch bei einer Cd-Gabe von 25 ppm und 125 ppm konnte zunächst eine Mobilisierung und anschließend eine Immobilisierung festgestellt werden. Die Cd-Mobilisierungphase fiel mit der stärksten Bakterienvermehrung und den höchsten C-Mineralisierungsraten zusammen. In dieser Phase der Mineralisierung konnten Bindeplätze der organischen Substanz für Cd^{2+}, wie COOH, OH- und SH-Gruppen, eliminiert werden, wodurch eine Erhöhung der Cd^{2+} Konzentration eintreten konnte. Durch das Absterben eines Teiles der mikrobiellen Biomasse werden für Cd-Ionen (Cd^{2+}) erneut Austauschplätze an organischen Bestandteilen der Mikroorganismen (z.B. an Proteinen) zur Verfügung gestellt, wodurch es zur Immobilisierung des Cd kommt. Hinweise auf die nahezu vollständige Bindung geringerer Cd-Konzentrationen (5 ppm) konnten erhalten werden, während größere Mengen (25, 125 ppm), je nach vorhandener toter Biomasse, nur in einem beschränkten Maß gebunden wurden.

Versuche mit Bodensäulen (saurer, sandiger Lehm) zur mikrobiologischen Mobilisierung und Spezifizierung von Cadmium im Boden ergaben, daß während einer Elutionsperiode von bis zu 38 Tagen in der Gegenwart von Mikroorganismen und Nährstoffen etwa 36% des zunächst sorbiert vorliegenden Cd mobilisiert wurden (Chanmugathas und Bollag 1988). Aus sterilen nicht nährstoffsupplementierten Säulen wurden hingegen nur 16% des Cd freigesetzt. Die Charakterisierung der chemischen Form des mikrobiell mobilisierten Cd zeigte, daß 86–93% des mobilisierten Cd mit organischen und anorganischen Fraktionen von niedrigem Molekulargewicht assoziiert waren. Die weiterführende Analyse dieser Cd-Fraktionen mit geringem Molekulargewicht zeigte, daß signifikante Mengen an Cd in Form eines hydrophilen organischen Komplexes, der Rest als kationisches Cd vorlag.

1.4.1 Wirkungsmodifizierende Faktoren

Beim Vergleich der von verschiedenen Autoren erhaltenen Versuchsergebnisse zur Toxizität von metallischen und nichtmetallischen Elementen treten Probleme auf. Diese stehen in Beziehung zu:

- den Eigenschaften der verwendeten Kulturmedien und Inkubationsbedingungen
- den Eigenschaften der verwendeten Böden (Textur, Bodenreaktion, organischer Substanzgehalt, etc.)
- der Art der Metallapplikation (Einmal-, Staffelapplikation)
- der chemischen Form des applizierten Elements
- weiteren Standortfaktoren, wie Klima, Komplexität von Emissionen, etc.
- dem Beobachtungszeitraum, -intervall
- dem beprobten Bodenbereich

Kulturmedien. Die Mehrzahl der Untersuchungen zum Einfluß von Schwermetallen auf Mikroorganismen und deren Aktivitäten sowie zur Modifikation desselben durch nicht biologische Bodenfaktoren wurde in

Labormedien oder in relativ einfachen Modellsystemen durchgeführt. Solche Untersuchungen erfolgten zumeist nur unter Einsatz einzelner Metalle und unter Modifikation weniger Umweltfaktoren. Sie sind notwendig, prinzipielle Effekte von Schwermetallen auf Mikroorganismen und die involvierten Mechanismen zu klären. Mit Labormedien und vereinfachten Modellsystemen gewonnene Untersuchungsergebnissen sind jedoch nicht auf die Verhältnisse im Feld übertragbar.

Ein wesentliches methodisches Problem, welches sich im Zusammenhang mit der Untersuchung von mikrobieller Metalltoleranz bzw. -resistenz sowie auch von metallinduzierten Veränderungen mikrobieller Leistungen ergibt, besteht darin, daß Medienkomponenten und Kulturbedingungen die Toxizität von Metallen modifizieren können. Die Interpretation des Effektes toxischer Metalle für Mikroorganismen wird dadurch erschwert.

In typischen Wachstumsmedien treten Verbindungen mit Metallbindungskapazität auf. Beispielsweise konnte für Hg^{2+} eine speziell starke Affinität zu Liganden schwacher Säuren, wie Amino- und Thiosäuren, nachgewiesen werden (Ramamoorthy und Kushner 1975). Quantitative Untersuchungen zur Metallbindekapazität einiger typischer bakteriologischer Wachstumsmedien, in denen zusätzlich zu Hg^{2+} auch Cd^{2+}, Pb^{2+} und Cu^{2+} berücksichtigt wurden, ergaben, daß die Verflüchtigung von Hg^{2+} aus wäßrigen Lösungen durch jedes der Medien bzw. deren Komponenten verhindert werden konnte. Sämtliche Medien banden große Mengen an Hg^{2+}, Pb^{2+}, Cu^{2+} sowie geringere Mengen an Cd^{2+}. Von den Komponenten der Medien zeigten Casaminosäuren die größte Bindungsaktivität für Metallionen; die relative Affinität anderer Medienkomponenten für verschiedene Ionen variierte mit dem untersuchten Kation. Nach Zusatz von 20 ppm Hg^{2+}, Pb^{2+}, oder Cu^{2+} (gelten für das Wachstum der meisten Mikroorganismen als hemmende Konzentrationen) zu den Medien, verblieben 80 ppb oder weniger als freie Kationen in der Lösung. Es ist möglich, daß die Metallionen als organische Komplexe in die bakteriellen Zellen eindrangen, bzw., daß bakterielle Zellen erfolgreich mit den Medien um die Ionen konkurrierten.

Bestimmte organische Verbindungen, wie Citrat, Cytein, Glutamat und EDTA, können Metalle chelatieren. Bei deren Vorhandensein in Wachstumsmedien können diese zur Modifikation der Wirkung von Metallen beitragen. Die toxischen Effekte von Cu auf *Aerobacter aerogenes* wurden durch den Zusatz von Hefeextrakt und Cystein verhindert. Citrat und EDTA vermochten die Toxizität einiger Metalle gegenüber *A. aerogenes* zu reduzieren. In der Gegenwart von Citrat konnte dieser Organismus bei 200 ppm Cd wachsen; wurde Citrat durch Glucose ersetzt, folgte eine „unendliche“ lag-Phase. In Medien ohne komplexierende Agentien kann die Toxizität ausgeprägt sein. Für Brauereisysteme konnte gezeigt werden, daß der Effekt von Metallen auf die Fermentation in einfachen und komplexen Medien nicht entsprechend ist. Normalerweise bleibt die Fermentation durch Metalle relativ unbeeinflußt, wenn die Metalle in komplexen Medien zum Einsatz kommen (Gadd und Griffiths 1978). In Untersuchungen zur Toxizität von Blei (als Nitrat) auf Pilze in Reinkultur konnte der toxizitätsmindernde Effekt von Phosphat- bzw. Carbonatanionen gezeigt werden (Babich und Stotzky 1979). Gleiches traf für lösliche organische Substanzen, wie Trypton, Hefeextrakt, Cystein oder Bernsteinsäure sowie für steigende Konzentrationen an Neopepton, zu.

Art des Metalleintrages und chemische Form des eingetragenen Metalls. Ein weiteres methodisches Problem besteht in der unterschiedlichen Art des Schadstoffeintrages. Sieht man von der direkten Bodenapplikation schadstoffhaltiger Abfälle aus Industrie, Gewerbe und Siedlung ab, so stellt die Bodenkontamination unter realen Bedingungen einen mehr oder minder kontinuierlich erfolgenden diffusen Prozeß dar. In Laborexperimenten kommen die Metalle oft in Form einer Einmalapplikation (z.B. 100, 1000 oder 10 000 mg/kg) zur Anwendung. Die unterschiedlichen Auswirkungen des Unterschiedes zwischen diesen beiden Routen des Zusatzes wurden in der Literatur kaum diskutiert. Doelman (1986) verwies auf vergleichende Untersuchungen. In diesen wurde der Effekt des Zusatzes der Gesamtdosis von Cu in einem mit jenem des Zusatzes in gestaffelter Form, 3x1/3 und 9x1/9 der Dosis auf die Bodenatmung verglichen. Der sukzessive Zusatz kleiner Dosen an Cu übte einen stärker hemmenden Einfluß auf die Bodenatmung aus. Bei Generalisierung dieses Befundes für andere Schwermetalle, wäre der Hemmeffekt von „Einmalapplikations-Experimenten" unterschätzt worden.

Die chemische Form (z.B. anorganisches Salz, metallorganische Verbindung), in welcher der Eintrag von potentiellen Schadelementen in den Boden erfolgt, ist hinsichtlich der erhaltenen Befunde ebenfalls von Relevanz.

Beprobte Bodenlage. Hinsichtlich der Ergebnisse von Untersuchungen zum Einfluß toxischer Elemente auf bodenmikrobiologische und -enzymatische Parameter ist auch die beprobte Bodenlage von Relevanz. Diesbezüglich sind naturgemäß Unterschiede zwischen bewirtschafteten und nicht bewirtschafteten Böden zu erwarten. Im Falle von Metallimmissionen konnten für Waldböden wiederholt die stärksten Effekte auf biologische Parameter in der obersten Bodenlage, wo auch die relativ höchsten Elementgehalte nachzuweisen waren, festgestellt werden. Mit dem zunehmenden Eintrag von Metallen konnte im Oberboden eine, im Vergleich zu anderen Teilen des Ökosystems, relativ raschere Zunahme der Elementkonzentrationen nachgewiesen werden. Der Oberboden stellt jedoch keine permanente Senke für potentiell toxische Elemente dar. Bei landwirtschaftlich genutzten Böden treten infolge von Bewirtschaftungsmaßnahmen, wie Bearbeitung und Eintrag von organischer Substanz, Verschiebungen der Verhältnisse und verstärkte Überlagerungen der Effekte dieser Faktoren auf. So können organische Düngergaben in den oberen Zentimetern des Bodens Effekte von Metallapplikationen überlagern, während solche in tieferliegenden Bereichen hervortreten.

Beobachtungszeitraum, -intervalle. In metallkontaminierten Böden konnten im Zeitverlauf schwankende Veränderungen biologischer Parameter beobachtet werden. Variierende Verhältnisse hinsichtlich der Sorption, die Umwandlung in andere Bindungsformen, das Absterben von Biomasse, das Auftreten von Reparaturmechanismen und die Entwicklung von Resistenz können zu den dafür verantwortlichen Faktoren zählen.

Zahlreiche Wechselwirkungen zwischen Metallen und Boden- bzw. Kulturmedienbestandteilen nehmen Einfluß auf die Fähigkeit von Mikroorganismen in einem mit Metallen kontaminierten Milieu zu überleben und sich zu vermehren.

Faktoren, welche die relative Toxizität von Metallionen für Bodenmikroorganismen sowie für im Boden ablaufende biochemische Leistungen modifizieren, wurden diskutiert (z.B. Tyler 1981b; Babich und Stotzky 1983a, 1985; von Zezschwitz 1986). Solche Faktoren schließen ein:

- Bodenreaktion
- Basensättigung
- Redoxpotential
- Belüftungsstatus
- anorganische Anionen und Kationen
- Tonmineralien
- Metall(hydr)oxide
- partikuläre und lösliche organische Substanz
- Temperatur
- Feuchte
- hydrostatischer Druck

Die Bodenreaktion, das Redoxpotential, der Belüftungsstatus, anorganische Kationen und Anionen, Tonmineralien, Metallhydroxide sowie die partikuläre und lösliche organische Substanz können die Toxizität für biologische Parameter primär durch Beeinflussung der chemischen Spezies und Verfügbarkeit mitbestimmen. Die Temperatur, die Feuchte und der hydrostatische Druck sollten vor allem über die Modifikation der Sensitivität der Organismen wirksam sein. Für verschiedene chemische Formen eines Elements kann eine unterschiedliche toxizitätsmodifizierende Wirkung nichtbiologischer Umweltfaktoren gegeben sein.

Die Reaktion der Mikroorganismen auf potentiell toxische Elemente wird weiterhin beeinflußt durch deren:

- Genetik
- Physiologie
- Ernährungszustand
- Phase im Lebenszyklus

Der Eintrag anorganischer Schadstoffe kann über Nebeneffekte bodenbiologische Parameter indirekt beeinflussen. Solche Nebeneffekte, welche auch als Sekundäreffekte bezeichnet werden, schließen ein:

- Senkung bzw. Erhöhung des pH
- Freisetzung von kationischen bzw. anionischen Nährstoffen im Austausch gegen eingetragene Metallionen
- Fällung bzw. Lösung von organischer Substanz
- qualitative Veränderung der organischen Substanz
- Veränderung strukureller Bodeneigenschaften

In den Waldhumusformen Mull, Moder und Rohhumus traten infolge des Zusatzes von Blei, Arsen, Selen bzw. Fluor Veränderungen von Bodeneigenschaften auf (z.B. Wilke 1986). Nach Bleiapplikation konnte die Freisetzung von Nährstoffen, die Ausfällung von organischer Substanz oder auch Versauerung festgestellt werden. Arsen- und Selenapplikation verursachte die Freisetzung von Phosphat sowie eine Zunahme des Gehaltes an löslicher organischer Substanz. Letzteres konnte auch unter dem Einfluß von Fluorapplikation nachgewiesen werden. Unter dem Einfluß von Fluor trat ebenfalls Desorption von Phosphat, Al und Fe sowie eine Anhebung des pH auf. In der Nähe von Verhüttungsanlagen (Schwermetalle, Schwefeldioxid) können tiefgreifende Veränderungen in der Chemie des Bodens festgestellt werden. In solchen Böden konnte eine gesteigerte Metallbindungskapazität und sehr hohe Gehalte an Schwefel in der gereinigten Fulvosäurefraktion nachgewiesen werden (Hutchinson und Whitby 1977). Als ursächlich dafür wurde der Einbau von Sulfongruppen diskutiert. Greszta et al. (1979) stellten Veränderungen chemischer und physikalischer Bodeneigenschaften unter dem Einfluß von Elektrofilterstäuben (von Zn- und Cu-Verhüttungswerken) fest. In Abhängigkeit von der Natur des Abfalls konnte eine Alkalisierung (Cd-Pb-Zn-Staub, Pb-Zn-Staub) bzw. eine geringe Acidifizierung (Pb-Cu-Staub, Pb-Cu-Schlamm) des Bodens bewirkt werden. Während es unter dem Einfluß geringer Staubmengen über das gesamte Profil hinweg zu einer Zunahme der Spurenelementgehalte kam, bewirkten hohe Konzentrationen einen entsprechenden Rückgang.

Das Wissen bezüglich der Effekte von Schwermetallen auf die Verfügbarkeit von Nährstoffen ist limitiert. Wichtige Nährstoffe, wie K, Mg, Ca und Mn, können durch eingetragene Metalle von den Austauschern verdrängt und in der Folge verlagert werden. Veränderungen in der K-Verfügbarkeit traten auf, wenn dem Boden Cu oder Cd in Form von Chloriden zugesetzt wurde (Yang und Skogley 1990).

Stimulierungen mikrobieller und biochemischer Parameter durch den Eintrag von Elementen und das Auftreten sogenannter Sekundäreffekte, wie die Lösung von organischer Substanz und die Freisetzung von Nährkationen, sind ebenso kritisch zu bewerten wie Hemmungen. Solche Effekte können mittel- bzw. langfristig zu einer Verschlechterung des Bodenzustandes führen. Die Stimulierung eines biologischen Parameters weist ebenso wie eine Hemmung auf eine Veränderung im System hin. Diese Veränderung ist in ihren Konsequenzen für die Funktion des Systems sowie hinsichtlich der Beeinflussung angrenzender Umweltbereiche zu bewerten.

In der Folge soll, im Vorgriff auf später folgende Abschnitte, an Hand ausgewählter Beispiele die modifizierende Wirkung oben angeführter Faktoren auf den Einfluß potentiell toxischer Elemente auf bodenmikrobiologische und -enzymatische Parameter beschrieben werden. Die Beeinflussung verschiedener, häufig untersuchter, bodenbiologischer Parameter durch potentiell toxische Elemente ist Inhalt der anschließenden Kapitelabschnitte.

Applizierte bzw. bodeneigene Bindungsform. Die dem Boden in einer bestimmten chemischen Form zugeführten Elemente werden in bodeneigene chemische Bindungsformen überführt. Verschiedene Bindungsformen desselben zugeführten Elements können unterschiedliche Toxizität aufweisen. Wesentlich ist auch, daß sich die Bindungsformen im Boden im Zeitverlauf verändern können.

Zur toxischen Wirkung von an Bodenteilchen gebundenen Metallen ist kaum etwas bekannt. An Tonmineralien sorbierte Metallionen erwiesen sich in manchen Fällen als effizientere Wachstumshemmer als Ionen in Lösung (Hadar et al. 1984).

Berichte über den Versuch, bodeneigene Bindungformen applizierter anorganischer Schadstoffe in der Bodenlösung zu erfassen und mit Wirkungen auf biologische Parameter in Beziehung zu setzen, sind rar. Arbeiten von Wilke (1986, 1987a,b,c, 1988a,b, 1989) und Lighthart et al. (1983) können in diesem Zusammenhang angeführt werden.

Die Beeinflussung der Nitrifikation und Ammonifikation zweier Tonböden und eines Dünensandes war von der Bodenart sowie von der applizierten Menge und der Form des applizierten Hg abhängig (van Faassen 1973). Der Einfluß der Hg-Verbindungen auf Transformationen des Stickstoffs im Boden als Prozent der Kontrollen entsprach bei einer Inkubationszeit von sechs Wochen für $HgCl_2$ in einer Applikationsmenge von 10 bzw. 100 ppm für die Ammonifikation in Tonböden 107 bzw. 85%, im Dünenboden 95 bzw. 76%, für die Nitrifikation in Tonböden 108 bzw. 60%, im Dünenboden 95 bzw. 5%. Die entsprechenden Werte für Phenylquecksilberacetat (10 ppm bzw. 100 ppm) betrugen für die Ammonifikation in Tonböden 105 bzw. 58%, im Dünenboden jeweils 81% und für die Nitrifikation in Tonböden 106 bzw. 6% sowie im Dünenboden 43 bzw. 5%.

Pb-Acetat, $PbCl_2$ und PbS reduzierten die Amylasesynthese bei Gesamtkonzentrationen an Pb^{2+} von 0.45 mg Pb^{2+}/g Boden oder höher (Cole 1977). Das Ausmaß der Hemmung der Amylasesynthese in Böden, versehen mit verschiedenen Pb-haltigen Verbindungen, stand nicht in Beziehung zur Löslichkeit der zugesetzten Verbindungen. Die Sequenz der Hemmung war $Pb(CH_2COOH)_2$ > $PbCl_2$, PbS > $PbSO_4$ > PbO. Einige schwerlösliche sulfidhaltige Metallsalze können während der Inkubation der Böden in bioverfügbare Form umgewandelt werden. Heterotrophe und autotrophe schwefeloxidierende Bakterien (*Thiobacillus* sp.) vermögen Metallsulfide zu lösen.

Verschiedene chemische Formen der Elemente Kupfer und Arsen beeinflußten die Aktivität der Arylsulfatase in verschiedenen Böden unterschiedlich (Al-Khafaji und Tabatabai 1979). Die Hemmeffizienz von Cu^{2+} war größer als jene von Cu^{+} bzw. war As^{5+} hinsichtlich der Hemmung weniger effizient als As^{3+}.

Im Laborexperiment wurde ein Tschernosem und ein Rasenpodsol mit verschiedenen Konzentrationen (10, 50, 500, 1000 und 2000 mg/kg Boden) verschiedener Pb-Verbindungen (Pb-Acetat, Pb-Formiat, Pb-Suboxid, Pb-Oxid, Pb-Sulfat) versehen (Naplekova und Bulavko 1983). Die Dynamik der Wirkung der Pb-Verbindungen auf die Aktivitäten der Enzyme Amylase, Phosphatase, Protease und Katalase wurde einen, fünf und 60 Tage nach Applikation untersucht. Die Proteaseaktivität war am sensitivsten gegenüber Pb, deren Aktivität erholte sich langsamer als jene von Amylase und Phosphatase. Der Effekt von Pb-Verbindungen auf Enzymaktivitäten erwies sich vom Bodentyp und von der speziellen Verbindung sowie deren eingesetzter Menge abhängig. Die geringe Löslichkeit von Metallcarbonaten bei alkalischem pH wurde mit dem Fehlen der Hemmung der Ammonifikation und Nitrifikation in einem leicht alkalischen Boden, versehen mit 10 000 ppm Cu oder Zn als carbonathaltige Salze, in Beziehung gesetzt. Hemmung der Nettomineralisierung des Stickstoffs trat jedoch im gleichen Boden auf, wenn dieser mit 10 000 ppm kupfer- oder zinksulfathaltigen Salzen versehen worden war (Babich und Stotzky 1985).

Dem Boden in Lösung zugesetzte Metalle wurden durch den Boden innerhalb von vier Stunden gebunden (Rother et al. 1982). Bei Verwendung von Bleisulfat wurde die N-Mineralisation stärker gehemmt als bei Verwendung von Bleiacetat. Vielfach konnte die stimulierende Wirkung von Acetat in sämtlichen Stadien der Mineralisierung des Stickstoffs beobachtet werden.

Pacha et al. (1988) untersuchten den Einfluß von trivalenten Chromverbindungen, Cr_2O_3, $CrCl_3$, $Cr_2(SO_4)_3$, $Cr(CH_3COO)_3$ in einer Dosis entsprechend 2000 und 5000 ppm Cr, auf die Aktivität der Enzyme Dehydrogenase, saure und alkalische Phosphatase und Amylase. Der Einfluß von Cr^{3+} war von der Form der Verbindung und deren Konzentration abhängig und dieser variierte mit dem Enzym. Die Aktivität der Dehydrogenase war in einem mit Cr_2O_3 behandelten Boden geringfügig höher als im Kontrollboden. Im Boden, welcher mit $CrCl_3$ und $Cr_2(SO_4)_3$ behandelt worden war, war diese Aktivität sehr niedrig, während im mit $Cr(CH_3COO)_3$ behandelten Boden diese Aktivität etwa gleich jener des Kontrollbodens war. Cr_2O_3 und $Cr(CH_3COO)_3$ übten keinen signifikanten Effekt auf die Aktivität der sauren Phosphatase aus, während $CrCl_3$ und $Cr_2(SO_4)_2$ diese Aktivität minderten. Die Aktivität der alkalischen Phosphatase wurde durch Zusatz von Cr_2O_3 und $Cr(CH_3COO)_3$ leicht stimuliert, während $CrCl_3$ und $Cr_2(SO_4)_3$ diese Aktivität erniedrigten. Die amylolytische Aktivität des Bodens, welcher der Wirkung von Cr_2O_3 und $Cr(CH_3COO)_3$ in beiden Dosen und jener von $CrCl_3$ sowie $Cr_2(SO_4)_3$ in der geringeren Dosis ausgesetzt wurde, war höher als im Kontrollboden. 5000 ppm Cr, appliziert als Chlorid bzw. Sulfat, reduzierten jedoch diese Aktivität.

Beziehungen zwischen der Schadstoffpufferkapazität der Humusformen Mull, Moder und Rohhumus und der Schadstoffwirkung von $Pb(NO_3)_2$, $PbCl_2$, Na_2HAsO_4, Na_2SeO_3 und NaF auf mikrobielle Prozesse wurden untersucht (Wilke 1982, 1986). Von sämtlichen untersuchten Parametern wurde die Dehydrogenaseaktivität und die Nitrifikation am stärksten gehemmt. Auf die Steuerung der Hemmung der mikrobiellen Aktivität durch die Schadstoffbindungskapazität des Bodens und die Bindungsform des Schadstoffes in der Bodenlösung war zu schließen. Entsprechend Berechnungen mit Hilfe des Computerprogramms GEOCHEM wirkten die Schadstoffe in den folgenden, im Moder und Rohhumus vorherrschenden, Formen besonders toxisch: Pb als Pb^{2+}; Se als $HSeO_3^-$; Arsen als $HAsO_4^{2-}$ und Fluor als AlF_x-Komplex.

Kationenaustauschkapazität, Tonmineralien, Textur. Der Stoffbestand des Bodens spielt eine Schlüsselrolle hinsichtlich der Bindungsform, Verfügbarkeit und Toxizität von Metallen für Bodenmikroorganismen. Die Kationenaustauschkapazität wird mit der Fähigkeit von Böden in Beziehung gesetzt, die schädigende Wirkung potentiell toxischer Elemente abzuschwächen. Durch die auf elektrostatischen Kräften basierende Bindung von Metallen an negativ geladene Positionen von Bodenteilchen werden diese zumindest temporär aus der Lösung entfernt und deren Verfügbarkeit verringert.

Die Kationenaustauschkapazität wird wesentlich durch die Qualität und Quantität der organischen Bodensubstanz und der Tonmineralien und Sesquioxide bestimmt.

Doelman und Haanstra (1979a) versuchten festzustellen, bis zu welchem Ausmaß Böden mit Pb belastet werden können, ohne daß mikrobielle Prozesse gestört werden. Zwischen den hemmenden Effekten des Bleis und der Pufferkapazität des Bodens, ausgedrückt als Kationenaustauschkapazität, konnte eine Beziehung hergestellt werden. Der Effekt von zugesetztem Pb auf die O_2-Aufnahme und die Dehydrogenaseaktivität von zwei sandigen Böden, einem Tonboden und einem Torfboden, wurde untersucht. Pb war als $PbCl_2$ eingesetzt worden. Eine Konzentration von 375 µg Pb/g hemmte die Atmung des sandigen Bodens um etwa 15%, 1500 µg Pb/g um etwa 50%. Im Tonboden verursachten 1500 µg Pb/g eine 15%ige Reduktion der Atmung. Die Hemmung der Atmung im sandigen Boden betrug 40 Monate nach Zusatz von Pb noch immer etwa 30%. Die Atmung des Torfbodens wurde selbst bei 7500 µg Pb/g nicht beeinflußt. Die Aktivität der Deyhdrogenase wurde durch Pb in ähnlicher Weise beeinflußt wie die Bodenatmung. Im sandigen Boden trat eine wesentliche Reduktion auf, während in Torf und Tonböden die Dehydrogenaseaktivität nicht reduziert wurde.

Wilson (1977) behandelte drei Böden, welche sich hinsichtlich ihrer Eigenschaften, pH (5.5, 6.2, 5.1), Kationenaustauschkapazität, organischer Substanzgehalt, Bodenart (Tonlehm, sandiger Lehm, lehmiger Sand) unterschieden, mit Zn als Zinksulfat ($ZnSO_4$). Die Raten betrugen 0, 10, 100 und 1000 µg Zn/g Boden. Die Böden wurden einheitlich mit 100 µg N/g als NH_4Cl behandelt und inkubiert; während sieben Wochen wurde wöchentlich die Ammoniumbildung und die Summe aus Nitrat- und Nitrit-N bestimmt. In sämtlichen Böden konnte eine vollständige Hemmung der Nitrifikation durch 1000 µg Zn/g festgestellt werden. Bei der Dosis von 100 µg Zn/g war die Nitrifikation während eines Teiles der Inkubation signifikant reduziert. Der Decatur Boden (Tonlehm, pH 5.5, Kationenaustauschkapazität 12.43, Prozentgehalt an organischer Substanz 2.37) zeigte bei 100 µg die geringste, der Leefield Boden (lehmiger Sand, pH 5.1, Kationenaustauschkapazität 3.13, Prozentgehalt an organischer Substanz 1.14) die stärkste Hemmung der Nitrifikation.

Die Tonmineralien Montmorillonit > Attapulgit > Kaolinit schützten in obiger Reihe Pilze in Reinkultur vor der toxischen Wirkung des Pb (eingesetzt als Nitrat) (Babich und Stotzky 1979). Die Toxizität des Cd für Bakterien und Pilze wurde in der Gegenwart der Tonmineralien Montmorillonit und Kaolinit reduziert (Babich und Stotzky 1978; Gadd und Griffiths 1978). Montmorillonit bot größeren Schutz als äquivalente Mengen an Kaolinit. Je größer die Kationenaustauschkapazität, desto größer war die Adsorption des zugeführten Cadmiums durch den Austauscher und umso größer war der Schutz. Die im Vergleich zu Kaolinit höhere Schutzwirkung des Montmorillonits korrelierte mit dessen höherer Kationenaustauschkapazität. Tone, welche zu Cd homoionisch waren, schützten nicht gegen zugeführtes Cd, da der Austauschkomplex bereits mit Cd gesättigt war. Montmorillonit, homoionisch zu Cd, war für das mikrobielle Wachstum stärker schädigend als dies für Kaolinit, homoionisch zu Cd, zutraf. Als Ursache dafür wurde das an Montmorillonit in größerer Menge vorhandene Cd sowie dessen offenbare Freisetzung diskutiert (Babich und Stotzky 1977b). Die Pilze *Rhizopus stolonifer*, *Trichoderma viride*, *Fusarium oxysporum* f.sp. *conglutinans*, *Cunninghamella echinulata* und einige Arten der Gattungen *Aspergillus* und *Penicillium* tolerierten höhere Konzentrationen an Cd, wenn diese in Boden anstatt auf Labormedien wuchsen. In mit Tonmineralien versehenem Bodenmaterial bot Montmorillonit einen teilweisen oder vollkommenen Schutz vor den fungistatischen Effekten des Cd. Zusätze von Kaolinit boten hingegen wenig oder keinen Schutz. Die Wachstumsraten von *Aspergillus niger* wurden in Boden, eingestellt auf pH 7.2, durch 100 oder 250 µg Cd/g Boden stärker gehemmt als beim normalen pH des Bodens (5.1). Keine Unterschiede in der Wachstumsrate konnten bei derselben Vorgangsweise mit *Aspergillus fischeri* gefunden werden. Das Wachstum von *Aspergillus niger* und *Aspergillus fischeri* in einem mit geringen Konzentrationen an Cd (28 µg/g) kontaminiertem Boden, welcher von einem Standort in der Nähe einer Hütte bezogen wurde, unterschied sich nicht signifikant vom Wachstum in einem Boden, welcher in einiger Entfernung zur Hütte entnommen wurde (4 µg Cd/g). Das Wachstum von *Aspergillus niger* wurde in einem sterilen, mit 100 µg Cd/g versehenen Boden, inokuliert mit *Bacillus cereus* oder *Agrobacterium tumefaciens*, stärker reduziert, als in demselben Boden, welcher 100 µg Cd/g, jedoch keine Bakterien, enthielt. Die hemmenden Effekte von *Agrobacterium radiobacter* gegenüber *Aspergillus niger* wurden in der Gegenwart von 100 µg Cd/g leicht reduziert, wohingegen die hemmenden Effekte von *Serratia marcescens* gefördert wurden.

Untersuchungen zum toxischen Einfluß von an Tonmineralien adsorbiertem Ni, Cu, Ag, Cd und Zn auf sechs Pilzarten ergaben, daß an Tonmineralien sorbierte Ionen in manchen Fällen effizientere Wachstumshemmer waren als Ionen in Lösung (Hadar et al. 1984). Dieses Phänomen war besonders ausgeprägt mit Cu und Ag. Vergleichend geführte Untersuchungen mit Calcium zeigten, daß dieses für Pilze keine Toxizität aufwies, während Ca-Ton-Komplexe das pilzliche Wachstum hemmten. Die adsorptive Wirkung des Tons wurde als mögliche Ursache für die Hemmung von Pilzen diskutiert.

Mittels Topfversuch untersuchten Badura et al. (1984b) den Effekt von Pb auf die Aktivität der Enzyme Protease, Cellulase, Amylase, saure und alkalische Phosphatase in einem Waldboden. Bentonit wurde in einem Ausmaß von 10 und 20% zugesetzt; der Boden wurde in der Folge mit Pb in Form von $Pb(NO_3)_2$ in einer Konzentration von 10 000 ppm versetzt. Vergleichende Untersuchungen zeigten, daß sowohl die Pb-Behandlung als auch der Bentonit-Zusatz zum Boden für die reduzierten Aktivitäten der untersuchten Hydrolasen verantwortlich waren. In gleicher Weise durchgeführte Versuche zum Effekt von Pb auf die Aktivität einiger Oxidoreduktasen ergaben, daß der Zusatz von Bentonit die Aktivität der untersuchten Enzyme üblicherweise reduzierte (Badura et al. 1984a). Ähnliche Ergebnisse wurden für den verbleiten Boden erhalten.

Die Toleranz gegenüber Ni variierte im Boden zwischen verschiedenen Bakterien, einschließlich der Gruppe der Aktinomyceten, Hefen und filamentösen Pilzen. Die Inkorporation von 12% Montmorillonit, und in einem geringeren Ausmaß von 12% Kaolinit, reduzierte die Toxizität von Ni für die myceliale Ausbreitung von filamentösen Pilzen (Babich und Stotzky 1983a). Die Toxizität von 0–1000 ppm Ni für Bakterien, einschließlich der Aktinomyceten sowie für Hefen wurde in einem natürlich alkalischen Boden (pH 7.7), welcher Ton des Montmorillonit-Typs enthielt und eine Kationenaustauschkapazität von 16 mEq/100 g aufwies, vollkommen eliminiert. Die obigen Ni-Konzentrationen erwiesen sich jedoch in einem natürlich sauren Boden, der keinen Ton des Montmorillonit-Typs enthielt und eine Kationenaustauschkapazität von nur 8 mEq/100 g besaß, als toxisch.

In mit Glucose supplementierten Böden wurden Untersuchungen zum Effekt der Kombination von Zn plus Cd auf die Kohlenstoffmineralisierung und die Mikroflora unternommen, wobei der toxizitätsmodifizierende Effekt von Tonmineralien bestimmt wurde (Bewley und Stotzky 1983c,d). Der Boden wurde mit 0, 1000, 5000, 10 000 oder 15 000 ppm Zn allein und in Kombination mit 100 oder 1000 ppm Cd behandelt. Eine sequentielle lag-Phase konnte bei der Initiierung des Glucoseabbaus mit steigenden Konzentrationen an beiden Metallen gefunden werden. Die größte lag-Phase trat mit 15 000 ppm Zn + 1000 ppm Cd auf, wo die CO_2-Entwicklung mit etwa zwei Tagen Verspätung im Vergleich zur unbehandelten Kontrolle auftrat. Der Effekt auf die lag-Phase der beiden Metalle zusammen war eher additiv als synergistisch. Kaolinit (K) oder Montmorillonit (M) reduzierten die durch den Zusatz von 10 000 ppm Zn + 1000 ppm Cd induzierte Verlängerung der lag-Phase. Der Hemmeffekt von Zn auf die Gesamtmenge an mineralischem Kohlenstoff wurde durch den begleitenden Zusatz von 100 ppm Cd nicht beeinflußt. Bei Zusatz mit 1000 ppm Cd hatte Zn entweder keinen Effekt auf oder erhöhte die Gesamtmenge an mineralisiertem Kohlenstoff. 10000 ppm Zn + 1000 ppm Cd reduzierten die Zahlen der aus dem Boden isolierten Bakterien, einschließlich der Gruppe der Aktinomyceten, in einem höheren Ausmaß als die Zahl der Pilze. K und M schützten die Pilze und M schützte die Bakteriengruppe der Aktinomyceten, aber kein Tonmineral schützte die anderen Bakterien vor den toxischen Effekten der beiden Metalle. Kaolinit und Montmorillonit schützten die Pilze im Boden vor den toxischen Effekten der 15 000 ppm Zn und 5000 ppm Cd. Jedoch waren Pilze, welche aus Cd-behandelten K- und M-Böden isoliert wurden, sensitiver gegenüber den Effekten von dem Medium zugesetzten Cd als solche, welche aus dem mit Cd behandeltem, jedoch nicht mit Tonmineralien versehenem Boden isoliert worden waren. Gleichfalls waren aus dem Zn-behandelten K-Boden isolierte Pilze sensitiver gegenüber den Effekten von dem Medium zugesetzten Zn als jene von mit Zn-behandeltem, jedoch nicht mit Tonmineralien versehenem Boden.

In fünf verschiedenen Böden war die unterschiedliche Hemmung der Atmung durch verschiedene Schwermetalle hauptsächlich von der Tonfraktion (Cd), vom Eisengehalt (Cu, Pb, Zn) bzw. vom pH (Ni) abhängig (Doelman und Haanstra 1984). Die Schwermetalle waren als Chloride in folgenden Mengen appliziert worden: 0, 55, 150, 400, 1000, 3000 und 8000 µg/g. Die Bestimmung erfolgte unmittelbar nach Zusatz der Metalle und etwa 18 Monate später. Hemmung konnte während der ersten zwei bis acht Wochen beobachtet werden; während der 18 Monate ging die Toxizität zurück, diese war jedoch noch signifikant. Die Hemmung war am höchsten im sandigen Boden und am geringsten im Tonboden. In einem Lehmboden und in einem sandigen Torfboden waren die Hemmeffekte intermediär.

Bodentextur- bzw. -typabhängige Variationen des Einflusses von Schwermetallen auf die Aktivität verschiedener biochemischer Bodenparameter (z.B. Urease, Amidase, Arylsulfatase, Atmung) konnten von zahlreichen weiteren Autoren festgestellt werden (z.B. Tabatabai 1977; Frankenberger und Tabatabai 1981; Naplekova und Bulavko 1983; Ras'kova et al. 1983a,b; Appiah und Ahenkorah 1989; Reber 1989; Hattori 1989; u.a).

Ionenzusammensetzung. Die biologische Wirksamkeit von Schwermetallionen kann durch die Gegenwart anderer Ionen wesentlich modifiziert werden. In den Boden eingetragene Metalle können mit anderen dort auftretenden Ionen eine Reihe chemischer Spezies bilden, welche jeweils ein Agens mit unterschiedlicher Toxizität darstellen können. Sowohl Zunahmen als auch Abnahmen der Metalltoxizität in der Gegenwart anderer Ionen konnten beobachtet werden.

Anionen können die Komplexierung eines Kations oder dessen Fällung als schwerlösliches Salz bewirken. Anionen, wie Phosphat, Sulfid, Thiosulfat, Carbonat und Bicarbonat, können in Abhängigkeit von deren Konzentration und dem pH der Lösung Metallpräzipitate bilden. Metallsulfid- oder Metallphosphat-Präzipitate sind für Mikroorganismen schwer verfügbar.

Bei der Untersuchung der nicht symbiontischen Stickstoffixierung in einer Reihe von Böden, welche unterschiedliche Schwermetallkontamination aufwiesen (Cd: 1–200 ppm, Pb: 60–800 ppm; Zn: 70–26000 ppm; Cu: 20–40 ppm), konnte kein beständiger Effekt der Schwermetallkonzentration auf die Rate der Stickstoffixierung beobachtet werden. Das Fehlen eines toxischen Effektes in Böden konnte auf nur geringe Mengen an wasserlöslichen Metallspezies zurückgeführt werden. Pb und Zn waren vor allem als schwerlösliche Sulfide und Carbonate vorhanden (Babich und Stotzky 1985).

Divalentes Zink kann in Abhängigkeit von der Chloridkonzentration Spezies, wie $ZnCl^+$, $ZnCl_2$, $ZnCl_3^-$, und $ZnCl_4^{2-}$, bilden. Die unterschiedliche Toxizität von divalentem Zn^{2+} bzw. von Zn-Cl Spezies für Mikroorganismen kann in mit Streusalz belasteten Böden, wo zusätzliche Mengen an Cl^- im Boden vorliegen und in salinen Böden, von Bedeutung sein. In salinen Böden und in Sodaböden rangiert die Chloridkonzentration der Bodenlösung zwischen 42 600 und 103 000 µg/g (Babich und Stotzky 1978). Die erhöhte Toxizität von Zn in Gegenwart hoher NaCl-Konzentrationen war nicht Ergebnis einer synergistischen Wirkung zwischen Zn^{2+} und dem erhöhten osmotischem Druck, sondern der Bildung von komplexen Zn-Cl Spezies, welche höhere Toxizität besaßen als kationisches Zn^{2+} (Gadd und Griffiths 1978). Umgekehrt reflektierte der Rückgang der Zn-Toxizität mit zunehmender NaCl-Konzentration möglicherweise den Rückgang des Zn^{2+}-Spiegels infolge der Bildung von Zn-Cl-Spezies, welche gegenüber Mikroorganismen weniger toxisch waren als Zn^{2+}. Temperatureinflüsse können auch modifizierend wirken. *Aspergillus niger* tolerierte in der Gegenwart von NaCl bei 35°C höhere Konzentrationen an Zn als bei 25°C (Babich und Stotzky 1978).

Berechnungen zur Bestimmung des Ausmaßes, in welchem Hg^{2+}, Cd^{2+}, Zn^{2+} und Pb^{2+} mit Hydroxyl- und Chlorid-Ionen in natürlichen Systemen komplexieren, wurden durchgeführt (Hahne und Kroontje 1973). Es konnte gezeigt werden, daß sowohl die Hydroxyl- als auch Chlorid-Komplexe zur Mobilisierung dieser Schwermetallionen beitragen können. Die Hydrolyse von Hg^{2+} wird bei pH-Werten über 1 bedeutsam, wohingegen Pb^{2+}, Zn^{2+} und Cd^{2+} oberhalb pH 5, 7, und 8 hydrolysieren. Chloride komplexieren mit Hg^{2+} bei Cl-Konzentrationen über 10^{-9} M ($35x10^{-6}$ ppm). $HgCl_2$ bildet sich über $10^{-7.5}$ M Cl^- ($1.1x10^{-3}$) und $HgCl_3^-$ und $HgCl_4^{2-}$ Bildung findet oberhalb 10^{-2} M Cl^- (350 ppm) statt. Die MCl^+ Spezies von Zn^{2+}, Cd^{2+} und Pb^{2+} erscheinen bei Cl-Konzentrationen über 10^{-3} M (35 ppm) und MCl_2 Komplexe treten über 10^{-2} M (350 ppm Cl^-) auf. Die entsprechenden MCl_3^- und MCl_2^{2-} Spezies gewinnen oberhalb 10^{-1} M Cl^- (3500 ppm) an Bedeutung.

Einige Wechselwirkungen zwischen eingetragenen Metallionen und anderen in Böden auftretenden Ionen können als einfacher Wettbewerb zwischen Ionen erklärt werden, andere weisen kompliziertere Natur auf. In vielen Fällen kann die Metalltoxizität, welche auf der Konkurrenz zwischen essentiellen und nicht essentiellen Elementen beruht, durch die Erhöhung der Konzentration des essentiellen Elementes überwunden werden. Zum Erhalt normaler Sporenfärbung bei *Aspergillus* sp. Kulturen war es nötig, bei einem Ansteigen der Cadmiumkonzentration mehr Kupfer zuzusetzen. Die Hemmung des Wachstums von *Rhizobium* sp. durch Kupfer und Nickel konnte durch Erhöhung der Cobaltkonzentrationen überwunden werden (Tyler 1981b). In *Neurospora crassa* hemmte Molybdat die saure Phosphatase kompetitiv; auf die Bildung eines Molybdän-Phosphat-Komplexes mit dem Substrat wurde geschlossen. Kupfer sollte diesen Komplex dispergieren und die Aktivität wiederherstellen.

Anorganische Kationen können mit dem Schwermetallkation um die Aufnahme und um Akkumulationssysteme konkurrieren. Nickel und Magnesium teilen beispielsweise die Aufnahme- und Akkumulationssysteme in der Hefe, *Saccharomyces cerevisiae* (Babich und Stotzky 1983a). Ni und Mg konkurrieren deshalb um gleiche Positionen an der Zellmembran.

Kationen, wie Mg und Ca, vermögen die hemmende Wirkung von Metallen zu reduzieren (Gadd und Griffiths 1978). Die toxischen Effekte von Ni, Co, Cd, Zn und Mn für *Escherichia coli* wurden in Medien, welche einen hohen Mg-Gehalt aufwiesen, reduziert. Ca und Mg reduzierten die Toxizität des Cd für *Aspergillus niger*. Die Wasserhärte resultiert aus der Gegenwart von Erdalkaliionen, primär von Ca^{2+} und Mg^{2+}. Die Härte, als $CaCO_3$, beeinflußte die Toxizität einiger Metalle für Pilze in Süßwasser.

Über die synergistische, additive oder antagonistische Wirkung von gleichzeitig im Boden vorhandenen Metallen auf bodenmikrobiologische und -enzymatische Parameter ist wenig bekannt. Chander und Brookes (1993) zeigten, daß die negative Wirkung von gemeinsam appliziertem Zn und Cu auf den Gehalt an mikrobieller Biomasse in einem sandigen Lehmboden von additiver Natur war. Eine Kombination von Zn und Cu verringerte die Menge an Biomasse bei geringeren Metallkonzentrationen als dies für die individuellen Metalle zutraf.

Doner et al. (1982) verwiesen auf Untersuchungen mit Cr, welche zeigten, daß mit steigenden Mengen an den Böden zugesetztem Cr eine darauffolgende Freisetzung von Mn auftrat. Andere Autoren hatten berichtet, daß die Applikationen von Sulfaten des Cd, Cu, Ni und Zn zu Maisstandorten zu einem Anstieg der Mn-Gehalte führte. Positive Korrelation bestand zwischen den erhöhten Mn-Spiegeln und den Spiegeln an applizierten Schwermetallen. Adsorptionsversuche mit Metallen an Manganoxiden zeigten eine gleichzeitige Freisetzung von Mangan und Protonen.

Bodenreaktion. Der pH-Wert beeinflußt die Mobilität und die chemische Spezies der in den Boden eingetragenen Metalle. Biologische Prozesse werden in ihrer Sensibilität gegenüber Metallen von der Bodenreaktion beeinflußt (z.B. Giashuddin und Cornfield 1979).

Zahlreiche primär mit Labormedien durchgeführte Untersuchungen zeigten den Einfluß des pH auf die Metalltoxizität. Die Erhöhung bzw. Abnahme der Toxizität verschiedener Metalle, wie Cd, Pb, Ni, Mn, Hg und Cu, mit einem sich verändernden pH ist durch eine Reihe von Zitaten belegt (Babich und Stotzky 1985).

Widersprüchliche Ergebnisse können darauf beruhen, daß der pH-Wert die Wechselwirkung zwischen Metallen und Mikroorganismen auf verschiedene Weise beeinflußt. Solche Möglichkeiten sind:

- Beeinflussung der chemischen Spezies von in den Boden eingetragenen Metallionen; verschiedene Spezies, wie verschieden hydroxylierte Formen des gleichen Metalls, weisen unterschiedliche Verfügbarkeit und Toxizität auf
- Beeinflussung des physiologischen Zustandes von Mikroorganismen
- Beeinflussung der Geschwindigkeit verschiedener im Boden ablaufender biochemischer Prozesse

Mikroorganismen zeigen bezüglich Wachstum und Metabolismus pH-Optima. Bei extremen pH-Werten ist eine veränderte Toleranz gegenüber toxischen Verbindungen zu erwarten.

Untersuchungen mit Labormedien zeigten die pH-Abhängigkeit der Ni-Toxizität für Mikroorganismen. Ein breites Spektrum an Mikroorganismen wurde hinsichtlich deren Sensitivität gegenüber Ni bewertet. Weite Extreme hinsichtlich der Sensitivität gegenüber Nickel wurden bei den filamentösen Pilzen festgestellt, wohingegen der Bereich der Toleranz bei Hefen, Bakterien, einschließlich Aktinomyceten, enger war. Bei sämtlichen Mikroorganismen wurde die Toxizität des Ni potenziert, indem der pH-Wert auf saure Niveaus sank (Babich und Stotzky 1983a). Von sauren pH-Niveaus bis etwa pH 9 wird für Nickel die Dominanz der Form Ni^{2+} angegeben. Ni^{2+} bildet mit OH^- Koordinationskomplexe bis hin zu $Ni(OH)_4^{2-}$. Die Erhöhung des pH von 5.5 auf 8.5 verminderte die Toxizität von Ni für eine Reihe getesteter Mikroorganismen. Die umgekehrte Beziehung zwischen pH und Toxizität von Ni für Mikroorganismen basierte nicht auf der Bildung verschiedener hydroxylierter Ni-Spezies mit unterschiedlicher Toxizität. Hydroxylierte Spezies des Ni bilden sich erst bei etwa pH 9.5 und darüber. Der Rückgang der Toxizität mit steigendem pH könnte das Ergebnis einer effizienteren Konkurrenz von Ni^{2+} mit H^+ um Bindungstellen an organischen Stickstoffverbindungen im Medium sein. Die Toxizität von Ni gegenüber der mycelialen Ausbreitung von filamentösen Pilzen wurde reduziert, wenn der pH-Wert eines natürlich sauren (pH 4.9) Bodens auf einen neutralen pH-Wert eingestellt wurde (Babich und Stotzky 1983a).

Alkalische pH-Werte potenzierten die Toxizität des Cd für Bakterien und Pilze (Babich und Stotzky 1978). Die Bildung der hydroxylierten Cd-Spezies, $CdOH^+$, welche eine höhere Toxizität aufweist als Cd^{2+} kann die Ursache dafür sein. Die Wachstumsraten von *Aspergillus niger* wurden in Boden, eingestellt auf pH 7.2, durch 100 oder 250 µg Cd/g Boden stärker gehemmt als beim normalen pH des Bodens (5.1). Keine Unterschiede in der Wachstumsrate konnten bei derselben Vorgangsweise mit *Aspergillus fischeri* gefunden werden. Das Wachstum von *A. niger* und *A. fischeri* in einem Boden, welcher mit 28 µg Cd/g kontaminiert war, unterschied sich nicht signifikant vom Wachstum in einem Boden, welcher 4 µg Cd/g enthielt (Babich und Stotzky 1985).

Der pH-Wert beeinflußt den Effekt des Ni auf mikrobiell-vermittelte Prozesse und auf Enzymaktivitäten im Boden. Die Effekte von 50, 250, 1000 oder 5000 ppm Ni auf die Nitrifikation und die Mineralisierung von Stickstoff und Kohlenstoff wurde in einem Boden, eingestellt auf pH-Werte von 5.8, 6.9 sowie 7.6, untersucht. Die Nitrifikation ging durch steigende Ni-Konzentrationen bei pH 5.8 stärker zurück als bei pH 6.9 oder 7.6. Die N-Mineralisierung wurde etwa im gleichen Ausmaß bei sämtlichen pH-Werten mit steigenden Ni-Konzentrationen erniedrigt; die C-Mineralisierung ging bei pH 5.8 und 6.9 mit steigenden Ni-Konzentrationen im etwa gleichen Ausmaß zurück, jedoch in einem geringeren Ausmaß bei pH 7.6 (Giashuddin und Cornfield 1979). Ni hemmte die Arylsulfataseaktivität in sauren Böden (pH 6.2 und 6.5) stärker als in alkalischen Böden (pH 7.0 und 7.6) (Al-Khafaji und Tabatabai 1979).

Organische Bodensubstanz. Organische Bodenbestandteile reagieren mit Metallen und modifizieren deren Verfügbarkeit.

Synthetische Chelatoren, wie EDTA und NTA, und natürliche Chelatoren, vor allem Dicarbonsäuren, wie Dipicolinsäure, Citrat und Aspartat, reduzierten oder eliminierten die Toxizität von Ni für Mikroorganismen. Monoaminosäuren wirkten als schwache Chelatoren. In Wachstumsmedien vorhandene organische Verbindungen beeinflussen die Toxizität von Metallen ebenfalls. Lösliche organische Verbindungen, vor allem als Chelatoren wirkende, nehmen Einfluß auf die Metalltoxizität. Die meisten der chelatierten Schwermetalle werden durch mikrobielle Zellen nicht so leicht angereichert wie die freien kationischen Formen des Metalls (Babich und Stotzky 1985). In der Regel wirken Schwermetalle in chelatisierter Form weniger toxisch als in ionischer Form (Wilke 1986). Das klassische Verständnis, daß ein Chelator die toxische Form eines Metalls reduziert, wurde durch Berichte von Lighthart (1980) relativiert.

Der zuletzt zitierte Autor verwies auf Untersuchungen, in welchen die Effekte von Cd, sowohl in ionischer Form als auch komplexiert mit Citrat, auf das Wachstum von Reinkulturen bestimmt wurden. Als Testorganismen diente *E. coli*, ein relativ Cd-sensitiver, nicht Citrat nutzender Organismus, sowie eine *Pseudomonas* sp., ein relativ Cd-resistentes, citratnutzendes Isolat. Das Wachstum des *E. coli* Stammes und von *Pseudomonas* sp. wurde in einem Medium bestimmt, welches entweder 10^{-4} M an Cd-Sulfat, 10^{-3} M und Na-Citrat oder beidem, bzw. keinem war. Die Hemmung durch Cd variierte mit den untersuchten Bakterien und der chemischen Spezies des Cd. Hemmung von *E. coli* konnte als eine Funktion der Cd-Ionenkonzentration ungeachtet der Gegenwart von Citrat, einem Chelator für Cd, welcher durch das Bakterium nicht metabolisiert werden kann, beobachtet werden. Wohingegen für eine *Pseudomonas* sp., welche fähig war, Citrat zu metabolisieren, Cd-Hemmung eine Funktion von beidem, dem Cd-Ion und der Gegenwart von Citrat war. Ohne Citrat erfolgte die Hemmung dieses Organismus nur bei relativ hohen Cd-Ionenkonzentrationen (> 10^{-4} M). Bei Zusatz von Citrat zum gleichen Cd-haltigen Wachstumsmedium, konnte Hemmung bei einer um drei Zehnerpotenzen niedrigeren Cd-Ionenkonzentration (10^{-7} M) beobachtet werden.

Pacha und Baron (1988) untersuchten den Einfluß von tri- und hexavalenten Cr-Verbindungen ($CrCl_3$ und $Na_2Cr_2O_7$), in einer Menge entsprechend 2000 ppm Cr, auf die proteolytische Aktivität eines Bodens, welchem synthetische Huminsäuren (HA) zugefügt worden waren. Im Falle von $CrCl_3$ war der Rückgang der Proteaseaktivität bei Anwesenheit von synthetischer HA gegenüber dem alleinigen Zusatz von $CrCl_3$ geringer. Die artifiziellen HA beeinflußten die proteolytische Aktivität des mit $Na_2Cr_2O_7$ behandelten Bodens nicht signifikant.

Mittels Topfmethode untersuchten Pacha und Szumlas (1986) den Einfluß von $CdCl_2$ auf ausgewählte Bodenenzyme (Dehydrogenase, Katalase, Amylase, Protease, Cellulase) in einem Boden (Buchenwald), welchem natürliche Huminsäuren (HA) zugesetzt wurden. 3.5% natürlicher HA, welche mittels 0.1 N NaOH aus dem entsprechenden Boden gewonnen worden waren, wurden dem Boden appliziert. Der Zusatz von $CdCl_2$ erfolgte in einer Menge entsprechend 5000 ppm (Cd). Die Versuchsansätze umfaßten Boden plus 3.5% natürliche HA, keine $CdCl_2$-Behandlung; Boden plus 5000 ppm Cd^{2+} keine HA. Sowohl die Behandlung des Bodens mit natürlicher HA als auch jene mit $CdCl_2$ verringerte die Aktivität der Enzyme. Der Rückgang der Aktivität der Enzyme Dehydrogenase, Katalase und Amylase war im Boden, welcher nur HA erhalten hatte, geringer als im mit Cd behandelten Boden. Der Rückgang der Aktivität der Protease und Cellulase war im Boden versehen mit HA allein stärker, als im mit $CdCl_2$ behandelten Boden. Die Aktivität der Katalase, Amylase und Protease erreichte im mit $CdCl_2$ behandelten Boden geringfügig höhere Werte als im Falle der vorherigen Zugabe von HA.

In Proben eines Fichtenwaldbodens (0–5 cm) wurde die Hydrolyse von Phosphat aus Phytinsäure durch die saure Bodenphytase in der Gegenwart von Metallionen reduziert. Cu war am effektivsten, Zn und Cd wirkten geringer hemmend. Die Bindung der Metalle hemmte die Hydrolyse der Phytinsäure nicht vollständig. Bei höheren Metallkonzentrationen, wo die Bindung an andere Bodenbestandteile, wie Huminsäuren, weniger interferierte, war die Hemmung der Phytaseaktivität stärker als jene der sauren Phosphatase. Die Metalle waren jeweils einzeln in folgenden Konzentrationen eingesetzt worden: mM: 0; 0.40; 2.4; 7.2; 24; dies entspricht in µmol/g Boden: 0; 9; 54; 160; 540 (Svenson 1986).

Temperatur. Normalerweise geht die Aktivität von Mikroorganismen in der Gegenwart toxischer Metalle bei optimaler Temperatur im Vergleich zu Temperaturextremen in einem geringeren Ausmaß zurück (Babich und Stotzky 1978).

1.4.2 Mikrobielle Resistenz

Resistenz, Toleranz und Sensitivität

Seit etwa einem Jahrhundert ist bekannt, daß Mikroorganismen Resistenz (Toleranz) gegenüber hohen Konzentrationen an Schwermetallen entwickeln können. Extreme Beispiele für Resistenz sind bekannt. Mikroorganismen mit der Fähigkeit, in der Gegenwart von 300 µg Ag/ml im Nähragar zu wachsen, konnten aus dem Boden isoliert werden (Tyler 1981b).

Doelman (1986) gab Definitionen von Resistenz, Toleranz und Sensitivität. Der Begriff Resistenz bezieht sich demgemäß entweder auf die Möglichkeit des Fortganges eines Prozesses oder der Fähigkeit von Mikroorganismen in der Gegenwart von Schwermetallen zu wachsen. Toleranz wird definiert als die Fähigkeit der Mikroorganismen zu überleben, jedoch wird Wachstum und Aktivität nur dann gezeigt, wenn Schwermetalle nicht vorhanden sind. Sensitivität wird definiert als die Hemmung von Mikroorganismen bei extrem niedrigen Konzentrationen eines Stoffes. Hinsichtlich der konzentrationsabhängigen Resistenz bestehen inter- und intraspezifische Unterschiede.

Metallkontaminationen beeinflussen die Zusammensetzung der mikrobiellen Gemeinschaft im Boden. Wiederholt konnte in schwermetallkontaminierten Böden die Zunahme des Anteils der schwermetallresistenten Organismen innerhalb der mikrobiellen Gemeinschaft nachgewiesen werden. In der Regel ist die Gesamtzahl der Bakterien in mit Schwermetallen kontaminierten Böden geringer als in nicht kontaminierten Kontrollböden. Die relative Zahl der schwermetallresistenten Bakterien ist jedoch in solchen Böden höher als in nicht belasteten. Die bakterielle Resistenz gegenüber Zn, Ni, Cd, Cu und Cr wies eine starke Abhängigkeit vom Kontaminationsniveau der Standorte auf (Diels und Mergeay 1990; Diaz-Ravina et al. 1994; Margesin und Schinner 1996). Die pilzliche Toleranz gegenüber Cu korrelierte positiv mit den Kupferkonzentrationen des Bodens (z.B. Yamamoto et al. 1985).

Unter sonst gleichen Bedingungen kann eine unterschiedliche stoffliche Zusammensetzung der Böden ein unterschiedliches Ausmaß der Ausbildung resistenter Stämme bedingen (unterschiedlicher Selektionsdruck). Dies bedeutet, daß dort, wo eine verstärkte Abschwächung der Metalltoxizität durch den Stoffbestand auftritt, es relativ gesehen zu einer geringeren Resistenzbildung kommt. Die Kapazität von Böden, Metalle zu binden, beeinflußt die Verfügbarkeit von Schadelementen und die Entwicklung von Resistenz gegenüber Metallen bei Bodenmikroorganismen. Eine geringere Entwicklung von Metalltoleranz ist in Böden mit einer höheren Kapazität zur Metallsorption zu erwarten (Bewley und Stotzky 1983d). In den meisten Fällen konnten die niedrigsten Konzentrationen an Metallen, welche meßbare Effekte verursachten, in sandigen Böden und die höchsten in Tonböden sowie organischen Böden nachgewiesen werden.

Das zunehmende Auftreten von toleranten Organismen an kontaminierten Standorten kann beruhen auf:

- genetischen Veränderungen
- der physiologischen Anpassung vorhandener Populationen, welche keine Veränderungen des Genotyps einschließt
- dem Ersatz von sensitiven Organismen durch bereits vorhandene tolerante Organismen

Zu den am häufigsten nachgewiesenen Resistenzen bei Bakterien zählen die gegenüber Hg, As, Cd, Ag, Cr, Tl, Co und Pb (Bestetti und Barbieri 1991). Nur wenige bekannte Metallresistenzen konnten als plasmidcodiert angegeben werden. Unter nicht selektiven Bedingungen kann Plasmidverlust nachgewiesen werden. Resistenzgene werden oft in als Transposons definierte genetische Elemente inkorporiert. Transposons haben die Eigenschaft innerhalb eines DNA-Moleküls oder auch zwischen zwei DNA-Molekülen (z.B. dem Bakterienchromosom und einem Plasmid) zu „springen" und sich an einer oder mehreren Positionen des DNA-Moleküls zu integrieren.

Gegenüber Schwermetallen resistente Mikroorganismen werden auch in anthropogen nicht belasteten Böden gefunden (z.B. Jordan und Lechevalier 1975; Yamamoto et al. 1985; Angle et al. 1993). Dieser Befund ist aufgrund der bedeutsamen Rolle, welche Mikroorganismen bei der Verwitterung von Mineralien und der damit verbundenen natürlichen Mobilisierung von Metallen unterschiedlichen Typs spielen, nicht unerwartet. Anthropogen bedingte Emissionen weisen normalerweise eine komplexe Zusammensetzung auf, weshalb auch Metallkontaminationen von Böden in der Regel keine Einzelmetall-, sondern eine Mehrmetallbelastung darstellen. Kombinationen verschiedener Metalle werden deshalb sowohl in nicht kontaminierten als auch in anthropogen belasteten Böden gefunden. Das Auftreten von kombinierten Metallresistenzen bei Mikroorganismen ist deshalb nicht ungewöhnlich. Das Bestehen von Mehrfach-Resistenzen ist ebenso wie das verbreitete Auftreten von Bakterien mit breiten, überlappenden Aktivitäten hinsichtlich der Metalltransformation angezeigt. So konnte für einen aus dem Boden eines belasteten Standortes isolierten *Pseudomonas maltophila* Stamm die Katalyse der Transformation und Fällung zahlreicher toxischer Metallkationen und Sauerstoffanionen angegeben werden (Blake et al. 1993). In Bakterienisolaten aus mit Schwermetallen kontaminierten Böden war häufig die Kombination von Resistenzen gegenüber Ni, Cr und Zn nachweisbar (Margesin und Schinner 1996). Diaz-Ravina et al. (1994) konnten in Bodenmaterial, welches im Labor mit Metallen kontaminiert wurde, das Auftreten von multipler Resistenz feststellen. Die Kontamination von Bodenmaterial mit Cu bewirkte, zusätzlich zu einer Zunahme der Cu-Toleranz, eine zunehmende Toleranz für Zn, Cd und Ni. Die Kontamination mit Cd und Zn erhöhte die Toleranz der bakteriellen Gemeinschaft sowohl für Cd und Zn als auch für Zn, Ni und Pb. In einem mit Cu kontaminierten Boden war auch eine erhöhte Toleranz von Bakterien gegenüber Ag, Zn und Cd nachweisbar, während die Pb-Toleranz der Bakterien unbeeinflußt blieb (Baath 1992).

Stress, welcher als ein schädigender und zerstörender (desorganisierender) Einfluß definiert wird (Odum 1985), stört die Verteilung von Energie zwischen Wachstum und Erhaltung von Mikoorganismen. Unter Bedingungen von Stress, wie extreme pH-Werte, extreme Temperaturen, toxische Metalle, verändern sich physiologische Charakteristika der Mikroorganismengemeinschaft. So kann die Atmungsaktivität der Gemeinschaft zunehmen und der Bedarf an zusätzlicher Energie gesteigert werden.

Die Entwicklung von Resistenzmechanismen und die Unterhaltung von Reparaturfunktionen erfordern Energie. Andere Fähigkeiten können dadurch beeinträchtigt werden. Berichte über die Verringerung der Effizienz zur Umwandlung von Substraten in neue mikrobielle Biomasse unter Metallbelastung liegen vor. Bei erhöhten Bodenmetallgehalten erhöht sich die Atmungsrate, und die Geschwindigkeit des mikrobiellen Umsatzes nimmt zu (Chander und Brookes 1991b). Die Verteilung von ^{14}C-markierter Glucose zwischen Biomasse-^{14}C und Atmungs-$^{14}CO_2$ erwies sich als sensitiver Indikator für Stress (Killham 1985). Das Verhältnis von $^{14}CO_2$/Biomasse-^{14}C nahm unter Schwermetalleinfluß zu. Stress fördert, zu ungunsten der Biosynthese, die zunehmende Umleitung von Kohlenstoff zur Deckung des Erhaltungsenergiebedarfes.

Bei einigen Arten der Gattung *Rhizobium* war der Verlust von symbiontischen Eigenschaften mit einer erhöhten Resistenz gegenüber biologisch aktiven Wirkstoffen, wie Neomycin, Rifampicin und Vyomycin, verbunden (Casella et al. 1988). Die Autoren isolierten Plasmid-Minus Abkömmlinge von *Rhizobium leguminosarum* biovar *trifolii*. Freie Stämme ermangelten der symbiontischen Eigenschaften. Diese zeigten aber erhöhte Resistenz gegenüber Schwermetallen. In der Gegenwart von 70 ppm Cr war der Elternstamm, ungleich den freien Abkömmlingen, unfähig außerhalb der Pflanze zu wachsen, konnte aber bei Klee Knöllchenbildung auslösen. Auf die Fähigkeit von *Rhizobium* sp., die Exposition gegenüber Schwermetallen durch Eintritt in die Pflanzenwurzel zu umgehen, war zu schließen. Auch für Bodentiere konnte Entwicklung von Resistenz unter Verlust anderer Fähigkeiten beobachtet werden. Literaturberichten zufolge entwickelte sich die erhöhte Resistenz eines Vertreters der Bodenfauna gegenüber Schwermetallen auf Kosten der Resistenz gegenüber Trockenheit (Doelman 1986).

Probleme

Bei der Bestimmung der mikrobiellen Metallresistenz ergeben sich methodische Probleme. Diese stehen in Beziehung zu:

- der Isolierung von Mikroorganismen aus belasteteten Böden und der Bestimmung deren Resistenz durch Plattierung auf mit hohen Konzentrationen an Metallsalzen versehenen Medien
- den Verhältnissen hinsichtlich der am natürlichen Standort bzw. der in Labormedien verfügbaren Menge an Metall und dessen Bindungsform
- der möglichen Potenzierung oder Abschwächung der Wirkung von Metallen durch Boden- bzw. Medienbestandteile und Versuchsbedingungen

In der Mehrzahl der Untersuchungen zur Quantifizierung der Metallresistenz von Bodenmikroorganismen wurden Plattierungstechniken und Medien eingesetzt, welche unterschiedlich hohe Konzentrationen eines zu testenden Metalls enthielten. Wesentlich ist, daß nur ein kleiner Teil der Bodenmikroorganismen mit Hilfe kulturtechnischer Methoden aus dem Boden isoliert werden kann. Über den Großteil der die mikrobielle Gemeinschaft des Bodens repräsentierenden Mikroorganismen ist deshalb keine Information verfügbar.

In den Medien eingesetzte Metallmengen können wesentlich von jenen abweichen, welche in kontaminierten Böden in verfügbarer Form vorliegen. Die Definition der Konzentration, welche metallresistente Bakterien von metallsensitiven unterscheidet, ist deshalb problematisch. Auch wird die Bindungsform und damit die Toxizität der Metalle durch die Eigenschaften des Empfängersystems beeinflußt, wobei dies sowohl für den jeweils betrachteten Boden als auch für Labormedien gilt. Zahlreiche verschiedene Typen von Medien wurden verwendet, die Metallresistenz von Mikroorganismen zu bestimmen. Manche Autoren bedienten sich undefinierter, an organischen Stoffen reicher Medien. Metallsalze und Medienbestandteile können miteinander in Wechselwirkung treten, wodurch die Interpretation der Effekte von Metallen auf Mikroorganismen erschwert wird.

Die Unterscheidung zwischen mikrobiellen Resistenzmechanismen und einer durch bestimmte Eigenschaften des Kulturmediums bzw. des Bodens vermittelte Abschwächung der Toxizität von Metallen ist schwierig. Beispielsweise tolerierten die Pilze *Rhizopus stolonifer*, *Trichoderma viride*, *Fusarium oxysporum* f.sp. *conglutinans*, *Cunninghamella echinulata* und einige Arten der Gattungen *Aspergillus* und *Penicillium* höhere Konzentrationen an Cd, wenn diese in Boden anstatt auf Labormedien wuchsen (Babich und Stotzky 1985).

Mechanismen der Resistenz

In schwermetallkontaminierten Böden auftretende Mikroorganismen verfügen über Mechanismen der Metallresistenz. Die Eigenschaft der Metallresistenz kann sowohl auf metallspezifischen genetisch gesteuerten Eigenschaften der Organismen als auch auf unspezifischen Zellstrukturen (wie Carboxyl-, Amino-, Sulfhydryl- sowie Phosphorylgruppen in der Zellwand) oder Stoffwechselleistungen der Organismen beruhen (z.B. Bildung von Exopolysacchariden).

Die Mechanismen der mikrobiellen Resistenz gegenüber Schwermetallen bestehen in/im:

- spezifischen Ausström-(Efflux)-Systemen für Kationen oder Anionen, welche die intrazellulären Metallkonzentrationen gering halten
- Verhindern des Eintretens von Metallen in die Zelle durch Veränderung von Membrantransportsystemen, welche ursprünglich in die Anreicherung von Ionen involviert sind
- intra- und extrazellulären Binden von Metallionen
- Entgiften von Metallen durch enzymatische Transformation

Intra- und extrazelluläre Bindung von Metallen. Die Bindung von Metallen kann über Mechanismen, wie Adsorption, Ionenaustausch, Komplexierung, Fällung und Kristallisation, erfolgen. Als Reaktionspartner fungieren Zellwandbestandteile, Exopolymere, spezielle metallbindende Proteine und Peptide oder auch Metabolite, wie Schwefelwasserstoff, Phosphat und organische Säuren.

Die Biosorption wird als die Aufnahme von Metallen durch die mikrobielle Biomasse über physikalisch-chemische Mechanismen, wie Adsorption und Ionenaustausch, außerhalb der Cytoplasmamembran definiert.

Kapseln und Schleime bildende mikrobielle Exopolymere erhielten im Zusammenhang mit der Metallbindung die größte Aufmerksamkeit. Diese Exopolymere bestehen großteils aus Polysacchariden, Glycoproteinen und Lipopolysacchariden, welche mit Protein assoziiert sein können. Die Zellwände der Bakterien besitzen metallbindende Komponenten, wie Amino-, Sulfhydryl-, Carboxyl- und Phosphatgruppen, welche zum Biosorptionsprozeß beitragen. Die Carboxylgruppen des Peptidoglykans sind wesentliche Positionen der Metallbindung in der Zellwand Gram-positiver Bakterien. Bei Gram-negativen Bakterien tragen die Phosphatgruppen signifikant zu dieser Eigenschaft bei.

Zahlreiche Pilze weisen in ihren Zellwänden einen hohen Gehalt an Chitin auf, welches als ein effektiver Sorbent für Metalle erkannt werden konnte. Melanine sind auch bei Pilzen gefundene Pigmente. Diese werden als Stoffe diskutiert, welche dem Überleben unter Umweltstress dienen. Diese Pigmente sind in Zellwänden sowie im Medium (extrazelluläres Melanin) lokalisiert. Pilzliches Melanin verfügt über zahlreiche potentielle Metallbindestellen. Bei manchen Pilzen kann die Melaninbildung durch organische und anorganische Metallverbindungen induziert oder beschleunigt werden. Pilzliche Melanine können als Folge der Exposition gegenüber subletalen Metallkonzentrationen und in Interferenz mit dem normalen Metabolismus überproduziert werden. Melanisierte Zellstrukturen sind impermeabel für Schwermetalle und metalltoleranter als hyaline.

Bakterielle Zellen können auf Trockengewichtsbasis bezüglich des Metallentzugs aus Lösungen effizienter sein als Tonmineralien. Literaturberichten zufolge war die Sorption von Cd^{2+} durch tote Zellen von *Paracoccus* sp. und von *Serratia marcescens* höher war als jene von Montmorillonit, wenn das Verhältnis von Fest zu Flüssig für Bakterien und Ton identisch waren. Lebende Zellen reicherten etwa die gleiche Menge Cd^{2+} an wie Ton. In Untersuchungen zum Mechanismus der Schwermetalltoleranz in *Escherichia coli* zeigten die Zellen eine Anreicherung von Cd in hoher Konzentration. Der Großteil des Cadmiums konnte bei nicht toleranten Zellen in Zellmembranen, bei toleranten Zellen in Zellwandbestandteilen nachgewiesen werden (Tyler 1981b).

Mikroorganismen verfügen über Mechanismen von unterschiedlicher Spezifität, durch welche Metallkationen aus der Umwelt in die Zellen aufgenommen werden können. Viele toxische Metalle werden von Systemen transportiert, welche normalerweise essentielle chemisch verwandte Metalle translocieren.

Bei der Mehrzahl der untersuchten Organismen ist die Menge des an Oberflächen gebundenen Metalls im Vergleich zu jenen Mengen, welche durch energieaufwendige Prozesse aufgenommen werden können, unbedeutend. Der stoffwechselabhängige Transport in die Zellen verläuft langsamer als die Biosorption und kann durch verschiedene Größen, wie metabolische Hemmstoffe, Entkoppler, geringe Temperaturen oder dem Fehlen einer Energiequelle, gehemmt oder zum Stillstand gebracht werden. Der physiologische Zustand der Zelle und die Zusammensetzung des Mediums nimmt Einfluß auf die Geschwindigkeit des Tranportes.

In die Zelle gelangende Metalle können dort gebunden, kompartimentiert und/oder zu harmloseren Formen umgewandelt werden. Die Kompartimentierung bzw. die Umwandlung des Metalls in eine harmlosere Form kann einen effektiven Entgiftungsmechanismus darstellen. Mikroorganismen, welche über solche Mechanismen verfügen, besitzen die Fähigkeit, Metalle in hoher Konzentration intrazellulär anzureichern. Es ist möglich, daß solche Mechanismen von temporärer Natur sind und der Ausschleusung akkumulierter Metalle aus der Zelle vorangehen.

In eukaryontischen Mikroorganismen kann eine Kompartimentierung der akkumulierten Metalle innerhalb bestimmter Organellen erfolgen. In

Hefen und anderen Pilzen kann ein wesentlicher Teil der akkumulierten Metalle in der Vakuole in entweder ionischer Form oder gebunden an Polyphosphate von geringem Molekulargewicht vorliegen. Bestimmte Hefen sind beispielsweise fähig, innerhalb der Mitochondrien Thallium als Thalliumoxid zu präzipitieren. Das Oxid kann aus den Mitochondrien entladen und vom Protoplasten exkretiert werden (oxidative Detoxifikation) (Gadd und Griffiths 1978).

Die Synthese von intrazellulären metallbindenden Proteinen und Peptiden stellt eine häufig gefundene metallinduzierte Reaktion bei Mikroorganismen dar. Diese Proteine sind in der Entgiftung wirksam und dienen auch der Speicherung und der Regulation der intrazellulären Metallkonzentration. Die Metallothioneine sind die am besten untersuchten dieser cysteinreichen Proteine von niedrigem Molekulargewicht. Metallothioneine sind kleine cysteinreiche Polypeptide, welche essentielle Metalle, wie Cu und Zn, sowie nicht essentielle Metalle, wie Cd, binden können. In *Saccharomyces cerevisiae* mediieren solche beispielsweise Kupferresistenz. Metallothionein spielt auch eine Rolle bei der Cd-Resistenz von Hefezellen. Durch 0.5 mM $CdSO_4$ wurde im Cd^{2+}-resistenten Stamm 301N von *Saccharomyces cerevisiae* ein Cd-bindendes Protein induziert (Inouhe et al. 1989). Das gereinigte intrazelluläre Cd-bindende Protein wies Eigenschaften von Metallothionein auf. Saures pH oder EDTA eliminierten die Absorption des Cd-bindenden Proteins; das gebildete Apoprotein war zur Bindung von Cd^{2+}, Cu^{2+}, Zn^{2+} fähig. Polyphosphate können an der intrazellulären Bindung von Metallen ebenfalls beteiligt sein.

Die Akkumulation äquimolarer Mengen an anorganischen Anionen (z.B. Phosphat) zur intrazellulären Präzipitation der aufgenommenen Metalle ist ebenfalls bekannt.

Die Fällung eines löslichen Metalls mit einem Metaboliten ist ein Mechanismus zur Verringerung der Löslichkeit und Verfügbarkeit von Metallen. Ein derartiger Entgiftungsmechanismus kann zum Beispiel auf einer hohen Rate der H_2S-Produktion beruhen. Schwefelwasserstoff ist das Produkt sulfatreduzierender Bakterien, wie *Desulfovibrio* oder *Desulfatomaculum* sp.. Sulfatreduzierende Bakterien sind an der Bildung von Metallsulfidablagerungen beteiligt. Die Löslichkeitsprodukte der meisten Metallsulfide sind extrem niedrig. Die Schwefelwasserstoffbildung steht mit der Metallresistenz einer Reihe von Mikroorganismen in Beziehung.

Sulfidproduzierende Organismen können sensitive Organismen vor toxischen Metallen schützen. Bereits früh konnte beobachtet werden, daß die Konzentrationen an Hg-Verbindungen, welche nötig waren Pseudomonaden zu hemmen, in der Gegenwart sulfatreduzierender Bakterien stark erhöht wurden (Bachenheimer und Bennett 1961). Untersuchungen zum Mechanismus, durch welchen *Desulfovibrio desulfuricans Pseudomonas aeruginosa* vor der hemmenden Wirkung des Phenyl-Hg-Laktat schützt, wurden unternommen. Die Konzentration an Phenyl-Hg-Laktat, welche zur Hemmung von *Pseudomonas aeruginosa* nötig war, wurde in der Gegenwart von *D. desulfuricans* stark erhöht. Die Konzentration dieser Verbindung, welche notwendig war beide Organismen zu hemmen, entsprach ungefähr jener, welche nötig war die Sulfatreduzenten in Reinkultur zu hemmen. Der Effekt von Sulfiden auf die Aktivität des Hemmstoffes wurde mit den Sulfidkonzentrationen von *Desulfovibrio* Kulturen in Beziehung gesetzt. Das durch die Sulfatreduzenten gebildete H_2S schützte beide Organismen vor der Hemmaktivität der Hg-Verbindung.

Die Fällung von Metallkationen kann auch mit Hilfe einer an der Zelloberfläche lokalisierten Phosphatase erfolgen. Ruhende Zellen von *Citrobacter* sp. verfügen über eine an der Zelloberfläche lokalisierte Phosphatase des sauren Typs, welche HPO_4^{2-} aus einem angebotenen Substrat freisetzt (z.B. Glycerinphosphat) und divalente Kationen als $MHPO_4$ an der Zelloberfläche fällt (Gadd und White 1993).

Organische Säuren können in den Mechanismus der Metallentgiftung involviert sein. Bestimmte holzabbauende Pilze vermögen Oxalsäure zu bilden, welche Metalle als schwerlösliche Oxalate an der Zellwand und im Medium präzipitieren kann. Dieser Entgiftungsmechanismus konnte wiederholt bei holzzerstörenden Pilzen nachgewiesen werden. Durch diesen Mechanismus wird die Toxizität von als Holzschutzmittel verwendeten Kupferverbindungen reduziert.

Die extrazellulären bzw. extraplasmatischen Mechanismen der Wechselwirkung zwischen Metallen und Mikroorganismen, wie Komplexierung, Fällung und Kristallisation, stehen teilweise mit metabolischen Vorgängen in Beziehung. Diese stellen nicht notwendigerweise Resistenzmechanismen dar, was sich auch darin zeigt, daß ein Organismus sowohl in An- als auch in Abwesenheit eines potentiell toxischen Metalls über funktionelle Positionen zur Metallbindung verfügt oder eine potentiell entgiftend wirkende Substanz ausscheidet.

Organismen mit der Fähigkeit zur effizienten Entfernung von toxischen Ionen aus Lösungen sind von großer ökologischer Bedeutung. Solche Organismen ermöglichen es sensitiveren, in einer gemischten Kultur zu überleben. Diese stellen jedoch ein Risiko dar, wenn sie anderen Organismen als Nahrung dienen. Die Anreicherung von Metallen in der mikrobiellen Biomasse vermittelt deren Transfer in die Nahrungskette.

Enzymatische Transformation. In die Umwelt freigesetzte Metalle unterliegen verschiedenen mikrobiell vermittelten Transformationen. Diese Transformationen sind sowohl für biogeochemische Kreisläufe als auch als Mechanismen der Resistenz von Relevanz. Metalltransformationen können der mikrobiellen Energiegewinnung dienen bzw. einen Entgiftungsmechanismus darstellen. Unter dem Einfluß von Mikroorganismen verändern Metalle ihre Wertigkeit und/oder unterliegen einer Umwandlung in organometallische Verbindungen. Die Veränderung der Bindungsform kann die Toxizität des Elementes eliminieren oder erhöhen bzw. kann auch dessen Verflüchtigung ermöglicht werden. Mikrobielle Metalltransformationen können enzymatisch oder nicht enzymatisch über mikrobielle Metabolite vermittelt werden.

Zwei große Kategorien mikrobiell vermittelter Transformationen von Elementen werden unterschieden. Diese schließen die Redox-Umwandlung von anorganischen Formen sowie die Umwandlung von anorganischen Formen in organische und umgekehrt (typischerweise Methylierung und Demethylierung) ein. Im Zuge der Transformationen, welche Oxidationen, Reduktionen, Methylierungen und Demethylierungen einschließen, entstehen verschiedene mobile und/oder immobile Metallformen (Senken).

Die biologische Metalltransformation ist ein in vielen Habitaten auftretender Prozeß, welcher von unterschiedlichsten Mikroorganismen ausgeführt werden kann.

1.4.3 Mikrobielle Populationen, Keimzahl und Biomasse

In zahlreichen Untersuchungen konnten nachteilige Wirkungen von Schwermetallen auf die mikrobielle Biomasse, Keimzahl und Aktivität in Böden nachgewiesen werden.

Biomasse- und Gesamtkeimzahlbestimmungen zeigen Veränderungen in der mikrobiellen Gemeinschaftsstruktur nicht an. Gleiches trifft für Aktivitätsmessungen zu, solange ein durch eine bestimmte Gruppe vermittelter Prozeß nicht negativ beeinflußt wird.

Die Aussagen von Untersuchungen zur mikrobiellen Keimzahl und zur Zusammensetzung mikrobieller Gemeinschaften in Böden werden dadurch beschränkt, daß die Mehrzahl der bestehenden Methoden auf der Kultivierbarkeit von Mikroorganismen beruht. Es kann jedoch nur ein geringer Anteil der den Boden besiedelnden Mikroorganismen mit Hilfe bestehender kulturtechnischer Methoden isoliert und charakterisiert werden. Nichtkultivierbare Bodenmikroorganismen entziehen sich einer qualitativen und quantitativen Analyse.

Ein Großteil der Untersuchungen zur Bestimmung von Verschiebungen in der mikrobiellen Gemeinschaftsstruktur unter dem Einfluß von Metallen erfolgte mit Hilfe von Plattierungstechniken. Es besteht Bedarf an Methoden, mit deren Hilfe ein größerer Teil der den Boden besiedelnden Mikroorganismen untersucht werden kann. Neuere Methoden, wie die Analyse der Zusammensetzung von aus dem Boden extrahierten Phospholipidfettsäuren und der Einsatz von Nukleinsäuresonden, bieten die Möglichkeit der Untersuchung auch von nicht kultivierbaren Mikroorganismen.

Verschiedene Gruppen von Organismen tragen unterschiedliche Phospholipidfettsäuren (PLFS) in ihren Membranen (Tunlid und White 1992). Die Dominanz bestimmter Phospholipidfettsäuren in weiten Bereichen von Taxa erschwert die Zuordnung von Veränderungen in Phospholipidfettsäuremustern zu bestimmten Gruppen von Mikroorganismen. Üblicherweise können mit Hilfe von PLFS-Mustern einzelne Stämme oder Arten von Mikroorganismen nicht nachgewiesen werden, jedoch können Veränderungen in der Gesamtzusammensetzung der Gemeinschaft erkannt werden (Frostegard et al. 1993b). Erfolge bei der Trennung verschiedener Mischungen von Bodenbakterien auf Basis ihrer Fettsäureprofile unter Einsatz spezieller statistischer Methoden wurden berichtet (Haack et al. 1994).

Bisher durchgeführte Untersuchungen zur Metallkontamination von Böden zeigten wiederholt die Zunahme des Anteils der schwermetallresistenten Organismen innerhalb der mikrobiellen Gemeinschaft. Positive Korrelationen zwischen der Schwermetallkonzentration und dem Anteil an schwermetallresistenten Stämmen konnten in Sedimenten, Böden und Blattstreu festgestellt werden.

Prokaryonten zeichnen sich durch eine geringere Resistenz gegenüber Schwermetallen aus als Eukaryonten. Vergleichende Untersuchungen mit Cadmium, Quecksilber, Chrom, Zink, Kupfer und Nickel zeigten, mit Ausnahme von Quecksilber, daß Pilze sowohl in vitro als auch in situ eine höhere Metallresistenz aufweisen als Bakterien (Beck 1981). Der entsprechende Faktor bewegte sich in einer Größenordnung von 10–50. Eine Reihe von Arbeiten gibt auch Hinweise darauf, daß Gram-negative Bakterien resistenter gegenüber Cd, Cu, Hg, Pb, Zn, Co bzw. Ni sind als Gram-positive (Babich und Stotzky 1977c, 1985; Doelman und Haanstra 1979c; Duxbury und Bicknell 1983). Die Mehrzahl der aus Böden, Sedimenten und Gewässern isolierten metalltoleranten Bakterien waren Gram-negativ, wobei Arten der Gattung *Pseudomonas* vorherrschten (Babich und Stotzky 1985). In Versuchen zur Sensitivität von Mikroorganismen gegenüber Cd erwiesen sich die Aktinomyceten toleranter gegenüber Cd als andere Bakterien (Babich und Stotzky 1977c). Gram-negative Bakterien waren toleranter als Gram-positive. Neuere Untersuchungen zeigten das Auftreten von extremer Ni-Resistenz bei Gram-positiven *Arthrobacter* spp. (Margesin und Schinner 1996). Aus stark schwermetallkontaminierten Böden isolierte Stämme zeigten Resistenz für Nickel von bis zu 20 mM. Weite Extreme hinsichtlich der Sensitivität gegenüber Cd konnten innerhalb der Pilze gefunden werden. Keine Korrelation bestand zwischen den Klassen der untersuchten Pilze und der Cd-Toleranz. Die Sporulation war sensitiver gegenüber Cd als das myceliale Wachstum. Die Sporenbildung wurde bei Cd-Konzentrationen gehemmt, welche für das myceliale Wachstum nicht hemmend waren. In Untersuchungen zum Einfluß verschiedener Schwermetalle sowie von Arsen auf die Zahl isolierbarer Bakterien und Pilze sowie speziell auch auf die Zahl der Vertreter der Bakteriengattung *Azotobacter*, der celluloseabbauenden Mikroorganismen sowie der Nitrifikanten, erwiesen sich die Pilze und die Aktinomyceten als die resistentesten Formen (Maliszewska et al. 1985). Die höchste Sensitivität wiesen *Azotobacter* sp. und die Nitrifikanten auf. Die relative Toxizität der Verbindungen war Hg(metallisch) > $CuSO_4$ > $HgCl_2$ > Hg_2Cl_2 > HgO > As_2O_3 > $ZnSO_4$ > Na_2HAsO_4 > $Pb(NO_3)_2$. Basierend auf dem Einsatz eines speziellen Mediums (T-Medium) gab Duxbury (1981) drei Kategorien der relativen Toxizität verschiedener Schwermetalle für Bodenbakterien. Eine erste Kategorie besteht in der extremen Toxizität (z.B. Hg), eine zweite in der intermediären Toxizität (z.B. Cd) und eine dritte in der geringen Toxizität (z.B. Cu, Ni, Zn).

Als Folge von Schwermetallkontaminationen konnte in aquatischen Systemen und in Sedimenten ein Rückgang der Diversität bakterieller Gemeinschaften festgestellt werden. Der gleiche Effekt konnte für mikrobielle Gemeinschaften im Boden noch nicht klar gezeigt werden (Kinkle et al. 1987). Unter dem Einfluß von Metallen auftretende Verschiebungen in der mikrobiellen Gemeinschaftsstruktur führen nicht notwendigerweise zu einer Reduktion der Diversität, da auch bei resistenten Mikroorganismengruppen eine hohe Diversität gegeben sein kann. Untersuchungen zum Einfluß einer Langzeitapplikation von metallreichem Klärschlamm auf die Gesamtheit der heterotrophen aeroben und Cd-resistenten Bakteriengemeinschaft in Grünlandboden zeigten durch das vollständige Fehlen Gram-positiver Bakterien in den resistenten Gemeinschaften die Cd-Empfindlichkeit dieser Gruppe an (Barkay et al. 1985). Die Diversitäts-Kennzahl(en) nach Shannon zeigten keine negativen Effekte auf die Gemeinschaften an, welche sich in der Gegenwart von Schlamm entwickelt hatten. Die aus den langfristig mit Schlamm behandelten Böden isolierten Cd-resistenten Gemeinschaften waren diverser als die resistenten Gemeinschaften der Kontrolle. Diese höhere Diversität wurde mit der Cd-Resistenz bei Pseudomonaden und Gram-negativen Gärern in Beziehung gesetzt.

In Untersuchungen zur veränderten Fähigkeit zum Abbau spezieller Substrate wird eine methodische Annäherung gesehen, Verschiebungen in der Diversität mikrobieller Gemeinschaften im Boden zu erfassen. Eine Methode zur simultanen Bestimmung der Diversität und des Abbauvermögens bakterieller Gemeinschaften in schwermetallbelasteten Böden wurde präsentiert (Reber 1992). Diese basiert auf der Fähigkeit von Bodenbakterien, aromatische Substanzen als Kohlenstoffquellen zu verwerten. Die Nutzung dieser Eigenschaften impliziert, daß nur solche Organismen getestet wurden, welche die Fähigkeit zum Wachstum auf aromatischen Verbindungen aufweisen. In drei von fünf Versuchen konnte festgestellt werden, daß Schwermetallstress die Diversität der Mikroorganismen reduziert und dazu führt, daß seltene biochemische Fähigkeiten verloren gehen. In zwei anderen Versuchen hatte unveränderte oder sogar höhere Diversität der Bakterienflora in den metallhaltigen Böden bestimmt werden können. Eine Erhöhung des pH-Wertes, wodurch die Verfügbarkeit der Metalle zurückging, bzw. die Selektion raschwüchsiger Stämme im Kontrollboden wurden als mögliche Ursachen dieses Befundes diskutiert. Auch Burkhardt et al. (1993) konnten einen unter Schwermetallstress auftretenden Rückgang der gleichmäßigen Verteilung von 20 speziellen Abbaufähigkeiten in der bakteriellen Gemeinschaft feststellen. Jedes Medium enthielt ein aromatisches Substrat als alleinige C- und Energiequelle. In metallgestressten Gemeinschaften ging ein Teil der relativ seltenen Abbaufähigkeiten verloren.

Seltene Abbaufähigkeiten stehen oftmals mit einer relativ schlechten Eignung des betreffenden Substrates als C- und Energiequelle in Beziehung, deren Katabolismus ein nur langsames Wachstum erlaubt und welcher in der Gegenwart geeigneterer (leichter abbaubarer) Substrate unterdrückt wird. Unter Bedingungen von Stress, z.B. Schwermetallexposition, könnte der Metabolismus schlechterer Substrate aus energetischen Gründen noch stärker eingeschränkt werden. Weitere Untersuchungen zum besseren Verständnis des Verlustes von Abbaufähigkeiten sind notwendig.

Diversitäts-Indices wurden in der Ökologie verbreitet eingesetzt, den funktionellen Status von Gemeinschaften und deren Reaktionen auf Umweltstress zu beschreiben. Zur Klärung der Frage, ob die schwermetallinduzierte Eliminierung von Arten in der Gemeinschaft der Bodenmikroorganismen zu einer Reduktion der metabolischen Aktivität des gesamten Systems sowie zur Störung von Mechanismen der Biokontrolle und zur Destabilisierung des Systems führt, ist vermehrte Grundlagenforschung notwendig. Unter dem Aspekt der Erhaltung der natürlichen Funktionen von Ökosystemen sind weitere Untersuchungen zur Auswirkung von schwermetallbedingten Verschiebungen in der mikrobiellen Gemeinschaftsstruktur notwendig. Für eine Verschiebung von Prokaryonten in Richtung Eukaryonten wird eine qualitative und quantitative Veränderung der metabolischen Aktivität diskutiert, da die metabolischen Aktivitäten der Eukaryonten weniger divers sind als jene der Prokaryonten und deren Wachstums- und Reproduktionsraten niedriger sind. Auch sind zur Etablierung kausaler Zusammenhänge zwischen der Stabilität der Gemeinschaft und dem Diversitätsniveau weitere Untersuchungen nötig. Diaz-Ravina und Baath (1996) fanden, daß sich unter dem Einfluß von Schwermetallkontaminationen (Cu, Cd, Zn, Ni, Pb) bakterielle Gemeinschaften mit einem veränderten Temperaturverhalten entwickelten.

Forschungsbedarf besteht auch hinsichtlich des Einflusses von Schwermetallen auf biologische Wechselwirkungen im Boden, vor allem auch in Bezug auf Antagonisten für Phytopathogene. Entsprechend sind auch Wechselwirkungen zwischen Bodenmikroorganismen und Bodentieren von Interesse. Babich und Stotzky (1977a) konnten in einer frühen Arbeit zeigen, daß der Einfluß von Schwermetallen auf Pilze durch die Gegenwart von Bakterien modifiziert wird. Dabei waren, in Abhängigkeit von den betrachteten Bakterien, sowohl toxizitätsverstärkende als auch -verringernde Effekte nachweisbar. In einem Grünlandboden konnte entlang eines

Kontaminationsgradienten von Cr, Cu und As im wenig kontaminierten Bereich das Vorherrschen von Nematoden nachgewiesen werden, welche sich von Pflanzen nähren (Bardgett et al. 1994). Im stark kontaminierten Bereich herrschten hingegen sich von Bakterien nährende und prädazische Nematoden vor. Die Aufklärung von Unterschieden hinsichtlich des Einflusses von vesikulär-arbuskulären Mykorrhizapilzen und Ektomykorrhizapilzen auf die pflanzliche Metallanreicherung an kontaminierten Standorten ist ebenfalls von Interesse.

In der Folge sind Arbeiten zugesammengestellt, welche sich mit qualitativen Verschiebungen in der mikrobiellen Gemeinschaft sowie mit Veränderungen der mikrobiellen Biomasse und Keimzahl unter dem Einfluß von Schadelementen beschäftigten. Eine Zusammenstellung in Tabellenform findet sich im Anschluß.

Populationen, Keimzahl und Biomasse

Der Boden ist mit Ausnahme der Rhizosphäre als ein Kohlenstoffmangel-System zu betrachten und es besteht Konsens dahingehend, daß der Großteil der Mikroorganismen im Boden im ruhenden Zustand vorliegt. Hinweise auf die unterschiedliche Sensibilität von ruhenden und aktiven Bodenmikroorganismen gegenüber Schwermetallen konnten erhalten werden (z.B. Ohya et al. 1988; Kandeler et al. 1990; Yeates et al. 1994). Demgemäß ist die ruhende Population gegenüber einer Hemmung durch Metalle weniger sensibel als die aktive. Die Menge an aufgenommen Metallen bestimmt die Toxizität für Mikoorganismen. Auf eine im Vergleich zu aktiven mikrobiellen Zellen geringere Schwermetallaufnahme durch ruhende mikrobielle Zellen ist zu schließen.

Kupfer. Unter dem Einfluß von Kupfer konnte eine direkte Beziehung zwischen der Zunahme der pilzlichen Populationen und der ebenfalls zunehmenden Zahl Cu-toleranter Pilze festgestellt werden (Yamamoto et al. 1985). In mit Kupfer belasteten Böden war die Dominanz von Vertretern der Gattung *Penicillium* angezeigt. Der Boden war einem Reisfeld entnommen und mit Cu-Sulfat behandelt worden; Behandlung mit 100, 200, 400, 800 und 1600 μg Cu/g. Die Untersuchung erfolgte ein, drei und fünf Monate nach Cu-Behandlung. Sämtliche Korrelationen zwischen Cu-Gehalten und Zahl der Pilzkolonien waren positiv. Je höher die Cu-Konzentration im Boden, desto mehr Pilze konnten isoliert werden, welche gegenüber 1000 μg Cu/ml tolerant waren. Aus Kontrollböden, welche geringe Mengen an Cu enthielten, konnten ebenfalls Pilze isoliert werden, welche gegenüber 1000 μg Cu/ml tolerant waren. Einige Cu-sensitive Pilze konnten hingegen aus Böden isoliert werden, welche große Mengen an Cu enthielten. Die Mehrzahl der gegenüber 1000 μg Cu/ml toleranten Pilze gehörte *Penicillium* spp. an.

Mit Hilfe der ^{3}H-Thymidin-Inkorporationstechnik konnte die Entwicklung einer kupfertoleranten Bakteriengemeinschaft nachgewiesen werden (Baath 1992). Der Thymidineinbau in die DNA von Bodenbakterien ging mit zunehmender Cu-Kontamination in einem künstlich kontaminierten sandigen Lehmboden (0–400 µg Cu als $CuSO_4$/g Boden), welcher für zwei Jahre gelagert wurde, zurück. Zur Untersuchung der Toleranz der Bakteriengemeinschaft wurden die Bakterien zunächst mittels Homogenisation-Zentrifugation aus den unterschiedlich kontaminierten Böden extrahiert. Zu dieser Bakteriensuspension wurde Kupfer in einer Reihe von Konzentrationen zugesetzt und die Thymidin-Einbaurate untersucht. Durch den Vergleich mit einer Kontrolle konnten IC_{50}-Werte (50% Reduktion im Vergleich zur Kontrolle) für jede Suspension berechnet werden. Keine Unterschiede bestanden bei diesen IC_{50}-Werten für Bakteriensuspensionen aus Böden mit 0–120 µg zugesetztem Cu/g Boden. Bei stärkerer Kontamination konnten höhere IC_{50}-Werte errechnet werden. Die IC_{50}-Werte für aus den am stärksten kontaminierten Böden extrahierte Bakterien lagen zehnmal höher als jene von Bakterien aus nicht kontaminierten Böden.

Blei. In einem alluvialen Wiesenboden, welcher mit Pb als Pb-Acetat in Raten von 50, 500 und 1000 mg Pb^{2+}/kg Boden versehen worden war (Untersuchungszeitraum 50 Tage), erwiesen sich die proteolytischen Bakterien als resistent gegenüber Pb (Todorov et al. 1987). Pb-Acetat übte einen anhaltend hemmenden Effekt auf die Zahl der amylolytischen Bakterien, einen insignifikanten Effekt auf ammonifizierende und nitrifizierende Bakterien und keinen beständigen Effekt auf die denitrifizierenden Mikroorganismen aus.

Cadmium. In fünf verschiedenen, mit Klärschlamm und Cd (als $CdCl_2$) versehenen, Böden ging die Zahl der Bakterien, einschließlich der Gruppe der Aktinomyceten zurück, wenn die Konzentrationen an wasserlöslichem Cadmium 1–10 µg/g Boden erreichte. Die Zahl der Pilze wies unter diesen Bedingungen einen zunehmenden Trend auf (Hattori 1989).

In einem mit $CdCl_2$ (0–10 µmol Cd/g Boden) und mit Glucose bzw. Cellulose (jeweils 1%) versehenem Gley kam es mit zunehmender Cd-Konzentration zu einer Zunahme der Zahl der Pilze und des ATP-Gehaltes (Hattori 1991). Eine relative Zunahme der pilzlichen Biomasse war angezeigt. Die Inkubation war für zwei oder acht Wochen erfolgt.

Stadelmann et al. (1982) untersuchten an Hand von Nährlösungs- und Bodenexperimenten die Beeinflussung bodenmikrobiologischer Parameter durch Cd sowie den Einfluß der Bodenmikroorganismen auf die Cd-Verfügbarkeit (mit 0.1 M $NaNO_3$ extrahierbare Cd^{2+}-Konzentration). Cd^{2+} wurde als $CdCl_2$ zugesetzt. In einem sauren, sandigen Lehmboden wurde die Keimzahl aerober Bodenbakterien zwischen einem verfügbaren Cd-Gehalt von 0.9 und 1.5 ppm beeinträchtigt. Während einer Phase starker

Mineralisierung und Vermehrung erhöhten die Bodenmikroorganismen die Cd-Verfügbarkeit (Mobilisierung) in der Bodenlösung.

Cadmium, Kupfer. In Oberbodenproben von Standorten, welche lange Zeit mit Schwermetallen kontaminiert worden waren, bestimmte Schuller (1989) mit Hilfe der Epifluoreszenzmikroskopie die mikrobielle Biomasse. Während in Proben, welche mehr als 5000 ppb lösliches (0.1 M $NaNO_3$) Kupfer oder mehr als 1000 ppb lösliches Cadmium enthielten, die pilzliche Biomasse wesentlich reduziert wurde, konnte eine Beeinflussung der bakteriellen Biomasse nicht nachgewiesen werden.

Cadmium, Zink. Badura et al. (1986) untersuchten mittels einer Topfmethode den Einfluß von Zn und Cd-Sulfat auf im N-Kreislauf aktive Bakterien und Enzyme. Proben aus der Humuslage von Waldboden (etwa pH 6) wurden mit Zn und Cd separat in Dosen von 5000 ppm und gleichzeitig in Dosen von je 2500 ppm versetzt. Im 42-Tage-Zyklus wurde die Zahl der oligonitrophilen, proteolytischen, nitrifizierenden und denitrifizierenden Bakterien bestimmt. Zn stimulierte das Wachstum von oligonitrophilen Bakterien, das Wachstum von proteolytischen und denitrifizierenden, die Aktivität der nitrifizierenden Bakterien wurde hingegen gehemmt. Cd stimulierte in einem geringeren Ausmaß als Zn die Zunahme der Zahlen von oligonitrophilen Bakterien und hemmte die proteolytischen, denitrifiziernden und nitrifizierenden Bakterien. Dieses Metall hemmte stärker als Zn. Die simultane Gabe beider Metalle eliminierte deren geringen toxischen Effekt auf die proteolytischen Bakterien. Zwischen dem separaten und dem simultanen Einfluß der Metalle konnte ein merklicher Unterschied in Bezug auf die oligonitrophilen und denitrizifierenden Bakterien sowie die Ureaseaktivität nicht festgestellt werden. Zn und Cd, einzeln und in Kombination, verringerten in ähnlichem Ausmaß den pH-Wert. Cd wurde stärker als Zn im Boden gebunden, bei simultaner Gabe wurden beide Metalle mit ähnlicher Stärke gebunden.

Cadmium, Quecksilber, Zink. Zur Bestimmung der Toxizität der Schwermetalle Hg, Zn und Cd für die mikrobielle Gesamtkeimzahl im Boden wurden diese Metalle mit Bodenproben zum Erhalt eines Konzentrationsbereiches von 200–500 ppm gemischt (Bhat et al. 1979). Die Inkubationszeit betrug einen Monat. Toxische Effekte konnten vor allem bei höheren Konzentrationen beobachtet werden. Hg konnte als das toxischste Metall, gefolgt von Zn und Cd, befunden werden.

Die Analyse der Fettsäurezusammensetzung von Isolaten aus einem mit Zink kontaminierten Boden zeigte eine durch diese Behandlung veränderte Bakterienflora an (Ohya et al. 1985). Der Boden war mit 1000 µg Zn/g kontaminiert worden.

Frostegard et al. (1993b, 1996) nutzten die Analyse von Phospholipidfettsäuremustern zum Nachweis von metallbedingten Veränderungen in der mikrobiellen Gemeinschaftsstruktur. Sechs Monate nach Kontamination zweier Böden (Waldboden, Ackerboden) mit den Metallen Cd, Cu, Ni, Pb oder Zn in unterschiedlichen Konzentrationen wurden die PLFS-Muster analysiert (Frostegard et al. 1993b). Die Metallkonzentrationen des Waldbodens betrugen in mmol/kg für Cd 0–64, für Cu sowie Ni 0–128 und für Pb sowie Zn 0–256; entsprechend waren die Konzentrationen des Ackerbodens für Cd 0–32, für Cu und Ni 0–64 und für Pb und Zn 0–128. Metallbedingte Veränderungen der PLFS-Muster konnten in beiden Böden nachgewiesen werden. In Reaktion auf die meisten Metalle nahmen im Waldboden die Aktinomyceten zu, während diese Bakteriengruppe im Ackerboden abnahm. Zwei für Bakterien typische Fettsäuren nahmen in sämtlichen metallkontaminierten Proben des Ackerbodens zu; im Waldboden blieben diese unbeeinflußt. Im Ackerboden war, mit Ausnahme der Kupferkontamination, wo diese abnahm, die Zunahme einer vornehmlich bei Pilzen auftretenden Fettsäure zu verzeichnen. Die Sensitivität der PLFS-Muster gegenüber Metallkontamination war vergleichbar oder geringer als jene, welche sich auch im Falle der Bestimmung des ATP-Gehaltes, der Bodenatmung oder der Gesamtmenge an PLFS zeigte.

In einer weiteren Arbeit untersuchten Frostegard et al. (1996) den Einfluß einer Zn-Kontamination sowie der Inkubationszeit auf Veränderungen der mikrobiellen Gemeinschaftsstruktur eines Wald- und eines Ackerbodens während einer Periode von 18 Monaten. Die Böden wurden mit Zn in 10 verschiedenen Konzentrationen (Waldboden 0–256 mmol/kg Bodentrockengewicht, Ackerboden 0–128 mmol/kg Bodentrockengewicht) kontaminiert und in Plastikgefäßen bei 22°C inkubiert. In beiden Böden waren nach zwei Wochen Effekte der Kontamination nachweisbar. Qualitativ ähnliche Veränderungen im PLFS-Muster konnten zu späteren Probennahmen gefunden werden, obgleich die Veränderungen mit fortgesetzten Inkubationen ausgeprägter wurden. Im Waldboden nahmen die Pilze proportional zur Zunahme der Metallkontamination zu, während sich in sämtlichen Waldbodenproben eine mit der Inkubationszeit abnehmende Pilzbiomasse zeigte. Die für den Ackerboden erhaltenen PLFS-Muster gaben ebenfalls Hinweise auf eine Zunahme der Pilze infolge der Metallapplikation. Jedoch zeigte sich auch hier der negative Einfluß der Inkubationzeit auf die Pilze, wenngleich auch in einem geringeren Ausmaß als im Waldboden. In beiden Böden kam es infolge der Zn-Behandlung zu einer Veränderung der Proportionen mehrerer individueller bakterieller PLFS, welche Veränderungen der Bakteriengemeinschaft indizierten. Diese Veränderungen konnten jedoch nicht als Veränderungen in der proportionalen Abundanz spezifischer taxonomischer Bakteriengruppen interpretiert werden.

Cadmium, Quecksilber, Chrom, Zink, Kupfer, Nickel. Beck (1981) untersuchte in mehreren Serien den Einfluß löslicher Salze von Cd, Cr, Zn, Cu, Ni und Hg in abgestuften Konzentrationen auf die Keimzahlentwicklung von Bakterien und Pilzen in vitro (Kulturversuche) und in situ (Bodenmodellversuche) sowie auf die mikrobielle Biomasse. Bei den untersuchten Böden handelte es sich um verschiedene Bodentypen unter verschiedener Nutzung. Bodentyp / Nutzung / pH / Ct% / Biomasse mg C/100 g: Lößlehm / Mais / 6.10/1.56/49.0; Auengleye / Ackerbohne/7.5/2.91/58.2; Auenboden / Sommerweizen/7.2/1.95/51.8; Lößlehm degradiert / Wald/3.25/3.45/24.9; Lößlehm + Kalk / Mais / 7.25/1.47/47.0. Die Elemente wurden in Form von Sulfaten oder Chloriden zugesetzt: Cd (3, 30 µg/g), Cr (100, 330 µg/g), Zn (300, 1000 µg/g), Cu (100, 330 µg/g), Ni (50, 150 µg/g), Hg (2, 10 µg/g). Der erste Wert entspricht jeweils dem von Kloke (1977) angegebenen tolerierbaren Richtwert. Eine deutlich stärkere Toxizität der Metalle für die isolierten gegenüber den im natürlichen Bodenverband befindlichen Bodenorganismen zeigte sich. Abgesehen von Hg waren die Bodenpilze gegenüber Schwermetallen sowohl in vitro als auch in situ etwa um den Faktor 10–50 resistenter als Bakterien. Sowohl ein bzw. drei Tage als auch einen Monat nach Metallapplikation konnten Biomasseveränderungen beobachtet werden. Die Biomasse wurde im Boden durch Cd und Cu bei den niedrigen Applikationsmengen kaum verändert. Cr, Zn, Hg und Ni führten dagegen standortabhängig zu einer mehr oder minder starken Reduzierung dieser Eigenschaft. Ähnlich wie bei den Keimzahlen hatte die Anwesenheit von Cd-Salzen die Biomasse selbst bei extrem hohen Gehalten und längerer Einwirkungsdauer bei sämtlichen Böden um weniger als 10% reduziert. Die höheren Applikationsmengen an Cr, Zn, Ni und Hg bedingten eine intensivere Beeinträchtigung der mikrobiellen Biomasse, wobei Standortabhängigkeit gegeben war. Cu wirkte in der höheren Applikationsmenge ebenfalls reduzierend, wenngleich geringer als die zuvor genannten Metalle. Eine von den jeweils verwendeten Böden abhängige unterschiedlich starke Reduktion der Biomasse zeigte sich besonders nach Zusatz von Cr-, Zn-Salzen. Die beobachtete Wirkung von Schwermetallen auf die Biomasse-Entwicklung in den Böden entsprach weitgehend den Ergebnissen der Keimzählungen.

Cadmium, Chrom, Quecksilber, Blei, Beryllium, Zinn, Arsen, Brom, Fluor, Selen, Vanadium. In einer sandigen Braunerde wurden die Langzeitwirkungen verschiedener anorganischer Schadstoffe auf mikrobielle Parameter untersucht (Wilke 1988a). Die Schadstoffzugabe erfolgte in ein- bis dreimaligen Gaben 1975 und 1976. Diese betrug ein Vielfaches der zum gegebenen Zeitpunkt gültigen Richtwerte. Cd, Cr, Hg und Pb wurden als Chloride, Be und Sn als Sulfate, die anionischen Schadstoffe As, Br, F, Se und V in Form leicht löslicher Natriumsalze in die Krume eingemischt.

Biomasseuntersuchungen wurden an 1984 und 1985 entnommenen Proben durchgeführt.

Tabelle 4. Langzeitwirkungen anorganischer Schadstoffe auf die mikrobielle Biomasse einer sandigen Braunerde, dargestellt in Prozent des Kontrollansatzes (100%); GPL: Gleichgewichtsperfusionslösung

Schadstoff	Zugabe mg/kg	GPL mg/l	Biomasse %
Kontrolle	0	-	100
As	50.0	0.68	119[a]
	300.0	1.92	105[a]
Be	30.0	0.01	68
	80.0	0.03	46
Br	240.0	0.05	71
Cd	50.0	0.08	74
	200.0	0.23	53
Cr	300.0	0.05	99[a]
	800.0	0.10	95[a]
F	500.0	19.00	64
Hg	50.0	0.01	75
	200.0	0.05	68
Pb	4000.0	0.23	75
Se	20.0	0.06	105[a]
	40.0	0.16	64
Sn	117.0	<0.01	114[a]
	467.0	<0.01	92[a]
V	100.0	4.30	97[a]
	400.0	6.40	99[a]

[a] Nicht gesichert verschieden von unbelasteter Probe.

Nach Wilke (1988a).

Tabelle 5. Mindestschadstoffgehalte des Bodens (sandige Braunerde) und Konzentrationen in der Gleichgewichtsperfusionslösung (GPL), welche eine gesicherte Reduktion der Biomasse (BM) und des ATP-Gehaltes hervorriefen

Schadstoff	Gesamt[a] mg/kg	Richtwert[b] mg/kg	GPL mg/l	Parameter	Hemmung %
Be	14	10	0.01	BM	32
Cd	45	3	0.08	BM	26
F	219	200	19.00	BM	36
Pb	3800	100	0.23	ATP	38

[a] Gesamtgehalt 1984.
[b] Richtwert der Klärschlammverordnung, bzw. nach Kloke (1980).

Nach Wilke (1988a).

Be zählte zu den toxischsten der untersuchten Elemente. Dieses bewirkte bereits in kleinen Mengen und bei geringen Gleichgewichtsperfusionslösungs-(GPL)-Konzentrationen von 0.009 mg Be/l eine Reduktion der Biomasse. Die vorliegenden Ergebnisse kennzeichneten Blei als den „ungefährlichsten" Schadstoff. Bleigaben bis 1000 mg/kg Boden bzw. GPL-Konzentrationen bis 0.07 mg Pb/l führten neun Jahre nach der Zugabe zu keiner gesicherten Reduzierung der mikrobiellen Aktivität. Die Biomasse zeigte neben der Aktivität der Dehydrogenase die negative Wirkung der Schadstoffe von sämtlichen untersuchten Parametern am empfindlichsten an.

Kupfer, Zink. Untersuchungen zur Langzeitwirkung von Cu und Zn auf einen humosen, sandigen Lehm ergaben für die mikrobielle Biomasse acht (Zn) bzw. zehn (Cu) Jahre nach der letzten Schwermetallzugabe eine deutliche Hemmung (Wilke 1987c). Ein humoser lehmiger Sand war 1962 in Betonrahmenkästen eingefüllt und mit Cu- und Zn-Sulfat in kleinen Mengen bis 1975 (Cu) bzw. bis 1977 (Zn) in zwei Belastungsstufen (I, II) versehen worden. Die jährlichen Dosen betrugen für CuI 10 mg/kg und für CuII 20 mg/kg. Den Parzellen ZnI wurden bis 1972 jeweils 3.33 mg/kg/Jahr, Zn II 6.66 mg/kg/Jahr zugesetzt. In den Jahren 1973 bis 1977 variierten die Zn-Gaben zwischen 16.66 mg Zn/kg (Zn I, 1973) und 133 mg Zn/kg (Zn II, 1975). Proben für Analysen wurden im Frühjahr 1985 gezogen. Der pH-Wert des Bodens betrug 6.0; die Kationenaustauschkapazität 10 mEq/100 g; die Basensättigung 100%. Die Gesamtgehalte an Cu betrugen in mg/kg für die Belastungsstufe I 130 sowie 222 für die Belastungsstufe II; für Zn beliefen sich die entsprechenden Werte auf 264 und 430. Die labilen Schadstoffanteile (in der Gleichgewichtsperfusionslösung, GPL) beliefen sich für Cu auf 0.28 mg/l (Stufe I) sowie 0.37 mg/l (Stufe II); die entsprechenden Werte für Zn waren 0.23 mg/l sowie 0.38 mg/l. GEOCHEM diente der Berechnung der Bindungsform von Cu und Zn in der GPL. Entsprechend diesen Berechnungen lagen die beiden Metalle in der GPL vorwiegend als freie Ionen vor.

Zink, Kupfer, Cadmium, Nickel, Vanadium. In einem mehrjährigen Großgefäßversuch untersuchten Kandeler et al. (1990) unter Freilandbedingungen die Kombinationswirkung von Schwermetallen auf bodenbiologische Parameter dreier verschiedener Böden. Der natürliche Schwermetallgehalt der Böden wurde durch Zusatz von 300 ppm Zn, 100 ppm Cu, 3 ppm Cd, 50 ppm Ni und 50 ppm V erhöht. Diese Schwermetallgehalte entsprachen den Richtwerten nach Kloke (1980). Im Mai 1990 wurden die Standorte beprobt. Bei Schwermetallgaben, welche den Richtwerten nach Kloke entsprachen, wurde die Biomasse (35–50%) signifikant gehemmt. In der tonreichen, schwach alkalischen Lockersedimentbraunerde verlief die Reaktion auf Schwermetalle weniger empfindlich als in der schwach sauren, tonarmen Felsbraunerde.

Zink, Blei, Tellur. Signifikante Rückgänge des Biomasse-C in Abhängigkeit vom eingesetzten Schwermetall konnten von Leita et al. (1995) nachgewiesen werden. Nach achtwöchiger Inkubation von mit $Zn(SO_4)_2$, $PbSO_4$ oder Tl_2SO_4 zur Erzielung einer Endkonzentration von 600 µg Zn, 200 µg Pb oder 80 µg Tl/g versehenen Bodenproben war gegenüber den nichtkontaminierten Kontrollen im Fall einer Kontamination mit Zn bzw. Tl ein signifikanter Rückgang des Biomasse-C feststellbar. Pb übte hingegen keinen derartigen Effekt aus. Zink wies von den drei Elementen die höchste Toxizität auf.

Immissionsgradienten

Zink. Innerhalb einer Entfernung von zwei Kilometern zu einer Zn-Hütte in Palmerton, Pennsylvania. konnten auf Gewichtsbasis bis zu 13.5% Zn im O_2-Horizont und bis zu 8% Zn im A_1-Horizont des Bodens bestimmt werden (Jordan und Lechevalier 1975). Die Gesamtzahl der Bakterien, einschließlich Aktinomyceten, und der Pilze erwies sich in den am stärksten Zn-belasteten Böden im Vergleich zu den Kontrollen als stark reduziert. Das Wachstum der Mehrzahl der Bakterien von Kontrollstandorten wurde durch 100–200 µM Zn, jenes der Mehrzahl der Aktinomyceten durch 100 µM Zn und jenes der Mehrzahl der Pilze durch 100–1000 µM Zn auf entsprechendem Agar reduziert. Sämtliche getestete Aktinomyceten und nicht sporenbildenden Bakterien, welche aus Zn-kontaminierten Böden isoliert wurden, waren Zn-tolerant. Diese zeigten in Medien, welche 600–2000 µM Zn enthielten, normales Wachstum. Die Mehrzahl der

Pilze war, unabhängig von der Quelle, bei 700 µM Zn zumindest zu 50% des normalen Wachstums fähig. Zn-tolerante Bakterien, Aktinomyceten und Pilze konnten aus Böden mit niedrigem Zn-Gehalt isoliert werden und es wurde auf ein rasches Voranschreiten der Selektion der Zn-Toleranz geschlossen. Acidophile *Mortierella*- Arten wurden nahe der Hütte selektiv eliminiert; als Ursache dafür wurde der erhöhte pH-Wert des Boden diskutiert. *Peyronellaea glomerata* und *Coniothyrium* spp. wurden nur in Böden mit hohem Zn-Gehalt nachgewiesen.

Kupfer. Tyler (1984) nahm Bezug auf die Ergebnisse von Langzeituntersuchungen zum Umwelteinfluß von Schwermetallkontamination, hauptsächlich Cu und Zn, auf ein Koniferenwaldökosystem in der Region der Kleinstadt Gusum in Südschweden. In Gusum stand eine Messinggießerei seit 1661 in Betrieb; diese emittierte nahezu ausschließlich Zn, Cu und etwas Pb. Da es sich um keine Primärverhüttungsanlage handelte, waren die Emissionen an sauren Verbindungen, wie Schwefeldioxid, insignifikant. Die Emission von Metallstäuben war intensiv; Emissionskontrollen wurden erst 1982 installiert. Die Deposition großer alkalischer Teilchen neutralisierte teils die üblicherweise sehr saure Streu und Rohhumuslage der Koniferenbestände nahe der Gießerei. Der pH-Wert der stark belasteten, wenig zersetzten organischen Substanz des Oberbodens war wesentlich erhöht. 600–700 Tonnen emittierter Metalle waren alleine im Oberboden vorhanden (0–5 cm) (innerhalb eines Radius von fünf Kilometern zu den Quellen). Von dieser Menge waren 65% Zn, 33% Cu und 2% Pb. Ni, Va, Cd stellten weniger als 0.2% dar. Das Fehlen hoher Schlote gestaltete den Depositionsgradienten sehr steil. Hintergrund-Konzentrationen im Oberboden konnten in einer Distanz von etwa 10 km festgestellt werden. Der Cu-Gehalt im Oberboden betrug in einer Entfernung von 200 m: 2000 µg/g Rohhumushorizont; von 400 m: 1000 µg/g; von zirka 4000 m: 50 µg/g; von zirka 6000 m: 25 µg/g. Die negativsten Effekte traten in der organischen Lage des Oberbodens auf, wo auch die höchsten Schwermetallgehalte nachgewiesen werden konnten. Die Zahl und die Artzusammensetzung der Bodenmikroorganismen wurde reduziert bzw. verändert. Mehrjährige Untersuchungen ergaben bezüglich der Fruchtkörperbildung von „Großpilzen" in Richtung der Kontaminationsquelle eine bedeutende Reduktion der Artenzahl und der Häufigkeit der Fruchtkörperbildung. Im Gegensatz zu den „Großpilzen" zeigten die „Kleinpilze" in Richtung Quelle keine wesentliche Reduktion der Artenzahl. Eine bedeutende Veränderung der Artzusammensetzung trat jedoch auf. Die direkte mikroskopische Bestimmung der Bodenpilzmasse zeigte einen signifikanten Rückgang in Richtung Gießerei. Dies traf sowohl für die gesamte Biomasse als auch für die mittels einer Vitalfärbemethode bestimmte metabolisch aktive Biomassefraktion zu.

Nordgren et al. (1983) konnten im entsprechenden Untersuchungsgebiet einen Rückgang der pilzlichen Biomasse sowie eine wesentliche Veränderung der Zusammensetzung der Gemeinschaft mikroskopisch kleiner Pilze feststellen. Einige der beprobten Standorte befanden sich nahe der Gießerei (175–400 m), weitere Standorte in 1–8 km Entfernung. Die Schwermetalle übten entlang des Gradienten und dessen am stärksten kontaminierten Teiles einen dominierenden Einfluß auf die pilzliche Gemeinschaft aus. In weniger belasteten Gebieten trugen die Bodenfeuchte und der organische Substanzgehalt stärker zu den beobachteten Veränderungen bei als dies für die Konzentrationen an Cu und Zn zutraf. Entlang des steilen Kupfer- und Zinkgradienten (bis zu 20 000 µg Cu und 20 000 µg Zn/g trockener Boden) ging die pilzliche Biomasse etwa 75% zurück. Oberhalb von 1000 µg Cu/g war der Rückgang deutlich zu erkennen; unterhalb 1000 µg Cu/g konnten keine Effekte beobachtet werden; eine Tendenz zum Rückgang der Gesamthyphenlänge bestand jedoch. Entlang des Gradienten konnte kein Rückgang der koloniebildenden Einheiten festgestellt werden. Die Zusammensetzung der Pilzgemeinschaft wurde jedoch drastisch verändert. Die Häufigkeit der Gattung *Penicillium* und *Oidiodendron* ging von etwa 30% und 20% an den Kontrollstandorten auf nur wenige Prozent nahe der Gießerei zurück. Vertreter der Gattung *Mortierella* konnten an mäßig kontaminierten Standorten am häufigsten isoliert werden; im Falle der höchsten Kontamination war jedoch ein Rückgang der Isolierungsfrequenz evident. Einige Pilze nahmen in ihrer Häufigkeit in Richtung Gießerei zu. So nahmen Vertreter der Gattung *Geomyces* von 1% auf 10%, solcher der Gattung *Paecilomyces* von 0% auf 10% sowie sterile Formen von 10% auf 20% zu. Spezielle statistische Analysen zeigten, daß der organische Substanzgehalt und die Bodenfeuchte im Vergleich zur Schwermetallkontamination nur wenig Einfluß auf die pilzliche Gemeinschaft ausübten.

Kupfer, Blei, Arsen, Cadmium. An einem Standort 15 km von einer Sekundärbleihütte entfernt entnommene Bodenproben (0–10 cm), welche 28 000 ppm Pb, 972 ppm As, 599 ppm Cu und 151 ppm Cd enthielten, wiesen eine signifikant geringere Zahl an Bakterien, einschließlich Aktinomyceten, und Pilzen auf als solche von Kontrollstandorten, welche 1000 km von der Verhüttungsanlage entfernt lagen (Bisessar 1982). Letztere enthielten 703 ppm Pb, 57 ppm As, 73 ppm Cu und 5 ppm Cd.

Kupfer, Blei, Zink, Arsen. Nordgren et al. (1986) nahmen Bezug auf die stärkste einzelne Punktquelle für Schwermetalle in Schweden (Rönnskärsverken, Skellefteal). Die Hütte emittierte seit 50 Jahren ein Spektrum an Elementen, wobei Pb, Cu, Zn und As dominieren. Die Probennahme erfolgte in Koniferenwäldern in der Umgebung der Primärhütte. Zwölf Standorte in 2.4–40 km nördlicher und neun in 3–55 km südlicher

Entfernung zur Hütte wurden beprobt; die Probenahme erfolgte einmalig aus dem Rohhumushorizont. Es wurde unter anderem die metabolisch aktive Mycellänge (Fluoresceindiacetat/FDA) sowie die Gesamtmycellänge mittels der Membranfiltermethode bestimmt. Die Zahl der Bakterien verschiedener physiologischer Gruppen wurde von Proben des nördlichen Transektes bestimmt; hier war der Bereich der Schwermetallkonzentrationen größer im Vergleich zu jenen des südlichen. Die Bodenkonzentrationen an emittierten Elementen nahmen in Richtung Hütte zu. Der log der Bodenarsenkonzentration wurde zur Darstellung der Belastung durch die Hütte verwendet, da diese eng mit der Gesamtbelastung korrelierte. Die gesamte Mycellänge und die FDA-gefärbten Mycellängen veränderten sich nicht mit dem Kontaminationsniveau. Die Zahl der Bakterien, welche zur Hydrolyse verschiedener Substrate fähig waren, ging normalerweise mit steigendem Bodenarsengehalt um den Faktor 8–11 zurück. Chitinhydrolysierende Bakterien wurden am geringsten beeinflußt und gingen um den Faktor 5 zurück. Die Zahl der Bakterien ging drastisch zurück, wenn die As-Konzentration des Bodens von 100 auf 300 mg As/kg anstieg. Höhere Konzentrationen führten zu keiner weiteren Reduktion der Zahl der Bakterien. Statistische Analysen zeigten, daß die Bodenmetallbelastung und das pH des Bodens jene die Mikroorganismen beeinflussenden Faktoren waren. Die Variation des pH war unabhängig vom Belastungsniveau und vom Schwefelgehalt des Bodens. Dieser war mit Calcium und Mangan verbunden und reflektierte möglicherweise die Gegenwart von kalkigen Materialien im Boden. Rühling und Söderström (1990) konnten an den belasteten Standorten eine Veränderung der Pilzgemeinschaft nachweisen, welche sich in der Fruchtkörperzahl und -diversität der Basidiomyceten zeigte. Die Kontamination bewirkte eine Reduktion beider Parameter.

Kupfer, Nickel, Zink, Cadmium. Starke Veränderungen biologischer Parameter konnten entlang eines durch eine Cu-Ni-Hütte in Finnland verursachten Schwermetallgradienten (Cu, Ni, Zn, Cd) (Fritze et al. 1989) nachgewiesen werden. Der Hüttenkomplex stand seit der Mitte der vierziger Jahre in Betrieb. Sämtliche Standorte lagen in einem trockenen *Pinus sylvestris* Wald; Podsol. Die Probennahme erfolgte aus dem A-Horizont. Die Vegetation wies Zeichen einer starken negativen Beeinflussung durch die Emissionen auf. Die Zahl der Pektin, Xylan, Cellulose und Stärke hydrolysierenden Bakterien war nahe der Hütte bis zu einer Distanz von 3–4 km geringer als an den entfernteren Standorten; der Rückgang wies den Faktor 37, 36, 26, 13 auf. Die Gesamthyphenlänge ging in Richtung Hütte um den Faktor 8, 4, und 1.5 zurück. Eine Erholung des Bodenlebens und der Vegetation konnte in Entfernungen geringer als mehrere Kilometer von der Punktquelle nicht stattfinden. Die Mengen an ausgewählten austauschbaren Nährstoffen waren im Boden nahe der Punktquelle geringer als an entfernteren Standorten. Der Gesamtgehalt an Ca und Mn, nicht aber jener an K und der Gesamtgehalt an Mg stieg in Richtung Hütte an. Eine Hütten-induzierte Veränderung des Bodenhumus in Hüttennähe war angezeigt durch einen Rückgang des organischen Kohlenstoff- und des Gesamtstickstoffgehaltes sowie einer Verminderung der Bodenfeuchte. Der pH-Wert ging mit steigender Distanz wenig zurück. Statistische Analysen zeigten eine starke positive Korrelation des Kontaminationsgradienten mit den austauschbaren Nährstoffen und eine stark negative Korrelation mit den austauschbaren Schwermetallen; eine Ausnahme stellte Zn dar. Auch zeigte sich eine starke positive Korrelation zwischen dem Kontaminationsgradienten und dem Bodenwassergehalt, eine positive Korrelation mit dem Gewichtsverlust und eine negative mit dem pH-Wert des Bodens. Der Rückgang der mikrobiellen Populationen und Aktivitäten war von einem Rückgang der Mengen an austauschbaren K, Mg, Ca, Mn und einem Anstieg der Mengen an austauschbaren Cu, Ni und Cd begleitet.

Tabelle 6. Kationengesamtgehalt (in µg/cm^3) der beprobten Standorte

Entfernung (m)	Mn	Zn	Ni	Cd	Cu	K	Mg	Ca
200	19	343	322	1.9	2571	150	332	38
300	22	432	359	2.2	3654	151	355	41
500	22	241	232	1.6	2791	133	231	26
3000	19	135	127	1.1	972	101	154	43
3500	22	116	109	1.1	732	102	147	76
4000	26	110	104	1.1	664	114	129	81
7000	44	52	23	0.4	111	153	146	96
7200	47	59	34	0.3	122	149	128	63
19 500	53	41	2	0.2	25	122	112	157
20 000	50	43	2	0.2	21	151	113	124

Nach Fritze et al. (1989).

Mangan, Aluminium. Untersuchungen zum Einfluß von Emissionen von Eisen- und Stahlwerken auf die pilzliche Hyphenlänge und den mikrobiellen Biomasse-C und -N im F/H-Horizont eines *Pinus sylvestris* Waldes wurden durchgeführt (Fritze 1991). Der Boden war ein Podsol auf Sand mit einer entwickelten Rohhumuslage von 3–5 cm Dicke (12 Standorte in der belasteten Zone, 0.3–0.7 km vom Werk; Kontrollregion 3.5–4 km vom Werk entfernt). Die berichteten Emissionen des Werkes beliefen sich auf 1416 t SO_2, 490 t NO_x und 2016 t Staub jährlich. Die industriellen Emissionen manifestierten sich in signifikant höheren Mengen an extrahierbaren Kationen (Ca, Mg, Mn, Fe, Zn, Al), höherem pH und Feuchte, niedrigerem Gesamtstickstoffgehalt und Glühverlust. Die K- und Cd-Gehalte unterschieden sich nicht in den beiden Gebieten. Die belasteten Böden wiesen eine erhöhte Dichte auf. Die von dem Werk emittierten Stäube enthielten Al, Ca, Mg und Mn; der Staub führte zu einer Erhöhung des pH-Wertes auf der Borke und im Boden. Die Emissionen von SO_2 und NO_x aus den Stahlwerken waren relativ gering und gepuffert. In der belasteten Gegend kam es zu einer Zunahme der Pilzhyphen, welche von einer Reduktion des mikrobiellen Biomasse-C und -N begleitet war. Diese Abnahme der mikrobiellen Biomasse konnte, da die Gesamtlänge der Hyphen zugenommen hatte, auf einer Reduktion der bakteriellen Biomasse beruhen. Jedoch konnten auch Pilze beeinträchtigt worden sein, da die Zunahme des Myceliums im Boden nicht notwendigerweise eine gleichzeitige Zunahme der pilzlichen Biomasse bedeutet, da die Länge über die Bestimmung des Durchmessers der Hyphe in Biomasse umgewandelt werden muß. Darüber hinaus können in Bestimmungen zur Hyphengesamtlänge auch Beiträge nichtlebender Hyphen einfließen.

Eisen, Zink, Blei, Kupfer, Nickel, Cadmium. Von der Gesamtfläche von 8.6 Millionen Hektar Polnischer Wäldern werden etwa 8% als durch die Industrie ernst belastet geschätzt (Starzecka 1989). Der Niepolomice Forest ist ein Beispiel für ein durch Industrieemissionen beeinträchtigtes Ökosystem. Ein Quadratkilometer dieses Waldgebietes ist dem Eintrag von 100 t Staub/Jahr ausgesetzt, davon sind etwa 3 t Fe, 125 kg Zn, 31 kg Pb, 18 kg Cu, 6 kg Ni und 1.5 kg Cd, von welchen etwa 45% in löslicher Form vorkommen. In mehrjährig geführten Experimenten in den Mischwäldern von Niepolomice wurden Industriestäube von Elektrofiltern von Zn-, Cd-, und Al-Hütten, einem Elektrizitätwerk und einer Zementfabrik gesammelt und in den Waldboden in Dosen von 100, 500, 1000, 2000 und 5000 t/km^2/Jahr eingebracht. Mit steigenden Dosen konnte ein Rückgang der Zahl der Bakterien (20–70%), der Bakteriengruppe der Aktinomyceten (20–50%) und der Pilze (10–60%) nachgewiesen werden.

Zur Untersuchung des Einflusses von Elektrofilterstäuben (aus Zn- und Cu-Verhüttungswerken) auf die Bodenmikroflora wurden die Stäube mit dem Boden (Forstgartenboden) bis zu einer Tiefe von 30 cm vermischt (Greszta et al. 1979). Auf diese Weise wurden Standorte erhalten, welche die folgenden Prozentsätze an Staub in den oberen 30 cm des Bodens enthielten: 0, 1, 10, 25, 50%. An jedem behandelten Standort wurden zwei Jahre alte Sämlinge verschiedener Baumgattungen gepflanzt. Der Cd-Pb-Zn-Staub und der Pb-Zn-Staub verursachten eine Alkalisierung des Bodens, der Pb-Cu-Staub und der Pb-Cu-Schlamm verursachten eine leichte Acidifizierung; die Veränderungen der pH-Werte waren jedoch relativ instabil. Drei Jahre nach der Behandlung konnte eine Tendenz zum Rückgang des pH auf den ursprünglichen Stand beobachtet werden. Die Staubbehandlung verursachte eine Reduktion der Zahl der Bakterien (Bakterien inklusive Aktinomyceten, Nitrifikanten, N-Fixierer, Ammonifikanten, Denitrifikanten) und Pilze. Der Cd-Pb-Zn-Staub erwies sich für die Bodenmikroorganismen am toxischsten; weniger toxisch waren die Pb-Cu- und Pb-Zn-Stäube; die geringste Toxizität zeigte der Pb-Cu-Schlamm.

Kupfer, Chrom, Arsen. Entlang eines Kontaminationsgradienten zunehmender Konzentrationen an Cu, Cr und As in den oberen fünf Zentimetern eines Grünlandbodens konnte eine gegenüber der Kontrolle signifikante Reduktion des mikrobiellen Biomasse-C und -N nachgewiesen werden (Bardgett et al. 1994). Der Kontaminationsgradient hatte sich infolge von Oberflächenabfluß einer benachbarten Holzbehandlungsanlage etabliert; die Cu-Gehalte rangierten zwischen 19 und 835 mg/kg, die Cr-Gehalte zwischen 47 und 739 mg/kg und die As-Gehalte zwischen 12–790 mg/kg (Yeates et al. 1994).

Cadmium, Kupfer, Nickel, Zink, Blei. In vorwiegend leicht texturierten metallbelasteten Böden von Straßenrändern, deren pH von 7.1 in 0.5 m (hohe Metallbelastung) bis 5.0 in 10 m (geringe Metallbelastung) Entfernung zur Straße variierte, untersuchten Post und Beeby (1993) den mikrobiellen Biomasse-C sowie den ATP-Gehalt. Die höchsten Gehalte (50% HNO_3-extrahierbar) an Pb, Cu, Ni, Zn und Cd konnten in der geringeren Entfernung zur Straße bestimmt werden; diese betrugen in 0.5 m bzw. in 10 m Entfernung für Pb etwa 1030 bzw. 82, für Cu etwa 113 bzw. 13, für Ni etwa 30 bzw. 21, für Zn etwa 429 bzw. 53 und für Cd 265 bzw. 0.12 µg/g Boden. Der mittlere Biomasse-C in 0.5 m und 10 m Entfernung betrug 951 µg Biomasse-C/g Boden und 740 µg Biomasse-C/g Boden. Hinweise auf die nachteilige Beeinflussung der Größe der mikrobiellen Biomasse durch erhöhte Konzentrationen an Pb, Cu, Ni, Zn und Cd in Böden in enger Nachbarschaft zur Straße konnten nicht erhalten werden. Die größere Biomasse in 0.5 m Entfernung wurde mit einem positiven Effekt des höheren pH und höherer Kohlenstoffgehalte in Beziehung gesetzt. Im 0.5 m von der Straße entfernten Boden war eine höhere $CHCl_3$-extrahierbare Kohlenwasserstofffraktion nachweisbar, welche mit der erhöhten Abgabe von Kohlenwasserstoffen durch die Fahrzeuge und Straßenoberflächenmaterialien in Beziehung gesetzt werden konnte. Die mittleren Verhältnisse des ATP-Gehaltes zum mikrobiellen Kohlenstoffgehalt entsprachen einander bei beiden Entfernungen. Der mittlere ATP-Gehalt der Biomasse betrug 8.8 ± 0.55 µmol ATP/g Biomasse-C.

Klärschlammbürtige Metalle

Die Anreicherung von Schwermetallen in Böden ist ein mit der Applikation von Klärschlamm als Bodenzusatz verbundenes Problem, wenngleich der potentielle Wert von Klärschlamm als alternatives Düngemittel seit langem bekannt ist. Klärschlämme sind eine der wichtigsten potentiellen Quellen für eine Metallkontamination von Böden. Mit dem Klärschlamm applizierte Metalle vermögen bodenbiologische Parameter nachhaltig negativ zu beeinflussen.

Die Beeinflussung bodenmikrobiologischer und enzymatischer Parameter durch in Gewerbe-, Industrie- und Siedlungsabfällen enthaltene Metalle wurde im zweiten Band dieser Publikationsreihe berücksichtigt. In entsprechenden Arbeiten konnte sowohl über die Hemmung als auch über die Nichtbeeinflussung biologischer Bodenparameter durch abfallbürtige Metalle berichtet werden.

Der Qualität und Quantität der mit solchen Abfällen in den Boden eingetragenen organischen Substanz kommt hinsichtlich der zu beobachtenden Wirkung von Abfällen auf bodenbiologische Parameter wesentliche Bedeutung zu. Befunde, welche die Maskierung von negativen Effekten abfallbürtiger Metalle durch die in solchen Abfällen ebenfalls vorhandene organische Substanz anzeigten, wurden erhalten. Dem gewählten Beobachtungszeitraum kommt in diesem Zusammenhang wesentliche Bedeutung zu. Negative Effekte von mit Klärschlamm bzw. mit schlammhaltigem Kompost applizierten Metallen auf die mikrobielle Biomasse im Boden konnten selbst noch mehr als 20 Jahre nach Beendigung dieser Düngepraxis nachgewiesen werden (Brookes und McGrath 1984; Brookes et al. 1984).

In Abhängigkeit von der seit der Abfallapplikation verstrichenen Zeit, können unterschiedliche Wirkungen von eingetragenen Metallen auf biologische Parameter erwartet werden. Wurde mit dem Abfall ausreichend abbaubare organische Substanz eingetragen, kann die mikrobielle Biomasse zunächst stimuliert werden. Toxische Effekte von Metallen können dadurch maskiert werden. Langfristig kann sich mit zunehmender Erschöpfung der leichtverfügbaren organischen Substanz ein metallbedingter Rückgang der Biomasse zeigen. Im Zuge des Abbaus von organischer Substanz können zunächst an diese gebundene Metalle verfügbar werden und toxische Wirkungen auf biologische Parameter entfalten. Auch können im Zuge des Abbaus von organischer Substanz gebildete organische Komplexbildner auftreten, welche die Löslichkeit von Metallen erhöhen. Es ist jedoch auch möglich, daß aus dem Abfall freigesetzte Metalle einer chemischen Festlegung im Boden obliegen, wodurch deren Toxizität verringert wird.

Zink, Kupfer, Cadmium, Nickel. In landwirtschaftlich genutzten Böden, welche mit verschiedenen organischen Bodenzusätzen versehen worden waren, untersuchten Brookes und McGrath (1984) die mikrobielle Biomasse. Es handelte sich um ein Feldexperiment mit einem lehmigen Sand (pH 7, 9% Ton). Hofdünger war mit 5.2 oder 10.4 t/ha/Jahr organische

Substanz auf Trockengewichtsbasis zwischen 1942 und 1967 aufgebracht worden. Anaerob gereifter lagunengetrockneter Klärschlamm wurde in Mengen von 8.2 oder 16.4 t/ha/Jahr organische Substanz zwischen 1942 und 1961 aufgebracht; Klärschlamm-Strohkompost kam in Mengen von 5.9 oder 11.8 t/ha/Jahr organische Substanz zwischen 1942 und 1961 zur Anwendung. Bodenbohrkerne jedes Standortes wurden im März 1983 entnommen. An sämtlichen Standorten wurden bis 1972 Gemüsepflanzen gezogen, ab 1972 Gras. Im Herbst 1982 erfolgte Einpflügen des Grases; nach 1967 hatten alle Standorte einheitlich jährlich anorganische Düngergaben erhalten. Die mikrobielle Biomasse war in Böden, welche Klärschlamm oder schlammhaltige Komposte erhalten hatten, um vieles geringer als in solchen, welche während der selben Periode Stalldünger erhalten hatten. Untersuchungen von Brookes et al. (1984) mit sandigen Lehmen, welche von 1942–61 Schlammapplikationen erhalten hatten, zeigten ebenfalls eine an diesen Standorten reduzierte mikrobielle Biomasse sowie einen reduzierten ATP-Gehalt. 1983 bewegten sich die Metallgehalte der schlammbehandelten Böden etwa am Maximum der EDTA-extrahierbaren Metallgehalte, welche zum gegebenen Zeitpunkt in Großbritannien erlaubt waren: Metall/empfohlenes oberes Limit mg/kg Boden: Zn/280; Cu/140; Ni/35; Cd/3.5.

Beziehungen zwischen dem Metallgehalt eines sandigen sowie eines schluffigen Lehms und der mikrobiellen Biomasse wurden in Relation zu den von der zuständigen EU-Kommission empfohlenen Gesamtgehalten von Metallen in Böden bewertet (Chander und Brookes 1991c). Die Böden hatten bis vor etwa 20 Jahren Klärschlammapplikationen erhalten. Keines der Metalle (Zn, Cu, Ni und Cd) verminderte am oder unterhalb der empfohlenen Gesamtgehalte die mikrobielle Biomasse. Cu verringerte in Mengen, welche etwa 2.5mal den Richtwerten entsprachen, die Biomasse an beiden Standorten um etwa 40% und bewirkte eine Intensivierung der Anreicherung von organischem Kohlenstoff und Gesamtstickstoff. Diese betrug im sandigen Lehm etwa 30% und im schluffigen Lehm etwa 13%. Zn verminderte in etwa den gleichen Konzentrationen die Biomasse im sandigen Lehm um etwa 40% und im schluffigen Lehm um etwa 30%, wohingegen die Anreicherung von organischer Substanz nur um 9–14% zunahm. Cd hatte in Mengen, welche etwa den doppelten EG-Richtwerten entsprachen, keinen Effekt auf die Biomasse oder die organische Substanz im schluffigen Lehm. Ähnlich trat keine Beeinflussung durch Ni auf, wenn dieses dem Zwei- bis Dreifachen der Richtwerte entsprechend vorlag. Der Prozentgehalt des mikrobiellen Biomasse-C am gesamten organischen Kohlenstoffgehalt des Bodens war in mit Zn und Cu belasteten Böden (etwa das 2.5fache der Richtwerte) wesentlich geringer (< 1.0%). Diese Metallkonzentration reduzierte die mikrobielle Biomasse.

Entsprechend der Klärschlammrichtlinie der Europäischen Gemeinschaft (CEC 1986), nunmehr Europäische Union, betragen die Grenzwerte (in mg/kg Trockenmasse Boden) für Zn 150–300, für Cu 50–140, für Cd 1–3 und für Ni 30–75.

Untersuchungen zum Einfluß von nicht mit Metallen (geringer Metallgehalt) bzw. mit solchen angereicherten Schlämmen auf die mikrobielle Biomasse des Bodens wurden unternommen (Chander et al. 1995). Die Elemente Cu, Zn, Ni bzw. Cd wurden den Schlämmen in vier Raten zugegeben, so daß sich die Gesamtbodenkonzentration jedes Metalls zwischen dem 1–4fachen des durch die zuständige EU-Kommission festgelegten gängigen Grenzwertes bewegte (CEC 1986). Die Böden wurden für 64 Wochen inkubiert. Die geringste, die mikrobielle Biomasse beeinflussende, Metallkonzentration sollte ermittelt werden. Die Zn-, Cu-, Ni bzw. Cd-Gehalte des nicht angereicherten Schlammes betrugen 1354, 401, 154 bzw. 8.4 µg/g Schlamm. Der mit Zn angereicherte Schlamm wies dieses Element in einer Konzentration von 24105 µg/g Schlamm auf. Der mit Ni angreicherte Schlamm enthielt Ni in einer Konzentration von 4755 µg/g. Der mit Cd angereicherte enthielt dieses in einer Konzentration von 396.3 µg/g. Der mit Cu angereicherte Schlamm enthielt dieses Element in einer Konzentration von 10645 µg/g. Die Schlammapplikation erhöhte den Biomasse-C um etwa 30% bei der geringsten Aufwandmenge (40 t/ha) und um etwa das 4.5fache bei der höchsten Rate (160 t/ha) nach vier Wochen der Inkubation. Letzteres war unabhängig davon ob der Schlamm metallangereichert war oder nicht. Während der längeren (64wöchigen) Inkubation ging der Biomassegehalt exponentiell zurück. Größere Applikationsmengen an stark mit Metallen belasteten Schlämmen bewirkten Biomassen, welche geringer waren als solche von nicht mit Metallen angreicherten Schlämmen. Keines der Metalle zeigte bei gängigen EU-Bodengrenzwerten einen nachteiligen Effekt auf die mikrobielle Biomasse. Zn, Cu bzw. Cd bewirkten jedoch individuell bei einer Konzentration, die dem Doppelten der EU-Grenzwerte entsprach, einen Rückgang des Biomasse-C um etwa 20%, wohingegen Ni in einer Menge, welche dem Vierfachen des Grenzwertes entsprach, den Biomasse-C um etwa 15% erniedrigte. Die Mengen an mit 0.5M K_2SO_4 extrahierbaren Metallen nahmen sowohl mit der zunehmenden Schlammanwendung als auch mit der Inkubationsperiode zu, jedoch unterschiedliche Proportionen von jedem Metall wurden extrahiert. Die Extrahierbarkeit ging in der Reihe Cd > Zn > Ni > Cu zurück.

Tabelle 7. Beobachtete Wirkungen von Schwermetallen und anderen potentiell toxischen Elementen auf mikrobielle Populationen, Keimzahlen und Biomassen. Die zusammengestellten Daten wurden von verschiedenen Autoren unter unterschiedlichen Bedingungen gewonnen. Wesentliche Einflußgrößen, wie die Bindungsform der applizierten Elemente, Bodeneigenschaften, Beprobungstiefe und Beobachtungszeitraum, sind nicht angegeben. Eine Ableitung generell gültiger Aussagen für die Wirkung bestimmter Elemente in repräsentativen Böden ist nicht möglich. Nähere Angaben finden sich im Text. Symbole zur Wirkung 0: kein Einfluß, -: Reduktion, +: Zunahme

Element	Konzentration	Biologischer Parameter	Wirkung	Referenz
Cu	100, 200, 400, 800, 1600 µg/g	Pilzzahl, -gemeinschaft	+,Toleranz	Yamamoto et al. 1985
Cu	0–120 µg/g	Bakterienwachstum, -gemeinschaft	0,Toleranz	Baath 1992
	121–400 µg/g	Bakterienwachstum -gemeinschaft	-,Toleranz	
Pb	50, 500, 1000 µg/g	Bakterien, proteolytische	0,Resistenz	Todorov et al. 1987
		Bakterien, amylolytische	-	
		Bakterien, ammonifizierende, nitrifizierende	0	
		Bakterien, denitrifizierende	unbeständig	

Element	Konzentration	Biologischer Parameter	Wirkung	Referenz
Cd	5000 µg/g	Bakterien, oligonitrophile	+	Badura et al. 1986
		Bakterien, proteolytische	-	
		Bakterien, nitrifizierende	-	
		Bakterien, (de)nitrifizierende	-	
Zn	5000 µg/g	Bakterien, oligonitrophile	+	
		Bakterien, proteolytische,	-	
		Bakterien, (de)nitrifizierende	-	
Zn+Cd		Bakterien, proteolytische	0	
Zn	2500 µg/g			
Cd	2500 µg/g			
Hg	200–500 µg/g	mikrobielle Keimzahl	-	Bhat et al. 1979
Zn	200–500 µg/g		-	
Cd	200–500 µg/g		-	
Cd	1–10 µg Cd/g	Bakterienzahl	-	Hattori 1989
	(H_2O-löslich)	Pilzzahl	+	
Cd	1–10 µmol/g	Pilzzahl,-biomasse	+	Hattori 1991
Cu	>5000 µg/kg	pilzliche Biomasse	-	Schuller 1989
		bakterielle Biomasse	0	
Cd	>1000 µg/kg	pilzliche Biomasse	-	
		bakterielle Biomasse	0	

Element	Konzentration	Biologischer Parameter	Wirkung	Referenz
Pb	1030 / 82 µg/g	mikrobielle Biomasse	0	Post und Beeby 1993
Cu	113 / 13 µg/g		0	
Ni	30 / 21 µg/g		0	
Zn	429 / 53 µg/g		0	
Cd	265 / 0.12 µg/g		0	
Cd	3 / 30 µg/g	mikrobielle Biomasse, Keimzahl	0/-	Beck 1981
Cr	100 / 300 µg/g		-/-	
Zn	300 / 1000 µg/g		-/-	
Cu	100 / 300 µg/g		0/-	
Ni	50 / 150 µg/g		-/-	
Hg	2 / 10 µg/g		-/-	
Cd	0–64 / 0–32 mmol/kg	mikrobielle Gemeinschaft	verändert	Frostegard et al. 1993
Cu	0–128 / 0–64 mmol/kg		w.o.	
Ni	0–128 / 0–64 mmol/kg		w.o.	
Pb	0–256 / 0–128 mmol/kg		w.o.	
Zn	0–256 / 0–128 mmol/kg		w.o.	
Zn	0–256 / 0–128 mmol/kg	pilzliche Biomasse	+	Frostegard et al. 1996
		Bakteriengemeinschaft	verändert	
Cd	0.9–1.5 µg/g	Zahl aerober Bakterien	-	Stadelmann et al. 1982
Cu	130, 222 mg/kg	mikrobielle Biomasse	-	Wilke 1987c
Zn	264, 430 mg/kg		-	

Elemente	Konzentration	Biologischer Parameter	Wirkung	Referenz
As	50 / 300 mg/kg	mikrobielle Biomasse	0/0	Wilke 1988a
Be	30 / 80 mg/kg		-/-	
Br	240 mg/kg		-	
Cd	50 / 200 mg/kg		-/-	
Cr	300 / 800 mg/kg		0/0	
F	500 mg/kg		-	
Hg	50 / 200 mg/kg		-/-	
Pb	4000 mg/kg		-	
Se	20 / 40 mg/kg		0/-	
Sn	117 / 467 mg/kg		0/0	
V	100 / 400 mg/kg		0/0	
Zn	300 µg/g	mikrobielle Biomasse	-	Kandeler et al. 1990
Cu	100 µg/g		-	
Cd	3 µg/g		-	
Ni	50 µg/g		-	
V	50 µg/g		-	
Zn	600 µg/g	mikrobielle Biomasse	-	Leita et al. 1995
Pb	200 µg/g		0	
Tl	80 µg/g		-	
Zn	13.5 bzw. 8% (w/w)	Bakterien-, Pilzzahl Pilzgemeinschaft	-,Toleranz verändert	Jordan und Lechevalier 1975

Element	Konzentration	Biologischer Parameter	Wirkung	Referenz
Cu	25–2000 µg/g	„Großpilze", Arten	-	Tyler 1984
		„Großpilze", Fruchtkörperbildung	-	
		„Kleinpilze", Arten	0	
		„Kleinpilze", Artzusammensetzung	verändert	
		pilzliche Biomasse	-	
Zn+Cd		Pilz-, Bakterienzahl	-	Bewley und Stotzky 1983a,c
Zn	10 000/15 000 µg/g			
Cd	1000 µg/g			
Cu+Zn	bis jeweils 20 000 µg/g	pilzliche Biomasse	-	Nordgren et al. 1983
		Pilze, Gemeinschaft	verändert	
Pb+As+Cu+Cd		Bakterien-, Pilzzahl	-	Bisessar 1982
Pb	28 000 µg/g			
As	972 µg/g			
Cu	599 µg/g			
Cd	151 µg/g			
As+Cd+Cu+Pb+Zn				
As	100–300 mg/kg	Bakterien, hydrolytische	-	Nordgren et al. 1986
		Pilze, Gemeinschaft	verändert	Rühling und Söderström 1990

Elemente	Konzentration	Biologischer Parameter	Wirkung	Referenz
Zn+Ni+Cd+Cu		hydrolytische Bakterien	-	Fritze et al. 1989
		Gesamthyphenlänge	-	
Zn	41–432 µg/cm³			
Ni	2–359 µg/cm³			
Cd	0.2–2.2 µg/cm³			
Cu	21–3654 µg/cm³			
Al, Ca, Mg, Mn haltiger Staub	2016 t/ha	Gesamthyphenlänge	+	Fritze 1991
		Biomasse	-	
Fe, Zn, Pb, Cu, Ni, Cd haltiger Staub	100–5000 t/km²/a	Bakterien-, Pilzzahl	-	Starzecka 1989
Cd-Pb-Zn-Staub	1–50%	Bakterien-, Pilzzahl	-	Greszta et al. 1979
Pb-Cu-Staub	1–50%		-	
Pb-Zn-Staub	1–50%		-	
Pb-Cu-Schlamm	1–50%		-	
Cu+Cr+As		mikrobielle Biomasse	-	Yeates et al. 1994
Cu	19–835 mg/kg			Bardgett et al. 1994
Cr	47–739 mg/kg			
As	12–790 mg/kg			

Element	Konzentration	Biologischer Parameter	Wirkung	Referenz
Zn	1000 µg/g	bakterielle Gemeinschaft	verändert	Ohya et al. 1986
Zn+Pb		mikrobielle Biomasse	0,-	Ohya et al. 1988
Zn	49–4680 µg/g			
Pb	3–1510 µg/g			
Zn+Cu+Cd+Ni		mikrobielle Biomasse	-	Brookes et al. 1984
Zn	280 mg/kg			
Cu	140 mg/kg			
Cd	3.5 mg/kg			
Ni	35 mg/kg			
Zn+Cu+Cd+Ni	CEC-Grenzwerte	Biomasse	0	Chander und Brookes 1991c, Chander et al. 1995
Zn	≤ 150–300 mg/kg			
Cu	≤ 50–140 mg/kg			
Cd	≤ 1–3 mg/kg			
Ni	≤ 30–75 mg/kg			

1.4.4 Bodenatmung

Die Basalatmung gilt als ein Index der biologischen Aktivität des Bodens und der Geschwindigkeit des Abbaus von organischem Material. Die Bodenatmung zählt zu den am häufigsten im Zusammenhang mit Schwermetallkontaminationen untersuchten biologischen Parametern. Deren Sensitivität gegenüber der Belastung von Böden mit Metallen zeigte sich regelmäßig (z.B. Stadelmann et al. 1982; Nordgren et al. 1983, 1986; Babich und Stotzky 1985; Fritze et al. 1989; Vanhala und Ahtiainen 1994).

Der Einfluß von Metallen auf die Bodenatmung erwies sich, wie im Falle anderer untersuchter bodenbiologischer Parameter auch, von der Konzentration und der Bindungsform des Elementes sowie von den Eigenschaften des jeweils betrachteten Bodens abhängig. Metalle und Elemente nichtmetallischer Natur, wie Fluor, werden nach dem Eintrag in den Boden in bodeneigene Bindungsformen überführt, welche sich in ihren Eigenschaften von jenen der applizierten Bindungsform unterscheiden. Mit dem Standort variierende Befunde hinsichtlich der Beeinflussung eines biologischen Parameters bei entsprechender Applikationsmenge und -form eines Elements stehen mit diesem Phänomen in Beziehung.

Der gewählte Beobachtungszeitraum ist von Bedeutung. Die hemmenden Effekte von Schadelementen auf die Bodenatmung können mit der Zeit partiell zurückgehen. Blei, Cadmium, Kupfer, Nickel und Zink hemmten die CO_2-Abgabe in fünf holländischen Böden langfristig weniger stark als kurzfristig; die Hemmung der Ureaseaktivität nahm hingegen mit zunehmender Versuchsdauer zu (Doelman und Haanstra 1979a, 1984).

Langfristig abnehmende Hemmungen der mikrobiellen und bodenenzymatischen Aktivität können durch Schadstoffauswaschung, -verflüchtigung, Überführung in geringer verfügbare und toxische Bindungsformen sowie durch Resistenzbildung verursacht sein. Eine Stimulierung der Atmungsaktivität infolge Schadstoffapplikation kann eine Stressreaktion der Mikroorganismen reflektieren oder auch die Förderung resistenter Mikroorganismen. Förderungen können auf vermindertem Konkurrenzdruck und verbesserter Nährstoffversorgung durch Leichenbildung der sensiblen Organismen basieren. Im Zusammenhang mit einer stimulierten Atmungsaktivität nach Schwermetallapplikation wurde auf den Arndt-Schulz-Effekt verwiesen (Brunner und Schinner 1984). Demnach sollte die Anreicherung nicht letaler Konzentrationen von toxischen Substanzen an der Zelloberfläche die Permeabilität der Zelle derart ändern, daß mehr Nährstoffe in die Zelle eintreten können und dadurch die Stoffwechselaktivität erhöht wird. Obgleich Cadmium kein essentielles Spurenelement repräsentiert, stimulierte dieses in geringen Konzentrationen die Vermehrung von Bodenbakterien (Stadelmann et al. 1982). Hohe Cd-Konzentrationen be einträchtigten hingegen die Bodenmikroorganismen und deren Leistungen. Auch Sekundäreffekte von physikalischer und chemischer Natur können ursächlich für eine Stimulierung sein, z.B. Erhöhung des pH-Wertes, Freisetzung von löslicher organischer Substanz durch schadstoffbedingte(n) Dekomplexierung von Organomineralkomplexen oder Austausch von Nährionen.

Organische Zusätze und Tonmineralien können den Einfluß von Metallen auf die Bodenatmung modifizieren, wobei diesbezüglich Unterschiede zwischen den Metallen bestehen. Bei organischen Zusätzen kann die modifizierende Wirkung unter anderem in einer Funktion als Substrat bzw. als Sorbent im Boden bestehen. Hinsichtlich der Substratfunktion konnten auch Befunde erhalten werden, welche zeigten, daß die substratstimulierte, aktivierte Biomasse höhere Sensibilität gegenüber Schadstoffen aufweist als die ruhende.

In der Mehrzahl der untersuchten Fälle führte der Metalleintrag in Böden zu einem konzentrationsabhängigen Rückgang der Atmungsaktivität; es konnte jedoch auch Stimulierung der Bodenatmung oder Nichtbeeinflussung festgestellt werden.

Die Problematik der Vergleichbarkeit von Ergebnissen bodenmikrobiologischer Untersuchungen infolge unterschiedlicher experimenteller Protokolle trifft auch für die Erfassung von Metalleinflüssen auf die Bodenatmung zu. Babich und Stotzky (1985) nahmen Bezug auf Autoren, welche festgestellt hatten, daß im Vergleich zu anderen Untersuchungen die Organismen der verwendeten Böden gegenüber Metallbelastung toleranter waren und die Hemmung der Glucosemineralisierung erst bei sehr hohen Metallgehalten auftrat. Der in diesen Untersuchungen verwendete Boden war acht Jahre zuvor gesammelt und lufttrocken gelagert worden. Quantitative und qualitative Veränderungen der ursprünglich vorliegenden mikrobiellen Populationen infolge Lagerung sind zu erwarten. Der Erhalt repräsentativer Ergebnisse kann unter solchen Voraussetzungen nicht erwartet werden.

In der Folge sollen Arbeiten zum Themenkreis detaillierter vorgestellt werden. Verschiedene experimentelle Annäherungen wurden genutzt. Diese schließen Versuche unter Laborbedingungen sowie solche ein, welche den im Feld herrschenden Bedingungen näher kommen. Entlang von Kontaminationsgradienten im Feld durchgeführte Untersuchungen sind für eine gesamtheitliche Betrachtung von Ökosystemstörungen durch toxische Elemente besonders attraktiv.

Eine Zusammenstellung der Arbeiten in Tabellenform folgt im Anschluß.

Blei. Die Kontamination des Bodens mit 375 µg Pb/g reduzierte die Bodenatmungsrate (Doelman und Haanstra 1979a), wobei dies vor allem für Böden mit einer geringen Kationenaustauschkapazität (sandige Böden) zutraf. In solchen Böden konnte der Einfluß von Pb noch drei Jahre nach Applikation festgestellt werden. Untersuchungen zum Ausmaß, bis zu welchem Böden mit Pb belastet werden können, ohne daß eine Störung mikrobieller Prozesse auftritt, wurden durchgeführt. Der Effekt von zugesetztem Pb (als $PbCl_2$) auf die O_2-Aufnahme zweier sandiger Böden, einem Tonboden und einem Torfboden, wurde geprüft. Die Erfassung der Atmungsaktivität erfolgte während 18 Stunden nach Stabilisierung der Atmungsrate. Die Konzentration von 375 μg Pb/g hemmte die Respiration des sandigen Bodens um zirka 15%, eine solche von 1500 μg Pb/g hemmte diese um zirka 50%. Im Tonboden verursachten 1500 μg Pb/g eine Reduktion der Atmung um 15%. Die Hemmung der Atmung betrug im sandigen Boden 40 Monate nach Zusatz von Pb noch immer zirka 30%. Die Atmung des Torfbodens wurde selbst bei 7500 μg Pb/g nicht beeinflußt.

Versuche mit Mikrokosmen zum Einfluß von Bleiapplikationen auf die mikrobielle Atmung in mit Pb-vorbelastetem (Feuerwaffen-Schießplatz) bzw. in mit Pb nicht vorbelastetem Bodenmaterial zeigten, daß im vorbelasteten Boden selbst Pb-Konzentrationen von 10 000 μg/g zu keiner vollkommenen Hemmung der mikrobiellen Aktivität führten (Landmeyer et al. 1993). Mikrobielle Anpassung an Pb ermöglichte die Aufrechterhaltung der metabolischen Aktivität auch in Gegenwart hoher Pb-Konzentrationen. Im unbelasteten Boden (Pb-Gehalte < 2.5 μg/g) konnte bei Pb-Applikationsmengen von 100 μg/g eine Reduktion der Atmungsaktivität nachgewiesen werden. An den mit Pb-vorbelasteten Standorten waren 2500 μg Pb/g notwendig, die Atmung zu reduzieren. Die in den Versuchen eingesetzte Pb-Menge rangierte zwischen 0 und 10 000 μg/g.

Cadmium. Stadelmann et al. (1982) untersuchten an Hand von Nährlösungs- und Bodenexperimenten die Beeinflussung bodenmikrobiologischer Parameter durch Cd sowie den Einfluß der Bodenmikroorganismen auf die Cd-Verfügbarkeit (mit 0.1 M $NaNO_3$ extrahierbare Cd^{2+}-Konzentration). Cd^{2+} wurde als $CdCl_2$ zugesetzt. In einem sauren, sandigen Lehmboden wurde die Bodenatmung zwischen einem verfügbaren Cd-Gehalt von 0.22 und 0.33 ppm (Gesamtgehalt 6–9 ppm) und der Pflanzenertrag (Tabak) ab einem verfügbaren Gehalt von 0.4 ppm beeinträchtigt. Die Zufuhr von organischer Substanz in Form von Klärschlamm reduzierte die Cd-Verfügbarkeit und damit die Atmungshemmung. Während einer Phase starker Mineralisierung und Vermehrung erhöhten die Bodenmikroorganismen die Cd-Verfügbarkeit (Mobilisierung) in der Bodenlösung. Abgestorbene Mikroorganismen hingegen immobilisierten Cd-Ionen. Die Bodenatmung reagierte sensibler als der Pflanzenertrag.

In mit Klärschlamm und Cadmium ($CdCl_2$) versehenen Böden (Gley, Andosole, Grauer Tieflandboden, Flußsand) konnte bei einer wasserlöslichen Cd-Konzentration von 1 μg/g Boden der für die CO_2-Entwicklung kritische Punkt erkannt werden. Bei Konzentrationen > 1 μg/g ging die

Menge an gebildetem CO_2 proportional dem Logarithmus der Konzentration des wasserlöslichen Cd unabhängig vom Bodentyp zurück (Hattori 1989).

Mit steigender Cd-Konzentration wies die Menge an im mit Glucose oder Cellulose versehenen Boden (Gley) gebildetem CO_2 abnehmende Tendenz auf (Hattori 1991). Ein Gley war mit $CdCl_2$ in Konzentrationen von 0–10 μmol Cd/g Boden behandelt worden. Nach einem Tag wurde der Boden mit Glucose oder Cellulose (1%) versehen; die Inkubation erfolgte bei 28°C für zwei bzw. acht Wochen.

Chrom. Proben eines Lehm- und eines feinen sandigen Lehmbodens wurden mit 10 und 100 ppm Cr^{6+} und 100 ppm Cr^{3+} behandelt (Ross et al. 1981). Sämtliche Behandlungen verringerten die CO_2-Entwicklung während einer dreiwöchigen Versuchsperiode gegenüber den Kontrollen. Extrahierbares Cr^{6+} ging in diesen Böden während dieser Zeit rasch zurück. Die Reduktion des zugesetzten Cr^{6+} war angezeigt.

Nickel. Giashuddin und Cornfield (1979) bestimmten die Kohlenstoffmineralisierung nach Zusatz von 50, 250, 1000 und 5000 ppm Ni (als Oxid) zu einem sandigen Boden bei pH Werten von 5.8 und 7.6 und aerober Inkubation für sechs Wochen. Der Boden wies einen natürlichen pH-Wert von 5.8 auf, die Einstellung der höheren pH-Werte erfolgte mit Calciumcarbonat. Die C-Mineralisierung ging mit steigender Ni-Konzentration bei pH 5.8 und 6.9 in etwa dem gleichen Ausmaß sowie bei pH 7.6 in einem geringeren Ausmaß zurück. Nach Inkubation unterschied sich der pH-Wert der drei Böden bei jedem Ni-Gehalt um weniger als 0.2 Einheiten vom entsprechenden Ausgangs-pH. Die Hemmung der Kohlenstoffmineralisierung durch Ni erwies sich als konzentrationsabhängig, jedoch bestanden Unterschiede hinsichtlich des pH-Wertes; das Hemmausmaß war bei höherem pH geringer als bei niedrigerem.

Cadmium, Blei. Während eines Zeitraumes von 16 Wochen untersuchten Brunner und Schinner (1984) im Labor den Einfluß von drei verschiedenen Pb- und Cd-Konzentrationen auf die CO_2-Freisetzung aus einem landwirtschaftlich genutzten Boden alluvialen Ursprungs. Pb wurde in Form von Pb-Acetat in Konzentrationen von 50, 200 und 1000 μg Pb/g und Cd als Sulfat in Konzentrationen von 0.5, 5 und 50 μg Cd/g Boden appliziert. Die Probennahme erfolgte in den ersten vier Wochen in drei- und viertägigen Abständen; während der nächsten Monate in 14tägigen Abständen; eine letzte Entnahme erfolgte nach weiteren vier Wochen. Neben aktivitätshemmenden wurden auch aktivitätssteigernde Wirkungen nachgewiesen. Sämtliche bei den Versuchen eingesetzte Pb-Konzentrationen führten bei den gegebenen Bedingungen nach einem kurzen Abfall zu einem Anstieg der mikrobiellen Atmung, wobei diese Reaktion bei der höchsten Konzentration (1000 µg Pb/g Boden) früher eintrat (erste Woche) als bei den niedrigeren Konzentrationen (zweite und dritte Woche). Bis zur fünften Woche klang die Reaktion ab. Bei den mit niedrigen Cd-Konzentrationen behandelten Proben war bei einmaliger Applikation während der ersten Tage ein leichter Anstieg der CO_2-Freisetzung (um 10%) zu verzeichnen, die höchste Cd-Konzentration (50 µg Cd/g Boden) übte einen stark hemmenden Effekt aus (Erniedrigung um 43%). Nach zwölf Tagen kam es auch bei diesem Schwermetall zu einer übersteigerten Reaktion, die während der zweiten und fünften Woche zwei Maxima (zirka 50%) zeigte. Dazwischen konnte ein starker Abfall (37 % bei 50 µg Cd bzw. 20% bei niedrigeren Konzentrationen) verzeichnet werden. Die Schwankungen waren bei niedrigen Konzentrationen schwächer ausgeprägt als bei höheren. Die höheren Konzentrationen bewirkten eine längere Dauer der einzelnen, zuvor beschriebenen Phasen.

Cadmium, Cobalt, Kupfer, Blei, Nickel, Tellur, Zink, Zinn, Quecksilber, Silber, Antimon, Wismut. Cornfield (1977) vermischten Proben eines lehmigen Sandes (pH 4.9) mit 10 und 100 ppm verschiedener Metalle (als Sulfate) und inkubierten diese aerob für zwei und acht Wochen. Die pH-Werte der Kontrolle und der behandelten Böden rangierten nach der Inkubation zwischen 4.7–4.9. Signifikante, wenn auch geringe, Erhöhungen der CO_2-Freisetzung traten auf, wenn 10 ppm Co, Cu und Tl zugesetzt wurden; dies jedoch nur während der ersten zwei Wochen; während der ersten acht Wochen hatten diese drei Metalle keinen signikanten Einfluß auf die CO_2-Freisetzung. Während acht Wochen nahm die Metalltoxizität bei 100 ppm (rangierend zwischen 11% und 72%) in der Reihe: Bi, Cd, Co, Cu, Pb, Ni, Tl, Sb, Sn, Zn, Hg, Ag zu. Während acht Wochen mit 10 ppm stieg die Toxizität (rangierend zwischen 4% und 43%) in der Reihe: Tl, Ni, Pb, Cd, Bi, Sn, Sb, Zn, Hg, Ag (Co und Cu hatten keinen signifikanten Effekt). Der Vergleich der Toxizität während zwei und acht Wochen Inkubation zeigte bei 10 ppm Ag, Bi, Cd, Pb, Sn eine zunehmende Toxizität mit der Zeit, Hg, Tl und Zn verursachten wenig Veränderung und Ni wies abnehmende Toxizität mit der Zeit auf. Die Toxizität von 100 ppm Cd, Co, Cu, Ni, Pb, Sb, Sn und Zn nahm mit der Zeit zu; Bi, Hg und Tl bedingten geringe Veränderung, während Ag mit der Zeit verminderte Toxizität aufwies.

Cadmium, Quecksilber, Blei, Nickel, Zink, Kupfer. Während eines Zeitraumes von vier Wochen bestimmte Spalding (1979) den Einfluß verschiedener Schwermetalle (Hg, Cd, Pb, Ni, Zn, Cu), appliziert als Chloride, auf die Atmung in Douglastannen-Streu. Die Applikationsmengen betrugen 10, 100 und 1000 µg/g. Mit Ausnahme von Blei hemmten sämtliche Metalle die Atmung, wenn diese in der höchsten Konzentration zur Anwendung kamen.

Cadmium, Zink. Bewley und Stotzky (1983c) untersuchten den Effekt der Kombination von Zn und Cd auf die mikrobielle Aktivität und den modifizierenden Effekt von Tonmineralien im Boden. Der Boden wurde mit 0, 1000, 5000, 10 000 oder 15 000 ppm Zn allein und in Kombination mit 100 oder 1000 ppm Cd behandelt. Eine sequentielle lag-Phase konnte bei der Initiierung des Glucoseabbaus mit steigenden Konzentrationen an beiden Metallen gefunden werden; die größte lag-Phase trat auf mit 15 000 ppm Zn + 1000 ppm Cd, wo die CO_2-Entwicklung gegenüber dem unbehandelten Boden mit einer Verzögerung von etwa zwei Tagen auftrat. Der gemeinsame Effekt der beiden Metalle auf die lag-Phase war eher additiv als synergistisch. Der Zusatz von Kaolinit (K) oder Montmorillonit (M) reduzierte die Dauer der lag-Phase, welche durch den Zusatz von 10 000 ppm Zn + 1000 ppm Cd induziert worden war. Der Hemmeffekt von Zn auf die Gesamtmenge an mineralisiertem Kohlenstoff wurde durch den begleitenden Zusatz von 100 ppm Cd nicht beeinflußt.

In einer weiteren Arbeit untersuchten Bewley und Stotzky (1983d) den Effekt von Cd und Zn auf die Kohlenstoffmineralisierung und die Mykoflora in Glucose supplementierten Böden; ebenso wurde der modifizierende Einfluß von Tonmineralien auf die Metalltoxizität bestimmt. Der Boden (pH 5.0) wurde mit entweder 9% Kaolinit (K), 9% Montmorillonit (M) oder unversehen (C) mit 0, 100 oder 1000 ppm Cd oder 0, 1000, 5000 oder 10 000 ppm Zn (als Sulfat) versetzt. 5000 und 10 000 ppm Zn erhöhten die Länge der lag-Phase der CO_2-Bildung signifikant und reduzierten die Menge an mineralisiertem Kohlenstoff, wohingegen 1000 ppm Zn oder 100 und 1000 ppm Cd keinen signifikanten Effekt ausübten. Bei nachfolgendem Zusatz von 2400 und 4000 ppm Cd und 1% Glucose nach 16 Tage der Inkubation zu Böden, die mit 100 und 1000 ppm Cd vorbehandelt worden waren, ging die Rate und das Ausmaß des Glucoseabbaus in mit Tonmineralien versehenen Böden stärker zurück, vor allem mit M. Der Zusatz von 9000 ppm Zn zu Boden, vorbehandelt mit 1000 ppm Zn, hatte wenig Effekt auf den Glucoseabbau, der Zusatz von 10 000 ppm Zn zu Böden, vorbehandelt mit 5000 ppm Zn, reduzierte die Menge an mineralisiertem Kohlenstoff wesentlich.

Bewley und Stotzky (1983e) versahen Bodenproben aus einem botanischen Garten mit Glucose (1 g/100 g) sowie mit 0, 100 oder 1000 ppm Cd oder 1000 oder 10 000 ppm Zn (als Sulfate), allein oder in Kombination mit einer Mischung (2:1) von konzentrierter H_2SO_4 und rauchender HNO_3. Boden, mit und ohne 100 ppm Cd, 250 ppm Cd oder 1000 ppm Zn (als Sulfate) wurde mit H_2SO_4 und rauchender HNO_3 auf verschiedene pH-Werte angesäuert. Die Rate der CO_2-Entwicklung aus dem mit Glucose versehenem Boden, adjustiert auf pH 3.2, wurde gering beeinflußt. Begleitende Zusätze von 100 oder 1000 ppm Cd oder von 1000 oder 10 000 ppm Zn wirkten nicht stärker hemmend als im Boden ohne Säurebehandlung. Im auf pH 2.8 eingestellten Boden wurde die lag-Phase der

CO_2-Entwicklung um einen Tag erhöht. Letztere wurde durch die begleitende Zugabe von 10 000 ppm Zn, nicht aber von 1000 ppm, oder von 1000 ppm Cd, nicht aber von 100 ppm, zusätzlich verlängert.

Cadmium, Quecksilber, Zink. Zur Bestimmung der Toxizität der Schwermetalle Hg, Zn und Cd auf mikrobielle Populationen im Boden wurden diese Metalle mit Bodenproben zum Erhalt eines Konzentrationsbereiches von 200–500 ppm gemischt (Bhat et al. 1979). Die Inkubationszeit betrug einen Monat. Toxische Effekte auf die CO_2-Bildung konnten vor allem bei höheren Konzentrationen nachgewiesen werden. Hg erwies sich als das toxischste Metall, gefolgt von Zn und Cd.

In einem nicht mit Metallen versehenem sauren Boden betrug die Respirationsrate nach einem Monat Inkubation 2.5 bis 3.0 mg CO_2/kg Boden/Stunde, wohingegen diese in der Gegenwart von 200 ppm Hg, Zn oder Cd, 1.8, 2.4, und 1.9 mg CO_2/kg Boden/Stunde betrug (Babich und Stotzky 1985). Die entsprechenden Raten der CO_2-Entwicklung aus Böden, welche mit 500 ppm dieser Metalle versehen worden waren, betrugen 0.3, 0.4 bzw. 0.5 mg CO_2/kg Boden/Stunde.

Kupfer, Eisen, Mangan, Molybdän, Zink, Bor. In einem Torfboden, welcher während acht Jahren alljährlich mit mineralischem Dünger (NPK) und Spurenelementen (B, Cu, Fe, Mn, Mo, Zn) behandelt worden war, konnte eine signifikant geringere CO_2-Bildungsrate nachgewiesen werden, als in einem solchen, welcher alljährlich mit NPK allein gedüngt worden war (Tyler 1981a). Mathur und Sanderson (1978) fanden, daß die Cu-Gehalte von Proben organischer Böden signifikante negative Korrelationen mit deren Atmungsraten aufwiesen. Die Kupfergehalte waren natürlichen Ursprungs bzw. waren diese das Ergebnis der Anwendung geringer Mengen an entsprechendem Dünger; die Werte für Cu rangierten von 7–388 µg/g (Gesamtgehalt) bzw. 3.2–144 µg/g (DTPA-TEA-Extrakt).

Kupfer, Zink, Blei, Nickel. Bhuiya und Cornfield (1972) behandelten einen Sandboden (pH 6.0) mit 1000 ppm Cu, Zn und Pb (als Oxide) und Ni (als Sulfat) und hielten diesen für zwei Monate feucht. Die behandelten und die Kontrollböden wurden in der Folge für zwölf Wochen aerob inkubiert, dies mit und ohne Zusatz von 0.5% gemahlenem Stroh. Die CO_2-Freisetzung aus den Böden ohne Strohzusatz wurde durch sämtliche Metalle reduziert. Die CO_2-Freisetzung aus Boden + Stroh blieb unbeeinflußt durch Zn, ging jedoch mit Pb etwas und in einem stärkeren Ausmaß mit Cu und Ni zurück. Die Mineralisierung von Stroh-Kohlenstoff wurde durch Cu und Ni wesentlich erniedrigt und durch Pb und Zn etwas erhöht.

Blei, Arsen, Selen, Fluor. An Hand verschiedener Waldhumusformen – Mull (Rendsina), Moder (saure Braunerde), Rohhumus (Podsol) – wurde das Vermögen von Böden, Schadstoffe zu binden, untersucht. Auch wurden Beziehungen zwischen bodeneigenen Bindungsformen verschiedener Elemente und deren Wirkung auf bodenbiologische Parameter, einschließlich der Bodenatmung, etabliert (Wilke 1982, 1986, 1987a,b, 1988b).

Tabelle 8. Chemische Eigenschaften der untersuchten Humusformen

Humusform/ Horizont	Dicke cm	pH	$CaCO_3$ %	OS[a] %	N_t[b] %	C/N %	KAK[c] mEq/100g
Mull							
L	3.0	8.1	Spuren	38.8	30.7	13	57.5
A_h	50.0	7.9	19	4.1	6.0	9	24.0
Moder							
L	2.0	5.5	0	36.0	14.9	24	54.6
O_f	6.0	5.5	0	39.0	16.8	23	54.6
A_h/O_h	1.5	4.8	0	36.0	17.0	21	35.1
A_h	5.0	3.5	0	3.2	1.4	23	8.9
Rohhumus							
L	2.0	3.6	0	41.2	13.1	31	22.2
O_f	3.0	3.3	0	37.7	14.9	25	22.1
O_h	5.0	2.9	0	39.0	13.2	30	31.2
A_{eh}	3.0	2.7	0	2.0	0.9	22	5.7

[a] Organischer Substanzgehalt.
[b] Stickstoffgesamtgehalt.
[c] Kationenaustauschkapazität.

Nach Wilke (1986, 1988b).

Pb wurde den Böden einmalig in Form von leichtlöslichem $Pb(NO_3)_2$ in den in Tabelle 9 angegebenen Konzentrationen zugesetzt (Wilke 1982). In Parallelansätzen wurde anstelle von $Pb(NO_3)_2$, $Ca(NO_3)_2$ mit der gleichen NO_3-Konzentration, wie diese bei der höchsten Bleibelastung auftritt, eingesetzt.

Unter Verwendung von Perfusionsapparaturen und Lysimetern wurden weitere Schadstoffbelastungsversuche an L-, O_f-, O_h- und A_h-Horizonten unbelasteter Waldstandorte durchgeführt (Wilke 1986, 1987a,b, 1988b). GEOCHEM wurde zur Ermittlung der Bindungsform des Schadstoffes in den Perfusionslösungen herangezogen. Blei wurde als $Pb(NO_3)_2$ bzw.

$PbCl_2$, Selen als Na_2SeO_3, Arsen als Na_2HAsO_4 und Fluor als NaF eingesetzt.

Tabelle 9. Einfluß verschiedener Bleikonzentrationen auf die CO_2-Entwicklung in verschiedenen Humusformen; (Pb_s: sorbierte Bleimenge, Pb_p: Bleikonzentration in der Perfusionslösung)

Humusform/ Horizont	Pb-Zugabe mg/g	Pb_s mg/g	Pb_p µg/ml	CO_2-Abgabe 1–3 d	12–14 d
				Hemmung (%)	
Mull					
O_l	10.0	9.98	2.5	0	- 1[a]
	200.0	183.00	1710.0	51	68
A_h	40.0	39.90	3.2	- 60	4[a]
	80.0	79.90	8.7	- 93	1[a]
	200.0	199.00	20.9	- 398	13
Moder					
O_l	10.0	9.90	3.0	9	17
	200.0	157.00	4310.0	30	87
O_f	7.5	7.49	1.0	- 1[a]	7[a]
	150.0	1.26	2450.0	10	60
O_h	7.5	7.48	1.8	15	30
	150.0	84.00	6600.0	44	73
A_h	1.0	0.90	9.3	- 6[a]	14[a]
	20.0	14.20	5830.0	- 99	28
Rohhumus					
O_l	10.0	9.90	10.3	4	33
	200.0	121.00	7940.0	5	68
O_f	7.5	7.49	0.7	- 2	- 2
	150.0	66.10	8390.0	52	45
O_h	7.5	7.45	0.6	3[a]	- 3[a]
	150.0	63.00	8700.0	66	40
A_{eh}	1.0	0.92	77.8	16[a]	15[a]
	20.0	11.30	8680.0	40	25

[a] Werte nicht signifikant verschieden von unbehandelter Probe.

Nach Wilke (1982, 1986).

Tabelle 10. Wirkung von Arsenat auf die CO_2-Entwicklung von Waldhumusformen, dargestellt in % der unbehandelten Böden (100%); (As_p: Arsenkonzentration in der Perfusionslösung)

Humusform/ Horizont	As-Zugabe mg/g	As_p mg/g	CO_2-Abgabe % 1–3 d	12–14 d
Mull				
L	0.5	22	98a	103
	1.0	52	101[a]	99[a]
	5.0	286	101[a]	96[a]
	10.0	608	99[a]	90
A_h	0.5	8	124	111[a]
	1.0	40	128	96[a]
	5.0	850	142	98[a]
	10.0	2400	146	92[a]
Moder				
L	0.5	38	93[a]	95[a]
	1.0	68	93[a]	93[a]
	5.0	352	104[a]	95[a]
	10.0	765	102[a]	97[a]
O_f	0.5	34	95[a]	84
	1.0	72	89	84
	5.0	347	81	70
	10	780	77	55
A_h/O_h	0.5	57	102[a]	75
	1.0	69	102[a]	112[a]
	5.0	377	106[a]	84[a]
	10.0	842	135	102[a]
A_h	0.5	57	106[a]	61
	1.0	171	111[a]	91[a]
	5.0	1325	159	60
	10.0	2834	179	58
Rohhumus				
L	0.5	37	105[a]	101[a]
	1.0	63	110	95[a]
	5.0	304	114	78
	10.0	590	119	68

Fortsetzung Tabelle 10

O_f	0.5	29	91[a]	83
	1.0	57	90[a]	79
	5.0	270	94[a]	67
	10.0	521	105[a]	62
O_h	0.5	29	94a	93[a]
	1.0	67	107[a]	83
	5.0	327	115[a]	60
	10.0	650	128	79
A_{eh}	0.5	159	123[a]	106[a]
	1.0	334	96[a]	71
	5.0	1667	131[a]	59
	10.0	3000	165	53

[a] Nicht signifikant verschieden von unbelasteter Probe.

Nach Wilke (1986).

Tabelle 11. Wirkung von Selenit auf die CO_2-Entwicklung, dargestellt in % der unbehandelten Böden (100%); (Se_p: Selenkonzentration in der Perfusionslösung)

Humusform/ Horizont	Se-Zugabe (mg/kg)	Se_p (mg/l)	CO_2-Freisetzung %	
			1–3 d	12–14 d
Mull				
L	500.0	0.68	96[a]	93[a]
	1000	0.90	95[a]	92[a]
A_h	250.0	2.35	101[a]	86
	1000.0	34.80	124	81
Moder				
L	50.0	0.23	103[a]	105[a]
	250.0	0.69	101[a]	85
O_f	50.0	0.24	99[a]	85
	250.0	0.59	82	82
A_h/O_h	50.0	0.15	104[a]	97[a]
	250.0	0.26	112[a]	68
A_h	50.0	1.15	128	78
	250.0	7.56	132	66

Fortsetzung Tabelle 11

Rohhumus				
L	50.0	0.13	93	103[a]
	250.0	0.53	86	89
O_f	50.0	0.12	120	83
	250.0	0.46	130	68
O_h	50.0	0.05	128	75[a]
	250.0	0.09	170	74[a]
A_{eh}	50.0	1.23	156	113[a]
	250.0	40.00	156	91[a]

[a] Nicht signifikant verschieden von unbelasteter Probe.

Nach Wilke (1986, 1988b).

Die CO_2-Entwicklung wurde durch die angewandten Schadstoffe unterschiedlich gehemmt.

Die Horizonte des Mullprofils wiesen die höchste, jene des Rohhumus die geringste Pb-Sorptionskapazität auf. Innerhalb der Profile nahm die Pb-Sorption vom A_h- zum O_l-Horizont zu. Bei extrem hohen Bleibelastungen von 200 mg Pb/g Boden wurde die biologische Aktivität zusätzlich durch eine Erhöhung der Bodenacidität gehemmt. Dieser Effekt trat auch bei Parallelversuchen mit $Ca(NO_3)_2$ auf. Mit Ausnahme von Fluorid hemmte Blei die CO_2-Produktion am geringsten. Erst Belastungen von 4300 µg Pb/g verringerten im Rohhumus die Mineralisierung. Atmungshemmungen traten bereits ab 1 µg Pb/ml Perfusionslösung auf.

Für Arsenat konnte eine eindeutige Abfolge der Pufferkapazität nicht erstellt werden. Die Auflagehorizonte (L und O) des Rohhumus- und Mullprofils sorbierten mehr Arsenat als jene des Moders. Das Adsorptionsvermögen nahm von L- zum O_h-Horizont ab. Bei den mineralischen A-Horizonten ergab sich die Reihe: Mull-A_h > Moder-A_h > Rohhumus-A_{eh}. As lag in den Perfusaten des Moders und Rohhumus an H (H_2AsO_4), in den Perfusaten des Mulls bei geringerer Belastung an Ca bzw. bei höherer Belastung ebenfalls an H gebunden vor. Organische Substanzen wurden nach Arsenapplikation verstärkt gelöst und im Moder L und O_f wurde Phosphat desorbiert.

Die beiden Belastungsstufen an Fluor betrugen im Mull 4.5 und 9.0 mg/cm^2 bzw. 940 und 1900 µg/g, im Moder 1.5 und 4.5 mg/cm^2 bzw. 600 und 1800 µg/g, im Rohhumus 4.5 und 9 mg/cm^2 bzw. 1800 und 3700 µg/g. Der Mullboden zeigte die höchste F-Adsorptionskapazität, 94% des zugesetzten F- wurden nach Applikation von 4.5 mg F/cm^2 in Form von NaF zurückgehalten. Moder- und Rohhumusböden adsorbierten nur 52% und 41%. F-Zusatz induzierte die Auswaschung von organischer Substanz sowie von Fe, Al und P und erhöhte den pH-Wert im Moder und im Rohhumus. Im Gegensatz dazu erfolgte keine Auswaschung von Al, Fe und P aus dem Mull und nur geringe Mengen an organischer Substanz lösten sich nach einer einzigen Applikation von 4.5 mg F/cm^2. Fluorid wirkte kaum toxisch. Die CO_2-Entwicklung in den Humusformen wurde selbst nach Zugabe von 940–3700 µg F/g NaF und F-Konzentrationen bis 300 µg F/ml Lysimetereluat nicht signifikant gehemmt. Entsprechend Berechnungen mit GEOCHEM, war das F-Ion in den Lysimetereluaten des Mull die häufigste Spezies. Eluate von Moder- und Rohhumusböden enthielten hauptsächlich AlF_x-Komplexe (90–99%). Das Fehlen eines Effektes von NaF-Behandlungen auf die Bodenatmung wurde mit den beobachteten positiven Effekten, wie Freisetzung löslicher organischer Substanz, Desorption von Phosphor und Anstieg des pH, in Beziehung gesetzt.

Das hohe Bindevermögen der Moder- und Rohhumushorizonte für Selen (appliziert als Na_2SeO_3) beruhte nicht nur auf dessen Adsorption an die Bodensubstanz, sondern konnte auch auf die Inkorporation von Selenit durch Mikroorganismen zurückgeführt werden. Vormals war berichtet worden, daß die Se-Adsorption in Rohhumus- und Modermaterialien zurückging, wenn das Wachstum der Mikroorganismen durch Zusatz einiger Tropfen Toluol unterdrückt wurde. Relativ große Mengen an Phosphat wurden nach Zusatz von Na_2SeO_3 zu Moder- und Rohhumusböden ausgewaschen. Die größten Mengen an Phosphat (117 mg/kg) wurden aus dem Moder-L-Horizont nach Zusatz von Se 250 mg/kg freigesetzt. Die Na_2SeO_3 Behandlungen stimulierten die Lösung von organischer Substanz. Ausgeprägte Zunahmen des Gehaltes an gelöstem organischen Kohlenstoff konnten im Moder L, O_f, A_h/O_h, A_h und im Rohhumus L-Horizont festgestellt werden. Die Lösung von Humusmaterial konnte auf einer Dekomplexierung der metallorganischen Komplexe und der nachfolgenden Bildung von Metallseleniten beruhen.

Von den untersuchten Elementen wirkte Selenit am stärksten mineralisationshemmend. Ein Zusatz von 50 µg Se/g Boden reduzierte die Atmungsraten im Rohhumus-Horizont O_f auf 83%, im Moder O_f auf 85% und im Moder A_h auf 78% der Kontrollwerte. Die geringste Se-Konzentration in Perfusionsflüssigkeiten, welche einen signifikanten Rückgang der CO_2-Bildung innerhalb von 14 Tagen verursachte, war 0.12 mg/l (Rohhumus O_f). Zur Erzielung signifikanter Rückgänge der Atmungsaktivität waren im Mull höhere Na_2SeO_3-Mengen notwendig als im Moder. Im Rohhumus A_{eh}-Horizont konnte infolge der generell geringen Aktivität auch keine Hemmung der CO_2-Entwicklung nachgewiesen werden.

Arsenat nahm bezüglich der hemmenden Wirkung auf die Atmung eine Mittelstellung ein. Die erforderliche Mindestbelastung betrug 500 µg As/g im Moder und im Rohhumus. Signifikante CO_2-Abgabehemmungen traten ab Konzentrationen > 28 µg As/ml Perfusionslösung auf. Mikroorganismen zeigten sich gegenüber Arsenat wesentlich unempfindlicher als höhere Lebewesen, da selbst extreme Konzentrationen bis 2400 µg As/ml Perfusionslösung (Mull A_h) keine Steigerung der Mineralisationshemmung bewirkten.

Die Kohlenstoffmineralisierung wurde durch sämtliche Schadstoffe im Mull in einem geringeren Ausmaß reduziert als im Moder und Rohhumus. Die höhere Pufferkapazität des Mulls konnte dies nicht allein erklären. Die Berechnungen mit GEOCHEM zeigten, daß die Bindungsform der Schadstoffe in der Bodenlösung deren Toxizität bestimmt. Pb lag in den Perfusaten und Lysimetereluaten des Mull vorwiegend an NO_3^- und OH^- gebunden und nicht als freies Pb-Ion vor. Arsen und Selen waren vornehmlich an Ca gebunden. Freie F-Ionen überwogen in Lysimetereluaten. Im Rohhumus und Moder vorherrschende AlF_x-Komplexe wurden im Mull nicht gebildet. Unter der Voraussetzung, daß nur die vorwiegend im Moder und Rohhumus vorliegenden Schadstoffverbindungen die mikrobielle Aktivität hemmten, waren folgende Formen als besonders toxisch anzusehen: Blei als Pb^{2+}; Selen als $HSeO_3^-$; Arsen als $HAsO_4^{2-}$; Fluor als AlF_x-Komplex.

In einigen Horizonten nahm unmittelbar nach Zusatz des Schadstoffs bzw. bei den Bleiversuchen auch nach jenem von $Ca(NO_3)_2$ die CO_2-Bildungsrate kurzfristig zu. Dieser Effekt trat bei sämtlichen Schadstoffen im Moder A_h auf. In Auflagehorizonten der Humusformen Mull und Moder konnten dagegen zu keinem Zeitpunkt Anregungen festgestellt werden. Nebeneffekte konnten für die positiven Reaktionen nach Schadstoff- und Calciumnitratzusätzen ursächlich sein. Die anfänglichen Steigerungen der CO_2-Produktion nach Arsen- und Selenbelastung konnten mit einer nach Schadstoffzusatz verstärkten Lösung von Phosphor und organischer Substanzen in Beziehung gesetzt werden. Diese wirkten in Horizonten, welche über wenig freien Phosphor und/oder gelösten Kohlenstoff verfügten, anregend auf die mikrobielle Aktivität.

Tabelle 12. Erforderliche Mindestbelastungen mit Schadelementen zur Hemmung der Kohlenstoffmineralisierung in verschiedenen Humusformen

Humusform	Pb	As	Se
		(µg/g)	
Mull	200000	10000	250
Moder	7200	500	50
Rohhumus	4300	500	50

Aus Wilke (1986).

Ottow und Kottas (1984) konnten in einem Brutversuch mit einem lehmigen Sand, zum Einfluß von Fluorid auf die Atmungsaktivität, die Abhängigkeit der Wirkung von der Bindungsform des applizierten Fluors zeigen. Die CO_2-Entwicklung wurde in einem relativ geringen Konzentrationsbereich (0–200 ppm) durch HF gefördert. In höheren Konzentrationen (ab 200 ppm F^-) führte HF zu einer Reduktion der Atmung von bis zu 30% gegenüber der Kontrolle. Geringe NaF-Konzentrationen (200 ppm F^-) wirkten hemmend auf die C-Mineralisierung, während höhere Konzentrationen (bis 1500 ppm F^-) einen allmählichen Anstieg der CO_2-Entwicklung bedingten. Der weitgehend parallel verlaufende Effekt von NaF und NaCl auf die Atmung gab Hinweise darauf, daß F^- unter den gegebenen Bedingungen nicht spezifisch wirkte. Eine durch Na^+ verursachte Verbesserung der Verfügbarkeit von organischen und anorganischen Nährstoffen, welche nachteilige Effekte des F^- auf Mikroorganismen kompensieren konnte, wurde als mögliche Ursache für die erhaltenden Befunde diskutiert. Becker und Ottow (1985) zeigten, daß zunehmende NaF-Konzentrationen (100–2000 ppm F^-) in einem lehmigen Sand zu einem signifikanten Anstieg des Gehaltes an wasserlöslichen organischen Verbindungen führten.

Cadmium, Nickel, Beryllium, Cobalt, Vanadium, Mangan, Lithium, Cäsium, Kupfer, Strontium, Eisen, Zinn, Lanthan, Chrom, Silber, Selen, Arsen. In Mikrokosmen bestimmten Lighthart et al. (1983) die mikrobielle Atmung fünf verschiedener Böden nach Zusatz von Metallsalzen. Die Zugabe derselben erfolgte nach neun Tagen Inkubation in wäßriger Lösung als $CdSO_4$, $NiSO_4$, $BeSO_4$, $CoSO_4$, $VOSO_4$, $MnSO_4$, LiCl, CsCl, $CuCl_2$, $SrCl_2$, $FeCl_2$, $SnCl_2$, $LaCl_3$, CrO_3, $AgNO_3$, SeO_2, $Na_2Cr_2O_7$, K_2CrO_4, $CrCl_3$, $NaAsO_2$ oder $(CH_3)_2AsO_2Na$. Eine annähernd entsprechende jedoch geringe Hemmung der CO_2-Freisetzung trat in allen Böden bei den beiden geringeren Konzentrationen (0.05 und 0.5 mmol/kg) auf, wohingegen die höheren Gehalte (5 und 50 mmol/kg) die Atmung stark hemmten. Auf einen generellen Schwellenwert der Metalltoxizität zwischen 0.5 und 5 mmol/kg wurde geschlossen. GEOCHEM wurde eingesetzt, die chemischen Spezies von Cu und Cd in zwei Böden zu simulieren. Die Werte für simulierte Konzentrationen an „freien" Cd^{2+}-Spezies, bei welchen 5–10% Hemmung der Atmung auftrat (10 μM), waren jenen vergleichbar, welche für bakterielle Flüssig-Reinkulturen erhalten worden waren. Infolge der Adsorption und Komplexierung durch den organischen Boden, wurde zum Erhalt einer äquivalenten Cd^{2+}-Konzentration in der simulierten Bodenlösung mehr Cd benötigt. Entsprechende Cd-Zusätze zu beiden Böden führten im organischen Boden zu einer geringeren Wachstumshemmung. Die simulierte Verteilung der Cu-Spezies korrelierte im organischen Boden mit der Atmungs-Hemmung. Gelöstes Cu hemmt die mikrobielle Atmung, wenn das freie Ion in der Bodenlösung einen Wert von 0.01–0.1 μM erreicht.

Cadmium, Chrom, Kupfer, Nickel, Blei, Zink. Die Eignung des Abbaus von Aminosäuren als sensitive Methode zur Bestimmung der Effekte von Schwermetallen auf Böden wurde geprüft (Haanstra und Doelman 1984). In fünf verschiedenen Böden wurde die Geschwindigkeit des Abbaus der Aminosäure Glutaminsäure nach Applikation von Cd, Cr, Cu, Ni, Pb und Zn untersucht. Die Zeit zur Erreichung der maximalen Atmungsrate wurde 18 Monate nach Zusatz von 55, 400 oder 1000 mg/kg an verschiedenen Schwermetallen zu einem Sandboden, einem sandigen Lehm, einem schluffigem Lehm, einem Tonboden und einem sandigen Torf bestimmt. Im Sandboden nahm bei einer Konzentration von 55 mg/kg Cd, Cu oder Zn die Abbauzeit signifikant zu. Bei den anderen Böden konnten signifikante negative Effekte der eingesetzten Metalle bei Konzentrationen von 400 mg/kg nachgewiesen werden.

Cadmium, Chrom, Nickel, Zink. Untersuchungen zum Einfluß der Schwermetalle Cd, Cr, Ni, Zn auf die Atmungsaktivität verschiedener Böden zeigten, daß die toxische Wirkung der Schwermetalle während der ersten acht Wochen höher war als nach einer ausgedehnteren Periode (Doelman und Haanstra 1984). Die Metalle wurden als Chloride den fünf unterschiedlichen Böden in Konzentrationen von 55, 150, 400, 3000 und 8000 µg/g zugesetzt. Die Untersuchungen wurden unmittelbar nach Zugabe bzw. etwa 18 Monate danach durchgeführt. Während der 18 Monate nahm die Toxizität ab, verlor jedoch nicht die Signifikanz. In gut sorbierenden Böden war die Hemmung der Mineralisation auch nach 18 Monaten geringer als in schlecht sorbierenden. Die Hemmung war am höchsten im Sandboden und am geringsten im Tonboden. Im Lehmboden und im sandigen Torfboden waren die Hemmeffekte intermediär, jedoch ausgeprägt. Die wesentlichen, für die unterschiedlichen Hemmausmaße verantwortlichen Faktoren waren die Tonfraktion für Cd, der Eisengehalt für Cd und Zn und der pH-Wert für Ni. Cd übte im Sandboden einen starken Kurzzeit- sowie Langzeithemmeffekt aus. In den anderen Bodentypen konnten Kurzzeiteffekte ebenfalls, wenngleich geringer ausgeprägt, nachgewiesen werden. Im sandigen Schlufflehm waren Langzeithemmeffekte bei Konzentrationen > 150 µg Cd/g signifikant. Im sandigen Torf und im Ton waren entsprechende Effekte signifikant in Konzentrationen oberhalb 1000 und 8000 µg Cd/g. Erhöhte Atmungsraten, welche im Zeitverlauf rückläufig waren, konnten im Sand bei Konzentrationen von 8000 µg Cr/g und im Schlufflehm bei solchen von 3000 und 8000 Cr/g nachgewiesen werden. In den drei anderen Böden trat ein ausgeprägter Kurzzeit- und Langzeithemmeffekt auf. Im Sandboden und im Schlufflehm erhöhten Ni-Konzentrationen von 3000 und 8000 µg Ni/g die Atmung um den Faktor 4.5. Nach 79–90 Wochen war dieser Effekt großteils verschwunden. Im Tonboden, im sandigen Lehm und im sandigen Torf waren die Kurzzeiteffekte von Ni klar, Langzeiteffekte waren hingegen geringer. In sämtlichen getesteten Böden zeigte Zink starke Kurzzeiteffekte. Im Sand konnte bei Konzentrationen von 3000 und 8000 μg Zn/g eine nahezu vollständige Hemmung der Atmung festgestellt werden. Die Langzeiteffekte waren weniger ausgeprägt, jedoch konnte in den meisten Fällen eine signifikante Hemmung bei Konzentrationen > 150 μg Zn/g nachgewiesen werden. Die Ursache des Anstieges der Atmungsrate im Sand- und im schluffigen Lehmboden während zwei Monaten nach Zusatz von Cr wurde darin gesehen, daß Cr als dreiwertiges Ion die Verfügbarkeit von organischer Substanz erhöht. Die Acidifizierung wurde als mögliche Ursache der hemmenden Wirkung in den anderen Böden gesehen. Am Ende des Experiments, bewegte sich der pH-Wert der Böden noch immer innerhalb einer Einheit des Originalwertes, mit Ausnahme von 3000 und 8000 μg Cr/g im sandigen Lehm (3.4 und 2.6), im Ton (3.8 und 3.1) und sandigen Torf (3.7 und 2.8) und für 3000 und 8000 μg Zn/g im sandigen Boden (5.8 und 5.5).

Immissionsgradienten

Kupfer, Zink, Cadmium, Nickel, Blei. Vergleichende Untersuchungen zu den Abbauraten verschiedener Fraktionen von Fichtennadelstreu zahlreicher Standorte im Umkreis zweier metallverarbeitender Industrien in Zentral- und Südschweden zeigten, daß an sauren Waldstandorten selbst bei mäßigen Schwermetallgehalten die Geschwindigkeit des Abbaus unterdrückt werden kann (Rühling und Tyler 1973). Dies sollte zumindest während jener Zeit des Jahres mit entsprechendem Wasserangebot zutreffend sein. Die emittierten Metalle schlossen Cu, Zn, Cd und Ni sowie Pb ein. In teilweise desintegrierter Nadelstreu, welche Konzentrationen an Zn + Cu + Cd + Ni von > 10 μmol/g aufwies, konnte eine CO_2-Bildungsrate von etwa 0.23 mg C/g Trockengewicht/24 Stunden ermittelt werden; in solcher, welche Konzentrationen an selbigen Metallen in einer Konzentration < 5 μmol/g aufwies, konnte eine entsprechende Rate von etwa 0.50 mg C/g Trockengewicht/24 Stunden bestimmt werden. Zwischen der Schwermetallkonzentration und der CO_2-Bildungsrate bestand eine hoch signifikante negative Korrelation.

Kupfer, Zink. Im Umkreis der kleinen Stadt Gusum in Südschweden, wo seit etwa 300 Jahren eine Messinggießerei in Betrieb steht, wurde unter anderem die Bodenatmung bestimmt.

Tyler (1974) untersuchte im Boden (Rohhumus) eines die Messinggießerei umgebenden Koniferenwaldes den Einfluß einer Cu- und Zn-Kontamination auf die CO_2-Entwicklung. Die Probennahme erfolgte aus der organischen Auflage des podsolierten Fichtenwaldbodens. Die Proben waren in sämtlichen Richtungen innerhalb eines Radius von drei km zur Hütte gesammelt worden. Ausgeprägte Gradienten der Metallkonzentration konnten in den Materialien festgestellt werden. Proben, 0.2–0.3 km vom Hauptauslaß gelegen, enthielten Cu und Zn in Mengen von 11 000–17 000 ppm und 16 000–22 000 ppm Trockengewicht; Proben, in zirka 3.0 km Entfernung, wiesen 40–140 ppm und 200–600 ppm dieser Metalle auf. Für Co konnte kein Gradient etabliert werden; ein nur geringer Anstieg gegenüber der Quelle konnte für Cr bestimmt werden. Die Konzentrationen an K, Ca und Mn gingen, wahrscheinlich infolge des kompetitiven Austausches mit den Schwermetallionen, mit zunehmender Cu+Zn-Konzentration zurück. Das Ausmaß der H-Ionensättigung war bei hohen Cu+Zn-Konzentrationen ebenfalls reduziert, der pH-Wert betrug 5.4–6.1 nahe der Quelle und 4.6–5.1 in etwa drei Kilometer Entfernung. Zwischen der Atmungsrate und dem Logarithmus der Cu+Zn-Konzentration bestand eine hoch signifikante negative Korrelation.

Ebregt und Boldewijn (1977) untersuchten im Boden des oben genannten Koniferenwaldes den Stärkeabbau an Hand der CO_2-Freisetzung sowie an Hand bodenenzymatischer Untersuchungen (Freisetzung von Glucose). Zwischen der Schwermetallkonzentration und der Abbaugeschwindigkeit von zugesetzter Stärke sowie zwischen derselben und der Bodenatmung bestand eine signifikante negative Korrelation. Eine negative Korrelation bestand auch zwischen der H^+- und der Schwermetallkonzentration; eine positive bestand zwischen der H^+-Konzentration und der Entfernung von der Gießerei. Die Konzentrationen an Ca und Mn wiesen eine positive Korrelation mit der Entfernung zur Gießerei auf.

Nordgren et al. (1983) unternahmen während zehn Jahren in den umliegenden Wäldern von Gusum Untersuchungen zur biologischen Wirkung der starken Schwermetallkontamination. Eine wesentliche Unterdrückung der Bodenatmung, des Abbaus und der Bodenenzymaktivitäten konnte festgestellt werden. Sieben der beprobten Standorte befanden sich nahe der Gießerei (175–400 m) und drei Standorte derselben in 1–8 km Entfernung. Die Cu- und Zn-Gradienten waren steil (bis zu 20 000 µg Cu und 20 000 µg Zn/g Trockengewicht Boden). Pb wies Gehalte von bis zu 1000 µg/g auf. Die pilzliche Biomasse und die Bodenatmung gingen entlang des Gradienten um etwa 75% zurück.

Kupfer, Zink, Cadmium. Die Atmungsaktivität war in einem durch ein Hüttenwerk mit Schwefeldioxid und Schwermetallen stark belasteten Waldboden signifikant erniedrigt (Finkernagel und Schinner 1986). Der beprobte Waldboden lag etwa 300 m nördlich des Emittenten. Zur Zeit der Probennahme fehlten im Bereich der Versuchsfläche Flechten weitgehend. Der Standort befand sich 1975 in der leicht bis mäßig geschädigten Zone, dies bedeutet, daß die Fichte über durchschnittlich vier bis fünf anstatt neun Nadeljahrgänge verfügte. Der Schwermetallgehalt der Böden konnte im Untersuchungsgebiet als hoch bis außerordentlich hoch befunden werden.

Tabelle 13. Schwermetallgehalte der beprobten Standorte (Aufschluß mit HNO_3)

Boden	Cu	Zn	Cd
		(µg/g)	
stark belastet	100 073	1276	19
gering belastet	47	66	1

Nach Finkernagel und Schinner (1986).

Der Standort war während eines Zeitraumes von acht Monaten fünfmal beprobt worden. Eine Steigerung der Atmungsaktivität war nach Kalkung (250 g Düngekalk/m^2) in beiden Böden nachweisbar.

Zink, Kupfer, Cadmium, Nickel. Fritze et al. (1989) konnten entlang eines Gradienten der Schwermetallkontamination einer Ni-Cu-Hütte einen Rückgang der Bodenatmung (A-Horizont) in Richtung Hütte um den Faktor 8, 4 und 1.5 feststellen. Die Standorte befanden sich in einer Entfernung von 200 m bis etwa 20 km zur Hütte. Diese lagen in einem trockenen *Pinus sylvestris* Wald, der Bodentyp war ein Podsol. Die Schwermetallkonzentration nahm im Boden in Richtung Hütte zu. Das austauschbare Zn stellte ein Ausnahme dar, indem die Konzentration dieses Elementes mit zunehmender Distanz zur Hütte nicht stark variierte. Die Mengen an austauschbaren Nährstoffen, wie Ca und Mn, nicht aber an K, waren im Boden nahe der Punktquelle geringer als an den entfernteren Standorten. Der Gesamtgehalt an Mg nahm in Richtung Hütte zu. Eine hütteninduzierte Veränderung des Bodenhumus war durch einen Rückgang des organischen Kohlenstoffgehaltes und des gesamten Stickstoffgehaltes sowie durch eine Verminderung der Bodenfeuchte angezeigt. Der pH-Wert verringerte sich mit steigender Distanz zur Hütte geringfügig. Die Metallgehalte der beprobten Böden können Tabelle 6 entnommen werden.

In einer weiteren Arbeit untersuchte Fritze (1991) den Einfluß von Eisen- und Stahlwerksemissionen auf die CO_2-Entwicklung im F/H-Horizont eines Podsols unter *Pinus sylvestris*. Zwölf Standorte in der belasteten Zone, 0.3–0.7 km von der Anlage und in gleicher Zahl in Kontrollregionen in 3.5–4 km Entfernung wurden gewählt. Die Emissionen des Werkes beliefen sich auf 1416 t SO_2, 490 t NO_x und 2016 t Staub jährlich. Die industriellen Emissionen manifestierten sich in signifikant höheren Mengen an extrahierbaren Kationen (Ca, Mg, Mn, Fe, Zn, Al), einem höherem pH und einer höherer Feuchte, einem niedrigeren Gesamtstickstoffgehalt und Glühverlust. Unterschiede hinsichtlich der K- und Cd-Gehalte bestanden in den beiden Gebieten nicht. Die vom Werk emittierten Stäube enthielten Al, Ca, Mg und Mn; der Staub führte zu einer Erhöhung des pH-Wertes auf der Borke und im Boden. Kalkstein, welcher im Verfahren der Stahlproduktion eingesetzt wird, konnte die Ursache dafür sein. Die Bodenstruktur war in der nahen Umgebung der Werke ebenfalls verändert. Die durchschnittliche Bodendichte der belasteten Standorte war infolge des immittierten Staubes höher. Im belasteten Gebiet war die Bodenatmung signifikant erhöht. Die erhöhte Bodenatmung äußerte sich nicht in einem erhöhten Abbau der Kiefernnadelstreu, welche für ein Jahr in der organischen Lage inkubiert worden war.

Eisen, Blei, Zink, Arsen, Kupfer, Vanadium, Nickel, Chrom. Die Atmungsaktivität war in der Umgebung einer verschiedene Elemente emittierenden Hütte reduziert (Nordgren et al. 1986). Der Arsengehalt des Bodens wurde zur Darstellung des Kontaminationsniveaus gewählt. Die Bodenatmung ging von 100–150 mg CO_2/g/h auf etwa 30 mg in Hüttennähe zurück. In Hüttennähe waren 1000 mg As/kg Boden nachweisbar. Der Bereich der bei den Atmungsmessungen berücksichtigen As-Konzentrationen belief sich auf 20–1000 mg/kg.

Zink, Blei. Untersuchungen mit ^{14}C-markierter Glucose zeigten eine starke Beeinflussung der Atmungsaktivität durch den Zusatz von 1000 µg Zn/g sandigem Tonlehm (Ohya et al. 1985). In einer weiteren Arbeit untersuchten Ohya et al. (1988) den Effekt von Zn- und Pb-Kontamination auf die Atmungsaktivität von Stadtböden unter Feldbedingungen. Proben belasteter Böden (0–5 cm) von Ackerland, Stadtparks und Straßenrändern in Sakai, Osaka, wurden gesammelt. Sakai City ist Teil einer mit Schwermetallen aus Industrie und Verkehr belasteten Region. Für insgesamt 30 analysierte Stadtböden betrug der Konzentrationsbereich an leicht löslichem (extrahiert mit 0.1 N HCl) Zn bzw. Pb 49–4680 bzw. 3–1510 µg/g. Die CO_2-Entwicklung korrelierte negativ mit dem Zn+Pb-Gehalt der Böden. In mit Substrat inkubierten Böden war der Hemmeffekt der Metalle höher.

1.4.5 Ökophysiologische Parameter

Die mikrobielle Biomasse und die Bodenatmung sind zwei im Zusammenhang mit Bodenkontaminationen häufig untersuchte Parameter. In den vergangenen zehn Jahren erlangten Ableitungen aus diesen Größen zunehmend an Interesse für die Beschreibung der Beziehung zwischen Bodenmikroorganismen und deren Umwelt. Solche Parameter sind die spezifische Atmung (qCO_2) und das Verhältnis des mikrobiellen Biomasse-C

(C_{mic}) zum organischen Kohlenstoffgehalt (C_{org}) des Bodens (C_{mic}/C_{org}-Verhältnis).

Berichte über die Zunahme der spezifischen Atmung und der Abnahme des Anteils des mikrobiellen Biomasse-C am organischen Kohlenstoffgehalt des Bodens in metallkontaminierten Böden liegen vor. Verschiedene Metalle zeigen Variation hinsichtlich dieser Effekte.

In Kapitelabschnitt 1.4.3 wurde die Beeinflussung der mikrobiellen Biomasse durch den Zusatz metallkontaminierter Abfälle zu Böden berücksichtigt. Dabei wurde auch die mögliche Rolle der organischen Substanz und die Bedeutung des Beobachtungszeitraumes in Hinblick auf die zu beobachtende Wirkung auf die Biomasse näher diskutiert.

Böden, welche aufgrund der Langzeitapplikation von metallkontaminiertem Klärschlamm eine Metallbelastung aufwiesen, verfügten nur etwa über die Hälfte der mikrobiellen Biomasse, welche in Böden auftrat, die während derselben Periode Stalldünger erhalten hatten (Chander und Brookes 1991b). In einigen Fällen war die Biomasse der metallkontaminierten Böden sogar geringer als von solchen, die nur anorganische Dünger erhalten hatten.

Im Laborversuch wurden belastete und nicht belastete Feldproben mit ^{14}C-Glucose bzw. mit ^{14}C-Maispflanzen versehen. Während 50 Tagen nach Glucose- und 100 Tagen nach Maiszusatz wurde der mikrobielle Biomasse-C, der Ninhydrin-N, der ATP-Gehalt und die CO_2-Entwicklung bestimmt. Die der Glucose- oder Maisgabe folgende Biomassebildung war im metallbelasteten Boden während der gesamten Inkubationszeit geringer. Im kontaminierten Boden wurden 15–32% weniger glucosebürtige und 25–60% weniger maisbürtige Biomasse gebildet. Die CO_2-Entwicklung war jedoch in den metallbelasteten Böden höher.

Die erhaltenen Befunde ließen auf eine metallbedingte Reduktion der Effizienz der mikrobiellen Biomasse zur Substratnutzung und zum Aufbau von Biomasse schließen. Unter Feldbedingungen kann unter Bedingungen der Metallkontamination sowohl der verminderte Eintrag von pflanzlichem Kohlenstoff als auch die verminderte Effizienz bei der Umwandlung dieses Kohlenstoffs in neuen Biomasse-C am Auftreten kleinerer Biomassen beteiligt sein. Der letztgenannte Mechanismus wurde im gegebenen Fall stärker bewertet als der erstgenannte (Chander und Brookes 1991d).

Fließbach et al. (1994) und andere Autoren konnten feststellen, daß die Applikation von Klärschlamm mit geringem Metallgehalt den Gehalt an mikrobiellem Biomasse-C günstig beeinflußte. Höhere, durch die Schlammapplikation bedingte, Schwermetallkontaminationen des Bodens führten zu einem substantiellen Rückgang des mikrobiellen Biomasse-C. Das Verhältnis des mikrobiellen Biomasse-C zum organischen Kohlenstoffgehalt des Boden ging auch dann zurück, wenn Schlamm mit geringem Metallgehalt appliziert wurde. In mit Klärschlamm versehenen Böden konnten Fließbach et al. mit zunehmender Schwermetallkontamination eine Zunahme der Bodenatmung und vor allem der spezifischen Atmung beobachten. Gleichzeitig nahm der pilzliche Beitrag zur Bodenatmung zu. Für die Untersuchungen waren zwei unterschiedliche Böden aus Langzeitfeldversuchen mit rezenter Klärschlammapplikation herangezogen worden. Die Standorte waren zwischen 1980 und 1990 jährlich mit Klärschlamm versehen worden, wobei die Mengen 100 und 300 m^3 (etwa 5 und 15 t Trockensubstanz/ha) betrugen. Der nicht mit Klärschlamm versehene Ansatz erhielt nur anorganischen Dünger (180 kg N/ha/Jahr). Zur Erhöhung der Metallkontamination des Klärschlammes wurden Anteile des Schlammes mit wasserlöslichen Chloriden verschiedener Metalle versehen. Diese erfolgte in einem, zur Erreichung der früher für Deutschland geltenden Grenzwerte für Schwermetalle in mit Klärschlamm versehenen Böden, geeigneten Ausmaß: Pb 2400 mg/kg, Cd 40 mg/kg, Cr 2400 mg/kg, Cu 2400 mg/kg, Ni 400 mg/kg, Hg 50 mg/kg, Zn 6000 mg/kg. Für die meisten Schwermetalle wurden die empfohlenen oberen Grenzwerte an den Feldstandorten mit der höchsten Kontamination erreicht.

Brookes und McGrath (1984) hatten ebenfalls beobachtet, daß der Anteil des mikrobiellen Biomasse-C am organischen Kohlenstoffgehalt des Bodens unter dem Einfluß hoher Schwermetallgehalte zurückging.

Yeates et al. (1994) konnten mit zunehmender Cu-, Cr und As-Kontamination in einem Grünlandboden einen signifikanten Rückgang des C_{mic}/C_{org}-Verhältnisses nachweisen. Die spezifische Atmung war ebenfalls signifikant erhöht (Bardgett et al. 1994). Die Basalatmung wies eine gegenüber der substratinduzierten Atmung geringere Sensibilität für die Kontaminanten auf (Yeates et al. 1994). Die Cu-Gehalte rangierten zwischen 19 und 835 mg/kg, die Cr-Gehalte zwischen 47 und 739 mg/kg und die As-Gehalte zwischen 12–790 mg/kg. Der Kontaminationsgradient hatte sich durch Oberflächenabfluß einer Holzbehandlungsanlage etabliert.

Signifikante Rückgänge des Biomasse-C in Abhängigkeit vom eingesetzten Schwermetall konnten von Leita et al. (1995) nachgewiesen werden. Nach achtwöchiger Inkubation von mit $Zn(SO_4)_2$, $PbSO_4$ oder Tl_2SO_4 zur Erzielung einer Endkonzentration von 600 µg Zn, 200 µg Pb oder 80 µg Tl/g versehenen Bodenproben war gegenüber den nichtkontaminierten Kontrollen im Fall einer Kontamination mit Zn bzw. Tl ein signifikanter Rückgang des Biomasse-C feststellbar. Pb übte hingegen keinen derartigen Effekt aus. Zink wies von den drei Elementen die höchste Toxizität auf. Dies konnte auch an Hand der mikrobiellen Absterberate (qD) bestätigt werden. Ein erhöhter Energiebedarf der in kontaminierten Böden lebenden Mikroorganismen zeigte sich in einer Zunahme der Basal- sowie der spezifischen Atmung. Auch diesbezüglich bestand Variation mit dem Metall, wobei Zink den stärksten Effekt zeigte.

In 16 Böden Norditaliens, welche aufgrund von Bewässerung unterschiedliche Schwermetallbelastung aufwiesen, bestimmten Valsecchi et al. (1995) die mikrobielle Biomasse und die spezifische Atmung. Hohe positive Korrelation bestand zwischen dem Metallgehalt und dem organischen C-Gehalt der untersuchten Böden. Die mikrobielle Biomasse wies in metallbelasteten Böden keine positive Beziehung zum organischen Bodenkohlenstoffgehalt auf. In den am stärksten kontaminerten Böden war eine hohe spezifische Atmung nachweisbar. Die Metallgehalte (extrahierbar mit Ammoniumacetat-EDTA) rangierten in mg/kg für Zink zwischen 14.7–7827, für Blei zwischen 9.20 und 847, für Kupfer zwischen 8.0 und 276, für Nickel zwischen 1.64 und 30.00, für Cr zwischen < 0.05 und 31 sowie für Cd zwischen 0.5 und 49.0.

Tabelle 14. Beobachtete Wirkungen von Schwermetallen und anderen potentiell toxischen Elementen auf die Bodenatmung. Die zusammengestellten Daten wurden von verschiedenen Autoren unter unterschiedlichen Bedingungen gewonnen. Wesentliche Einflußgrößen, wie die Bindungsform der applizierten Elemente, Bodeneigenschaften, Beprobungstiefe und Beobachtungszeitraum, sind nicht angegeben. Eine Ableitung generell gültiger Aussagen für die Wirkung bestimmter Elemente in repräsentativen Böden ist nicht möglich. Nährere Angaben finden sich im vorangehenden Text. Symbole zur Wirkung 0: kein Einfluß, -: Reduktion, +: Zunahme

Element	Konzentration	Boden	Wirkung	Referenz
Pb	375 µg/g 1500 µg/g 1500 µg/g 7500 µg/g	sandiger Boden sandiger Boden Tonboden Torfboden	- - - 0	Doelmann und Haanstra 1979
Pb	100 µg/g 2500 µg/g	ohne Pb-Vorbelastung Pb-vorbelastet	- -	Landmeyer et al. 1993
Cd	0.22–0.33 µg/g (0.1M $NaNO_3$ Extrakt) 6–9 µg/g (Gesamtgehalt)	saurer, sandiger Lehm	-	Stadelmann et al. 1982
Hg	0.1–100 µg/g	div. Bodentypen	-	Landa und Fang 1978
Cd	≥1 µg/g (wasserlöslich)	Sandboden, Grauer Tieflandboden, Gley Andosole	-	Hattori 1989
Cd	0–10 µmol/g	Gley	-	Hattori 1991

Element	Konzentration	Boden	Wirkung	Referenz
Cr	10, 100 µg/g	sandiger Lehm	-	Ross et al. 1981
Ni	50, 250, 1000, 5000 µg/g	Sandboden	-	Giashuddin und Cornfield 1979
Pb	50, 200, 1000 µg/g	Alluvialboden	-,+	Brunner und Schinner 1984
Cd	0.5, 5, 50 µg/g		-,+	
Cd	10 / 100 µg/g	lehmiger Sand	- / -	Cornfield 1977
Co	10 / 100 µg/g		+,0 / -	
Cu	10 / 100 µg/g		+,0 / -	
Pb	10 / 100 µg/g		- / -	
Ni	10 / 100 µg/g		- / -	
Tl	10 / 100 µg/g		+,0,- / -	
Zn	10 / 100 µg/g		- / -	
Sn	10 / 100 µg/g		- / -	
Hg	10 / 100 µg/g		- / -	
Ag	10 / 100 µg/g		- / -	
Sb	10 / 100 µg/g		- / -	
Bi	10 / 100 µg/g		- / -	
Hg	10, 100 µg/g 1000 µg/g	Streu	0 -	Spalding 1979

Element	Konzentration	Boden	Wirkung	Referenz
Cd	10, 100 µg/g	Streu	0	Spalding 1979
	1000 µg/		-	
Pb	10, 100 µg/g		0	
	1000 µg/g		0	
Ni	10, 100 µg/g		0	
	1000 µg/		-	
Zn	10, 100 µg/g		0	
	1000 µg/g		-	
Cu	10, 100 µg/g		0	
	1000 µg/g		-	
Zn	1000, 5000,	aus botanischem Garten		
	10000, 15000 µg/g		Verzögerung	Bewley und Stotzky 1983c
Cd	100, 1000 µg/g		Verzögerung	
Zn+Cd (additiv)	15000+1000 µg/g		Verzögerung	
Zn	1000 µg/g	sandiger Tonlehm	-	Ohya et al. 1985
Cd	100, 1000 µg/g	aus botanischem Garten	0	Bewley und Stotzky 1983d
Zn	1000 µg/g		0	
	5000, 10000 µg/g		Verzögerung	

Element	Konzentration	Boden	Wirkung	Referenz
Cd	100, 1000 µg/g	adjustiert, pH 3.2	-, keine Verstärkung durch Säurebehandlung	Bewley und Stotzky 1983e
Zn	1000, 10000 µg/g	adjustiert, pH 3.2	-, keine Verstärkung durch Säurebehandlung	
Cd	100 / 1000 µg/g	adjustiert, pH 2.8	0/- verstärkt durch Säurebehandlung	
Zn	1000 / 10000 µg/g	adjustiert, pH 2.8	0/- verstärkt durch Säurebehandlung	
Cd	200–500 µg/g		-	Bhat et al. 1979
Hg	200–500 µg/g		-	
Zn	200–500 µg/		-	
Cd	200, 500 µg/g	saurer Boden	-	Babich und Stotzky 1985
Hg	200, 500 µg/g		-	
Zn	200, 500 µg/g		-	
Cu+Fe+Mn+Mo+Zn+B (Spurenelementdünger)		Torfboden, NPK gedüngt	-	Tyler 1981
Cu	2922 µg/g	Histosol	-	Mathur et al. 1980
Cu	7–388 µg/g (Gesamt) 3.2–144 µg/g (DTPA-TEA Extrakt)	Histosol	-	Mathur und Sanderson 1978

Element	Konzentration	Boden	Wirkung	Referenz
Cu	1000 µg/g	Sandboden/+Stroh	-/-	Bhuiya und Cornfield 1972
Zn	1000 µg/g	Sandboden/+Stroh	-/0	
Pb	1000 µg/g	Sandboden/+Stroh	-/-	
Ni	1000 µg/g	Sandboden/+Stroh	-/-	
Pb	10 mg/g	Mull O_l	0	Wilke 1982, 1986, 1987a,b 1988b
	200 mg/g		-	
	40 mg/g	Mull A_h	+,0	
	80 mg/g		+,0	
	200 mg/g		+,-	
	10 mg/g	Moder O_l	-	
	200 mg/g		0	
	150 mg/g	Moder O_f	-	
	7.5 mg/g	Moder O_h	-	
	150 mg/g		-	
	20 mg/g	Moder A_h	+,-	
	10 mg/g	Rohhumus O_l	-	
	200 mg/g		-	
	7.5 mg/g	Rohhumus O_f	+	
	150 mg/g		-	
	7.5 mg/g	Rohhumus O_h	0	
	150 mg/g		-	
	7.5 mg/g	Rohhumus A_{he}	0	
	20 mg/g		-	

Element	Konzentration	Boden	Wirkung	Referenz
F	940, 1900 µg/g	Mull	0	Wilke 1986, 1987a
	600, 1800 µg/g	Moder	0	
	1800, 3700 µg/g	Rohhumus	0	
Se	500/1000 mg/kg	Mull L	0/0,-	Wilke 1986, 1988b
	250 mg/kg	Mull A_h	0,-	
	1000 mg/kg		+,-	
	50 mg/kg	Moder L	0	
	250 mg/kg		0,-	
	50/250 mg/kg	Moder O_f	0,-/-	
	50 mg/kg	Moder A_h/O_h	0	
	250 mg/kg		0,-	
	50 mg/kg	Moder A_h	+,-	
	250 mg/kg		+,-	
	50 mg/kg	Rohhumus L	-,0	
	250 mg/kg		-	
	50 mg/kg	Rohhumus O_f	+,-	
	250 mg/kg		+,-	
	50 mg/kg	Rohhumus O_h	+,0	
	250 mg/kg		+,0	
	50 mg/kg	Rohhumus A_{eh}	+,0	
	250 mg/kg		+,0	
Cd	5, 50 mmol/kg	div.Böden	-	Lighthart et al 1983
Cu	5, 50 mmol/kg		-	

Element	Konzentration	Boden	Wirkung	Referenz
Cd	55 mg/kg	Sandboden	Mineralisations-	Haanstra und Doelman
Cu	55 mg/kg	Sandboden	zeit(Glu), Zunahme	1984
Zn	55 mg/kg	Sandboden		
Cd, Cu, Zn	400 mg/kg	Schluffleh, Tonboden, sandiger Torf, sandiger Lehm		
Cd	> 150 µg/g	sandiger Schluffleh	-	Doelman und Haanstra 1984
	> 1000, 8000 µg/g	sandiger Torf, Tonboden	-	
Cr	8000 µg/g	Sandboden	+	
	3000, 8000 µg/g	Schluffleh	+	
	3000, 8000 µg/g	sandiger Torf, sandiger Lehm, Ton	-	
Ni	3000, 8000 µg/g	Sandboden, Schluffleh	+	
Zn	3000, 8000 µg/g	Sandboden	-	
Zn	600 µg/g		+	Leita et al. 1995
Tl	80 µg/g		+	
Pb	200 µg/g		+	
Zn+Cu+Ni+Cd	> 10 µmol/g	Nadelstreu	-	Rühling und Tyler 1973

Element	Konzentration	Boden	Wirkung	Referenz
Cu+Zn		Rohhumus	-	Tyler 1974
Cu	11000–17000 µg/g			Ebregt und Boldewijn 1977
Zn	16000–22000 µg/g			
Cu+Zn		Rohhumus	-	Nordgren et al. 1983
Cu	bis 20000 µg/g			
Zn	bis 2000 µg/g			
As+Fe+Pb+Zn+				
Cu+V+Ni+Cr				
As	20–1000 µg/g	Rohhumus	-	Nordgren et al. 1986
Cu+Zn+Cd		Fichtenwaldboden	-	Finkernagel und Schinner 1986
Cu	100 000 µg/g			
Zn	1300 µg/g			
Cd	19 µg/g			
Zn+Ni+Cd+Cu		Podsol	-	Fritze et al. 1989
Zn	41–432 µg/cm^3			
Ni	2–359 µg/cm^3			
Cd	0.2–2.2 µg/cm^3			
Cu	21–3654 µg/cm^3			
Metallhaltiger Staub				
	2016 t/ha/a	Podsol	+	Fritze (1991)

Element	Konzentration	Boden	Wirkung	Referenz
Cd+Pb		div.urbane Böden	-	Ohya et al. 1988
Cd	49–4680 µg/g			
Pb	3–1510 µg/g			

1.4.6 Stickstofftransformationen

Die Hemmung, Stimulierung und Nichtbeeinflussung der Nitrifikation und der Stickstoffmineralisierung durch den Eintrag potentiell toxischer Elemente in Böden konnte nachgewiesen werden.

Die ökologischen Konsequenzen einer durch den Eintrag potentiell toxischer Elemente in den Boden geförderten bzw. gehemmten Nitrifikation und N-Mineralisation sind von komplexer Natur. Führt der Eintrag von toxischen Elementen in natürliche Habitate zu einer Stimulierung der Stickstoffmineralisierung und der Nitrifikation, kann der vermehrt mineralisierte Stickstoff für Verluste durch Auswaschung und Verflüchtigung oder für die erhöhte Pflanzenaufnahme verfügbar sein. Eine Hemmung der N-Mineralisation beschränkt hingegen die pflanzliche Produktion. Erhöhte Gehalte an mineralischem Stickstoff in schadstoffbelasteten Böden können durch erhöhte Mineralisierungs- oder verminderte Immobilisierungsraten verursacht sein.

Die Nitrifikation zeigte sich in einer Reihe von Untersuchungen als ein gegenüber chemischen Stressoren sensibler Parameter. Im Zusammenhang mit dieser relativ hohen Sensibilität gegenüber Schadstoffen wird der Tatsache Bedeutung beigemessen, daß die autotrophe Nitrifikation von wenigen Mikroorganismengruppen wahrgenommen wird. Ergebnisse von Langzeitversuchen zeigen die Entwicklung metallresistenter Nitrifikanten. Die Stimulierung der Nitrifikation durch Bodenkontamination mit anorganischen Schadstoffen konnte ebenfalls festgestellt werden. Fördernde Wirkungen können mit sogenannten Sekundäreffekten, wie der Desorption von Nährstoffen, der Erhöhung des Gehaltes an gelöstem organischen Kohlenstoff und einer Verschiebung des pH-Wertes, in Beziehung stehen.

Auch die Stickstoffmineralisierung weist hohe Sensibilität gegenüber metallischen und nichtmetallischen Elementen auf. Die häufig zu beobachtende wesentliche Hemmung dieses Parameters durch Schadstoffe führte zur Empfehlung, diesen, gemeinsam mit der Dehydrogenaseaktivität, routinemäßig zur Bestimmung des Einflusses potentiell toxischer Elemente auf Bodenmikroorganismen einzusetzen.

In Böden, welche Defizienz an bestimmten essentiellen Mikronährstoffen aufweisen, kann der anthropogen vermittelte Eintrag von Metallen in geringen Konzentrationen prozeßstimulierende Wirkung ausüben. Durch den Zusatz molybdänhaltiger Industrieabfälle kam es zu einer Erhöhung der proteolytischen Aktivität in Böden (Tyler 1981b; deCatanzaro und Hutchinson 1985).

Unbeständige Ergebnisse für identische Metalle und entsprechende biologische Parameter können mit Variationen der experimentellen Vorgangsweise, des Untersuchungszeitraumes und dem wirkungsmodifizierenden Einfluß von Standortfaktoren in Beziehung gesetzt werden. Sekundäreffekte sind von Bedeutung. Stickstoffverluste in Form von Nitrat oder in Form volatiler N-Verbindungen können ebenfalls relevant sein. Ergebnisse von Lang- und Kurzzeitversuchen sind auch unter dem Aspekt der Entwicklung von Resistenz zu bewerten.

In der Folge werden Untersuchungen zum Einfluß verschiedener Elemente auf Stickstofftransformationen zusammengestellt. Auf eine Darstellung, getrennt nach verschiedenen Prozessen, wie Ammonifikation, Nitrifikation und Denitrifikation, wurde verzichtet, da in der Mehrheit der Untersuchungen mehrere Parameter gleichzeitig untersucht wurden. Eine Zusammenstellung der Arbeiten in Form einer Tabelle folgt im Anschluß an den Text.

Cadmium. Mittels einer Perfusionstechnik untersuchten Bewley und Stotzky (1983f) den Einfluß von 0, 50, 100, 500 und 1000 µg Cd/g Trockengewicht Boden auf die Mineralisierung von Glycin-N sowie die Nitrifikation des freigesetzten Ammoniums. Der pH-Wert der Perfusate wurde mittels Schwefelsäure auf 3.0, 2.5 oder 2.0 adjustiert. Die Ammonifikation war sowohl gegenüber dem Schwermetall als auch gegenüber der Säure relativ insensitiv. Diese trat sogar auf, wenn der Boden pH 2.0 oder 1000 ppm Cd exponiert wurde. Die Nitrifikation war sensitiver. In NH_4^+-N-supplementierten Böden wurde die Nitrifikation bei pH 3.0 verzögert und bei pH 2.5 gehemmt. Die Nitrifikation wurde bei 500 ppm Cd verzögert und selbiges in einem größeren Ausmaß bei 1000 ppm Cd, wo es zur Anreicherung von Nitrit kam. Der kombinierte Effekt einer Exposition gegenüber Cd und H_2SO_4 bei pH 3.0 war eher additiv als synergistisch. Selbst bei 1000 ppm Cd und pH 3.0 konnte noch Nitrifikation nachgewiesen werden.

In einem sauren, sandigen Lehmboden wurde die N-Mineralisierung bei einem verfügbaren Cd-Gehalt von 1.5 ppm nicht gehemmt (Stadelmann et al. 1982). Cd^{2+} war als $CdCl_2$ zugesetzt und dessen Verfügbarkeit mit 0.1 M $NaNO_3$ bestimmt worden.

Kupfer. Quraishi und Cornfield (1971) versahen einen sandiger Lehm alluvialen Ursprungs (pH 7.4) mit fein vermahlenem getrockneten Blut (12.5% Stickstoff) zur Bereitstellung von 200 ppm Stickstoff auf Bodenbasis. Proben dieses Bodens wurden mit feinvermahlenem Cu-Oxid und Cu-Hydrogenphosphat zur Etablierung von 100, 1000 und 10 000 ppm Cu auf Bodenbasis versehen. Die Inkubationszeit betrug drei Wochen. Der Zusatz von 100, 1000 und 10 000 ppm Cu als Oxid oder Hydrogenphosphat stimulierte die N-Mineralisierung und die Nitrifikation während der Inkubation im sandigen Lehm. Die maximalen Effekte traten mit 1000 ppm zugesetztem Cu auf und waren für beide Cu-Quellen ähnlich. Die Menge an mit EDTA-extrahierbarem Kupfer war bei Zusatz von Kupfer in Form von Hydrogenphosphat höher als bei Zusatz von Cu-Oxid.

Die Gesamt- und DTPA-TEA-löslichen Cu-Gehalte von 14 Proben kultivierter organischer Böden wiesen keine Korrelation mit der Fähigkeit des Bodens zur Ammonifikation und Nitrifikation auf (Mathur und Preston 1981). Die Gesamtkonzentrationen an Kupfer bewegten sich in den Proben zwischen 18.5 und 275 ppm, die DTPA-TEA-löslichen zwischen 4 und 99 ppm.

Tabelle 15. Mit KCl extrahierbares Ni für jeden der Bodenansätze, nach sechswöchiger aerober Inkubation bei 30°C

Boden pH	Ni-Applikation µg/g	$Ni_{KCl\text{-}Extrakt}$ µg/g
5.8	0	0.2
	50	0.4
	250	0.6
	1000	1.1
	5000	2.5
6.9	0	0.4
	50	0.4
	250	0.8
	1000	1.1
	5000	2.4
7.6	0	0.4
	50	0.4
	250	0.6
	1000	1.0
	5000	2.0

Nach Giashuddin und Cornfield (1979).

Nickel. Giashuddin und Cornfield (1979) bestimmten Stickstofftransformationen nach Zusatz von 50, 250, 1000 und 5000 ppm Ni (als Oxid) in einem sandigen Boden bei pH-Werten von 5.8 und 7.6 und aerober Inkubation für sechs Wochen. Die unterschiedliche Sensitivität der Nitrifikation bei unterschiedlichem Säuregrad des Bodens war angezeigt. Die Nitrifikation ging mit steigendem Ni-Gehalt bei pH 5.8 stärker zurück als bei pH 6.9 und 7.6. Die N-Mineralisierung ging mit steigendem Ni-Gehalt bei sämtlichen pH-Niveaus in etwa dem gleichen Ausmaß zurück. Die nach der Inkubation für jeden der drei Böden bei jedem Nickelgehalt nachweisbare Veränderung des Ausgangs-pH war geringer als 0.2 Einheiten. Daten zum Vergleich der Effekte von Ni als Oxid bzw. als Sulfat zeigten, daß bei pH 5.8 mit 1000 ppm Ni, die Stickstoffmineralisierung, die Nitrifikation und die Kohlenstoffmineralisierung bei beiden zugesetzten Nickelformen in etwa dem gleichen Ausmaß zurückgingen.

DeCatanzaro und Hutchinson (1985) untersuchten die Effekte von Ni-Zusätzen auf die Nitrifikation, die N-Mineralisierung und die N-Auswaschung aus Böden borealer *Pinus banksiana* Wälder. Die Nitrifikationsraten waren insgesamt sehr niedrig. In Böden nahe der Ni-Cu-Hütten von Sudbury, Ontaria, Kanada, waren diese jedoch höher als in nicht belasteten Böden. Die Populationen der Nitrifikanten waren in nicht belasteten Böden extrem niedrig, nahmen aber durch den Zusatz von Ni zu. Eine erhöhte Nitratauswaschung konnte in mit Ni behandelten Bodensäulen beobachtet werden. Ni-Zusätze zu nicht belasteten Böden stimulierten die Nitrifikation in organischen Bodenlagen und die Netto-N-Mineralisierung in Mineralbodenhorizonten. Die Böden aus der Region der Sudbury Hütten zeigten in weiterer Entfernung zu den Hütten ähnliche Reaktion. Trotz der hohen Konzentrationen an anderen Schadstoffen, wie Cu und Sulfatschwefel, konnte Ni alleine für die in den Sudbury-Böden nachweisbaren Effekte verantwortlich gemacht werden.

Quecksilber. van Faassen (1973) versah zwei Tonböden und einen Dünensand mit $HgCl_2$ (10 ppm bzw. 100 ppm) sowie Phenylquecksilberacetat (10 ppm bzw. 100 ppm). Während einer sechswöchigen Inkubation konnten die unten angegebenen Effekte dieser Verbindungen beobachtet werden (Einfluß der Hg-Verbindungen auf N-Transformationen im Boden als % der Kontrollen). $HgCl_2$ (10 ppm) stimulierte die Ammonifikation im Tonboden (107%) und reduzierte diese im Dünensand (95%). Die Nitrifikation wurde durch $HgCl_2$ (10 ppm) im Tonboden stimuliert (108%) und im Dünensand reduziert (95%). Unter dem Einfluß von 100 ppm $HgCl_2$ wurde die Ammonifikation im Tonboden bzw. Dünensand reduziert (85 bzw. 76%). Entsprechendes traf für die Nitrifikation im Tonboden (60%) sowie im Dünensand zu (5%). Phenylquecksilberacetat (10 ppm) stimulierte die Ammonifikation im Tonboden (105%) und reduzierte diese im Dünensand (81%). Die Nitrifikation wurde im Tonboden stimuliert (106%) und im Dünensand reduziert (43%). Phenylquecksilberacetat in einer Aufwandmenge von 100 ppm reduzierte sowohl die Ammonifikation als auch die Nitrifikation im Tonboden sowie im Dünensand. Die entsprechenden Prozentwerte betrugen für die Ammonifikation im Tonboden 58% und im Dünensand 81%, während die entsprechenden Werte für die Nitrifikation im Tonboden 6% und im Dünensand 5% betrugen. Die Tonböden wiesen 6.5 bzw. 5.6% organische Substanz und pH-K_{Cl}-Werte von 7.7 auf. Die entsprechenden Werte für den Dünensand betrugen 1.5% sowie 7.5.

Zink. Wilson (1977) behandelte drei Böden, welche sich hinsichtlich ihrer Eigenschaften (pH: 5.5, 6.2, 5.1; Kationenaustauschkapazität; organischer Substanzgehalt; Bodenart: Tonlehm, sandiger Lehm, lehmiger Sand) unterschieden, mit Zn als Zinksulfat in Dosen von 0, 10, 100 und 1000 µg Zn/g Boden. Die Böden wurden einheitlich mit 100 µg Stickstoff/g als NH_4Cl behandelt und inkubiert. Während sieben Wochen wurde wöchentlich die Ammoniumbildung und die Summe aus Nitrat- und Nitrit-N bestimmt. In sämtlichen Böden wurde die Nitrifikation durch 1000 µg Zn/g vollständig gehemmt. Bei der Dosis 100 µg Zn/g war die Nitrifikation während der Inkubation teilweise signifikant reduziert. Der unterschiedliche Effekt der Dosis von 100 µg Zn/g ließ den Einfluß unterschiedlicher Bodeneigenschaften erkennen. Der Decatur Boden, ein Tonlehm, mit einem pH von 5.5, einer Kationenaustauschkapazität von 12.43 und einem organischen Substanzgehalt von 2.37%, zeigte bei 100 µg die geringste Hemmung. Der Leefield Boden, ein lehmiger Sand mit einem pH von 5.1, einer Kationenaustauschkapazität von 3.13 sowie einem organischen Substanzgehalt von 1.14%, wies von den drei Böden die stärkste Hemmung der Nitrifikation auf.

Cadmium, Blei. Tyler et al. (1974) versahen einen frischen Mullboden mit zunehmenden Mengen an Pb-, Cd- und Na-Salzen. Die Konzentrationen an Nitrat und Ammonium wurden zwei bis acht Wochen nach Inkubation bestimmt. Die höchsten verwendeten Konzentrationen ($CdCl_2$ 9–18 µmol/g, $CdAc_2$ 9–22 µmol/g, $PbAc_2$ 121 µmol/g und NaAc 250 µmol/g Trockengewicht) erhöhten die Nitratanreicherung signifikant. Niedrigere Konzentrationen hatten entweder keinen Effekt oder verursachten einen leichten Rückgang.

Cadmium, Silber, Kupfer, Zink, Eisen, Cobalt, Vanadium, Quecksilber, Zinn, Mangan, Nickel, Chrom, Aluminium, Blei, Bor, Selen, Arsen, Molybdän, Wolfram. Liang und Tabatabai (1977) untersuchten die Beeinflussung der N-Mineralisierung in vier verschiedenen Oberböden (Webster, Judson, Harps, Okoboji) durch die Applikation 19 verschiedener Elemente (5 µmol/g). Ag(I), Cu(II), Cd(II), Zn(II), Fe(II), Co(II) und V(IV) wurden als Sulfat zugesetzt; Hg(II), Sn(II), Mn(II), Ni(II), Fe(III), Cr(III) und Al(III) als Chlorid; Pb(II) als Acetat und As(III), B(III), Se(IV), As(V), Mo(VI), W(VI) als $NaAsO_2$, $Na_2B_4O_7$, H_2SeO_3, Na_2HAsO_4, H_2MoO_4, und Na_2WO_4. Nach 20 Tagen Inkubation wurden die gebildeten Mengen an NH_4^+, NO_3^- und NO_2^- bestimmt. Die relative Effizienz zur Hemmung der N-Mineralisierung war für Ag(I) und Hg(II) am größten, wobei Ag(I) ≥ Hg(II) galt. Andere Elemente, wie Co(II), As(III), Se(IV), As(V) und W(VI), waren weniger effektiv. Weitere Elemente, welche die N-Mineralisierung hemmten, waren: Cu(II), Cd(II), Pb(II), Mn(II), Fe(II), Zn(II), Ni(II), Sn(II), Cr(III), Fe(III), Al(III), B(III), V(IV), Mo(VI); deren Hemmeffizienz variierte zwischen den vier Böden. Die Böden variierten hinsichtlich des pH (5.8–7.8), des organischen Substanzgehaltes (2.58–5.45) und der Textur (23–45% Ton, 39–54% Schluff, 1–38% Sand).

Tabelle 16. Prozentsatz der Hemmung der N-Mineralisierung in vier Böden während einer 20tägigen Inkubation mit verschiedenen Metallverbindungen; Applikationsrate: 5 μmol/g Boden

Verbindung	Prozentsatz der Hemmung			
	Webster	Judson	Harps	Okoboji
Ag_2SO_4	73	41	59	52
$HgCl_2$	73	39	35	32
$CuSO_4$	20	0	7	82
$CdSO_4$	17	27	39	18
$Pb(OAc)_2$	17	19	28	10
$MnCl_2$	12	15	26	18
$FeSO_4$	8	17	20	15
$ZnSO_4$	14	12	15	14
$NiCl_2$	17	7	17	14
$SnCl_2$	8	10	20	11
$CoSO_4$	12	2	7	6
$CrCl_3$	20	15	13	24
$FeCl_3$	10	17	22	20
$NaAsO_2$	2	5	4	1
VSO_4	8	14	11	14
Na_2HAsO_4	3	7	4	7
H_2MoO_4	10	22	22	54
Na_2WO_4	8	3	9	8
pH	5.8	6.6	7.8	7.4
organ. C %	2.6	3.0	3.7	5.5
Ton %	23.0	45.0	30.0	34.0

Nach Liang und Tabatabai (1977).

Cadmium, Chrom, Zink, Kupfer, Nickel, Quecksilber. An Hand fünf verschiedener Böden wurden Versuche zum Einfluß abgestufter Konzentrationen löslicher Salze von Cd, Cr, Zn, Cu, Ni und Hg auf die Nitrifikation durchgeführt (Beck 1981). Verschiedene Bodentypen unter unterschiedlicher Nutzung wurden einbezogen. Bodentyp/ Nutzung/ pH/ C_t%/Biomasse mg C/100 g: Lößlehm/Mais/6.10/1.56/49.0; Auengleye/ Ackerbohne/7.5/2.91/58.2; Auenboden/Sommerweizen/7.2/1.95/51.8; Lößlehm + Kalk/Mais/7.25/1.47/47.0. Folgende Elemente wurden in Form von Sulfaten oder Chloriden zugesetzt; die erstangegebenen Werte entsprechen den tolerierbaren Richtwerten nach Kloke (1977): Cd (3, 33, 100 µg/g), Cr (100, 33, 330 µg/g), Zn (330, 100, 1000 µg/g), Cu (100, 30 µg/g), Ni (50, 150 µg/g), Hg (2, 10 µg/g). Die Zeit nach Einwirkung betrug in Tagen: bei Boden 1: 1–21, 11–32, 31–52; bei Boden 2: 1–27, 31–52; bei Boden 3: 1–7, 10–17, 30–37; bei Boden 4: 1–7, 31–38. In einer den tolerierbaren Richtwerten entsprechenden Konzentration beeinflußte Cd die Nitrifikation nicht. Cu- und Ni-Gehalte, welche den tolerierbaren Richtwerten entsprachen, veränderten den Nitrifikationsumsatz längerfristig kaum, während Cr, Zn und Hg zu einer mehr oder minder starken Reduzierung dieser Eigenschaft führten. Cr und Zn bewirkten im Konzentrationsbereich der tolerierbaren Richtwerte eine sehr starke Verminderung der Nitrifikationsrate. Im leicht sauren Boden war eine vollständige Blockierung der Ammoniumoxidation nachweisbar. Mit zunehmender Einwirkungsdauer waren nach Zn-Zusatz geringe Erholungsvorgänge nachweisbar. Demgegenüber erhöhte sich die toxische Wirkung des Cr mit der Einwirkungsdauer. Keine oder eine nur unbedeutende Beeinflussung der Nitrifikation konnte bei Anwesenheit von höheren, deutlich über den tolerierbaren Richtwerten liegenden, Konzentrationen an Cd-, Cu- und Ni-Salzen beobachtet werden. Hg-Salze reduzierten das Nitrifikationsvermögen erst bei relativ hohen Gehalten.

Kupfer, Zink. Untersuchungen zur Langzeitwirkung von Cu und Zn auf einen humosen, sandigen Lehm ergaben, mit Ausnahme der Nitrifikation, für sämtliche der untersuchten Parameter acht (Zn) bzw. zehn (Cu) Jahre nach der letzten Schwermetallzugabe eine deutliche Hemmung (Wilke 1987c). Neben der Dehydrogenaseaktivität reagierten die Proteaseaktivität und die Brutto-Stickstoffmineralisierung am empfindlichsten. Ein humoser lehmiger Sand war 1962 in Betonrahmenkästen eingefüllt und mit Cu- und Zn-Sulfat in kleinen Mengen bis 1975 (Cu) bzw. bis 1977 (Zn) in zwei Belastungsstufen (I, II) versehen worden. Die jährlichen Dosen betrugen für CuI 10 mg/kg, CuII 20 mg/kg. Den Parzellen ZnI wurden bis 1972 jeweils 3.33 mg/kg/Jahr, Zn II 6.66 mg/kg/Jahr zugesetzt. In den Jahren 1973 bis 1977 variierten die Zn-Gaben zwischen 16.66 mg Zn/kg (Zn I, 1973) und 133 mg Zn/kg (Zn II, 1975). Proben für Analysen wurden im Frühjahr 1985 gezogen. Der pH-Wert des Bodens betrug 6.0; die Kationenaustauschkapazität 10 mEq/100 g; die Basensättigung 100%. Die Gesamtgehalte an Cu und Zn wurden ebenso wie die labilen Schadstoffanteile (in der Gleichgewichtsperfusionslösung, GPL) bestimmt. GEOCHEM diente der Berechnung der Bindungsform von Cu und Zn in der GPL. Diese Berechnungen ergaben, daß beide Schwermetalle zum überwiegenden Teil als freie Ionen in der GPL vorlagen. Daneben war Cu noch zu 22–30% an OH als $CuOH^+$ oder $Cu(OH)_2$ gebunden, Komplexe mit PO_4^{2-}, NO_3^- und SO_4^{2-} spielten mit Anteilen unter 1% keine Rolle. Im Gegensatz zum Cu bildete Zn kaum OH-Komplexe (< 1%). Etwa 10% des gelösten Zn waren an Phosphat gebunden, etwa 90% lagen als freies Zn^{2+}-Ion vor. Die N-Mineralisierung wurde stark gehemmt. Cu-Gehalte von 130 mg/kg (CuI) und 222 mg/kg (CuII) reduzierten die N-Mineralisierung auf 45 bzw. 23 % des Kontrollansatzes. Im etwa gleichen Maße reduzierte Zn die N-Mineralisierung; mit einer Restaktivität von 42% wirkte jedoch die höhere Belastungsstufe (ZnII) etwas schwächer. Im Gegensatz zur N-Mineralisierung blieb der Nitrifikationsumsatz durch Zn- und Cu-Gaben von 130 Cu(I) bzw. 264 (ZnI) mg/kg unbeeinflußt. Auch die höheren Belastungen (ZnII, CuII) hemmten den Nitrifikationsumsatz wesentlich weniger stark als die N-Mineralisierung. Die Ergebnisse standen im Gegensatz zu Ergebnissen anderer Autoren, welche, wenngleich auch in kurzfristigen Versuchen, eine größere Empfindlichkeit der Nitrifikation festgestellt hatten (z.B. Liang und Tabatabai 1977; Rother et al. 1982). Die Möglichkeit der Resistenzbildung muß bei der Interpretation von Ergebnissen berücksichtigt werden.

Tabelle 17. Kupfer- und Zinkgehalte eines humosen lehmigen Sandes (Applikationsstufen 0, I, II; n.b: nicht bestimmt)

Element/ Stufe	Zugabe mg/kg	Gesamtgehalt[a] mg/kg	tolerierbar mg/kg	GPL[b] mg/l
*Cu*0	0	19	100	n.b.
*Cu*I	140	130	100	0.28
*Cu*II	280	222	100	0.39
*Zn*0	0	81	300	n.b.
*Zn*I	217	264	300	0.23
*Zn*II	433	430	300	0.33

[a] Gesamtgehalt (Königswasseraufschluß).
[b] GPL: mit Perkolationsextrakt eluierte Anteile.

Nach Wilke (1987c).

Zink, Kupfer, Nickel, Vanadium, Cadmium. Ein unter Freilandbedingungen durchgeführter mehrjähriger Großgefäßversuch diente der Ermittlung der Kombinationswirkung von Schwermetallen (Zn, Cu, Ni, V, Cd) auf bodenbiologische Prozesse (Kandeler et al. 1990). Die Applikationsmengen betrugen: Zn 300 ppm, Cu 100 ppm, Cd 3 ppm, Ni 50 ppm, V 50 ppm. Bei Schwermetallgaben, welche den Richtwerten nach Kloke entsprachen, wurde die N-Mineralisierung im anaeroben Brutversuch um 50–65% reduziert. Die Stärke der Hemmung war bodenabhängig, wobei die Reaktion in der tonreichen, schwach alkalischen Lockersediment-Braunerde weniger empfindlich war als in der schwach sauren, tonarmen Felsbraunerde.

Kupfer, Mangan, Zink, Chrom. In einer Literaturübersicht konnten Babich und Stotzky (1985) darauf verweisen, daß die Rate der Ammonifikation in einem alkalischen sandigen Lehm durch 100 oder 1000 ppm Mn oder Cu und durch 100 ppm Zn oder Cr stimuliert wurde. 1000 ppm Zn oder Cr beeinflußten diese jedoch nicht.

Cadmium, Chrom, Mangan, Blei, Kupfer, Zink. Proben eines schluffigen Lehms wurden mit 100 ppm NH_4-N, 1% Klärschlamm und 1% gemahlener Luzerne versehen und mit Lösungen von Cd^{2+}, Cr^{3+}, Mn^{2+} und Pb^{2+} als Chloride und Cu^{2+} und Zn^{2+} als Sulfate behandelt (Chang und Broadbent 1982). Die Konzentrationen entsprachen 0, 100, 200 und 400 ppm auf Bodentrockengewichtsbasis; die Inkubation erfolgte für zwei, vier, acht und zwölf Wochen. Die Metallgehalte wurden am Ende jeder Inkubationsperiode mittels Extraktion mit Wasser, KNO_3, DTPA und HNO_3 bestimmt. Sämtliche Metalle gingen rasch in stärker unlösliche Formen über. Die Menge an mit Wasser + KNO_3 + DTPA extrahierbaren Metallen ging mit der Zeit zurück, während korrespondierende Erhöhungen der HNO_3-löslichen Formen auftraten. Die N-Immobilisierung wurde während einer zwei bis vier Wochenperiode, die N-Mineralisierung und Nitrifikation während einer vier bis zwölf Wochenperiode, bestimmt. Bei niedrigen Metallzusätzen stimulierten Mn und Pb die N-Immobilisierung, bei 400 ppm wirkten jedoch sämtliche Metalle hemmend auf die untersuchten N-Transformationen. Die folgende Reihung der abnehmenden Hemmung konnte angegeben werden: Cr > Cd > Cu > Zn > Mn > Pb.

Cadmium, Blei, Zink. In schwermetallkontaminierten Böden (bis zu 340 µg Cd/g, 7500 µg Pb/g und 34 000 µg Zn/g) wurde die Sensitivität der Ammonifikation und Nitrifikation hinsichtlich des Zusatzes weiterer Metalle in Lösung untersucht (Rother et al. 1982). Die beprobten Standorte repräsentierten verschiedene Grünlandböden. Cadmiumacetat und Cadmiumchlorid wirkten in Konzentrationen von 1000 und 5000 µg/g hemmend auf die Ammonifikation, die Nitrifikation wurde durch diese ebenfalls, wenngleich stärker negativ, beeinflußt. Zink wirkte appliziert als Zinkacetat bzw. Zinksulfat in Aufwandmengen von 1000 und 5000 µg/g mit einer Ausnahme (1000 µg Zinksulfat/g, kein Einfluß) ebenfalls negativ auf beide Parameter. Blei, appliziert als Bleiacetat, bewirkte in Aufwandmengen von 10 000 sowie 20 000 µg/g ebenfalls eine Reduktion der Ammonifikation sowie Nitrifikation. Die Nitrifikation war wesentlich sensitiver gegenüber Schwermetallen als die Ammonifikation. In den belasteten Böden war die Gegenwart toleranter Populationen nitrifizierender Organismen angezeigt. Die in Lösung zugesetzten Metalle wurden durch den Boden innerhalb von vier Stunden gebunden. Unterschiede in der Toxizität zwischen den Metallsalzen (Chloride, Sulfate, Acetat) wurden mit den in Lösung verbliebenen Mengen in Beziehung gesetzt.

Fluor. Baumgärtner und Ottow (1985) stellten Untersuchungen zur Bestimmung der Wirkung steigender Flouridkonzentrationen (0, 100, 1000 ppm F^- als NaF) auf die Nitrifikation in einem sandigen Lehm an. Eine infolge intensiver Mineralisierung anfängliche Ammoniumfreisetzung war von einer mit steigenden NaF-Gaben zunehmenden Verzögerung der Ammoniumoxidation gefolgt. Zunehmende NaF-Gaben förderten die Anreicherung von Nitrit. Vergleiche von Nitrifikationsraten zeigten, daß durch NaF beide Schritte der Nitrifikation gleichermaßen gehemmt wurden. Die Fluorid-Wirkung war in beiden N-Applikationsstufen tendenziell ähnlich, bei der relativ hohen N-Applikation zeigte sich jedoch eine verstärkte Hemmung. Dies gab den Hinweis auf eine vermehrte Verdrängung von Fluoridionen durch die mit der N-Applikation zugegebenen Phosphationen in der Bodenlösung. Dem verwendeten Boden (sandiger Lehm, 19,4% $CaCO_3$) wurde eine gute „Entgiftungsfähigkeit" zugeschrieben (CaF_2-Fällung). In Böden mit geringem Sorptions- und Fällungsvermögen, vor allem in kalkfreien, sandigen Substraten, könnte es hingegen, zumindest zeitweise, zu einer fluoridbedingten NH_4^+-Anreicherung kommen.

In Modellversuchen (lehmiger Sand) zum Einfluß von NaF (100, 500 und 2000 ppm F^-) auf die Denitrifikation zeigte sich ein mit steigender NaF-Konzentration signifikant zunehmender Gehalt an wasserlöslichen organischen Verbindungen (Becker und Ottow 1985). In Anwesenheit von 200 ppm Nitrat-N wirkte der Zusatz von 100 ppm F^-, besonders zu Versuchsbeginn, hemmend auf die Denitrifikation, während 2000 ppm F^- in der Anfangs- und Endphase der Bebrütung deutlich fördernd auf die N-Entbindung wirkten. Bei 20 ppm Nitrat-N bewirkte der Zusatz von NaF keine Unterschiede hinsichtlich der Denitrifikation (N_2 + N_2O-N). In der unbehandelten Kontrolle wurde bereits nach zwei Tagen ein N_2O-Maximum festgestellt, in der 100 ppm F-Variante erst nach acht bis zehn Tagen. Wurden 500 ppm F^- zugesetzt, setzte die N_2O-Bildung erst nach zehn Tagen ein und erreichte nach 18 Tagen etwa einen Wert an N_2O, welcher jener der Kontrolle nach zwei Tagen entsprach. In Anwesenheit von 2000 ppm F^- erreichte die N_2O-Bildung nach drei Tagen ein schwaches Maximum und nahm anschließend kontinuierlich ab.

Blei, Selen, Fluor. Unter Verwendung von Perfusionsapparaturen und Lysimetern führte Wilke (1982, 1986, 1987a,b, 1988b) Schadstoffbelastungsversuche an Horizonten unbelasteter Waldstandorte der Humusform Mull (Rendsina), Moder (saure Braunerde) und Rohhumus (Podsol) durch. GEOCHEM diente der Ermittlung der Bindungsform des Schadstoffes in den Perfusionslösungen.

Blei wurde als $Pb(NO_3)_2$ bzw. $PbCl_2$, Selen wurde als Na_2SeO_3 und Fluor als NaF eingesetzt. Nach Abbruch der Experimente (10 Wochen) wurde der im Verlauf der Versuche mineralisierte Stickstoff (NH_4^+ und NO_3^-) bestimmt.

Bleinitrat kam in den Mullhorizonten in folgender Menge zur Applikation: 10, 200 mg/g (Mull L); 40, 80, 200 mg/g (Mull A_h); 10, 200 mg/g (Moder L); 7.5, 150 mg/g (Moder O_f); 7.5, 150 (Moder A_h/O_h); 1, 20 mg/g (Moder A_h); 10, 200 mg/g (Rohhumus L); 7.5, 150 mg/g (Rohhumus O_f, O_h); 1, 20 mg/g (Rohhumus A_{eh}). Die Pufferkapazität für Blei nahm in der Folge: Mull > Moder > Rohhumus ab. Innerhalb der Horizonte konnte mit Ausnahme des Mullprofils die Reihung L > O_f > O_h > A_h angegeben werden. In den Perfusaten und Lysimetereluaten des Rohhumus und Moders lag Blei vorwiegend als freies Pb-Ion vor. Im Mull überwog bei niedrigen Belastungen (bis 10 µg Pb/g) die Bindung an OH. Bleizusätze in Form von $Pb(NO_3)_2$ bzw. $PbCl_2$ bedingten eine Erniedrigung des pH der Humusformen, fällten lösliche organische Substanzen aus und desorbierten Kalium und Magnesium. Im Moder und Rohhumus kam es durch Pb zu einer vorübergehenden Anregung der N-Mineralisierung. Die Ammonifikation wurde wahrscheinlich durch einen Nährstoffschub (K- und Mg-Desorption nahmen zu) unmittelbar nach Bleizusatz angeregt. Gegen Ende der Versuche nahmen die NH_4^+-N-Mengen in belasteten Proben im Vergleich zu unbelasteten Proben wieder ab. Die Nitratproduktion wurde im Moder und Rohhumus gehemmt, im Mullprofil hingegen nicht. Die höhere Pufferkapazität des Mull gegenüber Pb sowie die vorwiegende Bindung des Pb im Mullprofil an OH ($PbOH^+$) und dessen Vorliegen in undissoziierter Form als $PbCl_2$ konnte ursächlich dafür sein. Die Toxizität des Bleis wird hauptsächlich auf freie Pb-Ionen zurückgeführt. Entsprechend Berechnung mit GEOCHEM wirkte Blei in Form von Pb^{2+}, diese Formen herrschten in Moder und Rohhumus vor, besonders toxisch.

Selen kam in Applikationsmengen von 250, 500 bzw. 1000 µg/g (Mull) sowie 50 und 200 µg/g (Moder, Rohhumus) zum Einsatz. Im Falle des Selenits war zwischen den mit Perfusionsapparaturen und den mit Schüttelversuchen (erfaßt die chemische Adsorption) erhaltenen Befunden zu unterscheiden. Der Schüttelversuch ergab die Reihe Mull > Moder > Rohhumus; die Perfusionsmethode ergab Mull = Moder = Rohhumus. Das hohe Se-Bindungsvermögen der Moder- und Rohhumushorizonte war nicht nur das Ergebnis von chemischer Adsorption, sondern beruhte ebenso auf der Inkorporation von Selenit in Mikroorganismen. Selen lag in Perfusaten der Moder- und Rohhumushorizonte als $HSeO_3^-$-Ion vor. Im Mull überwog die Bindung an Ca. Durch Se-Zusatz wurden ebenfalls organische Substanzen gelöst und Phosphate in Moder und Rohhumus desorbiert. Selen förderte die N-Mineralisierung. Eine Anregung der N-Mineralisierung durch die Freisetzung von Phosphat und löslichem organischen Kohlenstoff war angezeigt. In sämtlichen eine Anregung der N-Mineralisation aufweisenden Horizonten war zumindest einer dieser Parameter im Vergleich zu unbelasteten Proben erhöht. Die Na_2SeO_3-Behandlungen bewirkten eine deutliche Zunahme des gelösten organischen Kohlenstoffs im Moder L-, O_f-, A_h/O_h-, A_h- und im Rohhumus L-Horizont. Relativ große Mengen an Phosphor wurden nach Zusatz von Na_2SeO_3 zu Moder- und Rohhumusböden ausgewaschen. Die größten Mengen an Phosphor (117 mg/kg) wurden aus dem Moder-L-Horizont nach Zusatz von Se 250 mg/kg freigesetzt. Die Se-Konzentrationen in den Perfusionsflüssigkeiten rangierten zwischen 0.05 und 1.23 mg/l (50 mg/kg Behandlung) und von 0.09 bis 40 mg/l (250 mg/kg Behandlung). Die Stimulierung der Ammonifikation in nahezu sämtlichen untersuchten Böden ließ den Schluß auf die relative Toleranz der ammonifizierenden Mikroorganismen gegenüber Se zu; eine solche konnte im Mull-A_h bis 1000 µg Se/g gegeben sein. Die Aktivität nitrifizierender Bakterien war hingegen häufig reduziert. Entsprechend den Berechnungen mit GEOCHEM wirkte Selen in Form von $HSeO_3^-$ besonders toxisch. Diese Form war im Moder und im Rohhumus vorherrschend.

Tabelle 18. Wirkung von Selenit auf die N-Mineralisierung in verschiedenen Humusformen, dargestellt in Prozent der unbehandelten Böden (100%); n.b.: nicht bestimmt

Humusform/ Horizont	Se-Zugabe µg/g	NH_4-N %	NO_3-N %
Mull			
L	1000	n.b.	117
A_h	250	n.b.	141
Moder			
L	50	128	-
	250	546	-
O_f	50	123	91[a]
	250	164	86
A_h/O_h	50	115	107[a]
	250	116	88[a]
A_h	50	123	133[a]
	250	161	229

Fortsetzung Tabelle 18

Rohhumus			
L	50	107[a]	65[a]
	250	113[a]	68[a]
O_f	50	108[a]	89[a]
	250	116	111[a]
O_h	50	120	90[a]
	250	147	97[a]
A_h	50	126	90[a]
	250	91[a]	100[a]

[a] Nicht signifikant verschieden von der unbelasteten Probe.

Nach Wilke (1986, 1988b).

Die beiden Belastungsstufen an Fluor betrugen im Mull 4.5 und 9.0 mg/cm^2 bzw. 940 und 1900 µg/g, im Moder 1.5 und 4.5 mg/cm^2 bzw. 600 und 1800 µg/g, im Rohhumus 4.5 und 9 mg/cm^2 bzw. 1800 und 3700 µg/g. Die höchste Fluoridadsorption zeigte der Mull, die geringste der Rohhumus; Mull >> Moder > Rohhumus. Die Anreicherung von Fluorid erfolgte im Mull vor allem im A_h-, im Moder vor allem im O_f- und im Rohhumus vor allem im L-Horizont. Die Lysimetereluate des Rohhumus und Moders enthielten vorwiegend AlF_x-Komplexe, jene des Mulls freie F-Ionen. Fluoride desorbierten im Moder und Rohhumus ebenfalls Phosphat und setzten verstärkt Al, Fe und organische Substanzen frei. Auswaschung organischer Substanzen aus dem Mullprofil war nur nach einmaligem Zusatz von 4.5 mg F/cm^2 nachweisbar.

Die N-Mineralisierung zeigte sich, mit Ausnahme im Mull, für welchen keine gesicherten F-induzierten Abnahmen dieser Aktivität nachweisbar waren, bereits gegenüber relativ geringen F-Kontaminationen sensibel. NaF-Zusätze hemmten die Ammonifizierung im Moder und Rohhumus. Diese unmittelbar nach NaF-Gabe sich zeigende negative Wirkung war möglicherweise durch den Anstieg des pH und der Gehalte an löslichem organischen Kohlenstoff kompensierbar. Fluorgaben ab 1.5 mg/cm^2 führten stets zu einer Hemmung der Nitrifikation im Moder sowie im Rohhumus. Diese Hemmungen erwiesen sich als nachhaltig. Nach NaF-Zugabe konnte eine starke Freisetzung von Al-Ionen nachgewiesen werden. Freigesetztes Al lag nahezu ausschließlich in Form von AlF_x-Komplexen vor. Diese Form des Fluors herrschte in Moder und Rohhumus vor und wirkte besonders toxisch.

Arsen, Beryllium, Brom, Cadmium, Chrom, Fluor, Blei, Quecksilber, Selen, Zinn, Vanadium, Nickel. Effekte von anorganischen Schadstoffen

(As, Be, Br, Cd, Cr, F, Pb, Hg, Se, Sn, V, Ni; appliziert 1975, 1976) auf N-Transformationen in einer sandigen Braunerde wurden erfaßt (Wilke 1989). Cr, Cd, Hg und Pb wurden als Chloride zugesetzt, Be, Ni, Sn als Sulfate, As, Br, F, Se, V als Na-Salze. Die Bodenproben wurden 1984 entnommen.

Tabelle 19. Langzeiteinfluß anorganischer Schadstoffe auf die N-Mineralisierung und die Nitrifikation in einer sandigen Braunerde acht bzw. neun Jahre nach der letzten Belastung (PL_c: Konzentration im Perfusionsextrakt; Min: N-Mineralisierung, Nit: Nitrifikation)

Element	Zusatz mg/kg	Gesamtgehalt mg/kg	PL_c mg/l	Hemmung (%) Min	Nit
As	50	22.2	0.68	40	-19[a]
	300	52.8	1.92	51	1[a]
Cd	50	45.0	0.08	55	-18[a]
	200	209.0	0.23	88	-4[a]
F	500	219.0	19.00	56	1[a]
	2000	529.0	37.00	63	26
Ni	100	86.0	0.23	-8[a]	15[a]
	400	316.0	1.60	79	27
Pb	1000	810.0	0.07	32[a]	-12[a]
	4000	3800.0	0.23	44	-16[a]
Se	40	7.4	0.16	0a	-20[b]
Be	30	13.5	0.01	43	2[a]
	80	38.0	0.03	48	-8[a]
Br	60	5.8	0.02	-19[a]	-16
	240	7.8	0.05	46	43
Cr	300	288.0	0.05	-5[a]	18[a]
	800	884.0	0.10	9[a]	8[a]
Hg	50	54.0	0.01	26	21
	200	180.0	0.05	85	-19
Sn	117	129.0	<0.01	0[a]	-13
	467	452.0	<0.01	8[a]	-9[a]
V	400	122.0	6.4	7[a]	-20[a]

[a] Nicht signifikant verschieden von der unbehandelten Probe.

Nach Wilke (1989).

Sämtliche Schadstoffe, mit Ausnahme von Se und Sn, hemmten die N-Mineralisation. Die toxischsten der untersuchten Elemente waren Be und Hg. Die Nitrifikation wurde in einem geringeren Maße reduziert als die N-

Mineralisierung. As, Be, Cd, Cr, F, Pb, Se, und Sn hemmten diesen Prozeß nicht. Die Arginin-Ammonifikation wies im Vergleich zur N-Mineralisation eine geringere Sensitivität auf, Effekte von Schadstoffen auf Stickstofftransformationen nachzuweisen.

Immissionsgradienten

Kupfer, Zink, Blei. In einem Koniferenwald (Podsol) in der Umgebung der Stadt Gusum in Südschweden wo seit 1661 eine Messinggießerei in Betrieb steht, wurden wesentliche Mengen an Cu und Zn sowie geringere Mengen an Pb und Cd deponiert. Die negativsten biologischen Effekte zeigten sich in der organischen Lage des Oberbodens. Steigende Cu- und Zn-Gehalte der Böden standen in enger Beziehung zur rückläufigen N-Mineralisierung (Tyler 1984). Die Deposition großer alkalischer Teilchen neutralisierte die üblicherweise sehr saure Streu und Rohhumuslage der Koniferenbestände nahe der Gießerei teilweise. Der pH-Wert der stark belasteten, wenig zersetzten organischen Substanz des Oberbodens war wesentlich erhöht. Innerhalb eines Radius von fünf Kilometern zur Quelle fanden sich im Oberboden (0–5 cm) 600–700 Tonnen emittierter Metalle. Von dieser Menge waren 65% Zn, 33% Cu und 2% Pb. Ni, Va, Cd stellten weniger als 0.2% dar. Der Cu-Gehalt des Oberbodens betrug in einer Entfernung zur Quelle von 200 m: 2000 µg/g; von 400 m: 1000 µg/g; von etwa 4000 m: 50 µg/g; von etwa 6000 m: 25 µg/g. Hintergrundkonzentrationen (Cu: 12–20 ppm; Zn: 100–200 ppm) konnten in einer Entfernung von sieben bis neun Kilometern zur Anlage festgestellt werden. Die Bestimmung der N-Mineralisierungsrate erfolgte unter aerober Inkubation von Rohhumusproben in ungestörter Stratifizierung während zehn Wochen. Eine Cu- und Zn-Konzentration im dreifachen Ausmaß der Hintergrundbelastung erwies sich als ausreichend, die N-Mineralisierungsrate meßbar zu beeinträchtigen. Nahe Gusum konnte nur ein geringer Teil der Hintergrund-Mineralisierungsrate festgestellt werden. Ein ernster Mangel an pflanzenverfügbarem Stickstoff war angezeigt.

Blei, Cadmium, Kupfer, Nickel, Zink. In vier Dauergrünlandböden mit zunehmender Entfernung zu einer Kupferhütte bestimmten Kandeler et al. (1992) die Nitrifikation. Bei einer der Flächen handelte es sich um eine kalkfreie Lockersediment-Braunerde, bei den drei weiteren um kalkreiche Graue Auböden. Die erste Fläche befand sich in einer Entfernung von 300 m zum Emittenten, die weiteren Flächen lagen in einer Entfernung von 1125 m, 2425 m und 5900 m (Standorte A–D). Die Schwermetallkonzentrationen der Dauergrünlandböden nahmen mit zunehmender Entfernung vom Emittenten ab. Bei hoher Schwermetallbelastung konnte in der Bodentiefe von 5–10 cm eine starke Hemmung der aktuellen und potentiellen Nitrifikation festgestellt werden. In den oberen 0–5 cm des Bodens war eine Überlagerung der hemmenden Schwermetallwirkung durch die Zufuhr von organischem Substrat feststellbar. Dies bedeutete die Abschwächung des hemmenden Effektes (aktuelle Nitrifikation) bzw. dessen Eliminierung (potentielle Nitrifikation).

Tabelle 20. Schwermetallgehalte der Böden (Königswasseraufschluß)

	Metallgehalte (mg/kg)				
	Pb	Cd	Ni	Cu	Zn
Standort A					
0–5 cm	1400	18.2	71.4	2520	3100
5–10 cm	1660	13.7	73.5	2972	3176
Standort B					
0–5 cm	227	4.0	47.9	642	853
5–10 cm	224	3.6	48.9	686	860
Standort C					
0–5 cm	51.0	1.2	23.7	128	228
5–10 cm	50.7	1.2	24.0	134	228
Standort D					
0–5 cm	37.1	0.4	35.0	46.1	96.9
5–10 cm	36.6	0.4	35.7	45.4	96.5

Nach Kandeler et al. (1992).

Tabelle 21. Beobachtete Wirkungen von Schwermetallen und anderen potentiell toxischen Elementen auf Stickstofftransformationen. Die zusammengestellten Daten wurden von verschiedenen Autoren unter unterschiedlichen Bedingungen gewonnen. Wesentliche Einflußgrößen, wie die Bindungsform der applizierten Elemente, Bodeneigenschaften, Beprobungstiefe und Beobachtungszeitraum, sind nicht angegeben. Eine Ableitung generell gültiger Aussagen für die Wirkung bestimmter Elemente in repräsentativen Böden ist nicht möglich. Nähere Angaben finden sich im Text. Symbole zur Wirkung 0: kein Einfluß, -: Reduktion, +: Zunahme; Symbole der biologischen Parameter Nit: Nitrifikation, Min: N-Mineralisierung, Denit: Denitrifikation

Element	Konzentration	Boden	Parameter	Wirkung	Referenz
Cd	500, 1000 μg/g	Boden aus Botan.Garten	Nit	-	Bewley und Stotzky 1983f
Cd	1.5 μg/g	sandiger Lehm	Nit	0	Stadelmann et al. 1982
Cu	100, 1000, 10000 μg/g	sandiger Lehm	Nit, Min	+	Quraishi und Cornfield 1971
Cu	18.5–275 μg/g (Gesamt) 4–99 μg/g (DTPA-TEA-Extrakt)	Histosol	Nit, Min	0	Mathur und Preston 1981
Ni	200 μg/g 500, 1000 μg/g	sandiger Lehm	Nit Nit	0 -	Morrissey et al. 1974
Ni	50, 250, 1000, 5000 μg/g	Sandboden	Nit, Min	-	Giashuddin und Cornfield 1979

Element	Konzentration	Boden	Parameter	Wirkung	Referenz
Ni	100 µg/g	Podsol	Nit	+	deCatanzaro und Hutchinson 1985
	500 µγ/g		Min	+	
Hg	10 / 100 µg/g	Tonboden	Min	+/-	van Faassen 1973
	10 / 100 µg/g	Dünensand	Min	-/-	
	10 / 100 µg/g	Tonboden	Nit	+/-	
	10 / 100 µg/g	Dünensand	Nit	-/-	
Zn	10 / 100 / 1000 µg/g	Tonlehm, sandiger Lehm, lehmiger Sand	Nit	0/-/-	Wilson 1977
Ag, Hg, Cu, Cd, Pb, Mn, Fe, Zn, Ni, Sn, Co, Cr, As, V, Mo, W	5 µmol/g	div. Oberböden	Min	-	Liang und Tabatabai 1977
Cd	3 µg/g	div.Bodentypen	Nit	0	Beck 1981
Cr	100 µg/g		Nit	-	
Zn	330 µg/g		Nit	-	
Cu	100 µg/g		Nit	0	
Ni	50 µg/g		Nit	0	
Hg	2 µg/g		Nit	-	

Element	Konzentration	Boden	Parameter	Wirkung	Referenz
Cu	130 mg/kg	humoser	Nit / Min	0/-	Wilke 1987c
	222 mg/kg	lehmiger Sand	Nit / Min	-/-	
Zn	264 mg/kg		Nit / Min	0/-	
	430 mg/kg		Nit / Min	-/-	
Zn+Cu+Cd+Ni+V		Braunerden	Min	-	Kandeler et al. 1990
Zn	300 µg/g				
Cu	100 µg/g				
Cd	3 µg/g				
Ni	50 µg/g				
V	50 µg/g				
Cu	100, 1000 µg/g	sandiger Lehm	Min	+	Babich und Stotzky 1985
Mn	100, 1000 µg/g		Min	+	
Zn	100 / 1000 µg/g		Min	+ / 0	
Cr	100 / 1000 µg/g		Min	+ / 0	
Cd	100, 200 µg/g	schluffiger Lehm	Min, Nit	0	Chang und Broadbent 1982
	400 µg/g			-	
Cr	100, 200 µg/g		Min, Nit	0	
	400 µg/g			-	
Mn	100, 200 µg/g		Min, Nit	0	
	400 µg/g			-	

Element	Konzentration	Boden	Parameter	Wirkung	Referenz
Pb	100, 200 µg/g		Min, Nit	0	Chang und Broadbent 1982
	400 µg/g			-	
Cu	100, 200 µg/g		Min, Nit	0	
	400 µg/g			-	
Zn	100, 200 µg/g		Min, Nit	0	
	400 µg/g			-	
Cd	1000, 5000 µg/g	div.Grünland-	Min / Nit	-	Rother et al. 1982
Pb	10000, 20000 µg/g	böden	Min / Nit	-	
Zn	1000 / 5000 µg/g		Min / Nit	0,-/-	
F	100, 1000 µg/g	sandiger Lehm	Nit	-	Baumgärtner und Ottow 1985
F	100, 500 µg/g	lehmiger Sand	Denit	-	Becker und Ottow 1985
	2000 µg/g		Denit	+	
F	940, 1900 µg/g	Mull	Min, Nit	0	Wilke 1986, 1987a
	600, 1800 µg/g	Moder	Min/Nit	-/-	
	1800, 3700 µg/g	Rohhumus	Min/Nit	-/-	
Pb	10–200 mg/g	Mull	Min	0	Wilke 1986
	7.5–200 mg/g	Moder	Min	+,-	
	1–200 mg/g	Rohhumus	Min	+,-	

Element	Konzentration	Boden	Parameter	Wirkung	Referenz
Se	250 µg/g	Mull A_h	Min	+	Wilke 1986, 1988b
	1000 µg/g			+	
	50, 250 µg/g	Moder L, O_f	Min	+	
	50, 250 µg/g	Moder A_h/O_h	Min	+	
	50, 250 µg/g	Moder A_h	Min	+	
	50, 250 µg/g	Rohhumus L	Min	0	
	50/250 µg/g	Rohhumus O_f	Min	0/+	
	50, 250 µg/g	Rohhumus O_h	Min	+	
	50/250 µg/g	Rohhumus A_h	Min	+/0	
As	50, 300 µg/g	sandige Braunerde	Min / Nit	-/0	Wilke 1989
Cd	50, 200 µg/g		Min / Nit	-/0	
F	500, 2000 µg/g		Min / Nit	-/0,-	
Ni	100, 400 µg/g		Min / Nit	0,-/0,-	
Pb	1000, 4000 µg/g		Min / Nit	0,-/0	
Se	40 µg/g		Min / Nit	0/+	
Be	30, 80 µg/g		Min / Nit	-/0	
Br	60, 240 µg/g		Min / Nit	0,-/+,-	
Cr	300, 800 µg/g		Min / Nit	0/0	
Hg	50, 200 µg/g		Min / Nit	-/0,-	
Sn	117, 467 µg/g		Min / Nit	0/+	
V	400 µg/g		Min / Nit	0/0	

Element	Konzentration	Boden	Parameter	Wirkung	Referenz
Pb+Cd+Ni+Cu+Zn		Braunerde, Grauer Auboden	Nit	-	Kandeler et al. 1992
Pb	1400, 1660 mg/kg				
Cd	18.2, 13.7 mg/kg				
Ni	71.4, 73.5 mg/kg				
Cu	2520, 2972 mg/kg				
Zn	3100, 3176 mg/kg				
Cu+Zn		Rohhumus	Min	-	Tyler 1975, 1984
Cu	~50 µg/g				
Zn	~450 µg/g				

1.4.7 Ausgewählte Bodenenzymaktivitäten

Der Einfluß von Schwermetallen auf Bodenenzymaktivitäten wurde in zahlreichen Arbeiten untersucht. Der Einfluß anderer potentiell toxischer Elemente, wie Selen, Arsen und Fluor, wurde in einem geringen Maß berücksichtigt. Die experimentellen Ansätze erfolgten in Kurzzeit- bzw. Langzeitversuchen unter Labor- und Feldbedingungen.

Berichte über die negative Beeinflussung von Bodenenzymen durch Schwermetalle datieren bereits in den frühen dreißiger Jahren dieses Jahrhunderts, wobei die Reduktion der Bodenamylaseaktivität durch Hg-, Ag- und Cu-Salze nachgewiesen wurde (Ebregt und Boldewijn 1977).

Wiederholt konnten hemmende Effekte von Schwermetallsalzen auf verschiedene Enzyme im Boden nachgewiesen werden. Neben Berichten über die Aktivitätshemmung liegen auch solche über Nichtbeeinflussung und Erhöhung der Aktivität vor. Das Ausmaß der Beeinflussung wird durch das Element, dessen Konzentration sowie dessen applizierter und in der Bodenlösung vorliegenden chemischen Form bestimmt. Die relative Hemmeffizienz von Metallen und anderen potentiell toxsichen Elementen ist bodenabhängig. Für die erhaltenen Ergebnisse ist auch die Wahl der begleitenden Anionen im experimentellen Ansatz eine wesentliche Einflußgröße. Solche konnten als aktivitätshemmend bzw. -stimulierend erkannt werden.

Durch anthropogene Maßnahmen, wie den Zusatz von organischer Substanz, kann die enzymhemmende Wirkung von Metallen abgeschwächt werden. Im Falle der Anwendung von metallkontaminiertem Klärschlamm zeigte sich bei höheren Applikationsmengen, und damit verbunden, höherer zusätzlicher Quellen an organischer Substanz, der maskierende Effekt der organischen Substanz auf die hemmende Wirkung schlammbürtiger Metalle. Die Effekte von zugesetzter organischer Substanz können sich je nach gewähltem Beobachtungszeitraum unterschiedlich darstellen. So besteht die Möglichkeit, daß, nach Verbrauch der leicht abbaubaren Fraktion der organischen Substanz, ein zunächst nicht nachteiliger Einfluß von Metallen evident wird. Auch kann die Substrateignung organischer Verbindungen und deren Mineralisierbarkeit durch deren Assoziation mit Metallen verringert werden. Metalle können durch Verhinderung enzymatischer Angriffe eine konservierende Wirkung auf organische Komponenten ausüben.

Den gewählten Untersuchungszeiträumen sowie der Wahl sogenannter Äquilibrationszeiten kommt im Zusammenhang mit der Vergleichbarkeit von Untersuchungsergebnissen Bedeutung zu. Auch die beprobte Bodenlage ist von Relevanz, wobei diesbezüglich Unterschiede zwischen bewirtschafteten und nichtbewirtschaften Böden zu erwarten sind.

Auch können Interferenzen bestimmter Metalle mit Nachweisreagenzien die realen Verhältnisse verfälschen. Die Verläßlichkeit des Dehydrogenaseversuches (TTC-Reduktion) zur Bestimmung der mikrobiellen Aktivität in Cu-kontaminierten Böden wurde bewertet (Chander und Brookes 1991a). Triphenylformazan (TPF) wurde in Abwesenheit von Boden mit separaten Lösungen (0–100 mg/l) von Schwermetallen inkubiert. Die Absorption von TPF war unbeeinflußt von jeglicher Konzentration an Ni, Cd oder Zn, ging aber mit Kupferkonzentrationen zwischen 0 und 20 mg Cu/l nahezu auf 0 zurück. Für den Fall des Auftretens einer solchen nichtbiologischen Reaktion im Boden wäre bei entsprechenden Versuchen in inkorrekter Weise eine Verringerung der Dehydrogenaseaktivität festgestellt worden. Diese Möglichkeit wurde durch den Zusatz von TPF zu Böden, welche zuvor mit den verschiedenen metallreichen Schlämmen inkubiert worden waren, geprüft. In kupferreiche Schlämme enthaltenden Böden wurde die Absorption durch TPF signifikant reduziert, während diese bei den anderen Metallbehandlungen unbeeinflußt war. Cu-belastete Böden wiesen eine scheinbar signifikant reduzierte Dehydrogenaseaktivität auf. Der Hauptgrund dafür war in einer nichtbiologischen Reaktion zwischen TPF und Cu zu sehen. Bisherige Forschung zum Effekt von Cu auf die Boden-Dehydrogenaseaktivität berücksichtigte dieses Phänomen nicht. Die Gültigkeit solcher Befunde wäre zu prüfen.

Verschiedene biochemische Parameter weisen unterschiedliche Sensitivität gegenüber Schadelementen auf.

Im Sinne einer toxikologischen Annäherung wurden auch Versuche zur Ausarbeitung von Dosis-Wirkungs-Beziehungen unternommen. Die Toxizität eines Schadstoffes im Boden wird nicht nur von dessen Lösungskonzentration, sondern auch von der in Lösung vorliegenden Schadstoffspezies bestimmt. Zwischen der Toxizität der ursprünglich applizierten und der bodeneigenen Bindungsform des Elements können wesentliche Unterschiede bestehen. Zum Teil konnten für einen gegebenen zunehmenden Konzentrationsbereich lineare negative Effekte eines gegebenen Elements auf eine bestimmte Enzymaktivität festgestellt werden; dies traf jedoch nicht beständig zu. Höhere Konzentrationen können im Vergleich mit geringeren relativ weniger hemmend wirken.

Die von verschiedenen Autoren erhaltenen Ergebnisse gestatten aufgrund unterschiedlicher experimenteller Vorgangsweisen keine generalisierbare Aussage zur Beeinflussung bestimmter Bodenenzymaktivitäten durch bestimmte Metalle und Nichtmetalle. Die Sichtung zahlreicher Literatur läßt aber ökologisch wertvolle Tendenzen und die Notwendigkeit zum „experimentellen Gleichrichten" erkennen.

Versuche zur Generalisierung von Aussagen wurden unternommen, indem die für verschiedene Böden erhaltenen Ergebnisse hinsichtlich des Einflusses bestimmter Metalle auf bestimmte Enzymaktivitäten als Durchschnittswerte angegeben wurden. Eine solche Betrachtung der Ergebnisse läßt die Standortspezifität außer acht, welche die Effekte modifizieren. Sollten bodenbiologische Methoden bei der Festlegung gesetzlicher

Grenzwerte für Schadstoffe in Böden Berücksichtigung finden, würde eine Vorgangsweise wie die oben angesprochene dazu führen, daß ein Teil der Böden „unterschützt" bzw. ein anderer „überschützt" würde. Diese Situation liegt auch vor, wenn Grenzwerte ausschließlich auf Basis von Gesamtgehalten festgelegt werden.

Aktivierende und hemmende Wirkung von Metallen

Die Abnahme der Enzymaktivität nach Schadstoffzusatz zum Boden kann beruhen auf:

- der Hemmung bzw. Inaktivierung des Enzyms
- der Abnahme der Enzymkonzentration infolge verminderter Enzymsynthese

Blei erwies sich als ein effizienter Hemmer der Enzymsynthese im Boden (Cole 1977). Der Autor bewertete in Proben eines schluffigen Lehmbodens die Eignung der Enzymsynthese als Kennzahl der Hemmung bodenbiologischer Prozesse. Der Zusatz von 2 mg Pb^{2+}/g Boden gleichzeitig oder nach Gabe von Stärke oder Maltose reduzierte die Nettosynthese von Amylase und α-Glucosidase um 75% und 50%. In mit Saccharose versetzten Böden trat nach Pb^{2+}-Gabe eine vorübergehende Reduktion der Invertasesynthese ein. Die Aktivität der Amylase war gebenüber Pb^{2+} weniger sensitiv als die Synthese des Enzyms. In der Mehrzahl der Fälle kehrte die Enzymsyntheserate 24 bis 48 Stunden nach Pb-Gabe auf jene der Kontrolle zurück. Der Rückgang der Amylasesynthese verlief parallel mit einem Rückgang der bleisensitiven, amylaseproduzierenden Bakterien; die Erholung der Synthese war mit einem Anstieg der Zahl der amylaseproduzierenden Bakterien verbunden. Das Ausmaß der Enzymsynthesehemmung stand mit der Menge an zugesetztem Pb sowie mit der spezifischen Form des Bleis in Beziehung. $PbSO_4$ verminderte die Amylasesynthese bei Konzentrationen von ≥ 10.2 mg an Pb^{2+}/g Boden; wohingegen PbO die Amylasesynthese bei 13 mg Pb^{2+}/g Boden nicht hemmte. Pb-Acetat, $PbCl_2$ und PbS reduzierten die Amylasesynthese bei Gesamt-Pb^{2+}- Konzentrationen von ≥ 0.45 mg Pb^{2+}/g Boden.

Metallionen spielen bei der Funktion vieler Enzyme eine wichtige Rolle. Metalle können im Zusammenhang mit Enzymen die Funktion von Aktivatoren, (Co)Substraten und Strukturelementen aufweisen. Viele Enzyme benötigen Metallionen als Cofaktoren. Metalle können als Elektronendonatoren oder -akzeptoren, als Lewis-Säuren oder strukturelle Regulatoren dienen (Riordan 1977).

Zwei Hauptkategorien an Metall-Enzymkomplexen können unterschieden werden:

- Metalloenzyme
- metallaktivierte Enzyme

Metalloenzyme enthalten ein Metall als integralen Teil des Proteins fest gebunden. Das Metallion kann entweder eine katalytische oder eine strukturelle Rolle spielen. Die Entfernung des Metalls oder dessen Ersatz durch eine andere Metallspezies führt üblicherweise zum Verlust der Aktivität.

Metallaktivierte Enzyme benötigen das Metall nicht als integralen Teil des Moleküls. Die Metalle aktivieren die Enzyme. Die Metallspezifität ist geringer und ähnliche Ionen können mit keinem oder nur partiellem Aktivitätsverlust substituieren.

In der Reihe mikrobieller Metalloenzyme finden sich als Kupfer-bedürftige Enzyme beispielsweise die Nitritreduktase, welche Kupfer und Eisen benötigt bzw. die Tyrosinase sowie Laccase, welche Kupfer benötigen. Mangan wird bei verschiedenen Enzymen gefunden; die Superoxiddismutase von *Escherichia coli* zählt beispielsweise zu den Mangan-bedürftigen Enzymen. Zink tritt bei verschiedensten Enzymen auf, als Beispiele können die Aspartat-Transcarbamylase und die alkalische Phosphatase von *Escherichia coli* und Proteasen von *Bacillus subtilis* und *Bacillus thermoproteolyticus* genannt werden. Molybdän funktioniert bei Stickstofftransformationen und die Nitrogenase, die Nitratreduktase und die Xanthinoxidase sind Molybdän-bedürftig. Selen konnte bei Peroxidase, Nickel bei Urease gefunden werden. Zahlreiche verschiedene Zink-Metalloenzyme, einschließlich Dehydrogenasen, Phosphatasen, Proteasen, Carboxylasen, treten in Mikroorganismen auf.

Der Mangel an Spurenelementen bewirkt demzufolge bei Mikroorganismen chemische und enzymatische Veränderungen. Bei Zinkdefizienz kann beispielsweise eine Abnahme von Protein, RNA und Pyridinnucleotiden bzw. ein Anstieg von DNA, Aminosäuren, Polyphosphaten, Phospholipiden, ATP und organischen Säuren auftreten. Aktivitätsabnahmen von Enzymen (wie alkalischer Phosphatase, Alkoholdehydrogenase, Laktatdehydrogenase) können mit einem Zinkmangel einhergehen.

Metallhemmung mikrobieller Enzyme in zellfreien Präparationen oder in Zellkulturen konnte häufig nachgewiesen werden. Verschiedene Sauerstoffanionen (Molybdat, Tungstat, Vanadat, Arsenat, Arsenit) konnten in einer Reihe von Organismen als kompetitive Hemmer der Phosphatase nachgewiesen werden. Cadmium, Kupfer und Calcium wurden infolge der Konkurrenz mit dem normalerweise aktivierenden Magnesium als starke Inhibitoren der sauren Phosphatase in Hefe erkannt (Tyler 1981b). Vergleichende Untersuchungen zum Einfluß einer Reihe von Kationen (Mg^{2+}, Zn^{2+}, Co^{2+}, Mn^{2+}, Fe^{2+}, Ca^{2+}, Cu^{2+}, Al^{3+}, Fe^{3+}) auf die Aktivität intrazellulärer Pyrophosphatasen, welche aus drei verschiedenen Mischkulturen extrahiert worden waren, zeigten, daß nur die ersten fünf Kationen die Enzyme aktivierten (Searle und Hughes 1977). Die pH-Aktivitätsprofile waren für jedes Kation unterschiedlich und jedes zeigte ein pH-Optimum. Das pH-Optimum wurde durch die Kationenkonzentration nicht stark beeinflußt, ebenso nicht durch verwendete Puffer. Die spezifischen Aktivitäten am Optimum für pH und Kationenkonzentration jeder der Kulturen nahm in der folgenden Reihe ab: Mg^{2+} > Zn^{2+} > Co^{2+} > Mn^{2+} > Fe^{2+}. Die Bildung funktionell ähnlicher Enzyme durch verschiedene Mikroorganismen war angezeigt. Die Hydrolyse von anorganischem Pyrophosphat durch die anorganische Pyrophosphatase der Hefe erfolgt nur in Gegenwart von multivalenten Metallionen. Das Enzym weist drei Funktionen, Aktivator, Substrat und Struktur, für Metallionen auf. Butler und Sperow (1977) stellten Untersuchungen am präparierten Enzym an. Von einer Vielzahl an getesteten Metallionen konnten nur Mg^{2+}, Zn^{2+}, Mn^{2+} und Co^{2+} beide Rollen, die des Aktivators und des Substrates, erfüllen. Einige andere Metallionen hemmten, Mg^{2+}-stimulierte die Aktivität. Die starke Hemmung durch Ca^{2+} (und wahrscheinlich durch Cd^{2+}) war verursacht durch die Interferenz mit der Rolle als Aktivator und Substrat. Während die schwächere Hemmung durch Sr^{2+} (und möglicherweise Cu^{2+} und Ni^{2+}) auf die Interferenz mit der Substratrolle zurückzuführen war. Die Ionen Seltener Erden stimulierten die nichtenzymatische Pyrophosphathydrolyse stark, aktivierten aber nicht das Enzym. Trotz der Fähigkeit sowohl die Aktivator- als auch die Substratrolle zu erfüllen, verursachte Zn^{2+} die Inaktivierung des Enzyms; es wurde die Interferenz mit dem „strukturellen" Mg^{2+} als wahrscheinliche Ursache dafür angesehen. Die drei Rollen der Metallionen sind unabhängig (ein individuelles Metall kann zu einem gegebenen Zeitpunkt nur eine Rolle erfüllen) und die Metallionenspezifität für die drei Rollen sinkt in der Reihe: Struktur > Substrat > Aktivator. Nur Mg^{2+}, Zn^{2+}, Mn^{2+} und Cu^{2+} vermochten beide Rollen zu spielen, jene des Aktivators und des Substrates; nur von Mg^{2+} ist bekannt, daß es ebenso die strukturelle Rolle zu spielen vermag.

In verschiedenen Böden, welche zuvor zur Entfernung löslicher Metallsalze und austauschbarer Metallionen mit Ammoniumacetat perkoliert worden waren, wurde der Effekt von in verschiedenen Konzentrationen zugesetzten Metallionen auf die Aktivität der Pyrophosphatase bestimmt (Dick und Tabatabai 1983). Nach Perkolation war die Aktivität der anorganischen Pyrophosphatase in sämtlichen Böden zurückgegangen. Die in verschiedenen Mengen den perkolierten Böden zugesetzten Metallionen wirkten im Fall von Ba^{2+}, Ca^{2+}, Co^{2+}, Mg^{2+}, Mn^{2+}, Ni^{2+} und Zn^{2+} bei bestimmten Konzentrationen fördernd, im Fall von K^{+} und Na^{+} war kein Effekt bestimmbar und im Falle von Fe^{2+} und Cu^{2+} wurde die Aktivität des Enzyms verringert. In hohen Konzentrationen (> 50 mM) hemmten Co^{2+}, Mn^{2+}, Ni^{2+} und Zn^{2+} die Aktivität in zwei der Böden. Die für die optimale Aktivität der Pyrophosphatase nötige Metallkonzentration variierte zwischen den Böden. Die Effizienz der Metallionen, die Pyrophosphataseaktivität bei optimalen Konzentrationen zu fördern, betrug (durchschnittlicher prozentualer Anstieg in Klammer): Ca^{2+}(47) > Mg^{2+}(42) > Ba^{2+} = Co^{2+}(29) > Ni^{2+}(27) > Zn^{2+}(20) > Mn^{2+}(16). In der Gegenwart von

200 mM $CaCl_2$ oder $MgCl_2$ wurde die Bodenpyrophosphatase gegenüber Inaktivierung durch Hitze geschützt (90°C bis zu 30 Minuten).

Verschiedene Mechanismen können zur Hemmung von Bodenenzymen durch toxische Elemente beitragen:

- Maskierung katalytisch aktiver Gruppen
- Denaturierung des Enzymproteins
- Veränderung der Enzymkonformation
- Konkurrenz mit aktivierenden Kationen, welche in die Bildung von Enzym-Substratkomplexen involviert sind
- Komplexierung mit dem Substrat
- Bindung an Enzym-Substratkomplexe
- Präzipitation von Cofaktoren
- Substitution eines aktiven Metallions durch ein inaktives Ion in der Enzymstruktur

Es gibt nur wenige Referenzen zum Mechanismus der Enzymhemmung durch Schwermetalle im Boden. Berichte über Kinetikstudien sind selten.

Die toxische Wirkung potentieller anorganischer Schadstoffe wird zumeist auf deren Fähigkeit, Enzyme zu denaturieren, zurückgeführt. Die Enzyminaktivierung resultiert in vielen Fällen aus der chemischen Bindung des Metallatoms an Sulfhydrylgruppen, welche für die Strukturintegrität und für die Katalyse wesentlich sind. Es wird angenommen, daß Metallionen Enzyme durch die Reaktion mit den Sulfhydrylgruppen inaktivieren; eine Reaktion, welche der Bildung von Metallsulfiden analog ist (Frankenberger und Tabatabai 1981b). Kinetikstudien der Bodenamidase lassen annehmen, daß die prototropen Gruppen, welche an den aktiven Bereichen des Enzyms teilhaben, Sulfhydryl- (Cystein) und/oder α-Aminogruppen einschließen. Enzymaktivität, welche von der Gegenwart freier -NH_2 oder -SH Gruppen abhängig ist, kann durch Schwermetalle gehemmt werden, welche mit solchen Liganden stabile Komplexe bilden. Sulfhydrylgruppen werden leicht inaktiviert und Metalle, welche Sulfide mit der geringsten Löslichkeit bilden, wurden als die stärksten Hemmer angegeben. Die Toxizität des Elementes Selen wird auf überhöhte Konzentrationen an Selenitionen zurückgeführt, welche SH-Gruppen von Enzymen zu oxidieren vermögen (Wilke 1986). Selen ist an der Katalyse einer Reihe wichtiger Prozesse, wie der Reaktion von Sauerstoff mit Wasserstoff im Stoffwechsel und den Ionentransport in Zellmembranen, beteiligt.

Sensibilität von Enzymen in unterschiedlichen Bodenfraktionen

Die gesamte Bodenenzymaktivität ergibt sich als Summe der Aktivitäten von in unterschiedlicher Lokalisation sowie in unterschiedlichem Zustand im Boden vorliegenden Enzymen. Die Aktivität von in lebenden Zellen lokalisierten Enzymen sowie von immobilisierten und frei in der Bodenlösung auftretenden Enzymen fließt in die Gesamtaktivität ein. Die Mechanismen, durch welche außerhalb lebender Zellen aktive Enzyme ihre Stabilität bewahren, sind noch nicht gut verstanden. Untersuchungen zum schützenden Effekt der Ton- und Humuskolloide auf die Erhaltung der Enzymaktivität unter dem Einfluß von Schwermetallbelastung wurden durchgeführt.

In Proben der Humuslage eines Laubwaldbodens sowie in deren alkalischen Extrakten untersuchten Lähdesmäki und Piispanen (1992) den Einfluß verschiedener Konzentrationen an $ZnSO_4$ und $CuSO_4$ (1–50 g/l) auf die Aktivität der Enzyme Protease, Cellulase und Amylase. In den fraktionierten Proben wurden die Enzymaktivitäten durch die Gegenwart der Schwermetallsalze gehemmt, während diese in den natürlich belassenen Proben relativ unbeeinflußt blieben. Die Befunde geben Hinweise darauf, daß die Schutzwirkung, welche in den ursprünglichen Proben durch die Ton- und Humuskolloide gegeben ist, bei der Fraktionierung des Bodenmaterials geschwächt oder zerstört wird.

In Bodenfraktionen, welche unterschiedliche Typen an organischer Substanz enthielten (nichttransformierte bzw. hoher Humifizierungsgrad), bestimmten Perez-Mateos und Gonzalez-Carcedo (1987) den Einfluß von Ag, Cd und Pb auf die Aktivität der Enzyme Katalase (CA) und Dehydrogenase (DHA) eines Rendsinabodens. Die erhaltenen Aktivitätswerte wurden zur Errechnung eines Index der biologischen Aktivität (IBA) eingesetzt. IBA = 50 DHA + 0.25 CA, wobei DHA die Bodendehydrogenaseaktivität in mg TPF/g Boden/3 Stunden, CA die Bodenkatalaseaktivität in ml O_2 freigesetzt/2 g Boden/7 Minuten ist und 50 und 0.25 Proportionalitätsfaktoren sind. Über die Lokalisation der Katalase und Dehydrogenase in den zuvor genannten Bodenfraktionen war früher berichtet worden (Perez-Mateos und Gonzalez-Carcedo 1985). Demgemäß konnte ein Vorherrschen der Aktivitäten von Katalase (67.3%) und Dehydrogenase (57.6%) in Mikroeinheiten mit Durchmessern geringer als 50 µm beobachtet werden. Diese Bodeneinheiten enthielten den größten Anteil an bodenorganischer Substanz eines hohen Humifizierungsgrades und einen hohen Gehalt an Tonkolloiden. Perez-Mateos und Gonzales-Carcedo (1987) erhielten zwei Fraktionen von „strukturellen" Bodeneinheiten aus einer Bodenprobe. Die beiden Bodenfraktionen wiesen einen Partikeldurchmesser von 100–2000 µm (CF_{12}) und < 50 µm (CF_4) auf. Die Fraktionen CF_{12} und CF_4 wurden mit 400 ppm $AgSO_4$ versetzt. Ag hemmte die Katalaseaktivität von nichtfraktioniertem Boden um 31%; Enzyme, welche in der CF_{12}-Fraktion (41%) oder in der CF_4-Fraktion (57%) angereichert waren, wurden stärker gehemmt. Das Ausmaß der Hemmung der Dehydrogenaseaktivität durch Ag in Mikroeinheiten mit Durchmessern < 50 µm (CF_4) war wesentlich größer (96.9%) als jene, welche für die CF_{12}-Fraktion, die frische organische Substanz enthielt (87.7%), beobachtet wurde. Die Hemmung der Dehydrogenaseaktivität in dieser Fraktion

CF_{12} war ähnlich jener für Enzyme der nichtfraktionierten Probe (87.8%). Die biologische Aktivität der CF_4-Fraktion wies eine stärkere Hemmung (80.1%) durch das Metall auf als der Rest der Bodenproben; 56.8% für die IBA der CF_{12}-Fraktion und 65.2% für die IBA des Originalbodens. Die stärkere Hemmung der Katalase und Dehydrogenase durch Ag-Ionen in der CF_4-Fraktion ließ auf den in dieser Fraktion geringeren Schutz der Enzyme und Zellen vor Metallen schließen, als dies für die CF_{12}-Fraktion oder den nichtfraktionierten Boden zutrifft. Die stärksten Wechselwirkungen zwischen Metall und Enzymen/Mikroorganismen wurden in jener Fraktion (CF_4-Fraktion) nachgewiesen, in welcher eine gewisse „Enzymreinigung" gegeben war.

Die Typ der Hemmung der Katalaseaktivität durch Ag, Cd und Pb wurde ferner untersucht. In der Kinetikuntersuchung zum Einfluß von Hg, Cd, und Pb auf die von Katalase katalysierten Reaktionen wurde die Geschwindigkeit der Enzymreaktion bei verschiedenen Substratkonzentrationen bestimmt. Die Metalle wurden dem Boden in einer Konzentration von 400 ppm zugesetzt.

Tabelle 22. Kinetische Konstanten der Katalase in einer mit Ag, Cd und Pb versehenen Rendsina

	ohne Metalle	Zusatz von		
		Ag	Cd	Pb
Km[a]	1.770	0.670	6.490	1.800
V_{max}[b]	103.090	38.880	337.840	116.280
K_m/V_{max}	0.032	0.033	0.036	0.016
r[c]	0.996	0.972	0.992	0.998

[a] K_m in M.
[b] V_{max} ist die Maximalgeschwindigkeit in ml 0_2/2 g/7 min.
[c] r: Korrelationskoeffizient.

Aus Perez-Mateos und Gonzales-Carcedo (1987).

Hemmung der Katalase konnte nur mit Ag nachgewiesen werden; Cd und Pb erhöhten den H_2O_2 Abbau. Der Zusatz von Ag und Cd zum Boden veränderte die Affinität des Enzyms zum Substrat, die K_m-Werte wurden vermindert oder erhöht; in der Gegenwart von Pb veränderte sich K_m nicht. Die Aktivität wurde durch die Zunahme der Ag-Konzentration gehemmt

(37% Hemmung mit 800 ppm Metall); der Antieg der Cd-Konzentration beeinflußte die Enzymreaktion nicht signifikant und der Anstieg der Pb-Konzentration erhöhte diese Aktivität leicht (16% mit 800 ppm). Der geringe Effekt von Pb (50 µg/g Boden) auf die Katalaseaktivität (5% Aktivierung) wurde 14 Tage nach Metallzusatz nachgewiesen, die erste Messung der Enzymaktivität hatte nach 48 Stunden stattgefunden. Die K_m-Werte für die Katalase des Rendsinabodens bewegten sich in jenem Wertebereich, welcher in diesen Bodentypen gefunden wird.

Tabelle 23. Effekt der Schwermetallkonzentration auf die Bodenkatalaseaktivität (Katalaseaktivität des unbelasteten Bodens: 26.9 ml O_2/2 g/7 min)

Metallkonzentration µg/g	Katalaseaktivität (ml O_2/2 g/7 min		
	Ag	Cd	Pb
200	18.9	27.5	28.2
400	18.1	27.4	28.0
600	17.9	25.7	31.0
800	16.8	25.1	31.3

Aus Perez-Mateos und Gonzales-Carcedo (1987).

Überblick durchgeführter Untersuchungen

In der Folge soll ein Überblick über Arbeiten zum Einfluß von potentiell toxischen Elementen auf ausgewählte Bodenenzymaktivitäten gegeben werden. In der Mehrzahl der Arbeiten wurde die Beeinflussung mehrerer Enzyme gleichzeitig untersucht. Aus Gründen des Umfanges der Publikation wurde auf eine Trennung der einzelnen Aktivitäten verzichtet. Diese Vorgangsweise erscheint auch dadurch gerechtfertigt, daß auf diese Weise Beziehungen zwischen Aktivitäten sowie unterschiedliche Reaktionen verschiedener(n) Aktivitäten einsichtig werden. Eine tabellarische Zusammenstellung der Arbeiten folgt im Anschluß an den Text.

Blei. An Hand zweier Sandböden, einem Tonboden und einem Torfboden, versuchten Doelman und Haanstra (1979a) festzustellen, bis zu welchem Ausmaß Böden mit Pb ohne Störung biochemischer Parameter belastet werden können. Der Effekt von Pb (als $PbCl_2$) auf die Dehydrogenaseaktivität wurde dabei berücksichtigt. Pb-Konzentrationen von 375–7500 µg/g kamen zum Einsatz. Im sandigen Boden trat eine wesentliche Reduktion auf, während die Dehydrogenaseaktivität im Torf- und Tonboden kaum bzw. nicht reduziert wurde. Die Reduktion dieser Enzymaktivität konnte in den Sandböden mit Konzentrationen im Bereich von 750–7500 µg Pb/g beobachtet werden. Im Tonboden waren die negativen Einflüsse im Bereich 375–7500 µg Pb/g gering. Im Torfboden zeigte sich bei Aufwandmengen von 1500 bzw. 3000 µg Pb/g eine minimale Reduktion; für Pb-Konzentrationen von 7500 µg/g waren keine Hemmeffekte nachweisbar. Die Bedeutung der Pufferkapazität des Bodens, ausgedrückt in dessen Kationenaustauschkapazität, war angezeigt.

Die Aktivität TTC-reduzierender Enzyme (Dehydrogenasen) wurde in einer Schwarzerde (pH 7.6) und einer podsoligen Braunerde (pH 5.3) bei jeder der eingesetzten Bleikonzentrationen beeinflußt (Maier et al. 1981). Pb wurde als $Pb(NO_3)_2$ über 24 Stunden bzw. 48 Stunden bei 29°C zugesetzt; die Konzentrationen betrugen 200, 500, 1000, 2000, 5000 ppm. Ähnliche Verläufe der Enzymaktivität unter dem Einfluß von Blei konnten bei Schwarz- und Braunerde beobachtet werden. Nach einer leichten Steigung konnte nach 48 Stunden Verbleiung ein wesentlich steilerer Abfall beobachtet werden als nach 24 Stunden Bleistress.

In einem Rasenpodsol und einem Ausgewaschenen Tschernosem wurde die Enzymaktivität durch die Anwesenheit von Pb-Verbindungen verändert, wobei hydrolytische Enzyme eine besondere Sensitivität gegenüber den Wirkungen des Pb aufwiesen (Naplekova und Bulavko 1983). Prinzipiell wies der Tschernosem eine höhere Enzymaktivität (Amylase, Phosphatase, Protease, Katalase) auf, und die Pb-induzierten Veränderungen dieser Parameter waren im Tschernosem gegenüber dem Rasenpodsol weniger stark ausgeprägt. Die Applikation von organischen Bleiverbindungen führte zu einem Anstieg der Aktivitäten der untersuchten Enzyme, während anorganische Verbindungen diese reduzierten. Die Effekte von verschiedenen Pb-Verbindungen, Pb-Suboxid, Pb-Oxid, Pb-Sulfat, Pb-Acetat und Pb-Formiat, in verschiedenen Konzentrationen (10, 50, 500, 1000 und 2000 mg/kg Boden) auf die Aktivität der Amylase, Phosphatase, Protease und Katalase wurden erfaßt (1, 5 und 60 Tage nach deren Applikation). Die Enzymaktivität veränderte sich entsprechend dem Typ der zugesetzten Bleiverbindung, der Menge und Löslichkeit dieser Verbindung und dem Bodentyp. Pb-Acetat übte von den untersuchten Verbindungen die geringsten toxischen Effekte auf die Enzyme aus. Zumeist erhöhte dieses die Aktivität. Behandlungen mit Pb-Formiat bedingten ähnliche Veränderungen der Enzymaktivität. Acetat und Formiat konnten als zusätzliche C-Quelle für Mikroorganismen fungieren. Ein Anstieg der Proteaseaktivität konnte unmittelbar nach der Applikation von organischen Verbindungen zum Rasenpodsol beobachtet werden. Dieser ging nach fünf Tagen zurück und verblieb während des Versuches unter dem Kontrollniveau; nur bei Pb-Formiatbehandlungen wurde diese auf das Kontrollniveau reduziert. Im Tschernosem blieb der Anioneneffekt für längere Zeit aufrecht. Bei Behandlung mit anorganischen Pb-Verbindungen wurde die Proteaseaktivität nur im Tschernosem stimuliert. Im Rasenpodsol wurde diese Enzymaktivität für 60 Tage nach der Applikation der Pb-Verbindungen unterdrückt und kehrte gegen Ende des Versuches auf das Kontrollniveau zurück. Die Pb-Verbindungen beeinflußten die Katalaseaktivität in der gleichen Weise wie die Proteaseaktivität. Dementsprechend war diese im Tschernosem am oder über dem Kontrollniveau, und im Rasenpodsol trat bei Behandlung mit der organischen Pb-Verbindung Stimulierung ein. Untersuchungen zur Aktivität der Enzyme Amylase und Phosphatase zeigten, daß die Reaktion der Enzyme auf verschiedene Pb-Verbindungen häufig ähnlich war. Im Gegensatz zu Protease und Katalase erhöhte sich deren Aktivität im mit anorganischen Pb-Verbindungen belasteten Rasenpodsol. Im Tschernosem war der Rückgang der Aktivität dieser Enzyme bei Behandlungen mit großen Mengen an Pb-Acetat am höchsten. Im Verlauf von 60 Tagen wurde die Aktivität der Enzyme wieder hergestellt und unterschied sich nicht signifikant von der Aktivität der Kontrollen.

Einem Wiesenboden alluvialen Ursprungs in Form von Pb-Acetat in Raten von 50, 500 und 1000 mg Pb^{2+}/kg zugesetztes Pb (Untersuchungszeitraum 50 Tage) förderte die Aktivität der Urease und unterdrückte jene der Amylase (Todorov et al. 1987).

Marzadori et al. (1996) untersuchten den Einfluß von Pb-Kontamination auf die Dehydrogenase- und Phosphataseaktivität des Bodens. Proben von vier verschiedenen Böden Sardiniens, welche sich hinsichtlich ihres natürlichen Schwermetallgehaltes (Cu, Zn, Cd, Pb) unterschieden (zwei davon waren Bergwerksböden), wurden mit Pb in einer Aufwandmenge von 0, 100, 500, 1000 und 5000 µg/g Boden versehen und im Labor inkubiert (Beprobung periodisch nach 0, 1, 2, 4, 8 und 16 Wochen). Die Dehydrogenaseaktivität wurde sowohl durch die Pb-Zusätze als auch durch die Variationen im Bodenfeuchtegehalt beeinflußt. Nur der Zusatz von 5000 µg Pb/g Boden führte zu einem signifikanten Rückgang der Dehydrogenaseaktivität im Vergleich zur Kontrolle. Die anderen Aufwandmengen waren hinsichtlich ihrer Wirkung nicht beständig. Trocknen des Bodens führte zu einer wesentlichen Verringerung der Enzymaktivität; das Ausmaß der letzteren ermöglichte zuweilen keine Feststellung signifikanter Unterschiede zwischen verschiedenen Behandlungen. Die Bodenphosphataseaktivität wurde durch Pb ebenfalls beeinflußt. Der Einfluß der Feuchte war bei dieser Aktivität weniger ausgeprägt als bei der Dehydrogenaseaktivität. Zwei Wochen nach Inkubation war in den beiden Bergwerksböden ein mit zunehmendem Pb-Gehalt proportionaler Rückgang der Phosphataseaktivität zu verzeichnen. Am Ende der Inkubationsperiode konnte in den beiden anderen Böden eine Reduktion der Phosphataseaktivität gegenüber der Kontrolle nur bei der höchsten Pb-Konzentration nachgewiesen werden. Da die Phosphataseaktivität weniger sensibel gegenüber Variationen im Bodenfeuchtegehalt reagierte, wurde diese als ein geeigneterer Indikator für die Bodenkontamination mit Pb betrachtet. Metallgehalte: in den Bergwerksböden betrugen die Werte in mg/kg für Cu 168 bzw. 75; für Zn 63 740 bzw. 10 070; für Cd 930 bzw. 89; für Pb 11 500 bzw. 3150; für Cu 6 bzw. 3; für Zn 1030 bzw. 572; für Cd 34 beidemale sowie 1163 bzw. 433 für Pb. Wesentlich geringere Werte fanden sich in den beiden anderen Böden (in mg/kg: Cu 18 bzw. 15; Zn 438 bzw. 20; Cd 11 bzw. 5; Pb 156 bzw. 25; Cu $\leq$ 1; Zn 64 bzw. 4; Cd 4 bzw. < 0.5; Pb 41 bzw. 3).

Cadmium. Hattori (1989) konnte eine Zunahme der β-Glucosidaseaktivität mit der Zunahme des Cd-Spiegels im Boden feststellen, während die Proteinaseaktivität unter diesen Bedingungen zurückging. Cadmium war mit Proben fünf verschiedener Böden (Flußsand, Gley, Grauer Tieflandboden, Andosole) in Mengen von 0–30 µmol/g Boden vermischt worden. Die Aktivitätsmessungen erfolgten nach achtwöchiger Inkubation der Böden.

Die Katalaseaktivität wurde bei einem verfügbaren Cd-Gehalt von 1.5 ppm in einem sauren, sandigen Lehmboden nicht gehemmt (Stadelmann et al. 1982). Die Cd-Verfügbarkeit war als jene Menge Cd^{2+} definiert worden, welche mit 0.1 M $NaNO_3$ extrahiert werden konnte.

Fluor. Vergleichende Untersuchungen zum Einfluß von NaF (0.1 M und 0.4 M) auf die Aktivität der Phosphatase in einem Mineral- sowie einem organischen Boden ergaben eine signifikante Hemmung der Aktivität nur im Mineralboden (Halstead 1964).

Die Aktivität der anorganischen Pyrophosphatase wurde in verschiedenen Oberböden durch Fluorid (NaF, 50 µmol/g) gehemmt (Dick und Tabatabai 1978). Die Hemmung durch Fluorid wurde mit der Bindung von Mg^{2+}, welches für die Aktivierung von PP_i benötigt wird, in Beziehung gesetzt. Frankenberger und Tabatabai (1980) fanden in Proben einer Reihe unterschiedlicher Oberböden die Hemmung der Bodenamidaseaktivität durch NaF (5 mM). Die Hemmung durch F^- ließ auf den Bedarf der Amidase an Mg^{2+} und/oder Ca^{2+} schließen.

Brutversuche mit einem lehmigen Sand zum Einfluß von Fluor (0–1500 ppm) ergaben zunächst eine Förderung der Dehydrogenaseaktivität in einem relativ geringen Konzentrationsbereich (Ottow und Kottas 1984), ab 200 ppm F^- (HF) konnte eine gegenüber der Kontrolle bis zu 30% geringere Aktivität nachgewiesen werden.

Die Ergebnisse von Labor- und Feldversuchen zeigten die unterschiedliche Beeinflussung verschiedener Enzymaktivitäten durch Fluoreintrag an (Polomski 1985). Feldversuch: Standorte, welche seit Jahrzehnten eine starke Belastung durch Fluoremissionen erlitten hatten, wurden gewählt; die Probennahme erfolgte mit zunehmender Entfernung von einer Aluminiumhütte (aus 0–6 cm Tiefe). Es handelte sich um Standorte in *Pinus sylvestris* Beständen. Laborversuche: Proben aus einem stark fluorbelasteten Standort, einem mäßig belasteten Standort, einem Standort außerhalb des Emissionsgebietes. Diese Böden wurden mit steigenden F-Gaben versehen

(0, 3, 6, 12, 24, 48 µmol F/g) und bis zu 60 Tagen bei Zimmertemperatur inkubiert. Danach erfolgte die Bestimmung der F-Gehalte und der Enzymaktivität. In stark kontaminierten Böden konnte eine Anreicherung von austauschbarem Aluminium und von organischem Material sowie eine Senkung des pH beobachtet werden. Die Dehydrogenase- und Phosphataseaktivität nahmen an den fabriknahen Standorten ab. Die β-Glucosidase dagegen wurde in Gegenwart von Fluor aktiviert. Laborexperimente bestätigten die Wirkung von F^- auf die Phosphatase, Dehydrogenase und die β-Glucosidase. Die Wirkung auf die Phosphatase war sowohl vom Bodentyp als auch von der Konzentration des zugefügten Fluors abhängig. Die Zugabe von 24 µmol F/g reduzierte im sauren Boden die Phosphataseaktivität um 21%, im carbonathaltigen Boden um nur 14%. An Hand von K_m und V_{max} ließ sich Fluor keinem spezifischen Hemmungstyp zuordnen. Ein Trend zur Affinitätserhöhung für Phosphatase und β-Glucosidase infolge der F-Zugabe war erkennbar. Die in den Laborversuchen beobachtete starke Aktivierung der Dehydrogenase wurde mit einer fluorinduzierten Mobilisierung von organischem Material in Beziehung gesetzt. Im stark fluorbelasteten Boden wirkten sich zusätzliche F-Gaben generell weniger stark aus als in den beiden anderen untersuchten Böden. Adapations- und Puffermechanismen im Verlauf jahrzehntelanger Fluorbelastung können ursächlich dafür sein. Polomski (1985) konnte auf Literatur (Russel und Swiencicki 1978) verweisen, in welcher die vollständige Hemmung der Phosphataseaktivität durch die Behandlung von Bodenproben mit 3000 mg F/kg angegeben wurde.

Fluor, Arsen. Die Aktivität der L-Histidin-Ammoniak-Lyase wurde in einer Reihe verschiedener Oberbodenproben durch Phenylquecksilberacetat, NaF und $NaAsO_2$ (5 mM) gehemmt (Frankenberger und Johanson 1981). Das Ausmaß der Hemmung des Enzyms durch NaF bzw. $NaASO_2$ betrug durchschnittlich 32% und 36%. Die Hemmung durch F^- ließ darauf schließen, daß die L-Histidin-Ammoniak-Lyase Mg^{2+} und/oder Ca^{2+} für deren Aktivität benötigt. Beide, Ca^{2+} und Mg^{2+}, regten die Aktivität des Enzyms um durchschnittlich 11% an.

Fluor, Zink, Mangan, Bor, Molybdän. Die Elemente Zn, Mn, Bor, Mo und F beeinflußten die Nucleaseaktivität in einem Ausgewaschenen Tschernosem (pH 5.45, Humusgehalt 13.54%) und einem Kalkiger Tschernosem (pH 7.65, Humusgehalt 6.72%) differentiell (Khaziyev 1966). Bei entsprechender Konzentration (0.01 M) steigerten Zink als $ZnSO_4$ sowie Mn^{2+} als $MnSO_4$ die Enzymaktivität substantiell, während B^{3-} als H_3BO_3 und Mg^{2+} als $MgSO_4$ keinen Effekt ausübten. MoO_4^{2-} und NaF reduzierten die Aktivität des Enzyms.

Quecksilber. In einem organischen Boden, welcher mit 70 ppm $HgCl_2$ versehen worden war, konnte Tu (1982) die Hemmung der Aktivität der Amylase, nicht aber jener der Invertase, feststellen. Die Inkubationszeit hatte einen und drei bzw. einen und zwei Tage betragen.

Kupfer – Schwinden organischer Böden. Im Zusammenhang mit der Problematik des Schwindens organischer Böden wandte man dem hemmenden Effekt des Kupfers auf Bodenenzyme Aufmerksamkeit zu. Mathur und Sanderson (1978) fanden eine negative Korrelation zwischen dem Kupfergehalt der Böden und der Aktivität des Enzyms saure Phosphatase. Mathur et al. (1980) beprobten einen leicht kupfrigen natürlichen organischen Boden unter Mischwaldflora. Die Proben eines Histosols, welcher einen Gesamtkupfergehalt von 2922 ppm aufwies, verloren Kohlenstoff durch Atmung mit der halben Rate von Proben eines solchen, welcher 1159 ppm Cu enthielt. In Proben, welche größere Kupfermengen enthielten, waren die Aktivitäten der C_1-Cellulase, C_x-Cellulase, Cellobiase, Xylanase, Chitinase, Lichenase, Inulase, Pektinase, Amylase, Invertase, Lactase, Maltase, Lipase, Protease und sauren Phosphatase geringer. Die Enzymaktivitäten gingen um durchschnittlich 79% und 66.2% zurück. Der Kupfergehalt von 14 benachbarten Histosolen variierte zwischen 18–275 µg/g (Mathur und Sanderson 1980). Die Enzymaktivitäten in luftgetrockneten und gelagerten Bodenproben korrelierten positiv mit der Bodenatmung und negativ mit dem Bodenkupfergehalt. Mathur et al. (1984) untersuchten den Einfluß von Kupfergaben auf den Ersatz von Nährstoffen (Ca, Mg, K, Fe, Mn, Zn) im Boden, bzw. auf die Auswaschung derselben oder des Kupfers in drei sich hinsichtlich ihres humifizierten organischen Anteiles unterscheidenden organischen Böden. An keinem der Standorte führte die Cu-Applikation zu einem signifikanten Ersatz oder zu einer Abwärtsverlagerung von Ca, Mg, K, Fe, Mn oder Zn. An zwei Standorten erfolgte unabhängig von der Cu-Aufwandmenge ein geringer Transfer desselben unter eine Tiefe von 30 cm. An einem dritten Standort, ein gering humifizierter, saurer Torf, erfolgte eine Bewegung des Kupfers bis zu einer Tiefe von 40 cm, wenn die Aufwandmenge 1500 ppm betrug (Mathur et al. 1984). Mathur (1983) untersuchte zwei schwach humifizierte Torfböden, 23 oder 1207 ppm Cu enthaltend, und zwei gut humifizierte Kompostböden mit Kupfergehalten von 151 und 1264 ppm hinsichtlich der Bedeutung angereicherter Bodenenzyme für den Abbau der organischen Substanz. Die Böden waren aus drei Jahre alten Feldexperimenten erhalten worden, in welchen durch Cu-Applikationen die Minderung des Schwindens des organischen Bodens simuliert wurde. Es sollte bestimmt werden, ob die Lebensdauer einer motilen Mutante des *Escherichia coli* Stammes K12, welche in die Böden inokuliert wurde, durch die Kupferkonzentrationen beeinflußt wird. Die Lebendkeimzahl war mittels Plattierung bestimmt worden. Mikrobiologisch aktive und mit Brommethan sterilisierte Böden wurden mit dem Bakterium aerob für 48 und 168 Stunden inkubiert. Dies erfolgte mit/ohne zusätzlichen 10 ppm Cu. Weder das zuvor vorhandende noch das zugesetzte Cu übte einen negativen Effekt auf das Überleben oder die Vermehrung von zugesetzten *E. coli* Zellen aus. Diese Ergebnisse gaben einen Hinweis darauf, daß das Bodenkupfer keinen direkten bakteriziden oder bakteriostatischen Effekt ausübte. Diese Daten stimmten mit früheren Annahmen überein, wonach Cu den Abbau und folglich das Schwinden organischer Böden durch Inaktivierung angereicherter abbauender Enzyme, welche substantiell zum Verbrauch ihres substratreichen Milieus beitragen, mindert (Mathur 1983). Die Aktivität des Enzyms Pyrophosphatase wurde in vier organischen Böden durch die Cu-Gehalte der Bodenmaterialien signfikant beeinflußt (Parent et al. 1985). Das kritische Intervall der Cu-Gehalte, welche die Enzymaktivitäten reduzierten, lag zwischen 76–201 mg Cu/kg.

Kupfer – mikrobielle Nährstoffkonkurrenz. Mineralische Volldüngung (NPK) hemmte enzymatische Aktivitäten des Streuabbaus (Schinner et al. 1980). In einem mit NPK gedüngten Pflanzgartenboden konnten nach sechs Wochen wesentliche Reduktionen der Aktivitäten der Enzyme Urease und Xylanase nachgewiesen werden, während die Aktivitäten der Enzyme Cellulase und Invertase kaum beeinflußt waren. Durch Volldüngung nahmen die Aktivitäten der Dehydrogenasen in etwa dem gleichen Ausmaß zu wie die mikrobielle Biomasse. Die gemeinsame Applikation von Volldünger (NPK) und Kupfersulfat führte zu einem generellen Absinken der metabolischen Aktivitäten, besonders stark sank jene der Dehydrogenase. Die Aktivität der Dehydrogenase wurde um 72% gehemmt, die Aktivitäten von Urease und Xylanase um 30%. Die Aktivität der Invertase wurde nur um 15% und jene der Cellulase um 10% gehemmt. Die Düngung mit NPK war in Form von 50 g/m^2 (N:P_2O_5:K), die Kupferapplikation in Form von 25 g $CuSO_4$/m^2 erfolgt. Der Untersuchungszeitraum umfaßte sechs Wochen.

Vergleichende Untersuchungen zum Einfluß von Volldünger (NPK) alleine sowie von Volldünger gemeinsam mit Kupfersulfat auf das Wachstum und den Bioelementgehalt von *Pinus cembra* Sämlingen wurden parallel zu mikrobiologischen Untersuchungen geführt (Neuwinger und Schinner 1980). Fünf Monate nach Düngung zeigten die Sämlinge des gedüngten Standortes ein gegenüber solchen des ungedüngten sowie des mit Cu behandelten Standortes ein niedrigeres Gesamtgewicht und niedrigere Bioelementgehalte. Die Aktivität von Mikroorganismen, welche für die Sämlinge potentielle Nährstoffkonkurrenten darstellen, hatte an den NPK-Standorten zugenommen. An mit $CuSO_4$ behandelten Standorten zeigte sich ein Rückgang der mikrobiellen Aktivität. Durch den Zusatz von $CuSO_4$ konnte eine teilweise Ausschaltung der mikrobiellen Konkurrenz und eine Begünstigung der Sämlinge hinsichtlich der Aufnahme von Stickstoff, Phosphor und anderer Biolelemente bewirkt werden. Die Beobachtungen trugen zur Erklärung der Ergebnisse vorangegangener Versuche bei, welche zeigten, daß kupfersulfathaltige Dünger das Wachstum von Zirbenkeimlingen fördern. Durch Pflanzenanalysen und mikrobiologische Untersuchungen konnte nachgewiesen werden, daß in mit handelsüblichem Volldünger versehenen Zirbenkeimlingsparzellen durch die mikrobielle Nährstoffkonkurrenz Hungerformen der Jungpflanzen entstanden, welche nach zwei Jahren eine geringere Überlebensquote aufwiesen als solche unbehandelter Kontrollen. Kupfersulfatzusätze in den Düngerparzellen schalteten diese Konkurrenz zum größten Teil aus. Diese führten zu einer erhöhten Bioelementaufnahme und einer besseren Nährstoffversorgung der Keimlinge. Letztere wiesen nach zwei Jahren eine höhere Überlebensquote auf als die Kontrollpflanzen.

Tabelle 24. Enzymaktivitäten und CO_2-Entwicklung in Prozent des unbehandelten Bodens (100%)

Aktivität	Volldünger + $CuSO_4$	Volldünger
Urease	48	77
Xylanase	55	78
Cellulase	94	105
Invertase	92	108
Dehydrogenase	39	141
CO_2-Entwicklung	47	49

Aus Schinner et al. (1980).

Kupfer, Zink, Cadmium. Phytinsäure vermag divalente Kationen zu chelatieren. Die Metalle Cu, Zn und Cd, appliziert als Sulfate, hemmten in einem Fichtenwaldboden die Phytase-katalysierte Phosphatfreisetzung aus Phytinsäure konzentrationsabhängig und reversibel (Svenson 1986). Die Ionen wurden in Konzentrationen rangierend zwischen 0.4–24 mM eingesetzt. Die in einer Konzentration von 24 mM zugesetzten Metallionen reduzierten die Enzymaktivität um 79%. Bei der niedrigsten Metallkonzentration betrug das Verhältnis von zugesetztem Metall zu Phytinsäure 1, die Aktivität wurde um 0–10% gehemmt. Die Maskierung eines Großteils der Metallionen durch Bindung an andere im Boden auftretende Substanzen, wie Huminsäuren, war anzunehmen. Bei einem Verhältnis von sechs, zwischen Metall und Phytinsäure, variierte die Hemmung zwischen 2–25%, jene mit Zn und Cu war höher als die mit Cd. Bei einem 18fachen Überschuß an Metallionen wurde die Phytaseaktivität um 32–39% gehemmt und schließlich konnte bei einem 60fachen Überschuß eine Hemmung von 51–79% nachgewiesen werden. Die nicht vollkommene Hemmung gab Hinweise auf eine Konkurrenz zwischen Phytinsäure und anderen Metallbindepositionen. Ein Vergleich zur Hemmung der sauren Phosphatase ergab ein Hemmausmaß von etwa 10–15%, wenn äquimolare Mengen an Metallionen und Substrat getestet wurden. In einem sechsfachen Überschuß trat eine solche von 8–27% auf und Cu wirkte stärker hemmend als Zn und Cd. Die Steigerung des Metallzusatzes auf das 18fache führte zu einem etwa gleichen Hemmausmaß (7–30%) wie für die Phytaseaktivität. Die höchste Metallkonzentration führte zu einer Hemmung von 44–58%.

Vanadium. Für Untersuchungen zum Einfluß von Vanadium auf die Aktivität der sauren Phosphatase in Rohhumus (*Picea abies*) wurde dieser mit $NaVO_3$ in Konzentrationen von 0–2000 mg V/kg inkubiert (Bestimmung der Phosphataseaktivität nach Lagerung für sechs Monate) (Tyler 1976a). Auch wurden verschiedene Vanadiumformen hinsichtlich deren Wirkung untersucht. Vanadiumpentoxid (V_2O_5), Vanadylsulfat ($VOSO_4$), Natriummetavanadat ($NaVO_3$) oder Natriumorthovanadat (Na_2VO_4) wurden zum Erhalt von 100 mg V/kg Trockengewicht appliziert. Die Aktivität des Enzyms wurde durch Vanadium in Konzentrationen, wie selbige in urbanen und suburbanen Regionen auftreten, signifikant reduziert. Das Hemmvermögen verschiedener Formen an zugesetztem V (100 mg/kg) ging in der Reihe $Na_3VO_4 > NaVO_3$, $VOSO_4 > V_2O_5$ zurück. Na_2SO_4 und NaCl hatten keinen Einfluß auf die Aktivität.

Zink, Kupfer, Blei. Zink wurde als Zinksulfat einem lehmigen Sand in Aufwandmengen von 40 bis 400 mg Zn/kg Boden zugesetzt. In einer Konzentration von 400 mg wurde sowohl die saure Phosphatase- als auch die Dehydrogenaseaktivität reduziert (Kucharski 1992).

In Rahmen von Untersuchungen zum Einfluß von Elektrofilterstäuben (von Zn-und Cu-Verhüttungswerken) auf biochemische Bodenparameter wurden die Stäube mit dem Boden bis zu einer Tiefe von 30 cm vermischt (Greszta et al. 1979). Dadurch wurden Standorte etabliert, welche die folgenden Prozentsätze an Staub in den oberen 30 cm des Bodens enthielten: 0, 1, 10, 25, 50%. Alkalisierung des Bodens wurde mit Cd-Pb-Zn-Staub sowie mit Pb-Zn-Staub bewirkt, während der Pb-Cu-Staub und der Pb-Cu-Schlamm eine leichte Acidifizierung bewirkten. Diese Veränderungen des pH wiesen drei Jahre nach der Behandlung die Tendenz zum Rückgang auf das ursprüngliche Niveau auf. Staubinduzierte Anreicherungen großer Mengen an Elementen von toxischer jedoch auch von stimulierender Natur (z.B. K) traten auf. Der Cd-Pb-Zn-Staub erwies sich, gefolgt vom Pb-Cu-Staub, am toxischsten für Mikroorganismen. Die geringste Toxizität wies der Pb-Cu-Schlamm auf. Niedrige Mengen an Cd-Pb-Zn-Staub (1% und 10%) verursachten eine Reduktion der Aktivität des Enzyms Urease, wohingegen hohe Staubdosen (25% und 50%) einen Anstieg der Ureaseaktivität bewirkten. Bei einer 50% Dosis war die Aktivität des Enzyms gegenüber jener des Kontrollstandortes um das doppelte erhöht.

Silber, Quecksilber, Gold, Kupfer, Cobalt, Blei, Arsen, Chrom, Nickel. Bremner und Douglas (1971) testeten in Oberbodenproben verschiedener Böden mehr als 100 Verbindungen als Ureasehemmer. Es zeigte sich, daß von den getesteten Metallsalzen nur jene einen substantiellen Effekt ausübten, welche Silber, Quecksilber, Gold oder Kupfer enthielten. Beim Vergleich der Kationen in einer Konzentration von 50 µg/g Boden stellte sich folgende Reihe abnehmender Effizienz dar: Ag^{+} > Hg^{2+} > Au^{3+} > Cu^{2+}, Cu^{+} > Co^{2+}, Pb^{2+}, As^{3+}, Pb^{+}, Cr^{3+}, Ni^{2+} > andere (Fünf-Stunden Test). Beim Vergleich der potentesten Hemmer (anorganische/organometallische), auf der Basis 50 µg/g Boden, ging deren Hemmeffizienz in der Reihe: Phenylquecksilberacetat > Silbersulfat > Quecksilberchlorid > Goldchlorid > Kupfersulfat zurück.

Eisen, Kupfer, Zink. Daif und van Beusichem (1982) bewerteten Fe-, Cu- und Zn- Ionen als Ureasehemmer zur Kontrolle der Harnstoffspaltung in einigen mit Harnstoff behandelten Böden Spaniens. Die Ionen hemmten die Ureaseaktivität um 7–20%, wenn selbige in Konzentrationen von 20 µg/g Boden appliziert wurden. Der Hemmeffekt war im leicht texturierten Boden am ausgeprägtesten. Das Cu-Ion war in dieser Hinsicht am effektivsten.

Silber, Quecksilber, Kupfer, Cadmium, Cobalt, Zink, Nickel, Eisen, Chrom, Mangan, Strontium, Blei, Aluminium. Metallkationen hemmten die Bodenureaseaktivität in einem tonigen Lehm, wobei Variationen in der Wirksamkeit hinsichtlich der aufgewandten Menge bestanden (Yadav et al. 1987). Auf der Basis einer Konzentration von 100 ppm nahm der hemmende Einfluß der Kationen in der Reihe: Ag^{+} = Hg^{2+} > Cu^{2+} > Cd^{2+} > Co^{2+} > Ba^{2+} > Zn^{2+} >Ni^{2+} > Fe^{2+} > Cr^{3+} > Mn^{2+} > Sr^{2+} > Pb^{2+} > Al^{3+} ab.

Quecksilber, Cadmium, Blei, Zink. Spalding (1979) bestimmte die Enzymaktivität in Douglastannen-Streu im Anschluß an die Applikation von zweiwertigen Metallen (als Chloride) in Mengen von 10, 100 und 1000 µg/g. Die Bestimmung der Aktivitäten erfolgte einen Tag, zwei und vier Wochen nach der Behandlung. Eine Unterdrückung der Cellulaseaktivität vier Wochen nach Anwendung von 1000 µg/g von entweder Hg oder Cd konnte beobachtet werden. Eine Unterdrückung der Xylanaseaktivität zeigte sich ebenfalls vier Wochen nach Anwendung von 1000 µg/g Hg; Entsprechendes traf für die Amylase nach Anwendung von 1000 µg/g Cd bzw. Pb zu. Eine Hemmung derselben durch den direkten Zusatz von Cd bzw. Pb zu den Streuextrakten konnte nicht festgestellt werden. Eine anfängliche Stimulierung der Invertase durch 100 oder 1000 µg/g Zn oder Cd verschwand nach zwei bis vier Wochen nach Anwendung. Das Enzym Invertase erwies sich als das am stärksten gehemmte Enzym, wenn Hg direkt den Streuextrakten zugesetzt wurde. Die β-Glucosidaseaktivität war zu jedem Zeitpunkt der Messung nach Behandlung mit 1000 µg/g Hg erhöht. 1000 µg Cd/g stimulierte die Aktivität nur anfänglich. Die β-Glucosidase wurde durch den Zusatz von Cu und Hg zum Streuextrakt gehemmt.

Mangan, Zink. Mathe und Kovacs (1980) untersuchten den Einfluß von 0–1000 ppm Mn und Zn auf die Phosphataseaktivität eines Typischen kalkigen Tschernosems (intensiv gedüngt, Maismonokultur). Die Mn-Behandlung reduzierte die Phosphataseaktivität. Die Zn-Behandlung erwies sich bis zu 50 ppm als stimulierend, oberhalb dieser Konzentration war die Aktivität gegenüber der Kontrolle erniedrigt. Bei 500 und 1000 ppm Zn war die Phosphataseaktivität signifikant höher als bei 250 ppm Zn.

Tabelle 25. Aktivität der Enzyme Protease und Dehydrogenase von Böden unmittelbar nach Schwermetallzusatz (Durchschnitt aus den Böden; Kontrolle ohne Schwermetalle = 100%)

Metall	Konzentration µg/g	Proteaseaktivität %	Dehydrogenaseaktivität %
Cd^{2+}	0.5	91.5	98.7
	1.5	85.1	97.2
	5.0	75.7	102.5
Cr^{3+}	10.0	91.4	123.2
	30.0	86.6	147.5
	100.0	76.1	192.8
Zn^{2+}	50.0	107.2	98.3
	150.0	95.3	93.1
	500.0	64.0	66.1
Cu^{2+}	30.0	98.0	80.4
	100.0	67.9	53.7
Ni^{2+}	10.0	88.4	98.2
	30.0	82.5	97.3
	100.0	68.8	92.4
Hg^{2+}	1.0	97.8	63.6
	3.0	96.0	23.3
	10.0	87.5	13.8

Nach Beck (1981).

Cadmium, Chrom, Zink, Kupfer, Nickel, Quecksilber. In unterschiedlich genutzten Böden bestimmte Beck (1981) den Einfluß abgestufter Konzentrationen der löslichen Salze von Cd, Cr, Zn, Cu, Ni und Hg auf die Aktivität von Bodenenzymen. Bodentyp/Nutzung/pH/C_t%/Biomasse mg C/100 g: Lößlehm/Mais/6.10/1.56/49.0; Auengleye/Ackerbohne/7.5/2.91/ 58.2; Auenboden/Sommerweizen/7.2/1.95/51.8. Die Metalle wurden in Form von Sulfaten oder Chloriden appliziert.

Die Aktivitäten variierten hinsichtlich deren Sensibilität gegenüber den eingesetzten Metallen. So hemmten zunehmende Gehalte an Chromsalzen die Proteaseaktiviät, während die Dehydrogenase eine stärkere Aktivitätsteigerung erfuhr. Umgekehrt wurde die Proteaseaktiviät durch Hg-Salze nur sehr wenig, die Dehydrogenaseaktivität jedoch sehr stark gehemmt. Die tolerierbaren Richtwerte liegen nach Kloke (1977) für Cd^{2+} bei 3 ppm, für Cr^{3+} bei 100 ppm, für Zn^{2+} bei 330 ppm; für Cu^{2+} bei 100 ppm, für Ni^{2+} bei 50 ppm sowie für Hg^{2+} bei 2 ppm.

Kupfer, Zink, Cadmium, Nickel, Vanadium. In einem Großgefäßversuch unter Freilandbedingungen (Anlage 1987) untersuchten Kandeler et al. (1990) den Einfluß des Zusatzes von Schwermetallen auf bodenbiologische Parameter. Die untersuchten Böden unterschieden sich in ihrem pH-Wert, C-Ton- und Carbonatgehalt. Der natürliche Schwermetallgehalt der Böden wurde durch Zusatz von 300 ppm Zn, 100 ppm Cu, 3 ppm Cd, 50 ppm Ni und 50 ppm V erhöht. Diese Schwermetallgehalte entsprachen den Grenzwerten nach Kloke (1980). Bei Schwermetallgaben, welche den Grenzwerten nach Kloke entsprachen, wurde die Aktivität folgender Enzyme signifikant gehemmt: Arylsulfatase (56–80%), alkalische Phosphatase (46–64%), Dehydrogenase (54–69%). Die Intensität der Hemmung war vom betrachteten Boden sowie vom untersuchten Parameter abhängig. In der tonreichen, schwach alkalischen Lockersedimentbraunerde reagierten die Parameter weniger empfindlich auf Schwermetallbelastung als in der schwach sauren, tonarmen Felsbraunerde.

Arsen, Selen, Fluor, Blei. Wilke (1982, 1986, 1987a,b, 1988b) etablierte in Untersuchungen mit verschiedenen Waldhumusformen – Mull (Rendsina), Moder (saure Braunerde) und Rohhumus (Podsol) – zwischen der Schadstoffpufferkapazität der Böden sowie der Bindungsformen der Elemente in Lösung (Gleichgewichtsperfusionslösung, GPL) und biochemischen Aktivitäten.

Der Trend zum Auftreten der höchsten Aktivitätsverluste im Rohhumus (sorptionsschwach, Möglichkeit der Bildung besonders toxischer Bindungsformen in der Lösung) sowie zum Auftreten der geringsten im Mull (sorptionsstark, Möglichkeit der Bildung gering- bzw. nichttoxischer Bindungsformen) zeigte sich deutlich.

Zur Etablierung einer Beziehung zwischen der Pb-Sorptionsfähigkeit einzelner Horizonte der oben genannten Humusformen und der Beeinflussung biochemischer Aktivitäten, wurden O- und A_h-Lagen der Humusformen unter Verwendung von Perfusionsapparaturen im Labor mit $Pb(NO_3)_2$ belastet (Wilke 1982, 1986). Entsprechende Belastungsversuche wurden mit As als Na_2HAsO_4, Se als Na_2SeO_3 und F als NaF durchgeführt (Wilke 1986, 1987a,b, 1988b). Die entsprechenden Verbindungen wurden am siebenten Tag nach Versuchsansatz in den Perfusionsanlagen zugesetzt. Die Versuchsdauer umfaßte 21 Tage.

Zusammenfassend kann festgestellt werden, daß sich die Dehydrogenaseaktivität neben der Nitrifikation als jener Parameter erwies, welcher am empfindlichsten auf den Schadstoffzusatz reagierte. Die Aktivität der Arylsulfatase und alkalischen Phosphatase wurde dagegen nicht immer reduziert.

Nebeneffekte, wie Versauerung bzw. Anstieg der pH-Werte und Lösung von Kohlenstoff, wirkten sich sowohl positiv (pH-Anhebung durch Fluorid) als auch negativ (Versauerung durch Blei) aus. Die Schadstoffe hemmten zum Teil unabhängig von der Pufferkapazität die mikrobielle Aktivität im Rohhumus und Moder stärker als im Mull. Unter der Voraussetzung, daß nur die vorwiegend im Moder und Rohhumus vorliegenden Schadstoffverbindungen die mikrobielle Aktivität hemmten, waren folgende Formen als besonders toxisch anzusehen: Blei als Pb^{2+}; Selen als $HSeO_3^-$; Arsen als $HAsO_4^{2-}$; Fluor als AlF_x-Komplex.

Tabelle 26. Einfluß verschiedener Bleikonzentrationen auf die Aktivität der Enzyme Dehydrogenase (DH), alkalische Phosphatase (Phos) und Arylsulfatase (Aryl) in verschiedenen Humusformen, dargestellt in Prozent der unbehandelten Kontrolle (100%) (Pb_s: sorbierte Bleimenge, Pb_l: Bleikonzentration in der Perfusionslösung; n.b.: nicht bestimmt)

Humusform/ Horizont	Pb-Zugabe mg/g	Pb_s mg/g	Pb_l µg/ml	DH %	Phos %	Aryl %
Mull						
O_l	10	9.98	2.5	17	7[a]	9
	200	183.00	1710.0	94	77	94
A_h	40	39.90	3.2	86	44	65
	80	79.90	8.7	96	58	n.b.
	200	199.00	20.9	100	69	97

Fortsetzung Tabelle 26

Moder					
O_l	10	9.9	3.0	53	-5[a]	-30
	200	157.0	4310.0	99	75	91
O_f	7.5	7.49	1.0	25	4[a]	-6[a]
	150	1.26	2450.0	100	66	90
O_h	7.5	7.48	1.8	45	7[a]	34
	150	84.0	6600.0	100	77	98
A_h	1	0.9	9.3	100	2[a]	26
	20	14.2	5830.0	100	63	97
Rohhumus						
O_l	10	9.9	10.3	n.b.	22	20
	200	121	7940.0	n.b.	71	73
O_f	7.5	7.49	0.7	n.b.	8[a]	-9[a]
	150	66.1	8390.0	n.b.	66	86
O_h	7.5	7.45	0.6	n.b.	6[a]	-12[a]
	150	63.0	8700.0	n.b.	53	95
A_{he}	1	0.92	77.8	n.b.	23	63
	20	11.3	8680.0	n.b.	74	100

[a] Nicht signifikant verschieden von unbelasteter Probe.

Nach Wilke (1982, 1986).

Tabelle 27. Einfluß von Selenit auf die Aktivität der Enzyme Dehydrogenase (DH), alkalische Phosphatase (Phos) und Arylsulfatase (Aryl) in verschiedenen Humusformen, dargestellt in Prozent der unbehandelten Böden (100%) (Se_p: Selenkonzentration in der Perfusionlösung, n.b: nicht bestimmt)

Humusform/ Horizont	Se-Zugabe (mg/kg)	Se_p (mg/l)	DH %	Phos %	Aryl %
Mull					
L	500	0.68	59	87[a]	63
	1000	0.92	43	91[a]	44
A_h	250	2.35	69	100[a]	91
	1000	34.8	34	82	78

Fortsetzung Tabelle 27

Moder					
L	50	0.23	71	105[a]	97[a]
	250	0.69	52	103[a]	77
O_f	50	0.24	66	97[a]	72[a]
	250	0.59	46	94[a]	n.b.
A_h/O_h	50	0.15	80	104[a]	109[a]
	250	0.26	46	102[a]	98[a]
A_h	50	1.15	38	101[a]	78
	250	7.56	17	94[a]	55
Rohhumus					
L	50	0.13	81[a]	106[a]	109[a]
	250	0.53	40	94[a]	66[a]
O_f	50	0.12	76	66	91[a]
	250	0.46	83[a]	33	53
O_h	50	0.05	-	100[a]	70
	250	0.09	-	88	36
A_{eh}	50	1.23	-	99[a]	89[a]
	250	40.00	-	88	36

[a] Nicht signifikant verschieden von unbelasteter Probe.

Nach Wilke (1986, 1988b).

Selen wirkte stark toxisch; Hemmungen > 10% waren nachweisbar. Am Ende des Versuches zeigte sich die Dehydrogenaseaktivität in nahezu sämtlichen behandelten Horizonten vermindert. Die Dehydrogenaseaktivität ging im Moder A_h/O_h nach Zusatz von Se in einer Menge von 250 mg/kg auf 46% der unbehandelten Kontrolle zurück. Die alkalische Phosphataseaktivität wurde nur im Mull A_h signifikant reduziert, während die Arylsulfataseaktivität in sämtlichen Humusproben mit Ausnahme der Moder A_h/O_h und der Rohhumus L-Horizonte eine Reduktion erfuhr. Die höchsten Verluste dieser Aktivität wurden im Moder A_h (78% und 55% der Kontrolle) und im Rohhumus O_h (70% und 36% der Kontrolle) bestimmt. Hemmung der Aktivität der Arylsulfatase wurde im Mullboden nachgewiesen, wenn höhere Se-Zusätze (bis zu 1000 mg/kg) eingesetzt wurden. In den Perfusionslösungen rangierten die Se-Konzentrationen zwischen 0.05 und 1.23 mg/l (50 mg/kg Behandlung) und von 0.09 bis 40 mg/l (250 mg/kg Behandlung).

Das hohe Se-Bindungsvermögen der Moder- und Rohhumushorizonte war nicht nur das Ergebnis von Adsorption, sondern ebenso von Inkorporation von Selenit in Mikroorganismen. Relativ große Mengen an P wurden nach Zusatz von Na_2SeO_3 zu Moder- und Rohhumusböden ausgewaschen. Die größten Mengen an P (117 mg/kg) wurden aus dem Moder-L-Horizont nach Zusatz von Se 250 mg/kg freigesetzt. Die Na_2SeO_3 Behandlungen bewirkten auch die Lösung organischer Substanzen. Wesentliche Zunahmen des Gehaltes an gelöstem organischen Kohlenstoff traten im Moder L, O_f, A_h/O_h, A_h und im Rohhumus L-Horizont auf. Die Lösung von Humusmaterial durch die Dekomplexierung metallorganischer Komplexe und die nachfolgende Bildung von Metallseleniten könnte die Ursache dafür sein.

Tabelle 28. Einfluß von Arsen auf die Aktivität der Enzyme Dehydrogenase (DH), alkalische Phosphatase (Phos) und Arylsulfatase (Aryl) in verschiedenen Humusformen, dargestellt in Prozent der unbehandelten Kontrolle (100%) (As_p: As-Konzentration in der Perfusionslösung; DOC: dissolved organic carbon; n.b.: nicht bestimmt)

Humusform/ Horizont	As-Zugabe mg/g	As_p mg/l	DOC mg/l	DH %	Phos %	Aryl %
Mull						
L	0.5	22	282	n.b.	72	99[a]
	1.0	52	287	85	81	77
	5.0	286	325	76	76	74
	10	608	378	46	50	78
A_h	0.5	8	47	96[a]	117[a]	95[a]
	1.0	40	55	85	119[a]	99[a]
	5.0	850	88	44	90[a]	93
	10.0	2400	127	41	81	102[a]
Moder						
L	0.5	33	291	42	92[a]	120[a]
	1.0	68	336	42	91	108[a]
	5.0	352	345	58	89	107[a]
	10.0	765	377	76	73	106[a]
O_f	0.5	34	137	79	81	112[a]
	1.0	72	147	83	73	97[a]
	5.0	374	135	80	67	91[a]
	10	780	138	69	62	85[a]
A_h/O_h	0.5	57	35	42	84	88[a]
	1.0	69	29	75	67	80
	5.0	377	42	56	69	69
	10	842	50	43	66	62

Fortsetzung Tabelle 28

A_h	0.5	57	45	-	52	70
	1.0	171	52	-	48	54
	5.0	1325	78	-	32	22
	10	2834	90	-	26	10
Rohhumus						
L	0.5	30	271	-	50	72[a]
	1.0	63	233	-	55	119[a]
	5.0	304	272	-	32	89[a]
	10.0	590	276	-	39	110[a]
O_f	0.5	29	51	-	35	98[a]
	1.0	57	54	-	32	88[a]
	5.0	270	54	-	29	65[a]
	10.0	521	55	-	25	33
O_h	0.5	29	39	-	90[a]	73
	1.0	67	39	-	82	71
	5.0	327	39	-	51	47
	10.0	650	36	-	41	55
A_{eh}	0.5	159	45	-	51	46
	1.0	334	45	-	30	31
	5.0	1667	56	-	28	4
	10	3500	65	-	14	0

[a] Nicht signifikant verschieden von unbelasteter Probe.

Nach Wilke (1986, 1987b).

Die Arsenverbindungen waren wesentlich weniger toxisch als Selenverbindungen. Die Dehydrogenaseaktivität arsenbelasteter Horizonte war gegenüber den unbelasteten Proben reduziert. Die Aktivität der alkalischen Phosphatase wies, mit Ausnahme des Mull A_h bei geringen Konzentrationen (0.5 und 1.0 mg/g), in sämtlichen Humusformen Reduktionen auf. Die Arylsulfatase wurde durch Arsen, abgesehen vom Rohhumus A_{eh}, am geringsten gehemmt. Die höchste As-Sorptionskapazität wiesen die Horizonte des Mulls auf. Horizonte des Moders und Rohhumus sorbierten mit Ausnahme des Moder-A_h weniger Arsenat. In den organischen Auflagen wurden 16-88% des zugesetzten Arsen gebunden. Die Arsenate vermittelten in fast sämtlichen Horizonten die Lösung organischen Kohlenstoffs. Analog zu Selen war auch hier die Auflösung metallorganischer Komplexe unter Bildung von Metallarsenaten angezeigt.

Die beiden Belastungsstufen an Fluor betrugen im Mull 4.5 und 9.0 mg/cm^2 bzw. 940 und 1900 µg/g, im Moder 1.5 und 4.5 mg/cm^2 bzw. 600

und 1800 µg/g, im Rohhumus 4.5 und 9 mg/cm^2 bzw. 1800 und 3700 µg/g. Die höchste Fluoridadsorption zeigte der Mull, die geringste der Rohhumus (Mull >> Moder > Rohhumus). Untersuchungen zu fluorinduzierten Veränderungen chemischer Eigenschaften der Mull-, Moder- und Rohhumusböden zeigten, daß NaF eine Auswaschung von organischer Substanz sowie von Fe, Al und P bewirkte und das pH im Moder sowie im Rohhumus erhöhte. Im Gegensatz dazu wurde kein Al, Fe und P aus dem Mull ausgewaschen und nur geringe Mengen an organischer Substanz lösten sich nach einer einzigen Applikation von 4.5 mg F/cm^2. Die Aktivität der Dehydrogenase, der alkalischen Phosphatase und der Arylsulfatase wurde in Moder- und Rohhumusböden bei geringen F-Zusätzen gehemmt, für den Mullboden konnte hingegen keine Hemmung der Parameter beobachtet werden. Fluoridapplikationen bis zu 3700 µg F/g Boden reduzierten die Aktivität des Enzyms Dehydrogenase signifikant. Die hohe Kapazität zur Sorption und die relativ geringe Toxizität der F-Ionen konnten für die für den Mull erhaltenen Ergebnisse verantwortlich sein. Gemäß Berechnungen mit GEOCHEM war das F-Ion in den Lysimetereluaten des Mulls die häufigste Spezies. Die Perkolate von Moder- und Rohhumusböden enthielten hingegen hauptsächlich AlF_x-Komplexe (90-99%).

Kupfer, Zink. Ein 1962 angelegter Spurennährstoffdüngungsversuch mit einem humosen lehmigen Sandboden diente der Untersuchung der Langzeiteffekte von Cu und Zn auf mikrobiologische Parameter (Wilke 1987c). Der Boden war 1962 in Betonrahmenkästen eingefüllt und mit Cu- und Zn-Sulfat in kleinen Mengen bis 1975 (Cu) bzw. bis 1977 (Zn) in zwei Belastungsstufen versehen worden. Die jährlichen Raten betrugen für Cu 10 mg/kg bzw. 20 mg/kg. Die Zn-belasteten Parzellen wurden bis 1972 mit jeweils 3.33 mg/kg/Jahr bzw. mit 6.66 mg/kg/Jahr versetzt. In den Jahren 1973 bis 1977 variierten die Zn-Gaben zwischen 16.66 mg Zn/kg (1973) und 133 mg Zn/kg (1975). Die Proben für Analysen wurden im Frühjahr 1985 gezogen. Berechnungen mit GEOCHEM ergaben, daß beide Schwermetalle zum überwiegenden Teil als freie Ionen in der GPL und damit wohl auch in der Bodenlösung im Freiland vorlagen. Daneben war Cu noch zu 22% bis 30% an OH als $CuOH^+$ oder $Cu(OH)_2$ gebunden, Komplexe mit PO_4^{3-}, NO_3^- und SO_4^{2-} spielten mit Anteilen unter 1% keine Rolle. Im Gegensatz zum Cu bildete Zn kaum Hydroxokomplexe (< 1%). Etwa 10% des gelösten Zn waren an Phosphat gebunden, zirka 90% lagen als freie Zn^{2+}-Ionen vor. Die mobilen Anteile (GPL) beider Schwermetalle erwiesen sich mit 0.28 mg Cu/l bzw. 0.37 mg Cu/l gegenüber 0.23 mg Zn/l bzw. 0.33 mg Zn/l als nicht wesentlich verschieden. Die Dehydrogenaseaktivität und die Proteaseaktivität wurden stark gehemmt. Mit Ausnahme von Zn in der niedrigen Konzentration, Invertase 87%, wurden sämtliche Enzymaktivitäten (Dehydrogenase, Protease, alkalische Phosphatase) nach Cu- und Zn-Zusatz gesichert gehemmt. Die Proteaseaktivität wurde von den untersuchten Enzymaktivitäten am stärksten reduziert. In der ersten Belastungsstufe konnten nur noch 38% (Cu) und 28% (Zn), in der zweiten 8% (Cu) und 19% (Zn) Restaktivität festgestellt werden.

Tabelle 29. Langzeitwirkungen von Cu und Zn auf die Aktivität der Enzyme Dehydrogenase (DH), Protease (Prot), Invertase (Inver) und alkalische Phosphatase (Phos) in einem humosen, lehmigen Sand. Darstellung in Prozent der Kontrolle (100%); Belastungsstufen: 0, I und II; GPL: Gleichgewichtsperfusionslösung

Element/ Belastungsstufe	Gesamtgehalt- mg/kg	GPL mg/l	DH %	Prot %	Inver %	Phos %
*Cu*0	19	-	100	100	100	100
*Cu*I	130	0.28	48	38	56	57
*Cu*II	222	0.36	36	8	41	35
*Zn*0	81	-	100	100	100	100
*Zn*I	264	0.23	42	28	87[a]	78
*Zn*II	430	0.38	53	19	69	60

[a] Nicht signifikant verschieden von der unbelasteten Probe.

Nach Wilke (1987c).

Arsen, Beryllium, Blei, Brom, Cadmium, Fluor, Quecksilber, Nickel, Selen, Vanadium, Zink. Ein 1975 angelegter Schadstoffapplikationsversuch diente der Bestimmung der Langzeitwirkungen von As, Be, Pb, Br, Cd, Cr, F, Hg, Ni, Se, V und Sn auf biochemische Parameter einer sandigen Braunerde (Wilke 1988a). Der Boden war mit den Schadstoffen einmal bzw. zwei- und dreimalig in den Jahren 1975 und 1976 belastet worden. Cd, Cr, Hg, Pb wurden als Chloride, Be, Ni und Sn als Sulfate, die anionischen Schadstoffe As, Br, F, Se und V in Form leicht löslicher Natriumsalze in den Boden eingemischt.

Arsengaben bis 300 mg/kg Boden bzw. Konzentrationen bis 1.92 mg As/l hemmten die Aktivität der Enzyme Dehydrogenase, Invertase und Protease nicht. Die alkalische Phosphataseaktivität wurde in der höheren Belastungsstufe langfristig gehemmt. Beryllium hemmte die Aktivitäten der Enzyme Invertase und Protease nur nach Zusatz von 80 mg Be/kg, während die Aktivität der alkalischen Phosphatase nicht reduziert wurde. Bromgaben von 60 mg/kg Boden hemmten mit Ausnahme der Invertase und Protease (79%) keinen der untersuchten Parameter. Chrom wirkte neun Jahre nach der letzten Belastung von insgesamt 300 mg Cr/kg Boden hemmend auf die Dehydrogenase- (67%), die Invertase- (86%) und die Proteaseaktivität (81%). Gaben von 800 mg Cr/kg Boden reduzierten die alkalische Phosphataseaktivität. Cadmium zählte zu den toxischsten der eingesetzten Stoffe. Bereits Lösungskonzentrationen (GPL) von 0.08 mg Cd/l hemmten die Aktivität der Dehydrogenase, der alkalischen Phosphatase und der Protease. Fluor wirkte mit Ausnahme auf die Proteaseaktivität, welche mit 108% und 91% unbeeinflußt blieb, stark hemmend. In mit 50 mg Hg/kg behandelten Parzellen erwies sich die Invertaseaktivität als gehemmt; die entsprechende GPL-Konzentration betrug 0.009 mg Hg/l. Sämtliche Parameter wurden durch den Zusatz von 200 mg Hg/kg Boden reduziert. Zugaben von 100 mg Ni/kg Boden bzw. Lösungskonzentrationen von 0.23 mg Ni/l verringerten langfristig nur die Aktivität der alkalischen Phosphatase und jene der Dehydrogenase. Blei war aufgrund der erhaltenen Befunde als der „ungefährlichste" Schadstoff einzustufen. Bleigaben bis 1000 mg/kg Boden bzw. GPL-Konzentrationen bis 0.07 mg Pb/l führten neun Jahre nach der Applikation zu keiner gesicherten Reduktion mikrobieller Parameter. Die Proteaseaktivität wurde stimuliert. Sämtliche Parameter wurden hingegen durch 4000 mg Pb/kg Boden (PbII) reduziert. Selen hemmte keinen der untersuchten Parameter. Die geringen Selengaben von nur 20 und 40 mg/kg und die gegenüber dem sauren Bereich geringere Toxizität von Se im neutralen Bereich konnte ursächlich dafür sein. Vanadium reduzierte erst ab 400 mg/kg Boden und Lösungkonzentrationen von 6.4 mg/l die Parameter deutlich. Zusätze von 100 mg V/kg Boden reduzierten nur die Proteaseaktivität auf 69%. Auch das Pflanzenwachstum wurde durch diese V-Gaben völlig gehemmt. Zinn wirkte, mit Ausnahme des Enzyms Invertase (Reduktion auf 80%), nicht hemmend.

Tabelle 30. Langzeitwirkungen anorganischer Schadstoffe auf die Aktivität der Enzyme Dehydrogenase (DH), alkalische Phosphatase (Phos), Invertase (Inver) und Protease (Prot) in einer sandigen Braunerde, dargestellt in Prozent der unbelasteten Kontrolle (100%); GPL: Gleichgewichtsperfusionslösung

Element	Zugabe mg/kg	GPL mg/l	DH %	Phos %	Inver %	Prot %
As	50	0.68	91[a]	119[a]	96[a]	92[a]
	300	1.92	95[a]	80[a]	94[a]	91[a]
Be	30	0.01	80[a]	117[a]	95[a]	92[a]
	80	0.03	74	99[a]	72	79
Br	60	0.02	95[a]	110[a]	78	70
	240	0.05	88[a]	105[a]	89[a]	75[a]
Cd	50	0.08	76	78	100[a]	82
	200	0.23	59	45	89[a]	50
Cr	300	0.05	67	91[a]	86	81
	800	0.09	63	82	80	73

Fortsetzung Tabelle 30

F	500	19.00	65	77	78	108[a]
	2000	37.00	35	63	61	91[a]
Hg	50	0.009	98[a]	113[a]	69	107
	200	0.046	46	70	52	83
Ni	100	0.23	73	73	95[a]	91[a]
	400	1.60	26	52	50	51
Pb	1000	0.07	96[a]	83[a]	97[a]	129
	4000	0.23	66	66	87[a]	92[a]
Se	20	0.06	84[a]	91[a]	96[a]	126
	40	0.16	103[a]	105[a]	96[a]	120[a]
Sn	117	<0.01	88[a]	105[a]	80	88
	467	<0.01	90[a]	95[a]	80	91[a]
V	100	4.30	78[a]	98[a]	100[a]	69
	400	6.40	44	93[a]	60	57

[a] Nicht signifikant verschieden von der unbelasteten Probe.

Nach Wilke (1988a).

Tabelle 31. Mindestschadstoffgehalte des Bodens (sandige Braunerde) und Konzentrationen in der Gleichgewichtsperfusionslösung (GPL), welche eine gesicherte Hemmung der Aktivität der Enzyme alkalische Phosphatase, Protease, Invertase und Dehydrogenase bewirkten

Element	Gesamtgehalt[a] mg/kg	Richtwert[b] mg/kg	GPL mg/l	Parameter	Hemmung %
As	53.0	20	1.92	Phosphatase	20
Br	5.8	10	0.02	Protease	30
Cr	288.0	100	0.05	Dehydrogenase	33
Hg	54.0	2	0.02	Invertase	31
Ni	86.0	50	0.23	Dehydrogenase	37
V	78.0	50	4.30	Protease	31

[a] Gesamtgehalt 1984.

[b] Richtwert der Klärschlammverordnung bzw. nach Kloke (1980).

Nach Wilke (1988a).

Cadmium, Blei. Brunner und Schinner (1984) konnten während eines Untersuchungszeitraumes von 16 Wochen neben aktivitätshemmenden auch aktivitätssteigernde Wirkungen der Schwermetalle Pb und Cd auf die Enzyme Xylanase, Urease und Phosphatase in Bodenmaterialien eines landwirtschaftlich genutzten Bodens alluvialen Ursprungs nachweisen Die Hemmwirkungen und übersteigerten Reaktionen der untersuchten Parameter pendelten sich bei Pb und Cd zwischen der vierten und elften Woche nach Versuchsbeginn auf den Wert der unbehandelten Kontrollprobe ein. Die Bodenmaterialien waren unter Laborbedingungen mit drei verschiedenen Applikationsmengen an Blei bzw. Cadmium versehen worden. Pb wurde in Form von Pb-Acetat in Konzentrationen von 50, 200 und 1000 μg/g appliziert. Die Applikation von Cd erfolgte als Sulfat in Konzentrationen von 0.5, 5 und 50 μg/g Boden.

Ras'kova et al. (1983a,b) konnten unter dem Einfluß von Cd und Pb einen langfristigen Rückgang verschiedener Bodenenzymaktivitäten feststellen. Die Metalle wurden als Nitrate (2.5–100 mg Cd, 250–2000 mg Pb/kg) verschiedenen Bodentypen appliziert. Zwölf und 15 Monate nach Applikation wurden die Enzymaktivitäten bestimmt (Amylase, Invertase, Protease, Urease, Katalase, Phosphatase, Dehydrogenase). Das enzymatische Potential der metallversehenen Böden wurde reduziert, wobei das Ausmaß der Inaktivierung signifikant vom Metalltyp, dessen Konzentration sowie vom Bodentyp abhängig war. Cd beeinflußte die Enzyme stärker als Pb. Effekte des Cd konnten bei einer Applikationsrate von 10 mg/kg nachgewiesen werden, während eine Beeinflussung durch Pb bei 1000–2000 mg/kg Boden feststellbar waren. Das gleiche Metall zeigte in verschiedenen Böden unterschiedliche Toxizität. Beide Metalle beeinflußten die Enzymaktivität im Rasenpodosol stärker negativ als im Tschernosem und im Torfboden. Die Proteaseaktivität wurde im Rasenpodsol durch 10 mg/kg Cd signifikant reduziert, während diese Aktivität in den beiden anderen Böden unverändert blieb. Eine Konzentration von 10 mg/kg reduzierte im Rasenpodsol die Proteaseaktivität um den Faktor zwei, die Dehydrogenaseaktivität um 10%. In der Gegenwart von 100 mg Cd/kg wurde die Aktivität der Hydrolasen und der Dehydrogenase im Rasenpodsol um den Faktor zwei, im Torfboden jedoch nur um 11–22% reduziert. Die Gegenwart von 100 mg/kg Cd im Torfboden reduzierte die Invertaseaktivität um 22%, beeinflußte aber die Amylaseaktivität nicht. Pb-Konzentrationen von 100 mg/kg beeinflußten die Urease-, Phosphatase- und Katalaseaktivität nicht; diese führten zu einem kaum erkennbaren Rückgang der Amylase- und Dehydrogenaseaktivität. Bei Eintrag desselben in einer Dosis von 2000 mg/kg wurde die Dehydrogenaseaktivität um den Faktor zwei und jene der Amylase und Urease um den Faktor 25 reduziert. Die Applikation von Pb (2000 mg/kg) zum Rasenpodsol führte zu einem signifikanten Rückgang der Dehydrogenaseaktivität, während keine gesicherte Veränderung der Aktivität der Katalase zu verzeichnen war; die Amylaseaktivität ging um 26% zurück und die Phosphataseaktivität wurde nur um 7% reduziert. Die Gegenwart von Pb übte im Torfboden einen toxischen Effekt auf die Urease nicht aber auf die Amylase, Invertase oder Phosphatase aus.

Chrom. $CrCl_3$ (1000, 2000, 5000 ppm auf Cr-Basis) verringerte in sämtlichen Dosen die Aktivität der Enzyme Dehydrogenase, Amylase sowie Protease in einem Waldboden (Pacha 1986). Die Intensivität der Hemmung nahm mit steigender Metallkonzentration zu. Ein Rückgang der Cellulaseaktivität konnte nur im mit 5000 µg/g versehenen Boden nachgewiesen werden. In einer weiteren Arbeit wurde der Einfluß trivalenter Cr-Verbindungen in Form von Cr_2O_3, $CrCl_3$, $Cr_2(SO_4)_3$, $Cr(CH_3COO)_3$ und in einer Dosis entsprechend 2000 und 5000 µg/g (Cr-Basis) auf die Aktivität der Enzyme Dehydrogenase, saure und alkalische Phosphatase und Amylase betimmt (Pacha et al. 1988). Der Einfluß von Cr^{3+} erwies sich von der Form der Verbindungen und deren Konzentration abhängig und variierte überdies mit dem Enzym. Im mit Cr_2O_3 behandelten Boden war die Dehydrogenaseaktivität geringfügig höher als im Kontrollboden. Im mit $CrCl_3$ und $Cr_2(SO_4)_3$ behandelten Boden war diese Aktivität sehr niedrig, während im mit $Cr(CH3OO)_3$ behandelten Boden diese Aktivität etwa gleich war jener des Kontrollbodens. Cr_2O_3 und $Cr(CH_3COO)_3$ übten keinen wesentlichen Effekt auf die Aktivität der sauren Phosphatase aus, während $CrCl_3$ und $Cr_2(SO_4)_2$ dieser Aktivität reduzierten. Die Aktivität der alkalischen Phosphatase wurde durch Zusatz von Cr_2O_3 und $Cr(CH_3COO)_3$ leicht stimuliert, während $CrCl_3$ und $Cr_2(SO_4)_3$ diese Aktivität klar verringerten. Die amylolytische Aktivität des Bodens, welcher der Wirkung von Cr_2O_3 und $Cr(CH_3COO)_3$ in beiden Dosen und jener von $CrCl_3$ und $Cr_2(SO_4)_3$ in der geringeren Dosis exponiert wurde, war höher als im Kontrollboden. 5000 µg Cr/g appliziert als Chlorid und Sulfat erniedrigten diese Aktivität.

Cadmium, Quecksilber, Nickel, Blei, Kupfer, Zink. Im Topfversuch bestimmte Maurberger (1987) an Hand von sieben verschiedenen Bodentypen (Braunerden, Parabraunerde, Kulturrohböden, entwässerter Gley, entwässertes Niedermoor) unter Acker bzw. Grünland den Einfluß von Cd (als Nitrat), Hg^{2+} (als Chlorid), Ni^{2+} (als Chlorid), Pb^{2+} (als Chlorid), Pb^{2+} (als Nitrat), Cu^{2+} (als Nitrat) und Zn^{2+} (als Acetat) auf die Aktivität der Lipase. Drei unterschiedliche Konzentrationen (bezogen auf das Metallkation) kamen zum Einsatz (0.01 M, 0.1 M, 0.2 M). Die Aktivität wurde zehn Minuten bzw. eine Woche nach Applikation der Metalle erfaßt. Die Metalle beeinflußten die Lipaseaktivität der getesteten Böden unterschiedlich. Die Hemmung erfolgte in der Reihe: Hg > Cu > Pb > Ni > Cd > Zn. Die Wirkung der Schwermetalle auf die Enzymaktivität verringerte sich, selbst bei geringer Konzentration, im Laufe einer Woche nicht oder nur geringfügig. In einigen Fällen stimulierte Cadmium nach einwöchiger Einwirkung die Lipaseaktivität.

Blei, Zink, Eisen, Mangan, Kupfer. In verschiedenen Latosolen Ghanas wurde die Aktivität des Enzym Arylsulfatase durch den Zusatz von Pb, Zn, Fe, Mn, Cu reduziert, wobei signifikante Unterschiede zwischen den drei verschiedenen Böden bestanden (Appiah und Ahenkorah 1989). Die Aktivität des Enzyms wurde bei einer Konzentration von 1 ppm in sämtlichen Böden gegenüber der Kontrolle reduziert. Eine zehnfache Steigerung der Elementkonzentration (1–10 ppm) führte mit einer Ausnahme zu keiner signifikanten Veränderung der Enzymaktivität. In einem Boden kam es bei einer Erhöhung der Fe-Konzentration zu einer erhöhten Hemmung; dieser Boden wies höhere Gehalte an Ton und an organischer Substanz auf.

Silber, Quecksilber, Kupfer, Cadmium, Zink, Zinn, Mangan, Eisen, Nickel, Cobalt, Blei, Arsen, Bor, Chrom, Aluminium, Vanadium, Selen, Molybdän, Wolfram, Titan. Tabatabai und Mitarbeiter untersuchten in einer Reihe von Arbeiten den Einfluß unterschiedlicher Metalle und Nichtmetalle auf die Aktivität von Bodenenzymen. Böden mit unterschiedlichen Eigenschaften wurden in die Untersuchungen einbezogen. Die Elemente Ag, Cd, Zn, Cu, Sn, Co, Fe, Ti, V, Hg, Pb, Ba, Mn, Ni, Cr und Al kamen als Sulfate, Chloride oder Nitrate zur Anwendung. Die Elemente As, B, Se, Mo und W wurden als $NaAsO_2$, Na_2HAsO_4, $Na_2B_4O_7$, H_2SeO_3, Na_2SeO_3, Na_2SeO_4, H_2MoO_4, Na_2MoO_4, Na_2WO_4 eingesetzt. Der Enzymversuch wurde in der Regel nach einer Äquilibrierungszeit von 30 Minuten nach Zugabe der Elemente durchgeführt.

Die Aktivität des Enzyms Urease wurde durch verschiedene Metalle unterschiedlich effizient gehemmt (Tabatabai 1977). In Abhängigkeit vom Boden konnte die Reihe wie folgt angegeben werden (Konzentrationen 0.5 oder 5 µmol/g Boden): Ag(I) ≥ Hg(II) > Cu(II) > Cd(II) > Zn(II) > Sn(II) > Mn(II), in der Regel Fe(III) > Fe(II) und Cu(II) > Cu(I). Auch Ni(II), Co(II), Pb(II), Ba(II), As(III), B(III), Cr(III), Al(III), V(IV), Se(IV) und Mo(VI) hemmten das Enzym. Für As(V) und W(VI) waren Hemmeffekte nicht nachweisbar.

Von Juma und Tabatabai (1977) durchgeführte Bewertungen zum Effekt verschiedener Elemente auf die Aktivität der sauren und alkalischen Phosphatase zeigten, daß sämtliche getestete Elemente die Aktivität der beiden Enzyme im Boden hemmten. Die Reihe der Hemmeffizienz der Elemente war für die beiden Aktivitäten unterschiedlich. Beim Vergleich der Elemente auf der Basis von 25 µmol/g Boden, zeigte die durchschnittliche Hemmung der sauren Phosphatase in drei Böden, daß Hg(II), As(V), W(VI) und Mo(VI) die effektivsten Hemmer waren (durchschnittliche Hemmung > 50%); Ba(II), Co(II) und As(III) wiesen die geringste Hemmeffizienz auf (durchschnittliche Hemmung < 10%). Weitere Elemente, welche die saure Phosphataseaktivität in Böden hemmten waren: Cu(I), Ag(I), Cd(II), Cu(II), Zn(II), Mn(II), Sn(II), Ni(II), Pb(II), Fe(II), Cr(III), Fe(III), B(III), Al(III), V(IV) und Se(IV). Die effektivsten Hemmer der alkalischen Phosphatase in Böden waren Ag(I), Cd(II), V(IV) und As(V). Generell war der Hemmeffekt in der Gegenwart von 2.5 µmol/g Boden geringer als in Gegenwart von 25 µmol/g Boden. Phosphationen hemmten die Aktivität der sauren und alkalischen Phosphatase in Böden ebenfalls. Verwandte Anionen, wie NO_2^-, Cl^- und SO_4^{2-}, wirkten in An- und Abwesenheit von Puffer nicht hemmend.

Singh und Tabatabai (1978) konnten, mit Ausnahme von Zn, die Hemmung des Enzyms Rhodanase durch sämtliche der getesteten Elemente angeben.Die Elemente kamen in einer Konzentration von 50 µmol/g Boden zur Anwendung. Unterschiede zwischen den Böden bestanden. Folgende Elemente hemmten die Aktivität im Durchschnitt im Ausmaß von ≥ 50%: Mn(II), Sn(II), Ni(II), Cr(III), B(III), Al(III), As(III), Se(IV), V(IV), Ti(IV), As(V), W(VI), Mo(VI).

Al-Khafaji und Tabatabai (1979) testeten in vier verschiedenen Böden den Einfluß unterschiedlicher Elemente (2.5 oder 25 µmol Element/g Boden) auf die Aktivität des Enzyms Arylsulfatase. Sämtliche getestete Elemente hemmten die Aktivität dieses Bodenenzyms, wobei die relative Hemmeffizienz der Elemente Abhängigkeit vom Boden aufwies. Ein Vergleich auf der Basis von 25 µmol/g Boden zeigte, daß Ag(I), Hg(II), B(III), V(IV) und Mo(VI) die effektivsten Hemmer waren (durchschnittliche Hemmung > 50%). Fe(II) wies die geringste Hemmeffizienz auf (< 10%). Andere hemmende Elemente waren Cu(I), Cd(II), Sn(II), Zn(II), Cu(II), Ba(II), Mn(II), Ni(II), Pb(II), Co(II), Cr(III), Al(III), Fe(III), As(III), Se(IV), Ti(IV), As(V), W(VI). As(V) war etwas geringer effektiv als As(III). Generell sank der Hemmeffekt der Elemente, wenn die zugesetzte Elementmenge auf 2.5 µmol/g Boden reduziert wurde. Die Hemmung durch MoO_4^{2-}, WO_4^{2-}, AsO_3^{3-} und PO_4^{3-} zeigte kompetitive Kinetik. Verwandte Anionen, wie NO_2^-, NO_3^-, Cl^-, SO_4^{2-}, hemmten die Enzymaktivität nicht.

Frankenberger und Tabatabai (1980) konnten die Hemmung der Aktivität der Bodenamidase in verschiedenen Oberbodenproben durch $NaAsO_2$ (5 mM) feststellen. Frankenberger und Tabatabai (1981) versuchten die Art der Hemmung der Amidase durch verschiedene Elemente zu ermitteln. Der Elementeinfluß variierte wesentlich zwischen den Böden. Ag(I), Hg(II), As(III) und Se(IV) waren die effektivsten Hemmer. Die bei drei der Böden beobachtete Hemmung betrug 20% mit Se(IV), bis 98% mit As(III), Ag(I) und As(III) zeigten eine durchschnittliche Hemmung > 50%. As(III) erwies sich als ein stärkerer Inhibitor als As(IV). Dies ist deshalb bedeutsam, da As(V) unter anaeroben Bedingungen im Boden zu As(III) reduziert wird. Die Abnahme der Elementkonzentration um den Faktor zehn reduzierte das Hemmausmaß. Andere Elemente, welche die Amidaseaktivität hemmten, schlossen ein: Cu(I), B(II), Cd(II), Co(II), Cu(II), Fe(II), Mn(II), Ni(II), Pb(II), Sn(II), Zn(II), Al(III), B(III), Cr(III), Fe(III), Ti(IV), V(IV), As(V), Mo(VI), W(VI). Das Hemmausmaß reichte bei Einsatz von 5 µmol pro g von 1% mit Fe(II) und Ti(IV) bis 8% mit Zn(II) und B(III). Die pH-Werte der Elementlösungen variierten. Durch den Gebrauch von Puffer wich jedoch der pH-Wert in den Boden-Puffer-Lösungen um nicht mehr als ± 0.1 Einheiten ab. Die Hemmung der Amidaseaktivität konnte nicht auf der Veränderung des pH-Wertes infolge des Zusatzes der Elemente beruhen. Das Fehlen einer starken Hemmung der Amidase durch Metallionen unterstützte die Befunde anderer Autoren, wonach Thiolgruppen nicht direkt in die katalytischen Zentren der Amidase involviert sind. Thiolgruppen scheinen jedoch für die Stabilisierung der aktiven Konformation notwendig zu sein. Versuche mit 5 µmol an NaCl und K_2SO_4 pro g Boden zeigten, daß mit den Elementen verbundenes K^+, Na^+, Cl^- und SO_4^{2-} keinen Einfluß auf die Amidaseaktivität in Böden ausübte; eine hemmende Wirkung von NO_2^- und NO_3^- war ebenfalls nicht nachweisbar. Ag(I), Hg(II), As(III) und Se(IV) erwiesen sich als die stärksten Inhibitoren. Die Ergebnisse zeigten, daß As(III) ein kompetitiver, Ag(I) und Hg(II) und Se(IV) hingegen nichtkompetitive Hemmer sind. Arsenit weist Ähnlichkeit zu jenem Teil von Formamid auf, welcher an die aktive Stelle der Amidase bindet; dadurch verändert sich K_m, nicht aber V_{max}. Die anderen drei Elemente reduzierten V_{max}, ohne K_m zu ändern.

Die Behandlung einer größeren Anzahl von Oberbodenproben mit $HgCl_2$ hemmte die Aktivität der Trimetaphosphatase (Busman und Tabatabai 1985). Das Enzym wurde durch PO_4^{3-} und Analoge des PO_4^{3-} ($Na_2MoO_4 \cdot 2H_2O$, $Na_2WO_4 \cdot 2H_2O$, $VOSO_4 \cdot 2H_2O$, $Na_2HAsO_4 \cdot 7H_2O$, $Na_2B_4O_7 \cdot 10H_2O$) nichtkompetitiv gehemmt. Die Konzentration der Verbindungen entsprach jeweils 0.1 mmol/g.

Die Pyrophosphatase des Bodens wurde durch verschiedene Elemente in Abhängigkeit vom Boden mit unterschiedlicher Effizienz gehemmt (Stott et al. 1985). Beim Vergleich der Elemente unter Einsatz einer Konzentration von 25 µmol/g Boden zeigte die durchschnittliche Hemmung der Aktivität in drei verschiedenen Böden, daß Hg(II), As(V), Mo(VI) und W(VI) die effektivsten Hemmer waren (durchschnittliche Hemmung > 50%). Mäßig effektiv waren Cd(II), Cu(II), Fe(II), B(III), V(IV) (durchschnittliche Hemmung zwischen 30 und 50%). Weitere hemmende Elemente umfaßten As(I), Cu(I), Mn(II), Ni(II), Pb(II), Sn(II), Zn(II), Al(III), As(III), Cr(III), Fe(III), Se(IV), Ti(IV). Das Enzym wurde durch Ba(II) oder Co(II) nicht gehemmt. Der Hemmeffekt ging zurück, wenn die Menge an zugesetztem Element um das Fünffache reduziert wurde. Die Hemmung durch die divalenten Kationen Hg, Cd, Cu, Fe, und Sn zeigte nichtkompetitive Kinetik. BO_2^{2-}, MoO_4^{2-}, WO_4^{2-}, AsO_4^{3-} und VO^{2+} zeigten kompetitive Kinetik. Unter den untersuchten Elementen waren MoO_4^{2-} und WO_4^{2-} die effektivsten Hemmer der Bodenpyrophosphataseaktivität.

Die Abhängigkeit der relativen Hemmeffizienz vom Element und vom Boden zeigte sich auch in Untersuchungen zur Aktivität des Enzyms Nitratreduktase (Fu und Tabatabai 1989). Beim Vergleich auf einer Konzentrationsbasis von 2.5 µmol/g Boden zeigte sich, daß Ag(I), Cd(II), Hg(II), Se(IV), As(V) und W(VI) die effizientesten Hemmer waren (Effizienz von > 75%); Mn(II) war der schwächste Hemmer mit einer Effizienz 0% bis 8%; Ba(II) hemmte nicht oder stimulierte die Aktivität. Andere hemmende Elemente waren Cu(I), Co(II), Cu(II), Fe(II), Ni(II), Pb(II), Zn(II), Al(III), As(III), Cr(III), Fe(III), V(IV), Mo(VI), Se(VI); deren Effizienz variierte mit dem Boden. Im kalkigen Boden hemmten nur As(III) und Se(VI) die Enzymaktivität. B(III) erhöhte die Aktivität im neutralen und hatte keinen Einfluß im kalkigen Boden; im sauren Boden hemmte dieses das Enzym. Eine Erhöhung der Konzentration um das zehnfache steigerte die Hemmwirkung.

Untersuchungen von Frankenberger und Tabatabai (1991a) zeigten die Sensibilität des Enzyms L-Asparaginase gegenüber einer Reihe von Elementen. Das Hemmausmaß variierte zwischen den Böden. Ag(I), Cd(II), Co(II), Cu(II), Fe(II), Zn(II) und V(IV) wurden als Sulfat, Cu(I), Ba(II), Hg(II), Mn(II), Ni(II), Sn(II), Al(III), Cr(III) und Fe(III) als Chlorid, Pb als Nitrat und As(III), B(III), Se(IV), As(V), Mo(VI) sowie W(VI) als $NaAsO_2$, $Na_2B_4O_7$, H_2SeO_3, Na_2HAsO_4, H_2MoO_4, Na_2WO_4 zugesetzt. Die Elementkonzentration betrug jeweils 5 µmol/g Boden. Die pH-Werte der Elementlösungen variierten wesentlich. Diese rangierten zwischen 2.1 für Sn(II) bis 9.6 für die As(III) und B(III) Lösungen. Die Abweichung der pH-Werte, welche aus der Zugabe von Elementen resultierte, überschritt in Gegenwart von THAM-Puffer (pH 10) ± 0.1 pH Einheiten nicht. Die Hemmung der L-Asparaginaseaktivität in Gegenwart von Elementen wurde nicht auf Veränderungen des pH in der Inkubationsmischung, sondern auf eine Wechselwirkung zwischen dem Element und den funktionellen Gruppen der L-Asparaginase zurückgeführt. 5 µmol NaCl und K_2SO_4/g Boden, K^+, Na^+, Cl^- und SO_4^{2-}, assoziiert mit den Elementen, übten keinen Effekt auf die L-Asparaginaseaktivität in Böden aus. NO_3^- war bei dieser Konzentration nicht hemmend.

In einer weiteren Arbeit untersuchten Frankenberger und Tabatabai (1991b) den Einfluß der oben angegebenen Elemente auf die Aktivität der L-Gutaminaseaktivität des Bodens. Die Versuche wurden an drei verschiedenen Böden durchgeführt und der Testansatz entsprach jenem der zuletzt genannten Arbeit. Die Effekte der Elemente auf die Boden L-Glutaminaseaktivität variierten wesentlich zwischen den drei Böden. Beim Vergleich der durchschnittlichen Hemmung auf Konzentrationsbasis von 5 µmol Element/g Boden konnte das Hemmausmaß für Ba(II) und Co(II) mit 5% und jenes für Hg(II) mit 81% angegeben werden. Die effektivsten Hemmer waren Ag(I), Hg(II), Sn(II), Cr(III), Ti(IV) und W(VI), welche eine durchschnittliche Hemmung von > 25% bedingten. Die geringste

Hemmeffizienz (durchschnittlich < 10%) wiesen Ba(II), Co(II), Fe(II), Mn(II), Ni(II), Al(III), B(III), Fe(III), Se(IV) und Mo(VI) auf. Andere Elemente, welche die Aktivität hemmten, umfaßten Cu(I), Cd(II), Cu(II), Pb(II), Zn(II), As(III), B(III), V(IV) und As(V). Tests mit 5 µmol NaCl und K_2SO_4/g Boden zeigten, daß mit den Elementen assoziierte K^+, Na^+, Cl^- und SO_4^{2-}-Ionen die L-Glutaminaseaktivität nicht beeinflußten. Auch NO_3^- war bei dieser Konzentration nicht hemmend. Frankenberger und Tabatabai (1991c) konnten zeigen, daß die Aktivität der L-Glutaminase des Bodens durch 5 mM an beiden Elementen, Ca(II) und Mg(II), um durchschnittlich 4% und 12% aktiviert wurde. Die Effekte von potentiell toxischen Elementen auf die Boden L-Glutaminaseaktivität sind den Effekten solcher Elemente auf die Aktivität der Boden L-Asparaginaseaktivität (Frankenberger und Tabatabai 1991a) und der Bodenamidaseaktivität (Frankenberger und Tabatabai 1981) vergleichbar.

Deng und Tabatabai (1995) versahen drei verschiedene Böden mit verschiedenen Schwermetallen, wobei die Konzentration der Elemente jeweils 5 µmol/g Boden betrug. Die Elemente kamen in verschiedener Form zur Anwendung. Ag(I), Cu(II), Cd(II), Co(II), Fe(II), Zn(II) und V(IV) wurden als Sulfat, Cu(I), Ba(II), Hg(II), Mn(II), Ni(II), Sn(II), Al(III), Cr(III) und Fe(III) wurden als Chlorid und Pb(II) als Nitrat sowie As(III), B(III), Se(IV), As(V), Mo(VI), W(VI) und Ti(IV) wurden als $NaAsO_2$, $Na_2B_4O_7$, H_2SeO_3, Na_2HAsO_4, Na_2MoO_4, Na_2WO_4 und $TiOSO_4$ eingesetzt. Die relative Effizienz der Elemente, die Cellulaseaktivität zu hemmen, variierte in Abhängigkeit vom Boden und vom Element. Unter den untersuchten Elementen war Ag(I) der effektivste Hemmer der Cellulaseaktivität (> 18% in lufttrockenen Böden und > 34% in feldfeuchten Böden). Die Elemente Cu(II), Cd(II), Hg(II), Pb(II) und Al(III) rangierten diesbezüglich an zweiter Stelle, wobei die Hemmbereiche zwischen 5.2% und 24% in lufttrockenen Böden und 11.2% und 40% in feldfeuchten Böden rangierten. Die Elemente Ba(II), Co(II), Mn(II), Ni(II) und W(VI) hemmten die Cellulaseaktivität in lufttrockenen Böden im Ausmaß von < 5%. Mn(II) hemmte die Cellulaseaktivität in den drei luftgetrockneten und feldfeuchten Böden am geringsten (Hemmwerte < 2%).

Zusatz von Tonmineralien bzw. Huminstoffen

Badura et al. (1983a,b, 1984a,b,c,e, 1986) sowie Pacha und Szumlas (1986) und Pacha (1986) unternahmen eine Reihe von Topfversuchen mit Waldböden zum Einfluß verschiedener Schwermetalle auf Bodenenzyme. Der wirkungsmodifizierende Einfluß verschiedener Zusätze, wie $CaCO_3$, Bentonit und Huminstoffe, wurde getestet.

Kupfer, Blei, Zink, Cadmium, Chrom. Zusatz von $CaCO_3$ beeinflußte in einem mit $CuSO_4$ (10 000 ppm) versehenem Boden die Aktivität der Enzyme Dehydrogenase, Katalase und Nitratreduktase positiv (Badura et al. 1983a). Pb, appliziert als $Pb(NO_3)_2$, bewirkte im Waldboden in keiner der Konzentrationen (1000, 5000 und 10 000 ppm auf Basis von Pb) signifikante Veränderungen der Aktivität der Enzyme Cellulase, Amylase, saure Phosphatase und alkalische Phosphatase (Badura et al. 1983b). Eine nur geringe Reduktion der proteolytischen Aktivität konnte nach Applikation von Pb in einer Konzentration von 10 000 ppm im Boden beobachtet werden. Zur Bewertung des Einflusses von Bentonit auf die Modifikation des Einflusses von Pb auf die Aktivität der Enzyme Protease, Cellulase, Amylase, saure und alkalische Phosphatase in einem Waldboden, wurde dieser in Mengen von 10 und 20% zugesetzt (Badura et al. 1984a). Zur Erzielung einer Konzentration von 10 000 ppm wurde der Boden mit Pb in Form von $Pb(NO_3)_2$ vermischt. Sowohl die Pb-Behandlung als auch der Zusatz von Bentonit zum Boden waren für die reduzierten Aktivitäten der untersuchten Hydrolasen verantwortlich. Entsprechende Untersuchungen mit den Enzymen Dehydrogenase, Katalase, o-Diphenoloxidase und Peroxidase (Badura et al. 1984b) ergaben für den nur mit Bentonit versehenen Boden eine Reduktion der Enzymaktivitäten. Ähnliche Ergebnisse konnten für den verbleiten Boden erhalten werden. Im Vergleich zum verbleiten Boden ohne Bentonit war die Aktivität der Enzyme Katalase und Peroxidase im mit Bentonit versehenen Boden geringfügig höher. Weitere Untersuchungen dienten der Erfassung des Einflusses von Pb, als $Pb(NO_3)_2$, auf die Aktivität der Enzyme Dehydrogenase, Katalase, Peroxidase, o-Diphenoloxidase in einem Waldboden (Badura et al. 1984e). Pb wurde in Konzentrationen von 1000, 5000 und 10 000 ppm (auf Pb-Basis) eingesetzt. Sämtliche Konzentrationen an Pb führten zu einer geringen Reduktion der Peroxidase- und der o-Diphenoloxidaseaktivität und im Falle der höchsten Pb-Konzentration auch der Katalaseaktivität. Die TTC-Reduktion wurde konzentrationsabhängig durch Pb stark beeinträchtigt. Unterschiede zur Kontrolle konnten mit 1000 ppm nicht festgestellt werden, geringe Mengen an Formazan konnten bei Pb-Konzentrationen von 5000 ppm extrahiert werden, während bei einer Konzentration von 10 000 ppm kein solches extrahiert werden konnte. Vergleichende Untersuchungen zum Einfluß der gleichzeitigen (jeweils 2500 ppm) bzw. der individuellen (je 5000 ppm) Applikation von Zn^{2+} und Cd^{2+} (als Sulfate) zeigten sowohl bei individueller wie auch gemeinsamer Zugabe der Metalle die Reduktion der Aktivität der Enzyme Dehydrogenase und Katalase sowie der proteolytischen Aktivität an (Badura et al. 1984c). Die Hemmung war am geringsten im mit 5000 ppm Cd^{2+} behandelten Boden, während diese im simultan mit Zn^{2+} und Cd^{2+} behandelten Boden am höchsten war. Die Zn- und Cd-Gaben beeinflußten die Aktivität der Enzyme Cellulase und Amylase nicht. Badura et al. (1986) bestimmten den Einfluß von Zn- und Cd-Sulfat auf die Aktivität der Bodenurease. Waldboden mit pH um 6 wurde gesammelt; der Zusatz von Zn und Cd erfolgte separat in Dosen von 5000 ppm und gleichzeitig in Dosen von je 2500 ppm. Im 42-Tage-Zyklus durchgeführte Untersuchungen zur Ureaseaktivität ließen keine wesentliche metallbedingte Veränderung erkennen. Auch konnten bezüglich der individuellen sowie der gemeinsamen Zugabe der Metalle keine Unterschiede hinsichtlich der Beeinflussung der Ureaseaktivität festgestellt werden. Zn und Cd, individuell und in Kombination, verringerten den pH-Wert in einem ähnlichen Ausmaß.

Die Aktivität der Enzyme Katalase, Dehydrogenase, Amylase, Protease und Cellulase wurde in einem Waldboden durch den Zusatz natürlicher Huminsäuren (3.4%) ebenso reduziert wie durch den Zusatz von $CdCl_2$ (5000 ppm, Cd-Basis) (Pacha und Szumlas 1986). Der gemeinsame Zusatz von Cd und Huminsäuren bewirkte ebenfalls eine Reduktion der Aktivitäten. Der Rückgang der Aktivität der Enzyme Dehydrogenase, Katalase und Amylase war im Boden, welcher nur Huminsäuren erhalten hatte, geringer als im mit $CdCl_2$ behandelten. Der Rückgang der Aktivität der Enzyme Protease und Cellulase war hingegen im mit Huminsäuren allein versehenen Boden stärker, als im mit $CdCl_2$ behandelten. Im Falle der vorherigen Zugabe von Huminsäuren erreichte die Aktivität der Enzyme Katalase, Amylase und Protease im mit $CdCl_2$ behandelten Boden geringfügig höhere Werte.

Pacha und Baron (1988) untersuchten den Einfluß von tri- und hexavalenten Cr-Verbindungen ($CrCl_3$ und $Na_2Cr_2O_7$) in einer Menge entsprechend 2000 ppm Cr, auf die proteolytische Aktivität eines Bodens, welchem synthetische Huminsäuren (HA) zugefügt worden waren. Im Falle von $CrCl_3$ war die Reduktion der Proteaseaktivität bei Anwesenheit von synthetischer HA gegenüber dem alleinigen Zusatz von $CrCl_3$ geringer. Die artifiziellen HA übten keinen signifikanten Effekt auf die proteolytische Aktivität des mit $Na_2Cr_2O_7$ behandelten Bodens aus.

ED-, EC- und It-Werte

Wie bereits in Kapitel 1.2.3 angeführt, bestehen Bemühungen, an Hand von Dosis-Wirkungskurven Kenngrößen der Toxizität von Schadstoffen zu etablieren. ED- und EC-Werte sind solche Kenngrößen und es wurden Versuche unternommen, solche Werte für die Bewertung der Toxizität verschiedener Metalle in Böden mit unterschiedlicher Textur zu etablieren. Auch sollte damit eine Möglichkeit geschaffen werden, die Veränderung der Toxizität im Zeitverlauf zu bewerten.

Doelman und Haanstra (1986, 1989) sowie Haanstra und Doelman (1991) bedienten sich zur Darstellung von in Metallbelastungsversuchen gewonnenen Ergebnissen Dosis-Wirkungskurven. Zusätzlich zur Kenngröße ED_{50} wurde der „ökologische Dosis-Bereich" (EDR – ecological dose range) definiert. Dieser stellt jenen Metallgehaltsbereich dar, bei welchem 10–90% Hemmung auftritt. Doelman und Haanstra (1986) untersuchten den Einfluß der Schwermetalle Cd, Cr, Cu, Pb, Ni sowie Zn auf die Aktivität des Enzyms Urease in fünf verschiedenen Böden (Sand, sandiger Lehm, schluffiger Lehm, Ton, sandiger Torf). Die Proben wurden mit 55, 150, 400, 1000, 3000, 8000 mg/kg der Chloridsalze der Schwermetalle versehen. Die Aktivitätsmessungen wurden sechs Wochen sowie 18 Monate nach Applikation durchgeführt. Der EDR-Wert als Maß der Toxizität ging signifikant nur für Cu im sandigen Boden zurück. Die Toxizität stabilisierte sich mit Ausnahme von Sand und Ton in sämtlichen Böden. Der durchschnittliche ED_{50}-Wert für Zn variierte zwischen 100 und 300 mg/kg und dessen Toxizität war die höchste.

In einer weiteren Untersuchung wurden in fünf verschiedenen Böden die Lang- und Kurzzeiteffekte einer Schwermetallbelastung auf die Phosphataseaktivität erfaßt (Doelman und Haanstra 1989). Beziehungen zwischen der Belastung und der Enzymaktivität konnten für den Sand und den schluffigen Lehm etabliert werden; größere Schwierigkeiten traten bei der Etablierung einer solchen für den sandigen Lehm und den Tonboden auf. Für Torf war dies nahezu unmöglich (mit Ausnahme von Cu). Ein Vergleich der Toxizität verschiedener Metalle erfolgte auf der Basis von mmol-Werten. In Tonböden waren für Cd, Cr, Cu und Zn die ED_{50}-Werte vergleichbar (ungefähr 45 mmol/kg). Die ED_{10}-Werte waren mit 7.4, 41.4, 15.1 und 0.55 mmol/kg sehr verschieden. Auf dem Niveau des ED_{50}-Wertes nahm die Toxizität im Zeitverlauf nicht ab; diese betrug in sandigen Böden ungefähr 2.6 mmol/kg für Cd, Cu und Zn. In vier von fünf Böden war die Cd-Toxizität nach eineinhalb Jahren höher als nach sechs Wochen. Die Toxizität war am geringsten im sandigen Lehm, schluffigen Lehm und im Tonboden; diese variierte generell zwischen 12 und 88 mmol/kg.

In einer weiteren Arbeit wurden Kurz- und Langzeitveränderungen der Arylsulfataseaktivität von Böden durch Schwermetalle erfaßt (Haanstra und Doelman 1991). Fünf verschiedene Böden wurden mit 55, 150, 400, 1000, 3000 und 8000 mg/kg an Cd, Cr, Cu, Ni, Pb und Zn als Chloride versehen. Der Zusatz der Schwermetalle hatte auf keinen der Böden einen signifikanten versauernden Effekt; dies mit Ausnahme der höchsten Konzentration (8000 mg/kg) Cr im sandigen Lehm, im Ton und im sandigen Torf, wo das pH von 5.1 auf 2.6, von 6.8 auf 3.1 und von 4.3 auf 2.8 sank. In sieben von 22 vergleichbaren Boden-Metallkombinationen ging der Wert für ED_{50} während sechs Wochen bis 18 Monaten Inkubation signifikant zurück; in zwei Fällen nahm dieser zu. Die als ED_{50} definierte Toxizität war am höchsten im Sand und im sandigen Lehm und am geringsten im sandigen Torf. Die Cd-Toxizität im Sand, im schluffigen Lehm und im Ton variierte von 1.08 bis 9.04 mmol/kg. Beide, die Cr- und die Ni-Toxizität, variierten stark. In einigen Böden gingen diese mit der Zeit zurück, während sie in anderen zunahmen. Die Cu-Toxizität rangierte von 4.51 bis 2 mmol/kg im Sand und im schluffigen Lehm, blieb jedoch mit der Zeit relativ konstant. Pb wies die geringste Toxizität auf (14.5 bis 59.9 mmol/kg). Die Toxizität von Zn rangierte von 5.73 bis 148 mmol/kg im Sand und im sandigem Torf.

Mittels des TTC-Reduktionstests (Dehydrogenaseaktivität) untersuchten Rogers und Li (1985) den Einfluß von Cu^{2+}, Mg^{2+}, Ni^{2+}, Zn^{2+}, NH_4^+, Cd^{2+}, Cr^{3+}, F^-, AsO_3^{3-} und BO_3^{3-} auf die mikrobielle Aktivität des Bodens. Ansätze mit und ohne Luzernegaben wurden geprüft, wobei der erstgenannte Ansatz eine drei- bis viermal höhere Dehydrogenaseaktivität aufwies. Die EC_{50}-Werte rangierten zwischen 13 ppm für Cr^{3+} (ohne Luzerne) bis 346 ppm für Zn^{2+}. Im Ansatz ohne Luzerne zeigte sich folgende Hemmreihe: Cr > Cd > Cu > Ni > Zn; in jenem mit Luzerne: Cu > Cd > Ni > Zn > Cr. Cd wies im Boden ohne Luzerne eine viermal höhere Toxizität auf als im Boden mit Luzerne. Die Konzentration der Anionen betrug 0, 30, 150, 300, 500, 1000, 3000 und 5000 ppm. AsO_3^{3-} war der effizienteste anionische Hemmer, jedoch nur etwa 25% der Aktivität zeigte sich sensitiv. Die sensitive Fraktion wurde durch 300 ppm völlig gehemmt, während die nicht sensitive bis zu einer Konzentration von 5000 ppm keiner Hemmung oblag. BO_3^{3-} wirkte in Konzentration > 1000 ppm hemmend. Für das in Form von NaF zugegebene Fluorid konnte weder Stimulierung noch Hemmung der Dehydrogenaseaktivität beobachtet werden.

It-Werte wurden als jene molare Konzentration eines getesteten Stoffes definiert, bei welcher eine Hemmung eines biologischen Parameters gerade erkenntlich ist (Olson und Christensen 1982). Auf der Basis solcher It-Werte testeten die genannten Autoren in vitro die Beeinflussung der Ureaseaktivität durch verschiedene Elemente. Die Organometallverbindungen Methyl- und Phenylquecksilberchlorid erwiesen sich als die stärksten Hemmer. Hg^{2+}, Ag^+, Cu^{2+}, IO_4^-, Au^{3+}, Cd^{2+} hemmten stark. IO_4^-, $Cr_2O_7^-$, F^-, AsO_2^- und BH_4^- hatten mäßig hemmenden Einfluß, wobei dieser stärker war als jener von SeO_3^-. Selenat hemmte stärker als Selenit, Pd^{2+} stärker als Pd^{4+}, Arsenit stärker als Arsenat, Cr^{4+} stärker als Cr^{3+}, Fe^{2+} stärker als Fe^{3+}. Obgleich es sich bei der zitierten Untersuchung um in vitro Versuche handelte, wurde die Urease aufgrund deren Sensibilität als ein, auch unter Feldbedingungen, geeigneter Indikator für die Gegenwart reaktiver Stoffe vorgeschlagen.

Immissionsgradienten

Kupfer, Zink. In einem Koniferenwald der Umgebung der Stadt Gusum in Südschweden, wo seit 1661 eine Messinggießerei in Betrieb steht, wurden zahlreiche Langzeituntersuchungen zur Beeinflussung der Bodenbiologie durch die Emissionen dieser Gießerei durchgeführt (Tyler 1974, 1976b, 1984; Ebregt und Boldewijn 1977). Im Oberboden (0–6 cm) waren 600–700 Tonnen emittierter Metalle innerhalb eines Radius von fünf Kilometern zu den Quellen vorhanden. Von dieser Menge stellten Zn 65%,

Cu 33% und Pb 2% dar. Ni, Va, Cd repräsentierten weniger als 0.2%. In einer Distanz von etwa 10 km waren im Oberboden Hintergrundkonzentrationen feststellbar. Der Cu-Gehalt im Oberboden betrug in einer Entfernung von 200 m: 2000 μg/g, von 400 m: 1000 μg/g, von etwa 4000 m: 50 μg/g, von etwa 6000 m: 25 μg/g. Negative Korrelation bestand zwischen der H^+- und der Schwermetallkonzentration. Die H^+-Konzentration korrelierte positiv mit der zunehmenden Entfernung zur Hütte. Ca und Mn waren die einzigen geprüften Elemente, welche positive Korrelation mit der Entfernung von der Gießerei zeigten. Der kompetitive Austausch mit den Schwermetallionen konnte die Ursache für den Rückgang der Konzentrationen an K, Ca und Mn mit zunehmender Cu+Zn Konzentration darstellen. Die negativsten Effekte traten in der organischen Lage des Oberbodens auf. Die rückläufige biologische Aktivität der Böden stand mit deren steigenden Kupfer- und Zinkgehalten in enger Beziehung. Zur Untersuchung der Aktivität der Enzyme saure Phosphatase, β-Glucosidase und Urease erfolgte die Probennahme in sämtlichen Richtungen innerhalb eines Radius von drei Kilometern zur Gießerei aus der organischen Auflage des podsolierten Koniferenwaldbodens (Tyler 1974). Proben, welche 0.2–0.3 km vom Hauptauslaß entfernt genommen worden waren, enthielten Cu und Zn in Konzentrationen von 11 000–17 000 ppm und 16 000–22 000 ppm; etwa 3.0 km entfernt betrugen diese 40–140 ppm und 200–600 ppm. Da 98% der Schwermetallast des Gebietes aus Cu und Zn bestanden und keine andere Emissionsquelle von Bedeutung gegenwärtig war, wurden die enzymatischen Werte mit den Cu+Zn-Konzentrationen der Proben in Beziehung gesetzt. Die Aktivität der β-Glucosidase war bei hohen Konzentrationen an Cu+Zn nicht meßbar geringer. Mit steigender Cu+Zn-Konzentration wurde die Ureaseaktivität um den Faktor zehn reduziert, die saure Phosphataseaktivität und die Respirationsrate um den Faktor fünf.

In sämtlichen Richtungen innerhalb von sechs Kilometern Entfernung zur Hütte entommene Bodenproben wiesen eine mit zunehmendem Cu- und Zn-Kontaminationsniveau abnehmende Phosphormineralisationsrate sowie Phosphataseaktivität auf (Tyler 1976b). Bei etwa gleicher Konzentration war Cu für diesen Effekt stärker verantwortlich als Zn.

Tyler (1974) hatte bereits gezeigt, daß im Koniferenwaldboden in der Umgebung von Gusum die Aktivität der Enzyme saure Phosphatase und Urease, nicht aber jene der β-Glucosidase, mit zunehmender Metallbelastung der Böden abnahm. Ebregt und Boldewijn (1977) konnten in diesen Böden eine Abnahme der Bodenamylaseaktivität mit steigender Schwermetallkonzentration feststellen. Die Ca- und Mn-Gehalte der Proben korrelierten positiv mit der Amylaseaktivität, während die Gehalte an Mg, K, Na und Fe eine geringe oder keine Korrelation zeigten.

Blei, Cadmium, Nickel, Kupfer, Zink. In vier Dauergrünlandböden (5–10 cm) in unterschiedlicher Entfernung zu einer Kupferhütte (Österreich) konnten Kandeler et al. (1992) bei hoher Schwermetallbelastung eine starke Hemmung der Aktivität der Enzyme Dehydrogenase, Protease, alkalische Phosphatase sowie Arylsulfatase nachweisen. Die Aktivität der Enzyme Xylanase, Cellulase und β-Glucosidase wurde hingegen gefördert. Bei einer der Flächen handelte es sich um eine kalkfreie Lockersediment-Braunerde, bei den drei weiteren um kalkreiche Graue Auböden. Die erste Fläche befand sich in einer Entfernung von 300 m vom Emittenten, die weiteren Flächen lagen in einer Entfernung von 1125 m, 2425 m und 5900 m (Standorte A–D). Mit zunehmender Entfernung zum Emittenten sanken die Schwermetallkonzentrationen der Böden, gleichzeitig nahm die Dehydrogenaseaktivität in der Bodentiefe von 5–10 cm zu. In der Bodentiefe von 0–5 cm war eine gegenüber dem Schwermetallgehalt des Bodens stärkere Beeinflussung der Aktivitäten durch die Zufuhr von organischer Substanz angezeigt. Zur Metallbelastung der Standorte siehe Tabelle 18.

Tabelle 32. Gesamtgehalt an Ni und Cu von in unterschiedlicher Distanz zur Copper Cliff Hütte entnommenen Bodenproben (O- und A-Horizont) sowie Phosphataseaktivität dieser Proben

Distanz (km)	Phosphataseaktivität Umsatz/g	Gesamtgehalt ppm	
		Cu	Ni
3.0[a]	9.2	210	220
3.0[b]	63.9	2400	1400
3.7[b]	78.5	2600	1900
5.2[b]	144.8	1400	1200
34.3[c]	316.5	470	590
47.8[c]	205.6	450	460
50.2[c]	248.7	230	270

[a] Vegetationsfreie Hügelspitze.
[b] Belastete Waldstandorte.
[c] Kontroll-Waldstandorte.

Nach Freedman und Hutchinson (1980).

Nickel, Kupfer, Eisen, Cobalt. In durch eine Anzahl von interagierenden Faktoren, einschließlich Holzfällen, Feuer und Hüttenemissionen, ernst beeinträchtigten Waldgesellschaften im Gebiet von Sudbury, Ontario,

Kanada, untersuchten Freedman und Hutchinson (1980) die Aktivität der sauren Phosphatase. Die Hauptschadstoffe waren Schwefeldioxid, Schwefelsäurenebel und Schwermetalle, wie Ni, Cu, Fe und Co. Da es sich um saure Böden handelte, erhöhte der saure Regen deren Säuregrad nur im begrenzten Maße.

Chrom. Mit zunehmender Cr-Kontamination eines Grünlandbodens ging die Sulfataseaktivität signifikant zurück (Bardgett et al. 1994). Der Aktivitätsrückgang betrug bei Konzentrationen > 1000 mg Cr/kg etwa 80%. Zunehmende Kontamination beeinflußte weder die Reduktion von Dimethylsulfoxid noch die Aktivitäten der Enzyme Phosphatase, Urease und Invertase negativ. Der Kontaminationsgradient hatte sich infolge von Oberflächenabfluß einer angrenzenden Holzbehandlungsanlage etabliert.

Tabelle 33. Beobachtete Wirkungen von Schwermetallen und anderen potentiell toxischen Elementen auf Bodenenzymaktivitäten. Die zusammengestellten Daten wurden von verschiedenen Autoren unter unterschiedlichen Bedingungen gewonnen. Wesentliche Einflußgrößen, wie die Bindungsform der applizierten Elemente, Bodeneigenschaften, Beprobungstiefe und Beobachtungszeitraum, sind nicht angegeben. Eine Ableitung generell gültiger Aussagen für die Wirkung bestimmter Elemente in repräsentativen Böden ist nicht möglich. Nähere Angaben finden sich im Text. Symbole zur Wirkung O: kein Einfluß, -: Reduktion, +: Zunahme

Element	Konzentration	Boden	Enzym	Wirkung	Referenz
Pb	750–7500 µg/g	Sandboden	Dehydrogenase	-	Doelman und Haanstra 1979a
	375–7500 µg/g	Tonboden		-	
	1500, 3000 µg/g	Torfboden		-	
	7500 µg/g	Torfboden		0	
Pb	200, 500, 1000,2000,5000 µg/g	Braun-,Schwarzerde	Dehydrogenase	+,-	Maier et al. 1981
Pb	10, 50, 1000 2000 mg/kg	Tschernosem	Amylase	+,-	Naplekova und Bulavko 1983
		Rasenpodsol	Protease	+,-	
			Phosphatase	+,-	
			Katalase	+,-	
Pb	50, 500, 1000 mg/kg	Alluvialboden	Urease	+	Todorov et al. 1987
			Amylase	-	

Element	Konzentration	Boden	Enzym	Wirkung	Referenz
Pb	100, 500, 1000 µg/g	Bergwerksboden	Dehydrogenase	0	Marzadori et al. 1996
		geogen unbelasteter Boden	Dehydrogenase	0	
	5000 µg/g	Bergwerksboden	Dehydrogenase	-	
		geogen unbelasteter Boden	Dehydrogenase		
	100–5000 µg/g	Bergwerksboden	Phosphatase	-	
	5000 µg/g	geogen unbelasteter Boden	Phosphatase	-	
Cd	0–30 µmol/g	Flußsand, Gley	β-Glucosidase	+	Hattori 1989
		Grauer Tieflandboden	Protease	-	
		Andosole			
Cd	1.5 µg/g	saurer sandiger Lehm	Katalase	0	Stadelmann et al. 1982
F	0.1, 0.4 M	Mineralboden	Phosphatase	-	Halstead 1964
	0.1, 0.4 M	organischer Boden	Phosphatase	0	
F	50 µmol/g	div.Oberböden	anorganische Pyrophosphatase	-	Dick und Tabatabai 1978
F	5 mM	div.Oberböden	Amidase	-	Frankenberger und Tabatabai 1980

Element	Konzentration	Boden	Enzym	Wirkung	Referenz
F	bis 200 µg/g 200–1500 µg/g	lehmiger Sand	Dehydrogenase	+ -	Ottow und Kottas 1984
F	3, 6, 12, 24, 49 µmol/g	Kiefernwaldboden	β-Glucosidase Dehydrogenase Phosphatase	+ +,- -	Polomski 1985
F	5 mM	div.Oberböden	L-Histidin-Ammoniaklyase	-	Frankenberger und Johanson 1981
As	5 mM		w.o.	-	
Mo *F* *Mn* *Zn* *B*	0.01 M	Tschernosem	Nuclease	- - + + 0	Khaziyev 1966
Hg	70 µg/g	Histosol	Amylase Invertase	- 0	Tu 1982
Cu	7–388 µg/g (Gesamt) 32–144 µg/g (DTPA-TEA-Extrakt)	Histosole	Phosphatase	-	Mathur und Sanderson 1978

Element	Konzentration	Boden	Enzym	Wirkung	Referenz
Cu	18–275, 2922 µg/g	Histosol	Cellulase	-	Mathur et al. 1980
			Xylanase	-	Mathur und Sanderson 1980
			Chitinase	-	
			Lichenase	-	
			Inulase	-	
			Pektinase	-	
			Amylase	-	
			Invertase	-	
			Lipase	-	
			Protease	-	
			Phosphatase	-	
Cu	76–201 mg/kg	Histosol	Pyrophosphatase	-	Parent et al. 1985
Cu	10 g/m^2	Pflanzgarten, NPK-gedüngt	Urease	-	Schinner et al. 1980
			Xylanase	-	
			Cellulase	-	
			Invertase	-	
			Dehydrogenase	-	
Cu	bis 24 mM	Fichtenwaldboden	Phytase	0,-	Svenson 1986
	24 mM			-	
Cd	bis 24 mM			0,-	
	24 mM			-	
Zn	bis 24 mM			0,-	
	24 mM			-	

Element	Konzentration	Boden	Enzym	Wirkung	Referenz
As *B* *F*	300, 5000 µg/g >1000 µg/g 0–5000 µg/g		Dehydrogenase	-,0 - 0	Rogers und Li 1985
V	> 100 mg/kg	Rohhumus	Phosphatase	-	Tyler 1976a
Zn	400 mg/kg	lehmiger Sand	Dehydrogenase Phosphatase	- -	Kucharski 1992
Ag, Hg, Au, Cu *Co, Pb, As, Cr, Ni*	50 µg/g	div. Oberböden	Urease	-	Bremner und Douglas 1971
As *W* *Ag, Hg, Cu, Cd,* *Zn, Sn, Mn, Fe,* *Ni, Co, Pb, B,* *Cr, Al, Se, Mo*	0.5, 5 µmol/g	div. Oberböden	Urease	-,0 0 -	Tabatabai 1977
Fe, Cu, Zn	20 µg/g		Urease	-	Daif und van Beusichem 1982
Ag, Hg, Cu, Cd *Co, Zn, Ni, Fe* *Cr, Mn, Sr, Pb, Al*	100 µg/g	toniger Lehm	Urease	-	Yadav et al. 1987

Element	Konzentration	Boden	Enzym	Wirkung	Referenz
Hg, As, W, Mo, Co, Cu, Ag, Cd, Zn, Mn, Sn, Ni, Pb, Fe, Cr, B, Al, V, Se	2.5, 25 µmol/g	div. Oberböden	Phosphatase	-	Juma und Tabatabai 1977
Mn, Sn, Ni, Cr, B, Al, Se, V, Ti, W, Mo, Cd, Co, As, Fe	50 µmol/g	div. Oberböden	Rhodanase	-	Singh und Tabatabai 1978
Zn				+	
Hg	10 / 100 / 1000 µg/g	Streu(Douglastanne)	Xylanase	0/0/ -	Spalding 1979
Cd	10 / 100 / 1000 µg/g		Amylase	0/0/ -	
Pb	10 / 100 / 1000 µg/g		Amylase	0/0/ -	
Cd	10 / 100 / 1000 µg/g		Invertase	0/+/ +	
Zn	10 / 100 / 1000 µg/g		Invertase	0/+/ +	
Hg	10 / 100 / 1000 µg/g		β-Glucosidase	0/0/ +	
Cd	10 / 100 / 1000 µg/g		β-Glucosidase	0/0/ +	

Element	Konzentration	Boden	Enzym	Wirkung	Referenz
Hg	10 / 100 / 1000 µg/g	Streu	Cellulase	0/0/ -	Spalding 1979
Cd	10 / 100 / 1000 µg/g		Cellulase	0/0/ -	
Ag, Hg, B, V, Mo, Fe, Cu, Cd, Sn, Zn, Mn, Ni, Pb, Co, Cr, Al, As, Se, Ti, W	2.5, 25 µmol/g	div. Oberböden	Arylsulfatase	-	Al-Khafaji und Tabatabai 1979
Mn	0–1000 µg/g	Tschernosem	Phosphatase	-	Mathe und Kovacs 1980
Zn	bis 50 / >50 µg/g			+ / -	
Staub Cd-Pb-Zn-haltig	1, 10/ 25, 50%	Waldboden	Urease	- +	Greszta et al. 1979
As	5 mM	div. Oberböden	Amidase	-	Frankenberger und Tabatabai 1980
Ag, Hg, As, Se, Cu, B, Cd, Co, Fe, Mn, Ni, Pb, Sn, Zn, Al, Cr, Ti, V, Mo, W	5 µmol/g	div. Oberböden	Amidase	-	Frankenberger und Tabatabai 1981b

Element	Konzentration	Boden	Enzym	Wirkung	Referenz
Cd	0.5, 1.5, 5 µg/g	div.Bodentypen	Protease	-	Beck 1981
Cd	0.5, 1.5 / 5 µg/g		Dehydrogenase	-/+	
Zn	50 µg/g		Protease	+	
	150, 500 µg/g		Protease	-	
Zn	50, 150, 500 µg/g		Dehydrogenase	-	
Cu	30, 100 µg/g		Protease	-	
			Dehydrogenase	-	
Ni	10, 30, 100 µg/g		Protease	-	
			Dehydrogenase	-	
Hg	1, 3, 10 µg/g		Protease	-	
			Dehydrogenase	-	
Cr	10, 30, 100 µg/g		Protease	-	
			Dehydrogenase	+	
Zn	300 µg/g	Braunerden	Phosphatase	-	Kandeler et al. 1990
			Dehydrogenase	-	
			Arylsulfatase	-	
Cu	100 µg/g		Phosphatase	-	
			Dehydrogenase	-	
			Arylsulfatase	-	
Ni	50 µg/g		Phosphatase	-	
			Dehydrogenase	-	
			Arylsulfatase	-	
V	50 µg/g		Phosphatase	-	
			Dehydrogenase	-	
			Arylsulfatase	-	

Element	Konzentration	Boden	Enzym	Wirkung	Referenz
Cd	3 µg/g	Braunerden	Phosphatase	-	Kandeler et al. 1990
			Dehydrogenase	-	
			Arylsulfatase	-	
Pb	10 / 200 mg/g	Mull O_l	Dehydrogenase	-/-	Wilke 1982, 1986
			Phosphatase	0/-	
			Arylsulfatase	-/-	
	40 / 80 / 200 mg/g	Mull Ah	Dehydrogenase	-/-/0	
			Phosphatase	-/-/-	
	40 / 200 mg/g		Arylsulfatase	-/-	
	10 / 200	Moder O_l	Dehydrogenase	-/-	
			Phosphatase	0/-	
			Arylsulfatase	+/-	
	7.5 / 150 mg/g	Moder O_f	Dehydrogenase	-/0	
			Phosphatase	0/-	
			Arylsulfatase	0/-	
	7.5 / 150 mg/g	Moder O_h	Dehydrogenase	-/0	
			Phosphatase	0/-	
			Arylsulfatase	-/-	
	1 / 20 mg/g	Moder A_h	Dehydrogenase	0/0	
			Phosphatase	0/-	
			Arylsulfatase	-/-	
	10 / 200 mg/g	Rohhumus O_l	Phosphatase	-/-	
			Arylsulfatase	-/-	
	7.5 / 150 mg/g	Rohhumus O_f,O_h	Phosphatase	0/-	
			Arylsulfatase	0/-	

Element	Konzentration	Boden	Enzym	Wirkung	Referenz
Pb	1 / 20 mg/g	Rohhumus A_{eh}	Phosphatase	-/-	Wilke 1982, 1986
			Arylsulfatase	-/0	
F	940, 1900 µg/g	Mull	Dehydrogenase	0	Wilke 1986, 1987a
			Phosphatase	0	
			Arylsulfatase	0	
	600, 1800 µg/g	Moder	Dehydrogenase	-	
			Phosphatase	-	
			Arylsulfatase	-	
	1800, 3700 µg/g	Rohhumus	Dehydrogenase	-	
			Phosphatase	-	
			Arylsulfatase	-	
As	1/5/10 mg/g	Mull L	Dehydrogenase	-/-/-	Wilke 1986, 1987b
	0.5/1/5/10 mg/g		Phosphatase	-/-/-/-	
	0.5/1/5/10 mg/g		Arylsulfatase	0/-/-/-	
	0.5/1/5/10 mg/g	Mull A_h	Dehydrogenase	0/-/-/-	
			Phosphatase	0/0/0/-	
			Arylsulfatase	0/0/-/0	
	0.5/1/5/10 mg/g	Moder L	Dehydrogenase	-/-/-/-	
			Phosphatase	0/-/-/-	
			Arylsulfatase	0/0/0/0	
	0.5/1/5/10 mg/g	Moder O_f	Dehydrogenase	-/-/-/-	
			Phosphatase	-/-/-/-	
			Arylsulfatase	0/0/0/0	
	0.5/1/5/10 mg/g	Moder A_h/O_h	Dehydrogenase	-/-/-/-	

Element	Konzentration	Boden	Enzym	Wirkung	Referenz
As	0.5/1/5/10 mg/g	Moder A_h/O_h	Phosphatase	-/-/-/-	Wilke 1986, 1987b
			Arylsulfatase	0/-/-/-	
	0.5/1/5/10 mg/g	Moder A_h	Phosphatase	-/-/-/-	
			Arylsulfatase	-/-/-/-	
	0.5/1/5/10 mg/g	Rohhumus L	Phosphatase	-/-/-/-	
			Arylsulfatase	0/0/0/0	
	0.5/1/5/10 mg/g	Rohhumus O_f	Phosphatase	-/-/-/-	
			Arylsulfatase	0/0/0/-	
	0.5/1/5/10 mg/g	Rohhumus O_h	Phosphatase	0/-/-/-	
			Arylsulfatase	-/-/-/-	
	0.5/1/5/10 mg/g	Rohhumus A_{eh}	Phosphatase	-/-/-/-	
			Arylsulfatase	-/-/-/-	
Se	500/1000 mg/kg	Mull L	Dehydrogenase	-/-	Wilke 1986, 1988b
			Phosphatase	0/0	
			Arylsulfatase	-/-	
	250/1000 mg/kg	Mull A_h	Dehydrogenase	-/-	
			Phosphatase	0/-	
			Arylsulfatase	-/-	
	50/250 mg/kg	Moder L	Dehydrogenase	-/-	
			Phosphatase	0/0	
			Arylsulfatase	0/-	
	50/250 mg/kg	Moder O_f	Dehydrogenase	-/-	
			Phosphatase	0/0	
	50 mg/kg		Arylsulfatase	0	
	50/250 mg/kg	Moder A_h/O_h	Dehydrogenase	-/-	

Element	Konzentration	Boden	Enzym	Wirkung	Referenz
Se	50/250 mg/kg	Moder A_h/O_h	Phosphatase	0/0	Wilke 1986, 1988b
			Arylsulfatase	0/0	
	50/250 mg/kg	Moder A_h	Dehydrogenase	-/-	
			Phosphatase	0/0	
			Arylsulfatase	-/-	
	50/250 mg/kg	Rohhumus L	Dehydrogenase	0/-	
			Phosphatase	0/0	
			Arysulfatase	0/0	
	50/250 mg/kg	Rohhumus O_f	Dehydrogenase	-/0	
			Phosphatase	-/-	
			Arylsulfatase	0/-	
	50/250 mg/kg	Rohhumus O_h	Phosphatase	0/-	
			Arylsulfatase	-/-	
	50/250 mg/kg	Rohhumus A_{eh}	Phosphatase	0/-	
			Arylsulfatase	0/-	
Cu	130/222 mg/kg	humoser, lehmiger Sand	Dehydrogenase	-/-	Wilke 1987c
			Protease	-/-	
			Invertase	-/-	
			Phosphatase	-/-	
Zn	264/430 mg/kg		Dehydrogenase	-/-	
			Protease	-/-	
			Invertase	0/-	
			Phosphatase	-/-	

Element	Konzentration	Boden	Enzym	Wirkung	Referenz
As	50/300 mg/kg	sandige Braunerde	Dehydrogenase	0/0	Wilke 1988a
			Protease	0/0	
			Invertase	0/0	
			Phosphatase	0/-	
Be	30/80 mg/kg		Dehydrogenase	0/-	
			Invertase	0/-	
			Protease	0/-	
			Phosphatase	0/0	
Br	60/240 mg/kg		Dehydrogenase	0/0	
			Invertase	-/0	
			Protease	-/-	
			Phosphatase	0/0	
Cd	50/200 mg/kg		Dehydrogenase	-/-	
			Phosphatase	-/-	
			Protease	-/-	
			Invertase	0/0	
Cr	300/800 mg/kg		Dehydrogenase	-/-	
			Phosphatase	0/-	
			Protease	-/-	
			Invertase	-/-	
F	500/2000 mg/kg		Dehydrogenase	-/-	
			Phosphatase	-/-	
			Invertase	-/-	
			Protease	0/0	
Hg	50/200 mg/kg		Dehydrogenase	0/-	
			Invertase	-/-	

Element	Konzentration	Boden	Enzym	Wirkung	Referenz
Hg	50/200 mg/kg	sandige Braunerde	Phosphatase	0/-	Wilke 1988a
			Protease	-/-	
Ni	100/400 mg/kg		Dehydrogenase	-/-	
			Invertase	0/-	
			Protease	0/-	
			Phosphatase	-/-	
Pb	1000/4000 mg/kg		Dehydrogenase	0/-	
			Phosphatase	0/-	
			Invertase	0/0	
			Protease	+/0	
Se	20/40 mg/kg		Dehydrogenase	0/0	
			Phosphatase	0/0	
			Invertase	0/0	
			Protease	+/0	
Sn	117/467 mg/kg		Dehydrogenase	0/0	
			Invertase	-/-	
			Protease	0/0	
			Phosphatase	0/0	
V	100/400 mg/kg		Dehydrogenase	0/-	
			Protease	-/-	
			Invertase	0/-	
			Phosphatase	0/0	
Cd	0.5, 5, 50 µg/g	Alluvialboden	Xylanase	+,-	Brunner und Schinner 1984
			Urease	+,-	
			Phosphatase	+,-	

Element	Konzentration	Boden	Enzym	Wirkung	Referenz
Pb	50, 200, 1000 µg/g		Xylanase	+,-	Brunner und Schinner 1984
			Urease	+,-	
			Phosphatase	+,-	
Cd	10 mg/kg	Rasenpodsol	Protease	-	Ras'kova et al. 1983
		Tschernosem	Protease	0	
		Torfboden	Protease	0	
		Rasenpodsol	Dehydrogenase	-	
		Tschernosem	Dehydrogenase	0	
		Torfboden	Dehydrogenase	0	
	100 mg/kg	Rasenpodsol,	Protease	-	
			Invertase	-	
			Urease	-	
			Phosphatase	-	
			Dehydrogenase	-	
			Amylase	-	
		Torfboden	Protease	-	
			Invertase	-	
			Urease	-	
			Phosphatase	-	
			Dehydrogenase	-	
			Amylase	0	
Pb	100 mg/kg	Rasenpodsol,			
		Torfboden	Urease	0	
			Phosphatase	0	
			Katalase	0	

Element	Konzentration	Boden	Enzym	Wirkung	Referenz
Pb	100 mg/kg	Rasenpodsol, Torfboden	Amylase	0	Ras'kova et al. 1983
			Dehydrogenase	0	
	2000 mg/kg	Rasenpodsol	Dehydrogenase	-	
			Katalase	0	
			Amylase	-	
			Phosphatase	-	
			Urease	-	
		Torfboden	Urease	-	
			Amylase	0	
			Invertase	0	
			Phosphatase	0	
			Dehydrogenase	-	
Cd	5000 µg/g	Waldboden	Katalase	-	Pacha und Szumlas 1986
			Dehydrogenase	-	
			Amylase	-	
			Protease	-	
			Cellulase	-	
Cr	2000 µg/g	Waldboden	Protease	-	Pacha und Baron 1988
Cr	1000, 2000, 5000 µg/g	Waldboden	Dehydrogenase	-	Pacha 1986
	1000, 2000, 5000 µg/g		Amylase	-	

Element	Konzentration	Boden	Enzym	Wirkung	Referenz
Cr	1000, 2000,	Waldboden			Pacha 1986
	5000 µg/g		Protease	-	
	1000, 2000 µg/g		Cellulase	0	
	5000 µg/g		Cellulase	-	
Cr	2000, 5000 µg/g		Dehydrogenase	+,0,-	Pacha et al. 1988
			Phosphatase	+,0,-	
			Amylase	+,0,-	
Hg, Mo, W, V As, B	0.1 mmol/g	div. Oberböden	Trimeta-phosphatase	-	Busman und Tabatabai 1985
Hg, As, Mo, W, Cd, Cu, Fe, B, V, Mn, Ni, Pb, Sn, Zn, Al, Cr, Se, Ti, Ba, Co	5, 25 µmol/g	div. Oberböden	Pyrophosphatase	-	Stott et al. 1985
Hg, Ni, Pb, Cu, Zn	0.01, 0.1, 0.2 M	div. Bodentypen	Lipase	-,+	Maurberger 1987
Cd				-,+	
Pb, Zn, Fe Mn, Cu	1, 10 µg/g	Latosol	Arylsulfatase	-	Appiah und Ahenkorah 1989b

Element	Konzentration	Boden	Enzym	Wirkung	Referenz
Ag, Cd, Hg, Se W, Mn, Cu, Co Fe, Ni, Pb, Zn, Al As, Cr, V, Mo	2.5, 25 µmol/g	saurer, neutraler Boden	Nitratreduktase	-	Fu und Tabatabai 1989
Ba				0,+	
B				0,+,-	
Ag, Cd, Co, Cu Fe, Zn, V, Ba, Hg, Mn, Ni, Sn, Al, Cr, Pb, As, B, Se, Mo, W	5 µmol/g	div. Oberböden	L-Asparaginase	-	Frankenberger und Tabatabai 1991a
Ag, Cd, Co, Cu Fe, Zn, V, B, Hg, Mn, Ni, Sn, Al, Cr, Pb, As, B, Se, Mo, W, Ti	5 µmol/g	div. Oberböden	L-Glutaminase	-	Frankenberger und Tabatabai 1991b
Ag, Cu, Cd, Co Fe, Zn, V, Ba, Hg, Mn, Ni, Sn, Al, Cr, Fe, Pb, B Se, As, Mo, W, Ti	5 µmol/g	div.Oberböden	Cellulase	-	Deng und Tabatabai 1995

Element	Konzentration	Boden	Enzym	Wirkung	Referenz
Pb	1000/5000/ 10 000 µg/g	Waldboden	Cellulase	0/0/0	Badura et al. 1983b
			Amylase	0/0/0	
			Phosphatase	0/0/0	
			Protease	0/0/-	
Pb	1000/5000/ 10 000 µg/g	Waldboden			Badura et al. 1984d
			Peroxidase	-/-/-	
			o-Diphenoloxidase	-/-/-	
			Katalase	0/0/-	
			Dehydrogenase	0/-/-	
Zn	5000 µg/g	Waldboden	Dehydrogenase	-	Badura et al. 1984a
			Katalase	-	Badura et al. 1986
			Protease	-	
			Amylase	0	
			Cellulase	0	
			Urease	0	
Cd	5000 µg/g		Dehydrogenase	-	
			Katalase	-	
			Protease	-	
			Amylase	0	
			Cellulase	0	
			Urease	0	

Element	Konzentration	Boden	Enzym	Wirkung	Referenz
Zn+Cd	2500+2500 µg/g	Waldboden	Dehydrogenase	-	Badura et al. 1986
			Katalase	-	
			Protease	-	
			Amylase	0	
			Cellulase	0	
			Urease	0	
ED_{50}-Werte					
Zn	100–300 mg/kg	div.Böden	Urease		Doelman und Haanstra 1986
Cd, Cr,					
Cu, Zn	etwa 45 mmol/kg	Tonboden	Phosphatase		Doleman und Haanstra 1989
Cd	1.08–9.04 mmol/kg	div.Böden	Arylsulfatase		Haanstra und Doelman 1991
Cu	2–4.51 mmol/kg				
Pb	14.5–59.9 mmol/kg				
Zn	5.73–148 mmol/kg				
Cu+Zn					
Cu	40–140 µg/g	Podsol	Urease	-	Tyler 1974, 1976b, 1984
Zn	200–600 µg/g		Phosphatase	-	Ebregt und Boldewijn 1977
			Amylase	-	
			β-Glucosidase	0	

Element	Konzentration	Boden	Enzym	Wirkung	Referenz
Pb+Cd+Ni+Cu+Zn		Braunerde, Grauer	Dehydrogenase	-	Kandeler et al. 1992
Pb	1400, 1600 mg/kg	Auboden	Protease	-	
Cd	18.2, 13.7 mg/kg		Phosphatase	-	
Ni	71.4, 73.5 mg/kg		Arylsulfatase	-	
Cu	2520, 2972 mg/kg		Xylanase	+	
Zn	3100, 3176 mg/kg		Cellulase	+	
			β-Glucosidase	+	
Ni+Cu		Waldboden	Phosphatase	-	Freedman und Hutchinson 1980
Cu	1400–2600 µg/g				
Ni	1200–1900 µg/g				
Cr	> 1000 mg/kg	Grünlandboden	Sulfatase	-	Bardgett et al. 1994
			Phosphatase	0	
			Urease	0	
			Invertase	0	

1.4.8 Vegetation und Streuabbau

Vegetation

In der Literatur finden sich Beispiele für extrem schwermetallkontaminierte terrestrische Ökosysteme. Diese Arbeiten dokumentieren die starke Beeinträchtigung der Vegetation, der Bodenmikroorganismen und -biochemie, der Bodenfauna sowie der physikalischen und chemischen Bodeneigenschaften durch Schwermetalle. Durch anthropogene Aktivitäten werden auch Nichtmetalle mit hohem Schädigungspotential freigesetzt. Ein besonders wichtiger Vertreter dieser Gruppe ist Fluor.

Die potentielle Phytotoxizität schwermetallkontaminierter Böden wird gewöhnlich durch die chemische Analyse verfolgt. Die Phytotoxizität wird auf die Interferenz von Metallen mit metabolischen Prozessen in der Pflanze zurückgeführt. Als sichtbare Symptome von schwerer Metalltoxizität treten vermindertes Wachstum, Blattepinastie und Chlorose auf. Bei einem geringeren Ausmaß der Bodenkontamination sind diese Symptome weniger evident, wenngleich eine Reduktion der Biomassebildung auftritt. Für Pflanzen bestehen Schadkriterien auch im Auftreten von Chromosomenabberationen oder in der Beeinträchtigung der Keimfähigkeit. In einer durch Schwermetalle und Fluor stark belasteten Region der Ukraine war der Prozentsatz an Mutationen in meristematischen Zellen der Wurzelspitzen von auf kontaminierten Standorten wachsenden Robinien gegenüber der Kontrolle um den Faktor 15 erhöht (Gritsan et al. 1995). Die Zunahme der Aktivität von Enzymen, wie Peroxidase, Isocitratdehydrogenase und Glutamatdehydrogenase, in Blättern und/oder Wurzeln kann aufgrund der Anreicherung von toxischen Mengen an Zn, Cu, Cd oder Pb durch Pflanzen beobachtet werden. Metallspezifische Veränderungen von Isoenzymmustern wurden nachgewiesen. Bei Behandlung von Reis- und Bohnenpflanzen mit toxischen Mengen an Zn, Cd, Hg und Cu konnten Veränderungen von Isoperoxidase-Mustern festgestellt werden. Die Veränderung der Enzymaktivität und der Isoperoxidasemuster wurde als biologisches Testsystem für die Bewertung der Phytotoxizität schwermetallbelasteter Böden vorgeschlagen (van Assche und Clijster 1990). Nashikkar und Chakrabarti (1994) schlugen die pflanzliche Katalase- und Peroxidaseaktivität als Indikator der Schwermetallkontamination von Böden und die daraus resultierenden Stresssituationen für Pflanzen vor.

Untersuchungen zur Chemie der Jahresringe von Koniferen zeigten, daß erhöhte Gewebskonzentrationen einiger Metalle den temporären Zunahmen der lokalen und regionalen Energiestoffverbrennung relativ gut entsprachen. Toxische Schwellenwerte werden stark durch Bodeneigenschaften und die betrachteten Pflanzenarten und -teile beeinflußt (Baes und McLaughlin 1987).

Bodentiere, wie Regenwürmer, Kleine Borstenwürmer, Springschwänze und Fadenwürmer, werden durch den Eintrag von Metallen ebenfalls beeinträchtigt. Wühlende Bodentiere tragen zur Verteilung von Schadstoffen im Boden bei. Meliorative Wirkungen tierischer Aktivität können bestehen. In den Wühlgängen von Maulwürfen und Regenwürmern konnten erhöhte pH-Werte nachgewiesen werden. Ein meliorativer Effekt der Alkalisierung besteht in der Reduktion der Mobilität von Schwermetallen (Bykov und Lysikov 1992).

Beispiele für eine starke nachteilige Beeinflussung der Vegetation durch schwermetallhaltige Emissionen

Aufgrund massiver Verhüttungsprozesse wurden in den vorangehenden Jahrzehnten große Mengen an Schwefeldioxid sowie an partikulären Verunreinigungen in einen borealen Laubwald in der Umgebung zweier Verhüttungsanlagen in Sudbury (Kanada) eintragen (Hutchinson und Whitby 1977). Die Zerstörung der Vegetation wurde vor allem auf die SO_2-Emissionen und die gesteigerte Acidität des Niederschlages und der Böden zurückgeführt, wenngleich die Schwermetallemissionen sehr hoch waren. So wurden von zwei Verhüttungsanlagen 1971 innerhalb eines Zeitraumes von 28 Tagen 192 t Ni, 145 t Cu, 1130 t Fe und 4.5 t Co freigesetzt. Im Oberboden konnten verbreitet Ni-Konzentrationen von mehr als 3000 ppm und Cu-Konzentrationen von 2000 ppm nachgewiesen werden. Eine Region von mehr als 100 Quadrat-Meilen erwies sich nahezu frei von Vegetation. In einem Gebiet von etwa 1800 Quadrat-Meilen waren Schäden an der Vegetation nachweisbar. Als Folge davon verschlechterte sich der Bodenzustand und Erosion trat auf.

Ein weiteres Beispiel für eine massive Beeinträchtigung eines Waldökosystems durch Metalldeposition (Dominanz von Cu und Zn) ist ein Koniferenwald in der Umgebung der Stadt Gusum in Südschweden, wo seit 1661 eine Messinggießerei nahezu kontinuierlich in Betrieb stand. Emissionskontrollen waren erst 1982 installiert worden. Langzeituntersuchungen dienten der Bestimmung des Schwermetalleinflusses auf die Vegetation, die Bodentiere sowie auf bodenmikrobiologische und -enzymatische Parameter. Tyler (1984) präsentierte Ergebnisse solcher Untersuchungen. Infolge des Mangels an Daten war es nicht möglich, die Mengen an während der letzten Dekaden und Jahrhunderte emittierten Cu- und Zn-Mengen zu berechnen. 600–700 Tonnen emittierter Metalle waren allein im Oberboden (0–5 cm) innerhalb eines Radius von fünf Kilometern beider Quellen vorhanden. Von dieser Menge waren 65% Zn, 33% Cu und 2% Pb. Ni, Va, Cd repräsentierten weniger als 0.2%. In einer Entfernung von etwa zehn Kilometern konnten im Oberboden Hintergrund-Konzentrationen erhalten werden. Der Cu-Gehalt betrug im Oberboden in einer Entfernung von 200 m: 2000 µg/g Rohhumushorizont, von 400 m: 1000 µg/g, von etwa 4000 m: 50 µg/g, von etwa 6000 m: 25 µg/g. Der Oberboden der Koniferenwaldökosysteme zeigte eine graduelle biologische Verarmung. Moose und Flechten wurden getötet, und das Wachstum von Gefäßpflanzen wurde verzögert. Neben Bodenmikroorganismen wurden auch die Bodentiere in Zahl und Artzusammensetzung reduziert bzw. verändert. Die primäre Konzentrierung von Schwermetallen in Moosen und Flechten und bis zu einem gewissen Ausmaß in Gefäßpflanzen bedingt, daß die höchsten Gehalte in der organischen Lage des Bodens nachgewiesen werden können. Das Absterben der Koniferen nahe dem Werk war evident, auch waren die Schäden an den Moosen und Flechten auffällig. Die üblichen Moose, welche normalerweise einen Großteil des Waldbodens überziehen, waren im besonderen sensitiv gegenüber der Kontamination und gingen in der Umgebung des Werkes wesentlich zurück. Über den Metallgradienten hinweg konnte ein gradueller Rückgang der Zahl der Moos- und Flechtenarten festgestellt werden. Einige becherformende Flechten (Arten der Gattung *Cladonia*) nahmen, verursacht durch das Verschwinden von Rentierflechten, Vorteil von der reduzierten Konkurrenz und traten am häufigsten in einer relativ engen Zone in einiger Entfernung zum Werk auf; nahe dem Werk verschwanden diese. Der Einfluß der Cu- und Zn-Belastung auf die Artzusammensetzung der höheren Vegetation war weniger offenkundig. Untersuchungen in einer anderen Region Zentralschwedens mit einem gegenüber Gusum etwas komplizierteren Kontaminationsmuster hatten jedoch gezeigt, daß eine Reduktion des Trockengewichtes von Fichtennadeln selbst dann nachgewiesen werden konnte, wenn das Ausmaß der Schwermetallbelastung für das Überleben von Moosteppichen niedrig genug war (Tyler 1984). Das Verschwinden von Moosteppichen begünstigte das verbreitete Vorkommen von *Deschampsia flexuosa*. Dieses Gras erhielt, mit Ausnahme in der Nähe des Werkes, oftmals absolute Dominanz. Das Verschwinden von Moosen und Flechten beeinflußte den Waldboden tiefgreifend. Die Streu- und Rohhumuslagen zeigten sich sensitiver gegenüber Austrockung und Erosion, sofern sich nicht *Deschampsia flexuosa* ausbreitete.

Nordgren et al. (1983) konnten in den Koniferenwaldböden der Umgebung von Gusum Veränderungen der Regenwurmpopulationen nachweisen. Entsprechend Tyler (1984) repräsentieren die Kleinen Borstenwürmer (Enchytraeiden) gewöhnlich ein Drittel der Tierbiomasse in den oberen Lagen des sauren Waldbodens. Enchytraeiden aggregieren im Boden in einem geringeren Ausmaß als viele andere Vertreter der Bodenfauna, weshalb sich diese für Beobachtungszwecke als nützlich erweisen. Die Dichte dieser Gruppe wurde signifikant reduziert, indem die Cu- und Zn-Kontamination zunahm. Ein ähnliches Bild ergab sich für den Großen Regenwurm, welcher jedoch weniger häufig ist. Mit Hilfe einer speziell entwickelten mikroanalytischen Methode konnte eine Konzentrierung von Kupfer in vitalen Geweben, wie in Sexualorganen und Cerebralganglien, nachgewiesen werden. Die reduzierte Dichte der Regenwurmpopulationen wurde auf die direkte Metalltoxizität zurückgeführt. Die Knappheit an geeigneter Nahrung konnte jedoch als beitragender Faktor nicht ausgeschlossen werden. Die Springschwänze reagierten in komplexerer Weise auf Schwermetalle. Die Häufigkeit von an der Oberfläche lebenden Formen ging mit der Nähe zum Werk zurück, während tiefer im Boden auftretende Arten scheinbar nicht beeinflußt wurden. Untersuchungen zum Effekt von Cu und Pb auf Springschwanzarten, welche sich von auf metallhaltigem Substrat wachsenden Pilzen nährten, zeigten eine Reduktion der Wachstumsrate, wenn der Metallgehalt des Pilzes 90 µg/g überschritt. Der Pilz konzentrierte das Metall aus dem Substrat, der sich vom Pilz nährende Springschwanz reicherte das Metall hingegen nicht an. In diesem Zusammenhang kann die Häutung als ein Mechanismus der Entgiftung von Bedeutung sein. Die Eierproduktion erwies sich gegenüber Metallen ebenfalls als sensitiv. Generell war zu schließen, daß Formen, welche andere Tiere konsumieren, sensitiver gegenüber einer Schwermetallkontamination sind als Arten, welche sich von Pflanzen, Streu oder Pilzen nähren.

In Harjavalta (Finnland) stand ein Hüttenkomplex seit der Mitte der vierziger Jahre in Betrieb. Entlang eines Kontaminationstransektes in südlicher Richtung zu diesem Komplex wurden zehn Standorte, welche sich sämtlich in einem trocken *Pinus sylvestris* Wald (Podsol) befanden, beprobt (A-Horizont) (Fritze et al. 1989). Standorte 1, 2, 3 in 200 bis 500 m, Standorte 4, 5, 6 in 3 bis 4 km, Standorte 7 und 8 in etwa 7 km sowie etwa 20 km Entfernung zur Hütte. Mit Ausnahme des austauschbaren Zn, welches mit steigender Distanz zur Hütte nicht stark variierte, nahm die Schwermetallkonzentration im Boden in Richtung Hütte zu. In der Nähe des Hüttenkomplexes konnte ein extremer Rückgang der biologischen Aktivität nachgewiesen werden. Eine Erholung des Bodenlebens und der Vegetation war in einer geringen Entfernung zur Punktquelle nicht nachweisbar. In Hüttennähe manifestierte sich eine hütteninduzierte Veränderung des Humus in Form eines Rückganges des organischen C- und des gesamten N-Gehaltes sowie in einer Verminderung der Bodenfeuchte. Das pH verringerte sich mit zunehmender Distanz zur Hütte geringfügig. Die Kontamination äußerte sich im Fehlen von epiphytischen Flechten und im Auftreten von *Scoliciosporum chlorcoccum*, einer Alge, an den ersten drei Untersuchungsstandorten (< 500 m von der Hütte entfernt). *Hypogymnia physodes* und *Pseudevernia furfuracea* erschienen auf der Borke von *Pinus sylvestris* an den Standorten 4, 5 und 6, aber nur an jener Baumseite, welche der Quelle abgekehrt war. Die epiphytische Flechtenflora der Standorte 7, 8, 9 und 10 entsprach den normalerweise auf *Pinus*-Borke wachsenden Arten. Die Feld- und Waldbodenvegetation wurde ebenfalls beeinflußt. An den ersten drei Standorten fehlte die Bodenvegetation fast gänzlich und *Empetrum nigrum*, die einzige am Standort 1 aufgezeichnete Art, zeigte ein gestresstes Aussehen. An den Standorten 4, 5 und 6 wurden die Zwergsträucher *Empetrum nigrum* und *Vaccinium vitis-idaea* gefunden, typische Flechten- und Mooslagen fehlten. Deren erneutes Auftreten konnte erst an weiter entfernten Standorten nachgewiesen werden.

Schätzungen zufolge werden etwa 8% einer Gesamtfläche von 8.6 Millionen Hektar polnischen Waldes durch die Industrie ernst belastet (Starzecka 1989). Jene in der Umgebung der Zinkhütte Miasteczko Slaskie liegenden Wälder (Oberschlesien) zählen zu dieser gefährdeten Region. Die Emissionen dieser Hütte liefern über 300 kg Zn und 200 kg Pb/ha/Jahr. Der beobachtete Rückgang der Produktivität dieser Wälder wird mit einer starken Anreicherung von Schwermetallen im Holz und in krautigen Pflanzen in Beziehung gesetzt. Der Niepolomice Forest ist ein Beispiel für ein durch Industrieemissionen beeinträchtigtes Ökosystem. Ein Quadratkilometer dieses Waldgebietes ist dem Eintrag von 100 t Staub/Jahr exponiert; davon sind etwa 3 t Fe, 125 kg Zn, 31 kg Pb, 18 kg Cu, 6 kg Ni und 1.5 kg Cd, von welchen etwa 45% in löslicher Form auftreten. In mehrjährig geführten Experimenten in den Mischwäldern von Niepolomice wurden Industriestäube von Elektrofiltern von Zn-, Cd-, und Al-Hütten, einem Elektrizitätwerk und einer Zementfabrik gesammelt und in den Waldboden in Dosen von 100, 500, 1000, 2000 und 5000 t/km^2/Jahr eingebracht. Im ersten Jahr des Versuches verschwanden 100% der Moose und andere Pflanzen mit flachem Wurzelsystem. Nach ein bis drei Jahren traten Veränderungen der Baumbestände auf, diese manifestierten sich in einem reduzierten Zuwachs (10–30%) und schließlich dem Sterben der Bäume.

In der Umgebung eines Hüttenbetriebes (Österreich) konnten ausgeprägte Waldschäden festgestellt werden (Glatzel 1985). Das Areal war seit dem 15. Jahrhundert den Immissionen einer Ag- und Cu-Schmelzstätte ausgesetzt. Seit der Mitte des 20. Jahrhunderts erzeugt der Betrieb, vorwiegend aus Altmetall, unter anderem reines Nickelsulfat, Kupferoxychlorid und Reinkupfer. Messungen im Raume des Emittenten ergaben hohe Schwefeldioxid- und Metallstaub-Emissionen (unter anderem Cu und Pb). Die Schwefelgehalte von Fichtennadeln betrugen im untersuchten Areal im ersten und im dritten Nadeljahrgang 0.17% und 0.12% und charakterisierten den Standort als stark belastet. Göbl und Mutsch (1985) analysierten das Areal chemisch und mikrobiologisch.

Die eigenartige Humusform des Gebietes war bereits vor 20 Jahren bekannt. Es handelt sich dabei um eine 20–30 cm mächtige, graue bis graubraune, lockere Auflage aus nahezu unzersetzten Nadeln und Blättern. Eine verstärkte Erosion dieses Materials an den Steilhängen war in den letzten Jahren zu beobachten. Die überlebenden Fichten und Kiefern zeigten ausgelichtete, zum Teil abgestorbene Kronen, ein bis drei Nadeljahrgänge und Nadeln mit stark geschädigter Cuticula. Das Wachstum der Bäume war minimal. Fruchtkörper diverser holzzerstörender Pilze konnten häufig angetroffen werden. Auf den Prallhängen, etwa in Höhe des Emittenten-Schornsteins, fehlten bodendeckende Moose und krautiger Unterwuchs völlig. Für die Nährstoffe K und Mg konnten in den organischen Auflagen extrem niedrige Werte ermittelt werden. Diese Werte nahmen erst im Mineralboden bzw. in tiefen Bereichen der Streulage geringfügig zu. Die Schwermetallegehalte waren im Vergleich zu den Richtwerten nach Kloke (1980) stark erhöht. Für Ni wurde etwa die zehnfache, für Zn etwa die 200fache, für Cd etwa die 300fache, für Pb etwa die 500fache und für Cu etwa die 1000fache Konzentration bestimmt. In den meisten Fällen wiesen die Elemente Cu, Zn, Ni und Pb in der jüngsten Streuschicht (O_{l1}) die niedrigsten, in der dritten Streuschicht (O_{l3}) die höchsten Gehalte auf. Die Höhe der Cd-Gehalte war von der Zugehörigkeit zu einem bestimmten Streuhorizont unabhängig. Die chemischen Analysen (O_{l1}–O_{l4}; AB-Horizont) zeigten die vorwiegende Beschränkung der starken Schwermetallanreicherung (Cu, Pb, Zn, Cd, Ni) auf die mächtige, unzersetzte Streuauflage. In diesem Bereich abgestorbener Mykorrhizen hatten sich insbesondere Cu, Pb und Cd angereichert. Ein Test, bei welchem Mycelien streubewohnender Pilze in vitro auf den entsprechenden Substraten (Bodenlagen) getestet wurden, brachte adäquate Ergebnisse. Das Wachstum wurde in der Streu stark belasteter Standorte völlig unterdrückt, konnte aber für tiefere Bodenlagen nachgewiesen werden. Mykorrhizen fehlten in der Streuschicht völlig, während im Unterboden an mehr oder minder stark geschädigten Wurzeln ein sehr schwacher Besatz nachweisbar war. Die Mykorrhizen wiesen zum Großteil schwere Schäden auf, welche bis zu Deformationen von knollen- oder traubenförmigem Habitus reichten. Die Zellwände der Rinde und der Endodermis zeigten eine rasche Verkorkung und waren verdickt. Auch traten intrazelluläre Hyphen häufig auf. In nicht belasteten Waldböden kann die Hauptmasse der Mykorrhizen in den gut durchlüfteten, humusreichen Streuhorizonten nachgewiesen werden, auch tritt diese an Grenzflächen zu Gestein oder altem Holz auf. An der unteren Grenzschicht der Streu (O_{l4}–A) konnte eine dicke Schicht abgestorbener, dicht gelagerter Mykorrhizen nachgewiesen werden. Solche wurden sowohl unter Fichte und Buche als auch unter Kiefer gefunden. Die abgestorbenen Mykorrhizen waren gut erhalten, sehr dunkel, kaum brüchig und wiesen imprägniertes Aussehen sowie einen sehr niedrigen Kaliumgehalt auf.

Streuabbau

Die Freisetzung von Nährstoffen im Zuge der Zersetzung von organischer Substanz ist ein Schlüsselprozeß bei der Aufrechterhaltung biogeochemischer Kreisläufe. Die Intensität des Streuabbaus ist ein einfaches und ökologisch wichtiges Maß für eine Vielzahl integrierter biologischer Funktionen.

An der Vegetation deponierte anorganische Schadstoffe werden über tote Blätter/Nadeln, Zweige und andere Streu oder durch Ablaufwasser auf den Boden transportiert. In Moosen, Flechten und teilweise auch in Gefäßpflanzen werden Schwermetalle konzentriert und zunehmend in den Oberboden eingebaut.

Eine Reihe von Untersuchungen zeigte, im Vergleich zu emittentenfernen Standorten, qualitative und quantitative Veränderungen mikrobieller und biochemischer Bodenparameter in der Nähe von Verhüttungsbetrieben bzw. anderen Punktquellen für Metallemissionen. Immissionsbedingte Veränderungen der Nährstoffdynamik von Streu und Boden sind nachweisbar. Die negative Beeinflussung der biologischen Aktivität durch Schadstoffe zeigt sich letztlich in einem gehemmten Streuabbau.

Eine aufgrund von Streu- und Bodenkontamination mit toxischen Elementen eintretende Reduzierung von Mineralisations- und Tranformationsvorgängen stört wichtige Bodenfunktionen. Die Blockierung von Nährstoffkreisläufen und die damit verbundene Hemmung der Nachlieferung verfügbarer Nährstoffe aus der Streu kann die Primärproduktion ernst beeinträchtigen. Strukturelle Bodeneigenschaften werden ebenfalls nachteilig verändert.

Die pflanzliche Produktion wird wesentlich durch das Klima und den Nährstoffstatus des Bodens bestimmt. Anorganische Schadstoffe können den Nährstoffstatus des Bodens verschlechtern durch:

- die Reduktion biochemischer Stoffumsetzungen (Beeinträchtigung der Mineralisation und damit der Nachlieferung von Nährstoffen)
- die Beschleunigung von Nährstoffverlusten (z.B. Austausch, Verlagerung und Auswaschung von Nährkationen oder -anionen)
- die Degradation struktureller Bodeneigenschaften (z.B. Verlust von Bodenmaterial durch Erosion, verringerte Humifizierung, Verlust von Sorbenten)

Der Ersatz von an Bodenkolloiden gebundenen Nährstoffen, wie K, Mg und Ca, durch Schwermetallkationen wird als ein für die Hemmung des Streuabbaus in schwermetallbelasteten Ökosystemen bedeutender Faktor diskutiert. Die Reduktion der Abbauraten von metallbelasteter Streu korrelierte hoch signifikant positiv mit der Zunahme der Schwermetallkonzentration und der Erniedrigung der Nährkationenkonzentrationen der untersuchten Böden (Rühling und Tyler 1973). Die Metallkationen wurden selektiv gegen die Nährkationen in der Waldbodenstreu getauscht und die Nährkationen in unterliegende Bodenbereiche ausgewaschen.

Emissionen weisen normalerweise komplexe Zusammensetzung auf. Der Effekt einer Deposition auf Pflanzen und Böden ist deshalb auch vom Verhältnis der in Depositionen vorhandenen Elemente abhängig. Beispielsweise können deponierte Elemente mit Nährstoff- bzw. Puffereigenschaften eine prinzipiell negative Wirkung ebenfalls eingetragener toxischer Elemente aufheben bzw. biologische Vorgänge begünstigen.

In mit Schwermetallen und anderen potentiell toxischen Elementen kontaminierten Böden konnten qualitative Veränderungen der mikrobiellen Gemeinschaft sowie wiederholt auch eine Abnahme der mikrobiellen Biomasse nachgewiesen werden. Eine Reduktion des Streuabbaus kann teilweise auf einer reduzierten Biomasse beruhen. Die am Streuabbau beteiligten Organismen und Enzyme können durch die Elemente direkt oder durch metallbedingte Veränderungen wichtiger Bodeneigenschaften indirekt beeinflußt werden. Schadstoffinduzierte Veränderungen von Bodeneigenschaften können z.B. das pH, den Gehalt an löslichem, organischem Kohlenstoff, die Verfügbarkeit von Nährstoffen, die Nährstoffverhältnisse, den Wasserhaushalt oder die strukturelle Degradation des Bodens betreffen.

Auch konnte gezeigt werden, daß in mit toxischen Elementen kontaminierten Böden das Vermögen zur Nutzung widerstandfähigerer Naturstoffe reduziert sein kann (z.B. Tyler 1984; Berg et al. 1991).

Sowohl die sich unter dem Einfluß von Emissionen verändernde Streuqualität als auch veränderte Bodeneigenschaften tragen zum reduzierten Streuabbau an metallkontaminierten Standorten bei.

Mit Cd belastete Pflanzenrückstände waren gegenüber der Mineralisierung widerstandfähiger als nicht belastete (Kobus und Kurek 1990). An urbanen Standorten, welche während etwa 100 Jahren industriellen und weiteren urbanen Kontaminationen exponiert waren, wies die Streu dreier unterschiedlicher Pflanzen (*Quercus velutina*, *Smilacina stellata*, *Populus tremuloides*) signifikant höhere Gehalte an Cd, Zn, Pb und Cu auf als solche von an ländlichen Standorten wachsenden. Der Gewichtsverlust der Streu ging mit zunehmender Metallbelastung zurück (Inman und Parker 1978). Der durchschnittliche Gehalt der urbanen Oberböden an Cd, Zn, Pb und Cu hatte 10, 2456, 463 und 119 µg/g betragen.

Metalle können mit Streubestandteilen Komplexe bilden, welche dem biochemischen Abbau weniger zugänglich sind als die unbelastete Streu.

Der verzögerte Abbau von metalltoleranter Vegetation konnte ebenfalls beobachtet werden. Der Abbau von Gras, welches auf Minenabfall wuchs und einen hohen Gehalt an Pb und einen geringeren Gehalt an Zn aufwies, erfolgte langsamer als jener der nicht mit Metallen kontaminierten Vergleichspflanzen (Williams et al. 1977). Der relativ verzögerte Abbau des metalltoleranten Grases war durch eine stärkere Anreicherung von Streu, eine geringere Humifizierung, eine reduzierte Bodenureaseaktivität und kleinere Populationen an Mikroorganismen und kleinen Bodentieren angezeigt.

In Gebieten, welche unter dem Einfluß von Hüttenemissionen stehen, können bodenmikrobiologische und -enzymatische Vorgänge indirekt durch Feuer oder eine veränderte Vegetation und damit verbundenen Folgeerscheinungen, wie verringerter Eintrag an organischer Substanz, Austrocknen des Bodens und Erosion, beeinträchtigt werden. Tiefgreifende Veränderungen von Bodeneigenschaften können an Hand von Schäden an höheren Pflanzen und durch das Verschwinden von Moosen und Flechten nachgewiesen werden. Sofern es nicht zur Etablierung einer resistenten Vegetation kommt, nimmt die Sensitivität der Streu- und Humuslagen gegenüber Austrocknung und Erosion zu.

Hohe Zn-Gehalte und Feuerschäden führten in der Nähe einer Zn-Hütte zu einer stark erodierten Landschaft (Jackson und Watson 1977). Diese Autoren verwiesen auf Witkamp et al. (1966), wonach die SO_2-Emissionen einer Cu-Hütte in Copperhill, Tennessee, eine Waldfläche von 28 km^2 zerstört hatten. In der genannten Region schlugen Wiederbegrünungsversuche infolge des Fehlens der für das mikrobielle Wachstum notwendigen Feuchte fehl. Auch waren die in der unzersetzten Nekromasse gebundenen Nährstoffe der Vegetation nicht verfügbar. Weitere Berichte über das Scheitern von Wiederaufforstungsversuchen in von Hüttenemissionen besonders stark betroffen Waldteilen liegen vor. Entsprechende Standorte wurden bereits weiter oben näher beschrieben (z.B. Glatzel 1985; Göbl und Mutsch 1985). Die jahrzehntelange Ausfilterung der schwermetallhaltigen Stäube durch die Vegetation hatte zu einer für Mikroorganismen und Wurzeln toxischen Metallkonzentration im Auflagehumus geführt. Die Metalle hemmten die Nachlieferung verfügbarer Nährstoffe aus der Nekromasse. Die in der mächtigen Streuschicht deponierten Nährstoffe konnten weder durch Mykorrhizen noch durch streuzersetzende Mikroorganismen für den Bewuchs nutzbar gemacht werden.

Immissionsbedingte Bodenversauerung und Schwermetallanreicherung kann auch in emittenfernen Ökosystemen festgestellt werden. Selbst in industriefernen Waldökosystemen kann durch einen anhaltenden Säure- und Schwermetalleintrag der Abbau der organischen Substanz gestört werden.

In der Literatur werden insbesondere unter Immissionsbelastung in Waldbeständen zwei ausgeprägte Bodenbereiche unterschieden. Es ist dies der unter dem Einfluß des Stammablaufwassers stehende Baumfußbereich (als Sonderstandort definiert) sowie der nur von der Kronentraufe betroffene stammferne Zwischenbereich (als Normalstandort definiert). Bedingt durch die im Vergleich zum übrigen Waldboden erhöhte Wasserzufuhr in den Baumfußbodenbereich und aufgrund nahezu gleicher oder sogar erhöhter Konzentrationen an Protonen und Schwermetallen im Abfluß- gegenüber dem Traufenwasser ergeben sich unterschiedliche Belastungen. Vergleichende Untersuchungen zur Beeinflussung der Vegetation und mikrobieller Parameter an solchen Normal- und Sonderstandorten in emittentenfernen Altbuchenbeständen wurden durchgeführt (Schäfer 1987). Die bestockten Böden umspannten einen weiten pH-Bereich. Drei waren dem Al/Fe-, einer dem Al- und vier dem Austauscher-, einer dem Silikat- und zwei dem Calciumcarbonat-Pufferbereich zuzuordnen. Die

Bodenreaktion der jeweiligen Sonderstandorte war oft um ein bis drei Einheiten in saurere Bereiche verschoben. Entsprechend umfaßten die Waldgesellschaften Luzulo-, Melico- und Carici-Fageten sowie deren Übergänge. Die Humusformen reichten vom typischen Moder bis zum Mull. Am Sonderstandort konnte die Anreicherung von Schwermetallen, der Wandel der Vegetation, die Schädigung der Baumwurzeln, die Störung der Mykorrhizierung und die Beeinträchtigung der Nitrifikation festgestellt werden. Die Schwermetallgehalte von Proben des O_f-Horizonts bewegten sich für Pb in einem Bereich von 100–700 mg/kg und für Cu bis maximal 85 mg/kg. Streuabbauuntersuchungen zeigten, daß identisches organisches Material am Normalstandort rascher abgebaut wurde als am Sonderstandort. Die sowohl hohen Protonen- als auch hohen Blei- bzw. Kupferkonzentrationen gingen mit einer Reduktion des Abbaus einher.

Jackson und Watson (1977) untersuchten die Verteilung von Schwermetallen (Pb, Cd, Zn und Cu) und die Effekte von Hüttenemissionen auf verschiedene Komponenten des Ökosystems der Crooked Creek Watershed, einer bewaldeten Wasserscheide in der Nähe einer Pb-Hütte in Missouri. Die Vegetation dieser Wasserscheide war weder durch Feuer noch durch SO_2-Immissionen stark gestört worden, so daß die Effekte der Metallkontamination in isolierter Weise betrachtet werden konnten. Atmosphärische Einträge von Schwermetallen beeinträchtigten die Wasserscheide seit 1968. Die jährlichen Depositionsraten von partikulärem Pb, Cd, Zn und Cu jüngeren Datums betrugen innerhalb einer Entfernung von 0.4 km zur Hütte 103, 0.72, 6.4 und 2.1 g/m^2. Die Sammelstellen wurden in Intervallen von 0.4, 0.8, 1.2 und 2.0 km entlang eines zentralgelegenen Transektes auf der Wasserscheide etabliert. Der Transekt lag auf der Lee-Seite des Hüttenschornsteins und in Linie mit der vorherrschenden Windrichtung. Die extrem hohen Metallkonzentrationen im Boden und in der Vegetation entlang des Transektes reflektierten die Langzeitbeeinträchtigung durch Emissionen. Zwei Stadien der Ökosystemstörung konnten beobachtet werden. Ein Anfangsstadium (1.2–2.0 km vom Schornstein), gekennzeichnet durch die Anreicherung von Streu ohne meßbarem Einfluß auf die Bodenstreubiota sowie ein fortgeschrittenes Stadium (0.4–0.8 km vom Schornstein), ausgezeichnet durch die Erschöpfung des Boden- und Streunährstoffpools mit Hinweis auf eine unterdrückte Abbaugemeinschaft und auf eine Verlagerung von Nährstoffen.

In der Folge werden Arbeiten zur Beeinflussung des organischen Substanzabbaus durch Schwermetalle und Fluor zusammengestellt.

Tabelle 34. Fluoridgehalt von Boden- und Streuproben sowie organischer Substanzgehalt von Bodenproben in unterschiedlicher Entfernung zu einer Aluminiumfabrik

Entfernung zur Quelle (km)	Fluoridgehalt (ppm) Boden	Streu	Organischer Substanzgehalt %
0.5	1803	619	3.90
1.0	1678	602	3.63
2.0	1301	410	2.43
3.5	1080	176	2.67
5.0	864	73	1.85
7.0	623	30	1.68
10.5	556	36	1.72
16.0	468	21	1.80
Kontrolle	380	5	1.71

Nach Rao und Pal (1978).

Fluor. An Standorten in einer Entfernung von 0.5 bis 16 km Entfernung zu einer Aluminiumfabrik wurden Boden- und Streuproben entnommen (Rao und Pal 1978). Die Beprobung der Böden erfolgte bis zu 10 cm Tiefe. Die Blätter der vorhandenen Vegetation trugen Zeichen der Fluoridbelastung. Durch die Erhöhung des Fluoridgehaltes der Streu und des Bodens kam es zu einer Anreicherung von organischer Substanz im Oberboden. Eine positive Korrelation bestand zwischen dem organischen Substanzgehalt und dem Fluoridgehalt der Streu sowie des Oberbodens.

Kupfer, Zink. In dem bereits weiter oben näher charakterisierten Koniferenwaldökosystem in der Umgebung einer Messinggießerei in Gusum (Schweden) war eine in der Nähe der Gießerei ernste Störung des Streuabbaus nachweisbar (Tyler 1984). Die nicht zersetzte Streu reicherte sich in dicken Lagen an. Die Mehrzahl der Bäume war vital, die Bildung von Biomasse war jedoch reduziert. In unterschiedlich mit Cu- und Zn-belasteten Rohhumusböden wurden ergänzende Versuche zur Abbaurate zugesetzter organischer Verbindungen durchgeführt. Glucose wurde, ebenso wie ein relativ lösliches Protein, nach einiger Verzögerung in den am stärksten belasteten Proben rasch abgebaut. Der Abbau von Cellulose und Stärke war jedoch eng und negativ mit dem Cu- und Zn-Gehalt der Proben korreliert und der Abbau erfolgte in nahe der Gießerei entnommen Bodenproben sehr langsam. Ähnliche Ergebnisse wurden bei Zusatz von Lignin erhalten. Die in den belasteten Böden vorhandenen Mikroorganismen ermangelten teils der Fähigkeit Verbindungen mit einem hohem Molekulargewicht, welche einen wesentlichen Teil der natürlichen Pflanzenstreu darstellen, anzugreifen. Experimente mit natürlichen Substraten (fein vermahlene Fichtennadeln und holziges Gewebe) bestätigten diese Befunde. In den Böden fand unabhängig vom Metallgehalt ein ursprünglich rascher Abbau wasserlöslicher Verbindungen statt. Nach dem Konsum dieser Verbindungen etablierte sich eine umgekehrte Beziehung zwischen dem Abbau der unlöslichen organischen Substanz und dem Schwermetallgehalt der Böden.

Im obigen Untersuchungsgebiet war ein Rückgang der pilzlichen Biomasse und eine wesentliche Veränderung der Zusammensetzung der Gemeinschaft mikroskopisch kleiner Pilze nachweisbar (Nordgren et al. 1983). Die Schwermetalle übten entlang des Gradienten und dessen am stärksten kontaminierten Teiles einen dominierenden Einfluß auf die pilzliche Gemeinschaft aus. Standorte nahe der Gießerei (175–400 m) sowie solche in 1–8 km Entfernung waren in die Versuche einbezogen worden. An den nahe gelegenen Standorten hatte die Kontamination zur Anreicherung einer dicken Streulage geführt. Der Rohhumushorizont der nicht kontaminierten Standorte war etwa vier Zentimeter dick und von Wurzeln durchwoben. An den am stärksten kontaminierten Standorten war der Rohhumushorizont nicht existent und die angereicherte Streu lag dem Mineralboden direkt auf. Ein Zunahme des pH nahe der Gießerei, infolge der Immission der Metalle als alkalische Oxide, konnte den beobachteten Rückgang der biologischen Aktivität nicht erklären.

Von Berg et al. (1991) in der Nähe der Gießerei unternommene Untersuchungen mit nicht kontaminierter Kiefernnadelstreu zeigten einen Rückgang des Masseverlustes unter dem Einfluß der Schwermetallkontamination. Dieser Effekt trat in der Nähe der Gießerei etwa bis zu einem Kilometer Entfernung zur Quelle auf. Der Gradient der Cu-Belastung belief sich in diesem Bereich auf bis etwa 500 µg, der des Zn auf bis etwa 1000 mg/g Boden. Ähnlich Tyler (1984) konnten auch die obigen Autoren feststellen, daß der Abbau bestimmter Streukomponenten, im gegebenen Fall von Lignin, eine besondere Sensivität gegenüber Metallen aufwies.

Während eines Jahres in der Nähe einer Verhüttungsanlage durchgeführte Untersuchungen zum Abbau von grüner Nadelstreu im Rohhumus sowie zur Nährstoffmobilisierung zeigten eine Hemmung des Nadelstreuabbaus sowie eine Zunahme der Auswaschung von Mn und N aus der sich zersetzenden Streu (Ohthonen 1990). In der Nähe der Hütte betrug der Masseverlust der Nadelstreu 34% pro Jahr, im Vergleich zu 44% in einer Entfernung von 20 km zur Hütte. Die Schwermetallkonzentration in den sich zersetzenden Nadeln und die Auswaschung von Mn und N nahmen in Richtung Hütte zu. Die Metallkonzentrationen in den sich zersetzenden Nadeln waren sehr hoch; der Kupfergehalt betrug mehr als 1000 µg/g. Die Schwermetallgehalte der Nadeln korrelierten negativ mit deren Abbaurate.

Nickel, Kupfer. Freedman und Hutchinson (1980) nahmen Bezug auf die Schwermetallbelastung der Böden und der Streu von Waldökosystemen in der Nähe einer Ni-Cu-Hütte in Sudbury, Ontario (Kanada). Die an den kontaminierten Standorten zu beobachtende Zunahme der Streu zeigte sich auch in einer gegenüber Kontrollstandorten geringeren Rate des im Streusäckchenversuch getesteten Streuabbaus. An kontaminierten Waldstandorten betrug der Gesamtgehalt an den Metallen Cu bzw. Ni in einer Entfernung zur Hütte von 3 km 2400 ppm bzw. 1400 ppm, von 3.7 km 2600 ppm bzw. 1900 ppm sowie von 5.2 km 1400 ppm bzw. 1200 ppm. In einem Laborversuch führte der Zusatz von Cu und/oder Ni zu einem Blattstreu-Homogenat zur Unterdrückung der Rate des Trockengewichtsverlustes und der CO_2-Entwicklung. Negative Effekte traten bei Metallkonzentrationen auf, welche jenen der Streu belasteter Feldstandorte vergleichbar waren.

Kupfer, Zink, Blei, Arsen. Berg et al. (1991) konnten im Einflußbereich der von Nordgren et al. (1986) und Rühling und Söderström (1990) näher beschriebenen stärksten einzelnen Punktquelle für Schwermetalle in Schweden, (Rönnskärsverken, Skellefteal) eine Hemmung des Abbaus von kontaminierter und nicht kontaminierter Kiefernnadelstreu nachweisen. Die kontaminierte Nadelstreu zersetzte sich langsamer als die nicht kontaminierte, wobei dieser Unterschied nahe der Hütte verstärkt wurde. Vor dem Nadelfall sich in/auf Nadeln anreichernde Metalle können demgemäß einen langfristigen Effekt auf die nachfolgende Zersetzung der Streu ausüben.

Zink, Eisen, Blei, Cadmium, Kupfer. Innerhalb einer Entfernung von zwei Kilometern zu einer Zn-Hütte in Palmerton (Pennsylania) konnten auf Gewichtsbasis bis zu 13.5% Zn im O_2-Horizont und bis zu 8% Zn im A_1-Horizont des Bodens bestimmt werden (Jordan und Lechevalier 1975). Die Gesamtzahl der Bakterien, einschließlich Aktinomyceten und der Pilze war in den am stärksten Zn-belasteten Böden im Vergleich zu den Kontrollen stark reduziert. An den kontaminierten Standorten war ein verminderter Streuabbau nachweisbar.

Folgende Schwermetallkonzentrationen konnten in einer Entfernung von zirka einem Kilometer zu der oben angeführten Zn-Hütte im O_2-Horizont eines Waldbodens festgestellt werden: Zn etwa 26 000 ppm, Fe etwa 10 000 ppm, Pb etwa 2300 ppm, Cd etwa 900 ppm, Cu etwa 340 ppm; der Gehalt an Schwefel betrug 0.40% (Strojan 1978). Proben, welche etwa sechs Kilometer östlich davon entnommen worden waren, wiesen Konzentrationen von zirka 15 000 ppm Zn, 6500 ppm Fe, 970 ppm Pb, 250 ppm Cd, 170 ppm Cu und 0.26% S auf. Proben einer etwa 40 Kilometer östlich liegenden Kontrollregion wiesen Konzentrationen von 2800 ppm F, 650 ppm Zn, 260 ppm Pb, 50 ppm Cu, 9 ppm Cd und

0.13% S auf. Zur Bestimmung des Gewichtsverlustes während eines Jahres wurden Streusäckchen mit Blättern von *Sassafras albidum* und einer Mischung von 1/1 auf Gewichtsbasis von *Quercus prinus/Quercus rubra*, an den drei Standorten ausgebracht. Am Ende eines Jahres betrug der durchschnittliche Gewichtsverlust an *Sassafras albidum* 39.3% am Kontrollstandort sowie 21.8% in sechs und 17.5% in einem Kilometer Entfernung. Für die Eichenblattmischung betrugen die entsprechenden Werte 36.8% (40 km), 25.7% (6 km), 19.1% (1 km). Die Zahl und die Diversität der die Streusäckchen bewohnenden Bodenmikroarthropoden war an Standorten nahe der Hütte rückläufig. Die durchschnittliche Menge an organischer Substanz am Waldboden konnte mit 3.8 kg/m^2 am Kontrollstandort und zirka 8.1 kg/m^2 1 km von der Hütte entfernt bestimmt werden. Die durchschnittliche Mächtigkeit der Streuhorizonte an den drei Standorten betrug 6.0 cm (40 km), 7.0 cm (6 km), 12.4 cm (1 km).

Blei, Zink, Kupfer, Nickel, Cadmium, Mangan. Basierend auf Literaturdaten konnte für einen Koniferenwaldboden in einer von luftbürtigen Schadstoffen, vor allem Metallen und Säuren, stark belasteten Region in Vermont, USA, keine signifikant hemmende Wirkung der gegebenen Metallkonzentrationen auf den Streuabbau angegeben werden (Friedland et al. 1986). Die Metallkonzentrationen beliefen sich für Pb auf etwa 100–200 µg/g, für Zn auf etwa 100 µg/g, für Cu auf etwa 10–20 µg/g, für Ni auf etwa 10 µg/g sowie für Cd auf etwa 2 µg/g.

Zur Untersuchung des Einflusses verschiedener Industriestäube auf die Anreicherung von organischer Substanz im Boden eines Eichen-Kiefern-Mischwaldes in der Nähe Krakaus (Polen) erfolgte eine Applikation von Stäuben entsprechend 100, 500, 1000, 2000 und 5000 t/km^2 (Grodzinski et al. 1990). Es handelte sich um Stäube von Elektrofiltern einer Zn- und Pb-Hütte, einer Sinter-Hütte und einer Al-Hütte sowie eines Kraftwerkes. In stark industriell beeinflußten Regionen kann eine jährliche Staubdeposition von 250 bis 1000 t/km^2 auftreten; die beiden höchsten Dosen überstiegen sämtliche bisher bekannte Staubemissionen bei weitem. Vier Jahre nach der letzten Staubapplikation vorgenommene Analysen zur Anreicherung von organischer Substanz zeigten das mit der chemischen Zusammensetzung der Stäube variierende Ausmaß der Streuanreicherung. Eine erhöhte Anreicherung konnte nach der Applikation von Stäuben aus der Al-Hütte, der Zn- und Pb-Hütte nachgewiesen werden. Die Stäube aus der Sinteranlage und jene des Kraftwerks in Mengen > 100 t/km^2 bewirkten einen leichten Rückgang der Streuanreicherung. In den Stäuben vorhandene Schwermetalle (Cd, Mn, Pb, Zn) waren für die Zunahme der Streu verantwortlich, während in den Stäuben ebenfalls vorhandene Nährstoffe (z.B. K, Mg, Na) diese Anreicherung verminderten. Korrelationsanalysen ergaben eine signifikante positive Korrelation zwischen der Anreicherung der organischen Substanz und den Mengen an Mn, Cd, Pb und Zn sowie eine geringere Korrelation mit dem pH-Wert des Sickerwassers. Die negative Korrelation zwischen der Streuanreicherung und den Konzentrationen an Na^+, K^+, Mg^{2+}, Cl^-, SO_4^{2-} und PO_4^{3-} ließ den Schluß zu, daß solche Nährstoffe in Industrieemissionen nicht nur die negativen Effekte von anderen, toxischen, Elementen puffern, sondern tatsächlich Abbauprozesse in Ökosystemen stimulieren können.

Kupfer, Chrom, Arsen. An mittel sowie stark belasteten Standorten entlang eines Kontaminationsgradienten der Elemente Cu, Cr und As, welcher sich infolge von Oberflächenabfluß einer benachbarten Holzbehandlungsanlage etabliert hatte, konnten Yeates et al. (1994) eine Reduktion von Abbauvorgängen (Baumwollstreifen) nachweisen. Die Gehalte des Grünlandbodens (0–5 cm) betrugen an Cu 19–835 mg/kg, an Cr 47–739 mg/kg sowie an As 12–790 mg/kg.

Tabelle 35. Beobachtete Wirkungen von Schwermetallen und von Fluor auf den Abbau von Streu. Die zusammengestellten Daten wurden unter unterschiedlichen Bedingungen gewonnen. Eine Ableitung generell gültiger Aussagen für die Wirkung bestimmter Elemente in repräsentativen Böden ist nicht möglich. Nähere Angaben finden sich im Text. Symbole zur Wirkung O: kein Einfluß, -: Reduktion bzw. Hemmung, +: Zunahme

Element	Konzentration	Standort	Wirkung	Referenz
Cd+Zn+Pb+Cu		urbane Böden	-	Inman und Parker 1978
Cd	10 µg/g			
Zn	2456 µg/g			
Pb	463 µg/g			
Cu	119 µg/g			
F	468–1803 µg/g	Waldboden	-	Rao und Pal 1978
Zn	13.5%, 8% (w/w)	Waldboden	-	Jordan und Lechevalier 1975
Zn+Fe+Pb+Cd+Cu		Waldboden	-	Strojan 1978
Zn	15 000–26 000 µg/g			
Fe	6500–10 000 µg/g			
Pb	970–2300 µg/g			
Cd	250–900 µg/g			
Cu	170–340 µg/g			
Cu+Ni		Waldboden	-	Freedman und Hutchinson 1980
Cu	1400–2400 µg/g			
Ni	1200–1400 µg/g			

Element	Konzentration	Standort	Wirkung	Referenz
Cu	1000–2000 µg/g	Waldboden	-	Tyler 1984, Nordgren et al. 1983
Cu+Zn		Waldboden	-	Berg et al. 1991
Cu	etwa 500 mg/kg			
Zn	etwa 1000 mg/kg			
Pb+Zn+Cu+Ni+Cd		Waldboden	0	Friedland et al. 1986
Pb	100–200 µg/g			
Zn	100 µg/g			
Ni	10 µg/g			
Cd	2 µg/g			
Cu	> 1000 µg/g	Waldboden	-	Ohthonen 1990
Cu+Cr+As		Grünlandboden	-	Yeates et al. 1994
Cu	bis 835 mg/kg			
Cr	bis 739 mg/kg			
As	bis 790 mg/kg			

1.5 Sanierung schwermetallkontaminierter Böden

In die Umwelt freigesetzte Schwermetalle unterliegen dort Transformationen. Dabei entstehen verschiedene mobile und/oder immobile Formen (Senken). Im Gegensatz zu organischen Fremdstoffen, welche im günstigsten Falle mineralisiert und damit vollkommen eliminiert werden, können Schwermetalle nicht über diesen Weg aus dem Boden entfernt werden. Schwermetalle können durch mikrobiell und zum Teil auch abiologisch vermittelte Transformationen in ihrem Oxidationszustand und in ihrer Bindungsform verändert werden, wobei diese im günstigen Fall in eine immobile bzw. biologisch inaktive Bindungsform überführt werden. Einige Metalle werden unter der Wirkung von Mikroorganismen in volatile Formen überführt, welche als solche aus dem Boden entweichen können.

Versuche zur Sanierung metallkontaminierter Böden erfordern die Berücksichtigung der Standortfaktoren, welche klimatische, hydrogeologische, edaphische und biologische Größen einschließen.

Nichtbiologische und biologische Verfahren

Nichtbiologische Behandlungssysteme zur Sanierung schwermetallbelasteter Böden kommen mit Ausnahme der chemischen Festlegung der Metalle vor Ort nur als ex-situ Verfahren zur Anwendung. Praktizierbare Verfahren zur in-situ Entfernung von Schwermetallen aus dem Boden sind bisher nicht bekannt.

Die Ausgrabung und der Transport von kontaminiertem Boden zu einer Deponie stellte zunächst eine Standardpraxis dar. Verfahren, welche für die Sanierung schwermetallbelasteter Böden in Frage kommen, schließen ein:

- Boden-Waschverfahren
- Boden-Extraktion
- Verfestigung des kontaminierten Erdreichs

Waschverfahren nutzen hohe Schwerkräfte, wobei die Schadstoffe mechanisch von den Bodenteilchen getrennt bzw. in Lösung gebracht werden sollen. Die Befreiung von Schadstoffen erfolgt dabei bei den groben Teilchen weitergehender als bei den feinen. Der feinteilige Anteil muß weiter gereinigt (z.B. biologisch) oder auf eine Sonderdeponie gebracht werden. Die Reinigung des Waschwassers ist ein aufwendiger Vorgang.

Eine Strategie zur Reinigung von Böden besteht in der Extraktion oder dem Transfer von Metallen aus der Bodenphase in ein Lösungsmittel. Der Boden wird dabei intensiv mit dem extrahierenden Lösungsmittel vermischt. In einem zweiten Schritt wird getrennt und mit Wasser zur Entfernung von restlichem Extraktionsmittel gewaschen. Der Boden wird in der Folge rückgeführt. Das metallbeladene Abwasser wird zur Rückgewinnung von Metallen und Lösungsmittel behandelt.

Chelatierende Mittel werden seit langem eingesetzt, um eine als verfügbar definierte Fraktion von Bodenmetallen zu bestimmen. Der Versuch, solche Mittel bei der Sanierung metallkontaminierter Böden anzuwenden, ist jüngeren Datums. Chelatierende Mittel, wie Ethylendiamintetraessigsäure (EDTA) und Nitrilotriessigsäure (NTA), werden aufgrund ihrer Fähigkeit zur Bildung extrem stabiler Metallkomplexe als versprechende Reagentien zur Behandlung metallkontaminierter Böden angesehen (Elliott und Brown 1989). EDTA repräsentiert einen stärkeren Komplexbildner für Metalle, NTA weist jedoch einen ökonomischen Vorteil auf, da diese in großen Mengen für phosphatfreie Detergentien-Formulierungen produziert wird. Darüber hinaus wird auf Gewichtsbais zur Herstellung von 1:1 Molverhältnissen für Metallkomplexe weniger Komplexbildner benötigt. Obige Autoren untersuchten den Einfluß der Chelatorkonzentration, NTA und EDTA, auf die Lösung von Pb aus einem Boden eines Batterie-Recycling-Standortes, welcher etwa 21% Pb enthielt. Die Eignung von NTA als Agens für die Dekontaminierung wurde als beschränkt bewertet, da die von NTA bewirkte Pb-Freisetzung durch eine hohe Ionenstärke und ein hohes Verhältnis von Chelator:Metall vermindert wurde. Der Einsatz von EDTA wurde günstiger bewertet, da EDTA eine stärkere Komplexierung und ein beständiges Pb-Desorptionsverhalten aufwies.

Aus der Kenntnis löslichkeitsbestimmender Einflußgrößen können Hinweise zur Melioration metallbelasteter Böden abgeleitet werden. Als Möglichkeiten, angereicherte Metalle vor Ort festzulegen und damit deren Verfügbarkeit zu reduzieren, wurden Maßnahmen zur Modifikation der Bodenreaktion (Kalkung) allein bzw. in Kombination mit der Applikation sorptionsstarker Materialien (Hydroxide und Oxide, Tonmineralien, Phosphate, Torf) sowie auch die Einbringung von Elektronendonatoren diskutiert (z.B. Mayer 1981; Schachtschabel et al. 1992). Die Praxis der Kalkung wurde auf landwirtschaftlich genutzten, mit Klärschlamm hoch belasteten Flächen, geübt. Die Einstellung der Bodenreaktion auf Werte um den Neutralpunkt wurde als die wichtigste Maßnahme zur Festlegung von Schwermetallen im Boden angesehen. Mobile Schwermetalle, wie Cd, Zn und andere, können durch Aufkalken der Böden auf pH-Werte um 7 festgelegt werden. Die toxische Wirkung von Kupfer kann auf stark sauren, kupferreichen Böden durch die Anhebung der Bodenreaktion auf einen pH-Wert um 6 verringert werden. Bei pH-Werten um 7 besitzen Eisen- und Manganoxide hohes Vermögen zur Bindung von Schwermetallen. Die Einbringung solcher Materialien in den Boden kann deshalb die Festlegung der Metalle fördern. Die Zufuhr hochmolekularer, unlöslicher organischer Substanzen, wie z.B. von Torf, bewirkt vor allem bei einer sauren Bodenreaktion eine Erniedrigung der Schwermetallöslichkeit und -verfügbarkeit. Zeolithe (feldspatähnliche Mineralien) erwiesen sich in Topfversuchen mit industriell kontaminierten Böden als geeignet, verfügbare Schwermetalle zu binden (Baydina 1996). Auch kann durch die Zufuhr von Elektronendonatoren bzw. durch eine reduzierte Belüftung die Reduktion von Metallen bewirkt werden. Mit Chrom stark belastete Böden können zum Beispiel durch die Reduktion von Cr(VI) zu Cr(III) melioriert werden.

Die Anwendung der Technik der chemischen Festlegung von Schadstoffen ist umstritten, da über die Beständigkeit der gebildeten Verbindungen wenig bekannt ist. Änderungen der Milieubedingungen im Boden stellen die Schwerlöslichkeit der gebildeten Verbindungen in Frage. Eine gezielte Mobilisierung angereicherter Metalle mit dem Ziel, die Schwermetalle aus dem Wurzelraum auszuwaschen, gilt als kaum realisierbar und birgt andere Gefährdungen (Grundwasser).

Eine Erniedrigung der Schwermetallgehalte von Böden durch den Anbau von Pflanzen mit einem hohen Schwermetallaufnahmevermögen oder durch die Erhöhung der Schwermetallauswaschung hat sich bisher nicht als erfolgreich erwiesen. Die dafür nötigen Zeiträume werden in Jahrhunderten angegeben. Auch ist der Entzug von Schwermetallen durch Pflanzen an natürlichen Standorten nur ein vorübergehender, da Schwermetalle mit der pflanzlichen Nekromasse wieder in den Boden gelangen können.

Notwendigkeit innovativer Strategien

Für die Sanierung kontaminierter Böden sind innovative Strategien notwendig. Eine Reihe von Mikroorganismen ist zur Transformation von Metallen befähigt. Die Biotechnologie bedient sich der selektiven Nutzung und Förderung der natürlichen mikrobiell vermittelten Prozesse zur Beseitigung von Metallkontaminationen. Der Einsatz von Mikroorganismen, welche die Fähigkeit zur Transformation verschiedener toxischer Metalle aufweisen, ist als zusätzliche Technologie zur Sanierung metallbelasteter Systeme besonders attraktiv.

Seit vielen Jahren werden intensive Anstrengungen unternommen, toxische Metalle aus wäßrigen Systemen zu entfernen. Die Metallbindungskapazität verschiedener Mikroorganismen erhielt bei der Suche nach neuen und innovativen Technologien besondere Aufmerksamkeit.

Zur Behandlung flüssiger metallhaltiger Abfälle werden in der Praxis drei prinzipielle biotechnologische Strategien genutzt. Diese schließen ein:

- Biosorption
- extrazelluläre Präzipitation
- Bindung der Metalle durch gereinigte Biopolymere und andere, sich von der mikrobiellen Zelle ableitende, spezielle Moleküle

Ebenso wie für Erze und Klärschlämme kommt die mikrobielle Laugung prinzipiell auch als ein Verfahren zur Entfernung von Metallen aus Böden in Frage.

Für die Behandlung flüssiger Abfälle wurden auf mikrobieller Biomasse bzw. auch auf Algenbiomasse beruhende Materialien entwickelt, deren Vermarktung bereits erfolgt oder ansteht.

Gegenüber wäßrigen Systemen treten bei der Nutzung von auf mikrobieller Biomasse beruhenden Präparaten zur Sanierung metallkontaminierter Böden zusätzliche Probleme auf, welche mit der Komplexität des Systems in Zusammenhang stehen. Die Wiedergewinnung der eingebrachten Biomasse, die Dynamik der mikrobiellen Biomasse und die damit verbundene Dynamik von Festlegung und Mobilisierung der Metalle sowie die Möglichkeit der Biokonzentrierung von Metallen in auf Mikroorganismen basierenden Nahrungsketten, stellen wesentliche Probleme dar.

Nach dem heutigen Stand der Technik erscheint die mikrobiologische Behandlung schwermetallkontaminierter Böden, wenn überhaupt, nur mit Hilfe von ex-situ Verfahren machbar. Eine Ausnahme kann die Festlegung der Metalle vor Ort mit Hilfe sulfatreduzierender Mikroorganismen unter anaeroben Bedingungen darstellen. Schwermetalle können unter reduzierenden Bedingungen als Sulfide gefällt werden, wenngleich diese unter reduzierenden Verbindungen auch von einer verstärkten Komplexierung durch lösliche organische Komplexbildner betroffen sein können. Eine Mobilisierung von Metallen kann bewußt auch durch die gezielte Förderung der Bildung komplexbildender mikrobieller Metabolite (Zitronensäure, usw.) angestrebt werden.

Das kontaminierte Erdreich kann mittels Sanierungsverfahren nur zu einem bestimmten Prozentsatz von Problemstoffen befreit werden. Zur vollkommenen Dekontaminierung können verschiedene Sanierungsverfahren nutzbringend, jedoch aus Kostengründen nicht akzeptabel sein. Die mikrobiologische Sanierung von kontaminierten Böden gilt besonders in Fällen, wo nichtbiologische Verfahren die Grenze der Effizienz erreichen und bei besonders wertvollen Metallen, als eine attraktive Technologie.

Bodenkontaminationen mit Metallen müssen als weitgehend irreversibel angesehen werden. Die Vermeidung von Emissionen und die Kontrolle der Ausbringung metallhaltiger Materialien auf Böden stellt deshalb jene Strategie dar, mit welcher das Problem der Schwermetallkontamination langfristig reduziert werden kann. Die Belastung der Umwelt durch Schwermetalle ist, im Gegensatz zu jener durch organische Schadstoffe, durch gesetzliche Bestimmungen weniger umfassend geregelt. Darin kann eine Ursache für die mangelnden Fortschritte auf dem Gebiet der Sanierung von metallkontaminierten Böden gesehen werden.

2 Schwefel- und stickstoffhaltige anorganische Luftschadstoffe

2.1 Schwefeldioxid, Stickoxide und Ammoniak

In Mitteleuropa überschritten Ende der achtziger Jahre bei den Luftschadstoffen die anthropogenen Emissionen die natürlichen etwa um den Faktor 10 (Ulrich 1987). Im Zeitraum 1980–1992 gingen die Schwefeldioxidemissionen in Europa um 39% und in Nordamerika um 17% zurück (Rodhe et al. 1995). Im Vergleich zur vorindustriellen Zeit ist die Schwefeldeposition in Teilen dieser Regionen jedoch noch immer um den Faktor 10 erhöht. Trotz der Rückläufigkeit der SO_2-Emissionen in Europa und Nordamerika konnte für die Konzentration von H^+-Ionen im Niederschlag kein entsprechender Rückgang verzeichnet werden. Als Ursache dafür wird der gleichzeitig mögliche Rückgang der Konzentrationen an basischen Kationen (vor allem Ca) diskutiert. Die NO_x-Emissionen zeigen keinen abnehmenden Trend, wenngleich sich diese in Europa und Nordamerika auf ein gleichbleibendes Niveau einpendeln. Zunehmend können in anderen Regionen der Erde, wie in Teilen Ost- und Südasiens, in Südafrika und Südamerika, rasche Zunahmen der SO_2-, NO_x- und NH_3-Emissionen achgewiesen werden.

Das Schwefeldioxid (SO_2), Stickoxide (NO_x) und Ammoniak (NH_3) zählen zu den wichtigsten atmosphärischen Schadstoffen. Nordamerika und Europa emittieren mit nur etwa 14% der Weltbevölkerung etwa 70% der Gase SO_2 und NO_x (Galloway 1995). Etwa 40% der NH_3-Emissionen kommen aus Nordamerika und Europa, der restliche Teil kommt überwiegend aus Asien.

Schwefel ist in der Atmosphäre stets in Spurenmengen vorhanden. In der Atmosphäre kommt Schwefel in Aerosolen als Sulfat-S vor, während die Hauptgasformen des atmosphärischen Schwefels durch Schwefeldioxid, Schwefelwasserstoff, Dimethylsulfid (DMS) und Carbonylsulfid (COS) gestellt werden. Der Großteil des DMS und des H_2S ist natürlichen Ursprungs. Gase vulkanischen Ursprungs sind die wesentlichen Quellen des natürlich auftretenden Schwefeldioxids. Ein Großteil des SO_2 stammt aus der Verbrennung von Kohle und Erdöl, aus Erdölraffinerien und aus

Verhüttungsvorgängen. Die Industrie- und Kraftwerksfeuerungen emittieren die größten Schwefeldioxidmengen.

Die von der Menschheit jährlich an die Atmosphäre abgegebene Schwefelmenge (hauptsächlich in Form von SO_2) wurde zum gegebenen Zeitpunkt mit etwa 83×10^6 t S angegeben (Wainwright 1980b). Den Schätzungen der Umweltschutzgesellschaft der USA (USEPA) entsprechend setzen die USA jährlich etwa 5.0×10^{10} kg SO_2 und N_2O infolge der Verbrennung großer Mengen an fossilen Brennstoffen in die Atmosphäre frei (Rechcigl und Sparks 1985). Der Höchststand der europäischen SO_2-Emissionen wurde 1979 mit rund 50 Millionen Tonnen erreicht (Katzmann 1991). Die Schwefeldioxidemissionen erreichten in Österreich ihr Maximum Anfang der siebziger Jahre; seit damals sind die Werte rückläufig. Entsprechend ersten detaillierten Erhebungen (1972) ergaben sich für Österreich SO_2-Emissionen im Ausmaß von 420×10^3 t SO_2/Jahr; für das Jahr 1993 konnten die SO_2-Emissionen für Österreich mit 70.8×10^3 t angegeben werden (Umwelt in Österreich 1994; Umweltsituation in Österreich 1996). Dabei entfielen 17.7×10^3 t auf Kraft- und Heizwerke, 7.7×10^3 t auf den Kfz-Verkehr, 16.1×10^3 t auf Kleinfeuerungsanlagen, 28.9×10^3 t auf die Industrie und 0.4×10^3 t auf sonstige Quellen. In der ehemaligen BRD nahmen von 1970–1972 die SO_2-Emissionen von etwa 3.2×10^6 t/Jahr auf etwa 3.7×10^6 t/Jahr zu. Bis 1990 hatte sich diese Menge auf weniger als 2.0×10^6 t/Jahr verringert (Schachtschabel et al. 1992). In der Schweiz konnte zunächst seit Beginn des Beobachtungszeitraumes 1950 ein Anstieg der SO_2-Emissionen mit einem Höchststand im Jahre 1965 von insgesamt 135 400 t registriert werden. Seither sind die Werte rückläufig und für das Jahr 1990 konnte die Emission an SO_2 mit 62 600 t angegeben werden. Davon entfielen 4600 t auf den Verkehr, 14 600 t auf die Haushalte und 43 400 t auf die Industrie (einschließlich Gewerbe, Handel und Landwirtschaft) (Statistisches Jahrbuch der Schweiz 1994).

In der nördlichen Hemisphäre herrschen auf lokaler und regionaler Ebene anthropogen verursachte erhöhte Gehalte an SO_2 und NO_x vor. Bezogen auf das Jahr 1990 war die globale Emission von SO_2 durch anthropogene Aktivitäten etwa dreimal so hoch wie jene aus natürlichen Quellen; die entsprechenden Werte waren 75×10^9 kg S/Jahr bzw. 25×10^9 kg S/Jahr (Galloway 1995).

Die in mehreren europäischen Ländern verstärkt einsetzenden gesetzlichen Maßnahmen zur Emissionsminderung bewirkten eine Verlangsamung der Zunahme und in einigen Ländern auch eine Abnahme der SO_2-Emissionen.

Atmosphärische Stickstoffoxide (NO_x) und atmosphärisches Ammoniak (NH_3) stammen zum Teil aus biologischen Prozessen. Industrielle Aktivitäten, Kraft- und Wärmewerke, Verkehr und Landwirtschaft nehmen jedoch wesentlichen Einfluß auf deren atmosphärische Konzentrationen. Verbrennungsprozesse und die intensive Landwirtschaft stellen wesentliche Quellen für Stickstoffoxide dar. Auch bei der Umsetzung von Müll und Klärschlamm ist mit der Bildung von Stickstoffoxiden zu rechnen. Stickstoffoxide entstehen bei Verbrennungsprozessen bei hohen Temperaturen durch die Oxidation des Stickstoffs der Verbrennungsluft und durch die Oxidation des im Brennstoff gebundenen Stickstoffs. Das bei der Verbrennung entstehende Stickstoffmonoxid (NO) wird in der Atmosphäre zum toxischeren Stickstoffdioxid (NO_2) oxidiert. Die generelle Aufmerksamkeit konzentriert sich auf beide Gase (NO_x). In Europa sind die NO_x-Hauptquellen anthropogener Natur. Etwa 2–3% werden bei der Oxidation von Ammoniak gebildet (Nihlgard 1985). Der Verkehr und Großfeuerungsanlagen stellen die beiden größten Emittentengruppen für NO_x dar. Die Verbrennung fossiler Energieträger trug, bezogen auf das Jahr 1990, mit etwa $20x10^9$ kg N/Jahr, mehr als das Doppelte zu den natürlichen Emissionen bei (Galloway 1995). Die natürlichen Emissionen wurden mit etwa $8x10^9$ kg N/Jahr angegeben, davon entfallen auf Blitze etwa $3x10^9$ kg, auf die Verbrennung von Biomasse $3x10^9$ kg und auf mikrobielle Prozesse etwa $2x10^9$ kg. Bezogen auf Österreich konnten für das Jahr 1980 die NO_x-Emissionen mit $240.2x10^3$ t angegeben werden, diese beliefen sich im Jahr 1992 auf $193.9x10^3$ t (Umwelt in Österreich 1994) und im Jahr 1993 auf $182x10^3$ t (Umweltsituation in Österreich 1996). Davon entfielen 1993 $9.4x10^3$ t auf Kraft- und Heizwerke, $119x10^3$ t auf den Verkehr, $11.9x10^3$ t auf Kleinfeuerungsanlagen, $34.9x10^3$ t auf die Industrie und $6.9x10^3$ t auf sonstige Quellen. Von 1960–1980 hatte die Gesamtmenge an im Bundesgebiet der ehemaligen BRD emittierten Stickoxide von etwa $1.5x10^6$ auf $3.1x10^6$ t/Jahr zugenommen; die 1988 emittierten Mengen betrugen ebenfalls etwa $3.1x10^6$ t/Jahr (Schachtschabel et al. 1992). Bezogen auf Schweizer Verhältnisse und einen Beobachtungszeitraum seit 1950 konnte ein Anstieg der NO_x-Emissionen beobachtet werden, 1984 wurde ein Höchststand mit 214 300 t erreicht, die Werte für 1990 betrugen 183 000 t. Von den letzteren entfielen 124 800 t auf den Verkehr, 9100 t auf Haushalte und 49 900 t auf die Industrie (einschließlich Gewerbe, Handel, Landwirtschaft) (Statistisches Jahrbuch der Schweiz 1994).

Während die SO_2- und NO_x-Emissionen mit Ende des neunzehnten und beginnenden zwanzigsten Jahrhunderts zu steigen begannen, war bei der NH_3-Emission, bis etwa zur Mitte des zwanzigsten Jahrhunderts, keine signifikante Zunahme zu verzeichnen. Seither kann jedoch eine rasche Zunahme beobachtet werden, und in den späten achtziger Jahren überschritten diese die NO_x-Emissionen. Die Quellen des atmosphärischen NH_3 stellen Tierhaltung, Kanäle, Düngerherstellung, Düngung, Kohle- und Torfkraftwerke sowie Abgase von Motorfahrzeugen dar. Die NH_3-Verflüchtigung ist besonders während warmer Tage und bei bargehaltener Bodenoberfläche hoch. In Labor- und Glashausversuchen konnte gezeigt werden, daß auch saure Böden große Mengen an Ammoniak (5–55% von zugesetztem Harnstoffdünger) freisetzen können. Ammoniumsalze setzen Ammoniak hauptsächlich bei höheren pH-Werten frei; für kalkige Böden wurden Verluste von 40% angegeben. Hofdünger, vor allem flüssiger, wird als die wichtigste Ammoniakquelle diskutiert. Die Ammoniakverflüchtigung wird durch hohe Düngermengen und eine trockene, windige Witterung gefördert. Nihlgard (1985) verwies auf Berechnungen wonach in Europa 70% des Ammoniak/Ammonium in der Atmosphäre von Haustieren und vom Menschen stammen. Industrien, hauptsächlich Düngerproduzenten, tragen 12–13%, natürliche Emissionen 10–20% und der Verkehr etwa 1% bei.

In die Atmosphäre freigesetzte S- und N-haltige Verbindungen unterliegen dort chemischen Umwandlungen.

Schwefeldioxid kann in der Atmosphäre einer Umwandlung zu Schwefelsäure bzw. zu Sulfat unterliegen. Die Umwandlung von SO_2 zu partikulärem Sulfat schließt dessen Oxidation zu SO_4^{2-} (H_2SO_4) ein; Sulfate wie $(NH_4)_2SO_4$ können gebildet werden. Chadwick (1983) gab den von Energiegewinnungsanlagen stammenden Anteil des Sulfates im Niederschlag mit 20–30% an.

Die Verweildauer von atmosphärischem SO_2 wurde auf ein bis zwei Tage geschätzt. Während des Tages und unter Bedingungen geringer Feuchte, wird in der Oxidation von SO_2 in Mischungen von Kohlenwasserstoffen und Stickstoffdioxid, mit der daraus resultierenden Bildung von H_2SO_4-Aerosolen, die vorherrschende Reaktion gesehen. In der Nacht, unter nebeligen, regnerischen oder Bedingungen mit hoher relativer Luftfeuchte, repräsentiert die Adsorption von SO_2 an Wassertropfen die vorherrschende Reaktion. Diese Reaktion wird durch Ammonium und die nachfolgende Oxidation von SO_2 zu SO_4^{2-} beschleunigt. Das SO_2 kann auch direkt in oder an den feuchten Oberflächen der Lebewesen, des Bodens oder der Gewässer adsorbieren. SO_2 weist eine hohe Wasserlöslichkeit auf. Nach Kontakt mit Wasser bildet SO_2 schwefelige Säure (H_2SO_3), welche in Abhängigkeit vom pH-Wert in Bisulfit- (HSO_3^-) oder Sulfit- (SO_3^{2-}) Ionen dissoziiert. Die spezifischen Konzentrationen von SO_3^{2-}, HSO_3^- und H_2SO_3 sind vom pH des Mediums abhängig. Die Lösungsprodukte werden nach Oxidation zu H_2SO_4 umgewandelt.

SO_2-Moleküle können mit der Biosphäre in Form überschüssiger Protonen und/oder Schwefelionen in Wechselwirkung treten. Der Effekt von SO_2 kann bestehen in:

- einem Säureeffekt (H_2SO_3, H_2SO_4)
- einem Anioneneffekt (SO_3^{2-}, SO_4^{2-} oder HSO_3^-)
- einer Kombination von Säure- und Ioneneffekten

Ähnlich SO_2, bildet NO_2 in wäßrigen Medien HNO_2, HNO_3 und die entsprechenden Ionen, NO_2^- und NO_3^-. Ammoniak bildet in Lösung NH_4^+.

NH_3 kann unter Bildung von $(NH_4)_2SO_4$- und NH_4NO_3-Aerosolen neutralisiert werden.

Die Säurebildner SO_2 und NO_x und deren Transformationsprodukte tragen zur Senkung des pH-Wertes des Niederschlages und zur Bodenversauerung bei. Im atmosphärischen Umsatz von Ammoniak zu $(NH_4)_2SO_4$ ist ein Beitrag zur Neutralisation der Niederschläge zu sehen. Deponiertes Ammonium stellt über die Nitrifikation und die Auswaschung von gebildetem Nitrat eine potentielle Versauerungsquelle dar. Hohe NH_3-Emissionen und rückläufige SO_2-Emissionen führen zu einer Erhöhung des Anteiles der während des Umsatzes von deponiertem Stickstoff gebildeten Protonen an der gesamten Protonenbelastung von Böden.

Die Wirkung von S- und N-Emissionen bleibt nicht auf die Versauerung beschränkt. Wie bereits angeführt, können SO_2 und NO_x in der Atmosphäre der Oxidation unterliegen und Sulfat sowie Nitrat bilden. Diese treten überwiegend in Form von Aerosolen auf, welche Dunst bilden und einen Teil des Sonnenlichtes in den Weltraum reflektieren. Es ist damit ein Wärmeverlust der Erdoberfläche verbunden. Diese Abkühlung wirkt dem zunehmenden Glashauseffekt entgegen (Rodhe et al. 1995). Es gibt Schätzungen, wonach anthropogen bedingte Sulfatteilchen etwa 25% der Erwärmung maskieren, welche durch Kohlendioxid und andere treibhauseffektive Gase bewirkt wird.

Einen weiteren wesentlichen ökologischen Aspekt stellt die Überdüngung terrestrischer Ökosysteme bzw. die Induzierung relativer Nährstoffmängel durch Immissionsstickstoff dar. Eine der ökologischen Konsequenzen der Überdüngung mit N wird in der Zunahme der Kohlenstoffestlegung in Wäldern gesehen, wodurch globale Kohlenstoffbudgets verändert werden können.

Die Beeinflussung der oxidativen Effizienz der Atmosphäre stellt einen anderen ökologischen Aspekt von NO_x-Emissionen dar. NO_x-Emissionen sind an der Bildung von Oxidantien, vor allem von Ozon, in der Troposphäre beteiligt. Troposphärisches Ozon hat in den letzten Jahrzehnten vor allem in der nördlichen Hemisphäre zugenommen. Ozon ist auch als treibhauseffektives Gas wirksam.

Nasse und trockene Deposition

Der Eintrag von Stickstoff- und Schwefelverbindungen sowie anderer Stoffe aus der Atmosphäre auf terrestrische Oberflächen erfolgt als nasse Deposition mit dem Niederschlag oder als trockene Deposition in Form von Gasen, Stäuben und Aerosolen.

Die Vegetation vermag Stoffe direkt aus der Atmosphäre herauszufiltern (Interzeption). Die gesamte Deposition wird auch in die Niederschlagsdeposition und die Interzeptionsdeposition geteilt (Matzner 1984). Die Rate der Niederschlagsdeposition wird durch die Art und Struktur der empfangenden Oberfläche nicht beeinflußt, während die Rate der Interzeptionsdeposition unter dem Einfluß der Art und Struktur der empfangenden Oberfläche steht. Die Interzeptionsdeposition bestimmt die regionale Verteilung der Gesamtdeposition auf verschiedene Typen von Ökosystemen innerhalb einer Landschaft.

Da die nasse Deposition atmosphärischer Verunreinigungen leichter zu fassen ist als die trockene Deposition, wurde dieser größeres Interesse zuteil. Zunehmend erkannte man jedoch, daß sich die trockene Deposition in einer wesentlich bedeutsameren Größenordnung bewegt als zunächst angenommen wurde.

Die Auswaschung von Schadstoffen durch den Niederschlag stellt einen wesentlichen Reinigungsmechanismus der Atmosphäre dar. Die nasse Deposition von SO_2 und NO_x sowie deren Transformationsprodukte werden als saurer Niederschlag bezeichnet.

Saure Niederschläge konnten als ein verbreitet auftretendes Problem erkannt werden. Diese beeinflussen große Gebiete Europas, der USA, Kanadas und Japans. Für mitteleuropäische Verhältnisse konnten durch Säurebildner bedingte pH-Werte des Niederschlagswassers um 4.2 festgestellt werden. Ohne Luftverunreinigungen wären pH-Werte oberhalb 5.6 die Regel (Ulrich 1981a). Das pH des Regenwassers beträgt in „reiner“ Luft etwa 5.7 (Babich und Stotzky 1974). Das pH des natürlichen Regenwassers wird durch die Dissoziation von gelöstem CO_2 kontrolliert und bei 340 ppm ergibt sich ein pH von 5.6. Es wird oft angenommen, daß Niederschläge mit einem geringeren pH-Wert „sauren Regen“ infolge menschlicher Aktvität darstellen.

In reinem Wasser beträgt die Konzentration der H^+-Ionen 10^{-7} mol/l, dies entspricht einem pH von 7. Bei Kontakt des Wassers mit atmosphärischen CO_2-Konzentrationen entsteht eine verdünnte Kohlensäurelösung mit einem pH von 5.6. Unter Laborbedingungen weist mit dem atmosphärischen CO_2 im Gleichgewicht stehendes destilliertes Wasser einen pH-Wert nahe des oben angeführten theoretischen Wertes auf. Ein Vergleich mit dem natürlichen Niederschlagwasser ist jedoch nicht möglich. Im Niederschlag konnten starke Mineralsäuren (H_2SO_4, HNO_3) und schwache Säuren wie H_2CO_3 sowie organische Säuren nachgewiesen werden. Entsprechend Chadwick (1983) könnte H_2SO_4 aus dem natürlichen Teil des Schwefelkreislaufes und das Fehlen von NH_3 und $CaCO_3$ selbst in noch unbelasteten Gebieten durchschnittliche pH-Werte von 4.5–5.6 bedingen. So wird beispielsweise H_2S in großen Mengen in vielen oberflächennahen Bereichen gebildet und in die Atmosphäre freigesetzt, wo dieses der Oxidation und der Umwandlung in H_2SO_4 unterliegt. Auch werden bei Vulkanausbrüchen wesentliche Mengen an H_2SO_4 und HCl freigesetzt. Wie bereits angeführt, können organische Säuren ebenso zur Gesamtacidität des Niederschlages beitragen. Bei Berücksichtigung der natürlichen Quellen der Niederschlagsacidität wurde ein pH des Niederschlages von 5.7 bis

5.0 erwartet. In der Atmosphäre treten jedoch auch anorganische Partikel auf, welche häufig die Tendenz aufweisen, mit Säuren zu reagieren und diese zu konsumieren. In Gebieten mit ausreichend windverwehtem Staub wären demnach pH-Werte des Niederschlags im Bereich 7–8 nicht ungewöhnlich. Der natürliche pH-Bereich des Niederschlags kann deshalb zwischen 5–8 rangieren (Norton 1977).

Die ersten Berichte über den sauren Niederschlag erschienen in der Mitte der fünfziger Jahre dieses Jahrhunderts. Das Problem war für Skandinavien und das östliche Nordamerika gut dokumentiert. Berichte über sauren Regen in den südlichen und westlichen Teilen der Vereinigten Staaten zeigten, daß das Phänomen nicht auf die nördlichen Klimate beschränkt ist. 1958 konnte Regenwasser mit pH-Werten < 5.0 nur in ausgewählten Regionen über den Niederlanden gewonnen werden. Über Mitteleuropa konnte 1962 Niederschlag mit einem pH < 5.0 erfaßt werden. 1966 wurden für Zentralschweden pH-Werte des Niederschlags von 4.5 berichtet. In Norwegen und Schweden konnten in den vergangenen Jahrzehnten Rückgänge des pH-Wertes von Regenwasser in einer Größenordnung von 0.02–0.05 Einheiten pro Jahr beobachtet werden. Entsprechend der Environmental Protection Agency, USA, versauerten hunderte von Seen in Nordamerika und Skandinavien in einem Ausmaß, daß Fische nicht mehr leben konnten.

Eine Übersicht über ältere Literatur zur Natur und zum Ausmaß des sauren Niederschlages gab Oden (1976). Entsprechende Untersuchungen hatten signifikante Rückgänge des Regen-pH während der vorangegangenen zwei Jahrzehnte in Skandinavien und im Nordosten der USA gezeigt. Die zunehmende Acidität korrelierte mit menschlichen Aktivitäten, welche mit der Emission versauernder Substanzen in die Atmosphäre verbunden waren. Wesentliche Hinweise auf die anthropogene Verursachung des sauren Regens basieren auf den Zeitstudien schwedischer und norwegischer Wissenschafter, welche den pH-Wert des Niederschlages während einiger Dekaden dokumentierten. Sowohl die temporäre als auch die geographische Variation des pH und die damit verbundenen starken Säuren im Niederschlag korrelierten mit der Existenz industrieller Emissionsquellen.

Die Analyse des Niederschlags bezüglich Kationen und Anionen zeigte, daß jene die Säure charakterisierenden H^+-Ionen zu etwa 2/3 auf die Dissoziation von Schwefelsäure und zu etwa 1/3 auf jene von Salpetersäure zurückgeführt werden kann. Auf die primäre Ableitung dieser starken Säuren von gasförmigen anthropogenen Schadstoffen wurde geschlossen. Messungen des Sulfat/Nitrat-Verhältnisses in Regenwasser zeigten, daß die Stickoxide mit etwa 30% zur Acidität des Regenwassers beitragen. Im Vergleich zu Schwefel- und Salpetersäure wird die Bedeutung von HCl und HF, welche ebenfalls infolge anthropogener Aktivitäten in der Atmosphäre auftreten, als hauptsächlich lokal angesehen. Entsprechend McFee et al. (1977) sind H^+-Ionen für 44% bis 69% der Kationen im Niederschlag verantwortlich, während die Anionen SO_4^{2-} 59% bis 62%, NO_3^-, 21% bis 23% und Cl^- 14% bis 20% ausmachen.

Saurer Niederschlag enthält, vor allem in der Nähe von Metallverhüttungsanlagen, Schwermetalle. Die eingetragenen Schwefel- und Stickstoffverbindungen weisen auch Nährstoffcharakter auf, darüber hinaus können in den Depositionen weitere Stoffe mit Nährstoffcharakter, wie Ca, K und P, auftreten. In den Depositionen können auch organische Verbindungen, wie Alkane, polycyclische aromatische Kohlenwasserstoffe, Phthalsäureester, Fettsäureethylester und polychlorierte Biphenyle, enthalten sein.

Versauernd wirkende Schadstoffe unterliegen dem Ferntransport (bis einige tausend Kilometer), so daß selbst in größerer Entfernung zu Emittenten und Ballungsgebieten der pH-Wert der Niederschläge erniedrigt ist. Niederschlagsproben aus Gebieten der ehemaligen BRD fernab von Industriegebieten wiesen die Eigenschaft einer verdünnten Säure mit einem mittleren pH-Wert von 4.2 auf; dies entsprach einer H^+-Ionenkonzentration von 63 µg H^+/l (Ulrich und Pankrath 1983).

Im Jahre 1980 betrug die Deposition von Protonen durch den Niederschlag über weiten Gebieten Europas und Nordamerikas zwischen 0.1 und 1 kg/ha/Jahr (Abrahamsen 1980). Die nasse Deposition von Sulfat lag in Europa in einer Größenordnung von 5–25 kg Schwefel/ha/Jahr. Die gesamte Deposition, trocken und naß, bewegte sich in einer Größenordnung von 10–120 kg Schwefel/ha.

Schätzungen an Hand norwegischer Daten ergaben eine nasse Deposition von Stickstoff in der Größenordnung von 2–14 kg/ha/Jahr. Der eingetragene Stickstoff wies eine gleichmäßige Zusammensetzung aus NO_3^- und NH_4^+ auf. Hinsichtlich Nitrat variierten die Schätzungen der Verhältnisse von trockener zu nasser Deposition von etwa fünf in Gebieten nahe an den Emissionsquellen bis zu etwa eins in Gebieten 300–3000 km von den Quellen entfernt. 1985 wurden in Mitteleuropa sowie in den zentralen USA 10–25 kg N/ha/Jahr durch den Niederschlag eingetragen (Nihlgard 1985). Die in „Reingebieten" Nordamerikas bestehende Depositionsrate wurde mit geringer als 1 kg/ha/Jahr angegeben. Es ist dies ein Hintergrundwert, welcher auch für Skandinavien berichtet wurde. Diese Befunde geben Hinweise darauf, daß die nasse und trockene Deposition von verschiedenen Stickstoffverbindungen eine wesentliche zusätzliche Stickstoffquelle für temperate Wälder darstellt. Dieser wurde eine größere Bedeutung beigemessen als der biologischen N_2-Fixierung in den Wäldern der Taiga. In einem Kiefernwald in Zentralschweden konnte die Gesamtdeposition mit 3.6 kg N/ha/Jahr bestimmt werden, die durch N_2-Fixierung festgelegte Menge betrug hingegen nur 0.3 kg. Groben Berechnungen entsprechend, wurde die trockene und die nasse Deposition sämtlicher N-Quellen in Reingebieten mit 2–3 kg/ha/Jahr sowie in belasteten Gebieten mit bis zu 75 kg N/ha/Jahr angegeben. Mooruntersuchungen zeigten, daß in der vorindustriellen Zeit der Stickstoffeintrag bei 6–8 kg/ha/Jahr lag; dies entspricht etwa der natürlichen Hintergrundbelastung (Simbrey 1987). Lange Zeit war diese Stickstoffquelle auch die einzige Walddüngung.

Die mit der Deposition von Säuren und Säurebildnern verbundenen Probleme sowie die Gefährdung von Waldökosystemen durch den Eintrag großer Mengen an Stickstoffverbindungen wurden zunehmend erkannt.

Die Entwicklung von Problemlösungsansätzen auf wissenschaftlicher und wirtschaftlicher Basis wurde zu einer Notwendigkeit. Forschungsanstrengungen umfassen die Entwicklung von standardisierten Verfahren zur Sammlung von Niederschlag und Atmosphäre, die Untersuchung von Schadstofftransformationen in der Atmosphäre, die Entwicklung von Methoden zur Aufzeichnung von Depositionen in Wäldern sowie Untersuchungen zur Erkennung von Effekten auf die Vegetation und den Boden.

Die Wirkungen eingetragener Luftschadstoffe auf Böden sind standortspezifisch und von komplexer Natur. Mögliche standortbezogene günstige Wirkungen von Immissionen werden in einem Düngeeffekt, einer Förderung der Nährstofffreisetzung aus Bodenmineralien durch Säuren sowie in einer säurebedingten Senkung des pH-Wertes alkalischer Böden, in welchen dieser oftmals oberhalb des Optimalbereiches für das Pflanzenwachstum liegt, gesehen.

Die mögliche standortabhängige Düngewirkung von Depositionen kann die Neubewertung von Düngeempfehlungen notwendig machen.

Tabelle 36. Geschätzte Durchschnittswerte für natürliche und anthropogene Bruttoeinträge von Stickstoff, Schwefel und Protonen in Böden (Österreichisches Bundesgebiet)

Element	Eintrag in kg/ha/Jahr	
	natürlicher	anthropogener
N	1–5	20[a]
		120[b]
S	1–5	25[c]
H^+	0.6	2[a]
		5–30[b]

[a] Wald.

[b] Landwirtschaftliche Nutzfläche.

[c] Bundesgebiet.

Nach Blum und Wenzel (1989).

2.2 Bodenversauerung

2.2.1 Bodenreaktion

Die Bodenreaktion ist als die durch die H^+-Ionen- (oder Protonen-) Konzentration hervorgerufene Acidität bzw. Alkalität des Bodens definiert. Diese beruht auf der Abgabe von Protonen in die Bodenlösung. Die Protonen stammen von den Austauschern des Bodens, von Säuren und sauren Salzen. Ein Großteil der Protonen wird standortabhängig durch Bodenteilchen in austauschbarer Form adsorbiert. Austauschbar gebundene Protonen können zu freien Protonen dissoziieren. Die Wasserstoffionen liegen in wäßriger Lösung in hydratisierter Form als H_3O^+-(Hydronium)-Ionen vor. Der Einfachheit halber werden diese H_3O^+-Ionen als H-Ionen bzw. als H^+-Ionen bezeichnet. Auch die in der Folge im Zusammenhang mit der Bodenacidität zu besprechenden Al^{3+}-Ionen treten unter natürlichen Bedingungen im hydratisierten Zustand auf. Der Einfachheit halber werden auch diese als Al^{3+}-Ionen angesprochen.

Der pH-Wert ist die Maßzahl für die H^+-Konzentration in der Bodenlösung.

Unter natürlichen Bedingungen können in Mineralböden pH-Werte zwischen 3.5 und 10 nachgewiesen werden. Die pH-Werte von Böden der humiden und subhumiden Regionen rangieren zwischen 4 bis etwas über 7, während Böden der ariden Regionen pH-Werte von etwas über 7 bis ungefähr 9 aufweisen. Extreme pH-Werte von 3 oder 11 können in organischen Böden oder Alkaliböden auftreten.

Die Bodenreaktion nimmt vielfältigen Einfluß auf im Boden ablaufende Vorgänge bzw. auf Eigenschaften des Bodens, wie Verwitterung, Mineralneubildung, Verlagerung von Ton, Fe- und Al-Verbindungen, Abbau der organischen Substanz, Humifizierung, Nährstoff- und Schadstoffverfügbarkeit, Metalltoxizität und Gefügebildung.

Die Bodenreaktion wird bestimmt durch:

- das Ausgangsgestein
- das Klima
- die Vegetation
- das Bodenalter
- den Metabolismus der Bodenorganismen und der Pflanzenwurzeln
- die Bewirtschaftungsmaßnahmen
- den Eintrag von Säuren und Säurebildnern bzw. Basen und Basebildnern

Die in austauschbarer Form an der Oberfläche von Austauschern im Boden gebundenen Kationen stellen den Kationenbelag der Böden dar. Dieser besteht überwiegend aus den Kationen Ca^{2+}, Mg^{2+}, K^+, Na^+, H^+ und Al^{3+} (sowie auch komplexe Al-Hydroxykationen). Die vier erstgenannten

Kationen sind als basische, die letztgenannten als saure Kationen definiert. Neben den angeführten Kationen werden auch andere Kationen, wie Cu, Mn, Co, Zn oder Ti, adsorbiert, wenngleich deren Anteil gering ist. Die Gesamtheit der austauschbar gebundenen Kationen wird als Austauschkapazität bzw. präziser als Kationenaustauschkapazität bezeichnet. Die Basensättigung ist der prozentuelle Anteil der austauschbaren basischen Kationen (Ca, Mg, K, Na) an der Kationenaustauschkapazität.

Die relativen Anteile der angeführten Kationen am Kationenbelag des Bodens weisen standortabhängig breite Variation auf. Dem Ausgangsgestein und dem Entwicklungszustand des Bodens kommt diesbezüglich wesentliche Bedeutung zu. Im Zuge der Verwitterung des Ausgangsgesteins von Böden frei werdende Kationen bedingen eine unterschiedliche Basensättigung der Austauscher im Boden. An basischen Kationen (Ca, Mg, K, Na) arme Ausgangsgesteine begünstigen demgemäß die Entstehung von Böden mit geringer Basensättigung.

Der Niederschlag und die Temperatur nehmen Einfluß auf die Intensität der Verwitterung der Bodenmineralien und auf den Verlust von basischen Kationen durch Auswaschung. Im humiden Klimabereich treten verbreitet Böden mit saurer Bodenreaktion auf. Es sind dies Regionen, wo ausreichend Niederschlag für eine Auswaschung basischer Kationen (Ca^{2+}, Mg^{2+}, K^{+}, Na^{+}) aus den oberen Bodenbereichen sorgt. In humiden Klimabereichen stellt die Versauerung der Böden einen natürlichen Prozeß dar. Das Ausmaß der Basenauswaschung ist unter solchen Bedingungen auch eine Funktion des Bodenalters, weshalb alte Böden des humiden Klimaraumes unter natürlichen Bedingungen nahezu immer eine starke Versauerung aufweisen. Der Rückgang des pH im Zuge von Verwitterungsprozessen bedingt, daß saure Böden dort auftreten, wo die Ökosystem- und Bodenentwicklung während ausgedehnter geologischer Zeiträume erfolgte.

In feuchteren Klimaten weisen die oberen Horizonte infolge des kombinierten Effektes von Streuabbau und Basenauswaschung eine höhere Acidität auf als tieferliegende. Die maximale Auswaschung und Verwitterung steht auch mit der weiten Verbreitung saurer Böden in den humiden Tropen in Beziehung. Für aride und semiaride Regionen ist hingegen das Auftreten alkalisch reagierender Böden kennzeichnend.

Die Vegetation nimmt über die Streu und die Rhizosphäre Einfluß auf die Bodenreaktion. Gräser gedeihen in trockeneren Ökosystemen, wo die Auswaschung von Kationen mit geringerer Intensität erfolgt als in feuchteren Waldökosystemen. Die meisten Graslandböden weisen eine geringere Acidität auf als Waldböden. Das Laub der Gräser enthält mehr Basen als jenes der Bäume. Gräser weisen gegenüber Bäumen auch eine höhere Effizienz hinsichtlich der Wiedereinschleusung der Nährelemente auf und verringern so deren Auswaschung. Dieser Wiedereinschleusungsprozeß ist vor allem für Kationen, wie Ca, Mg, K und Na, welche der graduellen

Auswaschung aus dem Boden unterliegen, signifikant. Die Auswaschung dieser Basen fördert die Bodenversauerung.

Bei der forstwirtschaftlichen Nutzung von Böden kommt den gewählten Baumarten hinsichtlich der Beeinflussung der Bodenreaktion wesentliche Bedeutung zu. Frühe Schläger- und Wiederbepflanzungsversuche erbrachten den Nachweis, daß der Charakter der Vegetation selbst in einer relativ kurzen Zeit (20 Jahre) den pH-Wert des Bodens und dessen pH-Profil beeinflußt (Pearsall 1952). Der Bestandesabfall der Nadelhölzer fördert die Bildung großer Mengen an niedermolekularen Humussäuren und trägt damit zur Erniedrigung des pH bei. Für den Bestandesabfall der Laubhölzer trifft dies nicht in diesem Maße zu. Das Wurzelsystem der Bäume weist hinsichtlich der Beeinflussung des pH-Wertes bzw. des pH-Profils ebenfalls Relevanz auf. Tieferwurzelnde Bäume vermögen anders als flachwurzelnde Bäume basisch wirkende Kationen aus dem Untergrund aufzunehmen, welche in der Folge über den Bestandesabfall in den Oberboden gelangen.

Der pH-Wert der Bodenlösung kann kleinräumig wesentlich variieren. Die Ursachen für solche Variationen können auch mit der unterschiedlichen Verteilung von Wurzeln und von organischer Substanz und damit verbunden der biologischen Aktivität, in Beziehung stehen. Klimatische Einflüsse können über die Variation der Bodenfeuchte und einer damit einhergehenden unterschiedlichen Bewegung von Salzen in und aus bestimmten Bereichen des Bodens sowie auch über die Beeinflussung der biologischen Aktivität kleinräumig Fluktuationen des pH-Wertes induzieren.

Einteilung der Bodenacidität

Die Bodenacidität beruht auf dem Gehalt der Böden an dissoziationsfähigem Wasserstoff und an austauschbaren Al-Ionen. In der Literatur werden verschiedene Formen der Bodenacidität unterschieden (Tabatabai 1985; Brady 1990; Schachtschabel et al. 1992).

Diese zur Gesamtacidität eines Bodens beitragenden Formen schließen ein:

- aktive (freie, aktuelle) Acidität
- austauschbare (potentielle) Acidität
- Rest-Acidität

Die aktuelle, aktive oder freie Acidität wird durch die in der Bodenlösung vorhandenen dissoziierten H-Ionen repräsentiert. Die freie Acidität kann als pH bestimmt werden.

Die an den Sorbenten des Bodens austauschbar gebundenen H- und Al-Ionen stellen die austauschbare Acidität dar. Diese austauschbar gebundenen Kationen können durch eine ungepufferte Salzlösung (wie KCl) freigesetzt werden. Die Al-Ionen tragen zur Acidität bei, da diese in Reaktion mit Wassermolekülen zur Protonenbildung befähigt sind. Die an den Austauschern sorbierten H- und Al-Ionen stehen mit den H-Ionen der Lösung im Gleichgewicht. Daraus ergibt sich eine Beziehung zwischen der Sättigung der Austauscher mit H- und Al-Ionen und dem pH-Wert sowie eine ebensolche zwischen der Basensättigung des Bodens und dem pH. Fe-Ionen können unter sauren Bedingungen ebenfalls wie Al-Ionen, Hydroxykationen bilden. Die Bedeutung der durch Eisen bedingten Acidität tritt jedoch hinter jener der durch Aluminium bedingten zurück.

Die Rest-Acidität ist mit Aluminiumhydroxy-Ionen und mit H- und Al-Atomen verbunden, welche in nichtaustauschbaren Formen durch die organische Substanz, Sesquioxide und silikatische Tone gebunden werden. Diese Acidität kann durch Kalkstein oder andere alkalische Materialen neutralisiert werden. Deren Nachweis kann jedoch nicht mit jener Technik erbracht werden, welche dem Nachweis der austauschbaren Acidität dient.

Die Rest-Acidität ist normalerweise wesentlich höher als die aktive bzw. die austauschbare Acidität. Schätzungen entsprechend kann die Rest-Acidität in einem sandigen Boden 1000mal, in einem tonigen Boden mit hohem organischen Substanzgehalt sogar 50 000- oder sogar 100 000mal höher sein als die aktive Acidität.

Interne und externe Quellen der Acidität

Als Hauptsäurequellen sind anzusehen:

- im Boden ablaufende biologische Vorgänge
- Bewirtschaftungsmaßnahmen
- anthropogen bedingte Veränderungen des Säure-/Basestatus von Depositionen

Der Eintrag von H^+-Ionen löst im Boden Reaktionen aus, welche zur Freisetzung von Produkten führen. Werden solche Produkte nicht entfernt, wird der Fortgang der entsprechenden Reaktion limitiert. Beispielsweise tritt eine Beschränkung der Reaktion $CaCO_3 + 2H^+ \rightarrow Ca^{2+} + H_2O + CO_2$ auf, wenn dabei gebildete Ca^{2+}-Ionen oder gebildetes CO_2 nicht entfernt werden.

Im Boden kann die Entfernung von Reaktionsprodukten durch perkolierendes Wasser erfolgen. Im Zusammenhang mit der Entwicklung von Acidität ist die Auswaschung von durch H^+- und gelöste Al^{3+}-Ionen am Austauscher ersetzten Basen, wie Ca^{2+} und Mg^{2+}, von besonderer Bedeutung. Der Austausch von Protonen gegen basische Kationen begünstigt den Verlust dieser basischen Kationen. Eine Absenkung des pH tritt ein, wenn die freigesetzten basischen Kationen aus der Bodenlösung entfernt werden (Auswaschung). Entsprechendes tritt ein, wenn dem Boden über den Biomasse- und Nekromasseentzug basische Kationen verloren gehen. Die

Entwicklung von Versauerung erfordert sowohl den Eintrag von Acidität als auch den Entzug von Basizität.

Ausgangsgesteine. Carbonat- und Silikatgesteine, welche als Muttergesteine von Böden auftreten, sind schwache Basen. Eine Versauerung von Böden als Folge der Gesteinsverwitterung wird deshalb, mit Ausnahme der Sulfidgesteine (z.B. Oxidation von Pyrit) ausgeschlossen.

Biologische Vorgänge und Bewirtschaftung. Im Zuge des Ab- und Umbaus von organischer Substanz im Boden werden sowohl anorganische als auch organische Säuren gebildet. Die mengenmäßig bedeutendste biogene Säure ist die Kohlensäure (H_2CO_3). Wurzeln und Bodenorganismen bilden Kohlendioxid, welches mit Wasser unter Bildung von Kohlensäure reagiert. In der Bodenatmosphäre können CO_2-Konzentrationen von mehr als 10% auftreten. Wasser, welches mit der Atmosphäre (25°C) im Gleichgewicht steht, kann selbst bei hohen CO_2-Konzentrationen kein geringeres pH als 5 aufweisen. Kohlensäure dissoziiert als schwache Säure signifikant nur oberhalb von pH 5. Diese ist in neutralen und alkalischen Böden eine wesentliche H^+-Quelle. Bei pH-Werten unter 5 wird diese schwache Säure als CO_2 ausgetrieben. Schwache Säuren wie Kohlensäure führen in geologischen Zeiträumen zur Bodenverarmung. Die Auswaschung von Basen erfolgt dabei ohne eine starke Anreicherung labiler Kationsäuren.

Für eine Absenkung des pH-Wertes unter 5 sind starke Säuren notwendig. Es können dies organische Säuren sein, welche während des Abbaus der organischen Substanz gebildet oder von Organismen ausgeschieden werden. Dabei gelten die aliphatischen Säuren mit niedrigem Molekulargewicht normalerweise als die stärksten. Organische Säuren unterliegen teilweise dem mikrobiellen Abbau und ihr Vermögen zur Veränderung des pH-Wertes wird normalerweise als gering eingestuft. Fulvo- und Huminsäuren können jedoch eine stärkere Absenkung des pH bewirken als dies für Kohlensäure zutrifft (in Podsolen beispielsweise bis pH < 3).

Die stärksten im Boden auftretenden Säuren, die Schwefelsäure (H_2SO_4) und die Salpetersäure (HNO_3), sind von anorganischer Natur. Diese werden bei der Oxidation von S- und N-Verbindungen gebildet, welche in der organischen Substanz, in Düngern, im Ausgangsgestein (S) sowie in den atmosphärischen Depositionen vorhanden sind.

Die Prozesse im Stickstoffkreislauf, welche in die Bildung von Protonen und Hydroxylionen involviert sind, werden in zwei Hauptgruppen geteilt. Es sind dies pflanzeninduzierte und bodeninduzierte. Die pflanzeninduzierten Prozesse stehen mit der Aufnahme und Assimilation von Stickstoff in unterschiedlichen Formen (Nitrat, Ammonium, N_2) durch Pflanzen in Beziehung. Die bodeninduzierten Prozesse sind mit Stickstofftransformationen im Boden (Ammonifikation, Nitrifikation, Denitrifikation, Ammoniakverflüchtigung) verbunden.

Wurzeln wirken als Säure- bzw. Basequelle indem diese, zur Bewahrung der elektrischen Neutralität, bei der Aufnahme von Nährionen entweder H^+- oder OH^--Ionen freisetzen. Protonen werden im Ausgleich für aufgenommene Kationen und Hydroxylionen im Ausgleich für aufgenommene Anionen freigesetzt. Pflanzen können Stickstoff in Form von Nitrat (Anion), Ammonium (Kation) oder in Verbindung mit stickstoffbindenden Symbionten als N_2 aufnehmen. Viele Leguminosen setzen bei der N_2-Fixierung H^+-Ionen in die Rhizosphäre frei (Bolan et al. 1991). Im Zuge der Ammonifikation und Nitrifikation werden Protonen gebildet, während die Denitrifikation Protonen verbraucht. Die Verflüchtigung von im Boden als Ammonium (NH_4^+) vorliegendem Stickstoff, in Form von Ammoniak (NH_3), bedingt einen Verbleib von H^+ im Boden.

Der vollständige Stickstoffkreislauf ist ein neutraler Prozeß, wobei kein Stickstoffnettogewinn oder -verlust auftritt. In natürlichen Systemen steht der Mineralisierung des organisch gebundenen Stickstoffs die Assimilation des gebildeten mineralischen Stickstoffs gegenüber. Dabei werden die Prozesse umgekehrt, so daß keine Wirkung zurückbleibt. Durch die Entkopplung dieser Vorgänge bzw. durch die Unterbrechung des N-Kreislaufes kann Versauerung oder Entsauerung auftreten. Als Beispiel kann die Düngung mit Ammoniumsalzen (Aufnahme von NH_4^+ durch die Wurzeln im Austausch gegen Protonen) und der anschließende Entzug des assimilierten N mit der Ernte angeführt werden. Bei dieser Praxis bleiben Protonen im Boden zurück. Umgekehrt wirkt sich eine Düngung mit Nitraten aus.

Der unvollständige Stickstoffkreislauf ist eine der Ursachen für eine zunehmende Bodenacidität. Die Versauerung des Bodens wird durch den Eintrag von Stickstoff, den Entzug von organischer Substanz und Biomasse, die Hemmung des Streuabbaus und die Auswaschung von Nitrat gefördert.

Die Oxidation von Ammonium zu Nitrat ist eine Hauptquelle der Acidität. Die Oxidation des Ammoniak zu Nitrat führt zur Entstehung von Salpetersäure. Die Salpetersäure und die Schwefelsäure fördern gemeinsam mit starken organischen Säuren die Entwicklung mäßig und stark saurer Bedingungen in Böden. Starke Säuren (HNO_3, H_2SO_4, organische Säuren) können gegenüber schwachen innerhalb weniger Jahrzehnte zur Auswaschung von basischen Kationen und zur Anreicherung von labilen Kationsäuren, das heißt zur Bodenversauerung, führen.

Der Kationenüberschuß im pflanzlichen Gewebe stellt bei der Betrachtung der Entwicklung einer Bodenversauerung einen wesentlichen Faktor dar. Vereinfacht handelt es sich dabei um die organischen Salze des Ca, K und Mg. Bei der Mineralisierung der organischen Substanz werden durch Reaktionen wie – $R\text{-}Ca + 2H^+ \rightarrow RH_2 + Ca^{2+}$ – Protonen verbraucht. Entsprechend werden beim Aufbau der Pflanzen H^+-Ionen abgegeben. Gelangen die durch Pflanzen aufgenommenen basischen Kationen über die Zersetzung der Nekromasse nicht wieder in den Boden, gehen diese dem System verloren und es kommt zur Absenkung der Säureneutralisierungskapazität. Die letztgenannte Situation ist gegeben bei:

- Entzug von Biomasse durch Ernte
- Beweidung
- Streunutzung
- Erosion von Streu
- Bildung von Auflagehumus im Falle ungünstiger Bedingungen für den Streuabbau

Bezogen auf forstwirtschaftliche Verhältnisse, ist der Kationenentzug mit der Biomasse vom gewählten Verfahren zur Holzernte abhängig. Dieser nimmt vom Derbholzentzug ohne Rinde über Derbholzentzug mit Rinde zur Ganzbaumernte hin zu. Nutzungsbeschränkungen können eine durch den Entzug von Bio- bzw. Nekromasse getriebene Versauerung und Nährstoffverarmung verringern.

Bewirtschaftungsmaßnahmen, wie Kahlschlag, Auslichtung des Bestandes und Umbruch von Grünland, können über die Stimulierung des organischen Substanzabbaus, die Bildung von Salpetersäure und die gemeinsame Auswaschung von Nitrat und basischen Kationen die Bodenversauerung beschleunigen.

Die Auswaschung von Nitrat gilt neben der sauren Deposition als der einzige Prozeß, welcher innerhalb des Mineralbodens eine starke Säure mit einem mobilen Anion stellt. Es ist dies deshalb der einzige natürliche Prozeß, welcher zu niedrigen pH-Werten (Al-Pufferbereich) in nicht podsolierten Bodenhorizonten führen kann. Es ist damit ein Rückgang der Basenstättigung und ein Wechsel von Pufferbereichen (vom Silikat- in den Kationenaustausch- und weiter in den Al-Pufferbereich) verbunden.

Eine Versauerung von Unterböden (tiefgründige Versauerung) kann nur durch Stickstoff-Vorratsabbau und/oder saure Deposition bewirkt werden und kann, aufgrund des Verhaltens von organischen Säuren und Anionen, nicht die Folge von Podsolierung sein.

Säure-/Basestatus atmosphärischer Depositionen. In der Atmosphäre entstehen aus Schwefeldioxid und Stickoxiden große Mengen an Schwefel- und Salpetersäure. Obgleich die H-Ionen, welche den Boden über saure Deposition erreichen, nicht ausreichend sind, sofortige Veränderungen des pH-Wertes zu bedingen, kann ihr während ausgedehnter Perioden erfolgender Zusatz standortabhängig einen signifikanten versauernden Effekt ausüben.

Effekte von Anionen

Säure kann nur in der Gegenwart von Anionen, wie Sulfat, Nitrat und Chlorid, transportiert werden, diese kann sich aber in Form von H-Ionen oder Al-Spezies (Mn- und Fe-Spezies) bewegen.

Untersuchungen zum Effekt saurer Depositionen auf Böden zeigten, daß der Großteil der chemischen Effekte vom Anion abhängig ist, welches mit den H^+-Ionen eingetragen wird. Ist das Anion mobil, kann es den Boden unter Mitnahme einer äquivalenten Menge an Protonen, Aluminium- oder Basenkationen (hauptsächlich Ca^{2+} und Mg^{2+}), welche vom Austauscher freigesetzt werden, passieren. Die Wahrung der elektrischen Neutralität ist eine wichtige Eigenschaft der Bodenlösung. Treten Nitrat oder Sulfat als dominante Ionen im Sickerwasser des Bodens auf, werden zur Erhaltung der elektrischen Neutralität äquivalente Mengen an Kationen benötigt. In Abhängigkeit vom Standort können diese Kationen von saurer (H^+, Al^{3+}) oder basischer (Ca^{2+}, Mg^{2+}, K^+) Natur sein und gemeinsam mit dem mobilen Anion einer Verlagerung im Boden unterliegen. Auf diese Weise kommt es zu einer Entfernung von Kationen aus dem Boden und deren Transport in Wasserkörper. Die Versauerung tieferliegender Bodenbereiche, des Grund- und des Quellwassers kann mit dem Konzept der mobilen Anionen erklärt werden.

Die Bildung und Deposition starker Säuren mit konservativen Anionen (Sulfat, Nitrat) kann die Bodenchemie bis in große Tiefen in den Al- oder Al/Fe-Pufferbereich verschieben. In solchen Böden können im gesamten Solum und im oberen Teil des C-Horizonts überwiegend eluviale Bedingungen festgestellt werden.

Das Ausmaß in welchem die eingebrachten Anionen (Sulfat, Nitrat) gemeinsam mit freigesetzten Kationen der Auswaschung unterliegen können, ist von der Fähigkeit des Bodens zur Anionenadsorption und dem biologischen Bedarf an diesen Anionen abhängig. Die Anionenadsorptionskapazität eines Bodens steht mit dessen Gehalt an positiv geladenen Sesquioxiden in Beziehung. Hoch verwitterte, Al- und Fe-reiche, Böden weisen diesbezüglich eine höhere Sorptionskapazität auf als jüngere, Al- und Fe-arme Böden.

Die Mobilität des Sulfations in Böden ist ein wichtiger Faktor im Zusammenhang mit den möglichen Effekten saurer Depositionen auf die Nährstoffmobilisierung aus dem Boden. Es kann nicht angenommen werden, daß der Eintrag von H_2SO_4 zu einem äquivalenten Austrag von Kation-Sulfatkomplexen aus dem Boden führt. Anionen können im Boden durch Adsorption an die Bodenmatrix und den Einbau in die Biomasse zurückgehalten werden. Der den biologischen Bedarf übersteigende eingetragene Schwefel kann in Böden angereichert werden, wobei der mineralische Stoffbestand von Böden ihre Fähigkeit zur Sulfatbindung wesentlich mitbestimmt. Sulfat kann der Bodenlösung durch elektrostatische Bindung an Oberflächen von Bodenteilchen, durch Ligandenaustausch oder durch Präzipitation entzogen werden (Gillman 1991). Sulfat reichert sich in stark verwitterten Böden durch die Adsorption an Fe- und Al-Oxide an. Dadurch werden OH^--Ionen, welche eintretende H^+-Ionen neutralisieren können, freigesetzt oder es tritt eine Erhöhung der Kationenaustauschkapazität ein.

Die Sulfatadsorption weist zwei wesentliche Effekte bezüglich der Nährstoffversorgung von Pflanzen auf:

- das Sulfat repräsentiert eine pflanzenverfügbare Schwefelquelle
- durch die Adsorption von Sulfat wird der Auswaschungsverlust kationischer Nährstoffe verringert

Nitrat hingegen wird, für den Fall, daß der eingetragene Stickstoff den biologischen Bedarf übersteigt, rasch ausgewaschen, da für dieses keine analogen Adsorptionsreaktionen zu Sulfat existieren.

Prinzipiell wird bei Überschreitung der biologischen und die adsorptiven Kapazitäten zur Anionenrückhaltung die Kationenauswaschung durch mobile SO_4^{2-} oder NO_3^--Ionen beschleunigt.

Die Kapazität von Böden, Anionen zu adsorbieren und damit zurückzuhalten, steigt:

- mit abnehmendem pH
- mit der Menge an Oxiden und Hydroxiden des Eisens und Aluminiums

Polyvalente Anionen, wie PO_4^{3-} und SO_4^{2-}, werden durch hydratisierte Fe- und Al-Oxide und -Hydroxide gebunden. Der Anioneneffekt nimmt mit dem Verhältnis Al_2O_3 + Fe_2O_3/SiO_2 im Boden zu. Die Anionenadsorption ist eine für die Regulierung der Auswaschungsrate von Anionen sehr wichtige Bodeneigenschaft.

Die Affinitiätsreihe der Hauptanionen zum Boden weist die Form $PO_4^{3-} > SO_4^{2-} > Cl^- = NO_3^-$ auf. Die ersten beiden Anionen können nicht spezifisch oder spezifisch adsorbiert werden, während die beiden letzteren nur nicht spezifisch adsorbiert werden können. Der Begriff der spezifischen Adsorption bezieht sich auf die Penetration des Anions in die Koordinationssphäre von Metalloxiden. Jener der nicht spezifischen Adsorption bezieht sich hingegen, vereinfacht, auf die Rückhaltung des Anions in der diffusen Doppelschicht an der Oxidoberfläche.

Durch den Zusatz spezifisch adsorbierter Anionen zu einem Boden können nicht spezifisch adsorbierte Anionen freigesetzt werden. Phosphat ist das am stärksten adsorbierte Anion und kann spezifisch adsorbiertes SO_4^{2-} sowie nicht spezifisch adsorbierte Anionen, wie Cl^- und NO_3^-, ersetzen. Nitrat und Chlorid werden als indifferente Anionen angesehen, da diese nicht spezifisch adsorbieren und durch Eliminierung der positiven Ladung an Sesquioxid-Oberflächen völlig desorbiert werden können (Rechcigl und Sparks 1985).

Die erhöhte Rückhaltung und die reduzierte Auswaschung von Kationen durch adsorbierte polyvalente Anionen sind von Bedeutung für:

- die Bodenbildung
- Nährstoffkreisläufe
- die Düngung in landwirtschaftlichen und gärtnerischen Systemen
- die Belastung von Böden und Gewässern

Waldböden reicherten in der Vergangenheit, in Abhängigkeit von der Deposition und dem Vermögen der Böden Sulfat zu speichern, Sulfat an. Die nunmehr rückläufige Sulfatdeposition führt zu einem Rückgang des im Boden adsorbierten Sulfat und zu einer Freisetzung von Sulfat in die Bodenlösung. Der Rückgang des Sulfats in der Bodenlösung ist aber oftmals nicht proportional zum Rückgang in der Deposition. Sulfateinträge in das Grundwasser sind deshalb selbst dann noch möglich, wenn ein Eintrag an Sulfat in den Boden nicht mehr erfolgt. In Böden mit relativ hohen Sulfatgehalten wird es einige Dekaden dauern, bis der Sulfataustrag mit dem Sickerwasser einem stark reduzierten Eintrag an Sulfatschwefel gleichkommt (Matzner und Murach 1995).

2.2.2 Pufferreaktionen

Der Eintrag von Säuren in den Boden bzw. die bodeninterne Bildung von Säuren muß nicht unmittelbar zu einer Absenkung des pH-Wertes im Boden führen. Böden verfügen über verschiedene Puffersysteme und vermögen standortspezifisch einer Veränderung des pH-Wertes entgegenzuwirken. Bodeneigenschaften bestimmen im Falle einer Aufnahme von versauernden Substanzen deren Einfluß auf den Boden.

Dem vorherrschenden Puffersystem entsprechend bewirken die H^+-Ionen Reaktionen, welche zu deren Verbrauch führen und Bodeneigenschaften verändern. Ist die Kapazität eines Puffersystems erschöpft oder übersteigt die Geschwindigkeit der Säurezufuhr jene der Pufferung, erfolgt ein Übergang zum nächsttieferen Puffersystem, welches durch einen niedrigeren pH-Bereich gekennzeichnet ist.

Hinsichtlich des Verlaufes der Bodenversauerung ist es notwendig zwischen Bodenmatrix und Bodenlösung zu unterscheiden. Eine H^+-Konzentration und damit ein pH-Wert kann nur der Bodenlösung zugeordnet werden.

Puffersysteme

Bezugnehmend auf Ulrich (1983a, 1991) und Prenzel (1985) werden in der Folge Puffersysteme im Boden näher betrachtet. Die Unterscheidung von

Pufferbereichen erfolgt nach Pufferreaktionen. Im Zuge von Pufferreaktionen kommt es zur Veränderung von Bodeneigenschaften.

Tabelle 37. Puffersysteme und deren pH-Bereich im Boden; ANC: acid neutralizing capacity

Puffersubstanz	pH-Bereich	Hauptreaktionsprodukt mit geringerer ANC
Carbonatpuffer		
$CaCO_3$	8.6 > pH > 6.2	$Ca(HCO_3)_2$ geht in Lösung
Silikatpuffer		
primäre Silikate	gesamter pH-Bereich (dominante Pufferreaktion in carbonatfreien Böden pH > 5)	Tonmineralien
Kationenaustauschpuffer		
Tonmineralien	5 > pH > 4.2	nicht austauschbare $n[Al(OH)_x^{(3-x)+}]$
Mn-Oxide		austauschbare Mn^{2+}
Tonmineralien		austauschbare Al^{3+}
Zwischenschicht-Al $n[Al(OH)_x^{(3-x)+}]$		Al-Hydroxosulfate
Aluminiumpuffer		
Zwischenschicht-Al Al-Hydroxosulfate	4.2 > pH	Al^{3+} geht in Lösung
Aluminium/Eisenpuffer		
wie Al-Pufferbereich „Boden $Fe(OH)_3$"	3.8 > pH	„austauschbare" H^+ + Fe organische Fe-Komplexe
Eisenpuffer		
Ferrihydrit	3.2 > pH	„austauschbare" H^+ + Fe

Nach Ulrich (1991).

Carbonatpufferbereich. Im diesem Pufferbereich wird die Säure durch die Auflösung von Calciumcarbonat gepuffert. Ca^{2+} kann ausgewaschen werden.

Silikatpufferbereich. Im Silikatpufferbereich wird die Säure durch die Freisetzung von Alkali- und Erdalkaliionen, wie Na, K, Mg, Ca, aus primären

Silikaten gepuffert. Tonmineralien gehen aus solchen Reaktionen hervor und es kommt zu einer Erhöhung der Kationenaustauschkapazität.

Kationenaustauschpufferbereich. In diesem Pufferbereich werden aus Tonmineralien nicht austauschbare Al-Hydroxokomplexe freigesetzt, welche über die Blockierung von permanenter Ladung die Kationenaustauschkapazität reduzieren. Weiterhin werden die Säuren durch die Freisetzung von austauschbarem Mn^{2+} aus Mn-Oxiden und austauschbarem Al^{3+} aus Tonmineralien gepuffert. Diese Prozesse sind mit einer Reduktion der Basensättigung verbunden; zuvor gebundene Ca-, Mg- und K-Ionen können ausgewaschen werden. Auch kann die Säure unter Verbrauch von Zwischenschicht-Al oder Al-Hydroxokomplexen unter Bildung von Al-Hydroxosulfaten gepuffert werden.

Aluminiumpufferbereich. Die Säure wird durch die Freisetzung von Al^{3+}-Ionen aus Tonmineralien und Al-Hydroxokationen bzw. -sulfaten gepuffert.

Aluminium/Eisenpufferbereich. Dem Aluminiumpufferbereich gleiche Reaktionen; zusätzlich kann die Säure durch die Auflösung von Eisenhydroxiden gepuffert werden. Es treten H^+- und Fe-Ionen auf. Eisenverlagerung und Horizontbleichung tritt auf.

Eisenpufferbereich. Die Säure wird durch die Auflösung von Eisenhydroxiden gepuffert und es treten H^+- und Fe-Ionen auf. Eisenverlagerung, Bleichung und Tonzerstörung wird beobachtet.

In der Literatur wird eine Unterteilung der Pufferreaktionen in zwei Gruppen vorgenommen:

- reversible
- irreversible

Bei der irreversiblen Pufferung reagieren die H^+-Ionen mit Basen, welche den Boden mit dem Sickerwasser oder gasförmig verlassen. Im Falle der reversiblen Pufferung werden Säuren oder potentielle Säuren gebildet, welche an die Bodenmatrix gebunden bleiben. Die Pufferung ist reversibel, da die gebundenen H^+-Ionen wieder frei werden, sobald ein Entsauerungsprozeß den pH-Wert wieder anzuheben versucht (z.B. Kalkung eines sauren Bodens). Eine nähere Diskussion der beiden Gruppen findet sich bei Prenzel (1985).

Böden können Protonen direkt puffern. Das Vermögen von Böden, saure Kationen zu binden und raschen pH-Veränderungen zu widerstehen, steht unter anderem mit Bodenbestandteilen in Beziehung, welche sich wie Kationenaustauscher verhalten. Durch Ionenaustauschreaktionen an

Tonen, Sesquioxiden und organischer Substanz werden im Austausch für basische Kationen H^+-Ionen aus der Lösung entzogen. Es ist dies ein Beispiel für eine reversible Pufferung.

Die Adsorption von Kationen im Boden beruht auf den negativen Ladungen anorganischer und organischer Bodenteilchen. An den Oberflächen anorganischer Bodenteilchen werden hinsichtlich dieser Ladungen permanente und pH-abhängige (variable) unterschieden. Bei organischen Teilchen sind diese ausschließlich von pH-abhängiger Natur. Die permanenten Ladungen entstehen durch den isomorphen Ersatz von Zentralkationen während der Bildung von Tonmineralien. Die negativen Ladungspositionen sind meist an den inneren Oberflächen lokalisiert. Die Adsorption der Kationen an diesen Positionen ist unabhängig vom pH-Wert. Der zweite Typ der negativen Ladungen ist nicht permanent und steht direkt mit dem pH des Bodens in Beziehung. Diese Ladung ist in sehr sauren Böden gering und nimmt mit zunehmendem pH zu. Die Quellen dieses Ladungstyps sind mit Si und Al an den Ecken und Oberflächen von Tonen assoziierte OH-Gruppen oder auch beispielsweise Carboxyl- und Phenolgruppen organischer Kolloide. Eine hohe Kationenaustauschkapazität bedingt eine hohe Widerstandfähigkeit gegenüber pH-Verschiebungen.

Carbonate puffern im Carbonat-Pufferbereich unter Bildung von Hydrogencarbonat-Ionen und Ca^{2+}. Die Reaktionsprodukte können ausgewaschen werden und es liegt eine irreversible Pufferung vor.

Die Gruppe der Silikate weist in den meisten Böden die größte Kapazität zum Verbrauch von H^+-Ionen auf. H^+-Ionen werden durch die Verwitterung von Silikaten konsumiert. Die Reaktionen verlaufen sehr langsam und erreichen kein Gleichgewicht. Diese Reaktionen können im gesamten pH-Bereich auftreten. Werden die Verwitterungsprodukte (z.B. Kaliumionen im Falle von Kalifeldspat) ausgewaschen, liegt eine irreversible Pufferung vor.

Ein großer Teil des Aluminiums verbleibt bei der Silikatverwitterung zunächst in hydroxidischer Form im Boden. Bei fortgesetzter Zufuhr von Protonen kann der pH-Wert schließlich in den Aluminiumpufferbereich absinken, wobei Al^{3+}- und $Al(OH)_2^+$-Ionen in Lösung gehen. Bei tieferen pH-Werten kommt es zur Puffereaktion:

$$Al(OH)_3 + 3H^+ \leftrightarrow Al^{3+} + 3H_2O.$$

Al^{3+} reagiert mit Wasser wobei Aluminiumhydroxokomplexe und Protonen entstehen:

$$Al^{3+} + H_2O \leftrightarrow AlOH^{2+} + H^+;$$
$$AlOH^{2+} + H_2O \leftrightarrow Al(OH)_2^+ + H^+.$$

Hydroxo-Aluminiumspezies können zu größeren Einheiten (Polymeren) verbunden werden. Al-Hydroxospezies werden an Austauschstellen gebunden, wo diese Kationen, wie Ca^{2+} und Mg^{2+}, ersetzen. Austauschbares

Aluminium liegt in Form von Al^{3+}, $AlOH^{2+}$ und $Al(OH)_2^+$ vor. Werden die Al-Ionen ausgewaschen, liegt irreversible Pufferung vor.

Die Silikatverwitterung kann durch Kationenaustausch teilweise reversibel werden. Werden die Al-Ionen austauschbar gebunden liegt eine reversible Pufferung vor. Das austauschbar gebundene Al^{3+}-Ion stellt dabei eine aktivierbare Säure dar. Bei einer Anhebung des pH reagiert dieses mit OH^--Ionen. Bei Kalkung verbraucht austauschbares Aluminium Kalk.

Al^{3+} reagiert als Kationsäure. Kationsäuren stellen eine Besonderheit insofern dar, als es sich dabei um Metallionen handelt, welche aus ihrer Hydrathülle Protonen abgeben können. Bei Betrachtung des Vorganges ohne Hydratwasser, kann man unter Kationsäuren Metallkationen mit einer Tendenz zur Bildung von Hydroxo-Komplexen verstehen (Prenzel 1985):

$$Me^{n+} + H_2O \leftrightarrow MeOH^{(n-1)+} + H^+.$$

Dies trifft neben Al auch für Fe und Mn zu.

Die in sauren Böden gebildeten komplexen Al- und Fe-Hydroxyionen blockieren durch deren Adsorption an anorganische Bodenkolloide negative Ladungspositionen. Dadurch wird die Kationenaustauschkapazität reduziert. Nimmt der pH-Wert zu, werden die komplexen Ionen entfernt. Diese bilden $Al(OH)_3$ und $Fe(OH)_3$ und geben die Austauschstellen für Kationen frei; die Zahl der pH-abhängigen Ladungen wird erhöht. Das unter sehr sauren Bedingungen in großen Mengen in Form von Al^{3+}-Ionen oder Al-Hydroxykationen löslich werdende Aluminium wird gegenüber H^+-Ionen bevorzugt an die permanenten negativen Ladungen von Tonmineralien gebunden. Das adsorbierte Aluminium steht im Gleichgewicht mit Al^{3+} in der Bodenlösung, welches durch Hydrolyse zur Bodenacidität beiträgt.

Al^{3+} gilt als die Hauptquelle für H^+ in den meisten sehr sauren Böden. Der pH-Wert für die Hydrolyse von Al^{3+} und die Bildung von $Al(OH)^{2+}$ wird mit 5 angegeben.

Die Reaktion von Aluminiumhydroxid mit Schwefelsäure unter Bildung von Jurbanit ($AlOHSO_4$) stellt einen weiteren Puffermechanismus dar. Es handelt sich um eine reversible Pufferung. Bei Entsauerung wird Schwefelsäure freigesetzt.

Eisen weist ein dem Aluminium ähnliches Verhalten auf. Fe trägt nur bei sehr tiefen pH-Werten zur Pufferung bei.

Basen- und Säurenneutralisationskapazität

Die oben beschriebenen Reaktionen zeigen, daß der pH-Wert als Maß der Versauerung nicht ausreichend ist. Solange die Kapazität eines Puffersystems zur Neutralisation von Säure nicht überlastet ist, bzw. die Säuren nicht durch Lösung oder Kationenaustausch in die Bodenlösung übergehen, tritt keine pH-Absenkung auf. Der Basenvorrat im Boden kann trotz gleichbleibender pH-Werte abnehmen.

In der Menge der in der Bodenmatrix gespeicherten aktivierbaren Säuren wird ein für die Versauerung praktisch bedeutendes Maß gesehen. Dieses wird analytisch durch die Basenneutralisationskapazität (BNK) erfaßt.

Zur BNK eines versauerten Bodens tragen die folgenden im Verlaufe der Versauerung sich anreichernden Säuren bei:

- austauschbarer Wasserstoff
- austauschbares Aluminium
- gefälltes Aluminiumhydroxosulfat

Die Konsumierung von Protonen in Gesteinen oder Böden bedingt eine Abnahme ihrer Säurenneutralisationskapazität (SNK), diese kann zum Aufbau einer Basenneutralisationskapazität führen. Die SNK wird als die Summe von basischen Komponenten und die BNK als die Summe von sauren Komponenten des Bodens definiert. Starke Bodenversauerung kann sich bei eventuell abnehmender BNK in einer Umbildung von schwächeren zu stärkeren Säuren in der Festphase zeigen (Ulrich 1986a). Da die Säuren unterschiedliche Säurestärke aufweisen und bei unterschiedlichen pH-Werten dissoziieren, ist die Basenneutralisationskapazität pH-abhängig. Die Versauerung führt nur dann zu einer pH-Absenkung, wenn die Säuren durch Lösung oder Kationenaustausch in die Bodenlösung übergehen können.

Die aktuelle Versauerungsrate wurde als ein Rückgang der gesamten Säureneutralisationskapazität (SNK) von Böden definiert (Bille-Hansen 1990 bezugnehmend auf DeVries und Breeuwsma 1987). Das Ausmaß der Versauerung, der Rückgang der SNK, ist von der Größe des Säureeintrages abhängig. Der Verlauf und der Fortgang der Versauerung ist jedoch vom Bodentyp und damit auch von der Kationenaustauschkapazität und der Basensättigung abhängig.

van Breemen (1991) definierte die Bodenacidifizierung bzw. die Bodenalkalisierung im Sinne von Veränderungen relevanter Kapazitätsfaktoren, also der Menge an zugesetzter starker Säure oder starker Base bzw. der Veränderungen der Säure- oder Basenneutralisierungskapazität eines Bodens.

Entsprechend Bruggenwert et al. (1991) ist die Bedeutung einer Protonensenke im Boden abhängig von:

- deren Kapazität (hier als SNK bezeichnet)
- der Rate, mit welcher diese fähig ist Protonen aufzunehmen
- dem pH-Bereich, in welchem Protonierung stattfindet
- der Sensitivität der genannten Eigenschaften gegenüber den vorherrschenden Bodenbedingungen (z.B. Konzentration und Zusammensetzung gelöster Salze)

Ulrich (1991) gab eine Aufstellung von Bodensäuren und -basen. Belüftete Böden können die folgenden Basen enthalten:

- in der Festphase – Carbonate; Silikate; Alkali- und Erdalkalikationen ± austauschbar an schwache Säuregruppen der Mineralien und der organischen Substanz gebunden
- in der Lösung – Hydrogencarbonat; Nitrat; Sulfat; Hydroxylionen

Entsprechend können in Böden die folgenden Säuren enthalten sein:

- in der Festphase – Sulfide; nicht dissoziierte Säuregruppen an Tonmineralien und organischer Substanz (pH-abhängige Ladung); austauschbares und gebundenes NH_4^+; schwache Hydroxide bildende Kationen, die ± austauschbar an sauren Gruppen von mineralischer und organischer Substanz gebunden sind; Al-Hydroxosulfat und Sulfat gebunden an Al-Hydroxide; organisch gebundener Stickstoff und organisch gebundener Schwefel
- in der Lösung – H_3O^+; Kohlensäure; NH_4^+; schwache Hydroxide bildende Kationen; organische Säuren

Veränderte Bodeneigenschaften

Die dargestellten Reaktionen von Böden auf die interne Bildung von Säuren bzw. den Eintrag von Säurebildnern sind mit Veränderungen von Bodeneigenschaften verbunden. Zusammenfassend schließen solche ein:

- Modifikation der Kationenaustauschkapazität
- Zunahme der Aluminiumsättigung, Abnahme der Basensättigung (Erhöhung des Verhältnisses $Al^{3+}/Ca^{2+} + Mg^{2+}$)
- Erhöhung der Mobilität und Verfügbarkeit der meisten Schwermetalle sowie von Aluminium
- Reduktion der Verfügbarkeit essentieller Spurenmetalle (z.B. Molybdän)
- Veränderung der Verfügbarkeit anionischer Nährstoffe (z.B. Phosphat)
- erhöhte Gehalte an Schwefelverbindungen, wie Sulfat, Tetrathionat und Thiosulfat
- Veränderungen des Mineralienbestandes
- Veränderungen der chemischen Zusammensetzung und der Löslichkeit der organischen Substanz
- Veränderung struktureller Eigenschaften
- Veränderung bodenmikrobiologischer und -enzymatischer Parameter

Kationenaustauschkapazität, Mineralienbestand. Mit der Zunahme der H^+-Konzentration im Boden werden Puffersubstanzen aufgebraucht. Wichtige Bodeneigenschaften werden durch die Förderung der Ver- und Umwitterung von Tonmineralien modifiziert. Die Kationenaustauschkapazität ist eine Schlüsselgröße im Zusammenhang mit pH-Verschiebungen und dem Vermögen von Böden, Nährstoffe zu speichern. Mit dem Zerfall von Bodenmineralien ist ein Rückgang der Kationenaustauschkapazität verbunden.

Bei pH-Werten unterhalb von 5.0–4.5 werden Al-Oxide zunehmend aufgelöst und Tonmineralien zerstört. Es tritt auch die Umwitterung von Tonmineralien auf. Veerhoff und Brümmer (1989) konnten in den Profilen unterschiedlicher Waldböden (Parabraunerde aus Löß, pH 2.8–4.3; Podsol-Parabraunerden aus Geschiebemergel, pH 2.9–3.8 und Sandlöß, pH 2.6–5.4), welche bis zu einer Tiefe von über einem Meter eine tiefgründige Versauerung aufwiesen, die Bildung von Al-Chloriten aus aufweitbaren Dreischichttonmineralien nachweisen. In extrem versauerten podsolierten Oberböden konnte die Zerstörung aufweitbarer Tonmineralien und Illite sowie andere Silikate und die Anreicherung amorpher Si-Verbindungen beobachtet werden. Die Ergebnisse röntgenographischer und chemischer Analysen konnten durch REM- und TEM-Aufnahmen bestätigt werden. Diese zeigten, daß die Mineralverwitterung in sehr stark bis extrem versauerten Oberböden bereits sehr weit fortgeschritten war. Die entstandenen Abbauprodukte lagen dabei zumeist in Form amorpher Verkittung oder Aufwachsungen auf Mineraloberflächen vor. Frank und Gebhardt (1989) zeigten an Hand von drei stark sauren Waldböden, die infolge von Säurepufferung auftretenden Veränderungern am Gesamtmineralienbestand. Bei den untersuchten Böden handelte es sich um eine posdsolige Braunerde, einen Gley-Podsol und eine Ranker-Braunerde. Zur Erfassung des zeitlichen Verlaufes der Verwitterungs- und Umwandlungsprozesse waren Archivproben der untersuchten podsoligen Braunerde aus dem Jahre 1968 einbezogen worden. Die Bilanzierung zeigte eine stark beschleunigte Verwitterung primärer Silikate in den extrem sauren Oberböden ($pH < 3$) gegenüber den weniger sauren Unterböden, welche bei der podsoligen Braunerde nachweislich auf jüngere Versauerungsprozesse zurückführbar war. Im A_{he}-Horizont des Bodens hatten die Muskovit- und Alkalifeldspatgehalte der Schluff- und Sandfraktionen in den letzten 20 Jahren parallel zur ansteigenden Bodenacidität zugenommen. In Übereinstimmung mit den abnehmenden Silikatgehalten gingen die K- und Na-Gesamtgehalte der einzelnen Korngrößenfraktionen zurück. In den Tonfraktionen der Oberböden sämtlicher untersuchter Profile konnten säurebedingte irreversible Umwandlungen von Dreischichttonmineralien nachgewiesen werden. Im extrem sauren Milieu entstehen über das Al-Chloritstadium hinausgehende smectitische Mineralien mit geringer Ladung und niedrigem Ordnungsgrad.

Untersuchungen zum Einfluß der Versauerung auf mineralogische Bodeneigenschaften zeigten eine Intensivierung von Verwitterungsprozessen im Einflußbereich des kontaminierten Stammablaufwassers (Rampazzo und Blum 1992). Die Untersuchung war in Buchenwäldern (Wienerwald, Österreich) auf verschiedenen Substraten durchgeführt worden. Saure Depositionen bedingten im Einflußbereich des kontaminierten Stammablaufes (pH-Wert des Bodens pH 2.8–3.0) das Auftreten eines höheren Ton- und Schluffgehaltes, die Ausbildung kleinerer Aggregate und Tonverlagerung. Hohe Gehalte an Fe-Oxiden waren nachweisbar, wohingegen keine sekundären Al-Chlorite (infolge ihrer Instabilität bei pH < 4.0) gefunden werden konnten. In der Tonfraktion führte die starke Verwitterung zu einem Verlust an Schichtladung und zur Genese von aufweitbaren Dreischichtsilikaten. Im oberen Bereich des kontaminierten Bodens war der Gehalt an Gesamtkohlenstoff, Gesamtschwefel sowie an Schwermetallen (Pb, Zn, Cu) erhöht. Dieser Bereich zeichnete sich ferner durch eine extrem geringe Basensättigung (v.a. Mg, Ca) und eine hohe Al-Sättigung (50–80% der Kationenaustauschkapazität) aus. Die Referenzstandorte wiesen einen pH-Wert von 5.0–6.0 auf.

Basensättigung. Die Zusammensetzung der von den Humus- und Tonpartikeln gebundenen Kationen nimmt Einfluß auf das pH und die Verfügbarkeit von Nährstoffen im Boden. Die austauschbaren basischen Kationen sind dabei von besonderer Bedeutung. Die Basensättigung geht durch Auswaschung basischer Kationen zurück. Für durch Ton und Humus dominierte Böden der humiden Region wurde bei einer unter 80% liegenden Basensättigung eine saure Bodenreaktion vorhergesagt (Tabatabai 1985). Die Korrelation des Ausmaßes der Basensättigung mit der Acidität des Bodens bedeutet, daß im Durchschnitt ein Boden mit einer niedrigen Basensättigung sauer und ein solcher mit einer hohen neutral oder alkalisch reagiert. Gemeinhin sinkt bei Absinken der Basensättigung auch der pH-Wert, dies jedoch in einer nicht linearen Weise.

Ein Boden mit einem hohen Anteil an austauschbaren basischen Kationen (hohe Basensättigung) wird durch den Eintrag von Säuren in anderer Weise beeinflußt als ein Boden, dessen austauschbare Kationen hauptsächlich in H^+-Ionen bestehen.

Der Eintrag von H^+-Ionen in einen bereits sauren Boden bewirkt eine relativ geringe Veränderung des pH. In Böden, welche bereits relativ sauer sind und/oder niedrige Kationenaustauschkapazität aufweisen (z.B. Sande mit niedrigem organischen Substanzgehalt), kann das saure Wasser den Boden passieren und in das Grundwasser eintreten. Bei solchen Böden werden keine wesentlichen Veränderungen des Basensättigungsgrades und des pH-Wertes erwartet. Auf solchen Böden ist mit einer Säurebelastung des Grundwassers und der Oberflächengewässer zu rechnen.

In einem Boden mit einer höheren Basensättigung wird eine entsprechende Menge eingebrachter H^+-Ionen im Vergleich zu der bodeneigenen H^+-Ionenkonzentration hoch sein. Solche Böden verfügen oftmals über eine hohe Kationenaustauschkapazität und die H^+-Ionen können rasch im Austausch gegen basische Kationen adsorbiert werden. Die Veränderungen in der Bodenlösung werden deshalb gering sein.

Leicht saure Böden mit einer geringen Kationenaustauschkapazität werden gegenüber dem Eintrag von Säuren sensitiv sein. Deren pH-Wert kann durch Säurebelastung rasch auf ein niedriges Niveau absinken. Die sauren Ionen können mit bereits am Kationenaustauschkomplex vorhandenen Kationen in Austauschreaktionen eintreten.

Wesentlich ist, daß die atmosphärische Deposition basischer Kationen einen Beitrag zur Basensättigung der Böden leisten kann. Dem Boden zugesetzte oder im Niederschlag enthaltene Neutralsalze können die Versauerung der Böden durch sauren Niederschlag reduzieren (z.B. Wiklander 1975). Der Salzeffekt beruht auf dem Kationenaustausch, welcher nach dem Eintritt des Niederschlagswassers in den Boden erfolgt. Unter dem Salzeffekt versteht man die Senkung des pH des Perkolationswassers bei gleichzeitiger Reduktion der Versauerung des Bodens, infolge der Konkurrenz zwischen H^+-Ionen und den Salzkationen um die negativ geladenen Oberflächen von Bodenpartikeln, entsprechend den Gesetzen des Ionenaustausches. Die sauren Komponenten des Niederschlages bestehen in H_2SO_4, HNO_3, HCl und NH_4^+, nach Nitrifikation im Boden. Die Bedeutung des Salzeffektes ist von der relativen Bindungsenergie der Kationen H^+, Ca^{2+}, Mg^{2+}, Na^+, K^+, NH_4^+ im Boden sowie von den Konzentrationen an H^+ und den vorgenannten Kationen im Niederschlag abhängig. Der Salzeffekt kann in sehr sauren Böden wesentlich sein. Dieser sinkt mit steigendem pH und wird hauptsächlich infolge der steigenden Bindungsenergie von H^+ in dieser Richtung in neutralen Böden sehr gering oder vernachlässigbar.

Veränderte Ladungsmuster von Austauschern. Die Verfügbarkeit anionischer Nährstoffe wird durch die Abnahme negativer Ladungen und die Zunahme positiver Ladungen an Austauschern verändert. Die Verfügbarkeit von Phosphat geht mit zunehmender Bodenversauerung zurück.

Veränderungen der organischen Substanz. Durch Schwefeldioxid-Immissionen bedingte Veränderungen der organischen Substanz äußerten sich in einer erhöhten Metallbindekapazität sowie in einem sehr hohen Schwefelgehalt der Fulvosäurefraktion (Hutchinson und Whitby 1977). Unter dem Einfluß von saurer Deposition kam es neben einer Intensivierung der Verwitterung und der Verlagerung von gelöstem Al, Fe und Ca zu einer Erhöhung der Fulvosäuremenge (Yelpat'yevskiy und Arzhanova 1988). Weitere Effekte bestanden in einer Beschleunigung der Humuseinwaschung sowie des Entzuges von Kohlenstoff durch das Bodenwasser. Wasserlösliche organische Verbindungen mit niedrigem Molekulargewicht nahmen ebenfalls zu. Eine Erhöhung der Mobilität von Huminstoffen in einem durch Schwefelimmissionen beeinträchtigten Tschernosem war auch von Akten'yeva und Belyayeva (1993) berichtet worden.

Polymere und einfache organische Säuren nehmen unter anderem Einfluß auf die Nährstoffverfügbarkeit, die Kationenauswaschung, die Mobilität und Toxizität von Metallen und die Mineralverwitterung. Organische Säuren repräsentieren einen wesentlichen Teil des gelösten organischen Kohlenstoffs (DOC: dissolved organic carbon) in Böden. Durch Säureeintrag (H_2SO_4, HNO_3) veränderte DOC-Fraktionen beeinflussen die Lösung und die Verlagerung von Metallen im Boden signifikant (David et al. 1989a,b; Guggenberger et al. 1994). Versuche mit intakten Bodensäulen (Podsol) zeigten, daß Säurebehandlung (Perkolation von mit H_2SO_4 bzw. HNO_3 angesäuertem Wasser) die Lösung von organischem Kohlenstoff in den organischen Bodenlagen reduzierte. Weniger polare, hydrophobe Verbindungen waren von der geringeren Löslichkeit stärker betroffen. Dies führte zu einem Rückgang der hydrophoben Säuren (von etwa 65% auf 40–45% des DOC) und zu einer Zunahme der hydrophilen Säuren (von etwa 25% auf 40–45% des DOC). Hydrophile Säuren waren die dominanten Liganden für die Komplexierung der Schwermetalle Cu und Cr. Da diese Säuren, vor allem bei zunehmender Acidität, die mobilsten DOC-Komponenten in den Bodensäulen repräsentierten, konnten Cu und Cr in signifikanten Mengen als organometallische Komplexe aus dem B-Horizont ausgewaschen werden.

Chemische Einflüsse tragen entscheidend zum Wandel von Humusformen bei. von Zezschwitz (1989) nahm auf jene 1982 erstmals feststellbaren Gefüge- und Farbveränderungen in A_h-Horizonten der Humusform mullartiger Moder in Hainsimsen-, und vereinzelt auch in Flattergras-Buchenwäldern, des rheinisch-westfälischen Berglandes Bezug. Die starke Wandlungsfähigkeit von mullartigem Moder unter dem Einfluß von Immissionen konnte durch Geländebefunde und Analysenwerte 1986 entnommener Zweitproben einer 1968 erstmals beprobten Podsolierungs-Pedosequenz nachgewiesen werden. 1968: mullartiger Moder, 1986: feinhumusarmer Moder; zwischen 1968 und 1986 hatten die H-Lagen an Mächtigkeit zugenommen und sämtliche H-Lagen wiesen 1986 engere C/N-Verhältnisse auf als 1968. Immissionseinflüsse wurden als Ursache dieses Wandels diskutiert (Zunahme der Säure-, Abnahme der Basenmenge, N-Eintrag, Schwermetalle).

Bodenmikrobiolologie und -biochemie. Nachteilige Wirkungen auf die Bodenmikrobiologie und -chemie führen unter anderem zu einer Verringerung der Nährstoffnachlieferung aus der Streu sowie zu einer Verschlechterung struktureller Bodeneigenschaften. Die Beeinflussung von Mikroorganismen und Bodenenzymen durch saure Depositionen wird in einem späteren Kapitelabschnitt eingehend behandelt.

Umkehrbarkeit versauerungsbedingter Veränderungen von Bodeneigenschaften. Die Frage nach der Umkehrbarkeit der Konsequenzen der sauren

Deposition trat auf. Zur Lösung des Problems hatte man sich zunächst der Aufzeichnung der Zusammensetzung des sauren Niederschlags zugewandt. Die subtileren und langfristigen Effekte von sauren Niederschlägen sind nicht gut faßbar und Wissenschafter begannen erst Mitte der siebziger Jahre die Langzeiteffekte abzuschätzen.

Blattschäden durch einzelne saure Niederschlagsereignisse können in der gleichen Jahreszeit wieder ausgeglichen werden. Die Erholung von Seeökosystemen, welche infolge eines erniedrigten pH nahezu abiotisch wurden, auf natürliche Weise in der Zeitspanne von wenigen Jahren nach Aufhören der sauren Niederschläge oder durch geeignete chemische Behandlung, wird als realisierbar angesehen. Bestimmte Prozesse werden jedoch, obgleich diese nach Aufhören der sauren Niederschläge zum Stillstand kommen, während einer Zeitspanne von zehn oder sogar hundert Jahren weitgehend als irreversibel definiert. Auswaschungsverluste an Makro- und Mikronährstoffen reduzieren die Produktivität der entsprechenden Böden. Zur Wiederherstellung geeigneter Nährstoffgehalte wäre Düngung – sofern die Bodenmatrix die eingebrachten Nährionen binden kann – oder eine über hunderte von Jahren ablaufende Verwitterung und Pflanzenaktivität nötig. Säurebedingte Veränderungen an der festen Bodensubstanz (Verwitterung, Tonmineralienumwandlung, Podsolierung) und die damit verbundenen Veränderungen weiterer Bodeneigenschaften werden als irreversibel angesehen.

Veränderte Bodeneigenschaften und -zustände beeinträchtigen Bodenfunktionen. Im Rahmen einer Gewässeruntersuchung, bei welcher 50 Quellen in den Einzugsgebieten von Trinkwassertalsperren untersucht wurden, konnte beispielsweise festgestellt werden, daß sich die Bodenschädigung in den Wäldern bereits auf das Quellwasser auswirkte (Simbrey 1987). Das Quellwasser wies in niederschlagsarmen Zeiten einen wesentlich günstigeren (höheren) pH-Wert auf als direkt nach niederschlagsreichen Perioden. Da das Quellwasser annähernd den gleichen pH-Wert aufwies wie das Regenwasser, war auf eine weitgehende Zerstörung der Pufferkapazität der Böden zu schließen. Der nach den Niederschlagsperioden überproportionale Anstieg der Quellschüttung gab Hinweise auf den Rückgang des Wasserhaltevermögen der Waldböden.

Sensibilitätsunterschiede

Böden unterscheiden sich hinsichtlich ihrer Sensibilität gegenüber Versauerung. Sandige (leicht texturierte) Böden reagieren auf den Eintrag von Säure oder Base sensibler als schwer texturierte Tonböden. Bei silikatarmen Sanden kann sich der durch saure Deposition induzierte Basenverlust als Folge des dort wesentlich geringeren Puffervermögens relativ rasch auswirken. Bei kalkhaltigen Böden wurde der Zeitraum bis zum Auftreten meßbarer Auswirkungen des sauren Regens wesentlich weiter (oft noch Jahrhunderte) angesetzt (Sauerbeck 1985).

Die standortabhängige Sensibilität von Böden gegenüber Säuren wird bei der Betrachtung des schädigenden Effektes von sauren Depositionen berücksichtigt. Es wurde das Konzept der „kritischen Ladung“ an Acidität eingeführt. Es ist dies jene Menge an Acidität, welche pro Jahr in ein gegebenes Gebiet eingetragen werden kann, ohne daß nachteilige Effekte auftreten. Die „kritische Ladung“ basiert primär auf der Pufferkapazität der Böden. Die Pufferkapazität wird bestimmt als jene Säuremenge (Basemenge), welche nötig ist, den pH-Wert um eine Einheit pro kg Boden zu erhöhen oder zu senken.

Landwirtschaftlich genutzte Böden und Waldböden. Landwirtschaftlich genutzte Böden und Waldböden sind von sauren Depositionen unterschiedlich betroffen. Wälder unterliegen aufgrund des höheren Filtervermögens einer stärkeren Belastung mit Luftschadstoffen als landwirtschaftliche Systeme. Viele Wälder stocken aus siedlungsgeschichtlichen Gründen auf relativ nährstoffarmen Böden sowie an Grenzstandorten. Wenig puffernde Böden über basenarmen sandigen Ausgangsgesteinen sind besonders versauerungsgefährdet. Häufig bestimmbare pH-Werte für O- und A-Horizonte von Waldböden liegen bei 2.8–3.8. Der Grenzbereich für das Pflanzenwachstum wird mit einem pH-Wert um und unter 3 angegeben. Viele Waldböden sind durch historische, die Versauerung von Böden fördernde, Bewirtschaftungsmaßnahmen, wie Waldweide, Streunutzung und Holzernte, vorbelastet. Diese Maßnahmen bedingen den Entzug basischer Kationen mit der Bio- bzw. Nekromasse. Durch Bewirtschaftungsmaßnahmen der Gegenwart, wie Anlage von Monokulturen, Kahlschlagwirtschaft und mechanische Erntemethoden, werden Waldböden ebenfalls geschädigt.

Landwirtschaftlich genutzte Böden sind gegenüber Waldböden nährstoff- bzw. basenreicher. Saure Depositionen führen auch auf landwirtschaftlich genutzten Böden zu einer vermehrten Kalk- bzw. Basenzehrung. Durch Düngung und Kalkung sind landwirtschafliche Böden jedoch begünstigt. Entsprechend Blum und Wenzel (1989) entspricht der vorwiegend anthropogen bedingte durchschnittliche Säureeintrag aus der Atmosphäre, von 0.5–1 kmol H^+/ha/Jahr, einem zusätzlichen Kalkbedarf von 25–50 kg.

Die Wirkung eingetragener Säuren auf den Boden und angrenzende Wasserkörper ist auch von der Profildifferenzierung und der Heterogenität der Böden abhängig. Die Profildifferenzierung steht mit der Bewegung von Wasser und den darin gelösten Substanzen in Beziehung. Die Heterogenität des Bodens (Aggregate, Wurzelkanäle, Risse, Grenzflächen zwischen Gestein und Boden) kann eine irreguläre Perkolation des Wassers bedingen. Folgt sämtliches oder ein Teil des durchfließenden Wassers den

Kanälen, kann die Einstellung eines Gleichgewichtes zwischen dem perkolierenden Wasser und den Bodenpartikeln sehr unvollständig sein. Das Sickerwasser reflektiert deshalb nicht immer durchschnittliche Bodeneigenschaften. Dieses kann durch dessen Ursprung und durch die Beschaffenheit des Niederschlages stärker beeinflußt sein, als durch die chemischen Eigenschaften des Bodens. Die rasche Perkolation von saurem Niederschlag durch bestimmte Pfade im Boden dient auch als Erklärung für das Phänomen der raschen Versauerung von Seen und Flüssen, selbst dann, wenn die umliegenden Böden, Laboruntersuchungen zufolge, eine hohe Pufferkapazität besitzen.

Versuche zur Erstellung von Sensitivitätsklassen. Der Prozeß der Bodenversauerung ist standortspezifisch und es wurden Versuche unternommen, Böden entsprechend deren Sensitivität gegenüber sauren Depositionen zu klassifizieren. In diesem Zusammenhang treten Schwierigkeiten auf. Diese betreffen beispielsweise die Verfügbarkeit und Verläßlichkeit von Daten, die Variabilität innerhalb eines Bodens oder auch Veränderungen im Feld, welche die Vorhersage der Sensitivität gegenüber saurer Deposition komplizieren (z.B. der Baseneintrag durch Staubdeposition).

Die Pufferkapazität, welche wesentlich durch den Ton- und den organischen Substanzgehalt des Bodens repräsentiert wird, die Basensättigung, das Bewirtschaftungssystem sowie die Gegenwart oder das Fehlen von Carbonaten im Bodenprofil, gelten als Schlüsselparameter bei der Bestimmung der Sensitivität eines Bodens gegenüber sauren Depositionen.

Böden mit hoher Pufferkapazität über Kalkstein oder Sandsteinformationen werden durch saure Depositionen in anderer Weise beeinflußt als Böden über seichtgründigem Glaziärsediment oder über Granit. Letztere werden in großen Teilen Skandinaviens, Kanadas, und Teilen Mitteleuropas gefunden. Dies bedeutet, daß flachgründige Böden mit beschränkten Wurzelzonen sensibler gegenüber den Effekten von saurer Deposition sind als reichere, tiefgründigere Böden mit höheren Gehalten an puffernden Agentien.

Relativ einfache Schemata zur Gruppierung von Bodenregionen in Sensitivitätsklassen wurden vorgestellt. McFee (1983) unterschied beispielsweise nicht sensitive, gering sensitive und sensitive Böden. Nicht sensitive Böden umfassen demnach drei Kategorien – in der Oberflächenlage (obere 25 cm) kalkige (freie Carbonate enthaltend) Böden; regelmäßig einer Überflutung unterliegende Böden bzw. eine durchschnittliche Kationenaustauschkapazität (obere 25 cm) von > 15 mEq/100 g aufweisende Böden. Gering sensitive Böden wurden als solche mit einer durchschnittlichen Kationenaustauschkapazität von 6–15 mEq/100 g klassifiziert, während sensitive eine durchschnittliche Kationenaustauschkapazität von < 6 mEq/100 g aufweisen.

Petersen (1980) gab eine sehr generelle Bewertung der relativen Sensitivität einiger wichtiger Böden der Erde gegenüber saurem Niederschlag. Entsprechend können folgende Bodengruppen des USA-Klassifikationssystems Böden einschließen, welche relativ sensitiv gegenüber saurem Niederschlag sind: Entisole, Inceptisole, Ultisole, Spodosole und Oxisole. Im FAO/UNESCO System können innerhalb einiger Bodeneinheiten relativ sensitive Böden auftreten. Einige der wichtigeren gehören zu den Regosolen, Lithosolen, Cambisolen, Acrisolen, Podsolen, Ferralosolen und Arenosolen. Jede dieser Bodeneinheiten umfaßt eine große Zahl von Böden, deren Eigenschaften hoch variabel sind.

2.3 Waldschäden

2.3.1 Phänomen der „neuartigen Waldschäden"

Seit Ende der siebziger Jahre dieses Jahrhunderts werden in weiten Teilen Europas und der Vereinigten Staaten Waldschäden beobachtet, welche nicht in das Bild bereits auch früher bekannter, sogenannter klassischer, Waldschäden eingeordnet werden können. Für Schäden, welche auf keine einzelne der bisher bekannten Ursachen zurückgeführt werden können, wurde der Begriff „neuartige Waldschäden" geprägt. Kennzeichnend für „neuartige Waldschäden" ist auch deren Auftreten an Standorten weitab von bekannten Schadstoffquellen.

In den frühen achtziger Jahren wurde der Begriff „Waldsterben" eingeführt. Dieser sollte der Beschreibung eines fortschreitenden Vitalitätsverlustes und Absterbens ganzer Wäldern dienen.

„Neuartige Waldschäden" werden von „klassischen Immissionsschäden" unterschieden. Letztere sind durch eine mehr oder minder deutliche Abgrenzung des Immissionsgebietes gekennzeichnet. In solchen Gebieten werden hohe Schadstoffkonzentrationen nachgewiesen und wirkungsbezogene Grenzwerte überschritten. Meist können die Schäden definierten Emittenten zugeordnet werden.

„Neuartige Waldschäden" können über verschiedensten Bodenausgangsgesteinen und Bodentypen, in verschiedenen klimatischen Regionen, in Beständen mit unterschiedlichem Nährstoffstatus sowie auch in Regionen mit weit variierenden Bedingungen hinsichtlich der Schadstoffdeposition nachgewiesen werden. Von den „neuartigen Waldschäden" sind sowohl Nadel- als auch Laubbäume betroffen. Das auftretende Schadbild ist nicht einheitlich. Häufig können Wachstumsanomalien, Verfärbung von Blättern und Nadeln, vorzeitiger Blatt- und Nadelfall, Wurzelschäden, Schäden an der Mykorrhiza und Stagnation bzw. Rückgang des Bestandeszuwachses beobachtet werden. Parasitenbefall zeigt sich in der Regel in einem späteren Stadium der Schädigung. Die Symptome und das Schadensausmaß variieren zwischen den Standorten und es ist nicht möglich, eine Generalisierung vorzunehmen. Der auftretende Schaden unterscheidet sich nicht nur unter den Arten, sondern auch unter Individuen der gleichen Art.

Mitte der achtziger Jahre wurde von der Wirtschaftskommission der Vereinten Nationen für Europa (UN/ECE) ein Programm zur Waldschadenserhebung initiiert. In sämtlichen an der Erhebung beteiligten europäischen Staaten konnten die „neuartigen Waldschäden" beobachtet werden. Die Erhebungen zeigten einen beständigen Rückgang der Gesundheit von Arten, wie *Picea abies*, *Pinus sylvestris*, *Quercus robur* und *Fagus sylvatica* (Power et al. 1995). Im Rahmen des „Internationalen Programmes für Zusammenarbeit zur Erfassung und Überwachung der Auswirkungen von Luftverunreinigungen auf Wälder" („ICP Forests") überwachten seit 1986 bis zu 35 europäische Länder sowie Kanada und die USA den Zustand von Wäldern. Seit 1992 veröffentlichen die UN/ECE und die Europäische Kommission (EC) gemeinsame Waldzustandsberichte, wobei bisher der Schwerpunkt auf der weiträumigen Erfassung des Kronenzustandes liegt (EC-UN/ECE 1996). Für viele Teile Europas kann eine Verschlechterung des Waldzustandes gezeigt werden. Der großräumige Waldrückgang verläuft nicht so dramatisch, wie dies in den frühen achtziger Jahren angenommen wurde (Lorenz 1995).

Atmosphärische Verunreinigungen und Wälder

Wälder sind wesentliche Senken für atmosphärische Verunreinigungen.

Die Beobachtung, daß gasförmige und regenbürtige Schadstoffe das Pflanzenwachstum beeinflussen, ist nicht auf die jüngere Vergangenheit beschränkt. Irving (1983) gab eine frühe Literaturübersicht zum Einfluß von saurem Niederschlag auf Pflanzen sowie eine Analyse der bis zum gegebenen Zeitpunkt durchgeführten Forschung. Ein geschichtlicher Überblick zur Entwicklung der Luftverunreinigung findet sich bei Baumbach et al. (1990). Entsprechend hatte Robert Agnus Smith (1872) in seinem Manuskript: „Luft und Regen: Die Anfänge einer chemischen Klimatologie" ein Kapitel dem „Einfluß von sauren Gasen auf die Vegetation und die Fähigkeit von Pflanzen saurem Rauch zu widerstehen" gewidmet. Auch Henrik Ibsen hatte sich im Jahre 1866 in einem seiner Werke auf dieses Phänomen bezogen.

Bereits in der Mitte des 19. Jahrhunderts setzte in der Umgebung industrieller Zentren Mitteleuropas ein verbreitetes Waldsterben ein. Die Effekte der Luftverunreinigungen wurden bis zum Beginn der siebziger Jahre dieses Jahrhunderts in einem hauptsächlich lokalen Zusammenhang gesehen. In der Folge erkannte man, daß in die Atmosphäre freigesetzte Stoffe über weite Entfernungen von den Emittenten transportiert und bis zu einigen tausend Kilometern entfernt eingetragen werden können. Skandinavische Wissenschafter hatten bereits 1972 auf den grenzüberschreitenden Charakter von Luftverunreinigungen hingewiesen. Bis in die siebziger Jahre dieses Jahrhunderts waren zunächst intensive Forschungsanstrengungen zu den Wirkungen des sauren Niederschlages auf Waldökosysteme nicht unternommen worden. Obgleich Manuskripte, welche der Regenchemie gewidmet waren, vor 1975 publiziert wurden, war das Phänomen in Nordamerika bis zum ersten Internationalen Symposium zum Thema „Saurer Niederschlag und das Waldökosystem" (1976) und der NATO Konferenz zum „Einfluß von saurem Niederschlag auf Vegetation und Boden", offiziell nicht berücksichtigt worden. In der Folge wurden zahlreiche Forschungsanstrengungen unternommen. Probleme traten hinsichtlich des Forschungsdesigns auf. Schwierigkeiten hinsichtlich der Vergleichbarkeit waren gegeben und auch die Ergebnisse waren unbeständig.

In Deutschland war es Ulrich, welcher als erster auf das Problem der Gefährdung von Ökosystemen durch die saure Deposition aufmerksam machte und Untersuchungsergebnisse vorlegte (Butzke 1981). Die ersten Anzeichen für das „Waldsterben" konnten in der Mitte der siebziger Jahre für Tannenbestände in Süddeutschland registriert werden, gefolgt von einem Rückgang der Gemeinen Fichte in den frühen achtziger Jahren. In den meisten Fällen waren die bei *Picea abies* auftretenden Symptome Gelbfärbung und früher Verlust der Nadeln sowie vermindertes Wachstum, wodurch es zum verfrühten Absterben kam. Ähnliche Symptome wurden aus der Schweiz, Österreich, Frankreich, Italien, Schweden und den Niederlanden berichtet.

Saure Deposition tritt zunehmend auch in anderen Regionen der Erde auf. Es sind dies Regionen im östlichen und südlichen Asien, in Südafrika und Südamerika (Rodhe et al. 1995). In diesen Gebieten nimmt die Emission von Schwefel- und Stickstoffverbindungen, aufgrund der zunehmenden Industrialisierung und der Verbrennung fossiler Energiestoffe, zu.

Wälder können durch Luftschadstoffe direkt und indirekt geschädigt werden. Gasförmige und gelöste Schadstoffe können Blätter und Nadeln direkt schädigen, während die indirekte Schädigung der Vegetation durch veränderte Bodeneigenschaften erfolgt.

Schadgase, wie Schwefeldioxid und Fluorwasserstoff, können bei ihrer Aufnahme durch Blätter direkt schädigend wirken. An den Blättern treten bei pH-Werten der Niederschläge oder des Benetzungswassers um und unter 3 direkte Säureschäden auf. SO_2 schädigt die Bäume direkt, indem es durch die Stomata in Nadeln oder Blätter eindringt, wo es mit Wasser reagiert um Schwefelsäure zu bilden. Die Blätter der Laubbäume nehmen ein ausgebleichtes Aussehen an, während die Nadeln der Koniferen rotbraun werden. Bei kombinierter Einwirkung von NO_2 und SO_2 werden, im Vergleich zur jeweils getrennten Einwirkung, bereits bei wesentlich geringeren Konzentrationen Schäden an Pflanzen festgestellt (Abrahamsen 1980).

Die Schwefelverbindungen, vor allem Schwefeldioxid, haben als direkte Schadstoffe für die Blattorgane bzw. als Quellen für die Versauerung des Bodens in den vergangenen Jahren aufgrund entsprechender Maßnahmen abgenommen. Demgegenüber nimmt die Bedeutung von Stickstoffverbindungen zu. Der für europäische Verhältnisse angegebene Wert für Schwefeleinträge in Wälder variiert zwischen 1 und 4 g/m^2; entsprechend variiert der Wert für Stickstoffeinträge zwischen 0.5 und 2 g/m^2 (Kauppi et al. 1992).

Die Rolle der Böden bei dem Phänomen der „neuartigen Waldschäden" rückte zunehmend in den Vordergrund des wissenschaftlichen Interesses. Zahlreiche Autoren beschäftigten sich mit dem Einfluß von Luftschadstoffen auf Pflanzen sowie mit der Klärung jener Mechanismen, durch welche die Bodenacidität das Pflanzenwachstum beeinflußt. Umfassende Publikationen zum angesprochenen Themenkreis stammen von Troyanowsky (1985), Hutchinson und Meema (1987), Ulrich und Sumner (1991), Godbold und Hüttermann (1994).

In Waldböden sind Anreicherungs- und Verarmungsvorgänge nachweisbar. Als Ursachen dafür kommen in Frage:

- Eintrag von Stoffen über die Deposition atmosphärischer Verunreinigungen (Säuren, Nährstoffe) bzw. durch Bewirtschaftung (Dünger)
- Versauerungsbedingte Stoffverluste, wobei die Versauerung durch atmosphärische Depositionen und/oder durch bestimmte Bewirtschaftungspraktiken verursacht sein kann

Zahlreiche Arbeiten zeigten, daß S- und N-Depositionen die Bodenchemie und die Pflanzenernährung modifizieren. In Abhängigkeit vom Standort können negative bzw. zumindest zunächst positive Wirkungen auf Wälder gegeben sein. Der versauerungsbedingte Austrag von Nährstoffen (v.a. Ca und Mg) bzw. die versauerungsbedingte Festlegung von Nährstoffen (z.B. Mo, P) sowie die Freisetzung toxischer Kationsäuren (v.a. Al-Ionen) führen zu Nährstoffmangel und Toxizitätsproblemen. Die depositionsbedingte Überdüngung von Wäldern, vor allem mit Stickstoff, gefährdet deren Stabilität und trägt unter anderem zur Etablierung bzw. zur Intensivierung des Problems der unausgeglichenen Versorgung mit Nährstoffen bei. Einseitig ernährte Pflanzen weisen eine erhöhte Anfälligkeit gegenüber Stressoren, wie Frost, Trockenheit und Schadorganismen, auf.

Ulrich (1981a) hatte geschlossen, daß die Anreicherung von Luftverunreinigungen den „Zustandsraum" des stabilen Ökosystems, beispielsweise durch Bodenversauerung und Schwermetallanreicherung, so weit einengen kann, daß die Einwirkung natürlicher Stressfaktoren das Ökosystem aus seinem stabilen „Zustandsraum" herausführt. Dies kann an Pflanzenschäden sichtbar werden.

2.3.2 Ursachenforschung

In den vergangenen eineinhalb Jahrzehnten wurden das Auftreten und die möglichen Ursachen von „neuartigen Waldschäden" in Europa intensiv untersucht. Es konnte festgestellt werden, daß mit Ausnahme von Regionen mit lokalen Emissionsquellen, keine einfache Kausalität zwischen den auftretenden Schäden und dem Einfluß von Luftschadstoffen besteht.

Ursachen für die Nichtetablierbarkeit einer solchen einfachen Kausalität wurden diskutiert (Matzner und Murach 1995). Diese schließen die möglicherweise große Verzögerungsphase nach Setzen eines Stressors und dem Auftreten sichtbarer Symptome, die große Zahl interagierender natürlicher und anthropogener Faktoren, die lokal unterschiedliche historische Bewirtschaftungspraxis und die Dynamik von Waldökosystemen, welche die Testung von Hypothesen zur Luftverschmutzung erschwert, ebenso ein, wie die Art der Waldzustandserhebung. Letztere basiert im wesentlichen auf der Erfassung des Blatt-/Nadelverlustes und des Vergilbungsgrades und ist damit im Hinblick auf die Ursachen unspezifisch.

Die Ergebnisse von Untersuchungen zur Ursachenforschung ermöglichen den Schluß, daß die „neuartigen Waldschäden" nicht auf eine einzige Ursache zurückgeführt werden können. Vielmehr ist davon auszugehen, daß die Schäden auf einem Ursachenkomplex, welcher natürliche und anthropogene Faktoren einschließt, beruhen.

Es ist unwahrscheinlich, daß ein bestimmtes chemisches Bodenmilieu, ein spezifischer Nährstoffstress oder die Luftverschmutzung und atmosphärische Depositionen, als großräumig einheitliche Auslöser für alle in Mitteleuropa auftretende Waldschadensphänomene fungieren (Rehfuess 1991). Die Aussage hinsichtlich der atmosphärischen Verunreinigungen schließt die Voraussetzung ein, daß kein bisher unbekannter – jedoch weit verbreiteter – Schadstoff involviert ist.

Das gegenwärtige Wissen gibt eindeutig Hinweise darauf, daß Bodenveränderungen am Auftreten von Waldschäden beteiligt sind. Ein schlechter Bodenzustand (ungeeignete Nährstoffversorgung, schlechte Entwässerung, hohe Acidität, hohe Aluminiumverfügbarkeit), extreme klimatische Verhältnisse, Schadstoffe und -organismen können lokal und regional als Stressoren wirken.

Eine Reihe von Hypothesen zu den Ursachen von „neuartigen Waldschäden" wurden aufgestellt. Frühe Übersichten über solche Hypothesen gaben z.B. Hinrichsen (1986) und Nashimoto und Kohno (1989). Die zu diesem Zeitpunkt aufgestellten Hypothesen teilten bezüglich der primären Ursachen von „neuartigen Waldschäden" bzw. des „Waldsterbens" bestimmte Basisannahmen. Die atmosphärische Deposition von Schadstoffen oder mit diesen Schadstoffen in Beziehung stehende, die Nährstoffe oder das Wachstum ändernde Stoffe, zählen demgemäß zu den primären Ursachen. Insekten oder bekannte Waldpathogene spielen demgegenüber eine sekundäre Rolle. Klimatischen Größen, wie Trockenheit und Frost, wurde eine (wahrscheinlich) sekundäre oder präsdisponierende Rolle zugeschrieben. Es wurde postuliert, daß das „Waldsterben“ als ein Krankheitssyndrom aufzufassen sei, welches durch multiple Faktoren, „einige prädisponierende und stressinduzierende Faktoren einschließend, gefolgt von zahlreichen sekundären Effekten abiotischen und biologischen Ursprungs“, induziert wird.

In der Folge werden Hypothesen zusammengestellt, welche im Zusammenhang mit dem Auftreten „neuartiger Waldschäden“ diskutiert werden. Luftschadstoffe spielen dabei zumeist eine wesentliche Rolle. Solche schließen ein:

- genereller Stress
- Bodenversauerung – Aluminiumtoxizität
- Ozonbeeinträchtigung
- Nährstoffüberschuß, Nährstoffmißverhältnisse
- organische Stoffe
- Schwermetalldeposition
- globale Klimaveränderung
- Verarmung der biologischen Diversität
- epidemische Krankheiten

Genereller Stress

Entsprechend dieser Hypothese führt die Verunreinigung der Atmosphäre und die assoziierte atmosphärische Deposition von Stoffen mit nährstoff- oder wachstumsändernden Eigenschaften, bzw. von toxischer Natur, zu einem Rückgang der Nettophotosynthese. Dieser Rückgang der Nettophotosynthese ist mit einer Umleitung von Photosyntheseprodukten von mobilen Kohlenhydraten zu weniger mobilen und potentiell toxischen Sekundärmetaboliten assoziiert. Dieser Prozeß sollte einen ärmeren Energiestatus im Wurzelsystem des Baumes bewirken, der mit einem Anstieg toxischer Substanzen in den Sprossen gekoppelt ist. Diese komplexe Wechselwirkung kann zu einer Aushungerung der Feinwurzeln und der Mykorrhiza sowie zum Verlust von Nadeln oder Blättern führen. Die Anfälligkeit der Bäume für Stressoren, wie Trockenheit, Frost, Wind und Schadorganismen, kann durch eine veränderte Energiebilanz erhöht werden.

Bodenversauerung – Aluminiumtoxizität

Diesem Konzept entsprechend, wird die natürliche Versauerung von Waldböden durch die atmosphärische saure Deposition beschleunigt.

Trotz geringer direkter Hinweise konnten zunächst substantielle indirekte Hinweise darauf erhalten werden, daß die langfristige Exposition gegenüber saurem Regen einen wachstumsreduzierenden Effekt ausübt. Der signifikanteste indirekte Hinweis war durch die positive Korrelation zwischen dem Waldertrag und dem Basenstatus des Bodens (gemessen als Basensättigung) gegeben.

Die Wirkungen einer erhöhten H^+-Ionenkonzentration in Böden schließen ein:

- Verminderung der Basensättigung
- Auswaschung basischer Nährkationen
- Erhöhung der Löslichkeit von Aluminium und von Schwermetallen
- Festlegung von Molybdän und Phosphor

Die Auswaschung basischer Nährkationen und die Verringerung der Verfügbarkeit von Phosphor durch saure Deposition konnte in vielen Gebieten nachgewiesen werden. Das Problem der Bodenversauerung und der Al-Toxizität wurde vor allem in jenen Teilen Europas gesehen, in welchen Koniferenwälder in mittlerer und hoher Lage auf Mineralböden mit geringer Pufferkapazität gefunden werden.

Versauerungsbedingte Veränderungen im Boden beeinträchtigen bodenbiologische Parameter, so daß es über die Verringerung des Abbaus der organischen Substanz und der Hemmung anderer biochemischer Stoffumsetzungen im Boden zu einer Verringerung der Nährstoffnachlieferung für die Primärproduktion sowie zu einer Verschlechterung struktureller Bodeneigenschaften kommt.

Bisher ist eine versauerungsbedingte Auslöschung von Pflanzenarten nicht bekannt, wenngleich in stark gestressten Systemen Effekte auf die Diversität von Pflanzen zu beobachten sind (Rodhe et al. 1995). In solchen Regionen konnte, bezogen auf den Unterwuchs, durch Förderung säuretoleranter Gräser, die Reduktion der Biodiversität beobachtet werden.

Mechanismen der Bodenversauerung. Die in die Versauerung von Waldböden involvierten Mechanismen wurden intensiv untersucht.

Entsprechend Ulrich (1981b) unterliegt der Ionenkreislauf in Waldökosystemen zwei generellen Gesetzen bzw. Prinzipien:

- Gesetz von der Aufrechterhaltung der Masse
- Prinzip der elektrischen Neutralität

Aus dem Gesetz von der Erhaltung der Masse und dem Elektroneutralitätsprinzip wurde für den stationären Zustand von Waldökosystemen abgeleitet, daß die Protonen-Produktion oder der Protonen-Verbrauch bei der Ionenaufnahme jeweils durch entgegengesetzte Protonenumsätze bei der Mineralisierung kompensiert wird. Zeitliche und räumliche Entkopplungen des Ionenkreislaufes führen zu Versauerungs- und Entsauerungsschüben. Die Entkopplung des Ionenkreislaufes im Ökosystem ist eine Ursache für die Basenverarmung und die Versauerung. Für die Aufrechterhaltung der

Stabilität eines Ökosystems ist der Ausgleich von Prozessen der Versauerung und Entsauerung notwendig.

Ulrich (1983b) stellte eine Theorie vor, welche die Acidifizierung und Alkalisierung von Böden als Folge der Entkopplung des Ionenkreislaufes im Ökosystem erklären soll. Unter der Annahme, daß das Ökosystem dazu tendiert, die Netto-Protonenbildung oder den -verbrauch zu minimieren, um den chemischen Bodenzustand für das Wachstum optimal zu halten, wurden charakteristische Eigenschaften eines stabilen Waldökosystems abgeleitet.

Ein stabiles Waldökosystem zeichnet sich durch eine hohe Reaktionsweite aus. Geringe Stabilität ist gleichbedeutend mit hoher Disposition für eine bestimmte Schädigung.

Waldökosysteme können destabilisiert werden durch:

- die Deposition von Luftverunreinigungen
- Bewirtschaftungsmaßnahmen

Bestandesschäden wurden zunächst meist einer ungünstigen Witterung oder einer mangelnden Waldpflege zugeschrieben. Die eigentliche Ursache, die Destabilisierung des Waldökosystems durch die Deposition von Luftschadstoffen und die Art der Bewirtschaftung, wurde vorerst nicht erkannt (Ulrich 1981a,b).

Der fortgesetzte Eintrag von Säure, welcher die Rate der Freisetzung von Basenkationen durch Silikatverwitterung innerhalb der Wurzelzone überschreitet, zwingt Waldökosysteme zum Übergang von Stabilitätszuständen in Übergangszustände (Destabilisierungsphasen). Zwei aufeinanderfolgende, mit der Bodenversauerung verbundene, instationäre Zustände werden unterschieden:

- Humus-Desintegration
- Podsolierung (Aufbau von Abbauerrefugien)

Instationäre Zustände können durch starke und nachhaltige Reduktionen der pflanzlichen Biomasseproduktion bedingt sein. Klimastürze oder menschliche Eingriffe können die Ursache einer reduzierten pflanzlichen Biomasseproduktion sein.

Eine durch die Bodenversauerung bewirkte Verarmung des Bodens äußert sich in einer Schwächung des Zuwachses und in einer Instabilisierung des Ökosystems. Die Instabilität wird sichtbar in/im (Ulrich 1983a, 1986b):

- Podsoligkeit
- Nährstoffaustrag
- zunehmender Bodenversauerung
- gehemmter Streuzersetzung
- Schadstoffanreicherung
- langsamen/raschen Baumsterben

Die Ausprägung des A_h-Horizontes, die Humusform und die Artzusammensetzung der Bodenvegetation sind Merkmale, welche die Instabilität des Systems charakterisieren. Die Ausprägung des A_h-Horizonts, die Humusform und die Bodenvegetation weisen eine enge Kopplung auf. Eine versauerungsbedingte Podsoligkeit kann morphologisch an der Ausbildung von A_{eh}-Horizonten erkannt werden. Die Humusform gibt Hinweise auf die Zusammensetzung der Zersetzerorganismen und die Intensität biochemischer Stoffumsetzungen.

In Waldökosystemen wirken sich Bewirtschaftungsmaßnahmen über den Ionenkreislauf als chemischer Stress aus. Bestimmte Bewirtschaftungsmaßnahmen fördern die Entkopplung des Ionenkreislaufes und die Bodenversauerung. Waldböden sind aufgrund bestimmter, teilweise historischer, Waldnutzungen, wie Waldweide, Entnahme von Streu und grüner Äste für landwirtschaftliche Zwecke sowie Rodungen, bereits vorbelastet.

Wie bereits diskutiert, schließen die Quellen ökosysteminterner Säureproduktion die folgenden Größen ein:

- Anreicherung von Zuwachs und Auflagehumus
- Export von Zuwachs und Auflagehumus
- Stickstoffvorratsabbau mit Nitratauswaschung

Maßnahmen, wie enge Bestandesbegründung, mangelnde Durchforstung und Überführung von Laub- in Nadelholzbestände, führen zur Anreicherung von Biomasse und von Streu. Ungünstige Lebensbedingungen für Bodenmikroorganismen und -tiere wirken förderlich auf die Anreicherung von Streu.

Der Ersatz standortgerechter Bäume durch standortfremde ist eine wesentliche Quelle der Versauerung. Im Falle der Überführung von Laub- in Nadelholzbestände kann es aufgrund der weiteren C/N-Verhältnisse von Nadelholzstreu zum gehemmten Abbau dieser Streu kommen. Große Nadelmassen aufbauende Bäume, wie Fichten und Tannen, wirken in der Aufbauphase besonders stark versauernd.

Die Veränderung der Pflanzendecke, beispielsweise durch Auflichtung, Kahlschlag, Beweidung oder auch den Tod dominanter Baumarten und die damit verbundene Veränderung des Bodenklimas, birgt die Gefährdung des Systems durch Bodenversauerung. Dies beruht auf der durch solche Maßnahmen geförderten Mineralisierung der organischen Substanz und der damit verbundenen Möglichkeit der Stickstoffauswaschung in Form von Nitrat. Da Auflichtungen mit einer Stimulierung der Mineralisationsprozesse verbunden sind, ist eine langsam erfolgende Umstellung dicht geschlossener Bestände auf geringe Bestockungsgrade notwendig. Gleiches ist notwendig, wenn einer Anreicherung von Auflagehumus durch die Erhöhung der Wärmezufuhr und geeignete Düngemaßnahmen entgegengewirkt werden soll. Waldkalkungen bergen aufgrund der Stimulierung des organischen Substanzabbaus und der möglichen Auswaschung von Nitrat die Gefahr der Bodenversauerung.

Die Möglichkeit einer Versauerung besteht auch bei einer Walddüngung mit N-haltigen Düngemitteln, aus welchen Ammonium oder Nitrat freigesetzt wird. Die Applikation von Harnstoff oder Ammonium, welche in der Folge zu Nitrat transformiert werden, ist diesbezüglich besonders relevant. Die Auswaschung von Nitrat wird begünstigt, wenn dessen Angebot den pflanzlichen und mikrobiellen Bedarf übersteigt. Anders als Ammonium weist Nitrat im Boden eine hohe Mobilität auf. Bäume können für Ammonium bzw. Nitrat unterschiedliche Präferenz als Stickstoffquelle aufweisen. Fichten nehmen bevorzugt Ammonium auf, wenn Ammonium und Nitrat aus Immissionen zur Verfügung stehen. Versuche mit ^{15}N-markiertem NH_4^+ oder NO_3^- zeigten, daß *Larix kämpferi* Ammonium-N leichter aufnahm als Nitrat-N (Arnold und Diest 1991).

Warme und trockene Witterungsperioden können ebenfalls zur Entkopplung des Stickstoffkreislaufes und damit zu trockenheitsinduzierten Versauerungsschüben im Mineralboden führen. Während der Trockenphase nehmen die Mineralisierungsvorgänge entsprechend dem Austrocknungsgrad des Bodens ab. Die Beregnung nach der Trockenphase bewirkt eine Stimulierung der biologischen Aktivität.

Durch Immissions-Stickstoff kann Nitratauswaschung auch in geschlossenen Beständen ausgelöst werden. Hinweise darauf gibt das Auftreten einer nitratliebenden Flora sowie die Untersuchung von Gewässern (weitere Nitrat/Cl-Verhältnisse im Sicker-, Quell- oder Bachwasser als in der Deposition).

Entsauerung des Bodens. Eine solche kann eintreten, wenn die Rate der Protonenbildung geringer wird als die Rate des Protonenkonsums bzw. wenn, entweder durch Verwitterung von Silikaten oder die Mineralisierung von organischer Substanz, Alkali- und Erdalkalikationen freigesetzt werden. Unter Bedingungen von saurer Deposition kann Entsauerung nur nach Kahlschlag (einen Rückgang der Deposition verursachend) erwartet werden (Ulrich 1991). Im Ersatz von Koniferenwäldern durch Laubwälder (letztere sind als Kollektoren von Depositionen weniger wirksam) sowie in einer Reduktion des Biomasseexportes (keine Ganzbaumernte) zur Verringerung der internen Protonenbildung, ist eine Möglichkeit zu sehen, die Acidität von Waldböden zu reduzieren (Meiwes 1995). Bei Kahlschlag kann sich eine Entsauerung dann einstellen, wenn das Schlägergut auf an verwitterbaren Silikaten reichen Böden erfolgen kann. Auch wird sich diese Entsauerung auf den durch den Abbau beeinflußten Oberboden beschränken. Entsprechend Ulrich kann eine auf natürlichen Entsauerungsprozessen beruhende Zunahme der Basensättigung in Mineralbodenhorizonten nur erwartet werden, wenn eine extreme Reduktion bzw. Beendigung der Depostion von Säuren und Säurebildnern eintritt. In bewirtschafteten Wäldern kann es Jahrzehnte bis Jahrhunderte dauern, bis mittels Silikatverwitterung eine Basensättigung in der Wurzelzone von 15% überschritten werden kann. Entsprechend Ulrich ist bei einem Ca-Sättigungsgrad von über 15% das Risiko von Säuretoxizität bei säuretoleranten Wirtschaftsbaumarten gering.

Nährstoffstatus der Bäume. Der Nährstoffstatus der Bäume kann durch Schadstoffe, welche mit dem Laub in Wechselwirkung treten sowie durch die Veränderung der Nährstoffverfügbarkeit im Boden beeinflußt werden. Eine durch saure Niederschläge bedingte Auswaschung von Nährstoffen, wie Mg und Ca, aus Blättern und Nadeln kann durch episodischen Ozon- oder Frostschaden an der Cuticula und an Zellmembranen beschleunigt werden.

Ernährungsstörungen sind in ihrer Qualität und Quantität abhängig von (nach Ulrich 1990):

- den Ionenverhältnissen in der Bodenlösung
- der Tiefenverteilung des Feinwurzelsystems
- dem Ausmaß der Wurzelschädigung
- der Nährstoffdeposition
- der Witterung

Es ist möglich, daß bei intakten Feinwurzeln der Nährstoffbedarf des Zuwachses aus den eingetragenen Nährstoffen gedeckt wird. Eine Nährstoffverarmung des Bodens kann sich deshalb auch erst relativ spät zeigen.

Versauerungsbedingte Zunahmen der Al-Konzentration in der Bodenlösung des tieferen Wurzelraumes führen bei einer Verschiebung des Mg/Al-Verhältnisses zu ungunsten des Mg zu einer Reduktion der Mg-Aufnahme durch die Wurzeln. Bäume mit einem tiefreichenden Feinwurzelsystem, welche ihre Nährstoffe überwiegend aus dem humusarmen Mineralboden aufnehmen, sind gegenüber Mg-Mangel besonders exponiert (Ulrich 1990). In humusreichen Oberböden tritt Al in der Bodenlösung in Form organischer Komplexe auf. Dieser Bindungsform wird keine Beeinflussung der Mg-Aufnahme beigemessen.

Erhöhte Aluminiumverfügbarkeit. Die Effekte einer versauerungsbedingten erhöhten Verfügbarkeit von Aluminium fanden im Zusammenhang mit Waldschäden besondere Berücksichtigung. Die Al-Toxizität ist ein, in natürlich sauren sowie in von sauren Depositionen beeinflußten Böden, ernstes Problem.

Aluminium repräsentiert in stark sauren Böden normalerweise das dominierende austauschbare Kation und es wird generell akzeptiert, daß Aluminium den toxischen Hauptfaktor in sauren Böden darstellt (Adams et al. 1990; Ulrich und Sumner 1991). In amorphe Aluminiumverbindungen aufweisenden Böden sind bei pH-Werten unterhalb 5.2 wesentliche Mengen an löslichem Aluminium vorhanden (Barber 1984). Die Löslichkeit wird mit zunehmendem pH reduziert und oberhalb pH 5.2 ist wenig lösliches Aluminium vorhanden. Eine Acidifizierung auf geringere pH-Werte als 5 ist deshalb von biologischer Relevanz.

Da Pflanzenwurzeln in Nährlösungen pH-Werte von 4.0 tolerieren können, wurde der Schluß gezogen, daß Protonen normalerweise nicht den das Wurzelwachstum hemmenden Hauptfaktor darstellen können. Bei diesem pH-Wert wird jedoch die Löslichkeit von Al und anderer potentiell toxischer Metalle in Böden erhöht. Al-Kationen besitzen eine hohe Eintauschstärke und vermögen Nährkationen von den Austauschern zu verdrängen. Mit zunehmender Versauerung nimmt der Anteil des in Lösung sowie in austauschbarer Form vorliegenden Al im Boden zu. Insgesamt nimmt das Verhältnis $Al^{3+}/Ca^{2+} + Mg^{2+}$ zu. In stark bis extrem sauren Waldböden können 80–100% der austauschbaren Kationen aus Al-Ionen und zu geringeren Anteilen aus H- sowie teilweise auch aus Fe- und Mn-Ionen bestehen. Unter solchen Bedingungen treten Toxizitätsprobleme und ein Mangel an Nährkationen auf. Entsprechend Firestone et al. (1983) wurde die Hypothese aufgestellt, daß Schäden an Pflanzen durch Aluminium auftreten, wenn das Molverhältnis von Ca zu Al in der Bodenlösung < 1 ist.

In der Bodenlösung können verschiedene Spezies des Aluminiums auftreten. Der Nachweis verschiedener Spezies bereitet aufgrund zahlreicher Variablen, den pH-Wert und andere Komponenten der Bodenlösung einschließend, große analytische Schwierigkeiten. Neben monomeren und polymeren Al-Kationen können lösliche Komplexe des Aluminiums mit organischer Substanz sowie auch stabile Al-Komplexe mit Fluoriden und Phosphaten vorliegen. Die Komplexierung von Aluminium mit Huminstoffen reduziert die Phytotoxizität des Aluminiums (Gerke 1993). Ferner ist die Komplexierung für die Prozesse der Pedogenese (z.B. Podsolierung) von Bedeutung. Darüber hinaus können lösliche Huminstoff-Al-Komplexe Orthophosphat binden und auf diese Weise die Phosphatspezies in der Bodenlösung verändern. In vielen sauren Böden werden schwerlösliche Al-Phosphate gebildet, wo diese die größte P-Fraktion darstellen können (McLean 1976). Eine Reduktion der Verfügbarkeit von Phosphor ist damit verbunden.

Untersuchungen zum Vermögen von Mikroorganismen, Al-Phophate zu lösen, sind sowohl hinsichtlich der P-Verfügbarkeit als auch der Al-Toxizität in sauren Böden von Relevanz. Eine Reihe von Mikroorganismen war fähig, schwerlösliches $AlPO_4$ zu mobilisieren (Illmer et al. 1995a). Die Bildung organischer Säuren bzw. die direkte Freisetzung von Protonen im Zuge der Assimiliation von Ammonium waren als Lösungsmechanismen angezeigt.

Unsicherheit besteht auch bezüglich der Toxizität verschiedener Al-Spezies in der Bodenlösung und der Rolle anderer in der Bodenlösung vorhandener Kationen und Anionen bei der Entgiftung von Al-Ionen. Es gibt Hinweise darauf, daß kationisches Aluminium in Form von Al^{3+}-Ionen oder von monomeren Hydrolyseprodukten die toxischste Form des Aluminiums für empfängliche Pflanzen- und auch Fischarten darstellt. Die Wurzeltoxizität verschiedener monomerer und polymerer Aluminiumhydroxospezies wurde intensiv untersucht. Die Phytotoxizität des Aluminiums wurde vor allem mit freien monomeren Spezies in Beziehung gesetzt.

Obgleich die toxische Wirkung hoher Aluminiumkonzentrationen auf Pflanzen seit Beginn des 20. Jahrhunderts bekannt ist, ist es bisher noch nicht gelungen, die Wirkungsmechanismen eindeutig aufzuklären. Die physiologischen Effekte der Al-Toxizität und die Mechanismen der Toleranz sind noch nicht gut verstanden. Literaturübersichten zu diesem Themenkreis gaben beispielsweise Roy et al. (1988), Runge und Rode (1991), Rengel (1992) sowie Hodson und Evans (1995).

Die Erhöhung der Verfügbarkeit toxischer Aluminium-Spezies in versauerten Böden konnte als eine wesentliche Ursache für Wurzelschäden erkannt werden. Ein generell zu beobachtendes Phänomen ist die Reduktion der Wurzelelongation unter dem Einfluß des Aluminiums, welche zu einer Zunahme der Anfälligkeit der Pflanzen gegenüber Trockenheit führt. Lösliches Al reduziert die Wurzelpenetration und erhöht die Wahrscheinlichkeit des Auftretens von Wassermangel. Die zur Hemmung des Wurzelwachstums notwendigen Aluminiumgehalte variieren mit der Art, der Varietät und dem Boden. Bei vielen Feldfrüchten kann das Wurzel- und Sproßwachstum durch Gehalte an austauschbarem Aluminium von über 2 mmol/kg reduziert werden (Barber 1984). Entsprechend Schachtschabel et al. (1992) zeigt die Aktivität der Al^{3+}-Ionen in der Regel die beste Beziehung zu den Pflanzenschäden. Toxische Wirkungen auf die Wurzeln der Waldbäume und die Mykorrhiza können bei Al-Konzentrationen in der Bodenlösung von 10–20 mg/l auftreten.

Als pflanzliche Strukturen bzw. Prozesse, welche mit Al interferieren, konnten erkannt werden:

- die Zellwand sowie die Plasmamembran von Wurzelzellen
- die Photosynthese, wobei Al eine Erniedrigung des Chlorophyllgehaltes und die Verringerung des Elektronenflusses bewirkt
- die DNA, an welche Aluminium binden kann; bei Anreicherung in den Wurzeln hemmt dieses die mitotische Aktivität

Die elektrochemischen Eigenschaften der Zellwand und der Plasmamembranen der Wurzelzellen werden in Gegenwart von Al-Ionen verändert. Al interferiert mit der Aufnahme, dem Transport und der Nutzung einiger essentieller Nährstoffe, einschließlich Cu, Zn, Ca, Mg, Mn, K, P und Fe. Überschuß an Al reduziert die Aufnahme bestimmter Elemente und erhöht die anderer. Dabei bestehen Abhängigkeiten vom Element, von den Pflanzenteilen und der Art. Das pH wird diesbezüglich als ein wesentlicher Faktor diskutiert, wobei bei saurem pH (unterhalb 5.5) der Antagonismus zwischen Ca und Al wahrscheinlich den wichtigsten Faktor darstellt, welcher die Ca-Aufnahme durch Pflanzen beeinflußt. Al reduziert die Anreicherung divalenter Kationen (v.a. von Ca und Mg) durch Interferenz mit dem Membrantransport. Demgemäß nimmt der Gehalt der Böden an verfügbaren Nährstoffen (v.a. an Mg und Ca) Einfluß auf die Al-Toxizität. Zusätzliches Ca^{2+} kann schädigende Al^{3+}-Effekte mildern. In der Literatur wird die Hemmung der Ca-Aufnahme durch Fichtensämlinge bei Al-Konzentrationen in der Bodenlösung von 100–200 μmol/l angegeben (Johnson et al. 1994).

Schädigende Effekte des Al können durch andere ungünstige Bedingungen gefördert werden. Dies trifft für anaerobe Verhältnisse zu, welche die endodermale Membranbarriere schädigen können. van Praag (1991) konnte in Wuchsexperimenten mit Nährlösungen oder mit Sandkulturen zeigen, daß Baumsämlinge hohe Aluminiumkonzentrationen selbst bei geringen pH-Werten ertragen konnten, wenn diese die alleinigen Stressfaktoren darstellten.

In der Bodenlösung stark versauerter Waldböden werden, besonders bei Versauerungsschüben, Säurekonzentrationen (Al-, H-Ionen) und Säure/Base-Verhältnisse (Ca/Al-, Mg/Al-Verhältnisse) erreicht, welche Wurzelschädigungen unterschiedlichen Ausmaßes auslösen (Ulrich 1986b). Al kann an intakten Wurzel- und Mykorrhizaoberflächen das vorherrschende Kation darstellen. Bei einem durch Versauerungsschübe ausgelösten Abfall des pH können Al-Ionen an der Wurzeloberfläche mobilisiert werden. In den Feinwurzeln erkrankter Fichten nahm die Al-Konzentration zu, während die Aufnahme von Ca und insbesondere von Mg gehemmt wurde. Durch die ebenfalls zu beobachtende Verringerung der Wasserleitfähigkeit kann die Trocknisverträglichkeit herabgesetzt werden.

Stammabflußbereiche konnten an immissionsbelasteten Waldstandorten als Extremstandorte erkannt werden. Im Einsickerungsbereich des durch Säuren und Schwermetalle verunreinigten Stammabflusses konnte Basenauswaschung, Versauerung und erhöhte Al-Verfügbarkeit nachgewiesen werden (Glatzel und Kazda 1985). Auf dem versauerten Substrat traten Wurzelschäden auf, welche durch das häufige Absterben der Hauptwurzelspitzen und, besonders bei Buche, quastenartigen Neuaustrieben, gekennzeichnet waren. Die neuen Wurzelspitzen waren bräunlich verfärbt. Untersuchungen mit Sämlingen von Waldbäumen zeigten, daß saure und aluminiumhaltige Nährlösungen eine drastische Reduktion der Wurzelmasse bewirken, die Aufnahme von Ca- und Mg-Ionen einschränken und Wurzel- und Sproßschäden auslösen.

Veränderungen des Wurzelsystems und der Krone. Veränderungen im Wurzelsystem geschädigter Bäume konnten nachgewiesen werden. Symptome, wie Verlust an vitalen Feinwurzeln, vertikale Gradienten, Veränderungen in der chemischen Zusammensetzung und Dysfunktion der Mykorrhiza, werden für zahlreiche Baumarten in vielen Teilen Europas und Nordameriaks angegeben (Matzner und Murach 1995).

Die Schädigung des Wurzelsystems wurde morphologisch mit jener der Krone verglichen. Der Nadelverlust entspricht dem Feinwurzelverlust. Die Schädigung betrifft sowohl im Falle der Krone als auch der Wurzeln nicht notwendigerweise das gesamte System. Der unterste Teil des Wurzelsystems wird am frühesten und stärksten geschädigt.

Die Kronenverlichtung ist ein natürliches Alterungssymptom. Entsprechend Ulrich (1990) dürfte diese durch die Veränderung des Nährstoff- und Säure-/Base-Status im Rhizosphärenboden als Folge biologischer Stoffumsetzungen ausgelöst werden. Durch den Eintrag von Säure und durch Blattpufferung wird diese, auch unter natürlichen Bedingungen erfolgende, Bodenveränderung an der Wurzeloberfläche vielfach erhöht. Die Verlichtung der Krone ist deshalb nur in ihrer Verbreitung und im Auftreten an Bäumen weit vor ihrem biologischem Alter neuartig.

Langzeituntersuchungen zum Einfluß der Deposition von Luftverunreinigungen in Waldökosystemen ließen die Formulierung einer Hypothese zu, welche in ihrer generellsten Form in den oberirdisch sichtbaren Schäden an den Bäumen meist die Folge von Schädigungen des Feinwurzelsystems sieht (Ulrich 1981a).

Schäden am Feinwurzelsystem können bedingt werden durch:

- den Mangel an pflanzenaufnehmbarem Wasser (Trockenheit)
- den Mangel an Sauerstoff (Vernässung)
- eine erhöhte Konzentrationen an Al- und Schwermetallionen (möglicherweise auch anderen Stoffen) in der Bodenlösung

Durch Aluminium verursachte Wurzelschäden wurden von Ulrich (1981a, 1986b) schon früh als Ursache für Waldschäden diskutiert. Matzner und Murach (1995) verwiesen auf Literatur, in welcher über den Rückgang der Wurzelbiomasse bei Mg-Mangel, in Abwesenheit von Aluminium, berichtet wurde. Mg-Mangel tritt in sauren Waldböden verbreitet auf. Die zuletzt zitierten Autoren stellten eine Hypothese auf, wonach Al-Stress und ein geringes Angebot an Mg zu einem seichteren Wurzelsystem und generell zu einer Reduktion der Wurzelbiomasse führen sollte.

Untersuchungen zur Verteilung von Wurzeln in verschiedenen Bodenbereichen geschädigter Wälder zeigten eine, mit zunehmender Bodentiefe, starke Veränderung der Feinwurzeln. Die Veränderung des Wurzelsystems besteht in einem Absterben des größten Teiles der tiefergehenden Wurzeln und in einer dichten Einbettung der Wurzelreste. Eine aerobe Zersetzung wird dadurch unmöglich und es finden anaerobe Umsetzungen statt, wodurch es in extremen Fällen zu einer Blaufärbung des Wurzelhorizonts kommt. Der Rückzug des aktiven Feinwurzelsystems auf den humusbeeinflußten Bodenbereich wird als ein charakteristisches Merkmal einer seit Jahrzehnten anhaltenden versauerungsbedingten Wurzelschädigung gesehen. Untersuchungen zeigten, daß sich Bäume an chemische Gradienten, wie höhere Al- und geringere Mg- und Ca-Konzentrationen in tieferliegenden Bodenhorizonten, anpassen können. Die Fähigkeit von Bäumen, ungünstige Wachstumsbedingungen in einem bestimmten Bodenbereich durch erhöhtes Wurzelwachstum in einem anderen zu kompensieren, erschwert die Interpretation der Beziehung zwischen Gesamtfeinwurzelmasse und Bodenbedingungen (Matzner und Murach 1995).

Es ist anzunehmen, daß es Wurzelschäden den Bäumen erschweren, die biochemischen Regulationsvorgänge im Sproß aufrecht zu erhalten. Diese Regulationsvorgänge können sich zum einen auf Zellinhaltstoffe beziehen, welche der Baum als Schutzmaßnahme gegen Schadorganismen erzeugt. Zum anderen kann die Pflanze in den Zellwänden die pH-Werte regulieren. Diese Fähigkeit ermöglicht es der Pflanze, unter den Bedingungen der Emission säurebildender Gase, zunächst so lange normal weiterzuleben als bestimmte Schadstoffkonzentrationen in der Luft nicht überschritten werden. Ein Teil des Säureeintrags wird in den Blättern gepuffert und über die Ionenaufnahme an den wurzelnahen Boden weitergegeben. Die Pufferleistung des Kronendaches gegenüber dem Säureeintrag ist vom chemischen Bodenzustand abhängig; Buchen auf einem Kalkstandort erwiesen sich dabei wesentlich effektiver als Buchen auf podsoliger Braunerde.

Risiko versauerungsbedingter Baumschäden und Standortqualität. Die Vorstellung von reichen und armen, guten und schlechten Standorten kann nicht auf einfache Weise mit dem Risiko einer versauerungsbedingten Baumschädigung gleichgesetzt werden. Die durch die Silikatverwitterung bedingte Differenzierung des chemischen Bodenzustandes zwischen verschiedenen Substrattypen wurde durch die depositionsbedingten akuten Versauerungsvorgänge weitgehend aufgehoben (Ulrich 1986b). Dabei fand eine Verschiebung in Richtung auf eine extrem niedrige Ca- (und Mg-) Sättigung statt. Mit Ausnahme von kalkskeletthaltigen Kalkverwitterungsböden ist deshalb der unmittelbare physikalisch-chemische und der Zustand hinsichtlich der Nährstoffe nicht mehr mit dem Substrat korreliert. Auch bestimmt nicht der Bodenzustand, sondern die in Abhängigkeit vom Bodenzustand möglichen depositions- und witterungsbedingten Prozesse im Boden, die Beteiligung des Bodens am Waldsterben. Auf „besseren" Substraten, wie Lößlehm, Schiefergebirgslehm und Geschiebelehmen, sind zu Wurzelschädigungen führende Versauerungsschübe eher möglich als auf armen Sanden.

Beeinträchtigung durch Ozon

Das troposphärische Ozon entsteht aus den Vorläufersubstanzen Stickoxide (NO, NO_2) und flüchtige Kohlenwasserstoffe unter der Einwirkung von Sonnenstrahlung mit einer Wellenlänge < 430 nm. Zwischen dem Gang der Strahlung, der Luftfeuchte, der Temperatur und der Bildung von Oxidantien bestehen deutliche Abhängigkeiten. Warme und trockene Jahre mit einem hohen Anteil an direkter Sonnenstrahlung bedingen, bei gleichbleibender Belastung der Luft durch Vorläufersubstanzen, eine höhere Ozonbelastung.

Der Gehalt an troposphärischem Ozon weist seit dem Beginn des Industriezeitalters eine beständig steigende Tendenz auf. Der Ausgangswert von 8 ppb (Spätherbst und Winter) bzw. von etwa 10 ppb (Frühjahr bis zum Spätsommer) nahm auf nunmehr 20 bzw. mehr als 30 ppb zu. Zudem wird mit einem jährlichen Anstieg zwischen 1% und 3% gerechnet. Trotz der Reduktion von Ozon-Vorläufersubstanzen aus anthropogenen Quellen bleiben die Gehalte an troposphärischem Ozon gleich bzw. nehmen weiter zu (Krapfenbauer und Holtermann 1993). Der durch anthropogene Einflüsse begünstigten Ausgasung (Emanation) „natürlicher" Kohlenwasserstoffe und Stickoxide wird in diesem Zusammenhang besondere Aufmerksamkeit zuteil. Die diffuse Ausgasung von Ozon-Vorläufersubstanzen aus der Vegetation, den Böden und Gewässern hatte gegenüber den anthropogenen Emissionen der Ballungszentren erst in den achtziger Jahren zunehmende Aufmerksamkeit erhalten.

Als mögliche Ursachen des Befundes, daß der Ozongehalt der Troposphäre trotz der Reduktion anthropogener Vorläufersubstanzen teils weiter zunimmt bzw. gleichbleibt, wurden höhere „natürliche" Emissionen aus belasteten Böden und Gewässern, aus der gestressten Vegetation sowie auch solche aus Deponien, Klär- und Kompostanlagen diskutiert. Die Möglichkeit einer bis zum gegebenen Zeitpunkt nicht ausreichenden Erfassung bestimmter Bereiche bei der Quantifizierung anthropogener Emissionen ist in Erwägung zu ziehen.

Global betrachtet übersteigt die Ausgasung von Nichtmethankohlenwasserstoffen (NMKW) aus der Vegetation die gesamten anthropogenen NMKW-Emissionen. Die Wälder und bestimmte Feldfrüchte (beispielsweise Mais) zählen zu den wesentlichsten Emittenten. Die biogenen Kohlenwasserstoffe, welche Isoprene, Monoterpene und andere Nichtmethankohlenwasserstoffe einschließen, sind sehr reaktiv und deren Emanation ist von der Temperatur und der Biomasse abhängig. Mit zunehmenden mittleren Temperaturen nimmt sowohl die Ausgasung biogener Kohlenwasserstoffe als auch die Biomassebildung zu. Zwischen den NMKW-Emissionen und der Zunahme der Bevölkerung, der Ausweitung der Agrarflächen, der Intensivierung der Landwirtschaft sowie der globen

Temperaturzunahme (ingesamt einer zunehmenden Umweltbelastung entsprechend) wurde eine Verbindung hergestellt.

Die Zerstörung der stratosphärischen Ozonschicht durch Halogenkohlenwasserstoffe, Distickstoffoxid und teilweise auch Methan bedingt eine Zunahme der UV-B-Strahlung in der Troposphäre. Bei einer Abnahme des Ozongehaltes in der Stratosphäre um 1% wird mit einer Zunahme der UV-B-Strahlung um 2% gerechnet. In Toronto erhaltene Meßergebnisse zeigten, daß die UV-B-Strahlung im Wellenlängenbereich um 300 nm in den letzten Jahren im Winter jeweils um 35% und im Sommer um 7% zugenommen hat (Kerr und McElroy 1993). Der Zunahme der photochemisch wirksamen Strahlung wird gemeinsam mit einer Temperaturzunahme (zunehmender Treibhauseffekt), selbst im Falle des Gleichbleibens des Gehaltes an Vorläufersubstanzen, eine wesentliche Bedeutung bei der Erhöhung der Menge an reaktiven luft- und photochemischen Produkten beigemessen.

Über das Stickstoffdioxid wird durch die Abspaltung von atomarem Sauerstoff die troposphärische Ozonbildung gesteuert. Das dabei entstehende Stickstoffmonoxid kann durch Ozon erneut zu Stickstoffdioxid oxidiert werden. Dieser Vorgang ist als „Nullzyklus" definiert. Hydroxylradikale spielen bei luftchemischen Prozessen in der Troposphäre eine prominente Rolle. Hydroxylradikale entstehen in der Troposphäre unter anderem durch die Einwirkung von UV-Strahlung mit Wellenlängen geringer als 320 nm (UV-B-Strahlung) aus Ozon und Wasserdampf. Das Hydroxylradikal weist ein hohes Oxidationspotential auf und bildet aus Kohlenwasserstoffen Peroxidradikale. Wird das Stickstoffmonoxid wiederholt durch Peroxidradikale und nicht durch Ozon zu Stickstoffdioxid oxidiert, kommt es zu einer Zunahme der troposphärischen Ozonkonzentration. Eine vermehrte UV-B-Strahlung erhöht bei Vorhandensein ausreichender Mengen an Vorläufersubstanzen die Bildung von Oxidantien.

Ozon und andere photochemische Oxidantien, einschließlich PAN (Peroxyacetylnitrat), PPN (Peroxypropionylnitrat) und Wasserstoffperoxid, können Pflanzen schädigen. Hohe Konzentrationen an bodennahem Ozon verursachen bei sensitiven Pflanzen sichtbare Blattschäden. Ozon schädigt das Blattgewebe und kann verfrühten Blattfall induzieren. Dies führt zu einer verminderten Photosyntheseleistung, zu einem verminderten Dickenwachstum und zu einer Reduktion der Nährstoffrückhaltung im Blattwerk. Die Schwächung der Bäume erhöht deren Anfälligkeit gegenüber Insekten und pathogenen Pilzen. Für Agrarökosysteme liegen Berichte über ozonbedingte rückläufige Erträge an wichtigen Feldfrüchten, wie Weizen und Sojabohnen, ebenso vor wie Veränderungen der Zusammensetzung von Pflanzengemeinschaften (Rodhe et al. 1995).

Ozon kann die Nährstoffsituation verschlechtern, indem dieses die wasserabstoßende Wachsschicht der Blätter zerstört. Es wird angenommen, daß die Ozonexposition in Kombination mit saurem Dunst oder Nebel die Nährstoffauswaschung aus Blättern bzw. Nadeln erhöht. Der resultierende Nährstoffmangel (z.B. Mg, Ca) sollte die Photosynthese und die Biomassebildung im Laubdach und im Wurzelsystem reduzieren. Zur Nachlieferung von aus Blättern ausgewaschenen Nährstoffen aus dem Boden wird die Aufnahmeaktivität der Wurzeln angeregt. Dies führt zu einer Erhöhung des Verhältnisses H^+/Ca^{2+} und damit der Bodenacidität. Andere Autoren setzen die schädigende Wirkung des Ozons mit dessen Chlorophyllzerstörung in Beziehung (Mohnen 1988).

Nährstoffüberschuß, Nährstoffmißverhältnisse

Aus Luftverunreinigungen stammende Nährstoffe können einen wesentlichen Beitrag zur Nährstoffversorgung von Wäldern leisten. Voraussetzung ist die Fähigkeit der Bäume, diese aufzunehmen und entsprechend zu verwerten. Gemäß Ulrich (1990) überstiegen in den meisten Waldgebieten der ehemaligen BRD die Depositionsraten von Nährstoffen die jährliche Nährstoffanreicherung im oberirdischen Zuwachs an Holz.

Das Wachstum von Pflanzen wird durch den Minimumfaktor kontrolliert. Ein wesentlicher Teil des Wissens auf dem Gebiet der Pflanzenernährung basiert auf Düngeexperimenten. Düngeexperimente in Wäldern der temperaten Zone zeigten, daß N, K, P, Mg und S, einzeln oder in Kombination, das Wachstum von Waldbäumen beschränken können. Unter natürlichen Bedingungen ist Stickstoff jenes Element, welches das Wachstum von Waldbäumen am stärksten limitiert.

Pflanzen benötigen die Elemente C, O, H, N, P, S, K, Ca und Mg in größeren Mengen. Weitere, in geringen Mengen benötigte, Elemente schließen Fe, Mn, Cu, Zn, B, Mo, Cl ein. Verschiedene Arten benötigen weder die gleichen Mengen noch die gleichen Proportionen an Nährstoffen. Der Nährstoffanspruch einer Pflanze ist auch von ihrem Entwicklungszustand abhängig. Für ein optimales Wachstum ist die Verfügbarkeit der verschiedenen Nährstoffe in geeigneten Verhältnissen notwendig. N und S werden beispielsweise in Verhältnissen benötigt, welche etwa die Zusammensetzung des Pflanzenproteins reflektieren. Das entsprechende N/S-Molverhältnis wurde mit etwa 30 angegeben. Die Aufnahme eines Elementes nimmt Einfluß auf die Aufnahme anderer Elemente. Hohe Mengen an K können beispielsweise die Aufnahme von Mg hemmen. Es ist auch wesentlich, in welcher Form die Nährstoffe gegeben werden.

Stickstoffdüngeversuche ergaben oft hoch variable Ergebnisse. Abrahamsen (1980) bezog sich auf Berichte, wonach das Fehlen einer Reaktion auf N-Düngung in einigen Fällen durch ein ungenügendes Angebot an Schwefel verursacht wurde. Diese Befunde zeigten, daß mit einem niedrigen Sulfatgehalt in den Nadeln ein erhöhtes Angebot an Stickstoff nicht genutzt werden kann, da zuwenig Schwefel für die Synthese von Proteinen vorhanden ist. Ist umgekehrt Sulfat reichlich im Laub vorhanden, kann ein erhöhtes N-Angebot genutzt werden. Diese Ergebnisse zeigten, daß die Analyse des Nadelsulfats eine wertvolle diagnostische Methode für die Vorhersage der Reaktion auf eine N-Düngung darstellt. Auf das Bestehen ähnlicher Beziehung zwischen N und anderen Nährstoffen ist zu schließen. Variierende Reaktionen auf eine Düngung mit Stickstoff können dadurch erklärbar werden. Reiner S-Mangel wurde aus begrenzten Gebieten der temperaten Zone berichtet. In Gebieten mit stark verwitterten Böden, wie in den Tropen und in Regionen der nicht vergletscherten temperaten Zone, scheint S-Mangel verbreiteter zu sein.

Da in den atmosphärischen Depositionen wesentliche Mengen an N- und S-haltigen Verbindungen enthalten sind, ist eine durch N- und S-Mangel limitierte pflanzliche Produktion nicht zu erwarten. Vielmehr können Ionenungleichgewichte, unter anderem ein relatives Defizit an Mg, Ca, K, P, Zn, Mo, B, in Boden und Pflanze, limitierend wirken.

Wesentlich ist, daß die Düngung mit einem Element oder eine andere unvollständige Düngung, Mängel an anderen Elementen bedingen kann.

Insgesamt gesehen kommt eine erhöhte Deposition von Stickstoff, Schwefel und anderen als Nährstoffen wirksamen Elementen einem Eutrophierungs- oder Düngungseffekt gleich. Die erhöhte Auswaschung von Nährkationen, verursacht durch eine erhöhte Auswaschung von Sulfat und Nitrat, kommt demgegenüber einem Oligotrophierungs- oder Acidifizierungseffekt gleich.

Überhöhte Stickstoffeinträge. Unter den für das Waldwachstum essentiellen Elementen, wird dem Stickstoff die größte Bedeutung bei der Regulierung der otpimalen Produktivität beigemessen.

Die atmosphärische Deposition von Stickstoffverbindungen hat seit dem Zweiten Weltkrieg großräumig zugenommen. Stickstoffeinträge erlangten bei der Ursachenforschung der „neuartigen Waldschäden“ zunehmende Berücksichtigung. Schwedische Arbeiten zitierend, vermutete Nihlgard (1985), daß „stickstoffgesättigte Wälder nach 20 bis 25 Jahren auftreten würden, wenn sich die N-Depositionsrate im Rahmen von 30 kg/ha/Jahr bewegt“. Europaweit durchgeführte Untersuchungen zeigten, daß in großen Teilen Europas diese Niveaus erzielt werden. Die Depositionen von Stickstoffverbindungen erreichen lokal bereits eine Größenordnung von 50 kg Reinstickstoff pro Hektar und Jahr. Kritische Einträge sind standortabhängig. In Abhängigkeit vom Standort können bereits 5 kg/ha/Jahr kritisch sein. Die Größenordnung der jährlichen Stickstoffdeposition in europäischen Wäldern wird mit 0.5 bis 2.5 Millionen Tonnen angegeben (Kauppi et al. 1992).

Zur Umsetzung von Immissions- bzw. auch von Düngerstickstoff in Böden besteht Forschungsbedarf. Wesentlich ist, daß bei Überschreitung der Stickstoffaufnahmefähigkeit des Bodens Stickstoffverluste durch Ausgasung bzw. durch Auswaschung auftreten. Es kann sich auf diese Weise eine cyclische Dynamik von Eintrag, Ausgasung, gegebenfalls atmosphärischer Umwandlung und erneutem Eintrag ergeben.

Die sich aus der Zunahme von N-Depositionen ergebende Protonenbelastung des Bodens ist von der Menge des eingetragenen Ammoniums, dessen Nitrifikation sowie von Stickstoffverlusten in Form von Nitrat mit dem Sickerwasser abhängig. Durch Nitratauswaschung verursachte Kationenverluste (K, Ca, Mg) wurden bereits diskutiert. Für viele kontaminierte Gebiete (z.B. in Holland) wird der für Trinkwasser gültige Grenzwert für Nitrat überschritten (Rodhe et al. 1995). In solchen Fällen enthält das Wasser auch oft hohe Aluminiumkonzentrationen.

Die pflanzliche und mikrobielle Biomasse sowie die Streu und generell die organische Bodensubstanz sind Senken für Immissionsstickstoff. Eine Immobilisierung des Stickstoffs kann erwartet werden, wenn die Organismen durch Stickstoff beschränkt werden. Werden diese durch andere Faktoren als Stickstoff beschränkt, können dem System größere Mengen an Stickstoff durch Auswaschung und Verflüchtigung verloren gehen. Es gibt eine Diskussion darüber, ob eine erhöhte N-Deposition zu einer Erhöhung bzw. Erniedrigung der Stickstoffnettomineralisierung in Böden führt. Langzeitversuche zur Humusanreicherung im Solling (Deutschland) zeigten eine signifikante Verzögerung des Abbaus und eine Anreicherung von Stickstoff in der organischen Auflage von reifen Standorten mit hohem Stickstoffeintrag (Matzner und Murach 1995). Auch zeigen rückläufige C/N-Verhältnisse in Deutschland und anderen Ländern, daß der organische Stickstoffpool des Bodens eine wesentliche Senke für Immissionsstickstoff darstellt. Der Anreicherung von Ammonium in austauschbarer Form, bzw. festgelegt in Tonmineralien, wird hingegen eine geringere Bedeutung als Langzeitsenke in Waldböden beigemessen.

Schädigende Effekte eines Überschusses an Stickstoff wurden diskutiert (z.B. Nihlgard 1985; Hinrichsen 1986; Mohnen 1988; Matzner und Murach 1995). Solche können einschließen:

- Steigerung des Wachstums bei erhöhtem Bedarf an anderen Nährstoffen
- Veränderung des Wurzel-Sproß Verhältnisses
- Schädigung der Mykorrhiza
- Erhöhung der Anfälligkeit gegenüber Trockenheit, Frost, Wind und Schadorganismen
- Veränderungen der Dynamik von Stickstofftransformationen im Boden (Nitrifikation, Denitrifikation, N_2-Fixierung)
- Veränderung der Zusammensetzung von Pflanzengesellschaften (v.a. solcher, die an stickstoffarme Standorte angepaßt sind)

Experimentelle Befunde geben Hinweise darauf, daß bei einer überhöhten Verfügbarkeit von Stickstoff dieser von den Bäumen aufgenommen wird. Der Bedarf an anderen Nährstoffen nimmt dadurch proportional zu. Sind diese Nährstoffe nicht entsprechend verfügbar, wird die normale Physiologie der Bäume gestört.

Einem Konzept entsprechend besteht der Mechanismus der Zerstörung darin, daß überschüssiger N die Wachstumsperiode der Bäume verlängert, so daß die Bäume nicht ausreichend Zeit haben, sich auf den Winter vorzubereiten (Verholzungsprozeß). Die sichtbaren Symptome der Schädigung schließen die rotbraune Verfärbung der Nadeln und den Nadelverlust im Frühjahr ein. Im Herbst wird, indem sich der Baum auf den winterlichen Frost vorbereitet, den Nadeln Wasser entzogen. Das Signal für diese Vorbereitung auf den Frost kommt von den Wurzeln, welche weniger stickstoffhaltige Nährstoffe liefern (Mohnen 1988). Über geschädigte Nadeln eindringende N-Verbindungen können den Baum düngen und damit das Signal für die Vorbereitung auf den Frost überdecken.

Düngeversuche zeigten die Reduktion der Feinwurzelbiomasse relativ zur Sproßbiomasse im Gefolge von N-Einträgen. Dies führte zur Aufstellung der Hypothese, daß permanente N-Deposition die Feinwurzelbiomasse und die Wurzellänge reduziert.

Veränderungen des Wurzelsystems erhöhen die Anfälligkeit der Bäume gegenüber Trockenheit und Stürmen. Die erhöhte Sensibilität gegenüber Trockenheit gilt als ein Hauptgrund für die in Schadensgebieten zu beobachtenden Nadel- und Blattverluste.

Bezüglich der direkten Aufnahme von Stickstoffverbindungen über Blätter konnte beobachtet werden, daß es bei der Einwirkung von schadstoffbelastetem Nebel-, Rauhreif-, Reif- und Tauwasser zur Zerstörung epicuticulärer Wachsstrukturen an Nadeln und Blättern kommt. Niederschläge mit hohen Gehalten an pflanzenverfügbaren Stickstoffverbindungen können über die geschädigte Cuticula verstärkt mit dem Blattinneren reagieren, und das Mengenverhältnis einzelner Nährstoffe zueinander verändern (Glatzel et al. 1987). Durch die geschädigte Cuticula können aus dem Nadelinneren vermehrt Nährstoffe gegen Protonen oder Ammoniumionen getauscht und als Salze von den Blättern abgewaschen werden. Davon sind vor allem Mg, K, Mn und Zn betroffen.

Eine weitere Hypothese geht davon aus, daß Ammonium die Wurzelaufnahme von N in sauren temperaten Wäldern dominiert. Gasförmiges Ammoniak kann auch durch die Spaltöffnungen direkt aus der Atmosphäre aufgenommen werden. Es wird angenommen, daß die direkte Aufnahme von Ammoniumpartikeln (als Ammoniumsulfat) über die Stomata erfolgt. Dabei können Blattschäden, wie verminderter Blattwiderstand, Blattchlorose, Nekrose und Turgorverlust, auftreten (Nihlgard 1985). Entsprechend der Ammoniumhypothese kommen die in der Folge angeführten Effekte zur Ausprägung, wenn Stickstoff im Boden oder in den Blättern relativ zu Wasser und Nährstoffen wie, Mg, K, P und Mo, welche für die Ammoniumassimilation und die Proteinsynthese benötigt werden, „übersättigt“ vorliegt.

Demgemäß erhöht der im Überschuß aufgenommene Stickstoff die Produktivität der Bäume anfänglich. Die Pflanzen wachsen rasch und bilden große Zellen. Deren Anfälligkeit gegenüber anderen Luftschadstoffen, Frost und biologischen Feinden wird jedoch erhöht. Erhöhte Gehalte an Blattstickstoff verursachen einen Rückgang der Frosthärte und erhöhen die Anfälligkeit gegenüber Angriffen von Insekten, Pilzen, Bakterien und Viren. Die zusätzliche Aufnahme von Stickstoff führt zu einer Zunahme der Kohlenhydratbildung. Unter Verbrauch löslicher Kohlenhydrate wird der aufgenommene N in Amine oder Amide überführt. Stickstoffverbindungen von Nichtproteinnatur nehmen zu. Stickstoffverbindungen von Nichtproteinnatur und H^+-Ionen werden in den Blättern gemeinsam mit einer steigenden Menge an Abfallprodukten der Assimilation angereichert. Diese Stoffe können während Trockenperioden nicht ausgeschieden werden. Ein entsprechender Entgiftungsmechanismus besteht im Abwurf der Blätter. Durch die Reduktion der Menge an löslichen Kohlenhydraten wird das Wurzelwachstum reduziert und die Frosthärte der Bäume beeinträchtigt. Auch können Mykorrhizafunktionen unter einem Stickstoffüberschuß und einem rückläufigen Angebot an Kohlenhydraten leiden. Eine Verschlechterung der Phosphorversorgung der Pflanzen kann damit verbunden sein. Die Sensibilität von Bäumen gegenüber Trockenheit und Stürmen wird durch ein geschwächtes Wurzelsystem erhöht. Die im Zuge der Ammoniumaufnahme erfolgende Freisetzung von Protonen in den Boden leistet einen Beitrag zur Bodenacidifizierung und fördert damit die Auswaschung von Mg, Ca und K aus dem oberen Bodenbereich. Da hohe Ammoniumkonzentrationen mit der Aufnahme von Mg konkurrieren, wird die relative Mg-Defizienz verstärkt. In versauerten Böden nimmt die Verfügbarkeit von Molybdän, welches für die Nitratreduktion benötigt wird, ab. Die Phosphoraufnahme kann, wie bereits angeführt, aufgrund gestörter Mykorrhizafunktionen und ebenso durch die Präzipitation des Phosphats als Al-Phosphat zurückgehen.

Veränderungen in den Pflanzengemeinschaften vieler Ökosysteme wurden, bezogen auf europäische Verhältnisse, hauptsächlich mit der zunehmenden N-Deposition in Beziehung gesetzt. Die Funktion und Stabilität von sensitiven Ökosystemen (z.B. Heideland) wird durch den Düngereffekt von N-Depositionen verändert (Rodhe et al. 1995). Der erhöhte Stickstoffeintrag modifiziert die Wettbewerbssituation und fördert die Veränderung der Zusammensetzung der Organismengemeinschaft (z.B. Kuhn et al. 1987; Falkengren-Grerup 1989).

Organische Stoffe

Dieses Konzept postuliert, daß durch anthropogene Aktivitäten freigesetzte organische Verbindungen bzw. deren reaktive Umwandlungsprodukte ein Teil der an Waldbäumen zu beobachtenden Schäden verursacht werden kann. Zu den im Zusammenhang mit Schäden an Forstpflanzen am besten untersuchten flüchtigen organischen Verbindungen zählen Ethen, PAN (Peroxyacetylnitrat), C_1- und C_2-Chlorkohlenwasserstoffe und Halogenessigsäuren (Smidt et al. 1995). Von besonderem Interesse sind Stoffe, welche als Herbizide eingesetzt werden oder in herbizid wirkende Stoffe umgewandelt werden. So kann die als Herbizid eingeführte Trichloressigsäure durch photochemische Umwandlung aus C_2-Chlorkohlenwasserstoffen entstehen.

Seit Ende der siebziger Jahre konnte beobachtet werden, daß Koniferen in Bergwäldern Mitteleuropas und Nordamerikas ungewöhnlich früh die Nadeln abwarfen. Weitere auffällige Erscheinungen waren die Bildung von Angsttrieben, von Nekrosen an lichtexponierten Blättern von Buchen und Eichen sowie auch die ungewöhnlich häufige Fruchtbildung bei Buchen.

Die Tatsache, daß die stärksten Schäden zuerst in Mittelgebirgswäldern und sogenannten „Reinluftgebieten“ auftraten, legte die Beteiligung anthropogener Luftschadstoffe mit relativ hoher Stabilität und weiter Verfrachtbarkeit in der Atmosphäre nahe (Frank 1989, 1991). Nadelverluste in vermeintlich relativ gering schadstoffbelasteten Bergwäldern und das Auftreten von ähnlichen Symptomen in Mitteleuropa und Nordamerika, ließen die Involvierung organischer Schadstoffe oder sekundärer Luftschadstoffe annehmen. Die in größeren Höhen höhere Strahlungsintensität bzw. höhere Konzentration an reaktiven atmosphärischen Spurenverbindungen, kann die Bildung phytotoxischer sekundärer Luftschadstoffe fördern.

Die Toxizität vieler organischer Fremdstoffe beruht auf der Bildung reaktionsfähiger Produkte. Photochemische Vorgänge können einen wesentlichen Beitrag zum Auftreten toxischer organischer Spezies leisten (Harley und Cass 1994). Das phytotoxische Prinzip kann deshalb eine sekundäre Luftverunreinigung sein, welche als Reaktionsprodukt eines primären anthropogenen Fremdstoffes mit einem atmosphärischen Spurenbestandteil entsteht.

Die mögliche Beteiligung sekundärer Luftverunreinigungen am Auftreten von Waldschäden wird durch die Beobachtung gestützt, daß die Nadelverluste mit zunehmender Höhenlage stärker werden. Höhenabhängige atmosphärisch-physikalische Faktoren oder atmosphärisch-chemische Reaktionspartner können mit steigender Höhenlage die Bildung des letztlich pflanzenschädigenden Stoffes begünstigen.

Die ökologische Relevanz einer Reihe halogenierter Kohlenwasserstoffe konnte in den letzten Jahren erkannt werden. Den verbreitet auftretenden C_1- und C_2-Chlorkohlenwasserstoffen – Trichlormethan, Tetrachlormethan, Trichlorethen und Tetrachlorethen – kommt als Luftschadstoffen besondere Bedeutung zu. Das physikalisch-chemische Verhalten dieser Verbindungen, vor allem deren Flüchtigkeit, begünstigt ihre Anreicherung in der Atmosphäre. Seit den frühen siebziger Jahren konnten kontinuierliche Zunahmen der globalen Hintergrundkonzentration dieser Verbindungen dokumentiert werden (Frank 1991). Die Verbreitung von Tetrachlorethen ist in den Breiten der Industrieländer am höchsten. Die relativ hohe Belastung mitteleuropäischer „Reinluftgebiete" konnte an Hand von Vergleichen der atmosphärischen Gehalte im Schwarzwald mit jenen der Atlantikküste Portugals oder Madeiras gezeigt werden. Werte bis zu 8.3 $\mu g/m^3$ konnten für den Schwarzwald angegeben werden. Die in „Reinluftgebieten" gemessenen Konzentrationen dieser, durch anthropogene Aktivitäten emittierten, Verunreinigungen stellen eine qualitativ neue Situation dar.

Die potentielle Phytotoxizität organischer Fremdstoffe steht mit ihrer häufig hohen Lipophilie, ihrer leichten Aufnahme über Zellmembranen sowie mit verschiedenen Möglichkeiten ihrer Umwandlung zu reaktiven Intermediaten in Beziehung.

Photochemische atmosphärische Umsetzungen von Chlorkohlenwasserstoffen verlaufen unter Beteiligung vielfältiger reaktiver, radikalischer Produkte. So kann Tetrachlorethen durch photochemische Umsetzung letzlich zu TCA (Trichloressigsäure) umgewandelt werden. Letztere wurde in Fichtennadeln von Bergwäldern in Konzentrationen von 10–100 ppb gefunden. Während die Gegenwart von TCA in relativ unkontaminierten Gebieten bestätigt werden konnte, steht die Quantifizierung der relativen Bedeutung verschiedener atmosphärisch-chemischer Wege zu ihrer Bildung noch aus. Die bekannten phytotoxischen Eigenschaften von TCA wurden im Zusammenhang mit einer Reihe von an Waldbäumen auftretenden Symptomen diskutiert (Frank 1989). Beispiele sind Chlorosen und Nekrosen von Blattsprossen. Die bei niedrigen Konzentrationen wachstumsfördende Wirkung wurde mit der Ausbildung von „Angsttrieben" und Sproßdeformationen in Beziehung gesetzt. Während deren fungizide und bakterizide Wirkung an Feinwurzel- und Mykorrhizaschäden beteiligt sein könnte.

Phytotoxische Effekte luftbürtiger Halogenkohlenwasserstoffe können auch durch die Beschleunigung der UV-induzierten Zerstörung von photosynthetisch aktiven Pigmenten wirksam werden. Chlorierte C_2-Kohlenwasserstoffe zeigen die Tendenz zur passiven Diffusion durch epicuticuläre Wachse und werden in der Lipidmatrix von Blättern und Nadeln angereichert. Ein effizienter Abbau photosynthetischer Pigmente konnte beobachtet werden, wenn Koniferen oder Laubbäume Tetrachlorethenkonzentrationen ausgesetzt wurden, welche etwa dem Zehnfachen des Umgebungsgehaltes entsprachen, und zusätzlich starkem Sonnenlicht ausgesetzt wurden. Für andere Halogenkohlenwasserstoffe konnten ähnliche Effekte angegeben werden, wobei sich der Abbau mit kurzwelligem Licht als höher erwies.

Neben einer direkten Wirkung auf die Pflanze können organische Fremdstoffe die Vitalität der Bäume auch indirekt, über die Veränderung biologischer und nichtbiologischer Bodenparameter, beeinträchtigen.

Waldökosysteme können aufgrund ihrer hohen Filteraktivität stark mit organischen Fremdstoffen belastet werden. In einem Buchen- und einem Fichtenwaldökosystem konnten in der organischen Auflage hohe Gehalte an polycyclischen aromatischen Kohlenwasserstoffen nachgewiesen werden. Im Fichtenbestand wurden höhere Gehalte und Vorräte an PAK bestimmt als im Buchenbestand (Matzner et al. 1981; Matzner 1984). Auch war für verschiedene PAK die Rate der Interzeption signifikant unterschiedlich.

Zur Wirkung von in Waldböden eingetragenen organischen Fremdstoffen auf Pflanzen und die Bodenbiologie ist noch Forschung nötig.

Schwermetalldeposition

Schwermetalle können beim Zusammenwirken mit anderen Schadstoffen multiplen Stress auf Waldökosysteme ausüben.

Analog zu anderen Einflußfaktoren, können Schwermetalle Pflanzen sowohl direkt als auch indirekt schädigen. Indirekte Mechanismen der Schädigung stehen mit metallinduzierten Veränderungen biologischer und nichtbiologischer Bodeneigenschaften in Beziehung. Eine metallbedingte Hemmung des Streuabbaus hemmt die Nachlieferung von Nährstoffen für die pflanzliche Produktion und verschlechtert strukturelle Bodeneigenschaften.

Bezogen auf das Schwermetall Blei geben Studien der US Environmental Protection Agency Hinweise darauf, daß dieses in Konzentrationen zwischen 2 und 10 µg/g das Wurzelwachstum und die Wurzelelongation im Boden hemmt. Organische Bleiverbindungen können gegenüber anorganischen Bleispezies eine bis zu 100fach höhere Toxizität aufweisen. Den Trialkylbleisalzen, vor allem den Salzen des Triethylblei, wird hohe Toxizität zugeschrieben. Trialkylbleiverbindungen weisen einen lipophilen Charakter auf und vermögen Zellmembranen zu passieren. Da solche Verbindungen von den terpenhaltigen Blattorganen der Fichten und Tannen sehr rasch aufgenommen werden können, wurden diese als eine der möglichen Ursachen für Waldschäden diskutiert (Faulstich und Stournaras 1984).

Beispiele für massive nachteilige Wirkungen von Metallimmissionen auf Pflanzen wurden auch in Kapitel 1 dieses Bandes berücksichtigt.

Globale Erwärmung (zunehmender Treibhauseffekt)

Die Veränderung der Zusammensetzung der Atmosphäre stellt auch über einen globalen Klimawandel (zunehmender Treibhauseffekt) eine Belastung für Waldökosysteme dar. In der Zunahme der sogenannten treibhauseffektiven Gase Kohlendioxid, Kohlenmonoxid, troposphärisches Ozon, Distickstoffoxid, halogenierte Kohlenwasserstoffe, Methan und Wasserdampf in der Atmosphäre wird die Ursache für die globale Erwärmung gesehen. In der letzten Dekade konnte eine Häufung von Jahren mit hohen mittleren globalen Temperaturen beobachtet werden, wobei keine Beziehung zu einer erhöhten Sonnenaktivität bestand. Bei einer Verdoppelung des für das Jahr 1800 angegebenen Kohlendioxidgehaltes von 275 ppm, berechnet als Äquivalent aus den angeführten Gasen, wird mit einer Erhöhung der mittleren globalen Temperatur um 2.5°C gerechnet (Krapfenbauer 1994). Die Verdoppelung, unter Berücksichtigung der übrigen Gase, auf 550 ppm wird um das Jahr 2020 erwartet. Zur Zeit liegt der äquivalente Gehalt bei etwa 415 ppm.

Klimamodelle lassen die Berechnung zu, daß, sofern der gegenwärtige Trend hinsichtlich des Ausstoßes von Treibhausgasen anhält, sich die Erwärmung im Verlauf des nächsten Jahrhunderts pro Jahrzehnt auf etwa 0.3°C belaufen könnte.

Für die Baumarten bedeutet eine globale Erwärmung die Verschiebung der Verbreitungsgebiete. Eine Zunahme der Temperatur um 0.6°C würde die unteren Verbreitungsgrenzen der Baumarten um 100 Höhenmeter ansteigen lassen. Die entsprechende Verschiebung in der Vertikalen (zunehmende nördliche Breite) wurde mit 70 km angegeben. Dies bedeutet, daß bestimmte Baumarten aus weiten Teilen ihres zunächst vorgegebenen Verbreitungsgebietes verdrängt werden. Zusätzlich zum klimatischen Stress läßt ein durch die globale Erwärmung zu ungunsten der Bäume, gestörtes Gleichgewicht zwischen Produzenten und Zersetzern (gesteigerte Populationsdichte) eine Abnahme der Vitalität der Bäume erwarten. Die Zunahme von Krankheiten und von Schädlingsbefällen wird vor allem im unteren Grenzbereich der Verbreitung der Baumarten erwartet.

Vorhergesagte Klimaveränderungen und das gehäufte Auftreten extremer Klimaschwankungen können die durch andere ungünstige Standortfaktoren, wie Versauerung, Nährstoffmangel, Metalltoxizität, Oxidantien, bedingten Belastungssituationen für Bäume verschärfen.

Epidemische Krankheiten

Diese Hypothese wurde aufgrund einer lokal zu beobachtenden Gegenläufigkeit im Auftreten von Emissionen (SO_2) und Baumkrankheiten erneut diskutiert (Kandler 1983). Demzufolge handelt es sich bei der Erkrankung von Waldbäumen nicht um eine „Komplexkrankheit" im Sinne einer primären Schädigung durch das Zusammenwirken von Emissionen und natürlich in der Atmosphäre auftretenden Stoffen, sondern um eine epidemische Erkrankung. Diese Erkrankung sollte durch bestimmte, wenngleich auch für die Mehrzahl der mitteleuropäischen Waldbäume noch nicht identifizierten Krankheitserreger, verusacht werden. Emissionen würden demzufolge nur einen mehr oder minder starken modifizierenden Einfluß auf die Befallsbereitschaft der Bäume bzw. auf die Ausprägung und die Verbreitung der Krankheit ausüben.

Verringerung der Biodiversität

Waldrückgang – Vergleich zwischen pazifischen Regionen und Mitteleuropa. In Mitteleuropa wird das „Waldsterben" meist mit anthropogenen Faktoren in Beziehung gesetzt. In mehreren Wäldern des pazifischen Raumes, deren vollkommene Unbeeinflussung von industrieller Kontamination vorausgesetzt wird, treten ebenfalls Fälle von signifikanten Waldrückgängen auf. Letztere stehen mit natürlichen Faktoren in Beziehung. Entsprechende Faktorenkomplexe schließen vereinfachte Diversität des Bestandes, natürliche Alterung, edaphische Extreme (z.B. zu starke Dränage, Nährstoffmangel), klimatische Extreme, Erdbeben und biologische Größen, wie Pathogene und Schädlinge, ein (Müller-Dombois 1992). Die fünf erstgenannten Faktoren gelten als natürliche prädispionierende Faktoren für Bestandesniedergänge. An europäischen Standorten gegebene ähnliche Faktoren können der Interpretation von in Europa auftretenden Waldschäden dienlich sein. Parallelen werden vor allem in der biologischen Verarmung und in Klimaveränderungen gesehen. Während die relative biologische „Armut" in pazifischen Wäldern natürlichen Ursprungs ist (geographische Isolation von Inseln und Bergregionen), wird diese in Europa durch die Selektion ökonomisch wichtiger Holzarten (z.B. *Picea abies*) bewirkt. *Picea abies* wird beispielsweise auch an Standorten ausgepflanzt, welche nicht dem natürlichen entsprechen. Bewirtschaftungsmaßnahmen und deren Bedeutung für die Stabilität von Waldökosystemen wurden von Ulrich umfassend diskutiert. Mit der Zunahme treibhauseffektiver Gase werden Klimaveränderungen, bzw. eine Verstärkung klimatischer Extreme, vorhergesagt. Klimatische Störungen gelten als wichtige Beschleuniger von Schäden in Fichtenbeständen Europas.

Schädigung der Bodenbiologie

Die biologische Komponente der Bodenqualität kann durch Schadstoffe sowohl direkt als auch indirekt, über Veränderungen an der Vegetation und von chemischen und physikalischen Bodeneigenschaften nachteilig beeinflußt werden. Für die Erhaltung eines funktionsfähigen Boden-Pflanzensystems wichtige, durch Organismen vermittelte Funktionen können ernst beeinträchtigt werden. Bodenmikroorganismen sind Schlüsselgrößen in biogeochemischen Kreisläufen und damit von primärer Bedeutung für die Erhaltung der Fruchtbarkeit terrestrischer Ökosysteme. Wichtige Funktionen sind z.B. die vorübergehende Speicherung von leicht verfügbaren Nährstoffen in Form von Biomasse, die mit dem Streuabbau verbundene Nachlieferung von Nährstoffen für die Primärproduktion, die Mobilisierung anorganischer Nährstoffquellen sowie symbiontische Beziehungen. Wesentlich ist auch die fördernde und erhaltende Wirkung auf die Bodenstruktur. Einflüsse, welche mikrobielle Parameter im Boden verändern, sind deshalb für die Produktivität von Wäldern von essentieller Bedeutung. Sowohl gehemmte als auch stimulierte mikrobielle Prozesse müssen kritisch betrachtet werden. Standort- und prozessabhängig, können auch schadstoffinduzierte Stimulierungen mikrobieller Prozesse nachteilige Wirkungen für das System haben (z.B. Humusvorratsabbau).

Arbeiten zur Beeinflussung bodenmikrobiologischer und -enzymatischer Parameter durch schwefel- und stickstoffhaltige Luftschadstoffe werden in einem eigenen Kapitel behandelt.

Erhöhtes Waldwachstum

Erhebungen in Mitteleuropa zeigten, daß das Anfang der achtziger Jahre vorhergesagte weitverbreitete und schrittweise zunehmende Auftreten von Waldschäden nicht unterstützt werden kann (Kandler und Innes 1995). Auf breiter Basis zeigte sich das Waldwachstum in den achtziger Jahren erhöht (Rodhe et al. 1995). Berichte über die negative Beeinflussung großer Waldregionen durch (bekannte) Luftschadstoffe liegen nicht vor. Die Ergebnisse zeigen ein komplexes Muster von regionalen und artspezifischen Rückgängen und Zuwächsen. Bezogen auf Deutschland, konnte die Entwicklung des Blattverlustes in verschiedenen Regionen und für jede Hauptbaumart (Eiche, Buche, Fichte, Kiefer) als unterschiedlich angegeben werden.

Die möglichen Ursachen für ein erhöhtes Waldwachstum werden diskutiert und erfordern noch weitere Forschungsanstrengungen. Als mögliche Ursachen werden Stickstoffeinträge, Zunahmen der Temperatur, des Niederschlags und der Kohlendioxidkonzentration in der Atmosphäre diskutiert. Entsprechend Kauppi et al. (1992) nahm die Kohlendioxidkonzentration der Luft im Zeitraum 1971 bis 1990 um etwa 9% zu.

Die an vielen Standorten im Mitteleuropa zu beobachtende Zunahme des Wachstums und die Hypothesen zur Schädigung von Wäldern durch Bodenversauerung und Stickstoffüberschuß stehen in einem scheinbaren Widerspruch. Dieser Widerspruch kann bei standortspezifischer Betrachtung der Verhältnisse aufgelöst werden. Es ist möglich, daß an Standorten mit geringem Säurestress und ansonsten noch günstigen Standortbedingungen (geeignete Wasser- und Nährstoffversorgung), das erhöhte Stickstoffangebot zu einem erhöhten Baumwachstum führt. Die Zunahme des oberirdischen Wachstums steht in Übereinstimmung mit dem Befund, daß durch eine hohe Stickstoffverfügbarkeit das Sproßwachstum relativ zum

Wurzelwachstum gefördert wird (Matzner und Murach 1995). Das zunehmende Wachstum kann jedoch destabilisierend wirken (Trockenheit, Windwurf).

Biochemische Indikation und Waldschadenserhebung

Bioindikatoruntersuchungen können von verschiedenen Niveaus ausgehen. Solche Niveaus schließen Zellen, Organismen, Populationen, Gemeinschaften und Ökosysteme ein. Bisher durchgeführte Waldschadenserhebungen basieren weitgehend auf sichtbaren Symptomen wie Verlust von Blättern bzw. Nadeln und Vergilbung.

Biochemische Indikation bezieht sich auf Vorgänge auf zellulärem Niveau. Die Vorteile einer solchen Annäherung werden darin gesehen, daß biochemische bzw. physiologische Veränderungen in Reaktion auf Stress erkannt werden können, bevor der Organismus sichtbare Symptome einer Stresseinwirkung trägt.

In Arbeiten, in welchen biochemische Kriterien zur Diagnose von Schäden an *Picea abies* gefunden werden sollten, wurden 43 Standorte in Deutschland, welche nur mäßige Schäden aufwiesen, berücksichtigt (Richter et al. 1996). Der Gehalt der Fichtennadeln an methanollöslichen phenolischen Verbindungen diente als Kriterium. Die erhaltenen Befunde gaben Hinweise auf eine erhöhte Biosynthese von phenolischen Verbindungen in Reaktion auf Stress. Die Konzentrationen der meisten Hauptverbindungen – vor allem Katechin – korrelierten positiv mit dem Nadelverlust und der Meereshöhe des Standortes. Eine Unterscheidung zwischen Bäumen jünger und älter als 60 Jahre war notwendig. Für jüngere Bäume konnte eine höhere Korrelation zwischen der Zunahme der untersuchten phenolischen Verbindungen und dem Nadelverlust bzw. der Schadensklasse nachgewiesen werden.

2.4 Walddüngung und Waldkalkung

2.4.1 Zielsetzung und eingesetzte Materialien

Eine Reihe von Faktoren werden mit den in verschiedenen Teilen der Erde zu beobachtenden Waldschäden in Beziehung gesetzt. Zu diesen zählen auch die versauerungsbedingte intensivere Verwitterung von Mineralien, die Auswaschung von basischen Nährkationen, die Mobilisierung von toxischen Schwermetallen und von Aluminium, die Festlegung der Nährstoffe Molybdän und Phosphor, ungünstige Nährstoffverhältnisse und die Überdüngung der Wälder, vor allem mit Immissionsstickstoff.

Veränderungen des Nährstoffhaushaltes werden in geschädigten Waldbeständen Europas sowie Kanadas, Chinas und den USA beobachtet. Es besteht Übereinstimmung darin, daß die verschiedenen Formen des Waldrückganges mit Nährstoffdefizienzen in Beziehung stehen. Saure Depositionen fördern Nährstoffverluste aus Baumkronen und beschleunigen den, mit dem Verlust an basischen Kationen verbundenen, Prozeß der Bodenversauerung.

An stickstoffarmen Standorten, wie diese für große Waldregionen in der kühltemperaten und borealen Zone typisch sind, kann der Eintrag von Stickstoff über die Atmosphäre anfänglich zu einer verbesserten Waldproduktivität führen. Standortabhängig können N-Depositionen zu einem früheren oder späteren Zeitpunkt Nährstoffmangelsituationen bzw. -ungleichgewichte induzieren bzw. verschärfen. Es ist möglich, daß neben erhöhten N-Depositionen auch zunehmende atmosphärische CO_2-Konzentrationen relative Nährstoffmängel in Waldökosystemen zu induzieren vermögen.

Durch Depositionen und Bewirtschaftungsmaßnahmen bedingte Veränderungen von Bodeneigenschaften, wie erniedrigte pH-Werte, ungünstige Nährstoffverhältnisse und toxische Metallkonzentrationen, begünstigen die Anreicherung von organischer Substanz durch die Beschränkung der Aktivität von Bodenmikroorganismen und -tieren. Die Nachlieferung pflanzenverfügbarer Nährstoffe wird dadurch verlangsamt. Es bestehen deshalb Bestrebungen, durch Meliorationsmaßnahmen mit Kalk und speziellen Düngemitteln ungünstige Verhältnisse aufzuheben und die Nährstoffkreisläufe mäßig anzuregen.

Durch Dünge- und Kalkungsmaßnahmen sollen die Lebensbedingungen in der organischen Auflage und im Mineralboden verbessert werden. Durch die Applikation von Kalkungs- und Düngemitteln kann der mit zunehmender Versauerung des Bodens einhergehenden Veränderung von Bodeneigenschaften, wie Reduktion der Basensättigung in der organischen Auflage und im Mineralboden sowie Reduktion der mobilisierbaren Nährstoffvorräte, entgegengewirkt werden.

Es ist zu berücksichtigen, daß unter bestimmten klimatischen Verhältnissen und begünstigt durch das anstehende Gestein, auch natürlich saure Böden auftreten. Die Bodenversauerung ist ein im humiden Klimabereich kontinuierlich ablaufender Prozeß. Im Klimabereich zwischen der arktischen und der südlich anschließenden gemäßigt warmen, humiden Zone ist das Auftreten natürlich saurer Böden (pH-Werte auch unter 5) eine typische Erscheinung. In diesem auch als Podsolregion bezeichneten Gebiet treten Böden auf, in welchen Podsolierung stattfindet. Dieser Vorgang besteht im wesentlichen darin, daß nach der Entbasung des Bodens im Zustand der starken Versauerung eine vertikale Verlagerung von Al, Fe, Kieselsäure und organischer Substanz im Profil erfolgt. Die Humusform Rohhumus ist neben einer starken Versauerung eine wesentliche Eigenschaft solcher Böden. Basenarme, quarzreiche Ausgangsgesteine begünstigen die

Ausbildung von Podsolen. Bei Anstehen solcher Gesteine ist die Bildung von Podsolen auch in der gemäßigt warmen, humiden Region möglich. Es können auch Übergangstypen zu Parabraunerden und Pseudogleyen gefunden werden. An montanen, subalpinen und alpinen Standorten der borealen Region häufig gefundene Rohhumusböden und Pseudogleye sind auch die Voraussetzung für die dort charakteristischen und schützenswerten Vegetationsformen.

Die intensive Verwitterung und maximale Auswaschung basischer Kationen steht auch mit der weiten Verbreitung saurer Böden in den humiden Tropen in Beziehung.

Waldbodenmeliorationen an natürlich sauren Standorten sind problematisch, da solche den raschen Abbau des Rohhumus fördern. Organische Substanzverluste sind unter anderem mit einer Verringerung des Wasserhaltevermögens gepaart und begünstigen in alpinen und subalpinen Regionen das Auftreten von Erosionen und Murenabgängen.

Meliorationsmaßnahmen

Die Bodenreaktion kann durch das Zusammenwirken von erhöhtem Eintrag an atmosphärischen Säurebildnern und von bodeninterner Säureproduktion in stark saure Bereiche verschoben werden. Zur Reduktion der Acidität von Waldböden wird neben der Applikation von basisch wirkenden Stoffen auch die Möglichkeit des Ersatzes von Koniferenwäldern durch Laubwälder und die Reduktion des Biomasseexportes aus dem Wald diskutiert (Meiwes 1995). In Laubwäldern ist die trockene Deposition geringer als in Koniferenwäldern.

In Mitteleuropa ist die Kalkung die häufigste Maßnahme zur Reduktion der Bodenacidität. Zur Verringerung der Versauerung werden in Europa mehr als eine Million Hektar Wald wiederholt mit Kalkstein und/oder Dünger versehen (Rohde et al. 1995).

Die Anwendung basischer Substanzen ist notwendig, wenn für Organismen das Risiko der Säuretoxizität besteht und Nährstoffmängel auftreten. Der Elementgehalt von Blättern und Nadeln dient als ein Indikator für das Nährstoffangebot der Pflanzen. Das Ca/Al-Verhältnis oder das Ca + Mg + K/Al-Verhältnis in Wurzeln und im Boden gilt als ein Indikator für das Risiko der Aluminiumtoxizität. Die aktuelle Basensättigung und die Kationenaustauschkapazität werden zur Abschätzung des Kalkerfordernisses herangezogen. Gemäß Meiwes (1995) sollten Böden mit einer Basensättigung < 15% gekalkt werden.

Zum Zwecke der Kompensation des Säureeintrages, der Erhöhung der Basensättigung und der Behebung versauerungsbedingter Ernährungsstö rungen wurden verschiedene Kalkungs- und Düngemittel diskutiert. Diese schließen ein:

- als Basen Carbonate und Silikate, im wesentlichen gemahlene Kalksteine, Dolomite, Basalte und andere quarzarme Gesteine
- Mineraldünger (NPK, Spurenelementdünger)
- organische Dünger
- Holzasche

Verschiedene Kalkdünger – $CaCO_3$, $Ca(OH)_2$, CaO, $Ca_2(SiO_4)$ – erwiesen sich für Zwecke der Erhöhung des pH als weitgehend gleichwertig. Basische Stoffe können durch die Fähigkeit zur Neutralisierung von Säure bzw. auch durch den Gehalt an Nährstoffen charakterisiert werden. Schwermetallgehalte können ebenfalls relevant sein.

Bei der Kompensationskalkung kommen carbonatische und silikatische magnesiumhaltige Kalke zur Anwendung. Diese sollten mit Phosphat angereichert sein (Ulrich 1986b). Die Kalkungsmittel werden flächig aufgebracht und nicht eingearbeitet. Die Geschwindigkeit, mit der dem Boden zugesetzte basische Stoffe in Lösung gehen, ist für die Rate der Pufferung wesentlich. Die Lösungsgeschwindigkeit wird von Substanzeigenschaften, wie chemische und mineralogische Zusammensetzung und Korngröße, ebenso bestimmt wie von Bodeneigenschaften. Letztere schließen Größen, wie den CO_2-Partialdruck der Bodenluft, die Temperatur, die Acidität und die biologische Aktivität, ein. Das Ausmaß, in welchem Lösungsprodukte entfernt werden, ist ebenfalls eine bestimmende Größe.

Bereits Albert (1938) hatte auf die Anwendbarkeit von Gesteinsabfällen verschiedener Herkunft und Art zur Verbesserung geringwertiger Waldböden hingewiesen. Demgemäß hatten die erzielten Versuchsergebnisse gezeigt, daß durch die Verwendung von Basaltabfällen eine sofortige und nachhaltige Steigerung der Ertragsleistung armer oder devastierter Waldböden erzielt werden kann. Wittich (1943) wandte sich der Frage nach der mengen- und substanzmäßigen Bedeutung einer Gesteinsmehldüngung zu. Prinzipiell zu wählendes, hochwertiges, Gestein enthält keinen oder nur sehr wenig Quarz. Gesteinsmehldüngung bedeutet demnach die Erhöhung des Gehaltes an hochwertigen Silikaten. Die zur Applikation gelangenden Mengen sind gering. Das mit der üblichen Gabe (1 mm Stärke) zugeführte Material entspricht nur 1/1000 der Bodensubstanz bis zu einer Tiefe von einem Meter. Es stellte sich die Frage, ob von einer derart geringen Menge an Gesteinsmehl überhaupt Wirkungen erwartet werden dürften. Da die zugeführten Silikate auch noch in 1000 Jahren Nährstoffe freisetzen, wie dies zum Zeitpunkt der Applikation der Fall ist, wird die „nachschaffende Kraft" des Boden durch diese nachhaltig erhöht. In dieser Tatsache ist auch der grundsätzliche Unterschied zu löslichen Düngersalzen zu sehen. Die „nachschaffende Kraft" ist identisch mit der Geschwindigkeit der Silikatverwitterung. Entsprechend Wittich wird die Leistung der Baumarten langfristig von der „nachschaffenden Kraft“ bestimmt. Eine nennenswerte Verbesserung des Wasserhaushaltes dürfe von einer Gesteinsmehldüngung nicht erwartet werden. Auch wurde vor einer schematischen Anwendung derselben, ohne Kenntnis der Eigenart der gegebenen Böden, gewarnt.

Die in silikatischen Materialien enthaltenden Mineralstoffe werden durch chemische und mikrobielle Verwitterung in eine pflanzenverfügbare Form überführt (Fragstein 1983). Je nach mineralogischer Zusammensetzung und dem dadurch bedingten Verwitterungsverhalten, unterliegt Silikatgestein einem unterschiedlich raschen Abbau. Neben der Art der gesteinsbildenden Minerale wird dieser Vorgang von der Körnung der Mineralpartikel und vom Verwitterungsverlauf bestimmt. Dieser Prozeß basiert weitgehend auf chemischen Lösungs- und Immobilisierungsvorgängen, welche vor allem im sauren Milieu zum Tragen kommen. Chelatisierende organische Säuren, wie sie als mikrobielle und pflanzliche Produkte auftreten, können diesen Vorgang verstärken.

Holzasche enthält große Mengen basischer Kationen. Deren Applikation zu Waldböden wird als eine Maßnahme zur Erhöhung des pH und zur Kompensation des Verlustes an basischen Nährkationen empfohlen. Hinsichtlich der Verfügbarkeit von in Holzasche enthaltenem Phosphor besteht noch keine Klarheit. Als stickstofffreies Düngemittel scheint Holzasche auch für die Nährstoffversorgung N-gesättigter Wälder besonders geeignet zu sein. Verschiedene Autoren setzten Holzasche als Düngemittel für Waldböden ein (z.B. Martikainen 1984; Frostegard et al. 1993a; Clarholm 1994; Fritze et al. 1994).

Durch die Maßnahme der kontrollierten Verbrennung im Bestand wird den Böden gleichfalls Asche zugeführt. Ein dabei zu berücksichtigender Aspekt ist die mögliche nachteilige Beeinflussung des Bodenlebens und damit verbundene Konsequenzen für die Standortqualität. Bodenmikroorganismen können durch Verbrennen im Bestand unmittelbar durch die Hitze getötet und/oder auch über den Verlust des Bewuchses geschädigt werden (Substratverlust, Veränderung des Standortklimas).

Zur Behebung akuter versauerungsbedingter Nährstoffmängel von Waldbäumen werden auch chloridfreie Düngesalze eingesetzt. Böden, welche bei Bäumen Ernährungsstörungen bedingen, sind meist stark versauert (Aluminiumpufferbereich) und haben die Fähigkeit zur Speicherung der Kationen Mg und Ca bis in größere Tiefe und von K im Oberboden verloren. In versauerten Böden kann die Zufuhr von Salzen einen Versauerungsschub auslösen, weshalb vor der Gabe von Düngesalzen eine Kalkung empfohlen wird.

Bodenlockerung und das Anlegen von Impfstreifen in Form von Kompost wurden als Maßnahmen zur Restaurierung gestörter Waldböden ebenso diskutiert (Preuschen und Hampl 1987) wie die Applikation von Pflanzenabfällen (Bauhus und Meiwes 1994). Bei solchen Ansätzen ist es auch notwendig, mögliche Risken, wie die Förderung der Nitratauswaschung, zu berücksichtigen.

Die Ziele von Meliorationsmaßnahmen schließen ein:

- die Verschiebung der Versauerungsparameter (Ca/Al-, Mg/Al-Verhältnisse) zugunsten von Ca und Mg
- die Erhöhung der Basensättigung
- die geeignete Versorgung der Böden mit wichtigen Makro- und Mikronährstoffen
- die Verbesserung des Ionenstatus der Blätter
- die Verringerung des Säure- und Nitrataustrages mit dem Sickerwasser
- die Förderung des Einbaus von Immissionsstickstoff in die Biomasse und die organische Bodensubstanz
- die mäßige Anregung der Nährstoffkreisläufe und eine vorübergehende Speicherung von Nährstoffen in der mikrobiellen Biomasse

Einem Konzept der Revitalisierung geschädigter Waldbestände entsprechend, soll durch die Applikation standortspezifisch gemischter, basenreicher silikatischer Gesteinsmehle der Boden soweit verbessert werden, daß eine Vitalitätssteigerung der Bestände nachhaltig erkennbar wird, ohne daß eine wesentliche Veränderung des Gesamtökosystems bewirkt wird. Die Selbstregenerierung geschädigter Waldökosysteme soll durch die Gabe solcher Materialien nachhaltig unterstützt werden. Durch die langsame Abgabe von Basen im Zuge der Verwitterung des Gesteinmehles sollen einerseits saure Anteile der Bodenlösung neutralisiert, andererseits mangelnde basische Nährstoffe zugeführt werden. Ebenso wird die Regeneration der Kationenaustauscher begünstigt und die schädigende Wirkung toxischer Metalle vermindert. Eine Erhöhung der Basensättigung im Unterboden kann bei Oberflächenkalkung oftmals erst im Verlauf von Jahrzehnten erreicht werden.

In immissionsbelasteten Waldökosystemen konnten trotz hoher Nitratgehalte in der Bodenlösung an der Vegetation Stickstoffmangelsymptome beobachtet werden. Dieser, einen Widerspruch darstellende Befund, ließ annehmen, daß die Kapazität der Waldökosysteme, Nitrat in Form von organischem Stickstoff anzureichern, weitgehend erschöpft sei (Ulrich 1988). Diagnostische Düngeversuche bestätigten die Möglichkeit einer Störung des Stickstoffhaushaltes von Pflanzen und Böden durch im Minimum vorliegende Nährstoffe, andere als Stickstoff (z.B. Wichtmann und Brückner 1989). Wie bereits im vorangehenden Kapitelabschnitt diskutiert, kann bei einem ausreichenden Stickstoffangebot die Assimiliation des Stickstoffs durch andere, sich im Minimum befindende Makro- und Mikronährstoffe, eingeschränkt werden. Molybdän ist beispielsweise ein für den Stickstoffhaushalt der Pflanzen und der Mikroorganismen besonders bedeutsames Spurenelement. Dieses Spurenelement wird bei niedrigen pH-Werten festgelegt und gerät dadurch ins Minimum. Ohne Mo ist keine Reduktion des Nitrats zum Ammonium und damit keine Biosynthese von Aminosäuren möglich. Das Nitratangebot kann nur genutzt werden, wenn ausreichend Mo zur Verfügung steht.

Ein Ziel von Meliorationsmaßnahmen, welches in der Förderung des Einbaus eingetragener Stickstoffverbindungen in die organische Substanz des Mineralbodens besteht, setzt die Förderung der biologischen Aktivität voraus. Vielfach wird für eine Revitalisierung geschädigter Waldökosysteme eine geeignete Versorgung mit Makro- und Mikronährstoffen notwendig sein. Gemeinsam mit Kalkung gesetzte Maßnahmen zur Förderung des Unterwuchses in Wäldern können einen Betrag zur Anreicherung von Stickstoff in der pflanzlichen Biomasse und zur Verminderung der Nitratkonzentration im Sickerwasser leisten. Der Anfall leicht zersetzbarer Streu wird durch Mischbaumarten und die Förderung von Unterwuchs erhöht. Der Etablierung und Entwicklung von Unterwuchs kommt bei der Begründung stabiler Waldökosysteme eine Schlüsselrolle zu (Ulrich 1986b).

Phosphor, Aluminium. Dem Phosphor kommt neben dem Stickstoff in Waldökosystemen eine wesentliche Bedeutung zu. Die Verfügbarkeit des Phosphors geht sowohl bei niedrigen als auch bei höheren pH-Werten des Bodens zurück. In sauren Böden sind die Wechselwirkungen zwischen Phosphor und Aluminium von wesentlichem Interesse. Es ist ein Ziel der Kalkung, in Lösung und in austauschbarer Form vorliegendes Aluminium in schwerlösliche Formen (wie polymere Aluminiumhydroxospezies) überzuführen.

In einem Literaturüberblick zum Einfluß der Kalkung auf die Phosphorverfügbarkeit wurden die in die Wechselwirkung Pflanze-Boden-Phosphor-Kalk involvierten kritischen Faktoren diskutiert (Haynes 1982). Widersprüchliche Berichte ließen schließen, daß die vorherige Kalkung von hoch verwitterten sauren Böden zu einem Anstieg, einem Rückgang oder keiner Veränderung der Verfügbarkeit von appliziertem Phosphat führen kann. An Hand der erhaltenen Ergebnisse wurden zwei Prozesse diskutiert, von deren relativer Bedeutung die Phosphatadsorption durch feuchte, gekalkte Böden abhängig sein könnte. Zum einen kann durch den kalkinduzierten pH-Anstieg im Boden die Oberflächenladung von Bodenteilchen negativer werden (Abnahme der Phosphatadsorption), zum anderen kann es durch die Ausfällung von löslich oder austauschbar vorliegendem Aluminium als Aluminiumhydroxopolymere zur Etablierung neuer adsorbierender Oberflächen kommen (Anstieg der Phosphatadsorption). In Böden mit einem ursprünglich hohen Gehalt an austauschbarem Al^{3+}, führte die Kalkung zur Bildung von neuen, hoch aktiven phosphatadsorbierenden Oberflächen, da die Al^{3+}-Ionen als unlösliche polymere Aluminiumhydroxospezies präzipitieren (bei Anhebung des pH reagiert Al^{3+} mit OH^--Ionen, d.h. dieses verbraucht Kalk). Die Adsorption von Phosphat durch variable Ladungen tragende Bodenoberflächen geht zurück, wenn das pH von 4.0 auf 7.0 erhöht wird.

Untersuchungen zum Einfluß von Kalkung und von Luftrocknung auf die Adsorption von Phosphat in einigen sauren Böden ergaben eine durch Kalkung gesteigerte, abnehmende oder unbeeinflußte Phosphatadsorption (Haynes und Swift 1985). Durch Kalkung oder/und Luftrocknung könnte die Kristallisation von amorphen Materialien rasch auch deren spezifische Oberfläche und Adsorptionskapazität vermindern. Läßt man einen sauren Boden, ohne zwischenzeitliche Lufttrocknung, zunächst mit Kalk und in der Folge mit Phosphat reagieren, kann die Kalkung zu einer Steigerung der Phosphatadsorption führen. Wird der gleiche gekalkte Boden luftgetrocknet bevor er mit Phosphat reagiert, reduziert die Kalkung die Phosphatadsorption. Trocknung verändert die Oberflächencharaktistik frisch gekalkter Böden. Die Förderung der Kristallisation von Aluminiumhydroxopolymeren als Gibbsit wurde als mögliche Ursache dafür diskutiert.

Die Al-Toxizität ist durch die Hemmung der Aufnahme und der Nutzung von Phosphat durch Pflanzen charakterisiert. Durch Kalkung wird, über die Verringerung der Al-Toxizität, die effektivere pflanzliche Nutzung des Bodenphosphors ermöglicht. Von Bedeutung ist auch die durch Kalkung stimulierte Mineralisierung des organischen Bodenphosphors und die damit verbundene Förderung der Phosphatverfügbarkeit. Bei hohen pH-Werten wird die Phosphorverfügbarkeit durch die Begünstigung der Phosphatfällung als unlösliches Ca-Phosphat verringert. Während Kalk- und Phosphatzusätze zu sauren Böden die Kapazität von Böden zur Bindung von Sulfat reduzierten, förderte diese Maßnahme die Mineralisierung von organischen Schwefelverbindungen und damit die Verfügbarkeit von Sulfat (Haynes und Naidu 1991).

In Wäldern im Südösten Schwedens durchgeführte Nadelanalysen zeigten, daß im Laufe der letzten 30 Jahre die P-Konzentrationen zurückgingen, während jene des N zunahmen. In den entsprechenden Wäldern können luftbürtige N-Depositionen pro Jahr 15–20 kg/ha betragen. Rückläufige Wachstumsreaktionen von mit N gedüngten Wäldern konnten in anderen Regionen Schwedens beobachtet werden. Solche Befunde geben Hinweise darauf, daß relative Nährstoffmängel das Wachstum beschränken. Clarholm (1993) versuchte festzustellen, ob Parameter, wie die saure Phosphataseaktivität, der mikrobielle Biomasse-P und der Gehalt an labilem Phosphor, geeignet sind, die Verfügbarkeit von Phosphor für Pflanzen rasch anzuzeigen. Der labile Phosphor wurde als die rasch pflanzenverfügbare P-Fraktion definiert, welche durch anorganischen Phosphor sowie durch in Nukleinsäuren, Phospholipiden und anderen Phosphatestern organisch gebundenen Phosphor repräsentiert wird. Die entsprechenden Langzeituntersuchungen (Beginn 1967) wurden mit *Picea abies* durchgeführt. An den mit P, N und anderen Nährstoffen versehen Standorten konnte der Ernährungsstatus als befriedigend eingestuft werden. An den mit N allein gedüngten Standorten war das P/N-Verhältnis der Nadeln gering. Der P-Mangel der Bäume konnte durch den mikrobiellen Biomasse-P, den Gehalt an labilem P oder die saure Phosphataseaktivität nicht angezeigt werden. An den mit verschiedenen Nährstoffen versehenen Standorten waren die Gehalte an mikrobiellem Biomasse-P halb so hoch wie an den Kontrollstandorten oder den mit N allein gedüngten Standorten. Die P-Konzentrationen der Nadeln des laufenden Jahres waren am geringsten bei ausschließlicher N-Düngung und am höchsten bei der Behandlung mit verschiedenen Nährstoffen (P + NK + Mikronährstoffe + Kalk).

Waldbodenkalkung – kritische Aspekte. Die Praxis der Waldbodenkalkung ist nicht unumstritten. Großflächige prophylaktische Kompensationskalkungen, bei nach herkömmlichen Kriterien nicht gekalkten Böden, werden nicht empfohlen.

Kurz nach der Kalkung saurer Böden kann der pH-Wert des Bodens durch die von den Austauschern verdrängten H^+- und Al^{3+}-Ionen stark absinken und schockartig wirken. Nach Kalkung können im Wald wesentliche Schäden auftreten. Als Risken konnten erkannt werden (z.B. Blume 1981; Rehfuess 1981; Wunder 1984; Simbrey 1987):

- die Reduktion der Stickstoff- und generell der Humusvorräte
- der stimulierte Stickstoff- bzw. Humusvorratsabbau, die damit verbundene Auswaschung von Nitrat und die dadurch geförderte Bodenversauerung, Metalltoxizität und Gewässerbelastung
- die Zuwachsdepression durch N-Sperren
- die Vernichtung angepaßter Lebensgemeinschaften

Die Anhebung des pH und die damit verbundene Förderung des Humusabbaus wird von einer gesteigerten Nitrifikation und Nitratauswaschung begleitet. Humusabbau und Nitratauswaschung vermindern langfristig die Eignung eines Bodens als Pflanzenstandort. Weitere den Böden zukommende Funktionen werden durch Humusabbau beeinträchtigt. Veränderte pH-Werte und Nährstoffverfügbarkeit fördern Veränderungen in der Zusammensetzung der Vegetation. Seltene, angepaßte Lebensgemeinschaften können verloren gehen.

Die ersten Erfahrungen mit der Kalkung versauerter Systeme (Gewässer) konnten in Schweden gesammelt werden. Da die „Behebung“ negativer Konsequenzen nur fünf Jahre lang anhielt, wurde die Kalkung als keine geeignete Maßnahme gegen Wald- und Gewässerschäden angesehen (Simbrey 1987).

Eine Übersicht über schwedische Befunde zu den Auswirkungen von Kalkungsmaßnahmen auf Gewässer und Wälder gab Lenhart (1985). Die Ergebnisse zeigten, daß die biologischen Auswirkungen von Kalkungsmaßnahmen in Gewässern – soweit bekannt – generell positiv zu beurteilen sind. Durch die Kalkungsmaßnahmen kam es in der Regel zur Intensivierung der Abbauprozesse an der organischen Substanz. Eine erfolgreiche Kalkung der Gewässer erfordert auch die Behandlung des Umlandes. Bezüglich der Waldkalkung lagen anfänglich positive Berichte vor, zunehmend mehrten sich jedoch kritische Berichte. Die Forschungsergebnisse eines Kalkdüngungsprojektes (Schweden) ließen die in der gegebenen Form durchgeführte Kalkdüngung, als Gegenmaßnahme zur Versauerung von Böden und Gewässern durch schwefelsauren Niederschlag, erstmalig in einem kritischen Licht erscheinen (Wunder 1984). Dem Bericht lag die Auswertung verschiedener Kalkdüngungsversuche zugrunde, welche zwischen 15 und 70 Jahre alt waren. Es konnte im besonderen nachgewiesen werden, daß durch die Kalkung Nitrate in das Grundwasser eingetragen werden und der Zuwachs der Wälder stagniert bzw. rückläufig wird. Da die hohen eingebrachten Kalkgaben nicht selten zur Erhöhung des pH-Wertes von 4 auf 7 führten, waren Schockwirkungen auf Organismen nicht auszuschließen. An den Waldbäumen konnten Zuwachsrückgänge nachgewiesen werden. Letzteres wurde im gegebenen Fall im wesentlichen auf den sich aufgrund der Kalkung einstellenden N-Mangel zurückgeführt. Durch den durch Kalkzufuhr beschleunigten Abbau der organischen Substanz nimmt auch das Speichervermögen (Wasser, Nährstoffe, eventuell Schadstoffe) der Böden ab. Der letztgenannte Punkt erwies sich für schwedische Verhältnisse als besonders bedeutsam, da die Böden an zahlreichen Standorten flachgründig und von Natur aus nährstoffarm sind und geringes Wasserhaltevermögen aufweisen. Durch Kalkung konnten auch Schäden an den Mykorrhizen nachgewiesen werden. Ebenso konnte die Verlangsamung der Nährstoffaufnahme durch die Bäume und die Nitratanreicherung im Grundwasser beobachtet werden. Bormangel war gleichfalls nachweisbar. Die erhaltenen Befunde ließen eine Kalkung von Waldböden und Gewässern nur noch in Extremsituationen als praktizierbar erscheinen. Nach dem seinerzeit bestehenden Kalkungsprogramm waren von rund 18 000 versauerten Seen (mit einer Fläche > 1 ha) 3000 gekalkt worden. Nach Meinung von Wissenschaftern wurden bis zum gegebenen Zeitpunkt vielfach zu hohe Mengen eingesetzt, in der Regel 5–10 t/ha, 1–3 t wären demgemäß ausreichend gewesen.

Gesicherte quantitative Aussagen über mögliche Gefährdungen verschiedener Standorttypen sollten durch Langzeitdüngeversuche, welche in regelmäßigen Abständen (etwa im Zehnjahresabstand) nach einem bestimmten Schema analysiert werden, getroffen werden können (Hetsch et al. 1981).

Widersprüchliche Daten zum Einfluß von Kalkung auf chemische und biologische Parameter können auch mit der räumlichen Heterogenität und Komplexität des Bodens sowie einer fehlenden Standardisierung der eingesetzten Methoden in Beziehung stehen.

2.4.2 Mikrobiologie und Biochemie

Durch Immissionen und Bewirtschaftungsmaßnahmen bedingte Veränderungen von Bodeneigenschaften, wie erniedrigte pH-Werte, Nährstoffmangel, ungünstige Nährstoffverhältnisse und toxische Metallkonzentrationen, begünstigen die Anreicherung von organischer Substanz durch die Beschränkung der Aktivität von Bodenmikroorganismen, -enzymen und -tieren. Die Nachlieferung pflanzenverfügbarer Nährstoffe wird dadurch verlangsamt und strukturelle Bodeneigenschaften werden verschlechtert. Die Möglichkeit, immittierte Stoffe von Nährstoffnatur im Boden zu immobilisieren, wird dadurch ebenfalls beschränkt.

Kalkungsmittel und spezielle Düngenährstoffe sollen ungünstige Verhältnisse aufheben und die Lebensbedingungen für Bodenorganismen verbessern. Dadurch sollen Nährstoffkreisläufe mäßig angeregt und Nährstoffe in der mikrobiellen Biomasse vorübergehend gespeichert werden. Auch soll dadurch die Festlegung immittierter Nährstoffe, vor allem von Stickstoff, in der Biomasse bzw. in der organischen Bodensubstanz gefördert und eine Beschränkung der nachteiligen Effekte einer Nährstoffauswaschung erzielt werden. Wirkungen von Kalkungsmitteln und Düngernährstoffen auf bodenmikrobielle Parameter sind auch vor dem Hintergrund solcher Zielsetzungen zu bewerten.

In interdisziplinär durchgeführten Versuchen werden bodenmikrobiologische und -enzymatische Parameter zur Prüfung der Möglichkeit genutzt, ob gestörte Beziehungen mit Hilfe gezielter Gaben von Kalkungsmitteln sowie von Mineralsalzen korrigiert werden können. Ergebnisse mikrobiologischer und enzymatischer Untersuchungen lassen auch Schlüsse auf den unterschiedlichen qualitativen und quantitativen Bedarf an Kalkungs- und Düngemitteln zur Verbesserung der Bodenqualität bei Vorliegen unterschiedlicher Bodentypen zu.

Bodenmikrobiologische Parameter werden durch Kalkungsmittel zumeist gefördert. Die bereits diskutierte Stimulierung des Humusvorratsabbaus in Böden bei Einsatz entsprechender Materialien ist Ausdruck einer solchen Förderung. Günstige bzw. nachteilige Konsequenzen einer Förderung von Mineralisationsleistungen für das System und angrenzende Umweltbereiche sind auch davon abhängig, wie rasch und mit welcher Intensität die Anregung der Prozesse erfolgt. Eine zu rasch erfolgende Mineralisation des Humusvorrates gefährdet angrenzende Wasserkörper und vermindert längerfristig die Fähigkeit von Böden, lebenswichtige Funktionen zu erfüllen.

Stickstoff und andere Nährstoffe, wie Phosphor, Magnesium und Kalium, wurden in Düngeversuchen ebenfalls eingesetzt. Die Kombination solcher Nährstoffe mit einer Kalkung erwies sich als vorteilhaft für mikrobiologische und biochemische Eigenschaften von Waldböden. Durch die Applikation leichtverfügbarer Nährstoffe können jedoch auch biochemische Aktivitäten des Streuabbaus reduziert werden. Bei alleiniger Stickstoffdüngung konnten nachteilige Effekte auf biologische Parameter nachgewiesen werden. Verschiedene Stickstoffdünger zeigten diesbezüglich Variation.

Kalkungsbedingte Veränderungen der Zusammensetzung der Mikroorganismengemeinschaft im Boden konnten wiederholt nachgewiesen werden. Vielfach war eine Erhöhung der Zahl der Bakterien infolge von Kalkung nachweisbar. Auch tritt bei Kalkung gewöhnlich eine Erhöhung der Atmungsaktivität auf. Eine solche Zunahme der Atmungsaktivität kann von einer Zunahme der Biomasse begleitet sein oder auch nicht. Erhöhte Aktivitäten bei unveränderter Biomasse zeigen eine höhere spezifische Aktivität an.

Enzyme können durch Veränderungen des pH direkt in ihrer Aktivität oder in ihrer Synthese beeinflußt werden. Kalkungsbedingte Veränderungen des Ladungszustandes von Sorbenten können zur Festlegung von enzymaktivierenden Kationen aber auch Substraten und Cofaktoren führen, wodurch die Enzymaktivität abnehmen kann. Auch methodisch bedingte Enzymaktivitätsabnahmen können angezeigt sein. Letzteres dann, wenn das zu messende Produkt bzw. Restsubstrat infolge einer erhöhten Austauschkapazität festgelegt wird und so nicht mehr faßbar ist.

Die Erfahrung zeigt die Notwendigkeit, Kalkungs- und Düngeversuche langfristig zu konzipieren. In zu kurz gewählten Ansätzen können düngerinduzierte Veränderungen noch nicht abgeschlossen sein. Die Wirkung von an der Oberfläche applizierten Kalkungsmitteln bleibt häufig auf die oberen Bodenbereiche beschränkt.

Mikrobielle Populationen und Biomasse

Kalkungsbedingte Verschiebungen in der Zusammensetzung der Gemeinschaft der Bodenmikroorganismen und auch von Bodentieren können nachgewiesen werden. Eine kalkungsbedingte Begünstigung bakterieller gegenüber pilzlichen Populationen zeigte sich wiederholt.

Wie bereits mehrfach diskutiert, ist es mit Hilfe der Kulturtechnik nicht möglich, Informationen dahingehend zu erhalten, wie die Zusammensetzung der Mehrheit der Bodenmikroorganismen durch Kalkung (auch andere Einflüsse) verändert wird. Zur Aufklärung von Veränderungen in der mikrobiellen Gemeinschaftsstruktur durch Kalkung und Düngung werden neben kulturtechnischen und mikroskopischen Verfahren auch Methoden eingesetzt, welche sich sogenannter Signalmoleküle bedienen. Eine solche Methode ist die Analyse der Zusammensetzung der estergebundenen Phospholipidfettsäuren (PLFA). Versuche zur Bestimmung der bakteriellen Wachstumsrate in mit Kalkungsmitteln versehenen Waldböden wurden ebenfalls unternommen.

Kalkungsmittel. In Untersuchungen zum Einfluß einer Bestandeskalkung auf mikrobielle Eigenschaften von Fichtenrohhumus wurde Leunakalk in einer Menge von 79 dz/ha oberflächlich aufgebracht (Fiedler und Fiedler 1961). Vorangegangene Untersuchungen hatten gezeigt, daß die Kalkung des Fichtenrohhumus zu deutlichen Veränderungen der Bodenvegetation und chemischer Eigenschaften der organischen Substanz führte. Da sich die Zusammensetzung der Bodenfauna durch die Kalkung wesentlich verändert hatte, war die Verbesserung der Humuseigenschaften mit der Tätigkeit der Bodentiere in Beziehung gesetzt worden. Kalkungsinduzierte Veränderungen in der Zusammensetzung der Bodenmikroorganismen waren ebenfalls nachweisbar. Acht Jahre nach der Anlage der Versuchsfläche durchgeführte Keimzahlbestimmungen zeigten eine wesentliche Zunahme der Zahl der Bakterien, einschließlich der Gruppe der Aktinomyceten, sowie eine Abnahme der Pilze.

In einem Feldversuch (Podsol, *Pinus sylvestris*) zum Einfluß von künstlicher Versauerung sowie von Kalkung auf Bodenmikroorganismen war ein Einfluß der Säurebehandlung, jedoch kein solcher von Kalkung nachweisbar (Baath et al. 1980). Die Versauerung war mittels Schwefelsäure, die Kalkung mittels gemahlenem Kalkstein erfolgt. Behandlung 1: H_2SO_4 kg/ha während sechs Jahren jährlich jeweils 50; Behandlung 2: H_2SO_4 kg/ha während der ersten drei Jahre insgesamt 150, jedoch gestaffelt: 50 + 50 + 50, in den folgenden drei Jahren jeweils 150. Die Kalkung erfolgte nur einmal im ersten Jahr und betrug 1960 kg Ca/ha. Die Länge der Fluoresceindiacetat(FDA)-aktiven Pilzkörper sowie die Bakterienzahl und Zellgröße ging an den acidifizierten Standorten im Vergleich zur Kontrolle zurück. Die Kalkung beeinflußte die Mikroorganismen nicht wesentlich. Das pH der Böden war durch die Säurebehandlung nur geringfügig erniedrigt worden, während Kalkung das pH wesentlich erhöhte.

Lang und Beese (1985) behandelten den Boden eines Buchenbestandes (podsolige Braunerde) 1975 oberflächlich mit 6 t/ha und 1980 mit 4 t/ha feingemahlenem Zechstein-Dolomit. Die vor zwei und sechs Jahren bekalkte saure Buchenwaldparzelle wurde mit einer unbehandelten Parzelle verglichen. Die Probennahme erfolgte monatlich bzw. zweimonatlich. Die Kalkung hatte die mikrobiellen Parameter vor allem in den organischen Lagen (O_h und O_f) beeinflußt; in 0–5 cm Tiefe waren kaum Unterschiede zwischen den Varianten festzustellen. In der organischen Lage hatte eine Vervielfachung der Bakterienzahl stattgefunden. Eine insgesamt große Biomasse war durch den O_2-Bedarf der Auflage nach Glucosesättigung angezeigt. In Laborversuchen führten extrem hohe Kalkgaben, selbst in den ersten zwei Wochen nach der Gabe, zu einer deutlichen Förderung der Bakteriendichte. Bei den Laborversuchen war dem gesiebten Boden ein Kalkgemisch zugeführt worden, welches Dolomit nahe kam: 82.4 g $CaCO_3$, 22.6 g MgO, 0.75 g K_2CO_3 pro kg/Trockengewicht (organische Lage); 4.99 g $CaCO_3$, 0.82 g MgO, 0.08 g K_2CO_3 pro kg (Mineralboden).

Wilhelmi (1988) unternahm Laborversuche zum Effekt von starker saurer Belastung, von feuchteinduzierten Säureschocks sowie von zwei Düngertypen ($CaCO_3$ + 30% MgO in Staubform, $CaCO_3$ + 30% $MgCO_3$ in Pellets; die Menge entsprach 4.5 t/ha) auf mikrobielle Populationen in einem Koniferenhumus. Die Düngungen bewirkten ein Pilz/Bakterien-Verhältnis, welches auch an unbelasteten Vergleichstandorten gefunden wird. In den extrem versauerten Humusschichten waren neue Bakterienkolonien nachweisbar. Nach einer langen Trockenphase bewirkte Bewässerung einen starken Protonenaustrag aus der organischen Lage. Dies führte zu einer Versauerung des Sickerwassers und zu einem Versauerungsschub im Mineralboden. Düngerbehandlungen waren bei der Vermeidung dieses Prozesses effektiv. Die Pilze wurden in ihrer Keimfähigkeit im sauersten Humusmilieu gehemmt. Demgegenüber konnten zwischen einem pH des Humus von 3.03–4.86 keine Keimzahlunterschiede in den ungedüngten Proben festgestellt werden. Die Düngungen nahmen keinen signifikanten Einfluß auf den Pilzbesatz. Der im sauersten Humusmilieu nachzuweisende Bakterienbesatz zeigte das Auftreten extrem belastbarer Bakterienstämme in der organischen Lage. Die Düngungen bewirkten eine starke Erhöhung der Bakterienkeimdichte. Das Bakterien-/Pilzverhältnis lag für den ungedüngten Humus bei ungefähr 1:20, für den pelletgedüngten bei 1:3.7 und für den staubgedüngten bei 1:3.1.

In über drei Jahre geführten Versuchen zur bodenverbessernden Wirkung basenreicher Gesteinsmehle an Waldstandorten, konnte eine mit dem Bodentyp variierende Beeinflussung der mikrobiellen Biomasse nachgewiesen werden (von Mersi et al. 1992). Die Standorte umfaßten einen Pseudogley, eine Pararendsina, eine Braunerde und einen Podsol-Pseudogley. Die Böden wurden im Herbst 1987 mit Gesteinsmehl, welches gleichmäßig ohne Einarbeitung auf die Böden aufgebracht wurde, gedüngt (0.5 kg/m^2). Bei den Mehlen handelte es sich um spezielle basische Silikatgesteinsmehlmischungen (Basalt, Diabas, Bentonit), welche nach der Bodenanalyse gemischt worden waren. Die Probennahme erfolgte in der Zeit von 1987 bis 1990 in jedem Frühjahr und Herbst aus dem A_h-Horizont. Im A_h-Horizont der Pararendsina und der Braunerde hatte die mikrobielle Biomasse nach drei Jahren gegenüber der Kontrolle um durchschnittlich 35% zugenommen. Ebenso war der pH-Wert angestiegen (20%) (4.9–6.0). Im Pseudogley wurde das pH um 19% (3.4–4.2) erhöht. Die mikrobielle Biomasse wurde durch die Behandlung an diesem Standort nicht beeinflußt. Ebenso konnte am Standort Podsol-Pseudogley durch die Behandlung mit Gesteinsmehl keine signifikante Veränderung der mikrobiellen Biomasse nachgewiesen werden. An diesem Standort war ein geringer Anstieg des pH (durchschnittlich 10%) (2.7–3.0) feststellbar.

Zur Untersuchung von Lang- und Kurzzeiteffekten von Kalkung (gemahlener Dolomit) auf mikrobielle Populationen in sauren Waldböden unter Fichte (*Picea abies*), wurden mehrere Standorte etabliert (Zelles et al. 1990) – Kontrolle; Bewässerung mit „saurem Regen" (pH 2.7–2.8); Bewässerung mit „normalem Regen" (pH 5.0); Bewässerung mit „saurem Regen" und gekalkt; Bewässerung mit „normalem Regen" und gekalkt. Die Aufwandmengen an Dolomit betrugen 2.0, 2.7, 3.0, 4.0 t/ha. Die Dolomitapplikation verminderte das C/N-Verhältnis in den organischen Horizonten des Fichtenwaldbodens. Diese Veränderung war noch nach 18 Jahren nachweisbar. Gleichzeitig konnte ein geringer Anstieg des Muraminsäuregehaltes (Indikator für Prokaryonten) festgestellt werden, während die Konzentrationen an Ergosterol und Glucosamin (Indikatoren für Pilze) zurückgingen. Die Verhältnisse von Ergosterol und Glucosamin zu Muraminsäure gingen an den Standorten, welche bewässert und gekalkt worden waren, nach drei Jahren sowie an solchen, welche gekalkt und nicht bewässert worden waren, nach acht Jahren, zurück. In einer früheren Arbeit hatten Zelles et al. (1987) eine durch Kalkung auftretende Erhöhung des ATP-Gehaltes im Fichtenwaldboden nachweisen können. Die Beprobung der organischen Auflage sowie des A_h-Horizonts war 13–17 Monate nach Kalkung erfolgt. Die Applikationmenge an dolomitischem Kalk (55 % $CaCO_3$ + 40 % $MgCO_3$) betrug 4 t/ha.

Im stark sauren Horizont einer podsolierten Braunerde veränderte sich die Zusammensetzung der mikrobiellen Populationen durch die Erhöhung des pH sehr rasch (Shah et al. 1990). Die Versuchsetablierung war im Jahre 1976 erfolgt und schloß Behandlungen mit 7.5 t/ha gemahlenem magnesiumhaltigem Kalkstein ein. Die Kalkung erhöhte die bakteriellen Populationen in 32 Tagen zirka 20fach. Dieser Effekt war temporär. Die Effekte der Kalkung waren langfristig weniger stark ausgeprägt, obgleich Unterschiede erkenntlich waren. Die Zunahme der bakteriellen Populationen wurde hauptsächlich durch säuretolerante Arten repräsentiert. Nach der Kalkung zeigte sich weder kurz- noch langfristig eine signifikante Veränderung der pilzlichen Populationen.

Nodar et al. (1992) setzten einem sauren, an organischer Substanz reichen Waldboden (pH 5.0) $Ca(OH)_2$ zu. Während fünf Wochen der ursprünglichen Inkubation bei Raumtemperatur (bis die verschiedenen gekalkten Ansätze stabilisierte pH-Werte von 5.5, 6.0 oder 6.5 aufwiesen) konnte eine Zunahme der bakteriellen Population, der Denitrifikanten und der Pilzmycelien nachgewiesen werden. Dies traf vor allem für die am stärksten gekalkten Ansätze zu.

Im Laborversuch bestimmten Badalucco et al. (1992) den Einfluß von Kalkung auf die mikrobielle Biomasse und das C_{mic}/C_{org}-Verhältnis. Die Kalkung erfolgte mit $CaCO_3$ auf Basis des Kalkerfordernisses (Bereich rangierend zwischen etwa 28 und 37 cmol $CaCO_3$/kg Boden). Acht sandige Lehmböden wurden beprobt (verschiedene Tiefen und zunehmende Entfernungen von der Basis der Stämme von *Picea abies*); der Wald war saurer Deposition exponiert. Die Kalkung reduzierte den Gehalt an austauschbarem Al und erhöhte die mikrobielle Biomasse. Das Verhältnis des mikrobiellen Biomasse-C (C_{mic}) zum gesamten organischen Kohlenstoffgehalt (C_{org}) des Bodens erhöhte sich nach Kalkung, erreichte jedoch 2% nicht. Das Verhältnis mikrobieller Biomasse-C/Biomasse-N ging nach Kalkung zurück. Dies zeigte das Vorherrschen von Bakterien gegenüber Pilzen bei Rückgang der Bodenacidität an.

Kalkungsmittel, Holzasche. An zwei Koniferenwaldstandorten veränderte sich unter dem Einfluß von Kalk und Holzasche die mikrobielle Gemeinschaftsstruktur (Frostegard et al. 1993a). Ein Kiefernwald war mit Dolomit oder mit Holzasche in zwei verschiedenen Applikationsmengen (Dolomit: 3.0 und 7.5 t/ha, Holzasche: 2.0 und 5.0 t/ha) versehen worden, ein Fichtenwald hatte nur eine Applikationsrate ($CaCO_3$: 3.83 t/ha) erhalten. Die Behandlungen wurden fünf bis sechs Jahre vor der Beprobung durchgeführt und diese erhöhten das pH von etwa 4.0 auf Werte zwischen 4.8 und 7.0. Die Analyse der estergebundenen Phospholipidfettsäuren zeigte eine infolge des erhöhten pH eingetretene Verschiebung der bakteriellen Gemeinschaft an. Mehr Gram-negative und weniger Gram-positive Bakterien konnten nachgewiesen werden, während die Pilze unbeeinflußt blieben. Gekalkte Böden wiesen größere Aktinomycetenpopulationen auf. An beiden Standorten war ein Unterschied in der PLFA-Zusammensetzung zwischen den behandelten und den Kontrollstandorten nachweisbar. Die Veränderungen waren an beiden Standorten ähnlich und korrelierten mit den Veränderungen des pH. Zwischen den gekalkten und den mit Holzasche behandelten Standorten war kein Unterschied nachweisbar.

Baath und Arnebrant (1994) bestimmten den Einfluß erhöhter pH Werte auf bakterielle Wachstumsraten in verschiedenen Koniferenwaldböden. Diese Waldböden waren zur Erzielung von pH-Werten zwischen 3.9 und 7.0 mit Dolomit oder Asche behandelt worden. Die Zahl der kultivierbaren Bakterien und die Gesamtzahl der Bakterien, die bakterielle Wachstumsrate, die mikrobielle Biomasse sowie die Toleranz gegenüber Veränderungen des pH wurden erfaßt. Das pH wurde infolge des Zusatzes von Kalk und Holzasche in einem Boden von 4.3–4.4 auf 7.0, im anderen von 3.9–4.4 auf 6.1 erhöht. Höhere bakterielle Wachstumsraten konnten in Ansätzen mit erhöhtem pH ermittelt werden. Ähnliche Effekte des pH auf die Thymidin-Inkorporationsrate waren unter Einsatz zweier verschiedener Methoden nachweisbar. Die Zahl der kultivierbaren Bakterien war bis zu 5.1mal höher in den Böden mit hohem pH, während die mikroskopisch bestimmbaren Zahlen (Acridinorange-Färbung) durch die Behandlung unbeeinflußt blieben. Der Anteil der kultivierbaren Bakterien nahm in den gekalkten und in den mit Asche behandelten Böden, im Vergleich zu den nichtbehandelten Kontrollen, zu. Im Vergleich zur Kontrolle war der ATP-Gehalt des Bodens bei hohem pH unbeeinflußt oder erhöht. Die mit Hilfe der substratinduzierten Atmung bestimmte Biomasse war an gekalkten und aschebehandelten Standorten hingegen stets höher.

Priha und Smolander (1994) untersuchten den Einfluß der Applikation von fein vermahlenem dolomitischem Kalkstein bzw. von Holzasche auf den mikrobiellen Biomasse-C in *Pinus sylvestris* Schonungen (Podsol). Standorte unterschiedlichen Alters wurden beprobt – ein Standort war vor zwölf, zwei weitere vor fünf und ein vierter vor einem Jahr mit obigen Mitteln behandelt und bepflanzt worden. Standort 1 war mit 3000 kg Kalkstein sowie 800 kg Gesteinsphosphat/ha versehen worden; auf Standort 2 und 3 kamen jeweils 2000 kg Kalkstein/ha zur Anwendung und Standort 4 war mit 2000 kg Kalkstein sowie mit 2500 kg Holzasche/ha versehen worden. Mit Ausnahme des ältesten Standortes, wo eine Zunahme des mikrobiellen Biomasse-C zu verzeichnen war, beeinflußten die applizierten Mittel den Gehalt an mikrobiellem Biomasse-C nicht signifikant. Die applizierten Mittel hatten in der organischen Auflage zu einer Erhöhung des pH um bis zu 1.5 Einheiten geführt.

In den organischen Lagen (F, H) eines *Pinus sylvestris* Bestandes wurden bodenmikrobielle Parameter durch Holzascheapplikation und kontrolliertes Verbrennen im Bestand unterschiedlich beeinflußt (Fritze et al. 1994). Die Holzascheapplikationen betrugen in kg/ha 1000, 2500 und 5000. Die Holzascheanwendung veränderte den Gehalt an mikrobiellem Biomasse-C oder den pilzlichen Ergosterolgehalt gegenüber der Kontrolle nicht. Die entsprechenden Werte waren 7500 bzw. 350 µg/g organische Substanz. Demgegenüber reduzierte die Feuerbehandlung die obigen Parameter um etwa die Hälfte. Hinsichtlich Bodeneigenschaften, wie pH, organischer Substanzgehalt, extrahierbarer und gesamter Kohlenstoffgehalt, Ammonium- und Gesamtstickstoffgehalt, Kationenaustauschkapazität und Basensättigung, konnten im Falle der Verbrennung und der Applikation der geringsten Holzaschemenge ähnliche Ergebnisse erzielt werden.

Kalkungsmittel, mineralische Nährstoffe, organische Dünger. Kuyper und De Vries (1990) untersuchten den Einfluß von Düngung auf die Pilzflora eines Nadelwaldes (*Pinus sylvestris*) über Sand. Drei verschiedene Typen von Düngerversuchen wurden praktiziert: ein faktorieller Versuch mit mineralischen Nährstoffen (K, P, Ca, Mg), ein Kalkungsversuch und ein Versuch mit flüssigem Hofdünger, P kam als P_2O_5 in einer Menge von 104 kg/ha, K als K_2O in einer Menge von 120 kg/ha, Mg als MgO in einer Menge von 166 kg/ha und Ca als CaO in einer Menge von 1680 kg/ha zur Anwendung; der flüssige Dünger wurde in Mengen von 20 bzw. 11 t/ha appliziert. Die Zahl der Ektomykorrhiza-Arten ging nach Applikation von P und Ca, nach Kalkung und nach Applikation von flüssigem Hofdünger signifikant zurück. Streuabbauende Pilze gingen nach Applikation von Ca und P sowie nach Kalkung ebenfalls signifikant zurück, wohingegen die Applikation des flüssigen Hofdüngers zu einem nicht signifikanten Rückgang führte. Diese Rückgänge korrelierten positiv mit einer geringen Zunahme der Streuschichtdicke.

In Laborversuchen mit Bodenproben dreier verschiedener Waldstandorte konnten Illmer und Schinner (1991) die starke Zunahme der mikrobiellen Biomasse in gekalkten und mit verschiedenen Nährstoffen versehen Böden nachweisen. Die Wirkung von Kalkung ($CaCO_3$) sowie der Gabe verschiedener Nährstoffe, $Ca(H_2PO_4)_2$, K_2SO_4, $MgSO_4$, NH_4NO_3, einzeln oder in Kombination, jedoch stets gemeinsam mit Calciumcarbonat, war geprüft worden. Die Auswahl und Dimensionierung der Nährstoffkomponenten erfolgte nach einer chemischen Analyse des Probenmaterials, in welcher diese als Mangelfaktoren erkannt worden waren. Die Aufwandmenge der Stoffe betrug in mg/100 g Boden in Variation mit dem Standort 420, 460 und 840 für $CaCO_3$; 70, 95, 86 für $Ca(H_2PO_4)_2$; 66, 26, 38 für K_2SO_4; 182 bzw. 215 für $MgSO_4$ sowie 8.6 für NH_4NO_3. Am Ende der viermonatigen Inkubationsperiode wiesen sämtliche behandelten Böden im Vergleich zur unbehandelten Probe einen erhöhten Nährstoffgehalt und erhöhte pH-Werte auf. Die behandelten Böden zeigten in der Mehrzahl der Fälle eine Zunahme der Lebendkeimzahl verschiedener Mikroorganismengruppen.

Anorganischer N-Dünger. Nach der Applikation von 150 kg NH_4NO_3-N/ha zu Podsolen unter Koniferenwald konnten Söderström et al. (1983) einen Rückgang der mikrobiellen Biomasse nachweisen. Der Rückgang konnte bereits drei Monate nach der Düngung festgestellt werden und war nach drei bis fünf Jahren noch immer evident. Veränderungen des pH, des organischen Substanz- und Wassergehaltes der Böden konnten die Rückgänge nicht erklären. In verschiedenen Bodenhorizonten zweier mit Stickstoff gedüngter Böden unter *Pinus sylvestris* erfolgte 1985 die Bestimmung des Kohlenstoffgehaltes und der mikrobiellen Biomasse (Nohrstedt et al. 1989). Der Kroksbo-Standort war 1974 mit 150 und 600 kg N/ha unter Verwendung von NH_4NO_3 oder Harnstoff, der Nissafors-Standort war 1977 und 1984 mit 150 kg NH_4NO_3-N/ha gedüngt worden. Der C-Gehalt pro m^2 Waldboden nahm an den gedüngten Standorten im Vergleich zur Kontrolle um 10–26% zu – dies in Abhängigkeit vom Standort oder der Düngerbehandlung. Der ATP-Gehalt und der mikrobielle Biomasse-C nahmen, auf Gewichtsbasis des Kohlenstoffs, in sämtlichen Horizonten ab. Der Rückgang war mit NH_4NO_3 und dem höchsten Düngerspiegel am stärksten ausgeprägt.

Alkalische Staubimmission. Eine alkalische Staubkontamination beeinflußte die bakterielle Gemeinschaft eines Waldbodens in ähnlicher Weise wie eine Kalkung (Baath et al. 1992). Die Kontamination erhöhte das pH in der organischen Lage eines Waldstandortes von 4.1 auf 6.6. Die Gesamtkeimzahl der Bakterien und die Menge an Phospholipidfettsäuren wies zwischen kontaminiertem und nicht kontaminiertem Standort keinen Unterschied auf. Im Vergleich zur Kontrolle hatte an den kontaminierten

Standorten die Zahl der koloniebildenden Einheiten um den Faktor 6.4 zugenommen. An diesen Standorten war die mit der Technik des ^3H-Thymidin-Einbaus bestimmte bakterielle Wachstumsrate um das 1.8fache erhöht. Veränderungen der Phospholipidfettsäuremuster zeigten die Veränderung der bakteriellen Artzusammensetzung an. An den kontaminierten Standorten nahm die Zahl der Aktinomyceten zu. Für Gram-positive Bakterien charakteristische Fettsäuren nahmen ab, während für Gram-negative charakteristische zunahmen. Die Interpretation wurde durch die Zunahme des Gehaltes einiger für die Phospholipide Gram-positiver Bakterien typischer, verzweigter Fettsäuren an kontaminierten Standorten erschwert. An den kontaminierten Standorten kam es zu einer Verdoppelung der spezifischen Thymidin-Inkorporationsrate. Bei 20°C konnte für die Kontrollstandorte eine bakterielle Umsatzzeit von 1.5 Tagen, für die kontaminierten eine solche von 0.9 Tagen berechnet werden.

Tabelle 38. Beobachtete Wirkungen verschiedener Kalkungs- und Düngemittel auf die mikrobielle Biomasse und mikrobielle Populationen in Waldböden. Die präsentierten Daten wurden von verschiedenen Autoren unter unterschiedlichen Bedingungen gewonnen. Eine Ableitung generell gültiger Aussagen für die Wirkung bestimmter Mittel in repräsentativen Böden ist nicht möglich. Nährere Angaben finden sich im vorangehenden Text. Symbole zur Wirkung 0: kein Einfluß, -: Reduktion, +: Zunahme

Applizierte Stoffe	Aufwandmenge	Standort	Parameter	Wirkung
Leunakalk	790 kg/ha	Rohhumus	Keimzahl, Bakterien Keimzahl, Pilze	+ -
Kalkstein	1960 kg Ca/ha	Podsol	FDA-aktive Mycelien	0
Mg-haltiger Kalkstein	7.5 t/ha	podsolierte Braunerde	Bakterienpopulationen Pilzpopulationen Bakterienzahl	+ 0 0
Dolomit	6 t + 4 t/ha	podsolige Braunerde	Bakterienzahl	+
Dolomit	2, 2.7, 3.0, 4.0 t/ha	Waldboden-(Fichten)	Bakterien/Pilz-verhältnis ATP-Gehalt	+ +
Dolomit	3, 7.5 t/ha	Waldboden (Kiefern)	Bakteriengemeinschaft Gram-negative Pilzgemeinschaft	verändert + 0
Dolomit	Aufkalkung von pH 4.3 bzw. 3.9 auf 7 bzw. 6.1	Waldboden (Koniferen)	bakterielle Wachstumsrate kultivierbare Bakterien ATP-Gehalte mikrobielle Biomasse	+ + 0,+ +
Dolomit	0.85	Waldboden (Fichten)	mikrobielle Biomasse	+
Dolomit-ähnliche Mischung	105.75 g/kg 5.89 g/kg	podsolige Braunerde	Bakterienzahl	+

Applizierte Stoffe	Aufwandmenge	Standort	Parameter	Wirkung
$CaCO_3$	entsprechend dem Kalkerfordernis	Waldboden (Fichten)	mikrobielle Biomasse C_{mic}/C_{org}-Verhältnis C_{mic}/N_{mic}-Verhältnis	+ + -
$CaCO_3$	3.83 t/ha	Waldboden (Fichten)	Bakteriengemeinschaft Gram-negative Pilzgemeinschaft	verändert + 0
$CaCO_3$	0.8%	Waldboden (Fichten)	mikrobielle Biomasse	+
$CaCO_3$ + MgO	4.5 t/ha	Rohhumus	Pilzbesatz Bakterienzahl Bakterien/Pilz-verhältnis	0 + +
$CaCO_3$ + $MgCO_3$	4.5 t/ha	Rohhumus	Pilzbesatz Bakterienzahl Bakterien/Pilz-verhältnis	0 + +
basenreiches Gesteinsmehl	0.5 kg/m^2	Pseudogley Pararendsina Braunerde Podsol-Pseudogley	mikrobielle Biomasse mikrobielle Biomasse mikrobielle Biomasse mikrobielle Biomasse	0 + + 0
Diabas-Gesteinsmehl	1.4%	Waldboden (Fichten)	mikrobielle Biomasse	+
$Ca(OH)_2$	Aufkalkung von pH 5 auf 5.5-6.5	Waldboden	bakterielle Populationen Denitrifikanten Pilzmycelien	+ + +
dolomitischer Kalkstein + Gesteinsphosphat	3 t + 0.8 t/ha (zwölfjährig)	Podsol	mikrobielle Biomasse	+
dolomitischer Kalkstein	2 t/ha (fünfjährig)	Podsol	mikrobielle Biomasse	0

Applizierte Stoffe	Aufwandmenge	Standort	Parameter	Wirkung
dolomitischer Kalkstein + Holzasche	2 t + 2.5 t/ha (einjährig)	Podsol	mikrobielle Biomasse	0
Holzasche	2 t, 5 t/ha	Waldboden (Kiefern)	Bakteriengemeinschaft	verändert
			Gram-negative	+
			Pilzgemeinschaft	0
Holzasche	pH-Anhebung von 4.3 bzw. 3.9 auf 7 bzw. 6.1	Waldboden (Koniferen)	bakterielle Wachstumsrate	+
			kultivierbare Bakterien	+
			ATP-Gehalt	0,+
			mikrobielle Biomasse	+
Holzasche	1 t, 2.5 t, 5 t/ha	Waldboden (Kiefern)	mikrobieller Biomasse-C	0
			Ergosterolgehalt (Pilze)	0
Kontrolliertes Verbrennen		Waldboden (Kiefern)	mikrobieller Biomasse-C	-
			Ergosterolgehalt	-
Kombination, alternativ:				
P_2O_5	104 kg/ha	Waldboden (Kiefern)	Ektomykorrhizaarten	-
K_2O	120 kg/ha		streuabbauende Pilze	-
MgO	166 kg/ha			
CaO	1680 kg/ha			
flüssiger Hofdünger	20, 11 t/ha	Waldboden (Kiefern)	Ektomykorrhizaarten	0
			streuabbauende Pilze	0
Kombination $CaCO_3$:		Waldböden (diverse)	mikrobielle Biomasse	+
CaCO3	4.2, 4.6, 8.4 mg/g		Zahl verschiedener Mikroorganismen	+
$Ca(H_2PO_4)_2$	0.7, 0.95, 0.86 mg/g			
K_2SO_4,	0.66, 0.26, 0.38 mg/g			
$MgSO_4$	1.82, 2.15 mg/g			
NH_4NO_3	0.086 mg/g			
NH_4NO_3	150 kg/ha	Podsol	mikrobielle Biomasse	-
			ATP-Gehalt	-

Applizierte Stoffe	Aufwandmenge	Standort	Parameter	Wirkung
Harnstoff	600 kg/ha	Podsol	mikrobielle Biomasse	-
			ATP-Gehalt	-
alkalische Staub-immission	pH-Anhebung von 4.1 auf 6.6		Bakterienzahl	+
			Wachstumsrate, Bakterien	+
			Artzusammensetzung, Bakterien	verändert
			Gram-negative	+
			Aktinomyceten	+
			bakterielle Umsatzzeit	-

Biochemische Parameter

Kalkungsmittel – N-Mineralisierung. Kalkung erhöhte oder verringerte die Netto-Stickstoffmineralisierung. Es wurde die Hypothese aufgestellt, daß der Anstieg der Netto-Stickstoffmineralisierung nach Applikation hoher Säuremengen in Feldexperimenten von einem partiellen Absterben der Mikroorganismen, gefolgt von der Mineralisierung des Biomasse-N, abhängig ist (Tamm 1977). Aber et al. (1982) nahmen an, daß dies ein von der unnatürlich hohen Säuredosis abhängiges kurzdauerndes Phänomen sei und daß das Auftreten einer langfristigen Erhöhung der N-Mineralisierung unwahrscheinlich ist. Entsprechend dieser Hypothese sollte der auf die Acidifizierung folgende Rückgang der C-Mineralisierung von einem entsprechenden Rückgang der Netto-Stickstoffmineralisierung begleitet sein. Zur Testung der Bedeutung der Biomasse als N-Quelle führten Persson et al. (1989) ein Kurzzeit-Laborexperiment durch, in welchem zwei verschiedene Humusmaterialien eingesetzt wurden. Eines der Materialien wies ein niedriges C/N-, das zweite ein hohes C/N-Verhältnis auf. Die untersuchten Bodenorganismen waren Pilze, Nematoden und Enchytraeiden. Die Pilze wiesen eine höhere Biomasse auf als die Bakterien. Die Nematoden und Enchytraeiden repräsentierten mehr als 50% der Bodentiere in der Humuslage dieses Koniferenwaldtyps. Intakte Bohrkerne aus den F/H-Lagen eines Fichtenbestandes (C/N-Verhältnis 31) und eines Kiefernbestandes (C/N-Verhältnis 44) wurden im Labor für 55 Tage mit deionisiertem H_2O, schwacher H_2SO_4 (sukzessive appliziert als 72 mm „saurer Regen", pH 3.1), starker H_2SO_4 (appliziert als einzige hohe Dosis, pH 1) und Kalk ($CaCO_3$) behandelt. Starke Versauerung reduzierte die C-Mineralisierung und erhöhte die N-Mineralisierung in beiden Böden. Die schwache Versauerung führte zu ähnlichen, aber weniger ausgeprägten, Effekten. Der ursprünglich stimulierende Effekt der Kalkung auf die C-Mineralisierung ging in der Folge wieder zurück. Dies zeigte den sukzessiven Verbrauch einer leicht verfügbaren C-Quelle durch die Mikroorganismen an. Kalkung erhöhte die Netto-Stickstoffmineralisierung im Humus mit einem C/N von 31, jedoch nicht signifikant im Humus mit einem C/N von 44. Die Zunahmen der Netto-Stickstoffmineralisierung nach Acidifizierung und Kalkung konnten nur teilweise durch den Rückgang des Biomasse-N erklärt werden. Die Mineralisierung von Biomasse-N aus getöteten Bodenorganismen konnte maximal etwa 30% des Anstiegs der Netto-Stickstoffmineralisierung nach starker Versauerung erklären. Der Großteil der Effekte auf die N-Mineralisierung konnte darauf beruhen, daß der mikrobiell verfügbare N und C durch Versauerung reduziert und Kalkung erhöht wird.

Kalkungsmittel – Atmung, N-Immobilisierung, N-Mineralisierung. Lang und Beese (1985) behandelten den Boden eines Buchenbestandes (podsolige Braunerde) 1975 oberflächlich mit 6 t/ha und 1980 mit 4 t/ha an feingemahlenem Zechstein-Dolomit. Die Probennahme erfolgte monatlich und zweimonatlich. Bei der Kalkung im Labor wurde gesiebtem Boden ein Kalkgemisch zugeführt, welches Dolomit nahe kam: 82.4 g $CaCO_3$, 22.6 g MgO, 0.75 g K_2CO_3 pro kg (organische Lage); 4.99 g $CaCO_3$, 0.82 g MgO, 0.08 g K_2CO_3 pro kg (Mineralboden). Nach zwei und sechs Jahren wurde die bekalkte Buchenparzelle beprobt. Die Wirkung der Kalkung zeigte sich vor allem in der organischen Lage (O_h und O_f), während in 0–5 cm Tiefe kaum Unterschiede zwischen den Varianten feststellbar waren. Die Veratmung von zugesetzter Glucose sowie von bodeneigener organischer Substanz verlief in gekalkten Ansätzen beschleunigt. Die vermehrte Mineralisierung des Humus war jedoch von einer, gegenüber dem Kontrollboden, geringeren Stickstofffreisetzung begleitet. Die gegenüber der Stickstoffmineralisierung stärkere Förderung der Stickstoffimmobilisierung durch die Kalkung war angezeigt. In der unbehandelten organischen Lage wurde der mobilisierte Stickstoff zumindest zu einem Drittel als Ammonium freigesetzt. Die Kalkung förderte die Nitrifikation. Autotrophe Nitrifikanten waren nur in den gekalkten Böden nachweisbar. Extrem hohe Kalkgaben im Labor führten in den ersten zwei Wochen nach Gabe zu einer deutlichen Stimulierung der Atmungsraten.

Kalkungsmittel – Atmung, N-Mineralisierung. Wilhelmi (1988) prüfte den Einfluß verschiedener Temperaturen, von starker saurer Belastung, von feuchteinduzierten Säureschocks und von zwei Düngertypen auf mikrobiologische Parameter eines Koniferenhumus (feinhumusreicher Rohhumus). Die Dünger umfaßten $CaCO_3$ + 30% MgO in Staubform, $CaCO_3$ + 30% $MgCO_3$ in Pelletform; die Menge entsprach 4.5 t/ha. Nach einer langen Trockenphase bewirkte Bewässerung einen starken Protonenaustrag aus dem Humus. Dies führte zu einer Versauerung des Sickerwassers und zu einem Versauerungsschub im Mineralboden. Die Düngerbehandlungen verhinderten diesen Vorgang effektiv. Die Atmungsaktivität der Humusprobe konnte in einem Temperaturberich von 10–25°C kontinuierlich von 1.5 ml auf maximal 14 ml CO_2/Stunde gesteigert werden; die Optimalbedingungen lagen zwischen 18°C und 25°C. Weder die Staub- ($CaCO_3$ + 30% MgO) noch die Pelletkalkung ($CaCO_3$ + 30% $MgCO_3$) führten zu einer signifikanten Zunahme der CO_2-Enwicklung. Der saure Regen bewirkte eine starke Reduzierung des Nitrataustrages auf 65% der mit destilliertem Wasser beregneten Humuslagen. Bei 10°C konnten die höchsten Ammoniumkonzentrationen bestimmt werden. Der saure Regen verringerte die NH_4^+-Produktion auf 75% der mit destilliertem Wasser behandelten Variante. Die Pelletdüngung, welche nur eine unwesentliche Erhöhung des pH bewirkte, steigerte die Ammonifizierung, während die Staubkalkung zu einer erhöhten, pH-abhängigen Nitratauswaschung führte. Eine hohe positive Korrelation bestand zwischen dem Nitrataustrag, dem pH und dem Ammoniumgehalt. Selbst die stärkste Belastung (pH 1.5) bewirkte keine vollständige Hemmung der Stoffwechselaktivität, wenngleich diese extrem reduziert wurde. Das Vorhandensein äußerst säureresistenter Mikroorganismen im Waldhumus war angezeigt. Wesentliche Aktivitätsunterschiede bei Beregnung mit pH 2.0 bzw. 2.5 waren nicht nachweisbar. Auf eine bereits zwischen pH 2.5 und 3.0 erfolgende Hemmung der Organismen war zu schließen. Die Dünger bewirkten eine weitgehende Protonenpufferung im Sickerwasser. Humus-Wasserauszüge zeigten eine Anreicherung von NO_3^{2-}, SO_4^{2-} und Cl^- im O_f- und O_h-Horizont. Diese können bei einsetzendem Regen rasch mobilisiert werden und einen Versauerungsschub bewirken. Humus-Wasseranalysen belegten, daß die größten Mengen an potentiellen Säurebildnern bereits mit dem ersten Regen (Gewitterregen) nach einer Trockenphase ausgewaschen werden können. Diese Mengen stellen die Summe aus dem während der Trockenphase im Humus deponierten Nitrat und Ammonium sowie der neu gebildeten Anteile dar. Die durch die Zahl der Beregnungen bedingte Versauerung des Sickerwassers konnte durch die Pelletvariante abgeschwächt und durch die Staubdüngung gänzlich verhindert werden. Die Düngungen reduzierten die Protonenkonzentration in sämtlichen Horizonten stark. Die Staubvariante war dabei besonders wirksam.

Im stark sauren organischen Horizont einer podsolierten Braunerde veränderten sich mikrobielle Parameter aufgrund von Kalkung induzierten pH-Erhöhungen rasch (Shah et al. 1990). Die Kalkung erhöhte die Bodenatmung und die N-Nettomineralisierung substantiell, wenngleich das C/N-Verhältnis der organischen Substanz hoch war. Die Versuchsetablierung war im Jahre 1976 erfolgt, wobei 7.5 t/ha gemahlener Mg-Kalkstein zum Einsatz kamen.

Kalkungsmittel – Atmung, Dehydrogenase, Phosphatase, Urease, Xylanase. Die Gabe von Düngekalk (250 g/m^2) bewirkte sowohl in einem durch Rauchgas und Schwermetalle stark belasteten Waldboden als auch in einem Kontrollboden eine Erhöhung der Atmungs- und der Dehydrogenaseaktivität (Finkernagel und Schinner 1986). Hingegen wurde die Phosphataseaktivität durch diese Behandlung gehemmt. Die Düngergabe hatte das pH des Bodens signifikant und nachhaltig erhöht. Im stark belasteten Boden konnte nach Kalkung eine Aktivitätserhöhung der Enzyme Urease und Xylanase nicht beobachtet werden. Die Aktivität der Xylanase ging nach Kalkung im unbelasteten Boden für einen Zeitraum von zwei Monaten zurück.

Kalkungsmittel, N-, P-, K-, Mg-Dünger – Atmung, Nitrifikation, Protease, Phosphatase, Cellulase. In Bodenproben dreier verschiedener Waldstandorte untersuchten Illmer und Schinner (1991) die Wirkung von Kalkung ($CaCO_3$) sowie der Gabe verschiedener Nährstoffe, $Ca(H_2PO_4)_2$, K_2SO_4, $MgSO_4$, NH_4NO_3, einzeln oder in Kombination, jedoch stets gemeinsam mit Calciumcarbonat, auf die mikrobielle Atmung, die potentielle Nitrifikation und die Aktivität der Enzyme Protease, Phosphatase und Cellulase im Laborversuch. Die Auswahl und Dimensionierung der Nährstoffkomponenten erfolgte nach einer chemischen Analyse des Probenmaterials, in welcher diese als Mangelfaktoren erkannt worden waren. Die Aufwandmenge der Stoffe betrug in mg/100 g Boden in Variation mit dem Standort 420, 460 und 840 für $CaCO_3$; 70, 95, 86 für $Ca(H_2PO_4)_2$; 66, 26, 38 für K_2SO_4; 182 bzw. 215 für $MgSO_4$ sowie 8.6 für NH_4NO_3. Die Bestimmung der Parameter erfolgte im Monatsabstand. Am Ende der viermonatigen Inkubationsperiode wiesen alle behandelten Böden im Vergleich zu den unbehandelten Proben einen erhöhten Nährstoffgehalt und erhöhte pH-Werte auf. Die Atmung, der N-Umsatz und zum Teil die Aktivität der Protease, waren in den behandelten Böden stark erhöht, jene der Phosphatase erniedrigt und die der Cellulase zeigte keine Veränderung gegenüber den unbehandelten Böden. Die unbehandelten Böden wiesen relativ konstante bzw. leicht abnehmende Enzymaktivitätswerte auf. Die Kombinationen hatten zu einer Erhöhung mikrobiologischer und enzymatischer Größen geführt, wobei die stärksten Effekte mit Kalk erzielt werden konnten.

Kalkungsmittel, N-Dünger – Stickstoffixierung. In Feldversuchen zum Einfluß von Kalkung und N-Düngung auf die Denitrifikation und die N_2-Fixierung in einem sauren podsolierten Koniferenwaldboden wurde Dolomit in einer Menge von 2800 kg/ha im Juni 1983 und im Mai 1984 appliziert (Nohrstedt 1988). Die Applikationmenge an Ammoniumnitrat betrug 150 kg N/ha. Die Probennahme erfolgte aus der organischen Auflage während der Wachstumsperiode nach der letzten Behandlung. Der Zusatz von

Dolomit (2800 kg/ha) erhöhte das pH der Auflage um 0.7–1.1 Einheiten gegenüber einem Ausgangswert von 4.4. Der niedrigere Wert wurde erreicht, wenn Kalk im Jahr der Analyse gegeben wurde; der höhere, wenn Kalkung im Jahr zuvor erfolgte. An den ersten beiden Probennahmeterminen hatte die Düngung mit Ammoniumnitrat das pH um 0.3–0.4 Einheiten verringert. Beim vierten Termin hatte das pH um 0.3 Einheiten zugenommen; kein Einfluß zeigte sich bei der letzten Probenahme, vier Monate nach Düngung. Der Dünger und der Kalk beeinflußten die N_2-Fixierung stark. Kalk erhöhte diese. Die Düngung erwies sich in nahezu sämtlichen Fällen als stark hemmend, sogar dann, wenn die Konzentrationen an Ammonium und Nitrat auf das Kontrollniveau gesunken waren.

Kalkungsmittel – Nitrifikation, Xylanase, Phosphatase, Protease. In über drei Jahre geführten Versuchen zur bodenverbessernden Wirkung basenreicher Gesteinsmehle an Waldstandorten konnte gezeigt werden, daß die Mehle in den meisten der untersuchten Böden zu einer Verbesserung der mikrobiellen Aktivitäten und der Nährstoffverfügbarkeit geführt hatten (von Mersi et al. 1992). Die einmalige geringe Gesteinsmehldüngung förderte die C- und N-Mineralisierung standortabhängig. Die Standorte umfaßten einen Pseudogley, eine Pararendsina, eine Braunerde und einem Podsol-Pseudogley. Die Böden wurden im Herbst 1987 mit Gesteinsmehl, welches gleichmäßig ohne Einarbeitung auf die Böden aufgebracht wurde, gedüngt (0.5 kg/m^2). Bei den Mehlen handelte es sich um spezielle basische Silikatgesteinsmehlmischungen (Basalt, Diabas, Bentonit), welche nach der Bodenanalyse gemischt worden waren. Die Probennahme erfolgte in der Zeit von 1987 bis 1990 in jedem Frühjahr und Herbst aus dem A_h-Horizont. Der A_h-Horizont auf Pararendsina und Braunerde zeigte nach drei Jahren, mit Ausnahme der Xylanaseaktivität, gesicherte Unterschiede bei der Nitrifikationsrate, der Xylanase-, Phosphatase- und Proteaseaktivität sowie der Menge an Nitratstickstoff gegenüber der Kontrolle. Der pH-Wert hatte um 20% zugenommen (4.9–6.0). Die Bodenphosphatase wurde gehemmt. Die Gesteinsmehlapplikation hatte zu einer Erhöhung der Proteaseaktivität (durchschnittlich 21%) geführt. Ebenso wurde die Nitrifikation um durchschnittlich 77% erhöht. Eine hohe positive Korrelation bestand zwischen dem letztgenannten Parameter und dem pH-Wert. Im Pseudogley wurde das pH um 19% (3.4–4.2) erhöht. Die Phosphataseaktivität erwies sich als reduziert (30%). Ein signifikanter Anstieg der Proteaseaktivität und ein geringer Anstieg der Nitrifikation konnte beobachtet werden. Die Xylanaseaktivität wurde durch die Behandlung an diesem Standort nicht beeinflußt. Am Standort Podsol-Pseudogley zeigte die Behandlung mit Gesteinsmehl bei keiner der mikrobiellen Aktivitäten einen signifikanten Effekt. Nur ein geringer Anstieg des pH (durchschnittlich 10%; 2.7–3.0) konnte beobachtet werden. Die, in den an organischer Substanz reichen Böden, geringen Reaktionen zeigten den Bedarf an höheren Gesteinsmehlapplikationen an.

Kalkungsmittel – Wärmefreisetzung, Atmung. In sauren Waldböden unter Fichten kam es durch die Applikation von Dolomit zu einer Erhöhung der Wärmefreisetzung aus dem Boden und zu einer Verminderung des C/N-Verhältnisses in den organischen Horizonten des Bodens (Zelles et al. 1990). Diese Veränderungen waren noch nach 18 Jahren nachweisbar. Mehrere Standorte waren etabliert worden. Diese umfaßten: Kontrolle; Bewässerung mit saurem „Regen" (pH 2.7–2.8), Bewässerung mit „normalen" Regen (pH 5.0), gekalkt mit Dolomit; Bewässerung mit saurem „Regen" und gekalkt; Bewässerung mit „normalem" Regen und gekalkt; Aufwandmengen an Dolomit (2.0, 2.7, 3.0, 4.0 t/ha). In einer früheren Arbeit hatten Zelles et al. (1987) in der organischen Auflage sowie im A_h-Horizont eines Fichtenwaldbodens (schwach saure Parabraunerde) durch Kalkung eine Erhöhung der Atmung sowie der mikrokalorimetrischen Werte feststellen können. Die Beprobung der Standorte erfolgte 13–17 Monate nach Kalkung. Die Applikationmenge an dolomitischem Kalk (55 % $CaCO_3$ + 40 % $MgCO_3$) betrug 4 t/ha. Wurde die natürliche Struktur der Lagen während der Beprobung bewahrt, konnte eine geringere Stimulierung der biologischen Aktivität nachgewiesen werden als im Falle ihrer Mischung.

Kalkungsmittel – Atmung, ökophysiologische Parameter, Dehydrogenase, Phosphatase. Badalucco et al. (1992) untersuchten im Laborversuch die durch individuelle Bäume induzierte räumliche Variabilität und den Effekt von Kalkung auf verschiedene Bodeneigenschaften. Die Kalkung erfolgte mit $CaCO_3$ auf Basis des Kalkerfordernisses (Bereich rangierend zwischen etwa 28 und 37 cmol $CaCO_3$/kg Boden). Acht sandige Lehmböden wurden beprobt (verschiedene Tiefen und zunehmende Entfernungen von der Basis der Stämme, *Picea abies*). Der Standort war saurer Deposition ausgesetzt und ein leichter Rückgang der pH-Werte vom Rand der Baumkrone zur Stammbasis konnte nachgewiesen werden. Die Kalkung reduzierte den Gehalt an austauschbarem Al und erhöhte die CO_2-Entwicklung und den metabolischen Quotienten. Die Dehydrogenaseaktivität, nicht aber die Phosphataseaktivität, nahm infolge Kalkung zu.

Kalkungsmittel, N-Dünger – Atmung, Dehydrogenase. Entlang eines Kontaminationsgradienten, mit Schwefel und Stickstoff als Hauptkontaminanten, untersuchte Ohtonen (1990) die Atmungsrate und die Dehydrogenaseaktivität von mit Harnstoff oder Ammoniumnitrat und Kalk gedüngten Waldböden (*Pinus sylvestris*). Die Düngung mit Harnstoff (Gehalt 2.5 bis 20 g N/m^2) stimulierte die Aktivität des Enzyms und die Atmungsrate. Eine Harnstoffdüngung im Feld (20 g N/m^2 1979 + 20 g N/m^2 1984) bewirkte einen Anstieg der Dehydrogenaseaktivität. Im Laborversuch hemmte die Düngung mit Ammoniumnitrat plus Kalk (5–20 g N/m^2) die Aktivität der Dehydrogenase und die Atmungsaktivität.

Kalkungsmittel, Holzasche – Atmung. An mit fein vermahlenem dolomitischen Kalkstein versehenen Standorten (Podsol) von *Pinus sylvestris* Schonungen konnten Priha und Smolander (1994) eine Zunahme der Basalatmung feststellen. Eine Ausnahme stellte der jüngste Standort dar, an diesem waren Veränderungen nicht nachweisbar. Vor zwölf (Standort 1), fünf (Standorte 2, 3) bzw. einem (Standort 4) Jahr(en) waren die Standorte vor Bepflanzung mit 3000 kg Kalkstein und 800 kg Gesteinsphosphat/ha (Standort 1), 2000 kg Kalkstein/ha (Standorte 2 und 3) bzw. 2000 kg Kalkstein und 2500 kg Holzasche/ha (Standort 4) versehen worden. Die applizierten Mittel hatten zu einer Erhöhung des pH in der organischen Auflage um bis zu 1.5 Einheiten geführt.

Holzasche – Atmung, spezifische Atmung. Kontrollierte Verbrennung soll ebenso wie die Applikation von Holzasche die Säureneutralisierungskapazität von versauerten Böden erhöhen. Von Fritze et al. (1994) durchgeführte Untersuchungen in einem Bestand von *Pinus sylvestris* (organische Lagen) zeigten, daß die Feuerbehandlung im feldfeuchten Boden einen siebenfachen Rückgang der Atmungsrate gegenüber der Kontrolle und den Holzaschebehandlungen bewirkte. Bei Einstellung des Bodens auf 60% Wasserhaltekapazität wurden die Unterschiede zwischen der Feuerbehandlung und der Kontrolle verringert. Unter dieser Voraussetzung trat in den mit Holzasche versehenen Ansätzen eine gegenüber den Kontrollen erhöhte Atmungsrate auf. Die spezifische Atmung (qCO_2) nahm mit zunehmender Holzascheapplikation zu und erreichte das Maximum bei der Feuerbehandlung. Die Ascheapplikationen hatten 1000, 2500 und 5000 kg/ha betragen.

N-Dünger – Atmung. Nach der Applikation von 150 kg NH_4NO_3-N zu Podsolen unter Koniferenwald konnten Söderström et al. (1983) einen Rückgang der CO_2-Entwicklung nachweisen. Dieser bereits drei Monate nach der Düngung feststellbare Rückgang war nach drei bis fünf Jahren noch immer evident. Veränderungen des pH, des organischen Substanz- oder Wassergehaltes der Böden konnten die Rückgänge nicht erklären. In Laborexperimenten wurden verschiedene nicht gedüngte Waldböden mit 2 mg NH_4NO_3-N oder Harnstoff-N/g Boden behandelt. Die Ammoniumnitratbehandlung führte zu einer Depression der Atmungsrate während und bis zu 175 Tagen der Inkubation. Der Rückgang zeigte sich nach einer Woche. Die Atmungsrate wurde durch die Harnstoffbehandlung anfänglich und vorübergehend erhöht.

In verschiedenen Bodenhorizonten zweier mit Stickstoff gedüngter Wälder unter *Pinus sylvestris* erfolgte 1985 die Bestimmung des Kohlenstoffgehaltes sowie der Atmungsaktivität (Nohrstedt et al. 1989). Der Kroksbo-Standort war 1974 mit 150 und 600 kg N/ha unter Verwendung von NH_4NO_3 oder Harnstoff, der Nissafors-Standort war 1977 und 1984 mit 150 kg NH_4NO_3-N/ha gedüngt worden. Der absolute C-Gehalt pro m^2 Waldboden nahm an den gedüngten Standorten im Vergleich zur Kontrolle um 10–26%, in Abhängigkeit vom Standort oder der Düngerbehandlung, zu. Die Rate der CO_2-Entwicklung nahm auf Gewichtsbasis des Kohlenstoffs in sämtlichen Horizonten ab. Der Rückgang war am stärksten mit NH_4NO_3 und dem höchsten Düngerspiegel.

N-, P-Dünger – Nitrifikation. Im O_f-Horizont unter Fichtenbeständen fand selbst bei pH 3 noch geringe Nitrifikation statt (Mai und Fiedler 1983). Diese wurde durch eine erhöhte Bodenfeuchte nach Regen, durch die Senkung der Acidität und eine Erhöhung des Ammoniumangebotes gefördert. Alleinige Phosphatdüngung blieb ohne Einfluß. Die Ansätze umfaßten am Standort 1 die Varianten: ungedüngt, Harnstoff, Kalkammonsalpeter (die N-Mengen entsprachen 150 kg/ha); die erste Applikation erfolgte im Mai, die zweite im September des Folgejahres. Am Standort 2 wurde N als Harnstoff (150 kg N/ha) und P als Superphosphat (100 kg P/ha) gegeben; drei Jahre danach erfolgte eine Nachdüngung mit 150 kg N/ha als Harnstoff. Am Standort 3 erfolgte von 1972–1974 jährlich eine Düngung mit 100 kg N/ha als Harnstoff bzw. Kalkammonsalpeter.

N-, P-, K-, Spurenelementdünger, Holzasche – Nitrifikation. Vergleichende Untersuchungen zum Einfluß verschiedener Düngerbehandlungen auf die Nitrifikation in den organischen Horizonten zweier Kiefernwälder wurden unternommen (Martikainen 1984). Düngerbehandlungen: Harnstoff (N 200 kg/ha); Harnstoff (N 200 kg/ha) + Apatit (P 44 kg/ha) + Biotit (K 83 kg/ha); Harnstoff (N 200 kg/ha) + Apatit (P 44 kg/ha) + Biotit (K 83 kg/ha) + Mikronährstoffe (Fe 9.8 kg/ha, Zn 5.5 kg/ha, Mo 1.4 kg/ha, Na 0.7 kg/ha); Ammoniumnitrat (N 200 kg/ha); Holzasche (6160 kg/ha); Holzasche (6160 kg/ha) + Apatit (P 44 kg/ha). In nicht gedüngten Böden reicherte sich während sechs Wochen bei 14°C oder 20°C im Labor kein Nitrat- und Nitrit-N an. Die Nettonitrifikation wurde durch Harnstoff in beiden Böden stimuliert. In einem geringeren Ausmaß wurde dies auch durch Holzasche, nicht aber durch Ammoniumnitrat bewirkt. In einem der Böden war die Stimulierung der Nitrifikation durch Apatit, Biotit und Mikronährstoffe angezeigt.

Martikainen (1985a) untersuchte die Beeinflussung der Zahlen der autotrophen Nitrifikanten in Kiefernwaldböden durch sieben verschiedene Düngerbehandlungen (Martikainen 1984). Keine Ammonium-Oxidierer und nur einige Hundert Nitrit-Oxidierer/g Boden konnten in nicht gedüngten organischen Horizonten nachgewiesen werden. Ammoniumnitrat und Nitroform beeinflußten die Nitrifikanten kaum. Die alleinige Applikation von Harnstoff oder dessen gemeinsame Applikation mit Apatit + Biotit oder mit Apatit + Biotit + Mikronährstoffe, erhöhte die Zahlen der Ammonium- und Nitrit-Oxidierer. Holzasche, alleine oder gemeinsam mit Apatit, wirkte stimulierend. Die Effekte der stimulierenden Dünger waren im A_2-Horizont geringer als im O-Horizont. Die Zahl der Ammonium-Oxidierer blieb für zumindest acht, jene der Nitrit-Oxidierer für zumindest 15 Wochen, erhöht.

Der Zusatz von Ammoniumsulfat und Kaliumsulfat zu Bodenmaterial aus dem organischen Horizont (pH 4.7) eines Kiefernwaldbodens hemmte die Nitrifikation (Martikainen 1985b). Harnstoff hemmte diese nicht. Die Effekte von Harnstoff, Ammoniumsulfat oder Kaliumsulfat auf die Nitrifikation wurde in sechswöchigen Inkubationsversuchen bei 14°C untersucht. Die N-Zusätze betrugen 0, 7.14 µmol, 35.7 µmol und 107 µmol/g Boden (0, 100, 500 und 1500 µg N); die zugesetzte Menge an Kaliumsulfat betrug 53 µmol/g Boden (4200 µg K). Das pH des Bodens wurde durch die Salze leicht erniedrigt und durch Harnstoff erhöht. Unter sauren Bedingungen wirkten die Salze auf die CO_2-Entwicklung geringer hemmend als auf die Nitrifikation. Die gegenüber anderen Mikroorganismen höhere Sensitivität der nitrifizierenden Bakterien gegenüber den Salzen war angezeigt.

Biomag, Bactosol – Katalase, Protease, Phosphatase, Cellulase. In Untersuchungen zur Revitalisierung eines geschädigten Fichtenwaldes wurden während einer Periode von fünf Jahren 2000 kg/ha Biomag (90% Magnesit und 10% getrocknete pilzliche Biomasse = Biomag-Standorte) bzw. 3000 kg/ha Bactosol (getrocknete bakterielle Biomasse) + 2000 kg Biomag/ha (Bactosol-Biomag-Standorte) einmalig in einem alten und einem jungen Bestand ausgebracht (Aescht und Foissner 1994). Die Düngung bewirkte eine Erhöhung des pH um 0.9 Einheiten. Während erhöhte Aktivitäten der Enzyme Katalase und Protease nachweisbar waren, wurde die Aktivität der Enzyme Phosphatase und der Cellulase verringert. Generell wurden die Bodenenzyme durch die Bactosol-Biomag-Applikation stärker beeinflußt als durch die Biomag-Applikation. Der höhere organische Substanzgehalt der erstgenannten Applikation konnte damit in Beziehung gesetzt werden.

Tabelle 39. Beobachtete Wirkungen verschiedener Kalkungs- und Düngemittel auf biochemische Stoffumsetzungen in Waldböden. Die präsentierten Daten wurden von verschiedenen Autoren unter unterschiedlichen Bedingungen gewonnen. Eine Ableitung generell gültiger Aussagen für die Wirkung bestimmter Mittel in repräsentativen Böden ist nicht möglich. Nährere Angaben finden sich im vorangehenden Text. Symbole zur Wirkung 0: kein Einfluß, -: Reduktion, +: Zunahme

Applizierte Stoffe	Aufwandmenge	Standort	Parameter	Wirkung
Dolomit	6 t + 4 t/ha	podsolige Braunerde	Atmung	+
			N-Immobilisierung	+
			Nitrifikation	+
	2, 2.7, 3.0, 4.0 t/ha	Waldboden (Fichten)	Wärmefreisetzung	+
			Atmung	+
	0.8%	Waldboden (Fichten)	Cellulase	+
			Pektinase	+
			Xylanase	+
Kalkstein, magnesiumhaltig	7.5 t/ha	podsolierte Braunerde	Atmung	+
			N-Mineralisierung	+
Dolomit	2800 kg/ha	podsolierter Waldboden	N_2-Fixierung	+
NH_4NO_3	150 kg/ha			-
dolomitischer Kalkstein + Gesteinsphosphat	3 t + 0.8 t/ha (zwölfjährig)	Podsol	Atmung	+
dolomitischer Kalkstein	2 t/ha (fünfjährig)	Podsol	Atmung	+
dolomitischer Kalkstein + Holzasche	2 t + 2.5 t/ha (einjährig)	Podsol	Atmung	0
Harnstoff	2.5–20 g/m^2	Waldboden (Kiefern)	Atmung	+
			Dehydrogenase	+
NH_4NO_3*+Kalk*	5–20 g/m^2		Atmung	-
			Dehydrogenase	-
Harnstoff, Kalkammonsalpeter	150, 100 kg/ha	Waldboden (Fichten)	Nitrifikation	+

Applizierte Stoffe	Aufwandmenge	Standort	Parameter	Wirkung
Harnstoff + Superphosphat:		Waldboden	Nitrifikation	+
Harnstoff	150 kg/ha	(Fichten)		
Superphosphat	100 kg/ha			
Harnstoff	200 kg/ha	Waldboden (Kiefern)	Nitrifikation	+
N+P+K:		Waldboden	Nitrifikation	+
Harnstoff	200 kg/ha	(Kiefern)		
Apatit	44 kg/ha			
Biotit	83 kg/ha			
N+P+K+Spurenelemente:		Waldboden	Nitrifikation	+
Harnstoff	200.0 kg/ha	(Kiefern)		
Apatit	44.0 kg/ha			
Biotit	83.0 kg/ha			
Fe	9.8 kg/ha			
Zn	5.5 kg/ha			
Mo	1.4 kg/ha			
Na	0.7 kg/ha			
NH_4NO_3	200 kg/ha	Waldboden (Kiefern)	Nitrifikation	0
Holzasche	6160 kg/ha	Waldboden (Kiefern)	Nitrifikation	+
Holzasche + Apatit:				+
Holzasche	6160 kg/ha			
Apatit	44 kg/ha			
Biomag	2 t/ha	Waldboden	Katalase	+
		(Fichten)	Protease	+
			Phosphatase	-
			Cellulase	-
Bactosol+Biomag:		Waldboden	Katalase	+
Bactosol	3 t/ha	(Fichten)	Protease	+
Biomag	2 t/ha		Phosphatase	-
			Cellulase	-

Applizierte Stoffe	Aufwandmenge	Standort	Parameter	Wirkung
Düngekalk	250 g/m^2	Waldboden (Fichten)	Atmung	+
			Dehydrogenase	+
			Phosphatase	-
			Urease	0
			Xylanase	0,-
$CaCO_3$	entsprechend dem Kalkerfordernis	sandige Lehme	Atmung	+
			spezifische Atmung	+
			Dehydrogenase	+
			Phosphatase	-
$CaCO_3$	0.8%	Waldboden (Fichten)	Xylanase	0,-
			Cellulase	0,-
			Pektinase	0,-
Kombination $CaCO_3$:		Waldböden (diverse)	Atmung	+
CaCO3	4.2, 4.6, 8.4 mg/g		Nitrifikation	+
$Ca(H_2PO_4)_2$	0.7, 0.95, 0.86 mg/g		Protease	+
K_2SO_4,	0.66, 0.26, 0.38 mg/g		Phosphatase	-
$MgSO_4$	1.82, 2.15 mg/g		Cellulase	0
NH_4NO_3	0.086 mg/g			
$CaCO_3 + MgO$	4.5 t/ha	Rohhumus	Atmung	0
$CaCO_3 + MgCO_3$	4.5 t/ha		Atmung	0
			Ammonifizierung	+
NH_4NO_3	150 kg/ha	Podsol	Atmung	-
	2 mg/g		Atmung	-
Harnstoff	2 mg/g		Atmung	+
	600 kg/ha		Atmung	-
basenreiches Gesteinsmehl	0.5 kg/m^2	Pseudogley	Phosphatase	-
			Protease	+
			Nitrifikation	+
			Xylanase	0
		Pararendsina	Phosphatase	-
			Protease	+
			Nitrifikation	+

Applizierte Stoffe	Aufwandmenge	Standort	Parameter	Wirkung
basenreiches Gesteinsmehl	0.5 kg/m^2	Braunerde	Phosphatase	-
			Protease	+
			Nitrifikation	+
		Podsol-Pseudogley	Phosphatase	0
			Protease	0
			Nitrifikation	0
			Xylanase	0
Diabas-Gesteinsmehl	1.4%	Waldboden (Fichten)	Cellulase	0,-
			Xylanase	0,-
			Pektinase	0,-
Holzasche	1 t, 2.5 t, 5 t/ha	Waldboden (Kiefern)	Atmung	+
			spezifische Atmung	+
kontrolliertes Verbrennen		Waldboden (Kiefern)	Atmung	-
			spezifische Atmung	+

2.5 Einfluß auf die Bodenmikrobiologie und -biochemie

2.5.1 Mechanismen und methodische Probleme

Im Zusammenhang mit dem Phänomen des Waldrückganges in verschiedenen Teilen der Erde, trat zunehmend die Frage nach den indirekten Effekten von Luftschadstoffen auf die Pflanzen und die damit verbundene Rolle des Bodens in den Vordergrund des Interesses. Indirekte Effekte von Schadstoffen auf Pflanzen stehen mit Veränderungen biologischer, physikalischer und chemischer Bodeneigenschaften in Beziehung.

Der Effekt von Depositionen auf Bodenmikroorganismen und -enzyme ist von den Eigenschaften des jeweils betrachteten Bodens und dem Belastungsausmaß abhängig. Anioneneffekte von Depositionen sind gleichfalls von Relevanz.

Mechanismen

Die Untersuchungen zum Einfluß von in den Boden eingetragenen Säurebildnern oder Säuren auf mikrobielle und biochemische Bodeneigenschaften zeigten negative, nicht nachweisbare sowie seltener auch günstige Effekte. Die schädigenden Effekte von SO_2 und NO_x auf bodenmikrobiologische und -enzymatische Größen werden primär im Zusammenhang mit der Wirkung ihrer Reaktions- bzw. Lösungsprodukte gesehen. Günstige Effekte können mit einem standortbezogenen Düngereffekt oder der Erhöhung der Verfügbarkeit organischer Kohlenstoffquellen in Beziehung stehen.

Die Bodenreaktion ist eine wichtige, die Aktivität und die Zusammensetzung der Bodenmikroorganismen sowie die biochemischen Umsetzungen kontrollierende, Größe. Böden verfügen über Puffersysteme und diese vermögen standortspezifisch Verschiebungen des pH-Wertes entgegenzuwirken. Die Belastung eines Bodens durch saure Deposition führt deshalb, obgleich im Boden Veränderungen stattfinden, nicht notwendigerweise zu einer meßbaren Veränderung des pH-Wertes. Es gibt Berichte über die Nichtbeeinflussung bzw. die Beeinflussung biologischer Parameter bei verändertem bzw. bei nicht verändertem pH-Wert des Bodens.

Verschiebungen des pH sind Ausdruck von im Boden stattfindenden Veränderungen. Im Verlauf des Versauerungsprozesses verändert sich der Nährstoffstatus des Bodens und es treten Toxizitätprobleme auf. Die Verfügbarkeit von Nährstoffen und von potentiell toxischen Metallen verändert sich. Im Zuge der Versauerung werden biologisch relevante Kationen (Schwermetalle, Aluminium) aus der Bodenmatrix freigesetzt. Die Basensättigung nimmt ab, während die Aluminiumsättigung mit zunehmender Versauerung zunimmt. Veränderungen in der Zusammensetzung und der Verfügbarkeit von organischen Substanzen treten auf. Nährstoffverhältnisse (z.B. C/N-Verhältnis) werden immissionsbedingt verändert. Säurebelastung des Bodens fördert die Ver- und Umwitterung von Bodenmineralien. Die vorwiegend aus Tonmineralien freigesetzten Kationsäuren, im besonderen Aluminiumionen, zeigen den mit zunehmender Versauerung des Bodens ebenfalls zunehmenden Tonzerfall an. Strukturelle und stabilisierende Elemente des mikrobiellen Habitats verändern sich.

Saure Depositionen und zunehmende Bodenversauerung können bodenmikrobiologische und -enzymatische Parameter nachteilig beeinflussen durch:

- den Verlust von basischen Kationen
- die Abnahme der Basensättigung und Zunahme der Aluminiumsättigung
- die Festlegung von Phosphor und Molybdän
- die Zunahme der Verfügbarkeit toxischer Metalle
- pH-induzierte Veränderungen des Ladungsmusters von Zellen und Grenzflächen im Boden
- qualitative Veränderungen der organischen Substanz
- veränderte Nährstoffverhältnisse

– Schäden an strukturellen Bodeneigenschaften

Verschiedene durch die Bodenreaktion beeinflußbare Niveaus und unterschiedliche Mechanismen der Beeinflussung bodenmikrobiologischer und -enzymatischer Parameter durch saure Depositionen werden diskutiert (Babich et al. 1980; Killham et al. 1983; Lettl und Langkramer 1984).

Die verschiedenen durch die Bodenreaktion beinflußbaren Niveaus umfassen das Niveau der:

- Moleküle
- Zellen
- Organismen
- Populationen
- Gemeinschaften
- Ökosysteme

Auf molekularem Niveau steht der Verschiebung des optimalen pH-Wertes für eine enzymatische Reaktion, eine Reduktion oder vollkommene Hemmung der entsprechenden Enzymaktivität gegenüber. Die Bodenreaktion nimmt über die Beeinflussung der Löslichkeit und des Ionisierungszustandes von Substraten, Enzymen und Cofaktoren Einfluß auf biochemische Vorgänge im Boden.

Mikroorganismen werden in ihrem Wachstum und in ihrer Aktivität vom pH-Wert der Umgebung beinflußt. Bei Bakterien werden hinsichtlich ihrer Reaktion auf das pH typischerweise drei Gruppen unterschieden. Während neutrophile Bakterien bei pH-Werten um den Neutralpunkt (pH 6.5–7) am besten wachsen, trifft dies für acidophile Bakterien unter stark sauren Bedingungen zu. Alkalophile Bakterien zeigen ihr Optimum im alkalischen Bereich. Mit Reinkulturen im Labor erhaltene Ergebnisse von Untersuchungen zum Einfluß des pH auf Mikroorganismen können nicht auf Bodenbedingungen übertragen werden.

Mikroorganismen stehen in sorptiver Wechselwirkung mit Bodenteilchen. Mikroorganismen, organische Substrate, Metabolite und anorganische Ionen zeigen die Tendenz, sich an geladenen Oberflächen anzulagern und nicht frei in der wäßrigen Phase diffundierbar zu bleiben. Im Boden laufen die Lebensvorgänge demnach an Grenzflächen – fest/flüssig, flüssig/gasförmig – ab. Die mikrobielle Adsorption an Bodenteilchen wird durch verschiedene Größen bestimmt. Letztere schließen den Bodentyp, den isoelektrischen Punkt der Mikroorganismen, die vorhandenen Kationen und das pH des Bodens ein. Die ionischen Eigenschaften von Bakterienzellen werden durch die isolektrischen Punkte ihrer Zellwandbestandteile bestimmt. Die meisten Bakterien sind größer als Tonteilchen und tragen üblicherweise eine negative Nettoladung. Zur ionisierbaren Organisation der pilzlichen Zellwandbestandteile, wie Cellulose, Chitin, etc., gibt es weniger Information.

Biofilme sind als Anreicherungen von Mikroorganismen an Oberflächen definiert. Einer Hypothese entsprechend, stellen Oberflächenfilme die Hauptorte der mikrobiellen Aktivität im Boden dar. Burns (1989) definierte Biofilme als die mikrobielle Mikroumwelt an oder in der Nähe von Oberflächen der Bodenteilchen und Wurzeln. Die physikalisch-chemischen und biologischen Eigenschaften von Biofilmen unterscheiden sich von jenen des Gesamtbodens. Ton- und Humuskolloide beeinflussen, als die wesentlichen nichtbiologischen Bestandteile von Biofilmen, Mikroorganismen und deren Aktivität durch Konzentrierung oder Verdünnung von Nährstoff- und Energiequellen, mineralischen Nährstoffen, mikrobiellen Metaboliten und bodenfremden Stoffen. Mikroorganismen können wie Tonkolloide und organische Kolloide von einer elektrischen Doppelschicht umgeben sein, in welcher es zur Anreicherung von organischen und anorganischen Ionen kommt.

Es ist evident, daß pH-induzierte Veränderungen der Ladungsmuster von Mikroorganismen, Enzymen, Substraten und Bodenkolloiden, physiologische und enzymatische Abläufe im Boden stark beeinflussen können. Wechselwirkungen zwischen Mikroorganismen können ebenso beeinflußt werden wie deren Transport und Ausbreitung im Boden. Glenn und Dilworth (1991) diskutierten als einen interessanten Aspekt eines veränderten Ladungsmusters von bakteriellen Zellen die Modifikation des Potentials zum genetischen Austausch im Boden. Eine, unter dem Einfluß einer zunehmenden Protonenkonzentration stehende, Veränderung der bakteriellen Chemotaxis ist gleichfalls, und nicht zuletzt für die Ausbildung von Symbiosen, von Interesse. Dieser Themenkreis bietet der Forschung ein noch reiches Betätigungsfeld.

Toxische Schwefelverbindungen, bzw. im Zuge des Versauerungsprozesses freigesetzte toxische Metalle, können die struktruelle und dadurch auch die funktionelle Integrität von Mikroorganismen stören. Eine Verringerung der Größe von Bakterienzellen konnte an versauerten Standorten nachgewiesen werden. pH-induzierte Veränderung der Konformation von Enzymen führen auf zellulärem Niveau zum Verlust biologischer Funktionen. Schadstoffe können potentielle Mutagene sein. Die Inaktivierung der mRNA durch SO_2 und die damit verbundene Interferenz mit dem Translationsprozeß konnte nachgewiesen werden. Mutagene Effekte von Metallen auf Bodenmikroorganisen sind ebenfalls möglich.

Mikroorganismen weisen bezüglich Erhaltung und Reproduktion optimale pH-Bereiche auf, weshalb eine Verschiebung des pH-Wertes Populationen unterschiedlich fördert oder hemmt. Wechselwirkungen zwischen mikrobiellen bzw. mikrobiellen und tierischen Populationen können durch Versauerungsprozesse verändert werden.

Die Aktivität von Bodenenzymen wird auch durch das Ausmaß und die Natur der Bodenacidität und -basizität reguliert. Stark saure Böden weisen eine sehr geringe Enzymaktivität auf. In basengesättigten Böden ist die

Immobilisierung und die Aktivität der Enzyme vom Ausmaß und von der Natur der Basizität abhängig. Die Natur der Basizität wird durch das Verhältnis der austauschbaren Basen am Sorptionskomplex bestimmt. Eine mit Calcium und Magnesium verbundene Basizität begünstigt die Enzymaktivität, während eine mit Kalium und Natrium verbundene Basizität für diese ungünstig ist. Individuelle Enzyme weisen in relativ engen pH-Intervallen maximale katalytische Aktivität auf. Für saure Böden konnte das gegenüber Redoxprozessen verstärkte Auftreten von hydrolytischen Prozessen nachgewiesen werden. Für alkalische Böden war das Umgekehrte zutreffend.

In Böden mit schwach saurer, neutraler oder schwach basischer Reaktion sind optimale Bedingungen für die Immobilisierung und die Aktivität von Enzymen gegeben. Die für die Aktivität von Enzymen und die Bodenfruchtbarkeit günstige Zusammensetzung von austauschbaren Kationen wurde angegeben mit: 60–80% für Calcium, 10–30% für Magnesium, 3–8% für Kalium, nicht mehr als 5% für Natrium und nicht mehr als 10% für Aluminium an deren Gesamtsumme.

Schadstoffbedingte Veränderungen im Bewuchs nehmen Einfluß auf bodenbiologische Parameter. Die mikrobielle Gemeinschaftsstruktur und biochemische Parameter können durch schadstoffbedingte quantitative und qualitative Veränderungen der Wurzelexsudate verändert werden. Auch bedingt eine Reduktion des Zuwachses an pflanzlicher Biomasse – und damit an anfallender Streu – eine für Mikroorganismen reduzierte Versorgung mit Substrat.

Auswahl geeigneter biologischer Parameter

Bei der Bestimmung des Einflusses von saurer Deposition auf bodenmikrobiologische und -enzymatische Parameter ergibt sich, wie im Falle anderer Einflußgrößen auch, das Problem der Wahl geeigneter Parameter und Methoden. Zu den im Zusammenhang mit saurer Deposition am häufigsten untersuchten bodenbiologischen Parametern zählen:

- mikrobielle Populationen
- mikrobielle Biomasse
- Atmungsaktivität
- Prozesse des Stickstoffkreislaufes
- ausgewählte Bodenenzymaktivitäten

Für Mikroorganismen charakteristische Leistungen, wie Nitrifikation, N_2-Fixierung, Denitrifikation und Abbau von organischer Substanz, wurden als besonders geeignet befunden, die sich stellenden Fragen zu untersuchen.

Veränderte Leistungen können auf einer veränderten Artenzusammensetzung beruhen. Die vollständige Klärung des Zusammenhanges zwischen der Veränderung der Artenzusammensetzung und einer veränderten oder verringerten metabolischen Aktivität im Boden erfordert noch weitere Forschungsaktivität.

Ökophysiologische Parameter wurden zur Bewertung von Effekten saurer Depositionen auf biologische Vorgänge im Boden bisher selten bestimmt.

Methodische Probleme

Die Sichtung von Literatur zur Beeinflussung bodenmikrobiologischer und -enzymatischer Parameter durch saure Deposition ließ methodische Probleme erkennen. Diese betreffen:

- den Einsatz von artifiziellem (simuliertem) sauren Niederschlag
- die Wahl sehr hoher Applikationsmengen und den Applikationsmodus
- die Wahl unrealistischer Expositionsperioden bzw. -verläufe
- Laborversuche (kontrollierte Bedingungen)
- die Möglichkeit der Überlagerung von Säureeffekten
- die mangelnde Vergleichbarkeit der Ergebnisse aufgrund unterschiedlicher Bodenmaterialien und Versuchsprotokolle

Simulierter saurer Regen, Applikationsmenge und -modus, Expositionsmodus. In zahlreichen Untersuchungen zum genannten Problemkreis gelangte simulierter saurer Regen zur Anwendung. Mit artifiziellem saurem Regen erhaltene Ergebnisse können nicht auf die natürlichen Verhältnisse übertragen werden.

Häufig wurde zur Ansäuerung nur eine oder zwei verschiedene Säuren (meist H_2SO_4, HNO_3) verwendet. Der unter realen Bedingungen auftretende saure Niederschlag weist hingegen eine komplexe und variierende Zusammensetzung auf. Unter den zahlreichen möglichen Niederschlagskomponenten sind begleitende Säureanionen, auftretende basische Kationen, potentiell toxische Metalle und auch organische Fremdstoffe für die Wirkung von Depositionen auf Böden von Bedeutung.

Sehr viel der toxikologischen Arbeit mit SO_2 und der in wäßriger Lösung gebildeten Produkte erfolgte mit unrealistisch hohen Konzentrationen oder mit Reinkulturen (Grant et al. 1979b). In vielen Untersuchungen zum Einfluß saurer Depositionen auf bodenbiologische Parameter kamen Protonenlasten zum Einsatz, welche von tatsächlichen Depositionsverhältnissen abweichen. Untersuchungen aus Nordeuropa, in welchen laut Berechnung auch Protonenlasten von 5–20 kmol H^+/ha/a zum Einsatz kamen, können beispielhaft angeführt werden. Im Vergleich dazu wurden für Depositionsverhältnisse in Südfinnland, potentielle Protonenlasten mit etwa 1.3 kmol H^+/ha/a angegeben (Fritze 1992).

Simulierter saurer Regen mit pH 3 stellt einen Anstieg über die dokumentierten durchschnittlichen Säuregrade der Niederschläge dar, während pH-Werte von 4 als realistischer bewertet werden.

Manche Autoren vertraten die Ansicht, daß eine Methode zur Simulierung einer Langzeitexposition des Bodens gegenüber saurem Regen, den Zusatz einzelner Dosen hoch konzentrierter Säure einschließen könnte. Aus derart massiven, unnatürlichen Behandlungen können sich ebensolche unnatürliche Reaktionen bodenbiologischer wie -chemischer Natur ergeben.

Die Geschwindigkeit, mit welcher der H^+-Eintrag erfolgt, ist für die Bodenprozesse wesentlich. Ein beschleunigter bzw. gradueller Eintrag identischer H^+-Lasten kann unterschiedliche Wirkungen erzielen. Die Prozesse der Minerallösung (Pufferung), der mikrobiellen Anpassung und der Wiedereinstellung organischer Substanzvorräte sind langsam verlaufende Prozesse.

Böden besitzen Puffersysteme und wenngleich sich ein Säureeintrag nicht immer in einer Veränderung des pH-Wertes zeigt, so werden Bodeneigenschaften verändert.

Unterschiedliche Effekte können sich beim Vergleich eines beschleunigten und eines weniger raschen H^+-Eintrages in den Boden zeigen. Das Vermögen saurer Deposition auf mikrobielle und biochemische Bodenparameter Einfluß zu nehmen, variiert mit der Natur des Bodens und des Eintrages.

Für die Vorhersage der potentiellen Effekte der Deposition auf die Bodenbiologie muß auch die anionische und kationische Zusammensetzung des sauren Regens in Betracht gezogen werden.

Ein weiteres Problem kann sich ergeben, wenn, bei Versuchen mit simuliertem sauren Niederschlag, dem Boden in zu kurzer Zeit große Mengen an angesäuertem Wasser zugesetzt werden und anaerobe Verhältnisse etabliert werden. Mikrobielle Parameter werden auch durch anaerobe Verhältnisse modifiziert.

Laborversuche. Untersuchungen zum Einfluß von Schadstoffen auf Böden unter Feldbedingungen sind, aufgrund der Komplexität des Systems, sehr schwierig und kostenintensiv. In Felduntersuchungen ist es oft schwierig, zwischen Säure-, Metall- und Düngereffekten zu unterscheiden. Die komplexe Zusammensetzung von Emissionen kann zur Neutralisation saurer Komponenten führen. Das Fehlen nicht belasteter Vergleichsstandorte stellt bei Freilanduntersuchungen häufig ein Problem dar. Kontaminationsgradieten im Feld bieten die Möglichkeit, Depositionseinflüsse unter realen Bedingungen zu untersuchen. Vergleichbare Standorte in unterschiedlicher Entfernung zur Emissionsquelle werden dabei beprobt.

In Versuchen mit Mikrokosmen wird eine Möglichkeit gesehen, Umwelteinflüsse auf Böden unter stärker kontrollierbaren (gegenüber Feldbedingungen) und realistischeren (gegenüber Laborbedingungen) Bedingungen zu untersuchen.

In der Mehrzahl der Untersuchungen zum Einfluß saurer Depositionen auf mikrobiologische und enzymatische Parameter wurden Waldböden berücksichtigt.

2.5.2 Mikrobielle Populationen und Biomasse

Zwischen Mikroorganismen und atmosphärischen Verunreinigungen bestehen komplexe Beziehungen. Eine frühe umfassende Übersicht über die Zusammenhänge zwischen Luftverschmutzung und Mikroorganismen gaben Babich und Stotzky (1974). Mikroorganismen sind sowohl Quellen als auch Senken für gasförmige Schadstoffe. Diese können auch selbst „Schadstoffe" sein, wobei darunter solche Organismen verstanden werden, welche als luftbürtige Mikroorganismen in die aerogene Übertragung von Krankheiten und allergische Reaktionen involviert sind. Luftschadstoffe können durch Mikroorganismen in ihrer Toxizität modifiziert werden.

Atmosphärische Verunreinigungen können für Mikroorganismen toxisch, hemmend oder stimulierend sein. Luftverunreinigungen, wie SO_2, O_3 und HF, beeinflussen in der Phylloplane lebende Mikroorganismen. Auch Wechselwirkungen zwischen Pflanzen und Phytopathogenen werden durch diese beeinflußt. Eine Übersicht über frühe Literatur zu den Beziehungen zwischen Luftverunreinigungen, Wirtspflanze und Pathogenen gab Laurence (1981).

Mikroorganismen setzen eine Vielzahl gasförmiger anorganischer (z.B. N_2O, NO, NO_2, H_2S, NH_3, CO) und organischer (z.B. schwefelhaltige Gase, Methan, Ethylen, Aldehyde, Alkohole, Terpene) Stoffe in die Atmosphäre frei. In der Atmosphäre können diese Gase primäre Quellen für eine Zahl von Sekundärstoffen und Partikelaerosolen, z.B. NO_3^-, NH_4^+, SO_4^{2-}, NO_2^-, sein. Zusätzlich zu deren Rolle als potentielle Schadstoffquellen, fungieren Mikroorganismen als „Reiniger" oder Senken für zahlreiche gasförmige und partikuläre Emissionen. Mikroorganismen sind eine Senke für Gase, wie CO, SO_2, NO_2, NH_3, H_2S, Kohlenwasserstoffe, Acetylen und Terpene. In terrestrischen Systemen deponierte Aerosole von NO_3^-, NO_2^-, SO_4^{2-} und NH_4^+ können mikrobiell transformiert werden.

Wie bereits im Zusammenhang mit Metallen diskutiert, kommt den Mikroorganismen bezüglich der Umweltrelevanz atmosphärischer Kontaminanten eine Schlüsselfunktion zu. Mikrobielle Prozesse bestimmen die chemische Form eines in den Boden eingetragenen Stoffes und damit dessen ökologische Relevanz wesentlich mit.

Luftschadstoffe beeinflussen Bodenmikroorganismen in ihrem Auftreten und in ihrer Aktivität. Unter dem Einfluß von sauren Niederschlägen und von Bodenversauerung konnten Verschiebungen in der Zusammensetzung mikrobieller Gemeinschaften sowie Verringerungen der mikrobiellen Biomasse nachgewiesen werden. Auch tritt Entwicklung von Toleranz auf.

Bodeneigenschaften und Bodenzusätze nehmen Einfluß auf die Wirkung von Schadstoffen auf bodenbiologische Parameter. Im Falle von Bodenzusätzen kann die Verringerung eines negativen Einflusses mit einer Erhöhung der Pufferkapazität des Systems in Beziehung stehen. Das Wachstum von *Aspergillus niger*, *A. flavipes*, *Trichoderma viride* und *Penicillium brefeldianum* wurde in auf unter pH 3.5 angesäuerten Böden (H_2SO_4) reduziert oder völlig gehemmt (Bewley und Stotzky 1983b). Der Zusatz von Montmorillonit förderte das Pilzwachstum, während Kaolinit keinen Effekt hatte.

An immissionsbelasteten Standorten können, im Vergleich zu nicht belasteten, im Boden und an der Vegetation erhöhte Schwefelgesamtgehalte nachgewiesen werden. Auch werden an solchen Standorten häufig erhöhte Gehalte an anorganischen Schwefelformen, wie Sulfat, Sulfit und Thiosulfat, nachgewiesen. Mikroorganismen spielen im Schwefelkreislauf von mit Schwefelverbindungen belasteten Böden eine wesentliche Rolle. Diese besteht in der Reduktion und Oxidation von Schwefelverbindungen, welche von der Immobilisierung und Mobilisierung dieses Elements begleitet ist. In Abhängigkeit vom Sauerstoffstatus ablaufende Redox-Reaktionen bewirken die Immobilisierung (Sulfid-Schwefel) bzw. Mobilisierung (Sulfat-Schwefel) von Schwefel. Bei gleichbleibendem Gesamtschwefelgehalt treten Veränderungen in der Form des Schwefels und damit in dessen Einfluß auf das pH und die Rate der Nährstoffauswaschung auf. In durch SO_2-Immissionen stark belasteten Böden konnte eine signifikante Zunahme der Zahl schwefeloxidierender Mikroorganismen nachgewiesen werden (Wainwright 1979; Lettl 1984). Durch die mikrobielle Oxidation von windverwehtem elementaren Schwefel (aus gelagerten Schwefelblöcken) trat eine wesentliche lokale Bodenversauerung auf (Maynard et al. 1986).

Lettl (1981) unternahm einen Topfversuch zur Bestimmung des Einflusses der Langzeitapplikation von Sulfit, Thiosulfat und Sulfat auf Bodenmikroorganismen. Ansätze mit und ohne Fichtenrhizosphäre wurden gewählt. Während einer Zeitspanne von drei Monaten wurde der Boden insgesamt 28mal mit den entsprechenden Lösungen der Schwefelverbindungen beregnet. Die Mengen der zugeführten Schwefelverbindungen betrugen, bezogen auf den trockenen Boden, in ppm für $Na_2S_2O_3$ und Na_2SO_3 jeweils 84, 8.4 und 0.84 bzw. für Na_2SO_4 jeweils 84 und 8.4. Die Schwefelverbindungen verringerten die Zahl der Bakterien, einschließlich von Vertretern der Gattung *Thiobacillus*, und erhöhten die Zahl der „mikroskopischen" Pilze und sulfatreduzierenden Bakterien. In der Rhizosphäre wurden die sulfatreduzierenden Bakterien gemeinsam mit Thiobacillen unterdrückt. Das Wachstum der Sämlinge wurde durch Sulfit gehemmt und durch Thiosulfat sowie Sulfat stimuliert. Sulfit war die effektivste Verbindung.

Lettl (1984) verfolgte an heterotrophen Bakterien, welche aus dem Fermentationshorizont eines Fichtenstandortes, eines mit grasbedeckten sterbenden Fichtenbestandes und eines Bergeschen- und Birkenbestandes isoliert worden waren, das Vorkommen von biochemischen Aktivitäten des S-Kreislaufes. Sämtliche Standorte lagen in einer durch SO_2-Immissionen stark belasteten Gegend. Das Vorkommen von zur Reduktion von elementarem Schwefel (S^o) zu S^{2-}, zur Oxidation von S^o und $S_2O_3^{2-}$ zu SO_4^{2-} und zur Lösung von S^o fähigen Bakterien nahm in der obigen Reihenfolge zu. Das Vorkommen von Produzenten des Enzyms Rhodanase, Thiosulfatoxidase und Sulfitoxidase nahm ebenso zu wie die Produktion der Enzyme. Heterotrophe Bakterien (meist Pseudomonadaceae) aus den grasbedeckten Standorten zeigten höhere Aktivitäten des S-Kreislaufes als Bakterien unterwuchsfreier Standorte.

Atmosphärischen Schadstoffen (> 25 µg SO_2/m^3) exponierte Böden enthielten signifikant höhere Zahlen an Thiobacillen und schwefeloxidierenden Pilzen als ähnliche, nicht belastete Böden (Wainwright 1979). In den Böden fand intensive Schwefeloxidation statt. Die belasteten Bodenproben waren aus einem bewaldeten Gebiet (*Acer pseudoplatanus* vorherrschend) 0.5 km windabwärts einer Schamottsteinfabrik entnommen worden; abnormal hohe SO_2-Konzentrationen in der Atmosphäre (> 125 µg/m^3) waren nachweisbar. Relativ unbelastete Böden, aus einem ähnlich bewaldetem Gebiet 2.5 km windabwärts der Fabrik, dienten als Kontrolle. In den belasteten Böden war die Zahl der Pilze erhöht und die Zahl heterotropher Bakterien reduziert. Die Verteilung der schwefeloxidierenden Mikroorganismen war in belasteten Böden eng mit den Gesamtkonzentrationen an $S_2O_3^{2-}$, $S_4O_6^{2-}$ und SO_4^{2-} verbunden. Unter dem Laubdach des kontaminierten Ahorns hatte die Konzentration dieser Ionen zu- und das pH abgenommen.

Die Mehrzahl der Bodenbakterien bevorzugt eine neutrale bis leicht saure Bodenreaktion. Durch eine Verschiebung des pH-Wertes in den sauren Bereich werden Pilze begünstigt und die Zahl der Bakterien nimmt ab. In sauren Habitaten sind Pilze wesentlich an den biochemischen Transformationen beteiligt. Das dominante Auftreten von Pilzen in sauren Habitaten wird als eine Folge des Mangels an bakterieller Konkurrenz gesehen. Andere Autoren sahen in einer in sauren Habitaten reduzierten Prädatorenzahl eine mögliche Ursache für das verstärkte Auftreten von Pilzen.

Die ökologischen Konsequenzen von Verschiebungen in der mikrobiellen Gemeinschaftsstruktur, unter dem Einfluß von Schadstoffen, müssen noch aufgeklärt werden. Erhöhte Pilz/Bakterien-Verhältnisse wurden mit der Verringerung der Mineralisationsleistung in sauren Böden in Beziehung gesetzt (Simbrey 1987).

Simulierte saure Deposition

Eine Reihe von Autoren unternahm Versuche zum Einfluß von simuliertem sauren Regen auf das Auftreten von Pilzen und Bakterien im Boden.

In einem mit artifiziellem sauren Regen behandelten Waldboden ging die Länge der Fluoresceindiacetat-(FDA) aktiven Hyphen und die Zahl der FDA-aktiven Bakterien zurück (Baath et al. 1979). Die Gesamthyphenlänge und die Gesamtbakterienzahl veränderte sich in Reaktion auf den künstlichen sauren Regen nicht. An der Mehrzahl der versauerten Standorte war eine Verringerung der Größe der Bakterienzellen nachweisbar. Die Beregnung mit künstlich versauertem Regen hatte 1974 begonnen; die Ansäuerung erfolgte mit Schwefelsäure auf pH 3.0 und pH 2.0; die Kontrolle wurde mit Grundwasser (pH 6.1) beregnet. Die Bewässerung erfolgte mit einer Intensität von 50 mm pro Monat während der Vegetationsperiode (5 Monate) und insgesamt während etwa fünf Jahren. Die gewichteten jährlichen mittleren pH-Werte für den simulierten und natürlichen Regen (pH 4.3) waren etwa 4.5 (Kontrolle), 3.4 (pH 3.0) und 2.5 (pH 2.0). 1978 wurden aus den organischen Lagen Proben entnommen.

Entsprechende Ergebnisse konnten in einem weiteren Versuch erhalten werden. An den mit artifiziellem sauren Regen behandelten Standorten eines Koniferenwaldbodens war, im Vergleich zur Kontrolle, die Länge der FDA-aktiven Hyphen, die Bakterienzahl und die Zellgröße zurückgegangen (Baath et al. 1980). Das pH der Böden war durch die Säurebehandlung nur leicht erniedrigt worden. Die Ansäuerung war mittels Schwefelsäure erfolgt. Behandlung 1: H_2SO_4 kg/ha während sechs Jahre jährlich jeweils 50; Behandlung 2: H_2SO_4 kg/ha während der ersten drei Jahre insgesamt 150, jedoch gestaffelt: 50 + 50 + 50, in den folgenden drei Jahren jeweils 150.

Mit verschiedenen Böden durchgeführte Versuche ergaben, sowohl im Kurzzeit- als auch im Langzeitversuch (Kurzeit-, Langzeitversauerung), eine durch Säureeintrag signifikante Reduktion der Bakterienzahl (Bryant et al. 1979). Die Böden waren künstlich mit Schwefelsäure auf pH-Werte von 2.9 bzw. 3.2 angesäuert worden bzw. wies ein Boden in der Nachbarschaft eines Schwefelblocks ein pH von 3.0 auf. Die Applikation von organischen Substraten (Stärke, Cellulose, Glucose, Casein, Harnstoff) zu diesen sauren Böden zeigte, daß zur Nutzung solcher Substrate befähigte Organismengruppen durch den Säureeintrag ernst beeinträchtigt wurden.

Visser und Parkinson (1989) unternahmen einen Feldversuch zur Bestimmung des Einflusses von elementarem Schwefel auf das pH und die mikrobielle Biomasse eines Waldbodens (organische und mineralische Horizonte) unter *Pinus contorta*. Die Standorte zeigten einen Schwefelkonzentrationsgradienten (1072–35 800 μg/g Boden) und einen pH-Gradienten (4.9–1.6). Im organischen Horizont reduzierte der Staub des elementaren Schwefels signifikant das pH von durchschnittlich 4.1 auf 2.3 und die mikrobielle Biomasse von 753 auf 130 mg/100 g Boden. Die zunehmende Acidifizierung reduzierte den Gesamtgehalt an Ca, Mg, K, Mn und P. Eine Reduktion der Kationen, des P und der mikrobiellen Biomasse war vor allem evident bei einem pH < 3.3. Die Zeit, welche die mikrobielle Biomasse benötigte, die maximale CO_2-Enwicklung nach Glucosezusatz zu erreichen, nahm von 11 Stunden im am geringsten versauerten (pH 4.1) auf 38 Stunden im am stärksten versauerten Boden (pH 2.3) zu. Die mikrobielle Biomasse korrelierte hoch positiv mit dem pH. Der Mineralboden zeigte mit steigenden Schwefelgehalten ein rückläufiges pH (5.0 auf 3.7) (79–499 µg/g Boden); ein signifikanter Effekt auf die Biomasse war nicht nachweisbar. Die Effizienz der Biomasse nahm mit zunehmender Versauerung ab; die Zeit für die maximale CO_2-Enwicklung nach Glucosegabe nahm von 14 Stunden, im Boden mit pH 5, auf 26 Stunden, im Boden mit pH 3.7, zu.

Während eines Jahres durchgeführte Untersuchungen zum Einfluß der Beregnung eines Fichtenwaldbodens mit artifiziellem saurem Regen zeigten eine Verringerung des mikrobiellen Biomasse-N durch diese Praxis (von Lützow et al. 1992). Der saure Niederschlag verringerte den mikrobiellen Biomasse-N in den oberen Horizonten von 4.8% des gesamten N auf 1.8% (O_{lf1}-Lage) und von 2% auf 0.5% (O_{f2}-Lage). Signifikante Veränderungen des pH lagen nicht vor. Der höchste Biomasse-N war in den oberen Horizonten im Herbst und im Frühling nachweisbar. Die Behandlungsunterschiede zeigten sich am deutlichsten im Herbst in den oberen Horizonten. Die Beregnung war mit Leitungswasser erfolgt, welches mit Schwefelsäure auf pH 2.7–2.8 eingestellt wurde; die Rate betrug 180 mm/ha/Jahr in 15 Portionen zu 12 mm während der Wachstumsperiode.

In mit simuliertem sauren Niederschlag (pH 3.0, 5.6) behandelten Bodenmaterialien (Ackerboden, pH 5.2) kam es während eines Beobachtungszeitraumes von sechs Monaten unter Laborbedingungen zu einer signifikanten Veränderung der Zusammensetzung der pilzlichen Gemeinschaft, wobei auch die Artenzahl reduziert wurde (Falappi et al. 1994). Der ATP-Gehalt und die mikrobiellen Zellzahlen veränderten sich hingegen nicht. Die aeroben heterotrophen Bakterien, die freilebenden N_2-fixierenden Bakterien sowie die Pilze waren zahlenmäßig erfaßt worden. Der simulierte saure Regen war durch den Einsatz von Schwefelsäure und Salpetersäure im Verhältnis 2.5:1 hergestellt worden. Dieser wurde mit einer Intensität von etwa 18 mm/Tag und 126 mm/Woche auf die Bodensäulen auftragen.

In Bodenmaterial, welches in einem Mikroskosmos während 40 Tagen gegenüber hohen Konzentrationen an SO_2 exponiert war, konnte eine im Vergleich zu nicht exponiertem Bodenmaterial signifikante Reduktion des ATP-Gehaltes festgestellt werden (Maccari et al. 1993). Die Exposition gegenüber SO_2 entsprach 429 kg/ha/Jahr.

Im Mineralboden eines Podols konnte, unmittelbar unter der aufliegenden Streu, ein durch Säurebehandlung auftretender Rückgang des ATP-Gehaltes im Ausmaß von 13% nachgewiesen werden (Brown 1985). Der Podosol war im Lysimeterversuch mit simuliertem sauren Regen, äquivalent zu 1500 mm/Jahr, behandelt worden. Der simulierte Regen wurde durch Ansäuern von destilliertem Wasser mit Schwefelsäure auf pH 3.0 hergestellt. Die Behandlung hatte zu einer Versauerung der Streu, verbunden mit einer beschleunigten Auswaschung von Ca^{2+}, Mg^{2+}, K^+, Mn^{2+}, geführt. Die Konzentration an extrahierbarem Al^{3+} war in der Streu ebenfalls erhöht.

Tabelle 40. Behandlung der untersuchten Standorte; Substandort 2 wurde bis 1989 wie Substandort 1 behandelt

Behandlung	Substandorte	kumulativer Säurestress 1985–1992 (kg/ha) S	N
1985–1992			
bewässerte Kontrolle pH 6	1+2	7.4	1.3
H_2SO_4+HNO_3, pH 4	1	34.4	10.8
H_2SO_4+HNO_3, pH 3	1	171.2	58.6
1989–1992			
H_2SO_4, pH 4	2	34.4	5.6
H_2SO_4, pH 3	2	171.2	27.5

Aus Vanhala et al. (1996).

Vanhala et al. (1996) untersuchten in einem Langzeitversuch den Einfluß der fortgesetzten Applikation von simuliertem sauren Regen auf den ATP-Gehalt sowie den Gehalt an Ergosterol und Muraminsäure in einem subarktischen Boden (Beprobung 1992). Der Versuchsboden war ein nährstoffarmer Boden unter Mischwald. Simulierter saurer Regen mit pH 3 sowie 4 wurde appliziert. Von 1985–1988 wurde der simulierte saure Regen durch Zusatz von H_2SO_4 und HNO_3 (1.9:1 w/w) hergestellt; 1989 wurde die Behandlung modifiziert, indem ein Bereich unverändert H_2SO_4 + HNO_3 (pH 3, pH 4), der andere nur H_2SO_4 erhielt.
Bei der Behandlung – H_2SO_4 + HNO_3 (pH 4) (gesamte Protonenlast während acht Jahren 2.92 kmol/ha) – kam es zu einer Erniedrigung des pH, der Kationenaustauschkapazität und der Basensättigung (Ca, Mg). Mit Ausnahme der Atmung blieben die mikrobiellen Variablen bei dieser Protonenbelastung unverändert. Die Atmung ging im am stärksten belasteten Ansatz um 20% zurück (Gesamtlast der Protonen 14.9 kmol/ha). Die ge-

samte mikrobielle Biomasse und deren pilzliche und bakterielle Komponente (bestimmt als ATP, Ergosterol- und Muraminsäurekonzentration) wurden durch die Behandlung nicht beeinflußt. Die an den Substandorten 1 und 2 gegebenen Verhältnisse von H_2SO_4 + HNO_3 beeinflußten die Ergebnisse nicht. Die bei der höheren Säurebehandlung (pH 3) gegebene Protonenlast lag noch immer im Bereich jener Deposition, welche über weiten Gebieten Mitteleuropas nachgewiesen wird. Die Standorte erhielten eine jährliche Säureapplikation von entweder 1.9 kmol H^+/ha (pH 3) oder 0.4 kmol H^+/ha (pH 4). Die Löslichkeit von Fe und Al hatte mit zunehmendem Säureeintrag zugenommen.

Immissionen

An fünf Standorten in den Slavkovsky Bergen (ehemalige CSFR) wurde der Einfluß von Industrieemissionen mit hohem SO_2-Gehalt auf mikrobielle Populationen untersucht (Langkramer und Lettl 1981). Die Immissionen reduzierten die Zahlen der aeroben und ammonifizierenden Bakterien und erhöhten die Zahl mikroskopisch kleiner Pilze im F-Horizont des Waldbodens. Im Laufe der Zeit kam es zur Entwicklung einer mikrobiellen Gemeinschaft, welche entgegen den Effekten der Immissionen, in Richtung Originalwerte wirkte.

Die Entwicklung von säuretoleranten Mikroorganismen war auch in einer Arbeit von Lettl (1990) angezeigt. Langzeituntersuchungen in Fichtenwaldböden führten zum Nachweis quantitativer und qualitativer Veränderungen der mikrobiellen Gemeinschaft. Ein Rückgang der Zahl heterotropher Bakterien konnte ebenso nachgewiesen werden wie die Zunahme der mikroskopisch kleinen Pilze. Qualitative Veränderungen der Mikroflora betrafen das Auftreten von Sulfitresistenz, den Rückgang von Vertretern der Pseudomonaden, von amylolytischen und ammonifizierenden Bakterien, von heterotrophen Reduzenten des elementaren Schwefels sowie die Zunahme autotropher und heterotropher Oxidierer von elementarem Schwefel. Bei den mikroskopisch kleinen Pilzen traten verstärkt Vertreter der Gattungen *Mucor* und *Rhizopus* auf. Die Entwicklung acidophiler mikrobieller Gemeinschaften war nachweisbar. Acidophile heterotrophe Nitrifikanten waren aktiver als neutrophile. Die Isolate der belasteten Gebiete wiesen jedoch hinsichtlich der Bildung von Nitrat geringere Effizienz auf. Nach Begrünung und Rückgang der Fichten sowie nach Entwicklung von Laubwaldbeständen (Bergahorn, Birke) kam es zu einer intensiven Entwicklung der Bakterien. Eine größere Zahl von Bakterien der neuen Gemeinschaft wies eine Vielzahl von Abbauaktivitäten auf.

Bewley und Parkinson (1984) stellten eine Untersuchung zum Vergleich der Mikroflora von Waldböden dreier „ökologisch analoger" Standorte 1, 2, 3, an. Die Standorte lagen 2.8, 6.0 und 9.6 km windabwärts einer SO_2-emittierenden Sauergasfabrik. Die bakteriellen und pilzlichen Keimzahlen wurden durch Plattierung bestimmt. Die Ermittlung der relativen Toleranz gegenüber den Dissoziationsprodukten des SO_2 erfolgte durch Plattierung auf mit Na_2SO_3 oder $NaHSO_3$ versehenen Medien. Im F/H-Horizont von Standort 1 konnte eine signifikante Reduktion der Gesamtzahl der Bakterien und der stärkenutzenden Bakterien festgestellt werden. Im Vergleich zu den Standorten 2 und 3, fand sich unter den Bakterien von Standort 1 ein größerer Anteil an Sporenbildnern. Die Zahl der aus den organischen Horizonten isolierten Pilze zeigte signifikante Unterschiede. Gegenüber Standort 1 und 2 wies ein geringerer Anteil der aus Standort 3 isolierten Pilze Toleranz gegenüber Sulfit und Bisulfit auf. Die Standorte unterscheiden sich hinsichtlich der bakteriellen Toleranz gegenüber den Dissoziationsprodukten des SO_2 nicht. Keine wesentlichen Unterschiede in Zahl und Toleranz gegenüber Bisulfit und Sulfit konnte bei den aus dem Mineralboden isolierten Mikroorganismen nachgewiesen werden. Die an den drei Standorten vorherrschenden Pilze waren *Aureobasidium pullulans* (von intakten, gewaschenen Pinusnadeln) und *Trichoderma viride* (von gewaschenen Fragmenten des F/H-Horizonts) (Bewley und Parkinson 1985).

Mit zunehmender Entfernung zu einer Sauergasherstellungsanlage konnten Bewley und Parkinson (1986) eine Zunahme der Aktivität cellulolytischer Bakterien nachweisen. An den untersuchten Standorten herrschten Pinus-Hybride vor. Proben wurden dem Mineralboden sowie der organischen Lage entnommen. Drei Standorte wurden gewählt, welche in einer Entfernung von 2.8 km (I), 6.0 km (II) und 9.6 km (II) in Windrichtung zu einem Sauergasherstellungsbetrieb lagen. Die Konzentrationen an Sulfat-S betrugen in der organischen Lage in der Reihe I, II, III: 1860, 245 und 109 ppm sowie in fünf Zentimeter Tiefe 92, 14 und 3 ppm.

In Waldböden (*Pinus sylvestris*) konnte entlang eines Kontaminationsgradienten, mit den Hauptkontaminanten S und N, an den belasteten Standorten die Auswaschung von Mn und N aus der sich zersetzenden Streu nachgewiesen werden (Ohtonen 1990). Die Schwefelgehalte bewegten sich zwischen 1.3 und 2.8 g S/g und die Stickstoffgehalte zwischen 7.9 und 16.3 g N/g Rohhumus. FDA-aktive Mycelien zeigten keine Reaktion auf die Kontamination. Die Länge der FDA-aktiven Mycelien betrug 1100–1200 m/g organische Substanz. Die Zahl und die Biomasse der Sporophore der Mykorrhizapilze wurde durch die Kontamination ebenso reduziert wie deren Artenvielfalt. Die Zahl der in der nicht belasteten Zone identifizierbaren Mykorrhizapilzarten betrug 21, während diese in der stärker kontaminierten Zone auf sechs reduziert wurde. An den belasteten Standorten wurde die Zahl der Fruchtkörper der Mykorrhizapilze pro m^2 von 1.7 auf 0.4 reduziert. Die mittlere Zahl der Wurzelspitzen pro m^3 sank ebenfalls von 36 auf 16; Entsprechendes traf für die Mykorrhizatypen zu, deren Zahl von 4.5 auf 3.6 fiel.

Saure Deposition – Beziehungen zwischen Mikroorganismen und Bodentieren

Zwischen Bodenmikroorganismen und Bodentieren bestehen vielfältige Beziehungen. Zur Beeinflussung solcher Beziehungen durch saure Depositionen besteht noch Forschungsbedarf. Bodenmikroorganismen und Bodentiere tragen wesentlich zur Ausbildung von Humusformen bei. Berichte über immissionsbedingte Veränderungen von Humusformen liegen vor.

Eine Zusammenstellung von Literatur zum Einfluß von Säureeinträgen auf Bodentiere gab Schäfer (1991). Ebenso wie bei Mikroorganismen, kann auch bei Bodentieren eine rückläufige Tendenz der Artenzahl und der Artenvielfalt sowie eine Veränderung der Artenzusammensetzung in der Gemeinschaft nachgewiesen werden. Eng verwandte Gruppen können unterschiedliche Reaktion aufweisen. Der Rückgang der Zahl der Protura wurde mit den Schäden an der Mykorrhiza in Beziehung gesetzt, da sich viele Protura-Arten von Ektomykorrhizamycelien nähren. Regenwürmer werden durch saure Immissionen beeinträchtigt. Die kleinwüchsigen Laubregenwürmer (*Dendrobaena octaedra*, *D. eiseni*, *D. rubida*) bevorzugen saure Böden, während die Ackerregenwürmer (*Allolophora longa*, *A. rosea*, *A. caliginosa*, *A. chlorotica*) ein neutrales Substrat besiedeln. *Lumbricus terrestris*, *L. rubellus*, *L. castaneus* besiedeln den leicht sauren Boden. Regenwürmer können in Waldböden bei pH-Werten < 3.5–4 normalerweise kaum noch nachgewiesen werden. Bodenarthropoden waren an starker atmosphärischer Kontamination (Koksfabrik) ausgesetzten Laubwaldstandorten mit reduzierten Streuabbau nur spärlich vertreten (Killham und Wainwright 1981).

Entlang eines Kontaminationsgradienten mit Schwefelgehalten von 1.2–2.8 mg/g und Stickstoffgehalten von 7.9–16.3 g N/kg Rohhumus, in unterschiedlicher Entfernung zu einer Industriestadt (Oulu) in Finnland, bestimmten Ohtonen et al. (1992) die Zahlen der Enchytraeiden und Nematoden. Es handelte sich um Bestände von *Pinus sylvestris*. Die Beprobung erfolgte im Herbst sowie im darauffolgenden Frühjahr. Die Zahl der Enchytraeiden, dominiert durch eine Art, *Cognettia sphagnetorum*, zeigte eine klare positive Korrelation mit der Bodenatmungsrate und der Diversität und dem Auftreten von Mykorrhizapilzen. Sämtliches korrelierte negativ mit den S-und N-Konzentrationen im Boden. Diese negative Korrelation konnte durch eine Änderung des Nahrungsangebotes der Enchytraeiden bedingt sein. Eine solche Änderung kann in der modifizierten Streuqualität und der Menge und Artenzusammensetzung von Pilzen und Mykorrhizen bestehen. Die Zahl der Nematoden zeigte eine positive Korrelation mit der Dehydrogenaseaktivität, dem Mineralstickstoffgehalt und dem pH des Bodens. Die Zahlen der Nematoden und Enchytraeiden waren im Herbst höher als im Frühjahr; im Falle der Nematoden stand diese Variation mit der Bodenfeuchte in Beziehung.

Unter dem Einfluß saurer Depositionen können sich mullähnliche Bedingungen verstärkt zu moderähnlichen Bedingungen entwickeln. Die Bildung einer organischen Auflage zeigt ungünstige Lebens- und Reaktionsbedingungen für Bodentiere, -mikroorganismen und -enzyme an. Die Bildung von Rohhumus ist ein Charakteristikum saurer Böden. Der Übergang von der Humusform Mull zu Rohhumus ist durch eine Verschiebung der Abbauorganismen von Bakterien zu Pilzen und durch das Fehlen bodenwühlender Tiere gekennzeichnet. Durch das Absterben oder Abwandern wühlender Bodentiere tritt in der organischen Auflage eine Schichtung auf, wodurch eine Einmischung der organischen Substanz in den Mineralboden unterbleibt. Eine Verschlechterung der Bodenbelüftung wird gefördert. Veränderungen der Bodenmikrobiologie betreffen eine Verringerung der Zersetzungsrate, den Rückzug der Zersetzerorganismen auf die Humusauflage (Ausbildung eines Zersetzerrefugiums) und die Verschiebung des Bakterien/Pilz-Verhältnisses in Richtung Pilze. Al-Toxizität im Mineralboden kann eine Ursache für die Bildung einer organischen Auflage sein (Ulrich 1991). Die organische Auflage ist, indem diese basische Kationen in organischer Bindung zurückhält, eine Versauerungsquelle.

Aluminiumtoxizität

Es konnten Hinweise darauf erhalten werden, daß Mikroorganismen gegenüber den direkten Effekten von Protonen weniger sensibel sind, als gegenüber deren indirekte Effekte. Die Metalltoxizität, und vor allem jene des Aluminiums, ist dabei von besonderer Bedeutung.

Die Toxizität des Aluminiums für Pflanzen ist seit vielen Jahren bekannt. Normalerweise werden Aluminium oder Mangan für Pflanzen in relativ sauren Böden (pH < 5.5 bis 5.0) toxisch. Dieses Phänomen ist üblicherweise mit Phosphormangel und niedrigen Calciumkonzentrationen verbunden. Firestone et al. (1983) nahmen Bezug auf eine Hypothese, wonach die Schädigung von Pflanzen durch Al auftritt, wenn das Molverhältnis von Ca zu Al in der Bodenlösung < 1 wird. Die Al-Toxizität gilt selbst dann, wenn die Verfügbarkeit des Mangans bei niedrigen pH-Werten zunimmt, als die bedeutsamste Beschränkung für die Pflanzenentwicklung in vielen Böden der Erde. Dies trifft vor allem für Waldböden der nördlichen Kontinentteile bzw. für tropische und subtropische Böden zu (Robert und Chenu 1992).

Es gibt Hinweise darauf, daß das monomere Al^{3+}-Ion die für die Phytoxizität verantwortliche Al-Spezies ist. Bei Pflanzen werden verschiedene Mechanismen der Al-Toxizität diskutiert, wobei diese bei verschiedenen Arten unterschiedlich wirksam sein können. Solche Mechanismen schließen die Copräzipitation mit oder die Adsorption an Phosphat, die Hemmung von Enzymen und Wachstumsregulatoren, die Fixierung von DNA oder RNA und die Blockierung der Replikation ein.

Als Hauptfaktoren der Toxizität des Aluminiums für Mikroorganismen werden dessen Konkurrenz mit Eisen und Magnesium sowie dessen Bindung an Zellbestandteile, wie Membranen, Zellwände und die DNA diskutiert (Garciduenas Pina und Cervantes 1996).

Zur Toxizität des Aluminiums für Bodenmikroorganismen ist ebenso Forschung notwendig wie zu dessen Einfluß auf biochemische Stoffumsetzungen im Boden.

Plattierungsversuche zur Aluminiumtoleranz von Mikroorganismen in sauren Böden zeigten die unterschiedliche Reaktion von Bakterien und Pilzen (Yokoyama et al. 1993). Die Zahl der Mikroorganismen in sauren Böden wurde mittels neutraler (pH 7.0) und saurer (pH 3.5) Medien bestimmt. Die Pilzisolate erwiesen sich sowohl gegenüber Al als auch Säure tolerant. Das Wachstum säuretoleranter Bakterien wurde durch Zusatz von Al zu sauren Medien gehemmt. In Waldböden, welche einen weiten Konzentrationsbereich an Aluminium abdeckten (etwa 7–90 μmol/g Boden), konnte die Aluminiumkonzentration als der hemmende Hauptfaktor für die mikrobielle Biomasse im Boden erkannt werden (Illmer et al. 1995b). Mehr als 98% der Variation der mikrobiellen Biomasse konnte durch die Aluminiumkonzentration erklärt werden. Die N-Mineralisierung wurde durch Aluminium stark gehemmt, während die Aktivität des Enzyms Cellulase durch zunehmende Al-Konzentrationen kaum beeinflußt wurde.

In Untersuchungen mit *Rhizobium* sp. konnten Hinweise darauf erhalten werden, daß die DNA einen Wirkungsort des Aluminiums darstellt. Mutagene Effekte des Aluminiums wurden abgeleitet (Wood 1995).

Die bisher diskutierten Mechanismen der bakteriellen Aluminiumresistenz schließen die extra- und intrazelluläre Chelatierung, die Bindung an Zellwände und Membranen, die Ausschleusung des Elements aus Zellen unter Energieaufwand sowie dessen enzymatische Transformation ein (Garciduenas Pina und Cervantes 1996).

Die Toxizität eines Metalls für Mikroorganismen und für biochemische Stoffumsetzungen im Boden wird wesentlich durch dessen chemische Form bestimmt. Letztere ist von den Eigenschaften des betrachteten Bodens abhängig. In Perkolaten von Moder- und Rohhumusböden auftretende AlF_x-Komplexe erwiesen sich für mikrobiologische Parameter als besonders toxisch (z.B. Wilke 1986). Entsprechende Komplexe waren im Mullboden nicht nachweisbar.

Al-Ionen konnten als sehr wichtige Komponenten der fungistatischen Eigenschaft von Böden gegenüber der vesikulär-arbuskulären(VA) Mykorrhiza erkannt werden. Beziehungen zwischen der Etablierung von VA-Mykorrhizen und der Bodenacidität konnten hergestellt werden. Letztere ist von unmittelbarer Bedeutung, da diese die Sporenverteilung, die Wurzelbesiedelung und die Effizienz der Mykorrhiza beeinflußt (Siqueira et al. 1984).

Auf den Hawaii-Inseln besteht eine Beziehung zwischen der Fungistasis und der Al-Toxizität (Robert und Chenu 1992). Das Auftreten suppressiver Böden ist in dieser Region ein häufig zu beobachtendes Phänomen. Die betreffenden Böden weisen sämtlich ein niedriges pH auf (< 5.5). Durch eine mit Kalkung erzielte Erhöhung des pH ≥ 5 kann die Suppressivität, welche mit höheren Gehalten an monomeren Al-Ionen in Beziehung steht, aufgehoben werden.

Das Wachstum von *Aspergillus* (vom Sporenstadium an) wurde genutzt, den Einfluß der durch sauren Niederschlag verursachten Mobilisierung von Al und Mn auf Bodenmikroorganismen zu untersuchen (Firestone et al. 1983). Aluminiumtoxizität konnte in Bodenperkolaten nachgewiesen werden, welche aufgrund des Eintrages von stark saurem Niederschlag relativ hohe Konzentrationen an Al aufwiesen. In Bodenperkolaten, welche aus dem Eintrag von simuliertem sauren Niederschlag mit einem pH < 2.7 erhalten wurden, erwies sich Al als toxisch. Die verschiedenen Versuchsböden variierten im Vermögen zur Mobilisierung von Al und Mn und der daraus folgenden Toxizität wesentlich. Die Sporenkeimung wurde durch relativ hohe Konzentrationen an Al (> 500 ppm) gehemmt. Eine Hemmung durch Mn war nicht nachweisbar. Der Zusatz von Fluorid reduzierte die Al-Toxizität signifikant. Der letztere Befund zeigt die teilweise Abhängigkeit der Al-Toxizität von der anionischen Zusammensetzung der Bodenlösung.

2.5.3 Atmung

Die vor allem mit simulierten sauren Depositionen durchgeführten Arbeiten zeigten in der Mehrzahl der Fälle eine, mit zunehmender Protonenkonzentration auftretende, Reduktion der Atmungaktivität. Variationen von Effekten in verschiedenen Bodenmaterialien können ebenso beobachtet werden wie der ameliorative Effekt von Bodenzusätzen, wie beispielsweise bestimmter Tonmineralien. Bei entsprechenden Protonenlasten konnten für unterschiedliche begleitende Anionen variierende Effekte nachgewiesen werden. Transformationsprodukte von sauren Gasen, wie etwa Bisulfit oder Sulfat, können unterschiedliche toxische Wirkung aufweisen. Sekundäreffekte, wie die Zunahme von löslichen Kohlenstoffverbindungen bei Erniedrigung des pH innerhalb bestimmter Grenzen, oder auch der Düngeeffekt von Nitratstickstoff, können zu einer Stimulierung der Atmung beitragen. Die Bedeutung eines potentiellen N-Düngeeffektes ist von der Anionenzusammensetzung des Regens und dem N-Status des Empfängerbodens abhängig. Ein prinzipiell günstiger Effekt des Eintrages von Stickstoff kann bei sehr niedrigen pH-Werten möglicherweise nicht mehr zum Tragen kommen, da mit zunehmender Versauerung sowohl Toxizitätsprobleme als auch relative Mängel an anderen Nährstoffen auftreten können. Hinweise auf die Abnahme des prozentuellen Beitrages der Bakterien zur Bodenatmung und die entsprechende Zunahme des Beitrages der Pilze mit zunehmender Exposition von Waldböden gegenüber Schwefeldioxidimmissionen konnten erhalten werden.

In Versuchen zum Langzeiteffekt von simuliertem sauren Regen wurde die Reduktion der Atmung in den versauerten Ansätzen nachgewiesen (Baath et al. 1979). Die Beregnung mit künstlich versauertem Regen hatte 1974 begonnen; die Ansäuerung erfolgte mit Schwefelsäure auf pH 3.0 und pH 2.0; die Kontrolle wurde mit Grundwasser, pH 6.1, beregnet. Die Bewässerung erfolgte mit einer Intensität von 50 mm pro Monat während der Vegetationsperiode (fünf Monate). Die gewichteten jährlichen mittleren pH-Werte für den simulierten und natürlichen Regen (pH 4.3) betrugen etwa 4.5 (Kontrolle), 3.4 (pH 3.0) und 2.5 (pH 2.0). Die Proben waren im Jahr 1978 aus den organischen Bodenlagen entnommen worden.

Bitton und Boylan (1985) verwendeten Bodenbohrkerne dreier für Florida repräsentativer Bodentypen zur Prüfung des Effektes von saurem Regen auf mikrobielle Prozesse im Kurz- und Langzeitversuch. Die Beeinflussung der CO_2-Entwicklung war bodenabhängig. Die Bohrkerne wurden während des Versuches im Freien gehalten; Seewasser wurde mittels 70:30 Mischungen von H_2SO_4:HNO_3 auf pH 3.0 bzw. 3.7 eingestellt. Die Kontrolle wurde mit Seewasser (pH 4.6) beregnet. Kurzzeitversuch: Exposition der Bohrkerne für 112 Tage gegenüber 40 cm saurem Regen von pH 3.7 und 3.0. Die Beregnung erniedrigte das pH der Böden, vor allem bei pH 3.0; hier lag der Rückgang zwischen 0.25 und 0.39 Einheiten. In einem der Böden trat keine signifikante Beeinflussung auf, in den beiden anderen war die Atmung beim niedrigeren pH-Wert höher. Langzeitversuch: 690 Tage Exposition gegenüber saurem Regen. In einem der Böden trat keine pH-Veränderung auf, wohl aber in den beiden anderen (0.26, 0.33 Einheiten). Die Beeinflussung der Atmung war bodenabhängig und erwies sich als unverändert, leicht erniedrigt oder erhöht.

SO_2 und eines der Transformationsprodukte des NO_2 beeinträchtigten die Atmung in einem sauren Waldboden (Grant et al. 1979a). In einem gegenüber 1.0 ppm SO_2 exponierten Waldboden (ursprünglich pH 4.06) gingen die Geschwindigkeit des Glucoseabbaus und das pH zurück. Kein solcher Effekt konnte für die Exposition gegenüber 1.0 ppm NO_2 festgestellt werden. Nitrit, nicht aber Bisulfit (5 µg N oder S/g Boden), hemmten die O_2-Aufnahme und die CO_2-Entwicklung im mit Glucose versehenen Waldboden. Nitrit und Bisulfit verhielten sich jedoch beim Hemmprozeß synergistisch. Während bei einer Exposition gegenüber SO_2 (10 ppm) Fe und Mn gelöst wurden, traf dies für eine Exposition gegenüber NO_2 nicht zu. In einer weiteren Arbeit konnte Hemmung der Glucoseoxidation in einem zuvor gegenüber 1.0 µl SO_2/l exponierten Waldboden (pH 4.01) festgestellt werden (Grant et al. 1979b). Das Ausmaß der Hemmung und der Rückgang des pH standen direkt mit der Expositionszeit in Beziehung. Die Phase der raschen CO_2-Entwicklung in einem mit Proteinhydrolysaten versehenen Boden, zuvor behandelt mit 5.0 µl SO_2/l für 24 Stunden oder 1.0 µl/l für 48 Stunden, wurde zunächst verzögert. In der Folge schritt der Abbau der Aminosäuremischung rasch voran. Niedrige Gehalte an Bisulfit hemmten den Aminosäureabbau im Boden bei pH 3.89; bei pH 4.01 war der Effekt im Boden weniger ausgeprägt. Vergleichbare Gehalte an Sulfat waren nicht toxisch. Etwa 1.0 µg Bisulfit-S und 20 µg Sulfat-S pro g Boden traten auf, wenn der Boden mit 1.0 µg SO_2/l für 48 Stunden behandelt wurde. Bisulfit verschwand rasch.

In einem Topfversuch (Waldboden) wurde die Bodenatmung durch die Langzeitapplikation verschiedener Schwefelverbindungen gehemmt (Lettl 1981). Sulfit, Thiosulfat und Sulfat waren getestet worden. Während einer Zeitspanne von drei Monaten wurde der Boden insgesamt 28mal mit den entsprechenden Lösungen der Schwefelverbindungen beregnet. Die Mengen der zugeführten Schwefelverbindungen betrugen in ppm für $Na_2S_2O_3$ und Na_2SO_3 jeweils 84, 8.4 und 0.84, für Na_2SO_4 jeweils 84 und 8.4. Sulfit war die effektivste Verbindung.

Wainwright (1980a) konnte trotz hoher Exposition gegenüber SO_2 in Proben eines Braunerde-Podsols keine Beeinträchtigung der Atmungsaktivität nachweisen. Zwei Standorte, welche einander hinsichtlich des Bodens und der Vegetation (gemischter Laubwald) ähnlich waren, wurden beprobt. Einer der Böden war geringer Belastung (40 µg SO_2/m^3), der andere dem Rauch einer Schamottsteinfabrik ausgesetzt. Die SO_2-Konzentrationen waren hier hoch (125 µg/m^3), und die Vegetation zeigte Zeichen der Beträchtigung durch die Schadstoffe. Ab der Mitte der Vegetationsperiode war diese mit einer dünnen Rußschicht bedeckt. Die Böden dieses Standortes wiesen hohe Konzentrationen an Schwefelionen auf. Oberflächenproben (obere 10 cm) der Braunerde des nicht belasteten Standortes wurden an die belastete Stelle transportiert und für ein Jahr der starken atmosphärischen Belastung ausgesetzt. Die Exposition führte zu einem Rückgang des pH im Boden von 4.2 auf 3.7; signifikante Veränderungen der Atmungsrate waren nicht nachweisbar.

Unter dem Einfluß von Industrieemissionen mit hohem SO_2-Gehalt kam es an fünf Waldstandorten (Fichte) in den Slavkovsky Bergen (ehemalige CSFR) zu einer Reduktion der Grundatmung und der potentiellen Atmung (Lettl 1990; Langkramer und Lettl 1981). Der erhöhte Gehalt an Sulfatschwefel hatte den A-Horizont zunehmend versauert.

Waldböden mit unterschiedlichem Ausgangs-pH wurden simuliertem sauren Regen (pH 3.2–4.1) in entweder einer kontinuierlichen Applikation (100 cm mit einer Rate von 5 cm/Stunde) oder einer intermittierenden Applikation (5 cm/Stunde, dreimal pro Woche während sieben Wochen) ausgesetzt (Strayer und Alexander 1981). Die Effekte des simulierten sauren

Regens waren vor allem im oberen Bereich des Bodens ausgeprägt. Diese schlossen eine Erniedrigung des pH und der Rate der Glucosemineralisierung sowie eine Erhöhung der Konzentration an austauschbarem Al und der Gesamt- und austauschbaren Acidität ein. Die Mineralisierung von ^{14}C-Glucose wurde bei verschiedenen Glucosekonzentrationen bestimmt (1.5–54 μg Glucose/g Boden). Die Glucosemineralisierung wurde in den Testböden (pH 4.4-7.1) durch kontinuierliche Exposition gegenüber saurem Regen von pH 3.2 nicht, jedoch gegenüber einem solchen von pH 4.1, gehemmt. Das Ausmaß der Hemmung war vom Boden und von der ursprünglichen Glucosekonzentration abhängig. Die Mineralisierungsrate wurde bei den getesteten Glucosekonzentrationen reduziert, wenn der Boden während sieben Wochen intermittierend mit saurem Regen (pH 3.2) belastet wurde.

Ein mit Sämlingen von *Pinus ponderosa* bestandender Waldboden (pH 6.4) wurde simuliertem sauren Regen (pH 2.0, 3.0, 4.0 und 5.6) ausgesetzt (Killham et al. 1983). Die Exposition entsprach 15 cm Niederschlag während einer Zwölfwochenperiode. Nach Exposition wurden Proben aus dem oberen Zentimeter sowie aus dem Bereich 4–5 cm gezogen. Die Veränderung der Atmungsaktivität war im oberen Bereich des Bodens am signifikantesten. Die Atmungsaktivität wurde durch den simulierten sauren Regen von pH 3 und 4 stimuliert; maximale Aktivität trat unter dem Einfluß von simuliertem Regen eines pH von 3 auf. Im Boden, welcher dem Eintrag von simuliertem sauren Regen von pH 4 exponiert war, nahm der Gehalt an verfügbarem Kohlenstoff signifikant zu. Der Eintrag von Regen mit pH 3 bewirkte keinen nachweisbaren Anstieg des verfügbaren Gehaltes an Kohlenstoff, wenngleich die mikrobielle Aktivität durch diese Behandlung signifikant stimuliert wurde. Eine Zunahme der Kohlenstoffverfügbarkeit als Mechanismus der Stimulierung war auszuschließen, wenngleich nicht auszuschließen war, daß die eingesetzte Methode nicht ausreichend sensitiv war, geringe Veränderungen im verfügbaren Kohlenstoffgehalt nachzuweisen. Nitratzusätze (KNO_3) bewirkten eine Erhöhung der Atmungsrate. Mit KCl versehene Kontrollen wurden nicht beeinflußt. Die pH-Werte der den mittleren Säureeinträgen exponierten Böden änderten sich nicht wesentlich; ein direkter Effekt der Acidifizierung war unwahrscheinlich. Bei pH 2 trat eine wesentliche Veränderung des ursprünglichen pH, vor allem im Oberbodenbereich von 0–1 cm, auf. Nur bei einem unrealistisch hohen Eintrag von Protonen (pH 2) wurde die Atmung gehemmt (der Rückgang des pH entsprach während einer zwölfwöchigen Periode einem solchen von 2.8 Einheiten). In Böden, welche Einträge von pH 2 erhalten hatten, reicherte sich Nitrat an. Dies konnte auf der Menge an zugesetztem Nitrat oder einer reduzierten Nutzung als Nährstoff beruhen. Ammonium reicherte sich ebenfalls an. Diesbezüglich wurde auf Spekulationen verwiesen, welche chemische oder biologische Vorgänge bzw.

deren Kombination involvieren (z.B. saure Hydrolyse oder Hemmung der Nitrifikation bzw. der Ammoniumimmobilisierung).

Der Anioneneffekt der sauren Deposition auf mikrobielle Parameter konnte auch in Untersuchungen von Bewley und Stotzky (1983a) gezeigt werden. Der Boden aus einem botanischen Garten wurde mit 1% Glucose supplementiert und mit H_2SO_4, rauchender H_2SO_4, HCl, H_3PO_4, HNO_3, rauchender HNO_3 oder Kombinationen von rauchender und nicht rauchender H_2SO_4 und HNO_3 versehen. Das pH des Bodens sollte dadurch auf Werte, rangierend zwischen 5.0 und 2.0, gesenkt werden. Verschiedene Säuren zeigten bei gleichem pH des Bodens ein unterschiedliches Ausmaß der Toxizität. Die Acidifizierung auf pH 2.8 oder 2.9 verlängerte die lag-Phase des Glucoseabbaus; rauchende HNO_3 hatte den stärksten Effekt und rauchende H_2SO_4 war nur geringfügig toxischer als nicht rauchende H_2SO_4. Bei pH 2.3–2.4 hemmte rauchende HNO_3 allein oder in Kombination mit H_2SO_4 die CO_2-Entwicklung. Beide, rauchende und nicht rauchende HNO_3, reduzierten die Menge an mineralisiertem C in einem stärkeren Ausmaß als rauchende und nicht rauchende H_2SO_4. Die Mengen an mineralisiertem Kohlenstoff in Böden, welche mit Kombinationen aus H_2SO_4 und HNO_3 behandelt worden waren, lagen zwischen jenen von Böden, welche mit der jeweiligen Säure allein behandelt worden waren. HCl und H_3PO_4 wirkten auf die Verlängerung der lag-Phase ähnlich wie nicht rauchende H_2SO_4. Die Inokulation des Bodens mit Suspensionen eines mikrobiell aktiven Bodens erhöhte die Kohlenstoffmineralisierung. In inokulierten Böden waren die hemmenden Effekte der Acidifizierung auf die C-Mineralisierung weniger ausgeprägt als in nicht inokulierten.

In einer weiteren Arbeit wurden Bodenmischungen aus einem botanischen Garten, welche 9% Kaolinit, 9% Montmorillonit bzw. keine Tonzusätze erhalten hatten, mit 1% Glucose versehen und mit H_2SO_4 behandelt (Bewley und Stotzky 1983b). Durch letzteres sollte das pH auf einen Bereich von 5.4–0.8 gesenkt werden. Die Acidifizierung beeinflußte die CO_2-Entwicklung erst dann, wenn das pH unter 3 gesenkt wurde. Keine Mineralisierung von Glucose war hingegen bei pH-Werten von etwa 2 nachweisbar. Durch Anheben des pH auf 4.1–4.3 wurde die Mineralisierung ermöglicht. Ein Absenken des pH-Wertes auf 1.4 oder darunter erforderte, zur Erzielung einer CO_2-Entwicklung, die Inokulation des Bodens. Tonmineralienzusatz, vor allem Montmorillonit, milderte die toxischen Effekte der H_2SO_4; letzteres vor allem bei pH-Werten < 3.

In unter Feldbedingungen durchgeführten Untersuchungen wurde die CO_2-Entwicklung durch den applizierten simulierten sauren Regen nicht verändert (Bitton et al. 1985). Die Standorte (sandiger Boden) hatten in einer ersten Bewässerungsserie (März bis Juli 1981) 50 cm simulierten sauren Regen erhalten. Letzterer bestand in angesäuertem Seewasser, eingestellt auf pH 3.7 oder 3.0 mittels 70:30 H_2SO_4/HNO_3; als Kontrolle diente Seewasser mit einem pH von 4.6. In der zweiten Bewässerungsphase (März–August 1982) hatten die Standorte 18 Applikationen erhalten; etwa 6 cm pro Bewässerung und insgesamt 100 cm.

Zur Bestimmung der relativen Beiträge von Bakterien und Pilzen zur Atmung in Waldböden von drei „ökologisch analogen" Standorten und deren Beeinflussung durch saure Depositionen, setzten Bewley und Parkinson (1985) eine selektive Inhibitortechnik ein. Die Standorte lagen 2.8, 6.0 und 9.6 km windabwärts einer SO_2-emittierenden Sauergasfabrik. Die Prozentverhältnisse von bakterieller zu pilzlicher Atmung betrugen, entsprechend der obigen Reihe zunehmender Entfernung, 5:95, 14:83, 19:82 in den F/H-Horizonten und 31:70, 36:62 und 38:62 im Mineralboden (bis 5 cm Tiefe).

In Feldversuchen mit simuliertem sauren Regen können die Effekte des simulierten Regens durch den zusätzlich eingetragenen natürlichen Niederschlag modifiziert werden. Natürliche Niederschläge sind von komplexer Zusammensetzung. Niederschlagsbestandteile mit Substrat-, Nährstoff- oder Puffercharakter können die Wirkungen von ebenfalls vorhandenen Säuren bzw. Säurebildnern modifizieren.

Will et al. (1986) untersuchten im Feld den Einfluß von simuliertem sauren Regen (acidifiziertes Seewasser, angesäuert mit H_2SO_4/HNO_3 im Verhältnis 7/3 auf pH 3.0 oder 3.6) bzw. von nicht angesäuertem Seewasser (pH 4.6) auf die Bodenatmung. Die Applikation erfolgte in Raten von 10 cm/Woche für 20 Wochen. Die Standorte wurden in „bedeckte" und „nicht bedeckte" Standorte unterteilt; auf diese Weise sollte der Effekt von natürlichem Regen (pH 4.6) ausgeschlossen werden. Die Applikation von 200 cm simuliertem saurem Niederschlag beeinflußte das pH und die CO_2-Entwicklung nicht signifikant. Nach der Applikation von 200 cm simuliertem saurem Regen war das pH und die Atmung an Standorten, welche vor natürlichen Niederschlagsereignissen abgeschirmt worden waren, niedriger. 24 Wochen nach der letzten Applikation konnten bei keinem der bestimmten Parameter Unterschiede hinsichtlich der Behandlung festgestellt werden.

Elementarer Schwefel ist ein Nebenprodukt der Gewinnung von saurem Naturgas. Dieser fällt bei der Extraktion von Schwefel aus dem sauren Naturgas an. Der anfallende elementare Schwefel wurde oftmals im großen Maßstab im Freien gelagert. Der Aufschluß und die Verwitterung von gelagerten Schwefelblöcken resultierte in der Ablagerung großer Schwefelmengen in angrenzenden Systemen und in Schäden an der Vegetation.

Maynard et al. (1986) nahmen auf diesbezügliche Gegebenheiten in Alberta, Kanada, Bezug. Während einer zweijährigen Periode wurden chemische und biologische Eigenschaften der organischen Auflagehorizonte untersucht, welche während mehrerer Jahre elementarem Schwefel exponiert waren. Steigende Konzentration an elementarem Schwefel (4100 bis 50 400 mg S/kg Boden) und an extrahierbarem Schwefel und abnehmendes pH (4.4–2.4) traten in den organischen Auflagehorizonten mit zunehmender Nähe (750, 250, 50 m) zur Quelle auf. *Thiobacillus thiooxidans* erwies sich als der hauptsächlich für die Oxidation des elementaren Schwefels in den Proben verantwortliche Organismus. Der Standort unmittelbar zu den S^o-Blöcken (50 m) zeigte reduzierte Konzentrationen an Gesamt- und mit 1.0 M NH_4Cl extrahierbarem Ca, Mg, K und Mn. Im zweiten Jahr der Sammlung war die CO_2-Entwicklung sowohl in Proben mit als auch ohne Glucose reduziert. Die anderen Standorte (in 250 m und 750 m Entfernung zu den Blöcken) wiesen keinen signifikanten Rückgang im Nährstoffstatus oder der heterotrophen mikrobiellen Aktivität auf.

Bryant et al. (1979) konnten in Untersuchungen zum Einfluß von Kurz- und Langzeitversauerung auf die Atmung in einigen Böden Albertas, eine ernste Beeinträchtigung der Bodenatmung in der Nähe eines Schwefelblocks nachweisen. Der Boden war durch Langzeitexposition stark sauer (pH 3.0). Ein 200 m von diesem Block entfernt gelegener Boden (pH 6.8) wurde künstlich auf pH 2.9 versauert. Dies bedingte eine signifikante Reduktion der Bodenatmung. Ein Gartenboden (pH 7.7), welcher ebenfalls auf pH 3.2 angesäuert wurde, zeigte im Vergleich zum nicht angesäuerten Kontrollboden keine signifikante Reduktion der Atmungsrate. Die Ansäuerung war in beiden Fällen mit H_2SO_4 erfolgt.

In einem Langzeitversuch (sieben Jahre) mit simuliertem sauren Regen konnten Vanhala et al. (1996) im am stärksten belasteten Boden eine Reduktion der Atmung um 20% feststellen. Die Gesamtlast der Protonen betrug 14.9 kmol/ha. Der Versuchsboden war ein nährstoffarmer subarktischer Boden unter Mischwald. Simulierter saurer Regen von pH 3 und 4 war appliziert worden (Ansäuerung mit H_2SO_3 bzw. HNO_3).

2.5.4 Stickstofftransformationen

Der Stickstoff ist ein wichtiger Makronährstoff, welcher in vielen Waldökosystemen als wachstumslimitierender Faktor erkannt werden konnte. Zunehmende N-Immissionen erhöhten jedoch den Eintrag von Stickstoff in Wälder, und in manchen Waldökosystemen übersteigt das Stickstoffangebot das Vermögen des Systems, Stickstoff zu speichern.

Stickstofftransformationen im Boden nehmen Einfluß auf die Bewegung, den Verlust und die Pflanzenaufnahme von Stickstoff im und aus dem Boden. Im Zuge von Stickstofftransformationen gebildete Protonen können über die Auswaschung von Nitrat einen wesentlichen Beitrag zur Bodenversauerung leisten. Nitrat weist, anders als Ammonium, im Boden eine hohe Mobilität auf und kann leicht unter den Wurzelbereich verlagert und in das Grundwasser ausgewaschen werden. Durch tiefwurzelnde Baumarten, bei stärkerer Durchwurzelung des Unterbodens und einer weniger stark fortgeschrittenen Versauerung kann das wandernde Nitrat noch im Unterboden von den Bäumen aufgenommen und in den Stoffkreislauf eingeschleust werden. Die im System speicherbare N-Menge wird dadurch erhöht und die Auswaschung von Stickstoff verzögert. Ein den biologischen Bedarf übersteigendes Angebot an Nitrat trägt, über die gemeinsame Auswaschung von Nitrat und basischen Kationen, zur Bodenversauerung bei. Eine Versauerung von Grundwasser wird über die gemeinsame Auswaschung von Nitrat mit H^+- oder mit Al^{3+}-Ionen gefördert. Nitratverluste können durch den gleichzeitig auftretenden Prozeß der Denitrifikation verlangsamt werden. In Form von Ammonium in den Boden eingetragener Stickstoff kann über den Vorgang der Nitrifikation in Nitrat überführt werden, weshalb Ammonium-N ebenfalls das Potential zur Bodenversauerung aufweist. Nicht oder gering nitrifizierende Böden können höheren atmosphärischen Stickstoffeinträgen ohne eine Störung des N-Kreislaufes widerstehen (Gundersen und Rasmussen 1990). In Böden mit einem hohen Potential zur Nitrifikation ist die Gefahr einer Entkopplung des N-Kreislaufes, welche in der Auswaschung von Nitrat zum Ausdruck kommt, größer.

Unterschiedlich mit Stickstoff ausgestattete Böden reagieren auf einen erhöhten Stickstoffeintrag unterschiedlich (Beese und Matzner 1987). Böden mit einem hohen N-Vorrat in den mineralischen Horizonten und der Humusform Mull, sollten demnach den eingetragenen Stickstoff in Form von Nitrat zum Großteil an das Grundwasser abgeben. Bei den in solchen Böden (engen) C/N-Verhältnissen, sollte keine oder eine nur geringe Möglichkeit zur N-Speicherung im Boden bestehen. In Böden mit geringen N-Vorräten und der Humusform Moder oder Rohhumus kann die N-Zufuhr, durch den Einbau von bisher limitierend wirkenden N, zunächst zu einer Verengung der weiten C/N-Verhältnisse führen. Die Bestände reagieren auf das erhöhte N-Angebot mit einer intensiveren N-Aufnahme, bis andere Faktoren limitierend wirken. Im Auflagehumus findet eine Anreicherung von Stickstoff statt. Im Auflagehumus gespeicherter Stickstoff repräsentiert einen labilen N-Vorrat. Dieser Stickstoffvorrat kann durch menschliche Eingriffe, wie Durchforstung, Kahlschlag und Auslichtung der Bestände, mobilisiert werden und zur Bodenversauerung beitragen.

Mikrobiell vermittelte N-Transformationen werden durch die Versauerung des Bodens bzw. durch ein erhöhtes Angebot an Stickstoff modifiziert. Eine nachteilige Beeinflussung kann durch die mit abnehmendem pH zunehmende Freisetzung toxischer Metalle oder die Abnahme der Verfügbarkeit des Makronährstoffes Phosphor und des Spurenlements Molybdän gegeben sein. Molybdän ist ein für die Nitratreduktion und Stickstoffixierung notwendiges Element. Auch können durch leicht verfügbare Stickstoffquellen biochemische Aktivitäten des Streuabbaus gehemmt und der Stickstoffversorgung dienende symbiontische Beziehungen gestört werden.

Die Nitrifikation und die Ammonifikation wurden durch die Behandlung von Böden mit simulierten sauren Depositionen in der Mehrzahl der Fälle reduziert, wenngleich Nichtbeeinflussung und Stimulierung ebenso berichtet wurde. Es wurde angenommen, daß eine unter dem Einfluß von sauren Depositionen gehemmte N-Mineralisierung, in kurzen Perioden der Exposition, durch den Depositions-N kompensiert werden kann. Die Denitrifikation zeigt ebenso wie die symbiontische und die nicht symbiontische N2-Fixierung Sensitivität gegenüber solchen Behandlungen. Der Einsatz verschiedener Mengen an simuliertem sauren Regen eines gegebenen pH-Wertes sowie die Wahl verschiedener Expositionsperioden, führen zu unterschiedlichen Aussagen zum Einfuß von simuliertem sauren Regen auf verschiedene Stickstofftransformationen (z.B. Klein und Alexander 1986).

Es liegen Befunde vor, welche die Anreicherung von Nitrit in sauren Depositionen exponierten Böden zeigen. Bei erhöhter Acidität des Bodens kann N_2O gegenüber N_2 das vorherrschende Produkt der Denitrifikation sein. Die Bildung von N_2O wird auch durch gehemmte Nitrifikationsprozesse begünstigt. N_2O ist dabei ein Reduktionsprodukt des bei der Ammoniumoxidation gebildeten Nitrits. Unter Bedingungen des relativen Sauerstoffmangels kann sich bei der Nitrifikation Nitrit anreichern. Zur Anreicherung von Nitrit kommt es auch, wenn die nitritoxidierenden Bakterien durch hohe Ammoniumkonzentrationen geschädigt werden. N_2O ist ein treibhauseffektives Gas und steht mit der Zerstörung des Ozons in der Stratosphäre im Zusammenhang. Die Effekte der Acidität auf die Stickstofftransformationen sind sowohl für die Landwirtschaft als auch für die Umwelt von Bedeutung.

Es kann zwischen der autotrophen und der heterotrophen Nitrifikation unterschieden werden. Autotrophe Nitrifikanten bevorzugen eine neutrale oder leicht saure Bodenreaktion. Unter günstigen Bedingungen wird Ammonium relativ rasch über Nitrit in Nitrat umgewandelt. Die Mehrzahl der intensiv untersuchten nitrifizierenden Bakterien sind autotroph. Es konnten jedoch auch heterotrophe Pilze und Bakterien gefunden werden, welche Stickstoff aus einer Reihe organischer und anorganischer Quellen oxidieren. Sowohl autotrophe als auch heterotrophe Nitrifikanten konnten aus sauren Böden isoliert werden. Die heterotrophe Nitrifikation zeichnet sich durch eine niedrige Umsatzrate und eine hohe Säuretoleranz aus.

Untersuchungen zur Nitrifikation zeigten die rückläufige Rate der Nitrifikation mit abnehmendem pH (Alexander 1980). Variation konnte hinsichtlich jenes pH festgestellt werden, bei welchem dieser Prozeß nicht mehr auftritt. Diesbezüglich konnten pH-Werte < 5 angegeben werden. Anderen Befunden zufolge konnte selbst unterhalb von pH 4.7 noch wesentliche Nitrifikation festgestellt werden. Diese wurde erst bei pH 4.3 unbedeutend. Die Nitrifikation kommt in sauren Böden bei pH 4.0 bis 4.2 zum Stillstand (Munk 1958). Solche Befunde ließen auf eine, in sauren

Habitaten durch heterotrophe Organismen vermittelte, Nitratbildung schließen. In der Folge konnte auch das Auftreten von autotropher Nitrifikation in sauren Habitaten festgestellt werden. Solche Ergebnisse sind im Zusammenhang mit der Entwicklung von säuretoleranten autotrophen Nitrifikanten zu sehen.

Die Nitrifikation reagierte standortspezifisch auf den Eintrag von SO_2 (Labeda und Alexander 1978). Diese wurde in einem Lehmboden (pH 7.2) durch die kontinuierliche Exposition des Bodens gegenüber 0.5 ppm SO_2 oder kurzen Expositionen gegenüber höheren SO_2-Konzentrationen nicht beeinflußt. Die intermittierende Exposition eines schluffigen Tonlehms, pH 5.0 gegenüber SO_2, reduzierte die Geschwindigkeit der Nitratbildung. Die kontinuierliche Begasung des Bodens mit 10 ppm SO_2 erniedrigte die Nitrifikationsrate. Die kontinuierliche Begasung des Lehmbodens mit 5 ppm NO_2 reduzierte die Geschwindigkeit der Abnahme des Ammoniumgehaltes und führte zu einer Anreicherung von Nitrit. Nitrit reduzierte bei einem Gehalt von 30 µg N/g Boden die Geschwindigkeit der Abnahme des Ammoniumgehaltes.

In Braunerde-Podsolen unter Laubmischwald bestimmte Wainwright (1980a) den Einfluß von starker atmosphärischer Belastung auf die Ammonifikation und die Nitrifikation. Einer der Standorte war geringer Belastung ausgesetzt (40 µg SO_2/m^3), während der andere häufig dem Rauch einer Schamottsteinfabrik exponiert war. An diesem Standort war die SO_2-Konzentration mit 125 µg/m^3 hoch und die Vegetation zeigte Zeichen der Beträchtigung durch die Schadstoffe. Die Böden dieses Standortes waren reich an Schwefelionen sowie an S-oxidierenden Mikroorganismen. Oberbodenproben (obere 10 cm) des erstgenannten (gering belasteten) Standortes wurden an den stark belasteten Standort transferiert und ein Jahr lang der starken atmosphärischen Belastung ausgesetzt. Die Exposition führte zu einem Rückgang des pH von 4.2 auf 3.7, jedoch konnte eine signifikante Veränderung der Nitrifikationsrate nicht nachgewiesen werden. In den exponierten Böden war jedoch die Ammonifikationsrate erhöht.

Eine Stimulierung der Ammonifikation in mit Schwefelverbindungen belastetem Bodenmaterial konnte auch von Lettl (1981) berichtet werden. Dieser Autor hatte im Topfversuch den Einfluß einer Langzeitapplikation von Sulfit, Thiosulfat sowie Sulfat auf die Ammonifikation und Nitrifikation unternommen. Während einer Zeitspanne von drei Monaten wurde der Boden insgesamt 28mal mit den entsprechenden Lösungen der Schwefelverbindungen beregnet. Die Mengen der zugeführten Schwefelverbindungen betrugen in ppm für $Na_2S_2O_3$ und Na_2SO_3 jeweils 84, 8.4 und 0.84 bzw. für Na_2SO_4 jeweils 84 und 8.4. Die Schwefelverbindungen hemmten die Nitrifikation und stimulierten die Ammonifikation. Sulfit war die effektivste Verbindung.

An fünf Standorten in den Slavkovsky Bergen (CSFR) untersuchten Langkramer und Lettl (1981) den Einfluß von Industrieemissionen mit hohem SO_2-Gehalt, auf N-Transformationen von Waldböden unter Fichten. Die Immissionen hatten zu einer Reduktion der Zahl aerober ammonifizierender Bakterien geführt. Die Nitrifikation war unbeeinträchtigt, während die Ammonifikation bis in die Tiefe des A-Horizonts wesentlich gehemmt wurde. Der A-Horizont wies eine fortgeschrittene Versauerung auf. In einer weiteren Arbeit nahm Lettl (1990) auf Langzeituntersuchungen an durch SO_2-Immissionen beeinträchtigten Waldstandorten Bezug, in welchen sowohl eine Reduktion der Ammonifikation als auch der Immobilisierung von Ammonium-N nachgewiesen werden konnte.

Waldbodenproben enthaltende Säulen wurden mit entweder einer kontinuierlichen Applikation von 100 cm simuliertem sauren Regen (pH 3.2–4.1), mit einer Rate von 5 cm/Stunde oder einer intermittierenden 1.5 Stundenapplikation von 1.2 cm simuliertem sauren Regen, zweimal pro Woche für 19 Wochen, perkoliert (Strayer et al. 1981). Die oberen 1.0–1.5 cm Lagen des Bodens wurden für die Bestimmung von Veränderungen im anorganischen N-Gehalt des Bodens herangezogen. Die potentielle Nitrifikation wurde durch die kontinuierliche Exposition gegenüber saurem Regen von pH 4.1–3.2 gehemmt. Das Ausmaß der Hemmung stand mit der Acidität des simulierten sauren Regens in direkter Beziehung. Die aktuelle Nitrifikation wurde durch die kontinuierliche Behandlung des Bodens mit simuliertem sauren Regen von pH 3.2 entweder stimuliert oder blieb unbeeinflußt. Intermittierende Applikationen von simuliertem Regen (pH 3.5–4.1) für 19 Wochen hemmten die potentielle Nitrifikation partiell, während die aktuelle unbeeinflußt blieb oder stimuliert wurde.

Zur Untersuchung des modifizierenden Effektes von organischer Substanz auf die Wirkung von simuliertem sauren Regen auf Stickstofftransformationen, setzten Stroo und Alexander (1986a) Bodensäulen ein. Die Säulen enthielten Proben aus den O-Horizonten von zwei Waldböden und Mischungen dieser Horizonte mit Sand. Die Böden waren sandige Lehme und unterschieden sich primär hinsichtlich des C/N-Verhältnisses und der Vegetation. Der simulierte saure Regen bestand in deionisiertem Wasser äquilibriert mit atmosphärischem CO_2 (pH 5.6) oder angesäuert auf pH 3.5 mit H_2SO_4. Simulierter saurer Regen von pH 3.5 reduzierte den prozentuellen Anteil des Nitrat-N, wenn der Gehalt an organischer Substanz unter 0.1 g/g Boden lag. Der Prozentsatz ging mit abnehmenden organischen Substanzgehalten zurück. Im Boden unter Laubwald war der Effekt des sauren Regens auf die N-Mineralisierung und die Nitratbildung ähnlich. Im Boden unter Kiefer nahm die N-Mineralisierung durch den simulierten sauren Regen zu, sofern der organische Substanzgehalt hoch war. In sämtlichen Bodenmischungen gingen die Gehalte an gelöster organischer Substanz anfänglich durch die Behandlung mit saurem Regen zurück. Im Laufe der Zeit kam es zur Erholung und die Gehalte erreichten erneut ähnliche und höhere Gehalte als die Kontrollböden. Die Erholung erfolgte im Boden unter Kiefernwald rascher als unter Laubwald. Erhöhte organische

Substanzgehalte in den Bodenmischungen verminderten das Ausmaß und die Dauer der durch den sauren Regen induzierten pH-Veränderungen.

Stroo und Alexander (1986b) bestimmten die Bildung von Nitrat und Ammonium in Säulen, welche Proben von Oberflächenhorizonten zwölf verschiedener Waldböden enthielten. Die Stickstoffbestimmung erfolgte während und nach der Exposition gegenüber simuliertem sauren Regen (pH 3.5 bzw. pH 5.6). Die Exposition entsprach dem dreifachen der Umgebungs-Depositionsraten; die Inkubation erfolgte für 116 Tage. Die relative Reaktion auf die erhöhte Acidität stand mit dem Gehalt der Böden an organischer Substanz sowie an Stickstoff in Beziehung. Für die Gesamtheit der zwölf Böden bestand zwischen der durchschnittlichen Mineralisationshemmung und der Menge an zugesetzter Säure eine lineare Beziehung. In einigen Böden war die Menge an mineralisiertem N nach der Exposition gegenüber simuliertem sauren Regen von pH 3.5 geringer als bei solchen, die saurem Regen von pH 5.6 exponiert wurden. Für andere konnte das Umgekehrte festgestellt werden. Der simulierte Regen von pH 3.5 bewirkte eine Auswaschung von K, Ca, Mg, Al und Fe aus dem Boden.

Bitton et al. (1985) konnten in einem Sandboden unter Feldbedingungen einen durch simulierten sauren Regen signifikanten Rückgang der Nitrifikation nachweisen. Die Standorte hatten in einer ersten Bewässerungsserie (März–Juli 1981) 50 cm simulierten sauren Regen (bestehend aus angesäuertem Seewasser eingestellt auf pH 3.7 oder 3.0 mittels 70:30 H_2SO_4/HNO_3) erhalten; die Kontrolle wurde mit Seewasser (pH 4.6) versehen. In der zweiten Bewässerungsphase (März–August 1982) erhielten die Standorte 18 Applikationen (etwa 6 cm pro Bewässerung), insgesamt 100 cm. Der Rückgang der Nitrifikation zeigte sich bei beiden der eingestellten pH-Werte.

Klein und Alexander (1986) unternahmen mit einem Waldboden Untersuchungen zum Einfluß der Applikationsrate von simuliertem sauren Regen auf die N-Mineralisierung und die Nitrifikation. Dabei wurden verschiedene Mengen an simuliertem sauren Regen während variierender Perioden appliziert. Der Boden wurde im Labor mit simuliertem sauren Regen (pH 3.5, 4.1 oder 5.6 in Mengen, äquivalent zum 1.5, 2.3, 4.6, 7.1 oder 15fachen der Durchschnittsrate des Niederschlages im Feld) versehen. Saurer Niederschlag von pH 3.5 und 4.1 hemmte die Raten der N-Mineralisierung, wenn dieser während einer Periode von 27 bis 234 Tagen in Raten appliziert wurde, welche gegenüber jenen in der Natur auftretenden, 1.5mal erhöht waren. Keine Beeinflussung der N-Mineralisierungsrate war nachweisbar, wenn Böden mit simuliertem sauren Regen von pH 3.5 oder 4.1 für 156 Tage mit der 2.3fachen, für 27 oder 81 Tage mit der 4.6fachen sowie für 234 Tage mit der 15fachen durchschnittlichen Rate des natürlichen Niederschlages versehen wurden. Eine Steigerung der N-Mineralisierung trat in Böden auf, welche für 234 Tage dem 4.6fachen bzw. für 81 Tage dem 15fachen der natürlichen Niederschlagsrate entsprechend, simuliertem Regen von pH 3.5 ausgesetzt wurden. Im mit Ammonium versehenen Boden wurde die Nitratbildung durch sauren Regen von pH 3.5, unabhängig von der Intensität des Regens oder der Dauer der Exposition, gehemmt. Im mit Ammonium versehenen Boden nahmn bei konstanter Rate der Regenapplikation, die Hemmung der Nitratbildung generell mit längeren Perioden der Exposition zu.

Brown (1985) untersuchte mittels Lysimeter den Einfluß von erhöhter saurer Deposition auf biochemische und chemische Eigenschaften von Farnstreu, welche einem Podsol auflag. Die Lysimeter erhielten 1500 mm/Jahr an „Regen“, bestehend aus entweder destilliertem Wasser oder Schwefelsäure von pH 3.0, gleichmäßig verteilt über eine Periode von fünf Jahren. Die Behandlung versauerte die Streu wesentlich und war mit einer beschleunigten Auswaschung von Ca^{2+}, Mg^{2+}, K^{+}, Mn^{2+} verbunden. In der Streu war ebenfalls die Konzentration an extrahierbaren Al^{3+}-Ionen erhöht. Die Mineralisierungsraten von Harnstoff gingen signifikant zurück. Die Streu wies gegenüber der Kontrollstreu einen geringfügig erniedrigten Gehalt an Gesamtstickstoff, Ammoniumstickstoff sowie Gesamtphosphor auf.

Entlang eines durch S-Depositionen etablierten Kontaminationsgradienten (Waldboden unter *Pinus*-Hybriden) konnten Bewley und Parkinson (1986) mit zunehmender Entfernung zum Emittenten eine Zunahme proteolytischer und ammonifizierender mikrobieller Aktivitäten nachweisen. Die Proben waren dem Mineralboden und der organischen Auflage entnommen worden. Die drei gewählten Standorte lagen in 2.8 km (I), 6.0 km (II) und 9.6 km (II) (in Windrichtung) Entfernung zu einem Sauergasherstellungsbetrieb. Die Sulfatschwefel-Konzentrationen betrugen an (I), (II), (III): 1860, 245 und 109 ppm in der organischen Lage sowie 92, 14 und 3 ppm in 5 cm Tiefe.

Francis (1982) untersuchte den Einfluß von simuliertem sauren Niederschlag auf Stickstofftransformationen in einem sauren Waldboden. Der Boden war mittels 1 N H_2SO_4 auf pH 3.0 oder mittels $Ca(OH)_2$ auf pH 7.0 eingestellt worden. Der natürliche Boden hatte ein pH von 4.9 aufgewiesen. Im pH-adjustierten sauren Boden war die Ammoniumbildung etwa 50% geringer als im natürlich sauren Boden. Erhöhte Ammonifikations- und Nitrifikationsraten konnten im pH-adjustierten neutralen Boden beobachtet werden. Geringe autotrophe und heterotrophe Nitrifikationsaktivität zeigte sich in natürlich sauren und acidifizierten Böden. Die Rate der Denitrifikation war in sauren Böden relativ niedrig und bei höheren Aciditäten war N_2O das vorherrschende Endprodukt.

Bei der Behandlung von Koniferenwaldböden mit simuliertem Regen von pH 3.0 konnten McColl und Firestone (1987) signifikante Zunahmen des mineralisierbaren N und des Denitrifikationspotentials sowie Rückgänge des Nitrifikationspotentials nachweisen. Der artifizielle saure Regen war durch Ansäuern mit HNO_3 und H_2SO_4 auf pH 5.6, 4.5, 4.0 und 3.0 erhalten worden. Zur Simulierung des Niederschlages der Untersuchungsregion wurde der simulierte Regen mit den Kationen Ca, Mg, K und Na versehen. Zwei Feuchtperioden mit einer Dauer von 34 und 27 Wochen, getrennt durch eine Trockenperiode von 18 Wochen, wurden gewählt. Die Behandlungen mit simuliertem Regen erfolgten dem Bedarf der Pflanzen entsprechend und im Abstand von zehn Tagen. Effekte waren nur bei der Behandlung mit simuliertem sauren Regen von pH 3.0 nachweisbar. Der Rückgang des pH war von einer Abnahme des Gehaltes an austauschbaren Kationen sowie von einer Zunahme des Gehaltes an Al, Mn, Fe und Zn begleitet.

In fünf verschiedenen Böden Albertas wurde das Vermögen der Mikroorganismen zur Denitrifikation und der Einfluß von S-Anionen auf dieses untersucht (Gould und McCready 1982). In sämtlichen Böden konnte die Abhängigkeit der Denitrifikationsrate von den chemischen Bodeneigenschaften und der Verfügbarkeit geeigneter C-Quellen nachgewiesen werden. Der Zusatz von 100 oder 500 µg Sulfat-S/g Boden hatte geringen oder keinen Einfluß auf die Denitrifikationsrate. Der Zusatz von Na_2SO_3, $Na_2S_2O_3$ und Na_2S reduzierte die Denitrifikationsrate und Nitrit wurde angereichert. Auf die mikrobielle Reduktion der S-Anionen zu S^{2-} war zu schließen. Letztere sollten die terminalen enzymatischen Schritte der Denitrifikation blockieren und die Anreicherung von Nitrit bedingen. Durch die Gabe von 900 µg Glucose/g Boden konnte die Hemmung der Denitrifikation überwunden werden.

Bei der Denitrifikation beeinflußt das pH nicht nur die Geschwindigkeit des Prozesses, sondern auch die Produkte. In Untersuchungen, in welchen die Denitrifikation unter anaeroben Bedingungen getestet wurde, ging die Rate unter pH 6.0 wesentlich zurück und die Produkte änderten sich (Alexander 1980). Bei pH-Werten unterhalb des Neutralpunktes trat Distickstoffoxid (N_2O) gegenüber N_2 stärker hervor. Unter stärker sauren Bedingungen wurden große Mengen an Stickoxid gebildet. Im Gegensatz zu molekularem Stickstoff ist Distickstoffoxid ein potentieller Schadstoff.

2.5.5 Ausgewählte Bodenenzymaktivitäten

Nur wenige Autoren beschäftigten sich mit dem Einfluß saurer Depositionen auf die Aktivität spezieller Bodenenzyme. In den vorliegenden Arbeiten wurden vor allem Enzyme berücksichtigt, welche an Transformationen des Schwefels und Stickstoffs beteiligt sind. Die Dehydrogenaseaktivität wird in Untersuchungen zum Schadstoffeinfluß auf die biologische Komponente der Bodenqualität häufig als ein genereller Aktivitätsparameter bestimmt. Die Aktivität anderer Enzyme, wie Cellulasen und Xylanasen, zeigt die Intensität des primären Streuabbaus an.

In der Mehrzahl der Untersuchungen kam simulierter saurer Regen zum Einsatz bzw. wurde der Effekt der Exposition gegenüber Schwefeldioxid sowie dessen Umwandlungsprodukte auf biochemische Parameter bestimmt. In Schwefeldepositionen ausgesetzten Böden können erhöhte Konzentrationen an verschieden anorganischen Schwefelverbindungen nachgewiesen werden. Vergleichende Untersuchungen zeigten, daß die Aktivität der Enzyme des Schwefelmetabolismus im Boden durch die Konzentration der verschiedenen Schwefelformen, deren Beziehung zueinander und deren Verteilung im Profil, reguliert wird. Böden, in welchen der Großteil des Schwefels in anorganischer Form vorliegt, weisen eine hohe Aktivität an Schwefel oxidierenden und reduzierenden Enzymen auf (Abramyan und Galstyan 1986). Die Arylsulfataseaktivität ist in solchen Böden gering. Hohe Arylsulfataseaktivität wird hingegen in an organischen Schwefelverbindungen reichen Böden gefunden.

Die Düngewirkung von in Depositionen enthaltenen Verbindungen, wie Sulfat, Nitrat, Ammonium oder auch basischen Kationen, sollte in die Interpretation von Ergebnissen bodenenzymatischer Versuche einfließen. Biochemische Aktivitäten des Streuabbaus können durch leicht verfügbare Nährstoffquellen (z.B. Nitrat, Ammonium) gehemmt werden.

Das in Transformationen anorganischer Schwefelverbindungen involvierte Enzym Rhodanase wies in mit SO_2 stark belasteten Braunerde-Podsolen (vorwiegend unter *Acer pseudoplatanus*) eine gegenüber der unbelasteten Kontrolle erhöhte Aktivität auf (Wainwright 1979). Das Ausmaß der SO_2-Belastung überschritt 125 $\mu g/m^3$.

Lettl (1984) konnte an durch SO_2-Immissionen stark belasteten Fichten-, Bergeschen- und Birkenstandorten Veränderungen biochemischer Transformationen des Schwefels im Boden feststellen. Das Vorkommen von zur Reduktion von elementarem Schwefel (S^0) zu S^{2-}, zur Oxidation von S^0 und $S_2O_3^{2-}$ zu SO_4^{2-} und zur Lösung von elementarem Schwefel fähigen Bakterien nahm in der obigen Reihenfolge zu. Das Vorkommen von Produzenten des Enzyms Rhodanase, Thiosulfatoxidase und Sulfitoxidase nahm ebenso zu, wie die Produktion dieser Enzyme.

In weiteren, von Wainwright (1980a) durchgeführten, Untersuchungen wurden Proben eines durch SO_2-Immissionen (40 μg SO_2/m^3) nur schwach beeinflußten Braunerde-Podsols (Laubwald) an einen entsprechenden Standort mit hoher SO_2-Belastung (125 μg SO_2/m^3) transportiert und dort für ein Jahr der starken atmosphärischen Belastung exponiert. Obgleich die Exposition zu einem Rückgang des pH von 4.2 auf 3.7 führte, konnten signifikante Veränderungen der Aktivität der Enzyme Urease, Amylase, Cellulase und Phosphatase nicht nachgewiesen werden.

An Standorten, welche sich in der Nähe städtischer und industrieller Regionen befanden, erwies sich die Arylsulfataseaktivität in einem sauren Torfboden als gering (Press et al. 1985). In entfernten Gebieten waren die Aktivitäten wesentlich höher. Wurde unbelasteter Torf an einen belasteten

Standort übertragen, kam es rasch zu einem Verlust an Arylsulfataseaktivität. Die Aktivität ging während 12 Wochen linear zurück. Während des Versuches veränderte sich das pH des transplantierten Torfes geringfügig. Ähnliche Transfers von Torf an einen geringer belasteten Standort zeigten keinen derartigen Rückgang während der gleichen Periode. Die Bewässerung des Torfs (Laborversuche) mit einer Lösung, welche Bestandteile von saurer Deposition in realistischen Konzentrationen enthielt, zeigte, daß diese Bestandteile, mit Ausnahme von Ammoniumionen, die Enzymaktivität verringerten. Die Proben waren zwölfmal während 40 Tagen mit 100 ml deionisiertem Wasser, welches entweder 1 mM an Na_2SO_4, 0.05 mM an HSO_3^-, 0.1 mM an NaH_2PO_4, 1 mM an $NaNO_3$ oder 1 mM an NH_4Cl war, behandelt worden. HSO_3^--Ionen (oder gelöstes und nicht reagiertes SO_2) bewirkten die höchsten Aktivitätsrückgänge.

Jarvis et al. (1987) konnten in drei Bohrkernen von Torf (30 cm tief) die geringste mittlere Arylsulfataseaktivität im Oberflächentorf und deren Zunahme mit der Tiefe (25–30 cm Tiefe) feststellen. Das ungewöhnliche Muster der Aktivitätsverteilung mit der Tiefe wurde im Zusammenhang mit der relativ hohen Verfügbarkeit an Sulfat im Oberflächentorf gesehen. Der beprobte Torf erhielt nicht nur über den Niederschlag hohe Sulfatfrachten, sondern auch über den Oberflächenabfluß einer umgebenden bewaldeten Wasserscheide.

In mit simuliertem sauren Niederschlag behandelter Streu unter *Picea abies* wurde die Cellulaseaktivität nur wenig beeinflußt (Hovland 1981). Die Streu war mit Grundwasser + H_2SO_4, zusätzlich zum normalen Regen, behandelt worden. Das Wasser besaß einen pH-Wert von 6.1, 4.0, 3.0 oder 2.5. Die Beregnung erfolgte während der frostfreien Periode einmal pro Monat in einer Menge äquivalent zu 50 mm Niederschlag. Zur Zeit der Entnahme von Streuproben waren 27 Beregnungen vorgenommen worden.

Brown (1985) führte Lysimeterversuche zum Einfluß von erhöhter saurer Deposition auf biochemische Eigenschaften von Farnstreu, einem Podsol aufliegend, durch. Die Lysimeter erhielten 1500 mm/Jahr an simuliertem Regen. Dieser bestand entweder aus destilliertem Wasser bzw. aus mit Schwefelsäure auf pH 3.0 angesäuertem Wasser. Der simulierte Regen wurde während einer Periode von fünf Jahren gleichmäßig verteilt. Die Behandlung versauerte die Streu und dies war mit einer beschleunigten Auswaschung von Ca^{2+}, Mg^{2+}, K^+, Mn^{2+} sowie mit der Zunahme der Konzentrationen an extrahierbaren Al^{3+}-Ionen verbunden. Auch wies die behandelte Streu gegenüber der Kontrollstreu geringere Gesamtgehalte an Stickstoff und Phosphor auf. Ein signifikanter Rückgang der Aktivität der Enzyme Phosphatase, Peroxidase, β-N-Acetyl-D-Glucosaminidase sowie Exo-1,4-β-D-Xylosidase konnte nachgewiesen werden. Die Aktivität der Enzyme Katalase sowie α- und β-Glucosidase wurde durch Säurebehandlung nicht verändert.

Killham und Firestone (1982) untersuchten den Einfluß von simuliertem sauren Regen auf die Aktivität der Enzyme Phosphatase, Arylsulfatase und Urease in einem Waldboden. Der simulierte Regen wurde durch Ansäuern von Wasser mit HNO_3 und H_2SO_4 erhalten; zur Simulierung des Niederschlages der Region wurden basische Kationen zugesetzt. Drei Behandlungen wurden verglichen. Selbst bei Gleichbleiben der gesamten Menge an applizierten Protonen konnten, aufgrund von Unterschieden bei der Rate der H^+-Applikation, signifikante Unterschiede in den Effekten auf Bodeneigenschaften festgestellt werden. Der Eintrag von 30 cm simuliertem Regen (pH 3.0) während sechs Monaten erhöhte die Aktivitäten und bewirkte nur leichte Veränderungen des pH. Behandlungen, welche die Rate des H^+-Eintrages beschleunigten (Erhöhung des Lösungsvolumens oder der Acidität), hemmten die Aktivitäten. Die zuletzt angeführten Behandlungen verursachten Veränderungen, welche über jene hinausgingen, die durch graduellere, jedoch äquivalente, H^+-Ladungen hervorgerufen wurden.

Die Effekte einer Kurzzeit-Exposition eines Waldbodens gegenüber simuliertem sauren Regen auf die Aktivität der Enzyme Phosphatase, Arylsulfatase und Urease wurden untersucht (Killham et al. 1983). Ein mit *Pinus ponderosa* Sämlingen bestandender Waldboden (pH 6.4) wurde simuliertem sauren Regen (pH 2.0, 3.0, 4.0 und 5.6) ausgesetzt. Dieser wies eine Ionenzusammensetzung auf, welche jener des Niederschlags unter Ortsbedingungen vergleichbar war. Die Exposition entsprach 15 cm Niederschlag während einer zwölfwöchigen Periode; danach wurden der obere Zentimeter sowie der Bereich 4–5 cm beprobt. Auftretende Aktivitätsveränderungen waren im oberflächlichen Boden am deutlichsten ausgeprägt. Der intermediäre Säureeintrag stimulierte das Enzym Urease im Oberboden. Die Aktivität der Enzyme Phosphatase und Arylsulfatase wurde durch den intermediären Säureeintrag im Oberboden nicht signifikant beeinflußt. Der Eintrag von Regen mit pH 3.0 verminderte die Phosphataseaktivität, während er zur Erhöhung der Arylsulfataseaktivität führte. Die Ureaseaktivität blieb unter diesen Bedingungen unbeeinflußt. Da sich die pH-Werte der exponierten Böden gegenüber den mittleren Säureeinträgen nicht wesentlich verändert hatten, war ein direkter Effekt von Acidifizierung unwahrscheinlich. Bei pH 2 trat eine wesentliche Veränderung des ursprünglichen pH, vor allem im oberen Zentimeter des Oberbodens, auf (etwa pH 3.5). Die Enzymaktivitäten wurden unter diesen Bedingungen gehemmt.

Falappi et al. (1994) konnten im Laborversuch zum Einfluß von simuliertem sauren Niederschlag auf das Enzym Urease entsprechende Ergebnisse erhalten. Die Ureaseaktivität wurde in mit simuliertem sauren Niederschlag (pH 3.0) behandelten Bodenproben nicht beeinflußt. Diese wurde jedoch erhöht, wenn der simulierte saure Niederschlag einen pH-Wert von 5.6 aufwies. Der Beobachtungszeitraum betrug 2, 4 und

6 Monate. Der simulierte saure Regen war durch den Zusatz von Schwefel- und Salpetersäure (2.5:1) zu deionisiertem Wasser hergestellt worden; die Belastung der Proben erfolgte in Aliquoten von etwa 18 mm/Tag und 126 mm/Woche.

Zur Untersuchung des Effektes von saurem Regen auf mikrobielle Parameter im Kurz- und Langzeitversuch verwendeten Bitton und Boylan (1985) Bodenbohrkerne. Die drei Böden waren Vertreter typischer Bodentypen Floridas. Die Bohrkerne wurden während des Versuches im Freien gehalten; Seewasser wurde mittels 70:30 Mischungen von H_2SO_4:HNO_3 auf pH 3.0 bzw. 3.7 eingestellt. Die Kontrolle war mit Seewasser (pH 4.6) beregnet worden. Kurzzeitversuch: Exposition der Bohrkerne für 112 Tage gegenüber 40 cm saurem Regen pH 3.7 und 3.0. Die Beregnung erniedrigte das pH der Böden vor allem bei pH 3.0; der Rückgang bewegte sich in diesem Falle zwischen 0.25 und 0.39 Einheiten. In keinem der Böden konnte eine signifikante Veränderung der Aktivität der Enzyme Protease, Dehydrogenase und Phosphatase nachgewiesen werden. Langzeitversuch: 690 Tage Exposition gegenüber saurem Regen. In einem der Böden trat keine pH-Veränderung auf, wohl aber in den beiden anderen (0.26, 0.33 Einheiten). Die Behandlung hatte in zwei der drei Böden zu einem Rückgang der Dehydrogenase- und Phosphataseaktivität geführt.

Simulierter saurer Regen reduzierte in einem Sandboden unter Feldbedingungen die Aktivität des Enzyms Protease, während die Aktivitäten der Enzyme Urease, Dehydrogenase und Phosphatase nicht signifikant beeinflußt wurden (Bitton et al. 1985). Die Standorte hatten in einer ersten Bewässerungsserie (März–Juli 1981) 50 cm simulierten sauren Regen (bestehend aus angesäuertem Seewasser, eingestellt auf pH 3.7 oder 3.0 mittels 70:30 H_2SO_4/HNO_3) erhalten; die Kontrolle wurde mit Seewasser (pH 4.6) behandelt. In der zweiten Bewässerungsphase (März–August 1982) erhielten die Standorte 18 Applikationen (etwa 6 cm pro Bewässerung), insgesamt 100 cm.

In Feldversuchen ging die Phosphataseaktivität in einem Typischen Quartzipsamment zurück, wenn simulierter Regen von pH 3.0 eingesetzt wurde (Will et al. 1986). Acidifiziertes Seewasser (angesäuert mit H_2SO_4/HNO_3 auf pH 3.0 oder 3.6) diente als simulierter saurer Regen, Seewasser (pH 4.6) als Kontrolle. Die Applikation des angesäuerten Seewassers erfolgte in Raten von 10 cm/Woche für 20 Wochen. Die Standorte wurden in „bedeckte" und „nicht bedeckte" Unterstandorte geteilt; der Effekt des natürlichen Regens (pH 4.6) sollte dadurch ausgeschlossen werden. Nach der Applikation von 200 cm simuliertem sauren Regen war das pH und die Phosphataseaktivität an den Standorten, welche vor natürlichem Regen bewahrt worden waren, niedriger. 24 Wochen nach der letzten Applikation waren keine Unterschiede mehr feststellbar.

Reddy et al. (1991) untersuchten unter Glashausbedingungen die Effekte von Ozon und von simuliertem sauren Regen auf die Aktivität ausgewählter Bodenenzyme in der Rhizosphäre von *Pinus taeda*. Eine gegenüber Ozon mäßig sensitive Gruppe wurde gewählt. Die Sämlinge wurden für elf Wochen 0, 80, 160, 240 oder 320 nl O_3/l sowie simuliertem sauren Regen mit pH-Werten von 5.3, 4.3 oder 3.3 exponiert. Die Aktivität der Enzyme Dehydrogenase und saure Phosphatase wurde durch die zunehmende Acidität linear gehemmt. Der Einfluß des pH auf die Aktivitätsveränderung war unabhängig von O_3. Die Arylsulfataseaktivität stellte eine Ausnahme dar. Die Veränderungen dieser Aktivität waren von der spezifischen Kombination der beiden Parameter abhängig. In einer weiteren Arbeit bestimmten Reddy et al. (1995) den Einfluß einer kombinierten Einwirkung von simuliertem sauren Niederschlag und von O_3 auf die Enzyme saure Phosphatase, Arylsulfatase und Dehydrogenase. Simulierter saurer Niederschlag mit einem pH-Wert von 4.3 und variierenden Verhältnissen von Stickstoff/Schwefel (7N/3S; 3N/7S) wurde mit O_3 in Konzentrationen von 80, 160, 240 bzw. 320 nl O_3/l kombiniert; die Expositionszeit betrug elf Wochen. Eine Hemmung der Aktivität der sauren Phosphatase und der Arylsulfatase bei bestimmten Ozonkonzentrationen trat auf, wenn das Verhältnis S/N hoch war. Die Hemmeffekte traten bei 16 nl O_3/l für die saure Phosphatase und bei 240 nl O_3/l für die Arylsulfatase auf. Die Dehydrogenaseaktivität wurde weder durch Ozon noch durch die Chemie des sauren Niederschlages beeinflußt.

In einem Mikrokosmos-Versuch mit einem gegenüber hohen Gehalten an SO_2 (429 kg/ha/Jahr) exponierten Sandboden konnten Maccari et al. (1993) nach 40 Tagen Exposition in den Oberflächenproben einen Rückgang (20–40%) der Aktivitäten der Enzyme Phosphatase, β-Glucosidase, Dehydrogenase und Protease nachweisen. Die ebenfalls untersuchten Enzyme Urease und Arylsulfatase blieben unbeeinflußt.

Untersuchungen zur Veränderung der Dehydrogenaseaktivität eines Waldbodens durch eine Kurzzeit-Exposition gegenüber simuliertem sauren Regen wurden angestellt (Killham et al. 1983). Ein mit Sämlingen von *Pinus ponderosa* bestandener Waldboden (pH 6.4) wurde simuliertem sauren Regen (pH 2.0, 3.0, 4.0 und 5.6) ausgesetzt. Die Exposition entsprach 15 cm Niederschlag während einer Zwölfwochenperiode. Proben wurden im oberen Zentimeter und in 4–5 cm Tiefe gezogen. Die Veränderung der Dehydrogenaseaktivität war im oberflächlichen Bodenbereich am signifikantesten. Die Aktivität wurde durch Niederschlag von pH 3 und pH 4 stimuliert; maximale Aktivität trat mit Niederschlag eines pH von 3 auf. Mäßig niedrige pH-Werte zeigten die Tendenz zur Stimulierung der Dehydrogenaseaktivität. Im mit simuliertem Niederschlag von pH 4 exponierten Boden nahm der Gehalt an verfügbarem Kohlenstoff signifikant zu. Der Eintrag von Regen mit pH 3 führte zu keinem nachweisbaren Anstieg des verfügbaren Gehaltes an Kohlenstoff, obwohl die mikrobielle Aktivität durch diese Behandlung signifikant stimuliert wurde.

2.5.6 Streuabbau

Die Wirkung saurer Depositionen auf den Streuabbau wurde an durch Immissionen belasteten Standorten sowie mit Hilfe simulierter saurer Depositionen untersucht. In der Mehrzahl der Fälle zeigte sich die negative Beeinflussung dieses integrativen biologischen Parameters durch saure Depositionen. Variierende Versuchsergebnisse zum Einfluß des Eintrages von N, S und H^+ auf den Abbau von organischer Substanz zeigen den Bedarf an längerfristigen Untersuchungen mit realistischen Depositionsraten an (Neuvonen und Suomela 1990). Meliorative Wirkungen von Bodentieren, auf durch saure Depositionen beeinträchtigte Streuabbauprozesse, konnten nachgewiesen werden.

Der Streuabbau wurde an starker atmosphärischer Kontamination (Koksfabrik) ausgesetzten Laubwaldstandorten reduziert (Killham und Wainwright 1981). Der Abbau ging in Streusäckchen, welche in einer Tiefe von 2.5 cm belassen wurden, im Vergleich zu Kontrollen um 35% zurück. Die untersuchten Böden waren Braunerden mit Zeichen der Podsolierung. An den Standorten konnten unterschiedliche chemische Merkmale – belastet/nicht belastet – festgestellt werden: pH 3.3/4.9; Gesamt-C (%) 14.6/9.8; Gesamt-N (%) 0.93/0.82. Der Celluloseabbau wurde in den oberen zehn Zentimetern des Bodens durch die Kontamination nur marginal gehemmt. Gemäß Berechnungen, war die durch Kontamination auftretende Hemmung des Streuabbaus zu 57% auf nicht partikuläre Schadstoffe (saurer Regen plus Gase) zurückführbar. Die restlichen 43% beruhten auf Effekten der Ablagerung von Schadstoffen an der Blattoberfläche.

Im Feldversuch konnte unter dem Einfluß einer kontinuierlichen geringen SO_2-Konzentration eine Verringerung der monatlichen Streuabbauraten (Streusäckchen) nachgewiesen werden (Dodd und Lauenroth 1981). Bei der Streu handelte es sich um *Agropyron smithii.* Atmosphärisches SO_2 verringerte die monatlichen Abbauraten um 32–44% im Frühjahr und im Frühsommer sowie um 12% im trockenen Spätsommer. Auf die geringste Hemmung während der späteren Saison, bei relativ trockenen Oberflächenverhältnissen, war zu schließen. Die Exposition begann im frühen April und wurde bis Mitte Oktober (1975–1979) durchgeführt. Im Jahre 1978 beliefen sich die jahreszeitlichen Mittelwerte der Konzentrationen an SO_2 in der Höhe des Blätterdaches für die Kontrolle sowie für niedrig, mittel und hoch belastete Teststandorte auf: $< 26\ \mu g/m^3$, $65\ \mu g/m^3$, $120\ \mu g/m^3$ und $200\ \mu g/m^3$. Die nächtlichen Konzentrationen waren durchschnittlich annähernd doppelt so hoch wie die Tageskonzentrationen. Ähnliche Konzentrationen waren 1979 gegeben. Ein erhöhter Schwefelgehalt des Substrates (980 µg/g bzw. 590 µg/g Kontrolle) beeinflußte den Abbau nicht meßbar. Als Ursache für die erhaltenen Befunde wurde das reduzierte pH und/oder die Anreicherung von toxischen Derivaten des SO_2

(Sulfit, Sulfat) im Mikrohabitat, der die Oberfläche sich zersetzender Blätter besiedelnden Organismen, gesehen.

Unter dem Einfluß hoher Industrieemissionen (SO_2) kam es an Waldstandorten unter Fichten in den Slavkovsky Bergen (ehemalige CSFR) zu einer Erhöhung des Gehaltes an Sulfatschwefel, zu einer progressiven Versauerung des A-Horizonts sowie zu einer Reduktion des Celluloseabbaus (Langkramer und Lettl 1981; Lettl 1990).

In Waldökosystemen in den Green Mountains von Vermont kam es zwischen 1965 und 1982 zu einer Verdoppelung der Tiefe von nicht zersetzter Streu (Moloney et al. 1983). Simulationsversuche zur Streuauswaschung durch saures(n) Schmelzwasser, Nebelwasser oder Regen ergaben die Rückhaltung von Protonen durch die Koniferennadelstreu und die Auswaschung von Kationen und Anionen. In vitro Untersuchungen zum Streuabbau zeigten, daß saure Bedingungen die mikrobielle CO_2-Entwicklung aus der Streu reduzierten. Die CO_2-Entwicklung wurde ebenso in der Gegenwart von Pb und Zn, nicht aber von Al oder Cu, unterdrückt. In den angeführten Laborversuchen war simulierter saurer Regen durch Ansäuern von destilliertem Wasser mit H_2SO_4 und HNO_3 hergestellt worden (Ansäuerung auf pH 5, 4, 3). Das angesäuerte Wasser wurde mit Metallkationen angereichert; deren Konzentrationen betrugen 200 mg/l Al, 15 mg/l Cu, 200 mg/l Pb, 90 mg/l Zn.

Prescott und Parkinson (1985) bestimmten die Raten des Streuabbaus in einem *Pinus*-Wald an drei „ökologisch analogen" Beständen von *Pinus contorta* x *Pinus banksiana*, welche sich in 2.8, 6.0 und 9.6 km Entfernung zu einer Sauergasfabrik in Alberta befanden (Standorte 1 bis 3). Die Fabrik emittierte seit 1959 SO_2 und seit 1979 elementaren Schwefelstaub (S^o). Die Atmung (CO_2-Entwicklung) intakter Waldbodenbohrkerne und jene der verschiedenen Bodenlagen war stets am Standort 1 am niedrigsten und am Standort 3 am höchsten. Die Raten des Gewichtsverlustes und die Atmung von *Pinus*-Nadeln, welche für 14 Monate in Streusäckchen exponiert waren, nahmen ebenfalls mit steigender Entfernung von der Fabrik zu. Der Abbau der Nadeln in den Streusäckchen wurde während der ersten Monate primär mit dem Ursprungsort, danach mit dem Plazierungsort, in Beziehung gesetzt. Der Streufall stand mit der Schwefelbelastung in keiner Beziehung. Die Anreicherung der Streu und deren Verweildauer war jedoch an dem der Fabrik nächstliegenden Standort am stärksten bzw. höchsten.

Mittels Lysimeter wurde der Einfluß von erhöhter saurer Deposition auf biochemische und chemische Eigenschaften von Farnstreu, die einem Podsol auflag, untersucht (Brown 1985). Die Lysimeter erhielten „Regen" mit einer Intensität von 1500 mm/Jahr. Dieser bestand aus destilliertem Wasser bzw. aus mit Schwefelsäure auf pH 3.0 angesäuertem Wasser und wurde während einer Periode von fünf Jahren gleichmäßig verteilt. Die Behandlung führte zu einer Versauerung der Streu, verbunden mit einer beschleunigten Auswaschung von Ca^{2+}, Mg^{2+}, K^{+}, Mn^{2+}. Die Konzentration an extrahierbarem Al^{3+} war in der Streu ebenfalls erhöht. Die Effekte der Acidifizierung reflektierten sich in einem geringen (5.5%), jedoch signifikanten Rückgang des Streuabbaus.

In einem Feldversuch konnte unter dem Einfluß künstlicher Versauerung in einem Kiefernwaldboden (Podsol) ein reduzierter Abbau von Nadel- und Wurzelstreu nachgewiesen werden (Baath et al. 1980). Das pH des Bodens wurde durch die Säurebehandlung nur geringfügig erniedrigt. Die Versauerung war mittels Schwefelsäure erfolgt. Behandlung 1: während sechs Jahren jährlich 60 kg H_2SO_4/ha; Behandlung 2: während der ersten drei Jahre insgesamt 150 kg H_2SO_4/ha, jedoch gestaffelt – 50 + 50 + 50 – in den folgenden drei Jahren jeweils 150 kg/ha.

Entlang eines Kontaminationsgradienten in *Pinus sylvestris* Wäldern, mit Schwefel und Stickstoff als Hauptkontaminanten (1.3–2.8 g S/kg sowie 7.9–16.3 g N/kg Rohhumus), trat mit zunehmender Belastung eine Unterdrückung des Nadelstreuabbaus auf (Ohtonen 1990). In gleicher Richtung nahm die Auswaschung von Mn und N aus der sich zersetzenden Streu zu. An den selben Standorten wurden Versuche zum Abbau von Cellulose unternommen (Ohtonen et al. 1994). Dabei wurden zwei verschiedene methodische Ansätze gewählt. Im Laborversuch wurde die Aktivität der Cellulase unter Nutzung von Carboxymethylcellulose als Substrat bestimmt, während im Feldversuch der Masseverlust von Cellulosekarton-Streifen bestimmt wurde. Die im Labor bestimmte Aktivität korrelierte negativ mit dem Ausmaß der N- und S-Kontamination. Der Abbau von Cellulosekarton-Streifen, welche für ein Jahr im Feld exponiert worden waren, korrelierte weder mit der im Laborversuch bestimmten Cellulaseaktivität noch mit dem Ausmaß der Kontamination. Diese Methode war für den Nachweis von Abbauprozessen ungeeignet.

Wolters (1991a) untersuchte den Einfluß von experimentellem sauren Regen auf den Streuabbau in einem kalkigen Waldboden (pH 5.8). Streusäckchen (45 µm und 1 mm Maschenweite), welche frisch gefallene Buchenstreu enthielten, wurden in einem Buchenwald auf Kalkstein für ein Jahr verschiedenen Konzentrationen an Säure exponiert. Die Kontrolle war mit deionisiertem Wasser besprengt worden. Die übrigen Standorte wurden mit simuliertem sauren Regen (H_2SO_4) äquivalent zu 0.007, 0.013, 0.039, 0.091 und 0.395 g H^+/m^2/Monat versehen. Der Eintrag an H^+-Ionen wurde durch diese Vorgangsweise auf das 1.5-, 2-, 4-, 8-, 16- und 32fache der überlicherweise zu beobachtenden sauren Deposition erhöht. Der simulierte saure Regen reduzierte die Bildung von CO_2-C sowie $^{14}CO_2$-C in der Streu. Ein wesentliche Reduktion war nachweisbar, wenn der Protoneneintrag dem 1.5fachen der „normalen" sauren Deposition entsprach. Entsprach der Protoneneintrag dem 32fachen der „normalen" sauren Deposition, war die Reduktion vergleichsweise gering. Das Vermögen der sauren Deposition, die Kohlenstoffmineralisierung zu hemmen, wurde in der Gegenwart von Mesofauna signifikant reduziert. Der Aschegehalt in den Streusäckchen mit einer Maschenweite von einem Millimeter zeigte, daß dies großteils auf den Transport von basenreichem Mineralboden in die Streu zurückzuführen war. Die bedeutsame Rolle saprophager Invertebraten (Streuzersetzung, Wühltätigkeit) für die Puffereigenschaften von Böden, im gegebenen Fall für Mullböden unter Buche, wurde bestätigt (Scheu und Wolters 1991a,b). In einer weiteren Arbeit konnte Wolters (1991b) zeigen, daß die Collembolenspezies *Isotoma tigrina* die durch simulierte saure Depositionen induzierte Auswaschung von mineralischem Stickstoff verminderte. Die Erholung der streubesiedelnden Mikroorganismen nach Beendigung der Säurebehandlung wurde durch diese ebenfalls beschleunigt.

3 Streusalz

Seit einigen Jahrzehnten werden verkehrswegbegleitende Böden durch einen aus Sicherheitsgründen erfolgenden Einsatz von Streusalzen belastet. Es handelt sich dabei um eine starke, lokal relativ abgrenzbare Immission.

Streu- oder Auftausalze sind chemische Gleitschutzstoffe, welche der Bekämpfung der Schnee- und Eisglätte auf Straßen dienen. Gleitschutzstoffe werden in mechanische oder abstumpfende und chemische oder auftauende unterteilt. Negative Wirkungen bestehen in der Korrosion an Fahrzeugen, an straßenbaulichen Einrichtungen, in einer nachteiligen Beeinflussung der straßenbegleitenden Vegetation, der Böden und in einer Kontamination der Grund- und Oberflächengewässer. Mechanische Gleitschutzmittel, wie Sand, zerkleinerte Schlacke oder Kies, sind bei stärkerem Verkehr und länger anhaltenden Niederschlägen nur kurzzeitig wirksam. Negative Aspekte mechanischer Gleitschutzmittel sind die Aufwendigkeit der Ausbringung und Beseitigung sowie Korrosions- und Schlagschäden. Mechanische Gleitschutzmittel wurden deshalb zunehmend durch chemische verdrängt.

Als chemische Gleitschutzmittel wurden Sulfate, Phosphorverbindungen, Ammoniumnitrat, technischer Harnstoff, höhere Alkohole, Glykolgemische und Chloride des Na, Ca und Mg getestet. Da Sulfate Beton angreifen, gilt deren Verwendung als unzweckmäßig. Die Anwendung von N-Verbindungen, wie Ammoniumnitrat, Ammoniumsulfat und Harnstoff wird, ebenso wie die verschiedener Phosphorverbindungen, wie Natrium- und Kaliumphosphat, vor allem durch die damit verbundene Gefährdung von Gewässern verhindert.

Bei Streusalz handelt es sich überwiegend um Natriumchlorid, welchem Vergällungsmittel, Farbstoffe und Antipackmittel zugesetzt werden; etwa 5% des Streusalzes werden durch Calciumchlorid repräsentiert (Kumpfmüller et al. 1989). Salinensalz ist frei von unlöslichen Bestandteilen, Steinsalz enthält 1–3% Quarz oder Silikatanteile. In der Regel finden sich in beiden Salzarten als lösliche Bestandteile geringe Mengen an $CaSO_4$ und $MgSO_4$. Kalium- oder Natriumferrocyanid werden als dem hygroskopischen Verhalten entgegenwirkende Antipackmittel eingesetzt. Salinensalz enthält als Vergällungsmittel geringe Mengen an Eosin oder Eisen(III)-Oxid (Graf 1981). $CaCl_2$ erniedrigt den Gefrierpunkt wesentlich stärker als NaCl. Der Gefrierpunkt der gesättigten Lösung von NaCl liegt bei -21.2°C, jener des $CaCl_2$ bei -55°C (Kreutzer 1974). $MgCl_2$ wird aus Kostengründen sowie infolge seiner schädigenden Wirkung auf den Fahrbahnbeton nicht mehr verwendet. $CaCl_2$ und $MgCl_2$ sowie die verschiedenen Salzmischungen sind teurer und schlechter lagerungsfähig als NaCl (Peer 1981). Auch wird das Schädigungspotential von $CaCl_2$ und $MgCl_2$ für Bäume ebenso wie jenes von Harnstoff im Vergleich zu NaCl höher eingestuft.

Auf der Suche nach Auftaumitteln mit höherer Umweltverträglichkeit als NaCl wurde in den achtziger Jahren eine Calcium-Magnesium-Acetat-Verbindung entwickelt. Calcium-Magnesium-Acetat (CMA) erlangte in einigen Gebieten als Alternative zu NaCl an Popularität (Amrhein et al. 1992). Mit einem Ca:Mg-Verhältnis von 3:7 konnte dieses als effektiver Enteiser erkannt werden.

Seit dem Beginn des Einsatzes von Auftaumitteln vor etwa 40 Jahren nahm deren Einsatz wesentlich zu, wenngleich in den vergangenen 15 Jahren dessen Anwendung in vielen Städten stark eingeschränkt oder sogar eingestellt wurde. In den USA stieg der Verbrauch an Streusalz im Zeitraum 1960–1980 von einer halben Million auf sechs Millionen Tonnen, wobei der weitere jährliche Anstieg auf eine Million Tonnen geschätzt wurde. Während des Winters 1978/79 wurden auf Deutschlands Straßen bis zu $2x10^6$ Tonnen Salz aufgebracht, wohingegen dies zehn Jahre früher nur $0.4x10^6$ Tonnen waren (Güntner und Wilke 1983). Der jährliche Verbrauch an Streusalz beträgt in Deutschland im Mittel $1.4x10^6$ Tonnen pro Jahr (Schachtschabel et al. 1992). In den vergangenen Jahren waren im Laufe eines einzigen Winters 20 kg Salz pro Laufmeter einer vierbahnigen Schnellstraße keine Seltenheit (Sauerbeck 1982). Sauerbeck (1985) gab ein Beispiel für die Streusalzbelastung von Böden in Straßennähe. Bei der Annahme einer Applikation von 20 t Salz/km und einer Abschwemmung von 50% auf einen Randstreifen von beiderseits fünf Metern, beträgt die Belastung 1 kg Salz/m^2 Boden; dies entspricht 5–6 mEq/100 g Boden.

Kumpfmüller et al. (1989) gaben eine Übersicht zur Ausbringung von Streusalz in Österreich für die Jahre 1980 bis 1984. Demgemäß wurden im Jahre 1980, 1981, 1982, 1983, 1984 im gesamten Bundesgebiet (Autobahnen, Bundesstraße, Landesstraßen) folgende Streusalzmengen in Tonnen ausgebracht: 126 193, 143 766, 104 722, 87 529, 120 101. 1985 wurden in Tirol auf fast zwei Dritteln des Bundes- und Landesstraßennetzes (1524 km) 13 599 Tonnen Auftausalz gestreut (Amt der Tiroler Landesregierung 1988). Auf der Brennerautobahn werden auf einer Streckenlänge von 34 km mehr als 20% der in Tirol verbrauchten Streusalzmenge ausgebracht; 1985 waren dies 3000 t. Dies entspricht rund 90 kg pro Laufmeter Autobahn. Der Einfluß des Streusalzes konnte bis 75 m unterhalb der Autobahntrasse nachgewiesen werden.

3.1 Physikalische und chemische Bodeneigenschaften

Die Ausbreitung des Streusalzes und dessen Eintrag in den Boden kann über Fahrbahnabwässer, Schneeräumung und Verwehung erfolgen. Zusätzlich kann Salzwasser mit dem Hangabzugswasser über größere Entfernungen verfrachtet werden. Salzstaub und salzhaltiger Sprühnebel kann durch den Wind bis über 100 Meter weit verweht werden. Der Einflußbereich des seitlich abfließenden, salzhaltigen Schmelzwassers kann je nach Art der Wasserableitung von der Fahrbahndecke sowie in Abhängigkeit von den Boden- und Reliefverhältnissen modifiziert werden. In Abhängigkeit vom betrachteten Boden und vom Relief kann der horizontale Salzeintrag auf wenigen bis 100 Metern erfolgen. An Autobahnen konnten durch aufgewirbelte Aerosole selbst noch in 100 bis 200 m Entfernung Salzschäden an der Vegetation festgestellt werden (Peer 1981). Das Auftreten von Salzschäden an der Vegetation konnte unabhängig vom Substrat auf tonigen, lehmigen, sandigen und moorigen Böden beobachtet werden. Als entscheidend für das Schadensausmaß erwies sich die Orographie und in einem geringeren Ausmaß auch die Bodendynamik. Abzugsträge, meist pseudovergleyte Verebnungen und Muldenlagen unterhalb der Fahrbahnsohle liegend, erwiesen sich als bevorzugte Salzschadenslagen.

Von der Streusalzapplikation können nicht nur Pflanzen auf den Mittel- und Randstreifen der Straßen betroffen sein, sondern auch abseits liegende Waldteile, in welche das salzhaltige Schmelzwasser abfließt, sind gefährdet. Entlang von Autobahnen und Fernstraßen können in Zonen von bis zu 200 Meter Entfernung im Inneren angrenzender Waldbestände nester- und horstweise, zum Teil auch großflächigere Ausfälle auftreten (Evers 1971, 1974).

Die Anreicherung wasserlöslicher Salze in Böden oder Bodenhorizonten ist als Versalzung definiert. Die Anwendung von Streusalz ist neben der Bewässerung eine potentielle Quelle für die künstliche Versalzung von Böden.

Durch die Versalzung mit NaCl erleiden Böden Veränderungen physikalischer, chemischer und biologischer Natur. Die Verringerung des Porenvolumens, des Gasaustausches und der Wasserleitfähigkeit sind Ausdruck einer negativen Beeinträchtigung struktureller Bodeneigenschaften.

Das mit dem NaCl in den Boden eingetragene einwertige Natrium wird im Austausch gegen andere Kationen, wie Ca^{2+} und Mg^{2+}, teilweise an Bodenteilchen gebunden. Die Zunahme der Na-Sättigung der Austauscher des Bodens verursacht eine Destabilisierung der Bodenstruktur und begünstigt die Verschlämmung des Oberbodens. Durch den Eintausch des einwertigen, stark hydratisierbaren, Natriums wird eine Dispergierung von Bodenkolloiden begünstigt. Die Dispergierung wird durch eine große Anzahl von mit den Kolloiden und den adsorbierten Ionen verbundenen Wassermolekülen gefördert. Hoch hydratisierte monovalente Kationen, wie Na^{+}, fördern die Dispergierung. Die Zunahme der Wasserhülle um ein Ion erfolgt proportional zu dessen Ladung, jedoch umgekehrt proportional zum Quadrat des Ionenradius; der Ionenradius von Ca^{2+} beträgt 1.06 Angström, jener von Na^{+} 0.98 Angström (Graf 1981). Kolloide mit einem Na-Belag binden größere Wassermengen als solche mit einem Ca-Belag. Böden mit einem zunehmenden Na-Anteil am Ionenbelag werden deshalb zunehmend plastischer. Die stark hydratisierten Na-Ionen bewirken eine fortschreitende Dispergierung der Kolloidfraktion, was zur Folge hat, daß die Bodenaggregate zunehmend zerfallen und die dispergierten Teilchen die Poren dichtschlämmen.

Mit zunehmender Na-Belegung nimmt deshalb die Bodendichte und die Vernässung zu, während das Porenvolumen, die Wasserleitfähigkeit und die Bodenbelüftung abnehmen. Verdichtete und verschlämmte Böden zeichnen sich durch einen ungünstigen Wasser- und Lufhaushalt sowie eine schlechte Durchwurzelbarkeit und Nährstoffaufnahme aus. Die mechanische Verdichtung von Straßenböden wird durch die Applikation von Na-haltigen Streusalzen chemisch verstärkt. Als für die Physiologie von Wurzeln kritische Sauerstoffkonzentrationen gelten solche < 16%; solche < 11% werden als Vitalitätsgrenze angegeben (Ruge 1974).

Die Verschlämmung der Bodenoberfläche kann auch bedingen, das salzhaltiges Wasser weiter in angrenzende Gebiete geleitet wird. Graf (1981) verwies auf Untersuchungen von Martin und Aldrich (1955), welche zeigten, daß eine Erhöhung der Na-Belegung um 10%, die Krümelstabilität eines lehmigen Sandbodens um 22% reduzierte. Die Wasserleitfähigkeit reagierte ebenfalls in sensibler Weise. Bei einem Anstieg der Na-Belegung auf 5% sank diese von 2.1 auf 0.1 cm/Stunde ab.

Na und Ca üben eine antagonistische Wirkung auf die Bodenstruktur aus. Während das Ca-Ion durch seine flockende Wirkung einen günstigen Einfluß auf die Bodenstruktur und Bodeneigenschaften, wie Wasserhaltekapazität, Wassergängigkeit und Belüftung, ausübt, zerstört das Na-Ion durch seine dispergierende Wirkung die Bodenstruktur und schafft im Boden ungünstige physikalische Verhältnisse (Czeratzki 1961). In Gegenwart von Ca kommt der schädigende Einfluß des Na nicht voll zur Geltung, da letzteres infolge seiner Aktivitätsverhältnisse schwerer in den Tonkomplex eingetauscht und leichter gegen ein anderes Ion ausgetauscht wird als Ca. Ca besitzt ein mehrfach höheres Eintauschvermögen und eine größere Haftfestigkeit als Na. Aus einer Salzlösung mit äquivalenten Mengen an Na und Ca wird vom Tonkomplex deshalb von Ca gegenüber Na ein Mehrfaches aufgenommen. Wird der Calciumgehalt der Bodenlösung entweder aus dem Bodenvorrat oder durch Kalkdüngung ständig auf einem hohen Niveau gehalten, kann der Tonkomplex weitgehend gegen einen Natriumeintausch geschützt werden. Für den Kationenaustausch sind, neben den Eintauscheigenschaften der beteiligten Ionen und deren Konzentrationsverhältnisse in der Bodenlösung, auch die Eigenschaften der beteiligten Tonmineralien von Bedeutung.

Das austauschbar gebundene Na^+ kann unter Hydrolyse im Austausch gegen H^+-Ionen freigesetzt werden. Dies ist von einer Erhöhung der OH^--Ionenkonzentration und damit des pH der Bodenlösung begleitet. Hohe pH-Werte fördern den Zerfall mineralischer Kolloide. Ebenso nimmt die Verfügbarkeit der meisten Spurenlemente mit zunehmendem pH ab. Freigesetztes Na^+ steht auch für Wechselwirkungen mit Pflanzen und Mikroorganismen zur Verfügung.

Die Ionenkonzentration der Bodenlösung wird durch den Eintrag von Salzen erhöht. Damit ist eine Erhöhung des osmotischen Druckes und eine Erniedrigung des Wasserpotentials verbunden. Rückgänge im Wasserpotential verringern die Geschwindigkeit, mit welcher Wurzeln, Samen und Mikroorganismen Wasser aufnehmen. Die mikrobielle und pflanzliche Wasseraufnahme wird erschwert. Vor allem bei trockener Witterung ist eine zusätzliche Erschwerung der Wasseraufnahme durch ein erhöhtes osmotisches Potential zu erwarten. Salzindices sind ein Maß für die Fähigkeit eines Salzes, den osmotischen Druck der Bodenlösung zu erhöhen. Na- und K-Salze weisen beispielsweise wesentlich höhere Salzindices auf als P-Salze.

Maßnahmen zur Vermeidung und Sanierung von Versalzungsschäden (Na) an Böden müssen neben einer Verringerung der Streusalzanwendung vor allem die Verminderung des Na-Eintausches durch die Erhöhung der Ca-Ionenaktivität (Kalkung, kalkhaltige Dünger) und die Förderung der Aggregatbildung durch die Stimulierung der biologischen Aktivität (Kompostgaben, Bestockung mit mullbildenden Baumarten) zum Ziel haben (Kreutzer 1974). Entsprechend Evers (1971) sollte eine Sanierung strukturgeschädigter oder -gefährdeter Böden mit Super- bzw. Thomasphosphatgaben, mit Calciumsulfat und gegebenenfalls mit Kaliumsalzen möglich sein.

Bodenuntersuchungen zeigten, daß die Mobilität von Na und Cl in hohem Maße vom Boden, der Ausbringungsmenge, dem Aufbringungszeitpunkt und vom Klima abhängig ist. Im humiden Klima Mitteleuropas findet vom Frühjahr bis zum Herbst eine wesentliche Auswaschung des leichtlöslichen NaCl statt (Schachtschabel et al. 1992). Ebenso werden die durch den Na-Eintausch freigesetzten Nährkationen ausgewaschen.

Untersuchungen von Peer (1981), in welchen während eines Jahres monatlich Böden an verschiedenen Straßenrändern um und in Salzburg beprobt wurden, zeigten, daß sich Natrium im Boden wesentlich stärker anreichert als Chlor. Bei den verwendeten Mengen von 71 g und 285 g/m^2 war eine Vegetationsperiode nicht ausreichend, das gesamte Natrium aus dem Boden zu entfernen. Der Boden wird auch durch den herbstlichen Laubfall erneut belastet. In der Folge verschlechtern sich die Nährstoffverhältnisse und das pH nimmt langsam zu. Bodenverdichtungen und damit verbundene Konsequenzen treten auf.

Die negative Wirkung der Salzstreuung ergibt sich daraus, daß die Niederschlagsmengen einer Vegetationsperiode nicht ausreichen, die über den Winter in den Boden gelangte Salzmenge bis zum Herbst auszuwaschen (Kumpfmüller et al. 1989 zitierten Albert 1985). Bei fortgesetzter Salzstreuung findet eine kontinuierliche Anreicherung statt. Diese Anreicherung geht umso rascher vor sich, je geringer die Niederschläge in einem Gebiet sind. Beispielsweise muß diese im pannonischen Klimaraum Österreichs als ein weitgehend irreversibler Prozeß bezeichnet werden. Bodenuntersuchungen in elf Alleen und fünf Parkanlagen Wiens zeigten eine in den Alleeböden deutliche Zunahme der Natrium- und Chloridgehalte auf das Vier- bis Fünffache gegenüber den Parkböden. Der hohe Anteil des Natriums am Sorptionskomplex (8–10%) und extrem niedrige K/Na-Verhältnisse zeigten die starke Natriumbelastung deutlich. Als Grenzwert für die Dispergierung der Tonminerale werden 5% angegeben. In der Landwirtschaft trockener Gebiete werden Böden schon ab 3% Natrium als Problemböden bezeichnet. Bezogen auf die oben angeführten Untersuchungen in Wien, zeigte der Vergleich der Jahre 1983 und 1984 eine Verlagerung des Problems in tiefere Bodenhorizonte. In diesem Befund wurde eine mögliche Folge des in Wien 1982/83 erlassenen Streusalzverbotes gesehen.

Streusalz schädigt die Pflanzen direkt sowie indirekt über veränderte Bodeneigenschaften (Bodenstruktur, Verschlechterung des Wasser- und Lufthaushaltes, relativer Nährstoffmangel).

An der Vegetation können oberirdische Schädigungen durch Streusalze beobachtet werden. Der direkte Salzkontakt schädigt die Abschlußgewebe (Peer 1981). An der Oberfläche der Pflanzen entstehen, durch die Wasserabgabe aus aufgespritzen Salzlösungen an die Atmosphäre, konzentrierte Salzlösungen. Diese entziehen den Pflanzen Wasser und rufen die Zerstörung von Zellen hervor. Infolge der Salzwasserbenetzungen dringen Na- und Cl-Ionen in das Gewebe ein und gelangen in den Stoffwechsel.

Bereits im Jahre 1957 waren in den USA größere Ausfälle an Ahornbäumen entlang von Straßen aufgetreten. Der Ausfall wurde mit hohen Natrium- und Chloridgehalten in den Blattorganen in Beziehung gesetzt und konnte durch eine Reihe von Autoren bestätigt werden. Aus Blattanalysen, welche für Chlor zehn- bis dreißigfache Mengen sowie für Natrium zwanzig- bis vierzigfache, im Extremfall sogar hundertfache, Mengen ergaben, geht hervor, daß die Salzstreuung mit den Pflanzenschäden in unmittelbarem Zusammenhang steht (Peer 1981). Die Versalzung des Bodens entlang Deutschlands Autobahnen konnte als teilweise so stark angegeben werden, daß bereits eine Auslese unter den krautigen Pflanzen entlang der Straßenränder beobachtet werden konnte (Buschbom 1980).

Zahlreiche Untersuchungen an Straßenbäumen in Großstädten, hatten gezeigt, daß die Schädigung der Pflanzen vor allem über den Boden erfolgt. Gleiches gilt für Pflanzen an den Fernstraßen, welche vom ablaufenden Salzwasser überschwemmt werden. Die Anreicherung löslicher Salze im Profil beschränkt das Feldfruchtwachstum durch ein zunehmendes osmotisches Potential der Bodenlösung, spezifische Ionentoxizitäten und Nährstoffungleichgewichte.

Bezugnehmend auf verschiedene Autoren (Leh 1971; Buschbom 1973; Peer 1981) werden in der Folge Wirkungen erhöhter Salzkonzentrationen in Böden auf Pflanzen zusammengefaßt:

- Zunahme des osmotischen Wertes der Bodenlösung mit steigender Salzkonzentration. Durch die Salzanreicherung kann die Saugkraft des Bodens derart ansteigen, daß die Pflanzen nicht mehr in der Lage sind, dem Boden das erforderliche Wasser zu entziehen. Es entsteht auf diese Weise eine „physiologische Trockenheit" des Bodens, welche das Wachstum ungünstig beeinflußt. Die erhöhte Saugkraft des Bodens hemmt die Wasseraufnahme der Pflanze, welche schließlich vertrocknet.
- Zunahme der gesamten Salzaufnahme bei einem hohen Salzgehalt in der Bodenlösung. Diese ist für jede Pflanzengattung verschieden. Wird die plasmatische Resistenz überschritten, treten irreversible Zellschäden auf.
- Unmittelbare toxische Wirkungen des einseitigen Angebotes an Cl- und Na-Ionen auf den pflanzlichen Organismus. Chlorid wird nicht in organische Verbindungen eingebaut, sondern verbleibt als Ion im Zellsaft. Eine starke Anreicherung kann zu Verbrennungen führen, welche zuerst an der Blattspitze und an den Blatträndern auftreten und sich dann über die ganze Spreite verteilen. Die Chlorid-Konzentrationen, bei welchen diese Symptome auftreten, schwanken zwischen 0.5% und 1.5% in der Trockensubstanz. In den Blättern geschädigter Straßenbäume werden diese Werte nicht nur erreicht, sondern zum Teil weit überschritten. Auch konnte eine wesentliche Anreicherung von Natrium festgestellt werden, wenngleich auch nicht in einem solchen Ausmaß wie für Chlorid. Natrium kann im Stoffwechsel der Pflanzen Schädigungen hervorrufen, indem es das Kationengleichgewicht ungünstig beeinflußt. Durch das Überangebot einzelner Ionen wird die Aufnahme anderer Ionen behindert. Durch Natrium wird die Aufnahme von Nährstoffen, wie Mg, Ca, K, durch die Wurzeln und der Transport dieser Nährstoffe in der Pflanze beeinträchtigt. In der Folge können induzierte Mangelerscheinungen auftreten.
- Mangel an essentiellen Spurenelementen sowie an Phosphor durch die Alkalisierung des Bodens. Ein Überschuß an Na und Ca kann eine ernährungsphysiologisch kritische Alkalisierung der Straßenböden auf pH 9.5 bedingen.

Gemeinhin wird ein Laubbaum als auftausalzgeschädigt bezeichnet, wenn der Cl-Gehalt im Blatt, bezogen auf das Trockengewicht, im Mai/Juni mehr als 1% beträgt. Da Nadelhölzer zum einen empfindlicher sind und zum anderen einen relativ geringeren Wassergehalt aufweisen als Laubbäume, gelten für Nadelhölzer niedrigere Werte. Treten bei Laubbäumen in der Regel erst bei über 1% Chlor Krankheitssymptome auf, zeigen Nadelbäume schon bei 0.75% deutliche Salzschäden. Die Schäden sind artspezifisch. Die Platane ist beispielsweise als typischer Tiefwurzler durch das Cl-Ion nicht so stark gefährdet (Ruge und Stach 1968).

Sichtbare Symptome einer Schädigung durch Auftausalz wurden zusammengefaßt (Ruge 1972; Buschbaum 1973): nicht erfolgter oder verzögerter Blattaustrieb im Frühjahr, Ausbildung kleinerer Blätter, vom Blattrand aus sich zur Blattmitte hin entwickelnde Nekrosen, Braunfärbung der Nadeln, vorzeitige Herbstfärbung, vorzeitiger Laub- und Nadelfall.

Die Verkehrswegbegleitflächen werden zusätzlich zu den Auftaumitteln stark mit verkehrsbürtigen Schwermetallen belastet. Tetraethylblei in Benzin ist/war eine wesentliche Quelle für Pb, Dieselöl ist eine solche für Cd, der Reifenabrieb für Zn und Cd sowie die Karosserieabnutzung eine solche für Ni, Cr, V, W, Mo und Cu. Im Zusammenhang mit der Anwendung von Enteisungsmitteln trat auch die Frage nach einer möglichen metallmobilisierenden Wirkung dieser Verbindungen im Boden und deren möglichen Beitrages zur Metallkontamination von Grundwasser auf. Ca und Mg sind bessere Konkurrenten um die Kationenaustauschstellen als Na. Diese können Metalle an Kationaustauschstellen in einem stärkeren Ausmaß ersetzen als Na. Ein möglicher Mechanismus, durch welchen Cd mobilisiert werden kann, wurde darin gesehen. 20% und 26% des Cd von Straßenstäuben konnte als leicht austauschbar erkannt werden. Hohe Konzentrationen an NaCl (0.1 und 0.5 M) setzten 1- bis 4mal mehr Ni, Cu und Cd aus dem Boden frei als eine äquivalente Konzentration an $NaClO_4$. Die erhöhte Metallmobilität in mit NaCl perkolierten Böden wurde mit der Bildung von Metall-Cl-Komplexen in Beziehung gesetzt. Amrhein et al. (1992) führten vergleichende Untersuchungen zum Effekt von Auftausalzen (NaCl und Calciummagnesiumacetat) auf die Mobilität von Metallen und von organischer Substanz in Straßenrandböden, bei für Abflußwasser typischen Salzkonzentrationen, durch. Standorte mit Schwerverkehr und Auftausalzanwendung wurden beprobt. Die Böden wurden bei 6°C in Säulen mit Lösungen von NaCl, Calciummagnesiumacetat oder deionisiertem Wasser zur Simulierung von salzigem Abflußwasser einer Straße behandelt. In den Perkolaten der Salzlösungen wiesen die Konzentrationen von Cr, Pb, Ni, Fe, Cd und Cu eine mit der Salzkonzentration steigende Tendenz auf. In den ursprünglich mit NaCl perkolierten Böden, gefolgt von deionisiertem Wasser, war die Mobilisierung von organischer Substanz und eine Erhöhung der Konzentrationen an Cr, Pb, Ni, Fe und Cu nachweisbar. Die Dispersion der organischen Substanz unter Bedingungen einer hohen Konzentration an austauschbarem Na und einer geringen Elektrolytkonzentration, konnte als der, die Metallmobilisierung in dominierender Weise, kontrollierende Mechanismus erkannt werden.

Metallionen können in Abhängigkeit von der Chloridkonzentration unterschiedlich geladene Metallchloridspezies bilden. So kann divalentes Zink Spezies, wie $ZnCl^+$, $ZnCl_2$, $ZnCl_3^-$, und $ZnCl_4^{2-}$, bilden. Die unterschiedliche Toxizität von divalentem Zn^{2+} bzw. von Zn-Cl Spezies für Mikroorganismen, kann in mit Streusalz belasteten Böden, wo zusätzliche Mengen an Cl^- im Boden vorliegen, und in salinen Böden von Bedeutung sein.

3.2 Bodenmikrobiologie und -biochemie

In der Literatur finden sich Berichte über den Einfluß verschiedener Salze, vor allem von NaCl und $CaCl_2$, und einer erhöhten Salinität des Bodens auf bodenmikrobiologische und -enzymatische Parameter. Solche Arbeiten werden in der weiteren Folge dargestellt. Arbeiten, welche sich mit der Beeinflussung obiger Parameter durch in der Praxis zur Anwendung gelangende Streusalze beschäftigten, stehen noch weitgehend aus.

In ariden und semiariden Regionen ist das Auftreten von Böden mit einem hohen Prozentsatz an austauschbarem Na (> 15%) ein natürliches Phänomen. Solche Böden reagieren typischerweise alkalisch (pH > 8.5) und sind großteils unfruchtbar (Germida 1992). Die Salinität ist eine verbreitete Limitierung der landwirtschaftlichen Produktion in semiariden und ariden Böden.

Die vorherrschenden gelösten Stoffe, welche für die Salinität verantwortlich sind, schließen die Kationen Na^+, Ca^{2+}, Mg^{2+} und die Anionen Cl^- und SO_4^{2-} ein. Geringere Mengen an K^+, Bicarbonat, Carbonat, Nitrat und Borat können ebenfalls vorhanden sein. Meist wird der Salzgehalt des Bodens durch die Bestimmung der elektrischen Leitfähigkeit der Bodenlösung, bzw. exakter des Sättigungsextraktes, charakterisiert. Erhöhte Salzgehalte des Bodens erschweren die Wasseraufnahme der Organismen.

Salze beeinflussen Bodenmikroorganismen und -enzyme in Abhängigkeit vom Ausmaß des Salzeintrages, der lokalen Niederschlagstätigkeit und den gegebenen Bodeneigenschaften. Mikroorganismen reagieren auf Salze konzentrations- und ionenabhängig. Mikroorganismen und Enzyme können, ebenso wie Pflanzen, durch Ionen direkt und indirekt beeinflußt werden. Die indirekte Beeinflussung steht mit sogenannten Sekundäreffekten, wie Veränderungen des pH, der Nährstoffverfügbarkeit, der Bodenstruktur und der Wasserleitfähigkeit, in Beziehung. Schädigende Effekte von Ionen stehen nicht nur mit deren Gesamtgehalt, sondern auch mit deren Verhältnis zu anderen Ionen in Beziehung.

Viele biochemische Vorgänge erfordern spezifische anorganische Ionen. Über das normale intrazelluläre Niveau hinausgehende Ionenkonzentrationen können zum Verlust biochemischer Funktionen führen. Mechanismen, durch welche Salze Mikroorganismen und Enzyme beeinträchtigen können, schließen ein:

- Induktion von osmotischem Stress
- Austrocknung und Lyse von Zellen
- Aussalzung von Proteinen/Enzymen
- spezifische Ionentoxizitäten
- Veränderungen des pH
- Auftreten von Nährstoffmangel bzw. -mißverhältnissen
- Degradation struktureller Bodeneigenschaften
- Zerstörung enzymstabilisierender Bodenmatrices

Die Salinität des Bodens kann nicht nur über die Wechselwirkung zwischen Bodenteilchen und gelösten Salzen eine nachteilige Wirkung auf die Bodenstruktur ausüben, sondern auch durch die Beeinträchtigung mikrobieller Parameter, welche für die Etablierung einer günstigen Bodenstruktur notwendig sind. Mikrobielle Kohlenhydrate sind an der Bodenaggregation beteiligt. Untersuchungen mit salinen Beregnungswässern zeigten, daß durch solche die Aggregation fördernde mikrobielle Aktivitäten reduziert werden können. Bewässerung mit salinem Wasser (NaCl und $CaCl_2$-NaCl bzw. NaCl oder Na_2SO_4-haltig) reduzierte den Kohlenhydratgehalt von Böden (Sarig et al. 1993; Garcia und Hernandez 1996).

Wie bereits weiter oben angeführt, vermögen Chloridionen die Spezies und damit die Verfügbarkeit und Toxizität von Metallen zu beeinflussen. In salinen Böden und in Sodaböden rangiert die Chloridkonzentration der Bodenlösung zwischen 42 600 und 103 000 mg/g (Babich und Stotzky 1978). Die erhöhte Toxizität von Zn in Gegenwart hoher NaCl-Konzentrationen war nicht Ergebnis einer synergistischen Wirkung von Zn^{2+} und dem erhöhten osmotischem Druck, sondern der Bildung von komplexen Zn-Cl Spezies, welche höhere Toxizität besaßen als kationisches Zn^{2+} (Gadd und Griffiths 1978). Umgekehrt reflektierte der Rückgang der Zn-Toxizität mit zunehmender NaCl-Konzentration möglicherweise den Rückgang des Zn^{2+}-Spiegels infolge der Bildung von Zn-Cl-Spezies, welche gegenüber Mikroorganismen weniger toxisch waren als Zn^{2+}. Auch können Temperatureinflüsse modifizierend wirken. *Aspergillus niger* tolerierte in der Gegenwart von NaCl bei 35°C höhere Konzentrationen an Zn als bei 25°C (Babich und Stotzky 1978).

Der wirkungsmodifizierende Einfluß organischer Substanzzusätze konnte auch im Falle der Salzbehandlung von Böden nachgewiesen werden.

3.2.1 Anpassung an Wasserstress

Für Mikroorganismen kann Wasserstress durch eine hohe oder fluktuierende Salinität und durch Austrocknen oder Gefrieren ausgelöst werden.

Das Wasserpotential des Bodens ist ein für die mikrobielle Aktivität kritischer Faktor. Besondere Bedeutung wird dabei dem Matrixpotential und dem osmotischen Potential beigemessen. Im Matrixpotential spiegeln sich die Eigenschaften der Bodenmatrix hinsichtlich der Wasserrückhaltung wieder, das osmotische Potential steht mit der Konzentration gelöster Stoffe in Beziehung.

Bei Mikroorganismen können Salztoleranz und Mechanismen zur Anpassung an Salzstress nachgewiesen werden. Mikroorganismen, welche unter Bedingungen einer eingeschränkten Wasserverfügbarkeit wachsen können, werden als osmophil bezeichnet. Synonyme dafür sind osmotolerant, xerophil oder xerotolerant. Umfassenden Bezug auf osmophile Mikroorganismen nahm Jennings (1990).

Untersuchungen zur Natur intrazellulärer Osmolyte (osmotisch aktive, gelöste Stoffe), welche während Wasserstress konzentriert werden, wurden unternommen (Yancey et al. 1982). Deren Verteilung unter Prokaryoten, Pflanzen und Tieren wurde ebenso berücksichtigt wie deren Einfluß auf die Struktur und Funktion von Makromolekülen. Eine kurze Darstellung wird in der Folge gegeben.

Aminosäuresubstitution bei verschiedenen Klassen zellulärer Proteine. Die Anpassung an eine hohe intrazelluläre Ionenstärke kann auf weitreichenden Aminosäuresubstitutionen bei vielen verschiedenen Klassen zellulärer Proteine beruhen. Salzeffekte sind stark konzentrationsabhängig, weshalb angenommen wird, daß es schwierig – wenn nicht unmöglich – ist, ein Protein zu entwickeln, welches über einen weiten Konzentrationsbereich von Salzen optimale Aktivität zeigt.

Die Halobakterien stellen, bezüglich der in allen anderen kontemporären Organismen gefundenen osmotischen Strategien, eine extreme Ausnahme dar. Viele Enzyme anderer Arten werden durch KCl und NaCl in Konzentrationen > 0.1–0.2 M stark gehemmt. Zur Erreichung der Salztoleranz unterlagen die Proteine der Halobakterien einer intensiven Aminosäuresubstitution. Diese Substitutionen ermöglichen es halophilen Proteinen, geeignete Konformationszustände und so funktionelle Eigenschaften bei und nur bei hohen Salzkonzentrationen zu zeigen. Viele Enzyme der Halobakterien benötigen zur Erzielung der Maximalaktivität absolute Salzkonzentrationen von 1 M oder höher, und diese Bakterien sind an Standorte gebunden, welche stets eine geeignet hohe Salinität aufweisen.

Nur die Halobakterien schienen fähig gewesen zu sein, ihre Proteine entsprechend den internen Salzkonzentrationen zu modifizieren. Alle anderen mit Wasserstress konfrontierten Organismen besitzen Anpassungen, welche einen geringen Anspruch an genetische Veränderung erheben und ein hohes Maß an Flexibilität in Bezug auf das Leben mit unterschiedlicher Salinität aufweisen.

Anorganische Ionen als Osmolyte. Die Abhängigkeit von anorganischen Ionen als primäre Osmolyte, wurde als Mechanismus der Anpassung an Wasserstress als suboptimal bewertet.

Organische Osmolyte. Durch die Nutzung organischer Osmolyte können adaptive Veränderungen in Proteinen, welche durch Veränderungen in den entsprechenden DNA-Sequenzen codiert werden, minimiert werden. Hinsichtlich der Eigenschaften von organischen osmotischen Systemen konnte eine konvergente Evolution bei Bakterien, Pflanzen und Tieren festgestellt werden. Polyalkohole, freie Aminosäuren und deren Derivate sowie Kombinationen von Harnstoff und Methylaminen, stellen die drei Typen von Osmolytsystemen dar, welche in allen wassergestressten Organismen – mit Ausnahme von Halobakterien – gefunden werden (Yancey et al. 1982).

Kompatible und nichtkompatible gelöste Stoffe. Kompatible und nichtkompatible gelöste Stoffe werden unterschieden. Gelöste organische Stoffe von nichtionischer Natur, welche nicht nur einen Beitrag zum osmotischen Potential des Protoplasmas leisten, sondern auch gleichzeitig einen geringen Einfluß auf die Konformation von Proteinen ausüben, wurden als kompatible gelöste Stoffe definiert. Bestimmte störende gelöste (nichtkompatible) Stoffe können spezifisch mit Liganden (Substrate, Cofaktoren und Modulatoren) und aktiven Zentren in Beziehung treten und so die Enzymfunktion stören. Die Art und Weise, in welcher kompatible und nichtkompatible Stoffe die Hydratation, die Löslichkeit und die Ladungswechselwirkung von verschiedenen Proteingruppen beeinflussen, können grundsätzlich unterschiedlich sein. Hofmeister hatte 1888 hervorgehoben, daß nicht alle Neutralsalze die gleichen Effekte auf die Struktur und die Löslichkeit von Proteinen und anderen Kolloiden ausüben. Dieselbe Reihe von Kationen und Anionen findet für alle Konformationsveränderungen von Makromolekülen, nämlich Denaturierung, Aggregation-Desaggregation, einschließlich Polymerisation und Aussalzeffekte, Anwendung und diese können feine funktionelle Effekte auf die Katalyse ausüben. Auch sind die Effekte von Ionen additiv. Dies bedeutet, daß beispielsweise der destabilisierende Effekt von I^- durch den Zusatz einer geeigneten Menge eines stabilisierenden Ions, wie SO_4^{2-} oder NH_4^+, abgestellt werden kann. Eine Sequenz von stabilisierenden bzw. destabilisierenden Ionen der Hofmeister-Serie wurde gegeben. Stabilisierend (aussalzend) wirken Anionen wie: F^-, PO_4^{3-}, SO_4^{2-}, CH_3COO^- bzw. Kationen wie: $(CH_3)_4N^+$, $(CH_3)_2NH_2^+$, NH_4^+. Destabilisierend (einsalzend) wirken Anionen wie:

Cl^-, Br^-, I^-, CNS^- bzw. Kationen wie: K^+, Na^+, Cs^+, Li^+, Mg^{2+}, Ca^{2+}, Ba^{2+}.

Literaturberichten zufolge wird das Wachstum nicht halophiler Protisten reduziert, wenn die Salzkonzentration von Böden oder Wasser 1% (= 17.1 mEq/100 g) übersteigt (Güntner und Wilke 1983). Gemäß anderen Berichten wurde die Keimung und das Wachstum von mehreren Bodenbakterien durch NaCl-Konzentrationen bis zu 10% nicht beeinflußt. Verschiedene zur Einstellung osmotischer Potentiale eingesetzte Salze verursachten bei identischem osmotischen Stress unterschiedliche Wirkungen auf Organismen. Spezifische Ionen beeinflußten beispielsweise das Wachstum von *Phytophthora cinnamoni* stärker als dies für das osmotische Potential alleine zutraf. In Bodenproben, welche in verschiedenen Entfernungen zur Küste (50, 100, 200, 500 m) in 10 cm Tiefe entnommen worden waren, war eine Zunahme der Gesamtzahl der Pilze und Bakterien mit zunehmender Enfernung zum Meer nachweisbar (Makawi 1967). Andere Gruppen, vor allem N_2-fixierende Clostridien und sporenbildende Bakterien, wiesen ein gewisses Maß an Resistenz gegenüber den Salzen auf. In einer Entfernung von 50 m zur Küste war die Konzentration löslicher Salze fünfmal höher als in einer Entfernung von 500 m. Das pH ging mit zunehmender Distanz zur Küste zurück. Die Verwendung von mit Meerwasser bereiteten Medien zeigte, daß einige Gruppen von Bakterien Resistenz gegenüber Salzspray entwickelten. Untersuchungen zur Bedeutung der Mikroorganismen bei der Aggregation von Sand in einem „embyronalen Dünensystem“ zeigten, daß in der Abwesenheit von Wurzeln, Mikroorganismen, vor allem Bakterien, eine Hauptrolle bei der Aggregation von Sand spielen (Forster 1979). Die isolierten Bakterien wiesen eine Anpassung an das ungünstige Strandhabitat auf. Sämtliche isolierte Bakterien waren mobile Stäbchen und tolerant gegenüber Meerwasser; diese zeigten Wachstum bei einer Salzkonzentration von 3.5%.

Elsheikh und Wood (1989a,b) führten Untersuchungen zum Einfluß der Salinität auf Bakterien der Gattung *Rhizobium* durch. Ein Kichererbsen *Rhizobium* Stamm zeigte unterschiedliche Reaktion gegenüber einer Reihe unterschiedlicher Salze (Elsheikh und Wood 1989a). Die Chlorid-Ionen von Chloriden des K, Na und Mg konnten als toxischer befunden werden als die Sulfationen der entsprechenden Sulfate. Der osmotische Effekt wurde durch Einsatz von Polyethylenglykol, Glycerin und Sorbitol zur Erhöhung des osmotischen Drucks auf -1.0 und -2.0 MPa untersucht. Polyethylenglykol war selbst in niedrigen Konzentrationen toxisch. Gutes Wachstum zeigte sich bei -1.0 und -2.0 MPa bei Verwendung von Glycerin und Sorbitol. Obgleich die Empfindlichkeit des Stammes gegenüber NaCl mit zunehmendem osmotischen Druck anstieg, konnte der schädigende Einfluß von Salzen auf das Wachstum dieses Stammes stärker dem spezifischen Ioneneffekt zugeschrieben werden als dem osmotischen Effekt. Weitere Untersuchungen von Elsheikh und Wood (1989b) gaben

Hinweise darauf, daß die Salztoleranz bei Rhizobien vom pH-Wert, der C-Quelle und der Temperatur abhängig ist. Bei alkalischem pH und niedrigen Temperaturen wirkte sich Salzstress durch NaCl-Gaben, bei einem Kichererbsen *Rhizobium*-Stamm ernster aus.

3.2.2 Biochemische Parameter

Ausgewählte Enzymaktivitäten und Atmung

Wiederholt konnte eine durch zunehmende Salinität bedingte Abnahme der Atmungsaktivität nachgewiesen werden. Konzentrations-, ionen-, standort- und zeitabhängige Unterschiede bestehen. Dies trifft auch für die Aktivität verschiedener Enzyme zu. Enzymaktivitätsmessungen ergaben häufig eine infolge Salzeinwirkung rückläufige Aktivität, wenngleich auch – zumeist bei geringen Konzentrationen – stimulierende Effekte nachweisbar waren. Mit dem Enzym variierende und während des Beobachtungszeitraumes fluktuierende, hemmende und stimulierende Effekte konnten berichtet werden.

Entsprechend Frankenberger und Bingham (1982) fand Galstyan (1960), daß in salinen Böden aus den Proaraksinskii Ebenen, welche hohe Gehalte an NaCl und Na_2SO_4 aufwiesen, die Ureaseaktivität gehemmt und keine kohlenhydratspaltende Aktivität nachweisbar war. Berichten von Galstyan (1964, 1965; zitiert von El-Shinnawi und El-Shimi 1981a) zufolge, war die Dehydrogenaseaktivität in Solontschak Böden sehr gering, in salinen Solonetzböden war diese Aktivität jedoch hoch. Ahmad und Khan (1988) untersuchten Bodenproben verschiedener saliner und nicht saliner Böden Pakistans hinsichtlich der Aktivität der Enzyme Katalase, Amylase, Phosphatase und Urease. Die Aktivitäten gingen mit zunehmender Salinität (elektrischer Leitfähigkeit) zurück. Bremner und Douglas (1971) konnten in einem schluffigen Tonlehm sowie einem Tonlehm bei Einsatz von 50 ppm NaCl (= 0.09 mEq NaCl/ 100 g) keine Beeinflussung der Ureaseaktivität feststellen. Sethi et al. (1993) konnten in Topfversuchen zum Einfluß von drei verschiedenen NaCl-Konzentrationen – eine elektrische Leitfähigkeit von 5, 10, 15 dS/m verusachend – eine mit zunehmender Salinität abnehmende Ureaseaktivität nachweisen. Reduktionen von 24% bis 52% waren feststellbar.

Malik et al. (1980) untersuchten in salzbeeinträchtigten Böden den Einfluß von NaCl auf die cellulolytische Aktivität von 16 *Aspergillus*-Arten. Das Nährmedium war hinsichtlich NaCl 3-, 5-, 10-, 16- bzw. 20%ig. NaCl hemmte die cellulolytische Aktivität generell. In manchen Fällen begünstigten niedrigere NaCl-Konzentrationen die cellulolytische Aktivität einiger Arten. *A. ochraceus* zeigte bis 10% NaCl einen Anstieg der cellulolytischen Fähigkeit; ähnlich zeigten *A. oryzae*, *A. nidulans* und *A. sydowi* einen solchen bei 3% NaCl, bei höheren Konzentrationen wurde diese Fähigkeit, wie bei den anderen Arten, unterdrückt. *A. terreus* erwies sich am tolerantesten gegenüber dem Salz und zeigte bei den getesteten Gehalten an NaCl eine maximale Cellulolysefähigkeit. *A. luchuensis* erwies sich in Abwesenheit von NaCl als der effizienteste Celluloseabbauer. Malik et al. (1979) hatten in einer anderen Untersuchung zum Einfluß der Salinität des Bodens auf die Mineralisierung und Humifizierung organischer Substanz durch sechs cellulolytische Pilze, einschließlich *A. terreus*, feststellen können, daß *A. terreus* bei sämtlichen Salinitätsniveaus hohe Humifizierungs- und C-Mineralisierungsraten aufwies. Mit zunehmendem Salinitätsniveau konnte jedoch eine Depression der CO_2-Entwicklung und der Cellulaseaktivität nachgewiesen werden.

Abdel-Slater (1994) konnte in einem mit 2.5%, 5% und 10% NaCl versehenem Tonboden (inkubiert bei 25°C für 2, 4 und 8 Wochen) eine förderliche Wirkung des Salzes auf Vertreter der Gattung *Aspergillus* nachweisen. Einige Arten wurden durch geringe Konzentrationen an NaCl (2.5%) signifikant gefördert. Bei höheren Konzentrationen gingen diese zurück. Eine durch NaCl-Gaben bedingte Hemmung der cellulolytischen Aktivität der Mehrzahl der Pilzisolate konnte auch in dieser Untersuchung nachgewiesen werden.

Sulfat- und Chloridsalze beeinflußten die Atmungsaktivität in einem Schlufflehm unterschiedlich. Nur die Sulfatsalze erhöhten in niedrigen Konzentrationen die Aktivität (Agarwal et al. 1971). Der Boden war mit den Salzen NaCl, Na_2SO_4, KCl, K_2SO_4, $CaCl_2 \cdot 2H_2O$ und $CaSO_4 \cdot 2H_2O$ in Konzentrationen von 0–0.56 M behandelt worden.

Johnson und Guenzi (1963) untersuchten den Einfluß verschiedener Salze, NaCl, Na_2SO_4 sowie einer Mischung derselben auf die CO_2-Entwicklung in zwei unterschiedlichen Böden. Die Salze dienten der Einstellung eines osmotischen Druckbereiches von 0–4 MPa. Zwischen dem osmotischen Druck und der Reduktion der CO_2-Entwicklung des Bodens konnte eine lineare Beziehung etabliert werden. Individuelle Salzeffekte auf die Atmung waren nicht nachweisbar.

In einem Inkubationsversuch zur Mineralisierung von *Delonix regia* Blättern ging die CO_2-Entwicklung mit zunehmender Konzentration der Salzmischung (NaCl+$CaCl_2$) von 0.1 bis 5.1% zurück (Laura 1974).

Bewässerung eines landwirtschaftlich genutzten Bodens mit Wasser, welches verschiedene Mengen an NaCl oder Na_2SO_4 (0.1, 0.3, 0.6, 0.8, 1 und 1.3 M) enthielt, beeinflußte die Bodenatmung negativ (57% mit einer 1.3 M NaCl-Lösung) (Garcia und Hernandez 1996). Auch die Aktivität verschiedener Enzyme wurde durch die, aufgrund des Zusatzes saliner Lösungen, zunehmende elektrische Leitfähigkeit nachteilig beeinflußt. Die elektrische Leitfähigkeit rangierte für die Na_2SO_4-Lösungen (0.1–1.3 M) zwischen 0.53 und 7.95 dS/m und für die NaCl-Lösungen (0.1–1.3 M) zwischen 1.67 und 9.48 dS/m. Die Aktivität von Hydrolasen, wie Protease, β-Glucosidase und Phosphatase, wurde durch die Salinität negativer beeinflußt als die Aktivität der Oxidoreduktasen (Dehydrogenase, Katalase).

In einem zwölfwöchigen Laborversuch untersuchte Graf (1981) den Einfluß von NaCl auf die Atmung und die Aktivität der Enzyme Urease-, Xylanase- und Phosphatase in einem landwirtschaftlich genutzten Boden alluvialen Ursprungs. Die eingesetzten NaCl-Konzentrationen betrugen in mg NaCl/g Boden 0.1, 0.25, 0.5, 1.0, 5.0 und 25. Verschiedene Salzkonzentrationen bewirkten verschieden starke und zeitlich unterschiedlich lang andauernde Reaktionen der Testparameter. Eine sofort nach Salzapplikation auftretende Hemmung der CO_2-Entwicklung konnte bei Konzentrationen ab 5.0 mg NaCl/g nachgewiesen werden. Nach sechs Wochen wurden die Werte der unbehandelten Bodenproben erreicht und leicht überschritten. Diese Reaktion klang nach weiteren zwölf Tagen wieder ab; die Werte blieben bis zum Versuchsende (drei Monate), je nach NaCl-Konzentration, zum Teil deutlich unter den Werten der unbehandelten Proben. Konzentrationen < 1.0 mg/g führten unmittelbar nach der NaCl-Applikation zu einem Anstieg der CO_2-Entwicklung, erreichten jedoch nach etwa sechs Wochen ebenfalls relativ niedrige Werte. Der darauffolgende Aktivitätsanstieg zwischen der achten und 14. Woche leitete ein Einpendeln der CO_2-Entwicklungsrate auf einen der unbehandelten Probe entsprechenden Wert ein. Konzentrationen < 25 mg/g Boden übten zunächst einen hemmenden Einfluß auf die Ureaseaktivität aus. Am siebenten Tag zeigte sich eine Reaktion, welche für Konzentrationen < 25 mg/g Boden einen Anstieg der Enzymaktivität über den Wert der unbehandelten Probe ergab. Ab der fünften Woche pendelte sich die Ureaseaktivität bei den niedrigen Konzentrationen wieder auf den ursprünglichen Wert ein. Im mit 25.0 mg/g behandelten Boden blieb die Enzymaktivität selbst nach drei Monaten unter dem Wert der unbehandelten Probe. Mit NaCl-Konzentrationen von 0.1 bis 25.0 mg/g Boden konnte eine mit zunehmender Konzentration ebenfalls zunehmend erhöhte Xylanaseaktivität nachgewiesen werden. Am Ende des Versuches wurden die Werte der unbehandelten Proben erneut erreicht. Bereits am zweiten Tag nach der Applikation verursachten NaCl-Konzentrationen von 0.25 mg/g und darüber eine starke Abnahme der Phosphataseaktivität. Nur Konzentrationen < 1.0 mg/g führten zu einem kurzzeitigen Anstieg der Aktivität. 25 mg NaCl/g verursachten sehr niedrige Phosphatasewerte, welche bis Versuchsende nahezu unverändert niedrig blieben. Bei einer NaCl-Konzentration von 5.0 mg/g näherte sich die Phosphataseaktivität etwa nach zwei Monaten dem Kontrollniveau. Bei niedrigeren Konzentrationen wurde dieses bereits früher erreicht.

Frankenberger und Bingham (1982) versahen im Laborversuch Proben eines sandigen Lehmbodens mit vier verschiedenen Aufwandmengen an $CaCl_2$, NaCl oder Na_2SO_4. Das osmotische Potential der gesättigten Extrakte der behandelten Proben rangierte von -0.07 MPa bis -0.6 MPa mit

$CaCl_2$, -0.09 bis -0.87 MPa mit NaCl und -0.14 bis -0.6 MPa mit Na_2SO_4. Nach sieben Tagen der Gleichgewichtseinstellung wurden die Aktivität der Amidase, Urease, saure Phosphatase, alkalische Phosphatase, Phosphodiesterase, anorganische Pyrophosphatase, Arylsulfatase, Rhodanese, α-Glucosidase, α-Galaktosidase, Dehydrogenase und Katalase bestimmt. Die Aktivität der Enzyme sank mit steigender elektrischer Leitfähigkeit. Das Ausmaß der Hemmung variierte mit dem Enzym, der Natur und der Menge des aufgewandten Salzes. Die Dehydrogenaseaktivität wurde in den salinisierten Böden stark gehemmt, für die untersuchten Hydrolasen zeigten sich geringere Hemmausmaße. Prozentuell war das Hemmausmaß der hydrolysierenden Enzyme bei ähnlichen Salinitätsspiegeln vergleichbar. Der Rückgang der Aktivität konnte nicht mit einer Änderung des pH-Wertes nach Zusatz der Salze in Beziehung gesetzt werden. Es konnte nicht geklärt werden, welcher der Faktoren, osmotisch oder ionenspezifisch, einen größeren Einfluß auf die Aktivität ausübte, da die Gegenwart von Chlorionen nach sieben Tagen Gleichgewichtseinstellung zu einer stärkeren Hemmung der Enzymaktivität führte als jene von Sulfationen. Der osmotische Einfluß war ebenfalls evident, indem Na^+ ein effizienteres Osmotikum war als Ca^{2+}, wenn deren Chloride zugesetzt wurden. Die Hemmung der Aktivitäten durch Salzlösungen ging, wenn diese bei gleicher Leitfähigkeit verglichen wurden, in der folgenden Reihe zurück: NaCl $> CaCl_2 > Na_2SO_4$.

El-Shinnawi und El-Shimi (1981a) untersuchten die Beeinflussung der Aktivität der Enzyme Dehydrogenase, Urease und Nuclease durch die anionische und kationische Form von anorganischen Salzen (Ca, Mg, K und Na in Sulfat-, Carbonat- und Chloridform) in einer Aufwandmenge von 15 mval/100 g eines alluvialen Tons sowie eines kalkhaltigen sandigen Lehms. In beiden Böden wurde die Nuclease durch sämtliche aufgewandten Salze aktiviert. Im kalkhaltigen Boden wurde die Dehydrogenase durch sämtliche Salztypen stimuliert. Im alluvialen Boden wurde die Ureaseaktivität durch die angewandten Sulfate und Chloride gefördert, im kalkhaltigen Boden wurde diese durch Chloride gehemmt. Im alluvialen Boden begünstigte Na, kombiniert mit jedem der drei Anionen, die Enzymaktivität, K und Mg nahmen eine Mittelstellung ein, Ca bewirkte die geringsten Stimulierungen. Im kalkhaltigen Boden stimulierte K in Verbindung mit allen Ionen die Enzymaktivitäten, Ca hingegen kaum. Der pH-Wert ohne Salzzusatz betrug im alluvialen Boden 7.85, im kalkhaltigen Boden 8.43. Die Sulfate senkten die pH-Werte geringfügig, die Carbonate verursachten einen Anstieg derselben und die Chloride beeinflußten das pH der Böden nicht.

In einer weiteren Arbeit untersuchten El-Shinnawi und El-Shimi (1981b) die Wirkung der Applikation von NaCl sowie von salzhaltigem Wasser mit unterschiedlichen Na:Ca-Verhältnissen auf die Aktivität der Enzyme Dehydrogenase, Urease und Nuclease unter Bedingungen unterschiedlicher Feuchte in einem alluvialen Ton- und einem kalkigen sandigen Lehmboden. Die Aktivität der Dehydrogenase korrelierte mit der Feuchte, diese war bei 100% Sättigung am höchsten. Die optimale Feuchte für die Aktivität der Enzyme Urease und Phosphatase lag bei 60% Wasserkapazität. Zusatz von NaCl in einer Konzentration von 15 mval/100 g Boden stimulierte die Enzymaktivitäten in beiden Böden. Verhältnisse von Na:Ca = > 1 begünstigten die Nucleaseaktivität in beiden Böden sowie die Dehydrogenase- und die Ureaseaktivität des kalkhaltigen Bodens. Im alluvialen Tonboden wurde die Dehydrogenaseaktivität durch ein Na:Ca-Verhältnis von 2:1 und die Ureaseaktivität durch ein solches von 1:1 gefördert.

Die Kinetik der Harnstoffspaltung wurde unter dem Aspekt einer unterschiedlichen Salinität von Böden im Laborversuch untersucht (Singh und Bajwa 1986). In einem nicht salinen Boden, welcher mit Lösungen von NaCl, Na_2SO_4, $NaHCO_3$ oder NaCl+$CaCl_2$ Salzen (100 mEq/l) versehen worden war, wurde der Effekt der Art der Salinität auf die Spaltung des Harnstoffs untersucht. In einem weiteren Versuch wurden Bodenproben zweier kürzlich rekultivierter salzbeeinträchtigter Gebiete untersucht. Die Rate der Harnstoffspaltung variierte in den verschiedenen Böden stark. Wesentliche Verzögerung derselben konnte bei einer Erhöhung des pH festgestellt werden. Die Verzögerung der Harnstoffspaltung wurde mit einem Rückgang der Ureaseaktivität mit steigendem pH und dem Rückgang der organischen Substanz in Beziehung gesetzt. Die $NaHCO_3$-Behandlung verminderte die Ureaseaktivität und führte zu einer maximalen Verzögerung der Harnstoffspaltung, gefolgt von NaCl und Na_2SO_4 in absteigender Reihe.

Dinesh et al. (1996) konnten in Topfversuchen mit Reispflanzen die Abnahme der Aktivität verschiedener Bodenenzyme mit der zunehmenden Konzentration an Chlorid- bzw. Sulfationen zeigen. Das Ausmaß der Hemmung variierte mit dem Enzym (Urease, Amidase, Phosphatase, Dehydrogenase), der Natur und der Menge des zugesetzten Salzes. Die Anionen wurden dem Bodenmaterial als Ammoniumchlorid bzw. -sulfat zugesetzt. Die Chlorid- und Sulfatniveaus waren durch Applikationsmengen von 132, 264 und 396 kg/ha eingestellt worden.

Feldversuche zeigten eine im Mullboden im Vergleich zum Moderboden geringere Reduktion von Enzymaktivitäten durch die Applikation von Auftausalzen (Güntner und Wilke 1983). Das Auftausalz bestand hauptsächlich aus NaCl; daneben fanden sich 1–3% Quarz und Silikate, 0.2–0.3% $CaSO_4$ und $MgSO_4$, 20 ppm Kaliumferrocyanid als Antipackmittel und 10 ppm eines Vergällungsmittels (Applikation einmalig in einer Menge von 2.5 und 5.0 kg/m^2 im Oktober). Vier Wochen nach Applikation von 2.5 und 5.0 kg Streusalz/m^2 war ein Rückgang der Dehydrogenaseaktivität nachweisbar. Im Dezember des Applikationsjahres war die Dehydrogenaseaktivität des Mullbodens, im Falle der Behandlung mit 2.5 kg/m^2, für den behandelten und unbehandelten Boden nahezu identisch. Die salzbehandelten Horizonte des Moderbodens wiesen demgegenüber noch immer geringere Aktivitäten auf. Im September des darauffolgenden Jahres war die Dehydrogenaseaktivität der Moder-A_{he}- und Mull-A_h-Horizonte nahezu gleich. Nur die O_l- und O_f-Proben des mit 5 kg/m^2 behandelten Moders wiesen eine höhere Aktivität auf als die Proben unbehandelter bzw. mit 2.5 kg Salz/m^2 behandelter Standorte. Die Salzapplikation führte innerhalb von vier Wochen zu deutlichen Rückgängen der Ureaseaktivität in den O-Horizonten des Mull- und des Moderprofiles. Zusätze von 5 kg Salz/m^2 verursachten stärkere Reduktionen als solche von 2.5 kg. In den A-Horizonten war der Einfluß auf die Ureaseaktivität im November des Applikationsjahres weniger ausgeprägt. Am Moderstandort war im A_h-Horizont, im Falle von 2.5 kg Salz/m^2, keine Reduktion bestimmbar. Die im Dezember des Jahres erhaltenen Werte waren für die verschiedenen Standorte weniger deutlich verschieden. Im September des Folgejahres waren in den A-Horizonten keine Unterschiede nachweisbar. Eine erhöhte Ureaseaktivität konnte jedoch für Moder $O_{l,f}$-Proben von Standorten, welche 2.5 und 5.0 kg Salz/m^2 erhalten hatten, bestimmt werden. Die Aktivität der Arylsulfatase war im November des Applikationsjahres im Mullboden nicht reduziert. In den Proben des Moders war die Aktivität im $O_{l,f}$-Horizont und im A_h-Horizont des mit 5.0 kg Salz/m^2 behandelten Standortes deutlich reduziert. Die Proben der salzbehandelten Standorte wiesen im Dezember eine deutliche Reduktion der Arylsulfataseaktivität auf. Im Mull wirkte die Applikation von 5 kg Salz/m^2 stärker als eine solche von 2.5 kg/m^2; keine Unterschiede zwischen den beiden Behandlungen waren im Moder nachweisbar. Im September des Folgejahres entnommene Proben zeigten keine Unterschiede; nur der A_{eh}-Horizont des mit 5 kg Salz/m^2 behandelten Moderstandortes zeigte geringere Arylsulfataseaktivität. Die Aktivitätsniveaus der Phosphatase waren in sämtlichen behandelten Böden im November und Dezember des Applikationsjahres reduziert. Die Reduktion war im Vergleich zu anderen Enzymaktivitäten gering; diese überschritten 27% im Mull und 44% im Moder nicht. Im September des Folgejahres zeigte nur der Mull-A_h des Standortes, welcher mit 5 kg Salz/m^2 behandelt worden war, eine niedrigere Phosphataseaktivität.

Hinweise darauf konnten erhalten werden, daß es durch die Zunahme der Salinität, und in Abhängigkeit von den gewählten Ionen, zu einer Freisetzung immobilisierter Enzyme im Boden kommen kann. Aktivitätsrückgänge bzw. -erhöhungen können damit verbunden sein. Extraktionsversuche mit Cellulasen aus Waldstreu und Waldboden zeigten, daß der Anteil der gebundenen Aktivität im Mineralboden höher war als in der Streu (McClaugherty und Linkins 1988). Die Extrahierbarkeit stieg mit einer Zunahme des pH von 3.5 auf 5.6. NaCl und Na_2SO_4, durch welche der Einfluß von Anionen und deren Konzentration untersucht werden sollte, übten keinen beständigen Einfluß auf die Extrahierbarkeit aus. Es konnte jedoch ein Trend zur höheren Extrahierbarkeit durch Sulfat als durch Chlorid und ein solcher mit steigender Salinität festgestellt werden.

Ladd und Butler (1970) hatten festgestellt, daß die Aufhebung der Hemmung einer gegebenen Protease durch Huminsäuren von der Konzentration des zugesetzten Anions abhängig war. Salze zweiwertiger Kationen waren effizienter als solche monovalenter. Die Aktivität von Pronase und Carboxypeptidase wurde durch die Reihenfolge, in welcher jedes Enzym mit der Huminsäure und dem Kation inkubiert worden war, nicht beeinflußt (Mg^{2+}, K^{+}). Die Vorinkubation von Trypsin mit $MgCl_2$ oder KCl, vor Zusatz der Huminsäure, verursachte einen stärkeren Rückgang der Enzymhemmung als eine solche mit vorangehender Huminsäureinkubation. Im Gegensatz zur Pronase und Carboxypeptidase, reagierte Trypsin mit der Huminsäure unter Bildung eines unlöslichen Komplexes mit geringer Aktivität. Durch Mg^{2+}, Na^{+} wurde die Aktivität, infolge der Freisetzung von Enzym vom Komplex in die Lösung, erhöht.

N-Transformationen

Eine Reihe von Untersuchungen zeigte die Sensibilität der Nitrifikation sowie der N-Mineralisierung gegenüber Chloridsalzen, wie NaCl und $CaCl_2$. Arbeiten von Sindhu und Cornfield (1967), Laura (1974, 1977) und McCormick und Wolf (1980) gaben Hinweise darauf, daß die Nitrifikation gegenüber Chloridsalzen, wie NaCl und $CaCl_2$, besonders empfindlich ist. Von einigen Autoren konnte die Reduktion der Nitrifikationsraten in Gegenwart von Chloriden (NaCl), im Vergleich zu einer solchen von Sulfaten (Na_2SO_4), als ernster befunden werden, wenn deren Applikation in äquivalenten Mengen erfolgte.

In Straßenböden wurde die potentielle Nitrifikation durch den erhöhten NaCl-Gehalt (0.1% w/w) der Böden beschränkt (Nossag 1971). Prinzipiell erwiesen sich in den untersuchten Böden der Belüftungsgrad und der Humusgehalt als die beiden wichtigsten Minimumfaktoren für die mikrobielle Aktivität. Das verminderte Porenvolumen, besonders der reduzierte Makroporenanteil, beschränkte vor allem die Keimzahl aerober Bakterien sowie den Nitratgehalt des Bodens. Der Gehalt an verwertbarer organischer Substanz war in sämtlichen Böden, bis auf eine Schicht von 0–20 cm unter dem Rasen, relativ gering. Eine mineralische Volldüngung erhöhte die mikrobielle Aktivität nicht.

In Topfversuchen konnten Sethi et al. (1993) mit der durch NaCl verursachten zunehmenden Salinität (elektrische Leitfähigkeit 5, 10, 15 dS/m) eine Reduktion der Dichte der Ammoniumoxidierer um 60–96% und jener der Nitritoxidierer um 61–79% nachweisen.

Sindhu und Cornfield (1967) untersuchten den Einfluß der Chloride und Sulfate des Na, K, Ca und des Mg auf die N-Mineralisierung und die Nitrifikation während dreiwöchiger Inkubation bei 39°C. Die Salze waren als

0.1–2.0% NaCl-Äquivalent zugesetzt worden. Für die Chloridserie lag der kritische Bereich für die vollständige Hemmung der Nitrifikation zwischen 0.5% und 1.0% der applizierten Salze. Eine Reduktion der N-Mineralisierung trat nur bei einer Gabe der Salze im Ausmaß von 1–2% ein. In der Sulfatserie fand eine Reduktion der N-Mineralisierung und der Nitrifikation nur durch die 2%-Applikation des Na-Sulfats statt; die anderen Sulfate hatten wenig oder keinen Effekt auf diese Prozesse.

Agarwal et al. (1971) konnten in einem Schlufflehm die unterschiedliche Beeinflussung der N-Mobilisierung durch Sulfat- und Chloridsalze nachweisen. Der Boden war mit den Salzen NaCl, Na_2SO_4, KCl, K_2SO_4, $CaCl_2{\cdot}2H_2O$ und $CaSO_4{\cdot}2H_2O$ in Konzentrationen von 0–0.56 M behandelt worden. Die Chloride beeinflußten die Freisetzung von NH_4^+-N mit größerer Effizienz als Sulfate. Das Vermögen der Kationen zur Freisetzung von NH_4^+-N nahm für die Chloridserie in der folgenden Reihe Ca > K > Na ab. Demgegenüber waren die Sulfate hinsichtlich der Förderung der Nitrifikation effektiver als die Chloride. Generell verminderten alle Salze in höheren Konzentrationen, mit Ausnahme von $CaSO_4{\cdot}2H_2O$, die Nitrifikation. Ein Anioneneffekt zeigte sich bezüglich der Mobilisierung von Bodenstickstoff. Zwei Salze, welche das gleiche Kation, aber verschiedene Anionen enthielten, setzten bei einer äquivalenten Konzentration verschiedene Mengen an Stickstoff frei. Die Betrachtung der Gesamtwerte für NH_4^+-N und NO_3^--N bei verschiedenen Salzkonzentrationen ergab die folgende Reihe des Vermögens zur Stickstoffmobilisierung: $CaCl_2{\cdot}2H_2O$ > KCl > NaCl > K_2SO_4 > Na_2SO_4 > $CaSO_4{\cdot}2H_2O$.

Das Auftreten von Ammonium im Boden kann auch auf ausschließlich chemischem Wege vermittelt werden. Der Mechanismus dieser Reaktionen war zunächst nicht klar (Laura 1974). Der proteolytischen Wirkung des Wassers kommt bei diesen Umwandlungen Bedeutung zu. Die Ergebnisse von Agarwal et al. (1971) gaben Hinweise auf das Zutreffen der Vorstellung, daß chemische Prozesse an der Abspaltung von NH_4^+-N von den Kolloidkomplexen beteiligt sind und daß anschließend ein Austausch der Ammonium-Ionen gegen Kationen in die Bodenlösung erfolgt. Singh et al. (1969) behandelten einen schluffigen Ton mit den Chloridsalzen von mono-, di-, und trivalenten Kationen. In den salzbehandelten Proben war eine gegenüber der Kontrolle etwas geringere CO_2-Entwicklung feststellbar. Die Freisetzung von NH_4^+-N war eine direkte Funktion der Salzkonzentration und der Länge der Inkubation. In der Bodenlösung beeinflußten die verschiedenen Kationen die Austauschreaktion, durch welche Ammonium von der Oberfläche der Bodenmatrix in die Bodenlösung ausgetauscht wurde. Die Austauschkraft der Kationen für NH_4^+ wies in den beiden Böden die Reihe Al > Fe > Ca > Mg > K > Na auf. Diese Serien trafen nur in einer Konzentration von 0.1 M zu; jenseits derselben wurden die Al- und Fe-Ionen hinsichtlich der Freisetzung von NH_4^+ wirkungslos. Auf Basis dieses Verhaltens wurde geschlossen, daß die in die Ammoniumfreisetzung involvierten Reaktionen von stärker chemischer als biologischer Natur waren.

Johnson und Guenzi (1963) untersuchten den Einfluß verschiedener Salze, NaCl, Na_2SO_4 und einer Mischung derselben auf die Ammoniumoxidation in zwei unterschiedlichen Böden. Die Salze dienten der Einstellung eines osmotischen Druckbereiches von 0–0.4 MPa. Zwischen dem osmotischen Druck und der Reduktion der Nitratbildung war eine lineare Beziehung etablierbar. Die Nitrifikation zeigte den Einfluß individueller Salzspezies an. NaCl war stärker toxisch.

Während sieben und 35 Tagen Inkubation wurde die Wirkung verschiedener Konzentrationen, $0.1x10^{-3}$, $1x10^{-2}$, $2.5x10^{-2}$ und $1x10^{-1}$ M, an KH_2PO_4, NaH_2PO_4, KCl und NaCl auf die Ammonifikation im Boden untersucht (Ryan et al. 1972). Die Kalium-Salze unterdrückten vor allem in der Phosphatserie die Ammonifikation stärker als die Natrium-Salze. In Bezug auf die Anionen war für die meisten der Kurzinkubationen die Depression stärker mit Cl-Salzen als mit P-Salzen, das Umgekehrte galt für die 35tägige Inkubation. Die kritische Salzkonzentration lag in dieser Untersuchung bei etwa $2.5x10^{-2}$ M.

In einem Inkubationsversuch zur Mineralisierung von *Delonix regia* Blättern wurde die Nitrifikation durch Salzkonzentrationen ($NaCl+CaCl_2$) zwischen 0.6% und 0.9 % vollständig gehemmt (Laura 1974).

Im Laborversuch wurde der Einfluß einer Salzkombination $NaCl/CaCl_2$ auf die N-Mineralisierung untersucht (Laura 1977). Der Boden wurde mit der Lösung einer Salzmischung, welche Äquivalentgewichte von NaCl und $CaCl_2$ (58.5:55.5 von NaCl zu $CaCl_2$, w/w Basis) enthielt, auf verschiedene Salinitätsniveaus eingestellt; Zusatz von 0, 0.22, 0.44, 0.88% Salz. Hofdünger (1.4% N), Senfölkuchen (5.5% N) bzw. kommerziell reiner Harnstoff (45.2% N) wurden als N-haltiges Substrat zugesetzt. Die Gehalte an NH_4-N, NO_2-N und NO_3-N wurden während 102 Tagen periodisch im unbehandelten sowie im behandelten Boden bestimmt. Die erhöhte Salinität verzögerte die Ammonifikation progressiv, unterdrückte diese aber nicht vollkommen; die Nitrifikation wurde verzögert, unterdrückt oder vollkommen gehemmt. Der Effekt war von der Salzmenge und dem Typ des Zusatzes abhängig. Zunehmende Salinität verringerte die Menge an mineralischem Stickstoff.

Der Nitratgehalt eines landwirtschaftlich genutzten Bodens ging mit zunehmender Salinität, infolge der Bewässerung mit Wasser, welches verschiedene Mengen an NaCl oder Na_2SO_4 (0.1, 0.3, 0.6, 0.8, 1 und 1.3 M) enthielt, zurück, während der Ammoniumgehalt zunahm (Garcia und Hernandez 1996). Die elektrische Leitfähigkeit rangierte für die Na_2SO_4-Lösungen (0.1–1.3 M) zwischen 0.53 und 7.95 dS/m und für die NaCl-Lösungen (0.1–1.3 M) zwischen 1.67 und 9.48 dS/m.

Zusatz von organischem Material

Der Zusatz von Luzerne verringerte die nachteiligen Effekte des NaCl auf die CO_2-Entwicklung und die Nitrifikation (McCormick und Wolf 1980). Diese Autoren stellten fest, daß eine NaCl-Konzentration von 0.25 mg/g ausreicht, die Nitrifikation deutlich zu reduzieren. NaCl wurde in Raten bis zu 100 mg/g einem sandigen Lehm zugesetzt, welcher mit fein vermahlener Luzerne versehen worden war (14wöchige Untersuchung). Eine NaCl-Konzentration von 0.25 mg/g reduzierte die CO_2-Entwicklung im nicht mit Luzerne versehenen Boden signifikant um 16%; im mit Luzerne versehen Boden betrug die Reduktion 5%. Zunehmende Gehalte an NaCl reduzierten die CO_2-Entwicklung progressiv; keine CO_2-Entwicklung konnte im mit 100 mg NaCl/g versehenen Boden nachgewiesen werden. 0.50 mg NaCl/g waren für einen signifikanten Rückgang des Luzerneabbaus nötig. Im nicht mit Luzerne versehenen Boden war der Gehalt an Nitrit- und Nitrat-N von 40 auf 37 µg/g reduziert worden, wenn 0.25 mg NaCl/g appliziert wurden. 5 mg NaCl/g reduzierten im mit Luzerne versehenen Boden die Nitrifikation signifikant. Vollständige Hemmung derselben trat bei 10 mg NaCl/g auf. Im mit Luzerne versehenen Boden reicherte sich Ammonium-N von 6 µg/g (ohne NaCl-Gabe) bis zu einem Maximum von 54 µg/g mit 25 mg NaCl/g an. Diese höheren Ammonium-N-Werte führten zu einem Anstieg des pH um 0.5 Einheiten. NaCl-Konzentration > 25 mg/g reduzierten den Gehalt an Ammonium-N.

Der Zusatz von Klärschlamm zu einem kalkigen schluffigen Lehm führte zu einem wesentlichen Anstieg der Aktivität der Enzyme Amidase und Urease (Gomah et al. 1990). Der Aktivitätsanstieg war der applizierten Klärschlamm-Menge proportional (0–160 t/ha). Die beiden Enzymaktivitäten nahmen mit zunehmenden Konzentrationen an 1:1 Mischungen von NaCl und $CaCl_2$ ab (0–60 mg/g Boden). Diese Verschiebung konnte mit einer pH-Veränderung nicht erklärt werden und schien vielmehr mit einem Anstieg des osmotischen Potentials des Bodenwassers in Beziehung zu stehen. Eine Zugabe von Klärschlamm im Ausmaß von 4% verringerte den Salzeffekt.

Abdel-Ghaffar et al. (1977) bestimmten in einem Tonboden mit und ohne Zusatz von Kleeheu und NaCl, $CaCl_2$ sowie Na_2CO_3 während eines Zeitraumes von 28 Tagen periodisch (nach 4, 12, 20, 28 Tagen) die Aktivität der Enzyme Dehydrogenase, Katalase, Protease, Cellulase, Invertase und Amylase sowie die CO_2-Entwicklung. Gepulvertes Heu war dem Boden in einer Rate von 1% zugegeben worden; die Salze NaCl, $CaCl_2$, Na_2CO_3 wurden in Konzentrationen eingesetzt, welche 25 mEq/100 g Boden entsprachen. Die Gabe von Pflanzenmaterial erhöhte die Aktivitäten der getesteten Enzyme sogar in Gegenwart von Salzen. Eine Ausnahme stellte die Protease des mit $CaCl_2$ und Stroh behandelten Bodens dar; deren Aktivität war im behandelten Boden geringer als im unbehandelten. Bei $CaCl_2$-Gabe ging die Aktivität der Dehydrogenase, Katalase, Protease und Amylase zurück, wohingegen jene von Invertase und Cellulase anstiegen. NaCl erhöhte nur die Aktivität der Cellulase und Invertase, während andere Enzymaktivitäten unterdrückt wurden.

Malik et al. (1995) salinisierten Bodenmaterial mit einer Mischung verschiedener Salze – NaCl, Na_2SO_4, $CaCl_2$, im Verhältnis 23:6:1 – zur Einstellung einer elektrischen Leitfähigkeit von 6, 9 und 12 dS/m. Die Dehydrogenaseaktivität und CO_2-Entwicklung gingen mit zunehmender Salinität zurück. In mit pflanzlicher Substanz versehenen Ansätzen war der Rückgang geringer.

Literatur

Abdel-Ghaffar AS, El-Shakweer MHA, Barakat MA (1977) Effect of organic matter and salts on the activity of some soil enzymes. Soil Organic Matter Studies. IAEA Vienna, p 319–323

Abdel-Slater MA (1994) Cellulase activity and succession of fungi in soil amended with sodium chloride, organic matter and Ca-superphosphate. J Basic Microbiol 34:283–302

Aber JD, Hendrey GR, Botkin DB, Francis AJ, Melillo JM (1982) Potential effects of acid precipitation on soil nitrogen and productivity of forest ecosystems. Water Air Soil Pollut 18:405–412

Aboulroos SA, Holah Sh Sh, Badawy SH (1989) Influence of prolonged use of sewage effluent in irrigation on heavy metal accumulation in soils and plants. Z Pflanzenernähr Bodenk 152:51–55

Abrahamsen G (1980) Acid precipitation, plant nutrients and forest growth. Proc Int Conf Ecol Impact Acid Precipitation, Norway 1980, SNSF project, p 58–62

Abramyan SA, Galstyan A SH (1986) Regulation of the activity of sulfur-metabolism enzymes in soil. Sov Soil Sci 18:28–37

Adams WA, Ali AY, Lewis PJ (1990) Release of cationic aluminium from acidic soils into drainage water and relationships with land use. J Soil Sci 41:255–268

Aescht E, Foissner W (1994) Effects of organically enriched magnesite fertilizers on the testate amoebae of a spruce forest. Eur J Soil Biol 30:79–92

Agarwal AS, Singh BR, Kanehiro Y (1971) Ionic effect of salts on mineral nitrogen release in an allophanic soil. Soil Sci Soc Amer Proc 35:454–457

Ahmad I, Khan KM (1988) Studies on enzymes activity in normal and saline soils. Pak J Agric Res 9:506–508

Aichberger K, Bachler W, Pichler H (1981) Schwermetalle in Böden Oberösterreichs – und deren Verteilung im Bodenprofil. Landw Forsch, Sonderheft 38:350–362

Akent'yeva LI, Belyayeva VA (1993) Effect of industrial emissions of a metallurgical plant on vegetation and certain soil properties. Eur Soil Sci 25:113–119

Al-Khafaji AA, Tabatabai MA (1979) Effects of trace elements on arylsulfatase activity in soils. Soil Sci 127:129–133

Albert R (1938) Untersuchungen über die Verwendbarkeit von Gesteinsabfällen verschiedener Herkunft und Art zur Verbesserung geringwertiger Waldböden. Forstarchiv 14: 237–240

Alexander M (1980) Effects of acid precipitation on biochemical activities in soil. Proc Int conf ecol impact acid precip, p 47–51

Amrhein C, Mosher PA, Strong JE (1993) Colloid-assisted transport of trace metals in roadside soils receiving deicing salts. Soil Sci Soc Am J 57:1212–1217

Amrhein C, Strong JE, Mosher PA (1992) Effect of deicing salts on metal and organic matter mobilization in roadside soils. Environ Sci Technol 26:703–709

Amt der Tiroler Landesregierung (1988) (Hrsg) Zustand der Tiroler Böden

Amundson RG, Belsky AJ, Dickie RC (1990) Fluoride deposition via litterfall in a coastal-plain pine plantation in south carolina. Water Air Soil Pollut 50:301–310

Angle JS, Chaney RL, Rhee D (1993) Bacterial resistance to heavy metals related to extractable and total metal concentrations in soil and media. Soil Biol Biochem 25: 1443–1446

Appiah MR, Ahenkorah Y (1989) Arylsulphatase activity of different latosol soils of Ghana cropped to cocoa (*Theobroma cacao*) and coffee (*Coffea canophora* var. *robusta*). Biol Fertil Soils 7:186–190

Arnold G, van Diest A (1991) Nitrogen supply, tree growth and soil acidification. Fert Res 27:29–38

Baath E (1989) Effects of heavy metals in soil on microbial processes and populations. Water Air Soil Pollut 47:335–379

Baath E (1992) Measurement of heavy metal tolerance of soil bacteria using thymidine incorporation into bacteria extracted after homogenization-centrifugation. Soil Biol Biochem 24:1167–1172

Baath E, Arnebrant K (1994) Growth rate and response of bacterial communities to pH in limed and ash treated forest soils. Soil Biol Biochem 26:995–1001

Baath E, Berg B, Lohm U, Lundgren B, Lundkvist H, Rosswall T, Söderström B, Wiren A (1980) Effects of experimental acidification and liming on soil organisms and decomposition in a Scots pine forest. Pedobiologia 20:85–100

Baath E, Frostegard A, Fritze H (1992) Soil bacterial biomass, activity, phospholipid fatty acid pattern, and pH tolerance in an area polluted with alkaline dust deposition. Appl Environ Microb 58:4026–4031

Baath E, Lundgren B, Söderström B (1979) Effects of artificial rain on microbial activity and biomass. Bull Environm Contam Toxicol 23:734–740

Babich H, Davis DL, Stotzky G (1980) Acid precipitation. Causes and consequences. Environment 22:6–13, 40–41

Babich H, Stotzky G (1974) Air pollution and microbial ecology. In: Bond RG, Straub CP (eds) Critical Reviews in Environmental Controll. CRC Press, Cleveland Ohio, p 353–421

Babich H, Stotzky G (1977a) Effect of Cd on fungi and on interactions between fungi and bacteria in soil: influence of clay minerals and pH. Appl Environ Microbiol 33: 1059–1066

Babich H, Stotzky G (1977b) Reductions in the toxicity of cadmium to microorganisms by clay minerals. Appl Environ Microbiol 33:696–705

Babich H, Stotzky G (1977c) Sensitivity of various bacteria, including actinomycetes, and fungi to cadmium and the influence of pH on sensitivity. Appl Environ Microbiol 33: 681–695

Babich H, Stotzky G (1977d) Effect of cadmium on the biota: influence of environmental factors. Adv Appl Microbiol 23:55–117

Babich H, Stotzky G (1978) Toxicity of zinc to fungi, bacteria, and coliphages: influence of chloride ions. Appl Environ Microbiol 36:906–914

Babich H, Stotzky G (1979) Abiotic factors affecting the toxicity of lead to fungi. Appl Environ Microbiol 38:506–513

Babich H, Stotzky G (1983a) Toxicity of nickel to microbes: environmental aspects. Adv Appl Microbiol 29:195–265

Babich H, Stotzky G (1983b) Developing standards for environmental toxicants: the need to consider abiotic environmental factors and microbe-mediated ecologic processes. Environ Health Persp 49:247–260

Babich H, Stotzky G (1985) Heavy metal toxicity to microbe-mediated ecologic processes: a review and potential application to regulatory policies. Environ Research 36:111–137

Bachenheimer AG, Bennett EO (1961) The sensitivity of mixed populations of bacteria to inhibitors. I. The mechanism by which *Desulfovibrio desulfuricans* protects *Pseudomonas aeruginosa* from the toxicity of mercurials. Antonie van Leeuwenhoek J Microbiol Serol 27:180–188

Badalucco L, Grego S, Dell'Orco S, Nannipieri P (1992) Effect of liming on some chemical, biochemical, and microbiological properties of acid soils under spruce (*Picea abies* L.). Biol Fertil Soils 14:76–83

Badura L, Eckert L, Galimska-Stypa R (1986) The influence of zinc and cadmium on the bacteria active in the nitrogen transformation in soil. Pr Nauk Uniw Slask Katowicach 0 (789):9–19

Badura L, Klistala B, Pacha J (1983a) The effect of calcium carbonate on the activity of oxidoreductases in copper sulfate treated soils. Pr Nauk Uniw Slask Katowichach 0 (505):81–87

Badura L, Klyszcz K, Pacha J (1983b) The effect of lead on selected soil hydrolases. Pr Nauk Uniw Slask Katowicach 0 (581):36–48

Badura L, Michalczyk H, Pacha J (1984a) The effect of lead on activity of some oxidoreductases in soil enriched with bentonite. Pr Nauk Uniw Slask Katowicach 0 (648):74–83

Badura L, Pacha J, Piotrowska Z (1984b) The activity of some hydrolases in soil enriched with bentonite and treated with lead nitrate. Pr Nauk Uniw Slask Katowicach 0 (648): 54–62

Badura L, Borkowy C, Pacha J (1984c) Activity of some enzymes in soil treated simultaneously with zinc sulfate and cadmium sulfate. Pr Nauk Uniw Slask Katowicach 0 (648):84–95

Badura L, Galimska-Stypa R, Gorska B, Smylla A (1984d) Effect of Zn-works emissions on soil microorganisms. Pr Nauk Uniw Slask Katowicach 0 (648):112–127

Badura L, Pacha J, Skorka E (1984e) The effect of lead on some oxidoreductases. Pr Nauk Uniw Slask Katowicach 0 (648):63–73

Baes CF, McLaughlin SB (1987) Trace metal uptake and accumulation in trees as affected by environmental pollution. In: Hutchinson TC, Meema KM (eds) Effects of atmospheric pollutants on forests, wetlands and agricultural ecosystems. NATO ASI Ser, Vol G16. Springer, Heidelberg Berlin, p 307–319

Barber SA (1984) Soil nutrient bioavailability. Wiley, New York

Bardgett RD, Speir TW, Ross DJ, Yeates GW (1994) Impact of pasture contamination by copper, chromium, and arsenic timber preservative on soil microbial properties and nematodes. Biol Fertil Soils 18:71–79

Barkay T, Tripp SC, Olson BH (1985) Effect of metal-rich sewage sludge application on the bacterial communities of grasslands. Appl Environ Microbiol 49:333–337

Bauhus J, Meiwes KJ (1994) Potential use of plant residue wastes in forests of northwestern Germany. For Ecol Manage 66:87–106

Baumbach G (1990) Luftreinhaltung. Entstehung, Ausbreitung und Wirkung von Luftverunreingungen – Meßtechnik, Emissionsminderung und Vorschriften. Springer, Berlin Heidelberg

Baumgärtner M, Ottow JCG (1985) Einfluß einer Fluor-Verbindung (NaF) auf die Nitrifikation im Boden. Mitt Dtsch Bodenk Ges 43/II:519–524.

Baydina NL (1996) Inactivation of heavy metals by humus and zeolites in industrially contaminated soil. Eur Soil Sci 28:96–105

Beck Th (1981) Untersuchungen über die toxische Wirkung der in Siedlungsabfällen häufigen Schwermetalle auf die Bodenmikroflora. Z Pflanzenernähr Bodenkd 144:613–627

Becker F, Ottow JCG (1985) Einfluß von Natriumfluorid auf die Denitrifikation und das Redoxniveau eines lehmigen Sandes. Landwirt Forsch 38:8–20

Beese F, Matzner E (1987) Langzeitperspektiven vermehrten Stickstoffeintrages in Waldökosystemen: Droht Eutrophierung? In: Glatzel G (Hrsg) Möglichkeiten und Grenzen des Sanierung immissionsgeschädigter Waldökosysteme. Selbstverlag der Österreichischen Gesellschaft für Waldökosystemforschung und Experimentelle Baumforschung, Wien, S 34–53

Bennett BG (1983) Exposures of man to environmental selenium – an exposure commitment assessment. Sci Total Environ 31:117–127

Berg B, Ekbohm G, Söderström B, Staaf H (1991) Reduction of decomposition rates of scots pine neddle litter due to heavy-metal pollution. Water Air Soil Pollut 59:165–177

Bestetti G, Barbieri P (1991) Metal resistance in bacteria. Ann Microbiol 41:117–127

Bewley RJF (1980) Effects of heavy metal pollution on oak leaf microorganisms. Appl Environ Microbiol 40:1053–1059

Bewley RJF, Campbell R (1980) Influence of zinc, lead, and cadmium pollutants on the microflora of hawthorn leaves. Microb Ecol 6:227–240

Bewley RJF, Parkinson D (1984) Effects of sulphur dioxide pollution on forest soil microorganisms. Can J Microbiol 30:179–185

Bewley RJF, Parkinson D (1985) Bacterial and fungal activity in sulphur dioxide polluted soils. Can J Microbiol 31:13–15

Bewley RJF, Parkinson D (1986) Sensitivity of certain soil microbial processes to acid deposition. Pedobiologia 29:73–84

Bewley RJF, Stotzky G (1983a) Anionic constituents of acid rain and microbial activity in soil. Soil Biol Biochem 15:431–437

Bewley RJF, Stotzky G (1983b) Simulated acid rain (H_2SO_4) and microbial acitivity in soil. Soil Biol Biochem 15:425–429

Bewley RJF, Stotzky G (1983c) Effects of cadmium and zinc on microbial activity in soil; influence of clay minerals. Part II: Metals added simultaneously. The Sci Total Environ 31:57–69

Bewley RJF, Stotzky G (1983d) Effects of cadmium and zinc on microbial activity in soil; influence of clay minerals. Part I: Metals added individually. The Sci Total Environ 31: 41–55

Bewley RJF, Stotzky G (1983e) Effects of combinations of simulated acid rain and cadmium or zinc on microbial activity in soil. Environ Res 31:332–339

Bewley RJF, Stotzky G (1983f) Effects of cadmium and simulated acid rain on ammonification and nitrification in soil. Arch Environ Contam Toxicol 12:285–291

Bhat PK, Upadhyaya SD, Dagar JC, Singh VP (1979) Assessment of heavy metal toxicity. I. Effect on microbial population, mineralization and soil respiration. Current Sci 48: 571–573

Bhuiya MRH, Cornfield AH (1972) Effects of addition of 1000 ppm Cu, Ni, Pb and Zn on carbon dioxide release during incubation of soil alone and after treatment with straw. Environ Pollut 3:173–177

Bille-Hansen J (1990) Acidification and leaching of base cations in relation to air pollution levels and base status of the soil. Aquilo Ser Bot 29:3–12

Bisessar S (1982) Effect of heavy metals on microorganisms in soils near a secondary lead smelter. Water Air Soil Pollut 17:305–308

Bitton G, Boylan RA (1985) Effect of acid precipitation on soil microbial activity: I. soil core studies. J Environ Qual 14:66–69

Bitton G, Volk BG, Graetz DA, Bossart JM, Boylan RA, Byers GE (1985) Effect of acid precipitation on soil microbial activity: II. field studies. J Environ Qual 14:69–71

Blake RC, Choate DM, Bardhan S, Revis N, Barton LL, Zocco TG (1993) Chemical transformation of toxic metals by a *Pseudomonas* strain from a toxic waste site. Environ Toxicol Chem 12:1365–1376

Blum WEH, Wenzel WW (1989) Bodenschutzkonzeption. Bodenzustandsanalyse und Konzepte für den Bodenschutz in Österreich. Bundesministerium für Land- und Forstwirtschaft, Wien

Blume HP (1981) Alarmierende Versauerung Berliner Forste. Berliner Naturschutzblatt 713–715

Bolan NS, Hedley MJ, White RE (1991) Processes of soil acidification during nitrogen cycling with emphasis on legume based pastures. In: Wright RJ, Baligar VC, Murrmann RP (eds) Plant-soil interactions at low pH. Kluwer Academic Publishers, Dordrecht Boston London, p 169–180

Brady NC (1990) The nature and properties of soils. 10th Ed. Macmillan Publishing Company, New York

Breimer RF, Vogel J, Ottow JCG (1987) Fluorbelastung von Böden und Bodenfauna in Emittennähe. Mitt Dtsch Bodenk Ges 55/II:481–486

Breimer RF, Vogel J, Ottow JCG (1989) Fluorine contamination of soils and earthworms (*Lumbricus* spp.) near a site of long-term industrial emission in southern Germany. Biol Fertil Soils 7:297–302

Bremner JM, Douglas LA (1971) Inhibition of urease activity in soils. Soil Biol Biochem 3: 297–307

Brookes PC, McGrath SP (1984) Effects of metal toxicity on the size of the soil microbial biomass. J Soil Sci 35:341–346

Brookes PC, McGrath SP, Klein DA, Elliott ET (1984) Effects of heavy metals on microbial activity and biomass in field soils treated with sewage sludge. Environ Contam, CEP Ltd, p 574–583

Brown KA (1985) Acid deposition: effects of sulphuric acid at pH 3 on chemical and biochemical properties of bracken litter. Soil Biol Biochem 17:31–38

Bruggenwert MGM, Hiemstra T, Bolt GH (1991) Proton sinks in soil controlling soil acidification. In: Ulrich B, Sumner ME (eds) Soil acidity. Springer, Berlin Heidelberg New York p 8–27

Brunner I, Schinner F (1984) Einfluß von Blei und Cadmium auf die mikrobielle Aktivität eines Bodens. Die Bodenkultur 35:1–11

Bryant RD, Gordy EA, Laishley EJ (1979) Effect of soil acidification on the soil microflora. Water Air Soil Pollut 11:437–445

Brynhildsen L, Rosswall T (1989) Effects of cadmium, copper, magnesium, and zinc on the decomposition of citrate by a *Klebsiella* sp. Appl Environ Microbiol 55:1375–1379

Burkhardt C, Insam H, Hutchinson TC, Reber HH (1993) Impact of heavy metals on the degradative capabilities of soil bacterial communities. Biol Fertil Soils 16:154–156

Burns RG (1989) Microbial and enzymic activities in soil biofilms. In: Characklis WG, Wilderer PA (eds) Microbial and enzymic activities in soil biofilms. Wiley, New York, p 333–349

Buschbom U (1973) Salzschäden an Holzgewächsen. Mitt Dtsch Dendrol Ges 66:133–151

Buschbom U (1980) Experiences of the de-icing salts in W. Germany. Europ J For Path 10: 349–353

Busman LM, Tabatabai MA (1985) Factors affecting enzymic and nonenzymic hydrolysis of trimetaphosphate in soils. Soil Sci 140:421–428

Butler LG, Sperow JW (1977) Multiple roles of metal ions in the reaction catalyzed by yeast inorganic pyrophosphatase. Bioinorg Chem 7:141–150

Butzke H (1981) Versauern unsere Wälder? Erste Ergebnisse der Überprüfung 20 Jahre alter pH-Wert-Messungen in Waldböden Nordrhein-Westfalens. Der Forst- und Holzwirt 21:542–548

Bykov AV, Lysikov AB (1992) Influence of mole activity on soil pollution in roadside forest strips. Sov Soil Sci 24:71–81

Cappon CJ (1984) Content and chemical form of mercury and selenium in soil, sludge, and fertilizer materials. Water Air Soil Pollut 22:95–104

Casella S, Frassinetti S, Lupi F, Squartini A (1988) Effect of cadmium, chromium and copper on symbiotic and free-living *Rhizobium leguminosarum* biovar *trifolii*. FEMS Microbiol Lett 49:343–347

CEC – Commission of the European Communities (1986) Council Directive of 12 June 1986 on the protection of the environment and in particular of the soil, when sewage sludge is used in agriculture. Off J Eur Comm No L 181/6–12

Cervantes C (1991) Bacterial interactions with chromate. Antonie van Leeuwenhoek 59: 229–233

Chadwick MJ (1983) Acid depositions and the environment. Ambio 12:80–82

Chander K, Brookes PC (1991a) Is the dehydrogenase assay invalid as a method to estimate microbial activity in copper-contaminated soils? Soil Biol. Biochem 23:909–915

Chander K, Brookes PC (1991b) Microbial biomass dynamics during the decomposition of glucose and maize in metal-contaminated and non-contaminated soils. Soil Biol Biochem 23:917–925

Chander K, Brookes PC (1991c) Effects of heavy metals from past applications of sewage sludge on microbial biomass and organic matter accumulation in a sandy loam and silty loam UK soil. Soil Biol Biochem 23:927–932

Chander K, Brookes PC (1991d) Plant inputs of carbon to metal-contaminated soil and effects on the microbial biomass Soil Biol. Biochem 23:1169–1177

Chander K, Brookes PC (1993) Residual effects of zinc, copper and nickel in sewage sludge on microbial biomass in a sandy loam. Soil Biol Biochem 25:1231–1239

Chander K, Brookes PC, Harding SA (1995) Microbial biomass dynamics following addition of metal-enriched sewage sludges to a sandy loamy Soil Biol Biochem 27: 1409–1421

Chang FH, Broadbent FE (1982) Influence of trace metals on some soil nitrogen transformations. J Environ Qual 11:1–4

Chanmugathas P, Bollag JM (1988) A column study of the biological mobilization and speciation of cadmium in soil. Arch Environ Contam Toxicol 17:229–237

Chendrayan K, Ahdya TK, Sethunathan N (1980) Dehydrogenase and invertase activities of flooded soils. Soil Biol Biochem 12:271–273

Chrometzka P (1974) Salztoleranz, Ursachen und praktische Möglichkeiten zu deren Steigerung. Eur J For Path 4:50–52

Clarholm M (1993) Microbial biomass P, labile P, and acid phosphatase activity in the humus laywer of a spruce forest, after repeated additions of fertilizers. Biol Fertil Soils 16: 287–292

Clarholm M (1994) Granulated wood ash an a „N-free" fertilizer to a forest soil – effects on P availability. For Ecol Manage 66:127–136

Colbourn P, Thornton I (1978) Lead pollution in agricultural soils. J Soil Sci 29:513–526

Cole MA (1977) Lead inhibition of enzyme synthesis in soil. Appl Environ Microbiol 33: 262–268

Coleman RN (1988) Chromium toxicity: effects on microorganisms with special reference to the soil matrix. In: Nriagu JO, Nieboer E (eds) Chromium in the natural and human environments. Wiley, New York, p 334–350

Collins VE, Stotzky G (1989) Factors affecting the toxicity of heavy metals to microbes. In: Beveridge TJ, Doyle RJ (eds) Metal ions and bacteria. Wiley, New York, p 31–90

Cornfield AH (1977) Effects of addition of 12 metals on carbon dioxide release during incubation of an acid sandy soil. Geoderma 19:199–203

Czeratzki W (1961) Der Einfluß von natriumhaltigem Beregnungswasser auf die Bodenstruktur, dargestellt am Beispiel eines Lehmbodens (Löß). Z Kulturtech 2:217–228

Daif MA, van Beusichem ML (1982) Effects of some trace elements on urea hydrolysis in soils. Neth J Agric Sci 29:249–258

Dalton DA, Evans HJ, Hanus FJ (1985) Stimulation by nickel of soil microbial urease activity and urease and hydrogenase activities in soybeans grown in a low-nickel soil. Plant and Soil 88:245–258

Davenport JR, Peryea FJ (1991) Phosphate fertilizers influence leaching of lead and arsenic in a soil contaminated with lead arsenate. Water Air Soil Pollut 57/58:101–110

David MB, Mitchell MJ, Aldcorn D, Harrison RB (1989a) Analysis of sulfur in soil, plant and sediment materials: sample handling and use of an automated analyzer. Soil Biol Biochem 21:119–123

David MB, Vance GF, Rissing JM, Stevenson FJ (1989b) Organic carbon fractions in extracts of O and B horizons from a New England spodosol: effects of acid treatment. J Environ Qual 18:212–217

De Vries MPC, Tiller KG (1978) Sewage sludge as a soil amendment, with special reference to Cd, Cu, Mn, Ni, Pb and Zn – comparison of results from experiments conducted inside and outside a glasshouse. Environ Pollut 16: 231–240

deCatanzaro JB, Hutchinson TC (1985) Effects of nickel addition on nitrogen mineralization, nitrification, and nitrogen leaching in some boreal forest soils. Water Air Soil Pollut 24:153–164

DeKock PC, Mitchell RL (1957) Uptake of chelated metals by plants. Soil Sci 84:55–62

Deng SP, Tabatabai MA (1995) Cellulase activity of soils: effect of trace elements. Soil Biol Biochem 27:977–979

Diaz-Ravina M, Baath E (1996) Influence of different temperatures on metal tolerance measurements and growth response in bacterial communities from unpolluted and polluted soils. Biol Fertil Soils 21:233–238

Diaz-Ravina M, Baath E, Frostegard A (1994) Multiple heavy metal tolerance of soil bacterial communities and its measurement by a thymidine incorporation technique. Environ Microbiol 60:2238–2247

Dick WA, Tabatabai MA (1978) Inorganic pyrophosphatase activity of soils. Soil Biol Biochem 10:59–65

Dick WA, Tabatabai MA (1983) Activation of soil pyrophosphatase by metal ions. Soil Biol Biochem 15:359–363

Diels L, Mergeay M (1990) DNA probe-mediated detection of resistant bacteria from soils highly polluted by heavy metals. Appl Environ Microbiol 56:1485–1491

Dinesh R, Ramanthan G, Singh H (1995) Influence of chloride and sulphate ions on soil enzymes. J Agron Crop Sci 175:129–133

Dodd JL, Lauenroth WK (1981) Effects of low-level SO_2 fumigation on decomposition of western wheatgrass litter in a mixed-grass prairie. Water Air Soil Pollut 15:257-261

Doelman P (1986) Resistance of soil microbial communities to heavy metals. In: FEMS Symposium No. 33, Microbial communities in soil. Copenhagen, Aug 4–8, 1985, p 369–384

Doelman P, Haanstra L (1979a) Effect of lead on soil repiration and dehydrogenase acitivity. Soil Biol Biochem 11:475–479

Doelman P, Haanstra L (1979b) Effects of lead on the decomposition of organic matter in soil. Soil Biol Biochem 11:481–485

Doelman P, Haanstra L (1979c) Effects of lead on the soil bacterial microflora. Soil Biol Biochem 11:487–491

Doelman P, Haanstra L (1984) Short-term and long-term effects of cadmium, chromium, copper, nickel, lead and zinc on soil microbial respiration in relation to abiotic soil factors. Plant and Soil 79:317–327

Doelman P, Haanstra L (1986) Short- and long-term effects of heavy metals on urease activity in soils. Biol Fertil Soils 2:213–218

Doelman P, Haanstra L (1989) Short- and long-term effects of heavy metals on phosphatase activity in soils: an ecological dose-response model approach. Biol Fertil Soils 8: 235–241

Domsch KH (1984) Effects of pesticides and heavy metals on biological processes. Plant and Soil 76:367–378

Doner HE (1978) Chloride as a factor in mobilities of Ni(II), Cu(II), and Cd(II) in soil. Soil Sci Soc Am J 42:882–885

Doner HE, Traina SJ, Pukite A (1982) Interactions of nickel, copper, and cadmium with soil manganese in saline solutions. Soil Sci 133:369–377

Douglas LA, Bremner JM (1971) A rapid method of evaluating different compounds as inhibitors of urease activity in soils. Soil Biol Biochem 3:309–315

Douka CE (1977) Study of bacteria from manganese concretions. Precipitation of manganese by whole cells and cell-free extracts of isolated bacteria. Soil Biol Biochem 9: 89–97

Douka CE, Vaziourakis CD (1982) Enzymic oxidation of manganese by cell-free extracts of bacteria from manganese concretions from soil. Folia Microbiol 27:418–422

Dowdy RH, Volk VV (1984) Movement of heavy metals in soils. Soil Science Society America (SSSA) Special Publication 11:229–240

Dragan-Bularda M, Kiss S (1977) Effects of some heavy metal salts on enzyme activities in soil. Fourth Symposium on soil biology. Cluj Napoca, p 185–191

Duxbury T (1981) Toxicity of heavy metals to soil bacteria. FEMS Microbiol Lett 11: 217–220

Duxbury T (1985) Ecological aspects of heavy metal responses in microorganisms. In: Marshall KC (ed) Advances in microbial ecology, Vol 8. Plenum Press, New York, p 185–235

Duxbury T, Bicknell B (1983) Metal-tolerant bacterial populations form natural and metal polluted soils. Soil Biol Biochem 15:243–250

DVWK – Deutscher Verband für Wasserwirtschaft und Kulturbau e.V. (1988) DVWK-Merkblätter zur Wasserwirtschaft 212. Filtereigenschaften des Bodens gegenüber Schwermetallen, Teil I: Beurteilung der Fähigkeit von Böden zugeführte Schwermetalle zu immobilisieren. Paul Parey, Hamburg Berlin

Ebregt A, Boldewijn JMAM (1977) Influence of heavy metals in spruce forest Soil on amylase activity, $C0_2$ evolution from starch and soil respiration. Plant and Soil 47:137–148

EC-UN/ECE (1996) Der Waldzustand in Europa. Ergebnisse der Erhebung 1995 (Kurzbericht)

Ehrlich HL (1990) Geomicrobiology, 2nd ed Marcel Dekker, New York Basel

Eikman Th, Kloke A (1993) Nutzungs- und schutzgutbezogene Orientierungswerte für (Schad)-Stoffe im Boden – Eikmann-Kloke-Werte. In: Rosenkranz D, Einsele G, Harress HM (Hrsg) Bodenschutz. Ergänzbares Handbuch der Maßnahmen und Empfehlungen für Schutz, Pflege und Sanierung von Böden, Landschaft und Grundwasser. Erich Schmidt Verlag, Berlin, 14. Lfg. X/93

Eikmann Th, Kloke A, Lühr HP (1991) IWS-Bodenwert-Listen. In: Trägerverein des Instituts für wassergefährdende Stoffe e.V. an der Technischen Universität Berlin (Hrsg) Ableitung von Sanierungswerten für kontaminierte Böden. IWS-Schriftenreihe, Bd 13. Erich Schmidt Verlag, Berlin, S 353–361

El-Shinnawi MM, El-Shimi SA (1981a) Enzymatic activities in salt affected soils. Zbl Bakt II Abt 136:106–116

El-Shinnawi MM, El-Shimi SA (1981b) Enzyme activities of soil in relation to moisture content and salinity. Zbl Bakt II Abt 136:471–477

Elliott HA, Brown GA (1989) Comparative evaluation of NTA and EDTA for extractive decontamination of Pb-polluted soils. Water Air Soil Pollut 45:361–369

Elrashidi MA, Lindsay WL (1987) Effect of fluoride on pH, organic matter and solubility of elements in soils. Environ Pollut 47:123–133.

Elsheikh EAE, Wood M (1989a) Response of chickpea and soybean rhizobia to salt: influence of carbon source, temperature and pH. Soil Biol Biochem 21:883–887

Elsheikh EAE, Wood M (1989b) Response of chickpea and soybean rhizobia to salt: osmotic and specific ion effects of salts. Soil Biol Biochem 21:889–895

Evers FH (1971) Über Schäden in Fichtenbeständen durch abgeschwemmte Auftausalze. Forstw Cbl 90:363–369

Evers FH (1974) Fernwirkung abgeschwemmter Auftausalze im Innern von Waldbeständen. Eur J For Path 4:46–48

Falappi D, Farini A, Ranalli G, Sorlini C (1994) Effects of simulated acid rain on some microbiological parameters of subacid soil. Chemosphere 28:1987–1095

Falkengren-Grerup U (1989) Soil acidification and its impact on ground vegetation. Ambio 18:179–183

Fassbender HW (1974) Gehalt, Formen und Fixierung von Arsenat im Vergleich zu Phosphat in Waldböden. Z Pflanzenernähr Bodenk 137:188–203

Faulstich H, Stournaras C (1984) Verursacht Triethylblei unsere Waldschäden? Naturw Rundschau 37:398–401

Fiedler E, Fiedler HJ (1961) Bodenmikrobiologische Untersuchungen an einer Kalkungsversuchsfläche des Tharandter Waldes. Arch Forstw 10:733–751

Fiedler HJ, Rösler HJ (1988) Spurenelemente in der Umwelt. Ferdinand Enke, Stuttgart

Finkernagel R, Schinner F (1986) Einfluß von Kalkung und schwefelsaurer Beregnung auf bodenbiologische Aktivitäten eines belasteten Waldstandortes. Mitt Österr Bodenk Ges 33:193–207

Firestone MK, Killham K, McColl JG (1983) Fungal toxicity of mobilized soil aluminum and manganese. Appl Environ Microbiol 46:758–761

Flemming CA, Ferris FG, Beveridge TJ, Bailey GW (1990) Remobilization of toxic heavy metals adsorbed to bacterial wall-clay composites. Appl Environ Microbiol 56: 3191–3203

Fließbach A, Martens R, Reber HH (1994) Soil microbial biomass and microbial activity in soils treated with heavy metal contaminated sewage sludge. Soil Biol Biochem 26: 1201–1205

Forster SM (1979) Microbial aggregation of sand in an embryo dune system. Soil Biol Biochem 11:537–543

Fragstein P (1983) Steinmehl in der Landwirtschaft. ifoam 44/45:7–12

Francis AJ (1982) Effects of acid precipitation and acidity on soil microbial processes. Water Air Soil Pollut 18:375–394

Frank H (1989) Neuartige Waldschäden und luftgetragene Chlorkohlenwasserstoffe. Z Umweltchem Ökotox 4:7–11

Frank H (1991) Airborne chlorocarbons, photooxidants, and forest decline. Ambio 20: 13–18

Frank U, Gebhardt H (1989) Mineralverwitterung, Tonmineralumwandlung und Tonzerstörung als Folge starker Bodenversauerung auf ausgewählten Standorten. Mitt Dtsch Bodenk Ges. 59/II:1163–1168

Frankenberger WT, Bingham FT (1982) Influence of salinity on soil enzyme activities. Soil Sci Soc Am J 46:1173–1177

Frankenberger WT, Johanson JB (1981) L-Histidine ammonia-lyase activity in soils. Soil Sci Soc Am J 46:943–948

Frankenberger WT, Tabatabai MA (1980) Amidase activity in soils: I. Method of assay. Soil Sci Soc Am J 44:282–287

Frankenberger WT, Tabatabai MA (1981) Amidase activity in soils: IV. Effects of trace elements and pesticides. Soil Sci Soc Am J 45:1120–1124

Frankenberger WT, Tabatabai MA (1991a) Factors affecting L-asparaginase activity in soils. Biol Fertil Soils 11:1–5

Frankenberger WT, Tabatabai MA (1991b) Factors affecting L-glutaminase activity in soils. Soil Biol Biochem 23:875–879

Frankenberger WT, Tabatabai MA (1991c) L-asparaginase activity of soils. Biol Fertil Soils 11:6–12

Freedman B, Hutchinson TC (1980) Effects of smelter pollutants on forest leaf litter decomposition near a nickel-copper smelter at Sudbury, Ontario. Can J Bot 58:1722–1736

Friedland AJ, Johnson AH, Siccama TG (1986) Coniferous litter decomposition on Camels Hump, Vermont: a review. Can J Bot 64:1349–1354

Fritze H (1991) Forest soil microbial response to emissions from an iron and steel works. Soil Biol Biochem 23:151–155

Fritze H (1992) Effects of environmental pollution on forest soil microflora – a review. Silva Fennica 26:37–48

Fritze H, Niini S, Mikkola K, Maekinen A (1989) Soil microbial effects of a Cu-Ni smelter in southwestern Finland. Biol Fertil Soils 8:87–94

Fritze H, Smolander A, Levula T, Kitunen V, Maelkoenen E (1994) Wood-ash fertilization and fire treatment in a Scots pine forest stand: effects on the organic layer, microbial biomass, and microbial activity. Biol Fertil Soils 17:57–63

Frostegard A, Baath E, Tunlid A (1993a) Shifts in the structure of soil microbial communities in limed forests as revealed by phospholipid fatty acid analysis. Soil Biol Biochem 25:723–730

Frostegard A, Tunlid A, Baath E (1993b) Phospholipid fatty acid composition, biomass, and activity of microbial communities from two soil types experimentally exposed to different heavy metals. Appl Environ Microbiol 59:3605–3617

Frostegard A, Tunlid A, Baath E (1996) Changes in microbial community structure during long-term incubation in two soils experimentally contaminated with metals. Soil Biol Biochem 28:55–63

Fu MH, Tabatabai MA (1989) Nitrate reductase activity in soils: effects of trace elements. Soil Biol Biochem 21:943–946

Gadd GM, Griffiths AJ (1978) Microorganisms and heavy metal toxicity. Microb Ecol 4: 303–317

Gadd GM, White C (1993) Microbial treatment of metal pollution – a working biotechnology. In: Robinson C (ed) Trends in Biotechnology, Vol 11. Elsevier Science Publishers, Cambrigde, p 353–360

Galloway JN (1995) Acid deposition: perspectives in time and space. Water Air Soil Pollut 85:15–24

Garcia C, Hernandez T (1996) Influence of salinity on the biological and biochemical activity of a calciorthird soil. Plant and Soil 178:255–263

Garciduenas Pina R, Cervantes C (1996) Microbial interactions with aluminium. BioMetals 9:311–316

Gäth S, Frede HG (1990) Der Schwermetallgehalt von Straßenabflußwasser dargestellt am Beispiel der Elemente Zink, Blei, Kupfer und Cadmium. Mitt Dtsch Bodenk Ges 61:-85–88

Gerke J (1993) Huminstoff-Aluminium-Komplexe und Al-Spezies in der Bodenlösung. Mitt Dtsch Bodenk Ges 71:269–272

Germida JJ, Wainwright M, Vadakattu VS, Gupta VSR (1992) Biochemistry of sulfur cycling in soil. In: Stotzky G, Bollag JM (eds) Soil biochemistry, Vol 7. Marcel Dekker, Basel New York Hong Kong, p 1–53

Giashuddin M, Cornfield AH (1979) Effects of adding nickel (as oxide) to soil on nitrogen and carbon mineralisation at different pH values. Environ Pollut 19:67–70

Gillman GP (1991) The chemical properties of acid soils with emphasis on soils of the humid tropics. In: Wright RJ, Baligar VC, Murrmann RP (eds) Plant-soil interactions at low pH. Kluwer Academic Publishers, Dordrecht Boston London, p 3–14

Gingell SM, Campbell R, Martin MH (1976) The effect of zinc, lead and cadmium pollution on the leaf surface microflora. Environ Pollut 11:25–37

Glatzel G (1985) Schwermetallbelastung von Wäldern in der Umgebung eines Hüttenwerkes in Brixlegg/Tirol. II. Wachstum und Mineralstoffernährung von Fichtenpflanzen (*Picea abies*) auf schwermetallbelastetem Waldbodenhumus. Cbl ges Forstw 102:41–51

Glatzel G, Kazda M (1985) Wachstum und Mineralstoffernährung von Buche (*Fagus sylvatica*) und Spitzahorn (*Acer platanoides*) auf versauertem und schwermetallbelastetem Bodenmaterial aus dem Einsickerungsbereich von Stammabflußwasser in Buchenwäldern. Z Pflanzenernähr Bodenk 148:429–438

Glatzel G, Kazda M, Grill D, Halbwachs G, Katzensteiner K (1987) Ernährungsstörungen bei Fichte als Komplexwirkung von Nadelschäden und erhöhter Stickstoffdeposition – ein Wirkungsmechanismus des Waldsterbens? Allg Forst Jagd Z 158:91–97

Glenn und Dilworth (1991) Soil acidity and the microbial population: survival and growth of bacteria at low pH. In: Wright RJ, Baligar VC, Murrmann RP (eds) Plant-soil interactions at low pH. Kluwer Academic Publishers, Dordrecht Boston London, p 567–579

Göbl F, Mutsch F (1985) Schwermetallbelastung von Wäldern in der Umgebung eines Hüttenwerkes in Brixlegg/Tirol. I. Untersuchung der Mykorrhiza und Humusauflage. Cbl ges Forstw 102:28–40

Godbold DL, Hüttermann A (1994) Effects of acid rain on forest processes. Wiley-Liss, New York

Gomah AHM, Al Nahidh SI, Amer HA (1990) Amidase and urease activity in soil as affected by sludge, salinity and wetting and drying cycles. Z Pflanzenernähr Bodenkd 153: 215–218

Gorbatov VS (1988) Stability and transformation of the oxides of heavy metals (Zn, Pb, Cd) in soils. Sov Soil Sci 20:82–90

Gould WD, McCready RGL (1982) Denitrification in several Alberta Canada soils inhibition by sulfur anions. Can J Soil Sci 62:333–342

Graf H (1981) Der Einfluß von Auftausalzen auf die mikrobielle Aktivität im Boden. Hausarbeit, Universität Innsbruck

Grant IF, Bancroft K, Alexander M (1979a) SO_2 and NO_2 effects on microbial activity in an acid forest soil. Microb Ecol 5:85–89

Grant IF, Bancroft K, Alexander M (1979b) Effect of SO_2 and bisulfite on heterotrophic activity in an acid soil. Appl Environ Microbiol 38:78–83

Greszta J, Braniewski S, Marczynska-Galkowska K, Nosek A (1979) The effect of dusts emitted by non-ferrous metal smelters on the soil, soil microflora and selected tree species. Ekol Polska 27:397–426

Gritsan NP, Miller GW, Schumatkov GG (1995) Correlation among heavy metals and fluoride in soil, air, and plants in relation to environmental damage. Fluoride 28:180–188

Grodzinski W, Greszta J, Laskowski R, Maryanski M, Rozen A (1990) Effect of the chemical composition of industrial dusts on forest floor organic matter accumulation. Water Air Soil Pollut 53:169–178

Guggenberger G, Glaser B, Zech W (1994) Heavy metal binding by hydrophobic and hydrophilic dissolved organic carbon fractions in a spodosol A and B horizon. Water Air Soil Pollut 72:111–127

Gundersen P, Rasmussen L (1990) Nitrification in forest soils: effects from nitrogen deposition on soil acidification and aluminium release. Rev Environ Contam Toxicol 113: 1–45

Güntner M, Wilke BM (1983) Effects of de-icing salt on soil enzyme activity. Water Air Soil Pollut 20:211–220

Haack SK, Garchow H, Odelson DA, Forney LJ, Klug MJ (1994) Accuracy, reproducibility, and interpretation of fatty acid methyl ester profiles of model bacterial communities. Appl Environ Microbiol 60:2483–2493

Haanstra L, Doelman P (1984) Glutamic acid decomposition as a sensitive measure of heavy metal pollution in soil. Soil Biol Biochem 16:595–600

Haanstra L, Doelman P (1991) An ecological dose-response model approach to short- and long-term effects of heavy metals on arylsulphatase activity in soil. Biol Fertil Soils 11: 18–23

Hadar Y, Banin A, Chet I (1984) Increased inhibitory effect of cation as a clay-complex on fungi. Water Air Soil Pollut 22:441–446

Hahne HCH, Kroontje W (1973) Significance of pH and chloride concentration on behavior of heavy metal pollutants: mercury(II), cadmium(II), zinc(II), and lead(II). J Environ Qual 2:444–450

Halstead RL (1964) Phosphatase acitivity of soils as influenced by lime and other treatments. Can J Soil Sci 44:137–144

Häni H (1975) Wechselwirkung von Fluorid mit einem mineralischen illithaltigen Boden und Veränderungen in darauf wachsenden Maispflanzen. Schweiz Landw Forsch 14: 189–201

Harley RA, Cass GR (1994) Modeling the concentrations of gas-phase toxic organic air pollutants: direct emissions and atmospheric formation. Environ Sci Technol 28:88-98

Harter R (1983) Effect of soil pH on adsorption of lead, copper, zinc, and nickel. Soil Sci Soc Am J 47:47–51

Hattori H (1989) Influence of cadmium on decomposition of sewage sludge and microbial activities in soils. Soil Sci Plant Nutr 35:289–299

Hattori H (1991) Influence of cadmium on decomposition of glucose and cellulose in soil. Soil Sci Plant Nutr 37:39–45

Haynes RJ (1982) Effects of liming on phosphatase availability in acid soils. Plant and Soil 68:289–308

Haynes RJ (1983) An evaluation of the use of DTPA and EDTA as extractants for micronutrients in moderately acid soils. Plant and Soil 74:111–122

Haynes RJ, Naidu R (1991) Effects of lime additions on the availability of phosphorus and sulphur in some temperate and tropical acid soils. In: Wright RJ, Baligar VC, Murrmann RP (eds) Plant-soil interactions at low pH. Kluwer Academic Publishers, Dordrecht Boston London, p 267–274

Haynes RJ, Swift RS (1985) Effect of liming and air-drying on the adsorption of phosphate by some acid soils. J Soil Sci 36:513–521

Heijman CG, Holliger C, Glaus MA, Schwarzenbach RP, Zeyer J (1993) Abiotic reduction of 4-chloronitrobenzene to 4-chloroaniline in a dissimilatory iron-reducing enrichment culture. Appl Environ Microbiol 59:4350–4353

Herms U, Brümmer G (1980) Einfluß der Bodenreaktion auf Löslichkeit und tolerierbare Gesamtgehalte an Nickel, Kupfer, Zink, Cadmium und Blei in Böden und kompostierten Siedlungsabfällen. Landw Forsch 33:408–423

Herms U, Brümmer G (1984) Einflußgrößen der Schwermetallöslichkeit und -bindung in Böden. Z Pflanzenernähr Bodenk 147:400–424

Hetsch W, Meiwes KJ, Ulrich B (1981) Änderung bodenchemischer Standorteigenschaften durch saure Niederschläge. Mitt Forst Bundesanst 140:223–230.

Hinrichsen D (1986) Multiple pollutants and forest decline. Ambio 15:258–265

Hodson MJ, Evans DE (1995) Aluminium/silicon interactions in higher plants. J Exp Bot 46:161–171

Hornburg V, Brümmer G (1989) Untersuchungen zur Mobilität und Verfügbarkeit von Schwermetallen in Böden. Mitt Dtsch Bodenk Ges 59/II:727–732

Hovland J (1981) The effect of artificial acid rain on respiration and cellulase activity in norway spruce needle litter. Soil Biol Biochem 13:23–26.

Hutchinson TC, Meema KM (1987) Effects of atmospheric pollutants on forests, wetlands and agricultural ecosystems. NATO ASI Ser, Vol G16. Springer, Heidelberg Berlin

Hutchinson TC, Whitby LM (1977) The effects of acid rainfall and heavy metal particulates on a boreal forest ecosystem near the Sudbury smelting region of Canada. Water Air Soil Pollut 7:421–438

Illmer P, Barbato A, Schinner F (1995a) Solubilization of hardly soluble $AlPO_4$ with P-solubilizing microorganisms. Soil Biol Biochem 27:265–270

Illmer P, Marschall K, Schinner F (1995b) Influence of available aluminium on soil microorganisms. Lett Appl Microbiol 21:393–397

Illmer P, Schinner F (1991) Effects of lime and nutrient salts on the microbiological acitivities of forest soils. Biol Fertil Soils 11:261–266

Inman JC, Parker GR (1978) Decomposition and heavy metal dynamics of forest litter in northwestern Indiana. Environ Pollut 17:39–51

Inouhe M, Hiyama M, Tohoyama H, Joho M, Murayama T (1989) Cadmium-binding protein in a cadmium-resistant strain of *Saccharomyces cerevisiae*. Biochim Biophys Acta 993:51–55

Irving PM (1983) Acidic precipitation effects on crops: a review and analysis of research. J Environ Qual 12:442–453

Ivleva SN, Lovchiy NF, Yefremov AL, Kuprevich VF (1987) Proteolytic and urease activity of cultivated soils in the zone of discharge of effluents from a polyester plant. Sov Soil Sci 19:36–39

Jackson DR, Watson AP (1977) Disruption of nutrient pools and transport of heavy metals in a forested watershed near a lead smelter. J Environ Qual 6:331–338

Jacobson JS (1984) Effects of acidic aerosol, fog, mist and rain on crops and trees. Phil Trans R Soc London B 305:327–338

Jarvis BW, Lang GE, Wieder RK (1987) Arylsulphatase activity in peat exposed to acid precipitation. Soil Biol Biochem 19:107–109

Jennings DH (1990) Osmophiles. In: Edwards CA (Ed) Microbiology of extreme environments. Open University Press, Milton Keynes, p 117–147

Johnson AH, Schwartzman TN, Battles JJ, Miller R, Friedland AJ, Vann DR (1994) Acid rain and soils of the Adirondacks. II. Evaluation of calcium and aluminium as causes of red spruce decline at Whiteface Mountain, New York. Can J For Res 24:654–662

Johnson DD, Guenzi WD (1963) Influence of salts on ammonium oxidation and carbon dioxide evolution from soil. Proc Soil Sci Soc Am 27:663–666

Jordan MJ, Lechevalier MP (1975) Effects of zinc-smelter emissions on forest soil microflora. Can J Microbiol 21:1855–1865

Juma NG, Tabatabai MA (1977) Effects of trace elements on phosphatase activity in soils. Soil Sci Soc Am J 41:343–346

Kakhnovich ZN, Lerner LA (1989) Use of atomic absorption spectroscopy with a graphite furnace to determine arsenic in natural waters and aqueous soil extracts. Sov Soil Sci 21: 113–119

Kandeler E, Lüftenegger G, Schwarz S (1992) Bodenmikrobiologische Prozesse und Testaceen (Protozoa) als Indikatoren für Schwermetallbelastung. Z Pflanzenernähr Bodenk 155:319–322

Kandeler E, Mentler A, Pfeffer M, Horak O (1990) Bodenbiologische Beurteilung der Toxizität von Schwermetallen in künstlich belasteten Böden. VDLUFA-Schriftenreihe, Kongreßbd 32:621–626

Kandler O (1983) Waldsterben: Emissions- oder Epidemie-Hypothese? Naturw Rundschau 36:488–490

Kandler O, Innes JL (1995) Air pollution and forest decline in central Europe. Environ Pollut 90:171–180

Katzmann W (1991) Luft. In: Katzmann W, Schrom H (Hrsg) Umweltreport Österreich. Kremayr & Scheriau, Wien, S 13–51

Kauppi PE, Mielikaeinen K, Kuusela K (1992) Biomass and carbon budget of european forests, 1971 to 1990. Science 256:70–74

Kazda M, Glatzel G (1984) Schwermetallanreicherung und Schwermetallverfügbarkeit im Einsickerungsbereich von Stammabflußwasser in Buchenwäldern (*Fagus sylvatica*) des Wienerwaldes. Z Pflanzenernähr Bodenk 147:743–752

Kerr JB, McElroy CT (1993) Evidence for large upward trends of ultraviolet-B-radiation linked to ozon depletion. Science 262:1032–1034

Khaziyev F KH (1966) Dependence of the nuclease activity of soil on the pH and influence of various substances on it. Sov Soil Sci 2:1547–1550

Kiekens L, Cottenie A, van Landschoot G (1984) Chemical activity and biological effect of sludge-borne heavy metals and inorganic metal salts added to soils. Plant and Soil 79: 89–99

Killham K (1985) A physiological determination of the impact of environmental stress on the activity of microbial biomass. Environ Pollut Ser A 38:283–294

Killham K, Firestone MK (1982) Evaluation of accelerated H^+ applications in predictinng soil chemical and microbial changes due to acid rain. Commun in Soil Sci Plant Anal 13:995–1001

Killham K, Firestone MK, McColl JG (1983) Acid rain and soil microbial activity: effects and their mechanisms. J Environ Qual 12:133–137

Killham K, Wainwright M (1981) Deciduous leaf litter and cellulose decomposition in soil exposed to heavy atmospheric pollution. Environ Pollut Ser A 26:79–85

Kinkle BK, Angle JS, Keyser HH (1987) Long-term effects of metal-rich sewage sludge application on soil populations of *Bradyrhizobium japonicum*. Appl Environ Microbiol 53:315–319

Klein TM, Alexander M (1986) Effect of the quantity and duration of application of simulated acid precipitation on nitrogen mineralization and nitrification in a forest soil. Water Air Soil Pollut 28:309–318

Kloke A (1977/78) Zur Belastung von Böden und Pflanzen mit Schadstoffen in und um Ballungsbereichen. Ber Landw 55:633–639

Kobus J, Kurek E (1990) Effect of cadmium contained in plant residues on their microbial decomposition. Zbl Microbiol 145:283–291

Krapfenbauer A (1994) Wald und Waldviertel. In: Dick G (Hrsg) Das Waldviertel als Natur- und Kulturraum, Festschrift aus Anlaß des 10-jährigen Bestandsjubiliäums des Instituts für angewandte Öko-Ethologie in Rosenburg. Beiträge zur Waldviertel-Forschung 1994

Krapfenbauer A, Holtermann C (1993) Ozon in der Troposphäre – trotz Reduktion von Vorläufersubstanzen – unverändert oder weiter steigend!. Eigenverlag, Universität für Bodenkultur, Wien

Kremlenkova NP, Gaponyuk EI (1984) Changes in the humus composition and soil enzyme activity caused by sodium fluoride. Pochvovedenie 0 (11):73–77

Kreutzer K (1974) Bodenkundliche Aspekte der Streusalzanwendung. Eur J For Path 4: 39–41

Kucharski J (1992) The effect of zinc on yellow lupine development and on activity of soil microorganisms. Polish J Soil Sci 25:177–183

Kuhn N, Amiet R, Hufschmid N (1987) Veränderungen in der Waldvegetation der Schweiz infolge Nährstoffanreicherungen aus der Atmosphäre. Allgm Forst Jagdz 158:77–84

Kumpfmüller M, Kux S, Blum W, Nestroy O, Polegeg S (1989) Umweltbericht Boden. Österreichisches Bundesinstitut für Gesundheitswesen, Wien

Kuyper TW, De Vries BWL (1990) Effects of fertilization on the mycoflora of a pine forest. Agric Univ Wageningen Pap 90:102–111

Labeda DP, Alexander M (1978) Effects of SO_2 and NO_2 on nitrification in soil. J Environ Qual 7:523–526

Ladd JN, Butler JHA (1970) The effect of inorganic cations on the inhibition and stimulation of protease activity by soil humic acids. Soil Biol Biochem 2:33–40

Lähdesmäki P, Piispanen R (1992) Soil enzymology: role of protective colloid systems in the preservation of exoenzyme activities in soil. Soil Biol Biochem 24:1173–1177

Landmeyer JE, Bradley PM, Chapelle FH (1993) Influence of Pb on microbial activity in Pb-contaminated soils. Soil Biol Biochem 25:1465–1466

Lang E, Beese F (1985) Die Reaktion der mikrobiellen Bodenpopulation eines Buchenwaldes auf Kalkungsmaßnahmen. Allgm Forstz 43:1166–1169

Langkramer O, Lettl A (1981) Changes of ecological conditions in soil of norway spruce forest stand harmed by industrial air pollution. Prace Vulhm 59:31–48

Laura RD (1974) Effects of neutral salts on carbon and nitrogen mineralization of organic matter in soil. Plant and Soil 41:113–127

Laura RD (1974) Effects of neutral salts on carbon and nitrogen mineralization of organic matter in soil. Plant and Soil 41:113–127

Laura RD (1976) Effects of alkali salts on carbon and nitrogen mineralization of organic matter in soil. Plant and Soil 44:587–596

Laura RD (1977) Salinity and nitrogen mineralization in soil. Soil Biol Biochem 9:333–336

Laurence JA (1981) Effects of air pollutants on plant-pathogen interactions. Z Pflanzenkr Pflanzensch 87:156–172

Laville-Timsit L (1987) Impacts on soils related to industrial activities: part III – effect of metal mines on soil pollution. In: Barth H, L'Hermite P (eds) Scientific basis for soil protection in the European Community. Elsevier Applied Science, London, New York, p 281–297

Ledin M, Krantz-Ruelcker C, Allard B (1996) Zn, Cd and Hg accumulation by microorganisms, organic and inorganic soil components in multi-component systems. Soil Biol Biochem 28:791–799

Leh HO (1971) Schäden an Straßenbäumen durch Auftausalze. Gesunde Pflanzen 23: 217–220

Leita L, De Nobili M, Muhlbachova G, Mondini C, Marchiol L, Zerbi G (1995) Bioavailability and effects of heavy metals on soil microbial biomass survival during laboratory incubation. Biol Fertil Soils 19:103–108

Lenhart B (1985) Kalkung: Mittel gegen Versauerung? Fischer und Teichwirt 36:5–11

Lettl A (1981) Effect of some sulphur compounds on soil microflora of spruce rhizosphere. Folia Microbiol 26:243–252

Lettl A (1984) Soil heterotrophic bacteria in transformations of inorganic sulphur. Folia Microbiol 29:131–137

Lettl A (1990) Influence of industrial SO_2 immissions on microorganisms of forest soils. Ekologia 9:315–330

Lettl A, Langkramer O (1984) Interrelationships in the soil microbial biocenosis under spruce stand affected by sulfur dioxide immissions. Ekologia 3:23–34

Levin SV, Bab'yeva IP (1985) Effect of heavy metals on the composition and development of yeasts in a sierozem. Sov Soil Sci 17:74–79

Liang CN, Tabatabai MA (1977) Effects of trace elements on nitrogen mineralisation in soils. Environ Pollut 12:141–147

Lighthart B (1980) Effects of certain cadmium species on pure and litter populations of microorganisms. Antonie van Leeuwenhoek 46:161–167

Lighthart B, Baham J, Volk VV (1983) Microbial respiration and chemical speciation in metal-amended soils. J Environ Qual 12:543–548

Lindberg SE, Harriss RC, Turner RR, Shriner DS, Huff DD (1979) Mechanisms and rates of atmospheric deposition of selected trace elements and sulfate to a deciduous forest watershed. Oak Ridge Ntl Lab, Environ Sci Div Publ No 1299

Lindsay WL, Norvell WA (1978) Development of a DTPA test for zinc, iron, manganese, and copper. Soil Sci Soc Am J 42:421–428

Little P (1973) A study of heavy metal contamination of leaf surfaces. Environ Pollut 5: 159–172

Liu JC, Trueby P (1989) Bodenanalytische Diagnose von K- und Mg-Mangel in Fichtenbeständen (*Picea abies* Karst.). Z Pflanzenernähr Bodenk 152:307–311

Lorenz M (1995) International co-operative programme on assessment and monitoring of air pollution effects on forests – ICP-forests –. Water Air Soil Pollut 85:1221–1226

Lovley DR (1995) Microbial reduction of iron, manganese, and other metals. In: Sparks DL (ed) Advances in Agronomy, Vol 54. p 175–231

Lovley DR, Chapelle FH, Woodward JC (1994a) Use of dissolved H2 concentrations to determine the distribution of microbially catalyzed redox reactions in anoxic ground water. Environ Sci Technol 28:1205–1210

Lovley DR, Woodward JC, Chapelle FH (1994b) Stimulated anoxic biodegradation of aromatic hydrocarbons using Fe(III) ligands. Nature 370:128–131

Maccari G, Ciardi C, Ceccanti B, Masciandaro G (1993) Biochemical study in a microcosm of a soil exposed to high levels of SO_2. Geomicrobiol J 11:317–323

Macfadyen A (1973) Inhibitory effects of carbon dioxide on microbial activity in soil. Pedobiologia 13:140–149

Mai H, Fiedler HJ (1983) Nitrifikation in sauren Waldböden unter Fichte. Arch Acker Pflanzenbau Bodenk 27:499–507

Maier R, Maier F, Maier G (1981) Aktivität TTC-reduzierender Enzyme in Boden und Pflanze unter dem Einfluß von Blei im Boden. Ber Dtsch Bot Ges 94:709–718

Makawi AAM (1967) The effect of salt spray on plant and soil microorganisms. Zbl Bakt II 121:611–616

Malik A, Kaushik A, Kaushik CP (1995) Salinization effects on dehydrogenase activity and CO_2 evolution from soils following phytomass amendments. Proc Indian natn Sci Acad B61:181–186

Malik KA, Bhatti NA, Kauser F (1979) Effect of soil salinity on decomposition and humification of organic matter by some cellulolytic fungi. Mycologia 71:811–820

Malik KA, Kauser F, Azam F (1980) Effect of sodium chloride on the cellulolytic ability of some Aspergilli. Mycologia 72:322–328

Maliszewska W, Dec S, Wierzbicka H, Wozniakowska A (1985) The influence of various heavy metal compounds on the development and activity of soil microorganisms. Environ Pollut Ser A 37:195–215

Margesin R, Schinner F (1996) Bacterial heavy metal-tolerance – extreme resistance to nickel in *Arthrobacter* spp. strains. J Basic Microbiol 36:269–282

Martikainen PJ (1984) Nitrification in two coniferous forest soils after different fertilization treatments. Soil Biol Biochem 16:577–582

Martikainen PJ (1985a) Numbers of autotrophic nitrifiers and nitrification in fertilized forest soil. Soil Biol Biochem 17:245–248

Martikainen PJ (1985b) Nitrification in forest soil of different pH as affected by urea, ammonium sulphate and potassium sulphate. Soil Biol Biochem 17:363–367

Marzadori C, Ciavatta C, Montecchio D, Gessa C (1996) Effects of lead pollution on different soil enzyme activities. Biol Fertil Soils 22:53–58

Mathe P, Kovacs G (1980) Influence of Mn and Zn on the activity of phosphatase in soil. I. phosphatase activity of a calcerous chernosem soil under mais. Agrokemia es Talajtan 29:441–445

Mathur SP (1983) A lack of bactericidal effect of subsidence-mitigating copper in organic soils. Can J Soil Sci 63:645–649

Mathur SP, Preston CM (1981) The effect of residual fertilizer copper on ammonification, nitrification and proteolytic population in some organic soils. Can J Soil Sci 61:445–450

Mathur SP, Sanderson RB (1978) Relationships between copper contents, rates of soil respiration and phosphatase activities of some Histosols in an area of southwestern Quebec in the summer and the fall. Can J Soil Sci 58:125–134

Mathur SP, Sanderson RB (1980) The partial inactivation of degradative soil enzymes by residual fertilizer copper in Histosols. Soil Sci Soc Am J 44:750–755

Mathur SP, Sanderson RB, Belanger A, Valk M, Knibbe EN, Preston CM (1984) The effect of copper applications on the movement of copper and other elements in organic soils. Water Air Soil Pollut 22:277–288

Mathur Sp, MacDougall JI, McGrath M (1980) Levels of activities of some carbohydrases, protease, lipase, and phosphatase in organic soils of differing copper content. Soil Sci 129:376–385

Matzner E (1984) Annual rates of deposition of polycyclic aromatic hydrocarbons in different forest ecosystems. Water Air Soil Pollut 21:425–434

Matzner E, Hübner D, Thomas W (1981) Content and storage of polycyclic aromatic hydrocarbons in two forested ecosystems in northern Germany. Z Pflanzenernähr Bodenk 144:283–288

Matzner E, Murach D (1995) Soil changes induced by air pollutant deposition and their implication for forests in central europe. Water Air Soil Pollut 85:63–76

Maurberger A (1987) Methoden zur Bestimmung der Lipaseaktivität von Böden. Bodenlipasehemmung durch Schwermetalle. Diplomarbeit, Universität Innsbruck

May TW, Scholz RW, Nothbaum N (1991) Die Anwendung des Donator-Akzeptor-Modells am Beispiel Cadmium für den Pfad „Boden-Weizen-Mensch". In: Trägerverein des Instituts für wassergefährdende Stoffe e.V. an der Technischen Universität Berlin (Hrsg) Ableitung von Sanierungswerten für kontaminierte Böden. IWS-Schriftenreihe, Bd 13. Erich Schmidt Verlag, Berlin S 99–198

Mayer R (1981) Natürliche und anthropogene Komponenten des Schwermetallhaushalts von Waldökosystemen. Gött Bodenk Ber 70:1–152

Maynard DG, Germida JJ, Addison PA (1986) The effect of elemental sulfur on certain chemical and biological properties of surface organic horizons of a forest soil. Can J For Res 16:1050–1054

McClaugherty CA, Linkins AE (1988) Extractability of cellulases in forest litter and soil. Biol Fert Soils 6:322–327

McColl JG, Firestone MK (1987) Cumulative effects of simulated acid rain on soil chemical and microbial characteristics and conifer seedling growth. Soil Sci Soc Am J 51: 794–800

McCormick RW, Wolf DC (1980) Effect of sodium chloride on CO_2 evolution, ammonification, and nitrification in a sassafras sandy loam. Soil Biol Biochem 12:153–157

McFee WW (1983) Sensitivity ratings of soils to acid deposition: a review. Environ Exper Bot 23:203–210

McFee WW, Kelly JM, Beck RH (1977) Acid precipitation effects on soil pH and base saturation of exchange sites. Water Air Soil Pollut 7:401–408

McLean (1976) Chemistry of soil aluminium. Commun Soil Sci Plant Anal 7:619–636

Meiwes KJ (1995) Application of lime and wood ash to decrease acidification of forest soils. Water Air Soil Pollut 85:143–152

Mench M, Morel JL, Guckert A (1987) Metal binding properties of high molecular weight soluble exudates from maize (*Zea mays* L.) roots. Biol Fertil Soils 3:165–169

Merian E (1984) Metalle in der Umwelt. Verlag Chemie, Weinheim, p 163–170

Misra SG, Pande P (1974) Effect of organic matter on availability of nickel. Plant and Soil 40:679–684

Mohnen VA (1988) Maßnahmen gegen den sauren Regen. Spektrum Wiss 10/88:82–91

Moloney KA, Stratton LJ, Klein RM (1983) Effects of simulated acidic, metal-containing precipitation on coniferous litter decomposition. Can J Bot 61:3337–3342

Morel JL, Mench M, Guckert A (1986) Measurement of Pb^{2+}, Cu^{2+} and Cd^{2+} binding with mucilage exudates from maize (*Zea mays* L.) roots. Biol Fertil Soils 2:29–34

Müller-Dombois D (1992) A global perspective on forest decline. Environ Toxic Chem 11: 1069–1076

Munk H (1958) Die Nitrifikation von Ammoniumsalzen in sauren Böden. Landw Forsch 11:150–156

Muskett CJ, Jones MP (1981) Soil respiratory activity in relation to motor vehicle pollution. Water Air Soil Pollut 15:329–341

Naplekova NN, Bulavko GI (1983) Enzyme activity of soils polluted by lead compounds. Sov Soil Sci 15:33–39

Nashikkar VJ, Chakrabarti T (1994) Catalase and peroxidase activity in plants: an indicator of heavy metal toxicity. Ind J Exper Bot 32:520–521

Nashimoto M, Kohno Y (1989) Current status of forest decline and its research activities in Europe. Denryoku Chuo Kenkyusho Hokoku 1–35

Neuvonen S, Suomela J (1990) The effect of simulated acid rain on pine needle and birch leaf litter decomposition. J Appl Ecol 27:857–872

Neuwinger I, Schinner F (1980) The influence of compound fertilizer and cupric sulfate on the growth and the bioelement content of cembra pine seedlings (*Pinus cembra*). Plant and Soil 57:257–270

Nihlgard B (1985) The ammonium hypothesis – an additional explanation to the forest dieback in Europe. Ambio 14:2–7

Nodar R, Acea MJ, Carballas T (1992) Microbiological response to $Ca(OH)_2$ treatment in a forest soil. FEMS Microb Ecol 86:213–219

Nohrstedt HO (1988) Effect of liming and N-fertilization on denitrification and N_2-fixation in an acid coniferous forest floor. For Ecol Manage 24:1–13

Nohrstedt HO, Arnebrant K, Baath E, Söderström B (1989) Changes in carbon content, respiration rate, ATP content, and microbial biomass in nitrogen-fertilized pine forest soils in Sweden. Can J For Res 19:323–328

Nordgren A, Baath E, Söderström B (1983) Microfungi and microbial activity along a heavy metal gradient. Appl Environ Microbiol 45:1829–1837

Nordgren A, Kauri T, Baath E, Söderström B (1986) Soil microbial activity, mycelial lengths and physiological groups of bacteria in a heavy metal polluted area. Environ Pollut Ser A 41:89–100

Norton SA (1977) Changes in chemical processes in soils caused by acid precipitation. Water Air Soil Pollut 7:389–400

Nossag J (1971) Untersuchung über die Präsenz und Aktivität von Mikroorganismen in den Straßenböden der Hamburger Innenstadt. Zbl Bakt Parasitenkd Infektionskrh Hyg 126: 313–344

Oden S (1976) The acidity problem – an outline of concepts. Water Air Soil Pollut 6:137-166

Odum EP (1985) Trends expected in stressed ecosystems. BioScience 53:419–422

Ohtonen R (1990) Biological activity and microorganisms in forest soil as indicators of environmental changes. Acta Univ Ouluensis Ser A Sci Rerum Nat 0 (211):1–39

Ohtonen R, Lähdesmäki P, Markkola M (1994) Cellulase activity in forest humus along an industrial pollution gradient in Oulu, northern Finland. Soil Biol Biochem 26:97–10

Ohtonen R, Ohtonen A, Luotonen H, Markkola AM (1992) Enchytraeid and nematode numbers in urban polluted Scots pine *Pinus sylvestris* stands in relation to other soil biological parameters. Biol Fertil Soils 13:50–54

Ohya H, Fujiwara S, Komai Y, Yamaguchi M (1988) Microbial biomass and activity in urban soils contaminated with Zn and Pb. Biol Fertil Soils 6:9–13

Ohya H, Komai Y, Yamaguchi M (1985) Zinc effects on soil microflora and glucose metabolites in soil amended with ^{14}C-glucose. Biol Fertil Soils 1:117–122

Ölschläger W (1968) Zur Fluoranreicherung des Bodens durch Flugstaub und Düngemittel. Z Pflanzenernähr Bodenk 121:142–146

Olson DL, Christensen GM (1982) Effect of selected environmental pollutants and other chemicals on the activity of urease (in vitro). Bull Environ Contam Toxicol 28:439–445

Orlov DS, Min'ko OI, Demin VV, Sal'nikov VG, Izmaylova, N.B. (1989) Nature and mechanisms of formation of metal-humus complexes. Sov Soil Sci 21:32–42

Ottow JCG, Kottas P (1984) Einfluß anthropogener Fluorkontamination auf den Bodenmetabolismus. Daten Dokum Umweltschutz (Hohenheim) 36:145–154

Pacha J (1986) The influence of trivalent chromium on the activity of selected enzymes in soil. Pr Nauk Uniw Slask Katowicach 0(789):95–103

Pacha J, Baron R (1988) Proteolysis in soil with the addition of artificial humic acids treated with selected trivalent and hexavalent chromium compounds. Pr Nauk Uniw Slask Katowicach 0(987):82–88

Pacha J, Kedziorska M, Krupa G, Orzel M, Polanska J, Schikor AG (1988) Activity of selected enzymes in soil subjected to the action fo trivalent chromium compounds. Pr Nauk Uniw Slask Katowicach 0(987):38–49

Pacha J, Szumlas J (1986) The influence of cadmium on the activity of selected enzymes in soil with added natural humic acids. Pr Nauk Uniw Slask Katowicach 0(789):104–115

Parent LE, MacKenzie AF, Perron Y (1985) Influence of four levels of pyrophosphatase activity on the rate of pyrophosphat hydrolysis in organic soils. Commun in Soil Sci Plant Anal 16:1095–1105

Pearsall WH (1952) The pH of natural soils and its ecological significance. J Soil Sci 3: 41–51

Peer T (1981) Umweltschäden durch Salzstreuung. Natur und Land 67:19–26

Perez-Mateos M, Gonzalez-Carcedo S (1985) Effect of fractionation on location of enzyme activities in soil structural units. Biol Fertil Soils 1:153-159

Perez-Mateos M, Gonzalez-Carcedo S (1987) Effect of silver, cadmium and lead on soil enzyme activity. Rev Ecol Biol Sol 24:11–18

Persson T, Lundkvist H, Wiren A, Hyvonen R, Wessen B (1989) Effects of acidification and liming on carbon and nitrogen mineralization and soil organisms in mor humus. Water Air Soil Pollut 45:77–96

Petersen L (1980) Sensitivity of different soils to acid precipitation. In: Hutchinson TC, Havas M (eds) Effect of acid precipitation on terrestric ecosystems. NATO Conference Ser I, Ecology. New York, p 573–577

Polomski J (1985) Fluorbedingte Veränderungen von chemischen und biologischen Gleichgewichten im Boden. Landw Forsch 38:139–146

Polomski J, Fluhler H, Blaser P (1982) Fluoride-induced mobilization and leaching of organic matter, iron, and aluminium. J Environ Qual 11:452–456

Post RD, Beeby AN (1993) Microbial biomass in suburban roadside soils: estimates based on extracted microbial C and ATP. Soil Biol Biochem 25:199–204

Power SA, Ashmore MR, Ling KA (1995) Recent trends in beech tree health in souther Britain and the influence of soil type. Water Air Soil Pollut 85:1293–1298

Prenzel J (1985) Verlauf und Ursachen der Bodenversauerung. Z dt geol Ges 136:293–302

Prescott CE, Parkinson D (1985) Effects of sulphur pollution on rates of litter decomposition in a pine forest. Can J Bot 63:1436–1444

Press MC, Henderson J, Lee JA (1985) Arylsulfatase activity in peat in relation to acidic deposition. Soil Biol Biochem 17:99–103

Preuschen G, Hampl U (1987) Ein Beitrag zur Rekultivierung von Waldböden. ifoam 62: 17–19

Priha O, Smolander A (1994) Fumigation-extraction and substrate-induced respiration derived microbial biomass C, and respiration rate in limed soil of Scots pine sapling stands. Biol Fertil Soils 17:301–308

Prüeß A, Turian G, Schweikle V, Nöltner T (1990) Bestimmung pflanzenverfügbarer Schwermetallgehalte in Böden. Mitt Dtsch Bodenk Ges 61:123–126

Quraishi MSI, Cornfield AH (1971) Effects of addition of varying levels of copper, as oxide or phosphate, on nitrogen mineralisation and nitrification during incubation of a slightly calcareous soil receiving dried blood. Plant and Soil 35:51–55

Ramamoorthy S, Kushner DJ (1975) Binding of mercuric and other heavy metal ions by microbial growth media. Microb Ecol 2:162–176

Rampazzo N, Blum WEH (1992) Changes in chemistry and mineralogy of forest soils by acid rain. Water Air Soil Pollut 61:209–220

Rao DN, Pal D (1978) Effect of fluoride pollution on the organic matter content of soil. Plant and Soil 49:653–656

Ras'kova NV, Zyrin NG, Platonov GN (1983a) Effect of cadmium and lead on soil enzymatic activity. Vestn Mosk Univ Ser XVII Pochvoved 0 (2):52–56

Ras'kova NV, Zyrin NG, Platonov GN (1983b) Changes in soil enzyme activity under influence of cadmium and lead. Moscow Univ Soil Sci Bull 38:55–59

Reber HH (1992) Simultaneous estimates of the diversity and the degradative capability of heavy-metal-affected soil bacterial communities. Biol Fertil Soils 13:181–186

Rechcigl JE, Sparks DL (1985) Effect of acid rain on the soil environment: a review. Commun Soil Sci Plant Anal 16:653–680

Reddy GB, Reinert RA, Eason G (1991) Enzymatic changes in the rhizosphere of loblolly pine exposed to ozone and acid rain. Soil Biol Biochem 23:1115–1119

Reddy GB, Reinert RA, Eason G (1995) Loblolly pine needle nutrient and soil enzyme activity as influenced by ozone and acid rain chemistry. Soil Biol Biochem 27:1059–1064

Rehfuess KE (1981) Über die Wirkungen der sauren Niederschläge in Waldökosystemen. Forstw Cbl 100:363–381

Rehfuess KE (1991) Review of forest decline research activities and results in the Federal Republic of Germany. J Environ Sci Health A 26:415–445

Rengel Z (1992) Role of calcium in aluminium toxicity. New Phytol 121:499–513

Richter CM, Eis U, Wild A (1996) Phenolic compounds as a tool of bioindication for novel forest decline at numerous spruce tree sites in Germany. Z Naturforsch 51c:53–58.

Riordan JF (1977) The role of metals in enzyme activity. Ann Clin Lab Sci 7:119–129

Robert M, Chenu C (1992) Interactions between soil minerals and microorganisms. In: Stotzky G, Bollag JM (eds) Soil Biochemistry, Vol 7. Marcel Dekker, New York, p 307–404

Rodhe H, Grennfelt P, Wisniewski J, Agren C, Bengtsson G, Johansson K, Kauppi P, Kucera V, Rasmussen L, Rosseland B, Schotte L, Sellden G (1995) Acid reign' 95? – Conference summary statement. Water Air Soil Pollut 85:1–14

Rogers JE, Li SW (1985) Effect of metals and other inorganic ions on soil microbial activity: soil dehydrogenase assay as a simple toxicity test. Bull Environ Contam Toxicol 34:858–865

Ross DS, Sjogren RE, Bartlett RJ (1981) Behavior of chromium in soils: IV. Toxicity to microorganisms. J Environ Qual 10:145–148

Rother JA, Millbank JW, Thornton I (1982) Effects of heavy-metal additions on ammonification and nitrification in soils contaminated with cadmium, lead and zinc. Plant and Soil 69:239–258

Roy AK, Sharma A, Talukder G (1988) Some aspects of aluminium toxicity in plants. The Botan Rev 54:145–178

Ruge U (1972) Ursache des Straßenbaumsterbens und mögliche Gegenmaßnahmen. Garten und Landschaft 10:456–458

Ruge U (1974) Ursachen der Schädigung des Straßenbegleitgrüns in Städten und an Autobahnen. Eur J For Path 4:48–50

Ruge U, Stach W (1968) Über die Schädigung von Straßenbäumen durch Auftausalze. Angew Botanik 42:69–77

Rühling A, Söderström B (1990) Changes in fruitbody production of mycorrhizal and litter decomposing macromycetes in heavy metal polluted coniferous forests in northern Sweden. Water Air Soil Pollut 49:375–387

Rühling A, Tyler G (1973) Heavy metal pollution and decomposition of spruce needle litter. Oikos 24:402–416

Runge M und Rode MW (1991) Effects of soil acidity on plant associations. In: Ulrich B, Sumner ME (eds) Soil acidity. Springer, Berlin Heidelberg, p 183–202

Ryan JA, Sims JL, Peaslee DE (1972) Effect of phosphate and chloride salts on ammonification an waterlogged soils. Soil Sci Soc Amer Proc 36:915–917

Sarig S, Roberson EB, Firestone MK (1993) Microbial activity-soil structure: response to saline water irrigation. Soil Biol Biochem 25:693–697

Sauerbeck D (1982) Probleme der Bodenfruchtbarkeit in Ballungsräumen. Mitt Dtsch Bodenk Ges 33:179–193

Sauerbeck D (1985) Zustand und Gefährdung der landwirtschaftlich genutzten Böden. Schriftenreihe „Grünes Forum". Folge 8. van Staa H, Willi J (Hrsg) Stirbt der Boden? Kongreßbericht „Grünes Forum Alpbach 1985". Wagner'sche Universitätsbuchhandlung, Innsbruck, S 1–45

Schachtschabel P, Blume HP, Brümmer G, Hartge KH, Schwertmann U (1992) Scheffer/Schachtschabel Lehrbuch der Bodenkunde, 13. Aufl. Enke, Stuttgart

Schäfer H (1987) Auswirkungen der Bodenversauerung und Schwermetallakkumulation in Wäldern auf die CO_2-Produktion und Dekomposition der Streu. Verh Ges Ökol (Giessen 1986) Bd XVI:279–290

Schäfer M (1991) Effect of acid deposition on soil animals and microorganisms: influence on structure and processes. In: Ulrich B (ed) International Congress on Forest Decline Research: State of knowledge and perspectives, Lectures, Vol I. Kernforschungszentrum Karlsruhe, Karlsruhe, p 415–430

Scheu S, Wolters V (1991a) Influence of fragmentation and bioturbation on the decomposition of ^{14}C-labelled beech leaf litter. Soil Biol Biochem 23:1029–1034

Scheu S, Wolters V (1991b) Buffering of the effect of acid rain on decomposition of C-14 labelled beech leaf litter by saprophagous invertebrates. Biol Fertil Soils 11:285–289

Schinner F, Niederbacher R, Neuwinger I (1980) Influence of compound fertilizer and cupric sulfate on soil enzymes and $C0_2$-evolution. Plant and Soil 57:85–93

Scholz RW, May TW, Hefer B, Nothbaum N (1991) Die Anwendung des Donator-Akzeptor-Modells am Beispiel Blei für den Pfad „Boden-Mensch". In: Trägerverein des Instituts für wassergefährdende Stoffe e.V. an der Technischen Universität Berlin (Hrsg) Ableitung von Sanierungswerten für kontaminierte Böden. IWS-Schriftenreihe, Bd 13. Erich Schmidt Verlag, Berlin, S 55–97

Schrimpff E (1980) Zur zeitlichen und räumlichen Belastung des Fichtelgebirges mit Spurenmetalle: Analysen von Baumringabschnitten und von Schnee. Natur Landschaft 55:460–462

Schuller E (1989) Enzymaktivitäten und mikrobielle Biomasse in schwermetallkontaminierten Böden von Altlasten. Verh Ges Ökol (Essen 1988) Bd XVIII:339–347

Searle PGE, Hughes JD (1977) Cation activation of pyrophosphatases from soil microorganisms. Soil Biol Biochem 9:153–156

Senesi N, Sposito G, Martin JP (1986) Copper(II) and iron(III) complexation by soil humic acids: an IR and ESR study. The Sci Total Environ 55:351–362

Sethi V, Kaushik A, Kaushik CP (1993) Salt stress effects on soil urease activity, nitrifier and *Azotobacter* populations in gram rhizosphere. Tropic Ecol 34:189–198

Shah Z, Adams WA, Haven CDV (1990) Composition and activity of the microbial population in an acidic upland soil and effects of liming. Soil Biol Biochem 22:257–263

Simbrey J (1987) Der Waldboden als Lebensraum – Belastung und Gefährdung –. Allgm Forstz 45:113–116

Sindhu MA, Cornfield AH (1967) Comparative effects of varying levels of chlorides and sulphates of sodium, potassium, calcium, and magnesium on ammonification and nitrification during incubation of soil. Plant and Soil 27:468–472

Singh B, Bajwa MS (1986) Studies on urea hydrolysis in salt affected soils. Fert Res 8: 231–240

Singh BB, Tabatabai MA (1978) Factors affecting rhodanese activity in soils. Soil Sci 125: 337–342

Singh BR, Agarwal AS, Kanehiro Y (1969) Effect of chloride on ammonium nitrogen release in two Hawaiian soils. Soil Sci Soc Amer Proc 33:557–560

Siqueira JO, Hubbell DH, Mahmud AW (1984) Effect of liming on spore germination, germ tube growth and root colonization by vesicular-arbuscular mycorrhizal fungi. Plant and Soil 76:115–124

Skujins J, Nohrstedt HO, Oden S (1986) Development of a sensitiv method for the determination of a low toxic contamination in soils. 1. Selection of nitrogenase activity. Swed J Agric Res 16:113–118

Smidt S, Womastek R, Lorbeer G (1995) Pestizideinträge durch nasse Depositionen. In: Herman F, Smidt S. (Hrsg) Ökosystemare Studien im Kalkalpin. Bewertung der Belastung von Gebirgswäldern – Schwerpunkt Rhizosphäre. Forstliche Bundesversuchsanstalt Wien, S 145–151

Smith WH (1977) Influence of heavy metal leaf contaminants on the in vitro growth of urban-tree phylloplane-fungi. Microbial Ecol 3:231–239

Söderström B, Baath E, Lundgren B (1983) Decrease in soil microbial activity and biomasses owing to nitrogen amendments. Can J Microbiol 29:1500–1506

Spalding BP (1979) Effects of divalent metal chlorides on respiration and extractable enzymatic activities of Douglas-Fir needle litter. J Environ Qual 8:105–109

Stadelmann FX, Gupta SK, Rudaz A, Stoeckli-Walter C (1982) Wechselbeziehungen zwischen Bodenmikroorganismen und Cadmium in Labor- und Gefäßversuchen. Landw Forsch, Sonderheft 39:384–393

Starzecka A (1989) Effect of industrial dusts on the development and activity of microorganisms in soils of the Niepolomice Forest (southern Poland). Acta Hydrobiol 31: 167–206

Statistisches Jahrbuch der Schweiz (1994). Bundesamt für Statistik. Verlag Neue Zürcher Zeitung, Zürich

Sterritt RM, Lester JN (1980) Interactions of heavy metals with bacteria. The Sci Total Environ 14:5–17

Stott DE, Dick WA, Tabatabai MA (1985) Inhibition of pyrophosphatase activity in soils by trace elements. Soil Sci 139:112–117

Strayer RF, Alexander M (1981) Effects of simulated acid rain on glucose mineralization and some physicochemical properties of forest soils. J Environ Qual 10:460–465

Strayer RF, Lin CJ, Alexander M (1981) Effect of simulated acid rain on nitrification and nitrogen mineralization in forest soils. J Environ Qual 10:547–551

Strojan CL (1978) Forest leaf litter decomposition in the vicinity of a zinc smelter. Oecologia 32:203–212

Stroo HF, Alexander M (1986a) Role of soil organic matter in the effect of acid rain on nitrogen mineralization. Soil Sci Soc Am J 50:1218–1223

Stroo HF, Alexander M (1986b) Available nitrogen and nitrogen cycling in forest soils exposed to simulated acid rain. Soil Sci Soc Am J 50:110–114

Summers AO, Silver S (1978) Microbial transformations of metals. Ann Rev Microbiol 32: 637–672

Svenson A (1986) Effects of copper, zinc, and cadmium ions on the production of phosphate from phytic acid by the phytase system in spruce forest soil. Plant and Soil 94: 227–234

Tabatabai MA (1977) Effects of trace elements on urease activity in soils. Soil Biol Biochem 9:9–13

Tabatabai MA (1985) Effect of acid rain on soils. CRC Crit Rev Environ Contr 15:65–110.

Tamm CO (1977) Acid precipitation and forest soils. Water Air Soil Pollut 7:367–369

Todorov T, Dimkov R, Koteva Z, Moncheva P (1987) Effect of lead contamination on the biological properties of alluvial meadow soil. Pochvozn Agrokhim Rastit Zasht 22: 33–40

Troyanowsky C (1985) Air pollution and plants. VCH Verlagsges, Weinheim

Tu CM (1982) Influence of pesticides on activities of invertase, amylase and level of adenosine triphosphate in organic soil. Chemosphere 11:909–914

Tunlid A, White DC (1992). Biochemical analysis of biomass, community structure, nutritional status, and metabolis activity of microbial communities in soil. In: Stotzky G, Bollag JM (eds) Soil biochemistry, Vol 7. Marcel Dekker, New York, p 229–262

Tyler G (1974) Heavy metal pollution and soil enzymatic activity. Plant and Soil 41: 303–311

Tyler G (1976a) Influence of vanadium on soil phosphatase activity. J Environ Qual 2: 216–217

Tyler G (1976b) Heavy metal pollution, phosphatase activity, and mineralization of organic phosphorus in forest soils. Soil Biol Biochem 8:327–332

Tyler G (1981a) Leaching of metals from the A-horizon of a spruce forest soil. Water Air Soil Pollut 15:353–369

Tyler G (1981b) Heavy metals in soil biology and biochemistry. In: Paul EA, Ladd JN (eds) Soil biochemistry, Vol 5. Marcel Dekker, New York, p 371–414

Tyler G (1984) The impact of heavy metal pollution on forests: a case study of Gusum, Sweden. Ambio 13:18–24

Tyler G, Moernsjoe B, Nilsson B (1974) Effect of cadmium, lead, and sodium salts on nitrification in a mull soil. Plant and Soil 40:237–242

Ulrich B (1981a) Destabilisierung von Waldökosystemen durch Akkumulation von Luftverunreinigungen. Der Forst- und Holzwirt 36:525–532

Ulrich B (1981b) Theoretische Betrachtung des Ionenkreislaufs in Waldökosystemen. Z Pflanzenernähr Bodenk 144:647–659

Ulrich B (1981c) Ökologische Gruppierung von Böden nach ihrem chemischen Bodenzustand. Z Pflanzenernähr Bodenk 144:289–305

Ulrich B (1983a) Stabilität von Waldökosystemen unter dem Einfluß des „sauren Regens". Allgm Forstz 26/27:670–677

Ulrich B (1983b) A concept of forest ecosystem stability and of acid deposition as driving force for destabilization. In: Ulrich P, Pankrath J (eds) Effects of accumulation of air pollutants in forest ecosystems. D. Reidel Publishing Company, Dordrecht Boston London, p 1–29

Ulrich B (1984) Effects of air pollution on forest ecosystems and waters – the principles demonstrated at a case study in central Europe. Atmosph Environ 18:621–628

Ulrich B (1986a) Natural and anthropogenic components of soil acidification. Z Pflanzenernähr Bodenk 149:702–712

Ulrich B (1986b) Die Rolle der Bodenversauerung beim Waldsterben: Langfristige Konsequenzen und forstliche Möglichkeiten. Forstw Cbl 105:421–435
Ulrich B (1987) Impacts of soils related to industrial activities: part IV – effects of air pollutants on the soil. In: Barth H, L'Hermite P (eds) Scientific basis for soil protection in the European Community. Elsevier Applied Science, London New York, p 299–311
Ulrich B (1988) Ökochemische Kennwerte des Bodens. Z Pflanzenernähr Bodenk 151: 171–176
Ulrich B (1990) Anreicherung von luftgetragenen Stoffen in Waldböden. In: Verbindungsstelle Landwirtschaft-Industrie e.V. (Hrsg) Produktionsfaktor Umwelt: Boden. Landwirtschaftsverlag, Münster. S 119–145
Ulrich B (1991) An ecosystem approach to soil acidification. In: Ulrich B, Sumner ME (eds) Soil acidity. Springer, Berlin Heidelberg New York, p 28–79
Ulrich B, Mayer R, Khanna PK (1980) Chemical changes due to acid precipitation in a loess-derived soil in central Europe. Soil Sci 130:193–199
Ulrich B, Pankrath J (1983) Effects of accumulation of air pollutants in forest ecosystems. D. Reidel Publishing Company, Dordrecht
Ulrich B, Sumner ME (Eds) (1991) Soil acidity. Springer, Berlin Heidelberg New York
Umwelt in Österreich, Daten und Trends (1994) Österreichisches Statistisches Zentralamt, Umweltbundesamt (Hrsg). Kommissionsverlag Österreichische Staatsdruckerei, Wien
Umweltsituation in Österreich (1996) Vierter Umweltkontrollbericht des Bundesministers für Umwelt an der Nationalrat, Teil A. Bundesministerium für Umwelt, Sektion II (Hrsg). Umweltbundesamt, Wien
Valsecchi G, Gigliotti C, Farini A (1995) Microbial biomass, activity, and organic matter accumulation in soils contaminated with heavy metals. Biol Fertil Soils 20:253–159
van Assche F, Clijster H (1990) A biological test system for the evaluation of the phytotoxicity of metal-contaminated soils. Environ Pollut 66:157–172
van Breemen N (1991) Soil acidification and alkalinization. In: Ulrich B, Sumner ME (eds) Soil acidity. Springer, Berlin Heidelberg New York, p 1–7
van Driel W, Smilde KW (1990) Micronutrient and heavy metals in Dutch agriculture. Fert Res 25:115–126
van Faassen HG (1973) Effects of mercury compounds on soil microbes. Plant and Soil 38: 485–487
van Praag, HJ, Weissen F, Delecour F, Ponette Q (1991) Aluminium effects on forest stands growing on acid soils in the Ardennes (Belgium). Belg J Bot 124:128–136
Vanhala PT, Ahtiainen JH (1994) Soil respiration, ATP content, and *Photobacterium* toxicity test as indicators of metal pollution in soil. Environ Toxic Water Qual 9:115–121
Vanhala PT, Fritze H, Neuvonen S (1996) Prolonged simulated acid rain treatment in the subartic: effect on the soil respiration rate and microbial biomass. Biol Fertil Soils 23: 7–14
Vaychis MV, Onyunas VM, Slavenene LV (1989) Effect of local atmospheric pollution on forest soils and vegetation. Sov Soil Sci 21:68–78
Veerhoff M, Brümmer GW (1989) Silicatverwitterung und Tonmineralumwandlung in Waldböden als Folge von Versauerungsprozessen. Mitt Dtsch Bodenk Ges 59/II: 1203–1208
Visser S, Parkinson D (1989) Microbial respiration and biomass in soil of a lodgepole pine stand acidified with elemental sulphur. Can J For Res 19:955–961

Vogel J, Breimer RF, Ottow JCG (1989) Fluoridbelastung von Böden, Vegetation und Bodentieren in der unmittelbaren Umgebung eines Emittenten. Verh Ges Ökol (Göttingen 1987), 17. Jahrestagung Sonderdruck Bd XVII:619–625

von Lützow M, Zelles L, Scheunert I, Ottow JCG (1992) Seasonal effects of liming, irrigation, and acid precipitation on microbial biomass N in a spruce (*Picea abies* L.) forest soil. Biol Fertil Soils 13:130–134

von Mersi W, Kuhnert-Finkernagel R, Schinner F (1992) The influence of rock powders on microbial activity of three forest soils. Z Pflanzenernähr Bodenk 155:29–33

von Zezschwitz E (1986) Änderungen der Schwermetallgehalte nordwestdeutscher Waldböden unter Immissionseinfluß. In: Bundesanstalt für Geowissenschaften und Rohstoffe, Geologische Landesämter in der Bundesrepublik Deutschland (Hrsg) Geologisches Jahrbuch, Reihe F, Heft 21. Dieterichsche Universitätsbuchdruckerei WF Kästner, Hannover, S 3–61

von Zezschwitz E (1989) Humusformenwandel unter Wald. Mitt Dtsch Bodenk Ges 59/II:1249–1254

Wada H, Seirayosakol A, Kimura M, Takai Y (1978) The process of mangenese deposition in paddy soils. Soil Sci Plant Nutr 24:319–325

Wainwright M (1979) Microbial S-oxidation in soils exposed to heavy atmospheric pollution. Soil Biol Biochem 11:95–98

Wainwright M (1980a) Effect of exposure to atmospheric pollution on microbial activity in soil. Plant and Soil 55:199–214

Wainwright M (1980b) Man-made emissions of sulphur and the soil. Intern J Environ Stud 14:279–288

Walters DT, Aulakh MS, Doran JW (1992) Effects of soil aeration legume residue and soil texture on transformations of macro- and micronutrients in soils. Soil Sci 153:100–107

Welp G, Brümmer GW (1989) Wirkung von Schwermetallen auf Bodenmikroorganismen. In: Behrens D, Wiesner J (eds) Beurteilung von Schwermetallkontaminationen in Böden. DECHEMA, Frankfurt S 253–268

Wichtmann H, Brückner H (1989) Waldschäden durch Stickstoffüberschuß oder durch Stickstoffmangel? Die Rolle von Spurenelementen für die Revitalisierung geschädigter Waldökosysteme. Mitt Dtsch Bodenkd Ges 59/II:811–816

Wiklander L (1975) The role of neutral salts in the ion exchange between acid precipitation and soil. Geoderma 14:93–105

Wilhelmi V (1988) Belastbarkeit und Steuerung von Versauerungsschüben. Biologisch-chemische Untersuchungen von Fichtenhumus unter Düngungseinfluß. Allgm Forstz 43: 815–816

Wilke BM (1982) Über Sorption und Wirkung von Blei auf die biologische Aktivität terrestrischer Humusformen. Z Pflanzenernähr Bodenk 145:52–65

Wilke BM (1986) Einfluß verschiedener potentieller anorganischer Schadstoffe auf die mikrobielle Aktivität von Waldhumusformen unterschiedlicher Pufferkapazität. In: Professoren des Instituts für Geowissenschaften der Universität Bayreuth, Schriftleiter Prof. Dr. R. Monheim (Hrsg) Bayreuther Geowissenschaftliche Arbeiten, Bd 8. Druckhaus Bayreuth VerlagsgesmbH, Bayreuth

Wilke BM (1987a) Fluoride-induced changes in chemical properties and microbial activity of mull, moder and mor soils. Biol Fertil Soils 5:49–55

Wilke BM (1987b) Sorption und Wirkung von Arsen auf die mikrobielle Aktivität von Waldhumusformen. Z Pflanzenernähr Bodenk 150:273–278

Wilke BM (1987c) Langzeitwirkungen von Kupfer und Zink auf die mikrobielle Aktivität eines humosen, lehmigen Sandes. Landw Forsch 40:336–343

Wilke BM (1988a) Langzeitwirkungen potentieller anorganischer Schadstoffe auf die mikrobielle Aktivität einer sandigen Braunerde. Z Pflanzenernähr Bodenk 151:131–136

Wilke BM (1988b) Effects of sodium selenite on microbial activity of mull, moder and mor soils. Biol Fertil Soils 6:148–152

Wilke BM (1989) Long-term effects of different inorganic pollutants on nitrogen trans-formations in a sandy cambisol. Biol Fertil Soils 7:254–258

Wilke BM, Keuffel AB (1988) Kurzzeittests zur Abschätzung langfristiger Wirkungen potentieller anorganischer Schadstoffe auf die mikrobielle Aktivität von Böden. Z Pflanzenernähr Bodenk 151:399–403

Will ME, Graetz DA, Roof BS (1986) Effect of simulated acid precipitation on soil microbial activity in a typic quartzipsamment. J Environ Qual 15:399–403

Williams CH, David DJ (1976) The accumulation in soil of cadmium residues from phosphate fertilizers and their effect on the cadmium content of plants. Soil Sci 121:86–93

Williams ST, McNeilly T, Wellington EMH (1977) The decomposition of vegetation growing on metal mine waste. Soil Biol Biochem 9:271–275

Wilson DO (1977) Nitrification in three soils amended with zinc sulfate. Soil Biol Biochem 9:277–280

Wittich W (1943) Grundsätzliches zur Frage der Gesteinsmehldüngung auf diluvialen Sanden. Der Dtsch Forstw 25

Wolters V (1991a) Effects of acid rain on leaf-litter decomposition in a beech forest on calcareous soil. Biol Fertil Soils 11:151–156

Wolters V (1991b) Biological processes in two beech forest soils treated with simulated acid rain – a laboratory experiment with *Isotoma tigrina* (Insecta, Collembola). Soil Biol Biochem 23:381–390

Wood JM (1971) Environmental pollution by mercury. Adv Environ Sci Technol 2:39–56

Wood M (1995) A mechanism of aluminium toxicity to soil bacteria and possible ecological implications. Plant and Soil 171:63–69

Wunder W (1984) Starke Negativwirkung infolge Boden- und Gewässerkalkung in Schweden. Allgm Forstz 39:846

Xian X, Shokohifard GI (1989) Effect of pH on chemical forms and plant availability of cadmium, zinc, and lead in polluted soils. Water Air Soil Pollut 45:265–273

Yadav DS, Kumar V, Singh M (1987) Inhibition of soil urease activity and nitrification with some metallic cations. Aust J Soil Res 24:527–532

Yamamoto H, Tatsuyama K, Uchiwa T (1985) Fungal flora of soil polluted with copper. Soil Biol Biochem 17:785–790

Yancey PH, Clark ME, Hand SC (1982) Living with water stress: evolution of osmolyte systems. Science 217:1214–1222

Yang JE, Skogley EO (1990) Copper and cadmium effects on potassium adsorption and buffering capacity. Soil Sci Soc Am J 54:739–744

Yeates GW, Orchard VA, Speir TW, Hunt JL (1994) Impact of pasture contamination by copper, chromium, arsenic timber preservative on soil biological activity. Biol Fertil Soils 18:200–208

Yelpat'yevskiy PV, Arzhanova VS (1988) Effect of acid rain on properties of mountain brown forest soils. Sov Soil Sci 20:105–116

Yokoyama K, Tanaka H, Yoshida A, Amimoto N, Awata S, Kawada Y (1993) Acid and aluminium tolerance of microorganisms in acid soil enumerated by a dilution plate method. Tech Bull Fac Agr Kagawa Univ 45:99–105

Zachmann DW, Block R (1994) Studies of the availability of toxic heavy elements in soils and sediments in the vicinity of a lead smelting site (Germany). Water Air Soil Pollut 78:317–334

Zech W, Popp E (1983) Magnesiummangel, einer der Gründe für das Fichten- und Tannensterben in NO-Bayern. Forstw Cbl 102:50–55

Zelles L, Scheunert I, Kreutzer K (1987) Bioactivity in limed soil of a spruce forest. Biol Fertil Soils 3:211–216

Zelles L, Stepper K, Zsolnay A (1990) The effect of lime on microbial activity in spruce (*Picea abies* L.) forests. Biol Fertil Soils 9:78–82

Sachverzeichnis

Springer und Umwelt

Als internationaler wissenschaftlicher Verlag sind wir uns unserer besonderen Verpflichtung der Umwelt gegenüber bewußt und beziehen umweltorientierte Grundsätze in Unternehmensentscheidungen mit ein. Von unseren Geschäftspartnern (Druckereien, Papierfabriken, Verpackungsherstellern usw.) verlangen wir, daß sie sowohl beim Herstellungsprozess selbst als auch beim Einsatz der zur Verwendung kommenden Materialien ökologische Gesichtspunkte berücksichtigen.
Das für dieses Buch verwendete Papier ist aus chlorfrei bzw. chlorarm hergestelltem Zellstoff gefertigt und im pH-Wert neutral.

Springer

SPRINGER NATURE

GPSR Compliance

The European Union's (EU) General Product Safety Regulation (GPSR) is a set of rules that requires consumer products to be safe and our obligations to ensure this.

If you have any concerns about our products, you can contact us on ProductSafety@springernature.com

In case Publisher is established outside the EU, the EU authorized representative is:

Springer Nature Customer Service Center GmbH
Europaplatz 3
69115 Heidelberg, Germany

FSC
www.fsc.org
MIX
Papier | Fördert gute Waldnutzung
FSC® C083411

Kolibri 360 GmbH
Ferdinand-Jühlke-Straße 7
99095 Erfurt, Deutschland
produktsicherheit@kolibri360.de